AF878469

Norbert Ahlbehrendt / Volker Kempe

Analyse stochastischer Systeme

Informatik · Kybernetik · Rechentechnik

Herausgegeben von der Akademie der Wissenschaften der DDR
Zentralinstitut für Kybernetik und Informationsprozesse

Band 7
Analyse stochastischer Systeme
von Norbert Ahlbehrendt und Volker Kempe

Analyse stochastischer Systeme

Nichtlineare dynamische Systeme

von Norbert Ahlbehrendt und Volker Kempe

Mit 37 Abbildungen und 7 Tabellen

Akademie-Verlag · Berlin · 1984

Verfasser: Dr. rer. nat. Norbert Ahlbehrendt
Prof. Dr. sc. techn. Volker Kempe

Zentralinstitut für Kybernetik und Informationsprozesse
der Akademie der Wissenschaften der DDR, Berlin

ISSN 0232-1351

Erschienen im Akademie-Verlag, 1086 Berlin, Leipziger Straße 3—4
© Akademie-Verlag Berlin 1984
Lizenznummer: 202 · 100/407/83
Printed in the German Democratic Republic
Gesamtherstellung: VEB Druckhaus „Maxim Gorki“, 7400 Altenburg
Lektor: Dipl.-Phys. Gisela Lagowitz
LSV 1075
Bestellnummer: 763 122 1 (6714)

05800

Vorwort

Fluktuationen in der Nachrichten- und Meßtechnik, zufällige Meßfehler in Regelsystemen, die ungeordnete Bewegung diffundierender Teilchen, der zeitliche Verlauf meteorologischer Parameter, Geburts- und Sterbeprozesse — all das sind Zufallsprozesse in stochastischen Systemen. Der Zufallscharakter kann dabei durch die mikroskopische Struktur der Prozesse, durch die unendliche Vielfalt der Wechselwirkungen mit der Umwelt, aber auch durch subjekte Unkenntnis bestimmter Einflußfaktoren oder Bedingungen hervorgerufen sein. Sehr oft ist gerade die Unkenntnis wichtiger Einflußfaktoren die Ursache für die Wahl eines statistischen Modells, häufig allerdings auch sind es Zweckmäßigkeitsgründe, die es geraten erscheinen lassen, vielfältige deterministische Faktoren und Wechselbeziehungen im Rahmen einfacherer stochastischer Systemmodelle zu erfassen. Beispielsweise scheitert die Untersuchung solch technischer, ökonomischer, ökologischer u. a. Systeme, die im Prinzip durch sehr viele Zustandsvariablen und deren Wechselwirkungen beschrieben werden können, häufig an der Unmöglichkeit, die benötigten Parameter eines solchen Systems quantitativ zu erfassen — zu messen — sowie an den enormen mathematischen Schwierigkeiten zur Behandlung nichtlinearer hochdimensionaler Systeme. Da in der Regel nur wenige Zustandsvariable eines solchen Systems interessieren, liegt es nahe, ein einfacheres stochastisches Modell zu bilden, in dem der Einfluß der verbleibenden überwiegenden Anzahl der ursprünglichen Zustandsvariablen durch eine oder mehrere zufällige Eingangsfunktionen erfaßt wird, die die Unkenntnis der Systemparameter und ihrer Änderungen — gegebenenfalls auch der echt zufälligen Faktoren — repräsentieren. Gerade dieser Gesichtspunkt der Modellierung komplizierter Objekte durch relativ einfache stochastische Systeme zeigt einen Weg zur Überwindung des Dimensionsproblems. Er macht weiterhin deutlich, daß stochastische Systeme nicht nur auf den Fall der durch die Mikrostruktur der Materie bedingten zufälligen Einflußgrößen, wie thermodynamische Fluktuationen, quantenmechanische Unschärferelationen usw. beschränkt bleiben, auch nicht auf den Fall sehr vieler relativ homogener Wechselwirkungen, sondern in ständig wachsendem Maße für die adäquate Abbildung wesentlicher Prozesse in komplexen Systemen an Bedeutung gewinnen.

Der Analyse derartiger Systeme sind die nachfolgenden Darlegungen gewidmet, wobei wir uns auf dynamische Systeme beschränken, die durch nichtlineare Differentialgleichungssysteme beschrieben werden können. Der stochastische Charakter derartiger Systeme ist dabei durch innere und äußere Einflußfaktoren gekennzeichnet, die nur durch ihre statistischen Eigenschaften beschrieben werden können, d. h., ihre Realisierungen sind unbekannt.

Natürlich kann eine Monographie dieses Umfanges auch nicht annähernd zum Ziel haben, einen vollständigen und allumfassenden Überblick oder gar Rezepturen in dem Sinne zu geben: Für *das* konkrete System nehme man *diese* und nicht jene Methode. Selbst in einem Buch größeren Umfanges erscheint uns ein solches Unterfangen zumindest als äußerst schwierig, wenn man bedenkt, was nichtlineare Systeme eigentlich sind: Nichtlineare Systeme sind alle Systeme — außer lineare.

Uns ging es vielmehr darum, moderne, konstruktive und allgemeiner anwendbare Analysemethoden in systematischer Weise übersichtlich darzustellen und ihre Vor- und Nachteile zu diskutieren. Wir waren dabei bemüht, auch über den Stand der internationalen Literatur — zumindest teilweise — hinauszugehen.

Um die wichtigsten Analysemethoden für nichtlineare dynamische Systeme einem breiten Leserkreis zugänglich zu machen, waren wir bemüht, dem Wissensstand von Absolventen technischer Hochschulen und Universitäten auf dem Gebiet der Wahrscheinlichkeitstheorie Rechnung zu tragen, der durch die folgenden Begriffe charakterisiert sei: Wahrscheinlichkeit eines Ereignisses, Wahrscheinlichkeitsdichte, bedingte und Verbunddichte, charakteristische Funktion von Wahrscheinlichkeitsdichten, (bedingte) Erwartungswerte, Korrelationsfunktion, Leistungsdichtespektrum. Weiterhin ist die Kenntnis der Rechenregeln der Vektor- und Matrizenrechnung Voraussetzung für das Verständnis der Darlegungen.

Die Monographie wendet sich an alle Wissenschaftler, Ingenieure, Lernende und theoretisch interessierte Praktiker, die es mit Systemen unter stochastischen Einwirkungen zu tun haben, beispielsweise mit der weiteren Zielstellung der Optimierung derartiger Systeme.

Wir hoffen, mit dieser Monographie den Leser in die Lage zu versetzen, auch kompliziertere Systeme effektiv und erfolgreich behandeln zu können und somit einen bescheidenen Beitrag zu leisten, die noch heute bestehende, vielfach besprochene Kluft zwischen „Theorie“ und „Praxis“ schließen zu helfen, um moderne mathematische Methoden in stärkerem Maße als bisher schon in der Konzeptionsphase von technischen und nichttechnischen Systemen unter Berücksichtigung zufälliger Einflußfaktoren mit einzubeziehen.

Allen, die zum Zustandekommen dieses Buches mit Rat und kritischen Hinweisen beigetragen haben, sei an dieser Stelle herzlich gedankt. Unser Dank gilt insbesondere Prof. W. S. Pugatschow für die kritische Durchsicht des Manuskriptes und dem Akademie-Verlag sowie seiner Lektorin, Frau Dipl.-Phys. G. Lagowitz, für die ausgezeichnete Zusammenarbeit.

Berlin, im Januar 1982 Norbert Ahlbehrendt Volker Kempe

Inhaltsübersicht

Teil III

Analyse Markovscher Diffusionsprozesse

Kap. 6: Lösungsmethoden für die Fokker-Planck-Gleichung

Kap. 7: Momentenentwicklungen der Verteilungsdichte

Einleitung

Bei der Systembeschreibung wird in dieser Monographie von Differentialgleichungssystemen ausgegangen, wobei wir konsequent dem Zustandskonzept folgen.

In aufgelöster Form sei das stochastische System in folgender Form darstellbar

$$\dot{\boldsymbol{z}} = \boldsymbol{F}(\boldsymbol{z}^{\mathrm{T}}, \boldsymbol{x}^{\mathrm{T}}, t). \tag{1}$$

$\boldsymbol{z}^{\mathrm{T}} = (z^{(1)}, \dots, z^{(n)})$ ist der Vektor der Zustandsvariablen, $\boldsymbol{x}^{\mathrm{T}} = (x^{(1)}, \dots, x^{(m)})$ der Vektor der stochastischen Eingangsgrößen, $\boldsymbol{F}^{\mathrm{T}}(\cdot) = (F^{(1)}, \dots, F^{(n)})$ ein Vektor von Funktionen, deren Eigenschaften genauer zu definieren sind und t — der kontinuierliche Zeitparameter. T bezeichnet die Transponierung eines Vektors bzw. einer Matrix. $\boldsymbol{z}(t)$ und $\boldsymbol{x}(t)$ sind stochastische Zeitfunktionen, deren Zeitabhängigkeit in der Regel nicht gesondert gekennzeichnet wird. Abkürzend gilt $\dot{\boldsymbol{z}} = \frac{\mathrm{d}\boldsymbol{z}}{\mathrm{d}t}$.

Der Vektor der Ausgangsgrößen $\boldsymbol{y}^{\mathrm{T}}(t) = (y^{(1)}, \dots, y^{(q)})$ werde durch eine im allgemeinen nichtlineare Transformation erzeugt

$$\boldsymbol{y} = \boldsymbol{G}(\boldsymbol{z}^{\mathrm{T}}, \boldsymbol{x}^{\mathrm{T}}, t). \tag{2}$$

Der stochastische Charakter eines derartigen Systems wird dadurch gekennzeichnet, daß die Realisierungen des Eingangsprozesses $\boldsymbol{x}(t)$ unbekannt sind und nur durch die statistischen Charakteristika eines stochastischen Prozesses $\boldsymbol{X}(t)$ beschrieben werden können. Im folgenden wird die Unterscheidung zwischen dem stochastischen Prozeß $\boldsymbol{X}(t)$ und seinen Realisierungen $\boldsymbol{x}(t)$ nicht mehr vorgenommen. Eventuell vorhandene Eingangsgrößen $\boldsymbol{u}(t)$ mit deterministischem Zeitverlauf seien in der expliziten Zeitabhängigkeit der Funktionen $\boldsymbol{F}(\cdot)$ und $\boldsymbol{G}(\cdot)$ berücksichtigt.

Wir sprechen von einem gegebenen stochastischen System (1—2), wenn die Komponenten der Vektor- bzw. Matrixfunktion $\boldsymbol{F}(\cdot)$ und $\boldsymbol{G}(\cdot)$ als Funktionen der Prozesse $\boldsymbol{z}$ und $\boldsymbol{x}$ und der Zeit t und die Statistik des Eingangsprozesses $\boldsymbol{x}(t)$ gegeben sind. Es ist in der Abb. 1 schematisch dargestellt.

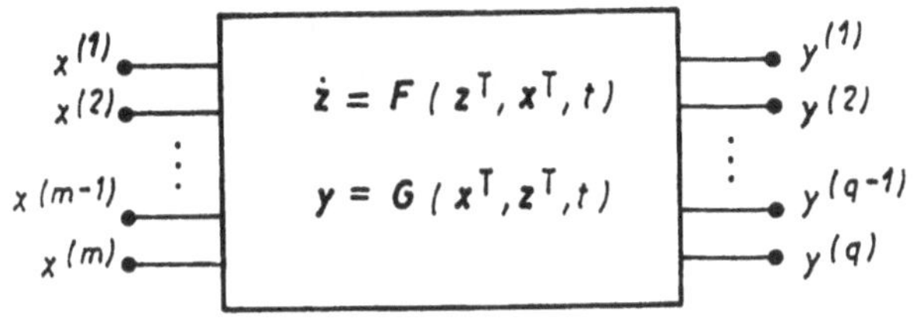

Abb. 1: Allgemeine Darstellung eines dynamischen stochastischen Systems

Es sei ausdrücklich darauf verwiesen, daß der stochastische Eingangsvektor nicht nur echte Eingangsgrößen des Systems, sondern auch innere Einflußfaktoren zufälliger Natur erfassen kann, die sich bei entsprechender Erweiterung des Systems in äußere Einflußfaktoren transformieren lassen. Zum Beispiel kann das System

$$\dot{\boldsymbol{z}} = \boldsymbol{F}(\boldsymbol{z}^{\mathsf{T}}, x^{(1)}, \boldsymbol{a}^{\mathsf{T}}, t)$$

mit einer stochastischen Eingangsgröße $x^{(1)}$ und den zufälligen inneren Parametern $\boldsymbol{a}^{\mathsf{T}} = (a^{(1)}, \ldots, a^{(p)})$ leicht durch Erweiterung des Eingangsprozesses auf $\boldsymbol{x}^{\mathsf{T}} = (x^{(1)}, \boldsymbol{a}^{\mathsf{T}})$ in die obige Form transformiert werden.

Ein Sonderfall eines stochastischen Systems liegt vor, wenn alle Eingangsfaktoren eines Systems deterministischen Charakter tragen, der Anfangszustand des Systems $\boldsymbol{z}(t_0) = \boldsymbol{z}_0$ zum Zeitpunkt t_0 jedoch zufällig ist. Die Behandlung derartiger Systeme erfolgt ähnlich wie bei deterministischen Systemen und wird deshalb nicht gesondert betrachtet.

Eine allgemeine Theorie dynamischer stochastischer Systeme geht gewöhnlich von der Operatorendarstellung aus (hinter einem senkrechten Strich werden immer Bedingungen notiert):

$$\boldsymbol{z}(t) = \mathcal{F}\{\boldsymbol{z}_0^{\mathsf{T}}, \boldsymbol{x}^{\mathsf{T}}(\tau) \mid t_0 \leqq \tau < t\}, \tag{3}$$

$$\boldsymbol{y}(t) = \mathcal{G}\{\boldsymbol{z}_0^{\mathsf{T}}, \boldsymbol{z}^{\mathsf{T}}(\tau), \boldsymbol{x}^{\mathsf{T}}(\tau) \mid t_0 \leqq \tau < t\},$$

wobei die Operatoren zeitabhängig sein und auch Systeme mit verteilten Parametern abbilden können. Beide Operatoren lassen sich formal vereinigen:

$$\begin{aligned} \boldsymbol{y}(t) &= \mathcal{H}\{\boldsymbol{z}_0^{\mathsf{T}}, \boldsymbol{x}^{\mathsf{T}}(\tau) \mid t_0 \leqq \tau < t\} \\ &= \mathcal{G}\{\boldsymbol{z}_0^{\mathsf{T}}, \mathcal{F}\{\boldsymbol{z}_0^{\mathsf{T}}, \boldsymbol{x}^{\mathsf{T}}(\tau') \mid t_0 \leqq \tau' < \tau\}, \boldsymbol{x}^{\mathsf{T}}(\tau) \mid t_0 \leqq \tau < t\}. \end{aligned} \tag{4}$$

Mitunter wird den Operatoren selbst Zufallscharakter zugeschrieben; in der Regel versucht man jedoch, die zufälligen Einflußfaktoren durch geeignete Wahl des Eingangsvektors zu erfassen, d. h. wie bei der differentiellen Systembeschreibung nach (1—2) innere Einflußfaktoren in äußere zu transformieren.

Außer bei linearen Systemen tragen derartige Operatorzuordnungen noch weitgehend formalen Charakter, da die Darstellungstheorie nichtlinearer Operatoren den praktischen Bedürfnissen noch nicht genügend entgegenkommt, während die hier zugrunde gelegte differentielle Systembeschreibung weitestgehend den praktischen Bedürfnissen entspricht.

Ziel der vorliegenden Monographie ist die Beschreibung und Erläuterung moderner und vor allem praktikabler Methoden und Näherungsmethoden zur Analyse nichtlinearer stochastischer Systeme, d. h. zur Ermittlung von statistischen Charakteristika und Verteilungsdichten des Zustandsvektors bzw. der Systemausgangsprozesse aus einem nichtlinearen Differentialgleichungssystem (1) bzw. der Relation (2) bei bekannter Statistik des Eingangsprozesses $\boldsymbol{x}$. Dabei wurde eine Grobeinteilung in drei Hauptteile vorgenommen, deren jeweilige inhaltliche Schwerpunkte und Zielstellungen vorangestellt wurden.

Die Behandlung nichtlinearer stochastischer Systeme setzt das Verständnis der Analysemethoden für die einfachsten stochastischen Systeme, die linearen Systeme, und der adäquaten statistischen Beschreibung der zufälligen Einflußfaktoren, der stochastischen Eingangsprozesse $\boldsymbol{x}^{\mathrm{T}}(t)$, voraus. Der erste Teil trägt daher mehr einen einleitenden Charakter. In ihm werden zunächst in sehr gedrängter und komprimierter Form die wesentlichen statistischen Analysemethoden für lineare stochastische Systeme und die wichtigsten statistischen Beschreibungsgrößen erläutert. Weiterhin wird der noch häufig unverstandene Zusammenhang zwischen den realen Prozessen und den idealisierten Markovschen Diffusionsprozessen durch den Grenzübergang von realen, im quadratischen Mittel stetigen Eingangsprozessen $\boldsymbol{x}^{\mathrm{T}}(t$ zu den idealisierten, fast nirgends stetigen, weißen Gaußschen Eingangsprozessen $\boldsymbol{\xi}^{\mathrm{T}}(t)$ ausführlicher behandelt. Das tiefe Verständnis dieses Zusammenhanges ist notwendige Voraussetzung für die Entscheidung, ob und wie ein realer Prozeß adäquat durch einen idealisierten Vektor-Markov-Prozeß abgebildet werden kann.

Der zweite Teil setzt sich mit stochastischen Systemen mit im Prinzip beliebigen Eingangsprozessen auseinander. Hier entsteht im allgemeinen das größte Hindernis durch die Unmöglichkeit der Angabe des allgemeinen Zusammenhanges (3) bzw. (4) zwischen Ausgangs- und Eingangsprozeß aus der differentiellen Systembeschreibung (1—2). Dementsprechend stehen Näherungsverfahren noch stärker im Vordergrund als z. B. bei nichtlinearen trägheitslosen Systemen $\left(\boldsymbol{y}(t) = \boldsymbol{H}\left(\boldsymbol{x}^{\mathrm{T}}(t), t\right)\right)$, und zwar schon dann, wenn es darum geht, das Lösungsfunktional (3) des nichtlinearen Differentialgleichungssystems (1) zu finden, und noch gar nicht darum, seine statistischen Eigenschaften zu erfassen. Die Berücksichtigung der Statistik des Eingangsprozesses bedingt in der Regel weitere Näherungen, so daß man es bei der Analyse nichtlinearer dynamischer Systeme meist mit mehreren, miteinander verkoppelten Näherungsverfahren zu tun hat. Methodischer Schwerpunkt des zweiten Teiles ist die iterative Bestimmung von Funktionalreihen für das Lösungsfunktional (4) unter Zugrundelegung einer statistisch angepaßten nullten Näherung (statistische Linearisierung).

Nur unter bestimmten Voraussetzungen gelingt es, die Anzahl der Näherungsebenen wieder auf eine zu beschränken. Dies ist beispielsweise bei Markovschen Diffusionsprozessen der Fall, bei denen die Angabe des funktionalen Zusammenhanges zwischen Ausgangs- und Eingangsprozeß nicht mehr unumgänglich notwendig ist, um die statistischen Eigenschaften des Systems zu bestimmen. Der Analyse derartiger Prozesse ist der letzte Teil II des vorliegenden Bandes gewidmet. Besonders interessant dürfte hier die Methode der Quasimomentenentwicklung sein, die erstmalig in einer erheblichen Verallgemeinerung gegenüber der bekannten Gram-Charlier-Reihe in Kap. 7 vorgestellt wird.

Jede der beschriebenen Methoden wird mit den Zielstellungen des weiteren Verständnisses ihrer konkreten Handhabung und der Gegenüberstellung ihrer Leistungsfähigkeiten an konkreten Beispielen vorgeführt. Zusammenfassend sind diese Beispiele in der Tab. 3.3 aufgeführt. Sie demonstrieren hinlänglich die Unmöglichkeit der Angabe eines „Universalkonzeptes“ zur Analyse nichtlinearer stochastischer Systeme. Bei der Analyse eines konkret vorliegenden Systems hat man sich grundsätzlich zunächst von seinen qualitativen Eigenschaften zu überzeugen. Erst mit diesem Verständnis wird man in die Lage versetzt, die für das konkret vorliegende System adäquate Analysemethode zu wählen.

Schließlich sei darauf verwiesen, daß die wichtigsten Analysemethoden für stochastische Systeme mit kontinuierlichem Zeitparameter ohne prinzipielle Schwierigkeiten auch für zeitdiskrete Systeme $\left(t_\mu = t_0 + \mu,\ \boldsymbol{z}(t_\mu) = \boldsymbol{z}_\mu\right)$:

$$\boldsymbol{z}_{\mu+1} = \boldsymbol{F}_\mu(\boldsymbol{z}_\mu{}^{\mathsf{T}}, \boldsymbol{x}_0{}^{\mathsf{T}}), \qquad \boldsymbol{y}_\mu = \boldsymbol{G}_\mu(\boldsymbol{z}_\mu{}^{\mathsf{T}}, \boldsymbol{x}_\mu{}^{\mathsf{T}})$$

in kontinuierlichen Zustandsräumen modifiziert werden können. Dies trifft insbesondere auf die effektiven Methoden der statistischen Linearisierung, der allgemeinen Konstruktion von Funktionalreihen und der Quasimomentenentwicklung von Verteilungsdichten zu. Aus Platzgründen sahen wir uns außerstande, dies konkret vorzuführen.

Teil I

Lineare Systeme und Markovsche Diffusionsprozesse

Vorliegendes Buch behandelt vordergründig nichtlineare stochastische Systeme, für deren Analyse die Beherrschung der wichtigsten Analysemethoden für lineare Systeme und der mathematischen Besonderheiten, die bei der differentiellen Beschreibung von stochastischen Systemen mit weißen Gaußschen Eingangsprozessen zu beachten sind, notwendige Voraussetzung ist.
Die zwei Kapitel dieses ersten Teiles haben daher zum Ziel, die wichtigsten Vorkenntnisse zu skizzieren und zu erläutern, soweit sie für das Verständnis der in den beiden Hauptteilen II und III dargelegten Analysemethoden für nichtlineare stochastische Systeme erforderlich sind. Dabei können wir uns auf eine sehr gestraffte Darstellung beschränken, da hierzu ausgezeichnete Literatur auch mit Lehrbuchcharakter zur Verfügung steht, wie beispielsweise [126, 45, 16, 52, 115] zu den linearen Systemen, oder [37, 80] zu den stochastischen Differentialgleichungen.

Im zweiten Kapitel geht es uns auch darum, den häufig noch unverstandenen Zusammenhang zwischen den Systemen mit physikalisch realen Eingangsprozessen und denen mit den idealisierten weißen Gaußschen Eingangsprozessen zu erläutern.

Kapitel 1: Lineare Systeme

1.1. Allgemeine Lösungsmethoden

Lineare Systeme sind durch die Anwendbarkeit des Superpositionsprinzips definiert. Damit gilt

$$y(t) = \mathscr{H}\left[\sum_{s=1}^{N} \alpha_s \cdot \boldsymbol{x}_s^{\mathrm{T}}(\tau) \,\middle|\, t_0 \leqq \tau < t\right] = \sum_{s=1}^{N} \alpha_s \mathscr{H}\left[z_0^{\mathrm{T}}, \boldsymbol{x}_s^{\mathrm{T}}(\tau) \,\middle|\, t_0 \leqq \tau < t\right].^{1,2)} \tag{1.1}$$

Die Gleichungen (1), (2) müssen für lineare Systeme in $\boldsymbol{z}$ und $\boldsymbol{x}$ linear sein

$$\dot{\boldsymbol{z}} = \boldsymbol{A}(t) \cdot \boldsymbol{z} + \boldsymbol{B}(t) \cdot \boldsymbol{x}, \tag{1.2}$$

$$\boldsymbol{y} = \boldsymbol{C}(t) \cdot \boldsymbol{z} + \boldsymbol{D}(t) \cdot \boldsymbol{x}. \tag{1.3}$$

Eventuell vorhandene, von $\boldsymbol{x}$ und $\boldsymbol{z}$ unabhängige additive Komponenten können dem Eingangsvektor zugeordnet werden. Die Dimension der Vektoren $\boldsymbol{x}$, $\boldsymbol{y}$ und $\boldsymbol{z}$ ist entsprechend m, q und n, die Matrizen $\boldsymbol{A}$, $\boldsymbol{B}$, $\boldsymbol{C}$ und $\boldsymbol{D}$ seien durch ihre Koeffizientensätze $\{a^{(k,l)}\}_{n,n}$, $\{b^{(k,l)}(t)\}_{n,m}$, $\{c^{(k,l)}(t)\}_{p,n}$ und $\{d^{(k,l)}(t)\}_{p,m}$ gegeben. (Eine Matrix $\{\alpha^{(k,l)}\}_{p,q}$ hat p Zeilen und q Spalten).

Im obigen Sinne muß ein System der Art (1.2), (1.3) mit linear eingehendem Eingangsprozeß und zufälligen Koeffizienten als nichtlineares System betrachtet werden. Ist z. B. in der Dgl. erster Ordnung

$$\dot{z} = a(t) \cdot z + b(t) \cdot x^{(1)}$$

der Koeffizient $a(t)$ eine Zufallsfunktion, dann wird mit $a(t) = x^{(2)}(t)$ der erweiterte Eingangsprozeß $\boldsymbol{x}^{\mathrm{T}} = (x^{(1)}, x^{(2)})$ nichtlinear (multiplikativ) mit z verknüpft

$$\dot{z} = z \cdot x^{(2)} + b(t) \cdot x^{(1)}.$$

Das Auffinden des Lösungsfunktionals linearer stochastischer Systeme (1.2—1.3) unterscheidet sich deshalb bei entsprechend „gutartigen" Eingangsprozessen nicht von dem linearer deterministischer Systeme. Die homogene Gleichung

$$\dot{\boldsymbol{z}} = \boldsymbol{A}(t) \cdot \boldsymbol{z} \tag{1.4}$$

---

1) Der obere Index T kennzeichnet die Transponierung eines Vektors oder einer Matrix.

2) Hinter einem senkrechten Strich werden immer Bedingungen notiert. (Im Falle von Gl. (1.1) wird beispielsweise der Definitionsbereich von τ eingeschränkt).

besitzt n unabhängige Lösungen, $\boldsymbol{z}_{(1)}, \ldots, \boldsymbol{z}_{(n)}$, die zur Lösungsmatrix

$$\boldsymbol{Z}(t) = (\boldsymbol{z}_{(1)}, \ldots, \boldsymbol{z}_{(n)})$$

zusammengefaßt und nach Normierung mit $\boldsymbol{Z}(t_0)$ die Cauchysche Fundamentalmatrix $\boldsymbol{\Phi}(t, t_0)$ erzeugen

$$\boldsymbol{\Phi}(t, t_0) = \boldsymbol{Z}(t) \cdot \boldsymbol{Z}^{-1}(t_0). \tag{1.5}$$

Die Lösung des homogenen Gleichungssystems (1.4) mit den Anfangsbedingungen

$$\boldsymbol{z}(t_0) = \boldsymbol{z}_0 \tag{1.6}$$

lauten somit

$$\boldsymbol{z}(t) = \boldsymbol{\Phi}(t, t_0) \cdot \boldsymbol{z}_0, \tag{1.7}$$

wobei $\boldsymbol{\Phi}(t_0, t_0) = \boldsymbol{E}$ die Einheitsmatrix ist.

Mit dem Lösungsansatz $\boldsymbol{z} = \boldsymbol{\Phi}(t, t_0) \cdot \boldsymbol{\alpha}(t)$ und Variation des Parametervektors $\boldsymbol{\alpha}(t)$ bestimmt man die partikuläre Lösung der inhomogenen Gleichung (1.2) aus

$$\boldsymbol{\Phi}(t, t_0) \cdot \frac{\mathrm{d}\boldsymbol{\alpha}(t)}{\mathrm{d}t} = \boldsymbol{B}(t) \cdot \boldsymbol{x}(t)$$

und erhält durch Addition der Lösung der homogenen Gleichung und der partikulären Lösung der inhomogenen Dgl. die Gesamtlösung

$$\boldsymbol{z}(t) = \boldsymbol{\Phi}(t, t_0)\, \boldsymbol{z}_0 + \boldsymbol{\Phi}(t, t_0) \int\limits_{t_0}^{t} \boldsymbol{\Phi}^{-1}(\tau, t_0) \cdot \boldsymbol{B}(\tau)\, \boldsymbol{x}(\tau)\, \mathrm{d}\tau.$$

Man beachte, daß aus

$$\boldsymbol{z}_0 = \boldsymbol{\Phi}^{-1}(t, t_0)\, \boldsymbol{z}(t) = \boldsymbol{\Phi}(t_0, t)\, \boldsymbol{z}(t)$$

folgt

$$\boldsymbol{\Phi}^{-1}(t, t_0) = \boldsymbol{\Phi}(t_0, t). \tag{1.8}$$

Da weiterhin für alle $\boldsymbol{z}_0$

$$\boldsymbol{z}(t) = \boldsymbol{\Phi}(t, \tau) \cdot \boldsymbol{z}(\tau) = \boldsymbol{\Phi}(t, \tau) \cdot \boldsymbol{\Phi}(\tau, t_0) \cdot \boldsymbol{z}_0 = \boldsymbol{\Phi}(t, t_0) \cdot \boldsymbol{z}_0$$

muß gelten

$$\boldsymbol{\Phi}(t, \tau) \cdot \boldsymbol{\Phi}(\tau, t_0) = \boldsymbol{\Phi}(t, t_0). \tag{1.9}$$

Damit kann der Ausgangsprozeß errechnet werden

$$\boldsymbol{y}(t) = \boldsymbol{C}(t) \cdot \boldsymbol{\Phi}(t, t_0)\, \boldsymbol{z}_0 + \int\limits_{t_0}^{t} [\boldsymbol{C}(t)\, \boldsymbol{\Phi}(t, \tau) + \boldsymbol{B}(\tau) + \delta(t - \tau)\, \boldsymbol{D}(\tau)] \cdot \boldsymbol{x}(\tau)\, \mathrm{d}\tau. \tag{1.10}$$

Das Glied $\boldsymbol{D}(t) \cdot \boldsymbol{x}(t)$ wurde mit Hilfe der Deltafunktion $\delta(t)$ unter das Integral gezogen und vorausgesetzt, daß die obere Integrationsgrenze in den Integrationsbereich eingeschlossen wird ($\lim_{\varepsilon \to 0} (t + \varepsilon) = t_+$). Die Impulsübertragungsmatrix $\boldsymbol{G}(t, \tau)$, die die Reaktion des Systems auf deltafunktionsförmige Erregungen beschreibt, wenn das System zum Zeitpunkt $t = -\infty$ in Ruhe war, wird oft zur Darstellung der Ausgangsfunktionen bei beliebiger Erregung herangezogen

$$\boldsymbol{y}(t) = \int_{-\infty}^{\infty} \boldsymbol{G}(t, \tau)\, \boldsymbol{x}(\tau)\, \mathrm{d}\tau, \tag{1.11}$$

wobei

$$\boldsymbol{G}(t, \tau) = 0 \quad \text{für} \quad t < \tau. \tag{1.12}$$

Ein Vergleich mit (1.10) zeigt, daß die Matrix der Impulsübertragungsfunktionen folgendermaßen konstruiert werden kann

$$\boldsymbol{G}(t, \tau) = \begin{cases} \boldsymbol{C}(t)\, \boldsymbol{\Phi}(t, \tau)\, \boldsymbol{B}(\tau) + \delta(t - \tau) \cdot \boldsymbol{D}(t) & \text{für} \quad \tau \leqq t, \\ 0 & \text{für} \quad \tau > t. \end{cases} \tag{1.13}$$

Das Problem des Aufbaus der Fundamentalmatrix $\boldsymbol{\Phi}(t, t_0)$ ist für zeitabhängige $\boldsymbol{A}(t)$ nicht allgemein gelöst, obwohl entwickelte Approximationsverfahren zur Verfügung stehen (z. B. [25, 84]).

Die Zeitabhängigkeit von $\boldsymbol{B}$, $\boldsymbol{C}$ und $\boldsymbol{D}$ bereitet keine Schwierigkeiten. Wenn $\boldsymbol{A}(t)$ und $\int \boldsymbol{A}(\tau)\, \mathrm{d}\tau$ kommutieren $\left(\boldsymbol{A}(t) \cdot \int \boldsymbol{A}(\tau)\, \mathrm{d}\tau = \int \boldsymbol{A}(\tau)\, \mathrm{d}\tau \cdot \boldsymbol{A}(t)\right)$, dann kann die Fundamentalmatrix in endlicher Form angegeben werden

$$\boldsymbol{\Phi}(t, t_0) = \exp\left\{\int_{t_0}^{t} \boldsymbol{A}(\tau)\, \mathrm{d}\tau\right\}. \tag{1.14}$$

Für eine quadratische Matrix $\boldsymbol{R}$ gilt dabei per definitionem

$$\mathrm{e}^{\boldsymbol{R}} = \sum_{k=0}^{\infty} \frac{1}{k!} \boldsymbol{R}^k \qquad (\boldsymbol{R}^0 = \boldsymbol{E}). \tag{1.15}$$

Bildet man nämlich die zeitliche Ableitung der Fundamentalmatrix unter Verwendung der Taylor-Reihe (1.15), so hat man Ausdrücke der Art zu bewältigen

$$\frac{1}{k!} \frac{\mathrm{d}}{\mathrm{d}t} \left[\int_{t_0}^{t} \boldsymbol{A}(\tau_1)\, \mathrm{d}\tau_1 \cdot \cdots \cdot \int_{t_0}^{t} \boldsymbol{A}(\tau_k)\, \mathrm{d}\tau_k\right].$$

Nach der Produktregel erhält man dafür eine Summe der Art

$$\frac{1}{k!} \sum_{i=1}^{k} \int_{t_0}^{t} \boldsymbol{A}({}_1\tau)\, \mathrm{d}\tau_1 \cdot \cdots \cdot \int_{t_0}^{t} \boldsymbol{A}(\tau_{i-1})\, \mathrm{d}\tau_{i-1} \cdot \boldsymbol{A}(t) \cdot \int_{t_0}^{t} \boldsymbol{A}(\tau_{i+1})\, \mathrm{d}\tau_{i+1} \cdot \cdots \cdot \int_{t_0}^{t} \boldsymbol{A}(\tau_k)\, \mathrm{d}\tau_k,$$

die unter Ausnutzung der Kommutierbarkeit von $\boldsymbol{A}$ und $\int \boldsymbol{A}(\tau)\,\mathrm{d}\tau$ in $\frac{\boldsymbol{A}(t)}{(k-1)!}$ $\left[\int\limits_{t_0}^{t} \boldsymbol{A}(\tau)\,\mathrm{d}\tau\right]^{k-1}$ umgeformt werden kann. Summation über alle k liefert dann

$$\frac{\mathrm{d}\boldsymbol{\Phi}(t, t_0)}{\mathrm{d}t} = \boldsymbol{A}(t)\,\boldsymbol{\Phi}(t, t_0).$$

Die Forderung nach Kommutierbarkeit von $\boldsymbol{A}$ und $\int \boldsymbol{A}(\tau)\,\mathrm{d}\tau$ kann abgeschwächt werden [34], so daß wir häufig die Darstellung (1.14) verwenden werden. Für zeitkonstante $\boldsymbol{A}$ ist die Kommutierbarkeit von $\boldsymbol{A}$ und $\int \boldsymbol{A}\,\mathrm{d}t$ immer gegeben.

Bezüglich der praktischen Berechnung des Ausdrucks

$$\exp \int\limits_{t_0}^{t} \boldsymbol{A}(\tau)\,\mathrm{d}\tau$$

sei auf die Möglichkeit der Verwendung des Lagrange-Silvesterschen Interpolationspolynoms verwiesen.

Wenn die Wurzeln der charakteristischen Gleichung

$$\det(\lambda \boldsymbol{E} - \boldsymbol{R}) = 0 \tag{1.16}$$

alle voneinander verschieden und gleich $\lambda_1, \ldots, \lambda_n$ sind, so gilt für die Funktion einer Matrix

$$f(\boldsymbol{R}) = \sum_{k=1}^{n} \frac{(\boldsymbol{R} - \lambda_1\boldsymbol{E}) \cdot \cdots \cdot (\boldsymbol{R} - \lambda_{k-1}\boldsymbol{E}) \cdot (\boldsymbol{R} - \lambda_{k+1}\boldsymbol{E}) \cdot \cdots \cdot (\boldsymbol{R} - \lambda_n\boldsymbol{E})}{(\lambda_k - \lambda_1) \cdot \cdots \cdot (\lambda_k - \lambda_{k-1}) \cdot (\lambda_k - \lambda_{k+1}) \cdot \cdots \cdot (\lambda_k - \lambda_n)}\, f(\lambda_k), \tag{1.17}$$

wobei in unserem Falle $\boldsymbol{R} = \int\limits_{t_0}^{t} \boldsymbol{A}(\tau)\,\mathrm{d}\tau$ und $f(\lambda) = \mathrm{e}^{\lambda}$. Die λ sind hier im allgemeinen zeitabhängige Funktionen. Für den Fall von Mehrfachwurzeln der Gleichung wird mit

$$d(\lambda) = \det(\lambda\boldsymbol{E} - \boldsymbol{R}) = (\lambda - \lambda_1)^{n_1} \cdot (\lambda - \lambda_2)^{n_2} \cdot \cdots \cdot (\lambda - \lambda_s)^{n_s};$$

$$n_1 + n_2 + \cdots + n_s = n,$$

$$f(\boldsymbol{R}) = \sum_{k=1}^{s} [\boldsymbol{E}\alpha_{k,1} + \alpha_{k,2} \cdot (\boldsymbol{R} - \lambda_k\boldsymbol{E}) + \cdots + \alpha_{k,n_k} \cdot (\boldsymbol{R} - \lambda_k\boldsymbol{E})^{n_k-1}] \times \left.\frac{d(\lambda)}{(\lambda - \lambda_k)^{n_k}}\right|_{\lambda=\lambda_k} \tag{1.18}$$

wobei

$$\alpha_{k,j} = \frac{1}{(j-1)!} \left\{\frac{\mathrm{d}^{j-1}}{\mathrm{d}\lambda^{j-1}} \left[\frac{f(\lambda) \cdot (\lambda - \lambda_k)^{n_k}}{d(\lambda)}\right]\right\}\Bigg|_{\lambda=\lambda_k}. \tag{1.19}$$

Mit diesen Ausdrücken wird eine exakte Berechnung der Funktionalmatrix $\boldsymbol{\Phi}(t, t_0) = \exp \int\limits_{t_0}^{t} \boldsymbol{A}(\tau)\,\mathrm{d}\tau$ ohne Zuhilfenehmen der Reihenentwicklung (1.15) ermöglicht, wobei allerdings die charakteristische Gleichung

$$\det\left(\lambda \boldsymbol{E} - \int_{t_0}^{t} \boldsymbol{A}(\tau)\,\mathrm{d}\tau\right) = 0 \tag{1.20}$$

gelöst werden muß.

1.2. Lineare Vierpole

Unabhängig von der Dimension des Zustandsvektors $\boldsymbol{z}$ werden Vierpole durch je eine Eingangs- und Ausgangsgröße charakterisiert. Die Impulsübertragungsmatrix besteht aus nur einem Element, so daß nach (1.11)

$$y(t) = \int_{-\infty}^{\infty} g(t, \tau) \cdot x(\tau)\,\mathrm{d}\tau. \tag{1.21}$$

$g(t, \tau)$ ist die (skalare) Impulsübertragungsfunktion, für die entsprechend (1.13)

$$g(t, \tau) = 0 \quad \text{für} \quad \tau > t.$$

Wenn der Vierpol zum Zeitpunkt t_0 in Ruhe war, so kann man auch schreiben

$$y(t) = \int_{t_0}^{t} g(t, \tau) \cdot x(\tau)\,\mathrm{d}\tau. \tag{1.22}$$

Bestimmen wir zuerst für diesen Fall die Korrelationsfunktionen des Ausgangsprozesses. Dazu werde $y(t)$ approximiert durch die Integralsumme[1])

$$\tilde{y}(t) = \sum_{s=1}^{N} g(t, \tau_s) \cdot x(\tau_s) \cdot \Delta\tau_s; \qquad \Delta\tau_s = \tau_s - \tau_{s-1}. \tag{1.23}$$

Die charakteristische Funktion $h_y(s_1, \ldots, s_M; t_1, \ldots, t_M)$ eines Zufallsprozesses $y(t)$ ist definiert als Fourier-Transformierte seiner M-dimensionalen Wahrscheinlichkeitsdichte $p_{M,y}(y_1, \ldots, y_M; t_1, \ldots, t_M)$, wobei $y_i = y(t_i)$ und $s_i = j \cdot \lambda_i$ $\left(j = \sqrt{-1}\right)$, d. h., es gilt

$$h_{M,y}(s_1, \ldots, s_M; t_1, \ldots, t_M) = \int_{-\infty}^{\infty} \mathrm{d}y_1 \ldots \int_{-\infty}^{\infty} \mathrm{d}y_M \cdot \mathrm{e}^{j\lambda_1 \cdot \tilde{y}_1 + \cdots + j\lambda_M \cdot \tilde{y}_M}$$
$$\times\, p_{M,y}(\tilde{y}_1, \ldots, \tilde{y}_M;\, t_1, \ldots, t_M) = \langle \mathrm{e}^{s_1 \cdot \tilde{y}_1 + \cdots + s_M \cdot \tilde{y}_M} \rangle. \tag{1.24}$$

Die dreieckige Klammer bedeutet hier und im weiteren Mittelwertbildung, wobei in Zweifelsfällen die Argumente, über die nicht gemittelt wird oder die als fixiert angesehen werden, hinter senkrechtem Strich hinzugefügt werden, z. B. besagt

$$\langle \varphi(x, y) \mid y \rangle = \int_{-\infty}^{\infty} \varphi(x, y) \cdot p(x \mid y) \cdot \mathrm{d}x \tag{1.25}$$

mit $p(x \mid y)$-bedingter Wahrscheinlichkeitsdichte von x bei gegebenem y.

---

[1]) Es sind dabei $\tau_0 = t_0$, $\tau_N = t$, d. h.: $\sum_{s=1}^{N} \Delta\tau_s = (t - t_0)$. Das Maximum der $\Delta\tau_s$ ist hinreichend klein gegenüber der Systemzeitkonstanten.

Unter Beachtung von (1.23) kann die charakteristische Funktion von y durch Mittelung über den Eingangsprozeß bestimmt werden

$$h_{M,\tilde{y}}(s_1, \ldots, s_M; t_1, \ldots, t_M) = \langle \exp \sum_{i=1}^{M} s_i \sum_{s=1}^{N} g(t_i, \tau_s) \cdot x_s \cdot \Delta\tau_s \rangle. \tag{1.26}$$

Andererseits ist die charakteristische Funktion des Eingangssignals

$$h_{N,x}(q_1, \ldots, q_N; \tau_1, \ldots, \tau_N) = \langle \exp \sum_{s=1}^{N} q_s \cdot x_s \rangle; \qquad q_s = j\lambda_s'. \tag{1.27}$$

Vergleicht man diesen Ausdruck mit (1.26), so sieht man, daß für $q_s = \sum_{i=1}^{M} s_i \cdot g(t_i, \tau_s) \cdot \Delta\tau_s$ die rechten und mithin auch die linken Seiten einander gleich werden. Demzufolge gilt für die charakteristische Funktion des Ausgangsprozesses

$$h_{M,\tilde{y}}(s_1, \ldots, s_M; t_1, \ldots, t_M) = h_{N,x}\left(\sum_{i=1}^{M} s_i g(t_i, \tau_1) \cdot \Delta\tau_1, \ldots, \sum_{i=1}^{M} s_i \cdot g(t_i, \tau_N) \cdot \Delta\tau_N \right. \\ \left. \times \tau_1, \ldots, \tau_N\right). \tag{1.28}$$

Die verallgemeinerten Korrelationsfunktionen eines Zufallsprozesses $y(t)$ sind definiert als Zerlegungskoeffizienten des natürlichen Logarithmus seiner charakteristischen Funktion (s. z. B. [51]), d. h.,

$$h_{M,y}(s_1, \ldots, s_M; t_1, \ldots, t_M) = \exp\left[\sum_{\nu=1}^{\infty} \frac{1}{\nu!} \sum_{\alpha_1=1}^{M} \cdots \sum_{\alpha_\nu=1}^{M} k_{\nu,y}(t_{\alpha_1}, \ldots, t_{\alpha_\nu}) \cdot s_{\alpha_1} \cdot \cdots \cdot s_{\alpha_\nu}\right] \tag{1.29}$$

bzw.

$$k_{\nu,y}(t_{\alpha_1}, \ldots, t_{\alpha_\nu}) = \left.\frac{\partial^\nu \ln h_{\nu,y}(s_{\alpha_1}, \ldots, s_{\alpha_\nu}; t_{\alpha_1}, \ldots, t_{\alpha_\nu})}{\partial s_{\alpha_1} \cdot \partial s_{\alpha_2}, \ldots, \partial s_{\alpha_\nu}}\right|_{s_{\alpha_i}=0}; \quad \nu = 1, 2, \ldots. \tag{1.30}$$

Verallgemeinerte Korrelationsfunktionen, die sich auf die Verteilung der Zufallsgröße $x(t_i)$ beziehen, also durch gleiche Zeitargumente charakterisiert sind, werden als Kumulanten bezeichnet: $K_\nu(t_i) = k_\nu(t_i, t_i, \ldots, t_i)$. Das gleiche gilt für die entsprechenden Zerlegungskoeffizienten zeitunabhängiger Zufallsgrößen.

Gleichung (1.28) gilt natürlich auch für die Darstellungsweise beider Seiten nach (1.29), so daß

$$\exp\left[\sum_{\nu=1}^{\infty} \frac{1}{\nu!} \sum_{\alpha_1=1}^{M} \cdots \sum_{\alpha_\nu=1}^{M} k_{\tilde{y},\nu}(t_{\alpha_1}, \ldots, t_{\alpha_\nu}) \cdot s_{\alpha_1} \cdot \cdots \cdot s_{\alpha_\nu}\right]$$

$$= \exp\left[\sum_{\nu=1}^{\infty} \frac{1}{\nu!} \sum_{r_1=1}^{N} \cdots \sum_{r_\nu=1}^{N} k_{\nu,x}(\tau_{r_1}, \ldots, \tau_{r_\nu}) \cdot \sum_{\alpha_1=1}^{M} s_{\alpha_1} \cdot g(t_{\alpha_1}, \tau_{r_1}) \cdot \Delta\tau_{r_1} \right.$$

$$\left. \times \cdots \cdot \sum_{\alpha_\nu=1}^{M} s_{\alpha_\nu} \cdot g(t_{\alpha_\nu}, \tau_{r_\nu}) \cdot \Delta\tau_{r_\nu}\right].$$

Da die Gleichung für beliebige s_{α_i} erfüllt ist, gewinnt man durch Vergleich der Koeffizienten bei gleichen Produkten

$$k_{\nu,\tilde{y}}(t_{\alpha_1}, \ldots, t_{\alpha_\nu}) = \sum_{r_1=1}^{N} \cdots \sum_{r_\nu=1}^{N} g(t_{\alpha_1}, \tau_{r_1}) \cdot \cdots \cdot g(t_{\alpha_\nu}, \tau_{r_\nu}) \cdot k_{\nu,x}(\tau_{r_1}, \ldots, \tau_{r_\nu})$$
$$\times \Delta\tau_{r_1} \cdot \cdots \cdot \Delta\tau_{r_\nu}. \tag{1.31}$$

Unter der Voraussetzung, daß für $\Delta\tau_r \to 0$ und $N \to \infty$ die Integralsumme (1.23) im quadratischen Mittel gegen den durch (1.21) festgelegten Ausgangsprozeß $y(t)$ konvergiert, strebt $k_{\nu,\tilde{y}}(\cdot)$ gegen die Korrelationsfunktion $k_{\nu,y}(\cdot)$ des Vierpolausgangsprozesses, d. h.

$$k_{\nu,y}(t_1, \ldots, t_\nu) = \int_{t_0}^{t} \mathrm{d}\tau_1, \ldots, \int_{t_0}^{t} \mathrm{d}\tau_\nu g(t_1, \tau_1) \cdot \cdots \cdot g(t_\nu, \tau_\nu) \cdot k_{\nu,x}(\tau_1, \ldots, \tau_\nu). \tag{1.32}$$

Völlig analog gewinnt man unter Heranziehung der Momentenfunktionen — definiert als Zerlegungskoeffizienten der charakteristischen Funktion —

$$h_{M,y}(s_1, \ldots, s_M; t_1, \ldots, t_M) = \sum_{\nu=0}^{\infty} \frac{1}{\nu!} \sum_{r_1=1}^{M} \cdots \sum_{r_\nu=1}^{M} m_{\nu,y}(t_{r_1}, \ldots, t_{r_\nu} \cdot s_{r_1} \cdot \cdots \cdot s_{r_\nu}, \tag{1.33}$$

wobei

$$m_{\nu,y}(t_1, \ldots, t_\nu) = \left. \frac{\partial^\nu h_{\nu,y}(s_1, \ldots, s_\nu; t_1, \ldots, t_\nu)}{\partial_{s1} \partial_{s2} \cdots \partial_{s\nu}} \right|_{s_i=0}$$
$$= \langle y(t_1) \cdot y(t_2) \cdot \cdots \cdot y(t_\nu) \rangle \tag{1.34}$$

folgende Transformationsregel gilt

$$m_{\nu,y}(t_1, \ldots, t_\nu) = \int_{t_0}^{t} \mathrm{d}\tau_1, \ldots, \int_{t_0}^{t} \mathrm{d}\tau_\nu g(t_1, \tau_1) \cdot \cdots \cdot g(t_\nu, \tau_\nu) \cdot m_{\nu,x}(\tau_1, \ldots, \tau_\nu). \tag{1.35}$$

Die gleiche Formel gilt auch für die zentralen Momentenfunktionen $\mu_\nu(t_1, \ldots, t_\nu)$, die als Momentenfunktionen des zentrierten Prozesses $y_0(t) = y(t) - \langle y(t) \rangle$ definiert sind.

Im Zusammenhang zwischen Momenten- und Korrelationsfunktionen — siehe [51] (s. auch Kap. 6 Gl. (6.46) und Kap. 7 Gl. (7.15)). Da vorausgesetzt wird, daß das System zum Zeitpunkt t_0 in Ruhe war (der Eingangsprozeß mithin für $t < t_0$ identisch Null ist), so können in (1.32) und (1.35) die Integralgrenzen auf $\pm\infty$ erweitert werden, da $g(t, \tau) = 0$ für $\tau > t$ und die Momenten- bzw. Korrelationsfunktionen für $\tau_i < t_0$ gleich Null gesetzt werden müssen.

Mit den Korrelationsfunktionen ist ebenfalls die charakteristische Funktion und damit — zumindest im Prinzip — die M-dimensionale Wahrscheinlichkeitsdichte des, Ausgangsprozesses bestimmt. Wenn der Vierpol zum Zeitpunk$_3$ t_0 nicht in Ruhe war so muß zu (1.22) gemäß (1.10) noch der durch den inneren Systemzustand z_0 hervorgerufene Ausgangssignalanteil addiert werden

$$y(t) = \boldsymbol{C}(t)\, \boldsymbol{\Phi}(t, t_0) \cdot z_0 + \int_{t_0}^{t} g(t, \tau) \cdot x(\tau)\, \mathrm{d}\tau. \tag{1.36}$$

Da aber für reale Systeme der Eingangsprozeß $x(t)$ für $t > t_0$ vom Systemzustand z_0 zum Zeitpunkt t_0 unabhängig ist, verändert sich nur der Mittelwert des Ausgangsprozesses

$$m_{1,y}(t) = k_{1,y}(t) = C(t)\,\Phi(t, t_0) \cdot m_{1,z_0}(t_0) + \int_{t_0}^{t} g(t, \tau) \cdot m_{1,x}(\tau) \cdot d\tau. \tag{1.37}$$

Alle anderen Korrelations- und zentralen Momentenfunktionen höherer Ordnung bleiben unverändert.

Mitunter ist es notwendig, die Wahrscheinlichkeitsdichte des Ausgangsprozesses zu bestimmen. Da nach (1.32) und (1.29) nur die charakteristische Funktion bekannt ist, erhebt sich die Frage, wie zumindest näherungsweise die Fourier-Rücktransformation durchgeführt werden kann

$$p_{\nu,y}(y_1, \ldots, y_\nu; t_1, \ldots, t_\nu) = \frac{1}{(2\pi)^\nu} \int_{-\infty}^{\infty} d\lambda_1 \cdots \int_{-\infty}^{\infty} d\lambda_\nu \exp\left[-i \sum_{s=1}^{\nu} \lambda_s \cdot y_s\right]$$
$$\times\, h_{\nu,y}(i\lambda_1, \ldots, i\lambda_\nu; t_1, \ldots, t_\nu).$$

Zur praktischen Ausführung hat sich die Zerlegung der Wahrscheinlichkeitsdichte nach Hermiteschen Polynomen bewährt, die eng mit der Einführung der Quasimomentenfunktionen verknüpft ist. In Kapitel 7 wird näher auf die Bestimmung der Wahrscheinlichkeitsdichte bei bekannten Korrelationsfunktionen eingegangen.

1.3. Zeitinvariante Vierpole und stationäre Prozesse

Für stationäre stochastische Prozesse $x(t)$ ist die N-dimensionale Verteilungsdichte invariant gegenüber Verschiebungen der Zeitachse $t' = t + T$

$$p_{N,x}(x_1, \ldots, x_N; t_1, \ldots, t_N) = p_{N,x}(x_1, \ldots, x_N; t_1 + T, \ldots, t_N + T) \qquad \text{für alle } T$$

und hängt nur von den Zeitdifferenzen ab, da T z. B. gleich $(-t_1)$ gesetzt werden kann:

$$p_{N,x}(x_1, \ldots, x_N; t_1, \ldots, t_N) = p_{N,x}(x_1, \ldots, x_N; 0, t_2 - t_1 \ldots, t_N - t_1)$$
$$= \bar{p}_{N,x}(x_1, \ldots, x_N; t_2 - t_1, \ldots, t_N - t_1). \tag{1.38}$$

Entsprechend werden alle statistischen Beschreibungsgrößen zeitdifferenzabhängig, z. B.

$$k_{\nu,x}\,(t_1, \ldots, t_\nu) = \bar{k}_{\nu,x}(t_2 - t_1, \ldots, t_\nu - t_1) \tag{1.39}$$

oder mit $\tau_i = t_{i+1} - t_1$

$$k_{\nu,x}(t_1, \ldots, t_\nu) = \bar{k}_{\nu,x}(\tau_1, \ldots, \tau_{\nu\theta 1}). \tag{1.40}$$

Stationarität im weiteren Sinne bedeutet, daß nur die ersten beiden Momentenfunktionen zeitdifferenzabhängig sein müssen.

Für zeitinvariante lineare Vierpole, die sich durch zeitkonstante Parameter des beschreibenden Systems im Zustandsraum (1.2—1.3) auszeichnen, hängt die Impulsübertragungsfunktion ebenfalls nur von der Zeitdifferenz $t - \tau$ ab

$$g(t, \tau) = \bar{g}(t - \tau). \tag{1.41}$$

Den Querstrich bei den statistischen Beschreibungsfunktionen sowie der Impulsübertragungsfunktion werden wir im weiteren weglassen, da die Angabe der Argumente Verwechslungen mit den Beschreibungsgrößen instationärer Prozesse und zeitvariabler Vierpole ausschließt.

Gemäß (1.32) ist der Ausgangsprozeß eines zeitinvarianten Vierpols bei stationären Eingangsprozessen gleichfalls stationär, da nach Substitution von $\tau_i' = t_i - \tau_i$ unter Beachtung von (1.40) und (1.41)

$$k_{\nu,y}(t_1, \ldots, t_\nu) = \int_{-\infty}^{\infty} d\tau_1 \cdots \int_{-\infty}^{\infty} d\tau_\nu \cdot g(\tau_1) \cdot \cdots \cdot g(\tau_\nu) \cdot k_{\nu,x}(t_2 - t_1 + \tau_1 - \tau_2, \ldots,$$
$$t_\nu - t_1 + \tau_1 - \tau_\nu) = k_{\nu,y}(t_2 - t_1, \ldots, t_\nu - t_1). \tag{1.42}$$

Nach dem Satz von WIENER-CHINTSCHIN (s. z. B. [53, 68, 124]) ist die Spektraldichte $S_x(\omega)$ eines stationären Zufallsprozesses gleich der Fourier-Transformierten der Korrelationsfunktion zweiter Ordnung

$$S_x(j\omega) = \int_{-\infty}^{\infty} e^{-j\omega\tau} \cdot k_{2,x}(\tau) \, d\tau, \tag{1.43}$$

wobei $S_x(\omega) \cdot \frac{d\omega}{2\pi}$ die im Spektralintervall $df = \frac{d\omega}{2\pi}$ konzentrierte mittlere Leistung in der Umgebung der Frequenz $f = \frac{\omega}{2\pi}$ angibt. Auf Grund der Symmetrie der Korrelationsfunktion

$$k_{2,x}(\tau) = k_{2,x}(-\tau) \tag{1.44}$$

ist die Spektraldichte eine realwertige Funktion: $S_x(j\omega) = S_x'(\omega)$. Führt man analog zu (1.43) die Spektraldichten ν-ter Ordnung ein ($\nu > 1$)

$$S_\nu(j\omega_1, \ldots, j\omega_{\nu-1}) = \int_{-\infty}^{\infty} d\tau_1 \cdots \int_{-\infty}^{\infty} d\tau_{\nu-1} \cdot e^{j-(\omega_1 \cdot \tau_1 + \ldots + \omega_{\nu-1} \cdot \tau_{\nu-1})} \, k_\nu(\tau_1, \ldots, \tau_{\nu-1}) \tag{1.45}$$

sowie die Vierpolübertragungsfunktion

$$G(j\omega) = \int_{-\infty}^{\infty} d\tau \cdot e^{-j\omega\tau} \cdot g(\tau), \tag{1.46}$$

so erhält man aus (1.42)

$$S_{\nu,y}(j\omega_1, \ldots, j\omega_{\nu-1}) = G(-j\omega_1 - j\omega_2 - \cdots - j\omega_{\nu-1}) \cdot G(j\omega_1) \cdot \cdots \cdot G(j\omega_{\nu-1})$$
$$\times S_{\nu,x}(j\omega_1, \ldots, j\omega_{\nu-1}). \tag{1.47}$$

Für $\nu = 2$ folgt die bekannte Beziehung

$$S_{2,y}(j\omega) = G(-j\omega) \cdot G(j\omega) \cdot S_{2,x}(j\omega)$$

bzw.

$$S_y'(\omega) = |G(j\omega)|^2 \cdot S_x'(\omega), \tag{1.48}$$

da nach (1.46) gilt $G(j\omega) = G^*(-j\omega)$ (der Stern bedeutet komplexe Konjugation). Die Spektraltransformationen sind hier für $\nu \geqq 2$ bestimmt. Natürlich läßt sich auch die Mittelwertstransformation in den Spektralbereich überführen

$$S_{1,y}(j\omega) = \int_{-\infty}^{\infty} d\tau \cdot e^{-j\omega\tau} \cdot k_{1,y}(\tau) = G(j\omega) \cdot S_{1,x}(j\omega), \tag{1.49}$$

wobei für stationäre Prozesse $k_1(t) = m_1(t)$ streng genommen eine zeitunabhängige Größe darstellt. Du₁ch Übergang zu den zentrierten Zufallsfunktionen $x_0 = x - m_{1,x}(t)$ bzw. $y_0 = y - m_{1,y}(t)$ kann diese Forderung jedoch umgangen werden. Formel (1.47) behält also ihre Gültigkeit auch für Prozesse mit zeitabhängigen Mittelwerten, wenn nur der zentrierte Eingangsprozeß stationär ist.

1.4. Zustandsraumdarstellung eines linearen Vierpols

Häufig wird das Übertragungsverhalten eines stationären linearen Vierpols durch seine Übertragungsfunktion $G(j\omega)$ oder durch seinen Übertragungsoperator $G(\mathrm{p})$ beschrieben $\left(\mathrm{p} = \frac{\mathrm{d}}{\mathrm{d}t}\right)$. Um diese Darstellung in eine Zustandsraumbeschreibung gemäß (1.2—1.3) zu überführen, betrachten wir den etwas allgemeineren Fall eines zeitabhängigen Übertragungsoperators $G(\mathrm{p}, t)$. Diese Darstellung ist der Beschreibung des Vierpols in Form einer gewöhnlichen Differentialgleichung n-ter Ordnung äquivalent. Es sei

$$y(t) = G(\mathrm{p}, t) \cdot x(t) = \frac{\mathrm{p}^{n-1} \cdot \beta_1(t) + \cdots + \mathrm{p} \cdot \beta_{n-1}(t) + \beta_n(t)}{\mathrm{p}^n + \mathrm{p}^{n-1} \cdot \alpha_1(t) + \cdots + \mathrm{p} \cdot \alpha_{n-1}(t) + \alpha_n(t)} \cdot x(t), \tag{1.50}$$

wobei diese formale Operatorendarstellung ($\mathrm{p} = \mathrm{d}/\mathrm{d}t$) durch die folgende Differentialgleichung eindeutig erklärt ist

$$\frac{\mathrm{d}^n}{\mathrm{d}t^n} \cdot y + \frac{\mathrm{d}^{n-1}}{\mathrm{d}t^{n-1}} [\alpha_1 \cdot y] + \cdots + \alpha_n \cdot y = \frac{\mathrm{d}^{n-1}}{\mathrm{d}t^{n-1}} [\beta_1 \cdot x] + \cdots + \beta_n \cdot x. \tag{1.51}$$

Für zeitkonstante α_i und β_i ergibt sich $G(\mathrm{p})$ direkt aus $G(j\omega)$ durch Substitution $j\omega \to \mathrm{p}$. Die Aufgabe besteht in der Überführung obiger Darstellung in die Form (1.2—1.3).

$$\dot{\boldsymbol{z}} = \boldsymbol{A}(t) \cdot \boldsymbol{z} + \boldsymbol{B}(t) \cdot x,$$

$$\boldsymbol{y} = \boldsymbol{C}(t) \cdot \boldsymbol{z} + \boldsymbol{D}(t) \cdot x.$$

Dazu existieren mehrere Möglichkeiten (s. z. B. [77]). Wir wählen willkürlich $\boldsymbol{C}(t)$

$= \boldsymbol{H}^\top = (1, 0, \ldots, 0)$ und $\boldsymbol{D}(t) = 0$. Damit ist der Ausgangsprozeß $y(t)$ mit der ersten Komponente des Zustandsvektors identisch

$$y = \boldsymbol{H}^\top \cdot \boldsymbol{z} = z^{(1)}. \tag{1.52}$$

Damit folgt gemäß (1.51)

$$\mathrm{p}^{n-1}(\mathrm{p}z^{(1)} + \alpha_1 \cdot z^{(1)} - \beta_1 \cdot x) = \sum_{k=2}^{n} \mathrm{p}^{n-k}(\beta_k \cdot x - \alpha_k \cdot z^{(1)}). \tag{1.53}$$

Die übrigen Komponenten des Zustandsvektors $z^{(i)}$ $(2 \leqq i \leqq n)$ können durch die Bedingung

$$\mathrm{p}^{n-i+1} z^{(i)} = \sum_{k=i}^{n} \mathrm{p}^{n-k}(\beta_k \cdot x - \alpha_k \cdot z^{(1)}); \qquad i \geqq 2, \tag{1.54}$$

festgelegt werden bzw.

$$\mathrm{p}^{n-i}(\mathrm{p}z^{(i)} - \beta_i \cdot x + \alpha_i \cdot z^{(1)}) = \sum_{k=i+1} \mathrm{p}^{n-k}(\beta_k \cdot x - \alpha_k \cdot z^{(1)}) = \mathrm{p}^{n-i} \cdot z^{(i+1)}. \tag{1.55}$$

Da für $i = 1$ Gl. (1.55) unter Beachtung von (1.54) in die Differentialgleichung übergeht, werden somit durch (1.55) alle Komponenten des Zustandsvektors widerspruchsfrei bestimmt (man beachte, daß für $i = nz^{(n+1)} = 0$ zu setzen ist).

Wenn die $z^{(i)}$ dem Differentialgleichungssystem

$$\dot{z}^{(i)} = -\alpha_i \cdot z^{(1)} + z^{(i+1)} + \beta_i \cdot x; \qquad i = 1, \ldots, n,$$

genügen, ist (1.55) erfüllt. Damit ist eine mögliche Transformation der Vierpolbeschreibung nach (1.51) in den Zustandsraum gegeben, die im weiteren mehrfach verwendet wird:

$$\begin{aligned}
\dot{z}^{(1)} &= -\alpha_1 \cdot z^{(1)} + z^{(2)} + \beta_1 \cdot x \\
\dot{z}^{(2)} &= -\alpha_2 \cdot z^{(1)} + z^{(3)} + \beta_2 \cdot x \\
&\cdots\cdots\cdots\cdots\cdots\cdots \\
\dot{z}^{(n-1)} &= -\alpha_{n-1} \cdot z^{(1)} + z^{(n)} + \beta_{n-1} \cdot x \\
\dot{z}^{(n)} &= -\alpha_n \cdot z^{(1)} + \beta_n \cdot x
\end{aligned} \tag{1.56}$$

bzw.

$$\dot{\boldsymbol{z}} = \boldsymbol{A}(t) \cdot \boldsymbol{z} + \boldsymbol{B}(t) \cdot x; \qquad y = \boldsymbol{H}^\top \cdot \boldsymbol{z}, \tag{1.57}$$

wobei

$$\boldsymbol{A}(t) = \begin{pmatrix}
-\alpha_1(t) & 1 & 0 & \cdots & 0 & 0 \\
-\alpha_2(t) & 0 & 1 & \cdots & 0 & 0 \\
\cdots & \cdots & \cdots & \cdots & \cdots & \cdots \\
\cdots & \cdots & \cdots & \cdots & \cdots & \cdots \\
\cdots & \cdots & \cdots & \cdots & \cdots & \cdots \\
-\alpha_{n-1}(t) & 0 & 0 & \cdots & 0 & 1 \\
-\alpha_n(t) & 0 & 0 & \cdots & 0 & 0
\end{pmatrix}, \tag{1.58}$$

$$\boldsymbol{B}^\top(t) = \big(\beta_1(t), \beta_2(t), \ldots, \beta_n(t)\big),$$

$$\boldsymbol{H}^\top(t) = (1, 0, 0, \ldots, 0).$$

Wenn der Grad des Zählerpolynoms $n - m$ ist ($m > 1$), d. h. $\beta_i = 0$ für $i = 1, \ldots, m-1$, dann gilt für konstante $\alpha_i(t) = \alpha_i$

$$\begin{aligned} p^k y &= \boldsymbol{H}^{\mathsf{T}} \cdot \boldsymbol{A}^{k-1} \cdot \boldsymbol{z}; \qquad k = 0, 1, \ldots, m-1, \\ p^m y &= \boldsymbol{H}^{\mathsf{T}} \cdot \boldsymbol{A}^m \cdot \boldsymbol{z} + \boldsymbol{H}^{\mathsf{T}} \cdot \boldsymbol{A}^{m-1} \cdot \boldsymbol{B}(t) \cdot x \end{aligned} \tag{1.59}$$

da $\boldsymbol{H}^{\mathsf{T}} \cdot \boldsymbol{A}^K \cdot \boldsymbol{B} = 0$ für $0 \leqq k \leqq m - 2$.

Da die Eingangsprozeßunabhängigkeit der ersten $(m - 1)$ Ableitungen des Ausgangsprozesses von der Darstellung im Zustandsraum unabhängig ist, gilt die Beziehung (1.59) auch für beliebige andere Transformationen.

Häufig werden noch folgende Zustandsraumdarstellungen verwendet:

1. Hauptdiagonaldarstellung für konstante α_i:

$$\begin{aligned} \boldsymbol{H}^{\mathsf{T}} &= (1, 1, \ldots, 1), \\ \boldsymbol{B}^{\mathsf{T}} &= (b_1, \ldots, b_n), \end{aligned} \qquad \boldsymbol{A} = \begin{pmatrix} -p_1 & 0 & & 0 \\ 0 & -p_2 & & 0 \\ \cdot & & & \\ \cdot & & & \\ \cdot & \cdot & & \\ 0 & 0 & & -p_n \end{pmatrix}. \tag{1.60}$$

Dabei sind $-p_i$ Einfach-Wurzeln des Nennerpolynoms von $G(p)$ und

$$b_i = \lim_{s \to -p_i} (s + p_i)\, G(s).$$

2. Darstellung mit einer nichtverschwindenden Komponente von $\boldsymbol{B}(t)$ für konstante α_i:

$$\begin{aligned} \boldsymbol{H}^{\mathsf{T}} &= (\beta_n, \beta_{n-1}, \ldots, \beta_1), \\ \boldsymbol{B}^{\mathsf{T}} &= (0, 0, \ldots, 0, 1), \end{aligned} \qquad \boldsymbol{A} = \begin{pmatrix} 0 & 1 & & 0 & 0 \\ 0 & 0 & & 0 & 0 \\ \cdot & & & & \\ \cdot & & & & \\ \cdot & & & & \\ 0 & 0 & & 0 & 1 \\ -\alpha_n & -\alpha_{n-1} & & -\alpha_2 & -\alpha_1 \end{pmatrix}. \tag{1.61}$$

Abschließend sei bemerkt, daß für den Fall gleicher Ordnung des Zähler- und Nennerpolynoms die gleichen Darstellungsformen verwendet werden können, wenn $G(p, t)$ folgendermaßen umgeformt wird

$$G(p, t) = \frac{p^n \cdot \beta_1' + p^{n-1} \cdot \beta_2' + \cdots + \beta_{n+1}'}{p^n + p^{n-1} \cdot \alpha_1 + \cdots + \alpha_n} = \beta_0 + \frac{p^{n-1} \cdot \beta_1 + \cdots + \beta_n}{p^n + p^{n-1}\alpha_1 + \cdots + \alpha_n} \tag{1.62}$$

und y gleich

$$y = \boldsymbol{H}^{\mathsf{T}} \boldsymbol{z} + \beta_0 \cdot x \tag{1.63}$$

gesetzt wird.

1.5. Gaußsche Prozesse und lineare Vierpole

Gaußsche oder normalverteilte Prozesse werden nur durch ihre Korrelationsfunktionen erster und zweiter Ordnung — also Mittelwert und gewöhnliche Korrelationsfunktion — charakterisiert, alle Korrelationsfunktionen höherer Ordnung sind identisch Null. Die N-dimensionale charakteristische Funktion lautet somit

$$h_N(q_1, \ldots, q_N; t_1, \ldots, t_N) = \exp\left(\boldsymbol{K}_1^{\mathsf{T}} \cdot \boldsymbol{Q} + \frac{1}{2} \boldsymbol{Q}^{\mathsf{T}} \cdot \boldsymbol{K}_2 \cdot \boldsymbol{Q}\right), \tag{1.64}$$

wobei

$$\boldsymbol{Q}^{\mathsf{T}} = (q_1, \ldots, q_N) = j(\lambda_1, \ldots, \lambda_N),$$

$$\boldsymbol{K}_1^{\mathsf{T}} = \big(k_1(t_1), \ldots, k_1(t_N)\big),$$

$$\boldsymbol{K}_2 = \{k_2(t_i, t_j)\}_{N,N} = \langle(\boldsymbol{X} - \langle\boldsymbol{X}\rangle) \cdot (\boldsymbol{X} - \langle\boldsymbol{X}\rangle)^{\mathsf{T}}\rangle.$$

Hier sind $\boldsymbol{x}^{\mathsf{T}} = (x_1, \ldots, x_N)$ und $x_i = x(t_i)$.

Durch Fourier-Rücktransformation ergibt sich die N-dimensionale Wahrscheinlichkeitsdichte des Gauß-Prozesses $x(t)$

$$p_N(x_1, \ldots, x_N; t_1, \ldots, t_N) = \frac{1}{\sqrt{(2\pi)^N \det \boldsymbol{K}_2}} \exp\left[-\frac{1}{2} (\boldsymbol{K}_1 - \boldsymbol{x})^{\mathsf{T}} \cdot \boldsymbol{K}_2^{-1} \cdot (\boldsymbol{K}_1 - \boldsymbol{x})\right]. \tag{1.65}$$

Weißes Gaußsches Rauschen $\xi(t)$ stellt nun einen stochastischen Prozeß mit — in mathematischem Sinne — etwas pathologischen Eigenschaften dar. Seine Korrelationsfunktion wird durch die Diracsche Deltafunktion gegeben

$$k_{2,\xi}(t, t') = R(t) \cdot \delta(t - t'). \tag{1.66}$$

Das bedeutet, daß dieser Prozeß mit Wahrscheinlichkeit Eins nirgendwo stetig und für beliebige, voneinander verschiedene Zeitmomente unkorreliert ist. Seine Streuung ist unendlich. Da Unkorreliertheit im Falle Gaußscher Prozesse statistische Unabhängigkeit bedeutet, sind beliebige Abtastwerte $\boldsymbol{x}(t)$ und $\boldsymbol{x}(t')$ voneinander unabhängig $(t \neq t')$. Ist der weiße Gauß-Prozeß stationär $\left(R(t) = \dfrac{N_0}{2}\right)$, so ist seine Spektraldichte auf der gesamten Frequenzachse konstant und gleich $\dfrac{N_0}{2}$. Daher rührt die Bezeichnung „weißes Rauschen".

Unter $\xi_0(t)$ soll im weiteren der stationäre weiße Gauß-Prozeß mit verschwindendem Mittelwert verstanden werden.

Jeder reelle stationäre Gauß-Prozeß mit gebrochen rationalem Leistungsdichtespektrum und verschwindendem Mittelwert kann formal als Reaktion eines zeitinvarianten linearen Vierpols auf einen stationären weißen Gauß-Prozeß dargestellt werden. In der Tat, da die Spektraldichte $S_2(j\omega) = S_2(-j\omega)$ eine reelle Funktion ist, kann immer eine gebrochen rationale Funktion von $j\omega$ mit reellen Koeffizienten gefunden werden, für die

$$S_2(j\omega) = G(j\omega) \cdot G(-j\omega).$$

$G(j\omega)$ werde mit der Übertragungsfunktion eines Vierpols identifiziert. Da die Spektraldichte — außer für weißes Rauschen — im Unendlichen verschwinden muß, ist der Grad des Zählerpolynoms von $G(j\omega)$ immer kleiner oder gleich dem des Nennerpolynoms. Gemäß Abschnitt 1.4. ist damit auch der Weg zur Zustandsraumbeschreibung des ursprünglichen Gauß-Prozesses skizziert: Liegt somit am Eingang irgendeines Systems ein stationärer Gauß-Prozeß mit gebrochen rationaler Spektraldichte an, so kann dieses System durch Vorschaltung eines „Weißmacher"-Vierpols auf ein System mit stationärem weißem Gaußschem Eingangsprozeß erweitert werden.

Man beachte, daß streng genommen das Riemannsche Integral

$$y(t) = \int_{-\infty}^{\infty} g(t, \tau) \cdot \xi_0(\tau) \cdot \mathrm{d}\tau$$

infolge der Unstetigkeit von $\xi_0(t)$ fast überall nicht existiert, da die Konvergenz der Integralsumme $\sum_{i=1}^{N} g(t, \tau_i) \cdot \xi_0(\tau_i) \cdot \Delta\tau_i$ die Stetigkeit der Summanden bezüglich τ (mit Ausnahme einer Menge vom Maß Null) voraussetzt. Auf die damit verbundene Notwendigkeit der Erweiterung des Integral- und Differentialbegriffs wird in Kapitel 2 eingegangen.

1.6. Lineare Mehrpole

Schon bei linearen Mehrpolen ($m > 1$, $q > 1$) stößt die Ableitung einer zu (1.32) analogen Transformationsvorschrift z. B. für die Korrelationsfunktionen auf einige Schwierigkeiten, so daß man sich in der Regel auf die Bestimmung der Korrelationsfunktionen erster und zweiter Ordnung beschränkt. Nach (1.10) und (1.13) gilt

$$\boldsymbol{y} = \boldsymbol{C}(t) \cdot \boldsymbol{\Phi}(t, t_0) \cdot \boldsymbol{z}_0 + \int_{t_0}^{\infty} \boldsymbol{G}(t, \tau) \cdot \boldsymbol{x}(\tau) \cdot \mathrm{d}\tau. \tag{1.67}$$

Der Mittelwertsvektor wird durch Mittelung gewonnen

$$\langle \boldsymbol{y}(t) \rangle = \boldsymbol{K}_{1,y}(t) = \boldsymbol{m}_1(t) = \boldsymbol{C}(t) \cdot \boldsymbol{\Phi}(t, t_0) \, \langle \boldsymbol{z}_0 \rangle + \int_{t_0}^{\infty} \boldsymbol{G}(t, \tau) \cdot \boldsymbol{K}_{1,x}(\tau) \cdot \mathrm{d}\tau. \tag{1.68}$$

Die Korrelationsmatrix

$$\boldsymbol{K}_{2,y}(t, t') = \Big\langle \big(\boldsymbol{y}(t) - \langle \boldsymbol{y}(t) \rangle\big) \, \boldsymbol{y}\big((t') - \langle \boldsymbol{y}(t') \rangle\big)^{\mathsf{T}} \Big\rangle \tag{1.69}$$

mit den Elementen $k_{z,y}^{(\alpha,\beta)}(t, t') = \Big\langle \big(y^{(\alpha)}(t) - \langle y^{(\alpha)}(t) \rangle\big) \big(y^{(\beta)}(t') - \langle y^{(\beta)}(t') \rangle\big) \Big\rangle$ läßt sich einfach errechnen, wenn die Unabhängigkeit von $\boldsymbol{x}(\tau)$ und $\boldsymbol{z}_0$ für $\tau > t_0$ sowie die Matrizenbeziehung $(\boldsymbol{A} \cdot \boldsymbol{B})^{\mathsf{T}} = \boldsymbol{B}^{\mathsf{T}} \cdot \boldsymbol{A}^{\mathsf{T}}$ beachtet werden

$$\begin{aligned} \boldsymbol{K}_{2,y}(t, t') = {} & \int_{t_0}^{\infty} \mathrm{d}\tau \int_{t_0}^{\infty} \mathrm{d}\tau' \, \boldsymbol{G}(t, \tau) \cdot \boldsymbol{K}_{2,x}(\tau, \tau') \cdot \boldsymbol{G}^{\mathsf{T}}(t', \tau') \\ & + \boldsymbol{C}(t) \, \boldsymbol{\Phi}(t, t_0) \cdot \boldsymbol{K}_{2,z}(t_0, t_0) \cdot \boldsymbol{\Phi}^{\mathsf{T}}(t', t_0) \cdot \boldsymbol{C}^{\mathsf{T}}(t'), \end{aligned} \tag{1.70}$$

wobei $\boldsymbol{K}_{2,x}$ und $\boldsymbol{K}_{2,z}$ die Korrelationsmatrizen des Eingangsprozesses x und des Zustandsvektors z darstellen. Für einen determinierten Anfangszustand ist $\boldsymbol{K}_{2,z}(t_0, t_0)$ identisch Null.

Für zeitinvariante Vierpole und stationäre Eingangsprozesse erhält man mit den Spektralmatrizen

$$\boldsymbol{S}_2(j\omega) = \int_{-\infty}^{\infty} \mathrm{d}\tau \cdot \mathrm{e}^{-j\omega\tau} \cdot \boldsymbol{K}_2(\tau) \tag{1.71}$$

die bekannte Beziehung

$$\boldsymbol{S}_{2,y}(j\omega) = \boldsymbol{G}(j\omega) \cdot \boldsymbol{S}_{2,x}(j\omega) \cdot \boldsymbol{G}^{\mathrm{T}}(-j\omega), \tag{1.72}$$

die häufig den Optimierungsaufgaben im Falle Gaußscher Prozesse zugrunde gelegt wird.

Kapitel 2: Stochastische Differentialgleichungen und Markovsche Diffusionsprozesse

2.1. Markov-Prozesse

Markov-Prozesse — genauer Markovsche Diffusionsprozesse — spielen eine bedeutende Rolle bei der Analyse stochastischer Systeme. Obwohl sie eine mathematische Idealisierung für die Beschreibung realer Prozesse darstellen, sind sie aus dem Arsenal der Analysemethoden für Systeme der Art (1—2) nicht mehr wegzudenken. Der Grund liegt darin, daß sich diese Prozesse durch relative Einfachheit auszeichnen und mit ihrer Hilfe viele reale Systeme beliebig genau approximiert werden können.

Markov-Prozesse werden dadurch charakterisiert, daß die Wahrscheinlichkeit des Zustandes $z_i = z(t_i)$ zum Zeitpunkt t_i nur von der eines vorherigen Zustandes $z(t_j)$ $(t_j < t_i)$ und nicht der von seiner weiteren Vergangenheit abhängt. Für die bedingte Wahrscheinlichkeitsdichte $p_{1,z}(z_i, t_i \mid z_{i-1}, z_{i-2}, \ldots, z_1, z_0; t_{i-1}, t_{i-2}, \ldots, t_1, t_0)$ gilt somit

$$p_{1,z}(z_i, t_i \mid z_{i-1}, z_{i-2}, \ldots, z_1, z_0; t_{i-1}, t_{i-2}, \ldots, t_1, t_0) = p_{\Delta,z}(z_i, t_i \mid z_{i-1}, t_{i-2}), \qquad (2.1)$$

wobei $t_0 < t_1 < \cdots < t_{i-2} < t_{i-1} < t_i$.

Demzufolge werden zur umfassenden Charakterisierung des Markov-Prozesses nicht mehr seine N-dimensionale Verbundwahrscheinlichkeitsdichte benötigt, sondern nur die Übergangs- und Anfangsverteilungsdichten

$$p_{N+1,z}(z_N, z_{N-1}, \ldots, z_1, z_0; t_N, t_{N-1}, \ldots, t_1, t_0) = \prod_{j=1}^{N} p_{\Delta,z}(z_j, t_j \mid z_{j-1}, t_{j-1}) \cdot p_0(z_0, t_0). \qquad (2.2)$$

$p_0(z_0, t_0)$ ist die Anfangsverteilungsdichte, $p_{\Delta,z}(\cdot)$ ist die Übergangsdichte.

In der klassischen Mechanik ist das Pendant der Markov-Prozesse die Zustandsraumbeschreibung deterministischer Prozesse. Für das n-dimensionale Gleichungssystem

$$\dot{\boldsymbol{z}} = \boldsymbol{F}(\boldsymbol{z}^{\mathsf{T}}, t),$$

wobei $\boldsymbol{z}^{\mathsf{T}} = (z^{(1)}, \ldots, z^{(n)})$ und $\boldsymbol{F}^{\mathsf{T}} = (F^{(1)}, \ldots, F^{(n)})$, hängt die Trajektorie der Lösung $\boldsymbol{z}(t)$ im vollständigen Phasenraum ja ebenfalls nur von der Anfangsbedingung $\boldsymbol{z}(t_0) = \boldsymbol{z}_0$ und nicht von der weiteren Vergangenheit ab $(t_0 < t)$. In Operatorschreibweise gilt ähnlich (2.2)

$$\mathcal{F}_{t,t_0} = \mathcal{F}_{t,t'} \cdot \mathcal{F}_{t',t_0} \quad \text{für} \quad t_0 < t' < t, \qquad (2.3)$$

wobei der Operator $\mathcal{F}_{t,t_0}$ den Anfangszustand in den aktuellen Zustand überführt:

$$\boldsymbol{z}(t) = \mathcal{F}_{t,t_0}[\boldsymbol{z}^{\mathsf{T}}(t_0)].$$

Diese Eigenschaft geht sofort verloren, wenn die Beschreibung des Zustands im unvollständigem Phasenraum, z. B. im $(n-1)$-dimensionalen Vektorraum, vorgenommen wird. Wird z. B. die erste Komponente $z^{(1)}(t)$ ausgeschlossen und der $(n-1)$-dimensionale Vektor $\boldsymbol{z}^{\mathsf{T}} = (z^{(2)}, z^{(3)}, \ldots, z^{(n)})$ gebildet, so hängt dessen Zeitverhalten sowohl vom Anfangszustand $\boldsymbol{z}(t_0)$ als auch der weiteren Vergangenheit ab.

Für das n-dimensionale stochastische System (1.2)

$$\dot{\boldsymbol{z}} = \boldsymbol{F}(\boldsymbol{z}^{\mathsf{T}}, \boldsymbol{x}^{\mathsf{T}}, t) \tag{1.2}$$

ist natürlich nicht zu erwarten, daß eine einzelne Komponente des Zustandsvektors Markov-Eigenschaften aufweist. Deshalb muß die Markov-Eigenschaft auf vektorielle Prozesse ausgedehnt werden. Nachfolgend sind dann die Bedingungen zu untersuchen, unter denen die Lösungen des Differentialgleichungssystems (1.2) zu Vektor-Markov-Prozessen werden.

Ein Vektor-Markov-Prozeß liegt nun vor, wenn

$$p_{n,z}(\boldsymbol{z}_i{}^{\mathsf{T}}, t_i \mid \boldsymbol{z}_{i-1}^{\mathsf{T}}, \ldots, \boldsymbol{z}_0{}^{\mathsf{T}}; t_{i-1}, \ldots, t_0) = p_{\Delta,z}(\boldsymbol{z}_i{}^{\mathsf{T}}, t_i \mid \boldsymbol{z}_{i-1}^{\mathsf{T}}, t_{i-1}) \tag{2.4}$$

und folglich

$$p_{(N+1)n,z}(\boldsymbol{z}_N{}^{\mathsf{T}}, \boldsymbol{z}_{N-1}^{\mathsf{T}}, \ldots, \boldsymbol{z}_0{}^{\mathsf{T}}; t_N, t_{N-1}, \ldots, t_0) = \prod_{i=1}^{N} p_{\Delta,z}(\boldsymbol{z}_i{}^{\mathsf{T}}, t_i \mid \boldsymbol{z}_{1-i}^{\mathsf{T}}; t_{i-1}) \times p_0(\boldsymbol{z}_0{}^{\mathsf{T}}, t_0). \tag{2.5}$$

Die Markov-Eigenschaft gilt nur für die Gesamtheit aller Komponenten des vektoriellen Zufallsprozesses und im allgemeinen nicht für Teilmengen der Vektorkomponenten.

2.2. Die Fokker-Planck-Gleichung

Betrachten wir zuerst den eindimensionalen Fall. Ein Markov-Prozeß wird als Diffusionsprozeß[1]) bezeichnet, wenn

$$\begin{aligned}
&\lim_{\Delta t\to 0} \frac{1}{\Delta t} \langle z_t - z_s \mid z_s\rangle = K_1(z_s, s),\\
&\lim_{\Delta t\to 0} \frac{1}{\Delta t} \langle (z_t - z_s)^2 \mid z_s\rangle = K_2(z_s, s),\\
&\lim_{\Delta t\to 0} \frac{1}{\Delta t} \langle (z_t - z_s)^k \mid z_s\rangle = K_k(z_s, s) = 0; \qquad k = 3, 4, \ldots,
\end{aligned} \tag{2.6}$$

wobei $\Delta t = t - s$. Die Angabe des z_s hinter dem Strich bedeutet, daß bei fixierten z_s gemittelt wird, also über die bedingte Verteilungsdichte $p_{\Delta,z}(z_t, t \mid z_s, s)$.

1) Eine erste geschlossene Darstellung einer Theorie Markovscher Diffusionsprozesse wurde von A. Kolmogoroff 1931 (s. [55]) gegeben. Einen historischen Überblick über die Vorgeschichte dieser Theorie und ihre weitere Entwicklung findet man beispielsweise in [33].

Gewöhnlich wird die letzte Forderung durch eine schwächere ersetzt

$$\lim_{\Delta t\to 0} \frac{1}{\Delta t} \int\limits_{|z_t - z_s| \geq \varepsilon} (z_t - z_s)^2 \, p_{\Delta,z}(z_t, t \mid z_s, s) \cdot \mathrm{d}z_t = 0 \tag{2.7}$$

für beliebige $\varepsilon > 0$. Daraus folgt sofort

$$\lim_{\Delta t\to 0} \frac{1}{\Delta t} \int\limits_{|z_t - z_s| \geq \varepsilon} p_{\Delta,z}(z_t, t \mid z_s, s) \cdot \mathrm{d}z_t = 0, \tag{2.8}$$

d. h. die Wahrscheinlichkeit, daß der Zuwachs $(z_t - z_s)$ größer oder gleich ε wird, ist für kleine $\Delta t = (t - s)$ von kleinerer Ordnung als Δt. Derartige Prozesse werden als stark stetig bezeichnet.

Es interessiert das Zeitverhalten der Übergangsverteilungsdichte $p_{\Delta,z}(z_t \mid z_s)$ (die Angabe der Zeitargumente wird mitunter unterlassen, da die Indizes bei den Zufallsgrößen $z_t = z(t)$ und $z_0 = z(t_0)$ eindeutig auf die Abhängigkeit von t und t_0 hinweisen). Allgemein gilt für die Verbundwahrscheinlichkeitsdichte

$$p_{2,z}(z_t, z_0) = \int_{-\infty}^{\infty} p_{3,z}(z_t, z_s, z_0) \cdot \mathrm{d}z_s$$

$$= \int_{-\infty}^{\infty} p_{1,z}(z_t \mid z_s, z_0) \cdot p_{\Delta,z}(z_s \mid z_0) \cdot p_0(z_0) \cdot \mathrm{d}z_s = p_{\Delta,z}(z_t \mid z_0) \cdot p_0(z_0).$$

Unter Berücksichtigung des Markov-Charakters folgt daraus für $t_0 < s < t$ die Smoluchowski-Einstein-Gleichung

$$p_{\Delta,z}(z_t \mid z_0) = \int_{-\infty}^{\infty} p_{\Delta,z}(z_t \mid z_s) \cdot p_{\Delta,z}(z_s \mid z_0) \, \mathrm{d}z_s; \qquad t > s > t_0. \tag{2.9}$$

Sei $h_\Delta(j\lambda, t \mid z_s, s)$ die charakteristische Funktion des Zuwachses $\Delta z = z_t - z_s$ bei fixierten z_s

$$h_\Delta(j\lambda, t \mid z_s, s) = \langle \mathrm{e}^{j\lambda(z_t - z_s)} \mid z_s \rangle = \int_{-\infty}^{\infty} \mathrm{e}^{j\lambda(z_t - z_s)} \cdot p_{\Delta,z}(z_t, t \mid z_s, s) \cdot \mathrm{d}z_t. \tag{2.10}$$

Die charakteristische Funktion kann nach ihren Momentenfunktionen zerlegt werden

$$h_\Delta(j\lambda, t \mid z_s, s) = \sum_{k=0}^{\infty} \frac{1}{k!} m_k'(\underbrace{t, \ldots, t}_{k-mal} \mid z_s, s) \cdot (j\lambda)^k, \tag{2.11}$$

die ihrerseits von z_s und s abhängen:

$$m_k'(\underbrace{t, \ldots, t}_{k-mal} \mid z_s, s) = m_k(t \mid z_s, s) = \langle (z_t - z_s)^k \mid z_s \rangle = \int_{-\infty}^{\infty} (z_t - z_s)^k \cdot p_{\Delta,z}(z_t \mid z_s) \cdot \mathrm{d}z_t. \tag{2.12}$$

Die Übergangsdichte ist die Fourier-Rücktransformierte der charakteristischen Funktion

$$p_{\Delta,z}(z_t \mid z_s) = \frac{1}{2\pi} \int_{-\infty}^{\infty} e^{-j\lambda(z_t - z_s)} \cdot h_\Delta(j\lambda, t \mid z_s, s) \cdot d\lambda. \tag{2.13}$$

Setzt man $s = t - \Delta t$ und substituiert $p_{\Delta,z}$ gemäß (2.13) unter Beachtung von (2.11 bis 2.12) in die Smoluchowski-Einstein-Gleichung, so wird

$$p_{\Delta,z}(z_t \mid z_0) = \frac{1}{2\pi} \sum_{k=0}^{\infty} \frac{1}{k!} \int_{-\infty}^{\infty} dz_s \int_{-\infty}^{\infty} d\lambda (j\lambda)^k \cdot e^{-j\lambda(z_t - z_s)} \cdot m_k(t \mid z_s, t - \Delta t)$$
$$\times\, p_{\Delta,z}(z_s, t - \Delta t \mid z_0, t_0). \tag{2.14}$$

Für eine beliebig oft differenzierbare und im Unendlichen verschwindende Funktion $\varphi(z)$ gilt

$$\frac{1}{2\pi} \int_{-\infty}^{\infty} \int_{-\infty}^{\infty} (j\lambda)^k \cdot e^{-j\lambda(z_t - z_s)} \cdot \varphi(z_s)\, d\lambda \cdot dz_s = \frac{(-1)^k}{2\pi} \frac{\partial^k}{\partial z_t^k} \int_{-\infty}^{\infty} \int_{-\infty}^{\infty} e^{-j\lambda(z_t - z_s)}$$
$$\times\, \varphi(z_s)\, d\lambda \cdot dz_s.$$

Da weiterhin $m_0 = 1$ und $\delta(z - a) = \frac{1}{2\pi} \int_{-\infty}^{\infty} e^{-j\lambda(z - a)} \cdot d\lambda$, läßt sich das erste Glied der Reihe in (2.14) nach links bringen, und man gewinnt

$$p_{\Delta,z}(z_t, t \mid z_0, t_0) - p_{\Delta,z}(z_t, t - \Delta t \mid z_0, t_0)$$
$$= \sum_{k=1}^{\infty} \frac{(-1)^k}{k!} \frac{\partial^k}{\partial z_t^k} \int_{-\infty}^{\infty} \delta(z_t - z_s) \cdot m_k(t \mid z_s, t - \Delta t) \cdot p_{\Delta,z}(z_s, t - \Delta t \mid z_0, t_0) \cdot dz_s.$$

Beide Seiten der Gleichung werden durch Δt geteilt und der Grenzübergang $\Delta t \to 0$ wird durchgeführt

$$\frac{\partial p_{\Delta,z}(z_t, t \mid z_0, t_0)}{\partial t} = \sum_{k=1}^{\infty} \frac{(-1)^k}{k!} \frac{\partial^k}{\partial z_t^k} \int_{-\infty}^{\infty} \delta(z_t - z_s) \cdot K_k(z_s, t) \cdot p_{\Delta,z}(z_s, t \mid z_0, t_0) \cdot dz_s.$$

Nach Integration über die Deltafunktion folgt für Markovsche Diffusionsprozesse endgültig

$$\frac{\partial p_{\Delta,z}(z_t, t \mid z_0, t_0)}{\partial t} = -\frac{\partial}{\partial z_t} [K_1(z_t, t) \cdot p_{\Delta,z}(z_t, t \mid z_0, t_0)]$$
$$+ \frac{1}{2} \frac{\partial^2}{\partial z^2} [K_2(z_t, t) \cdot p_{\Delta,z}(z_t, t \mid z_0, t_0)]. \tag{2.15}$$

Diese Gleichung — die sog. Fokker-Planck-Gleichung — beschreibt das zeitliche Verhalten der Übergangsverteilungsdichte und muß mit der Anfangsbedingung

$$p_{\Delta,z}(z_t, t_0 \mid z_0, t_0) = \delta(z_t - z_0) \tag{2.16}$$

gelöst werden, wobei die Normierungsbedingung

$$\int_{-\infty}^{\infty} p_{\Delta,z}(z_t, t \mid z_0, t_0) \cdot \mathrm{d}z_t = 1 \tag{2.17}$$

zu beachten ist. Die eindimensionale Verteilungsdichte $p_{1,z}(z_t, t)$ genügt ebenfalls der Fokker-Planck-Gleichung, da man ausgehend von

$$p_{1,z}(z_t, t) = \int_{-\infty}^{\infty} p_{\Delta,z}(z_t, t \mid z_s, s) \cdot p_{1,z}(z_s, s) \cdot \mathrm{d}z_s$$

mit den gleichen Schritten wie bei der Ableitung von (2.14) wieder zu dieser Gleichung gelangt. Die Anfangsbedingung lautet dann

$$p_{1,z}(z_t, t)\,\big|_{t=t_0} = p_{\mathrm{A}}(z_0, t_0)\,. \tag{2.18}$$

Setzt man in der Smoluchowski-Einstein-Gleichung nicht wie oben $s = t - \Delta t$, sondern $s = t_0 + \Delta t$, so erhält man die Kolmogoroff-Gleichung

$$-\frac{\partial p_{\Delta,z}(z_t, t \mid z_0, t_0)}{\partial t_0} = K_1(z_0, t_0) \cdot \frac{\partial}{\partial z_0}\, p_{\Delta,z}(z_t, t \mid z_0, t_0) + \frac{1}{2}\, K_2(z_0, t_0)\, \frac{\partial^2}{\partial {z_0}^2}\, p_{\Delta,z}(z_t, t \mid z_0, t_0)\,, \tag{2.19}$$

die im Unterschied zur prospektiven Fokker-Planck-Gleichung das retrospektive Verhalten der Übergangsdichte beschreibt, d. h. die Evolution der Übergangsdichte für rücklaufende Zeit t, wobei die Anfangsbedingung lautet

$$p_{\Delta,z}(z_t, t \mid z_0, t) = \delta(z_t - z_0)\,. \tag{2.20}$$

Die bei den Ableitungen verwendete Forderung nach beliebiger Differenzierbarkeit der Übergangsdichte $p_{\Delta,z}$ ist nicht notwendig. Man kann die Fokker-Planck- und die Kolmogoroff-Gleichungen auch unter der Voraussetzung ableiten, daß lediglich die in (2.15) bzw. (2.19) eingehenden ersten und zweiten Ableitungen sowie die K_1 und K_2 existieren und die Bedingung (2.7) erfüllt ist [37, 39], [74].

Da die Bewegung eines diffundierenden Teilchens unter bestimmten Bedingungen ebenfalls der Fokker-Planck-Gleichung genügt, tragen die Koeffizienten K_1 und K_2 die Bezeichnungen Drift- und Diffusionskoeffizient.

Der Weg eines Teilchens im Zeitintervall Δt kann als Summe zweier Bewegungsprozesse aufgefaßt werden: $z_t - z_s = K_1(z_s, t) \cdot \Delta t + \delta z$, von denen der erste die makroskopische Geschwindigkeit des Mediums, die Drift, charakterisiert und der zweite eine Zufallsbewegung unter dem Einfluß der Teilchenstöße mit den umgebenden thermisch fluktuierenden Molekülen. Dabei gilt $\langle(\delta z)^2\rangle = K_2(z_s, t) \cdot \Delta t$. Der Koeffizient $K_2(z_s, t)$ charakterisiert die mittlere Energie der Moleküle in der Umgebung des Punktes z_s zum Zeitpunkt t.

Die Koeffizienten K_1 und K_2 werden häufig als lokale Charakteristika bezeichnet, da sie das statistische Verhalten des Prozesses in der Umgebung eines Punktes kennzeichnen.

Die Ausdehnung der Gültigkeit der Fokker-Planck-Gleichung auf Vektor-Markov-Prozesse liegt auf der Hand. Ausgegangen wird von der Smoluchowski-Einstein-Beziehung für vektorielle Prozesse

$$p_{\Delta,z}(\boldsymbol{z}^{\mathsf{T}}, t \mid \boldsymbol{z}_0^{\mathsf{T}}, t_0) = \int_{-\infty}^{\infty} \cdots \int_{-\infty}^{\infty} p_{\Delta,z}(\boldsymbol{z}^{\mathsf{T}}, t \mid \boldsymbol{z}_s^{\mathsf{T}}, s) \cdot p_{\Delta,z}(\boldsymbol{z}_s^{\mathsf{T}}, s \mid \boldsymbol{z}_0^{\mathsf{T}}, t_0) \cdot \mathrm{d}\mathring{\boldsymbol{z}}_s;$$
$$t_0 < s < t, \tag{2.21}$$

wobei $\mathrm{d}\mathring{\boldsymbol{z}}_s = \mathrm{d}z_s^{(1)} \cdot \mathrm{d}z_s^{(2)} \cdot \ldots \cdot \mathrm{d}z_s^{(n}$ das n-dimensionale infinitesimale Raumelement darstellt. Anstelle der eindimensionalen charakteristischen Funktion steht jetzt

$$h_\Delta(j\lambda^{\mathsf{T}}, t \mid \boldsymbol{z}_s^{\mathsf{T}}, s) = \langle \mathrm{e}^{-j\lambda^{\mathsf{T}}(z_t - z_s)} \mid z_s \rangle$$
$$= \int_{-\infty}^{\infty} \cdots \int_{-\infty}^{\infty} \mathrm{e}^{j\sum_{r=1}^{n} \lambda_r \cdot (z_t^{(r)} - z_s^{(r)})} \cdot p_{\Delta,z}(z_t^{\mathsf{T}}, t \mid z_s^{\mathsf{T}}, s) \cdot \mathrm{d}\mathring{\boldsymbol{z}}_t$$
$$= \sum_{k=0}^{\infty} \frac{(j)^k}{k!} \sum_{r_1=1r} \cdots \sum_{r_k=1} m_{k;r_1,\ldots,r_k}(t \mid z_s^{\mathsf{T}}, s) \cdot \lambda_{r_1} \cdot \ldots \cdot \lambda_{r_k}.$$

Die Momentenfunktionen implizieren die zwischen den Zuwächsen der Komponenten des Vektors $\boldsymbol{z}_t$ bestehende Korrelation

$$m_{k;r_1,\ldots,r_k}(t \mid \boldsymbol{z}_s^{\mathsf{T}}, s) = \langle (z_t^{(r_1)} - z_s^{(r_1)}) \cdot \ldots \cdot (z_t^{(r_k)} - z_s^{(r_k)}) \mid \boldsymbol{z}_s \rangle,$$

so daß die Koeffizienten $K_{k;r_1,\ldots r_k}(t, \boldsymbol{z}_t^{\mathsf{T}})$ festgelegt sind durch

$$K_{k;r_1,\ldots,r_k}(t, \boldsymbol{z}_t^{\mathsf{T}}) = \lim_{\Delta t \to 0} \left[\frac{1}{\Delta t} \langle (z_{t+\Delta t}^{(r_1)} - z^{(r_1)} \cdot \ldots \cdot (z_{t+\Delta t}^{(r_k)} - z_t^{(r_k)}) \mid \boldsymbol{z}_t \rangle\right]. \tag{2.22}$$

Voraussetzungsgemäß verschwinden für einen Diffusionsprozeß die $K_{k;r_1,\ldots,r_k}$ für $k \geqq 3$. Damit erhält die Fokker-Planck-Gleichung folgendes Aussehen

$$\frac{\partial p_{\Delta,z}(\boldsymbol{z}_t^{\mathsf{T}}, t \mid \boldsymbol{z}_0^{\mathsf{T}}, t_0)}{\partial t} = -\sum_{\alpha=1}^{n} \frac{\partial}{\partial z_t^{(\alpha)}} [K_{1;\alpha}(\boldsymbol{z}_t^{\mathsf{T}}, t) \cdot p_{\Delta,z}(\boldsymbol{z}_t^{\mathsf{T}}, t \mid \boldsymbol{z}_0^{\mathsf{T}}, t_0)]$$
$$+ \sum_{\alpha=1}^{n} \sum_{\beta=1}^{n} \frac{\partial^2}{\partial z_t^{(\alpha)} \partial z_t^{(\beta)}} [K_{2;\alpha,\beta}(\boldsymbol{z}_t^{\mathsf{T}}, t) \cdot p_{\Delta,z}(\boldsymbol{z}_t^{\mathsf{T}}, t \mid \boldsymbol{z}_0^{\mathsf{T}}, t_0)]. \tag{2.23}$$

Sie muß mit der Anfangsbedingung

$$p_{\Delta,z}(\boldsymbol{z}_t^{\mathsf{T}}, t_0 \mid \boldsymbol{z}_0^{\mathsf{T}}, t_0) = \delta(\boldsymbol{z}_t^{\mathsf{T}} - \boldsymbol{z}_0^{\mathsf{T}}) = \prod_{\alpha=1}^{n} \delta(z_t^{(\alpha)} - z_0^{(\alpha)}) \tag{2.24}$$

unter Beachtung der Normierungsgleichung

$$\int_{-\infty}^{\infty} \cdots \int_{-\infty}^{\infty} p_{\Delta,z}(\boldsymbol{z}_t^{\mathsf{T}}, t \mid \boldsymbol{z}_0^{\mathsf{T}}, t_0) \cdot \mathrm{d}\mathring{\boldsymbol{z}}_t = 1 \tag{2.25}$$

gelöst werden. Die Kolmogoroff-Gleichung hat die gleiche Struktur wie (2.19), auf der rechten Seite treten lediglich die entsprechenden Summen über die komponentenweisen Ableitungen auf.

2.3. Differentialgleichungen mit weißen Gaußschen Eingangsprozessen

Die Markovschen Diffusionsprozesse sind eng mit Systemen verbunden, deren Eingangsprozesse weißes Gaußsches Rauschen darstellen. Formal lassen sich diese Systeme wie folgt schreiben

$$\dot{\boldsymbol{z}}(t) = \boldsymbol{f}(\boldsymbol{z}^{\mathsf{T}}, t) + \boldsymbol{g}(\boldsymbol{z}^{\mathsf{T}}, t) \cdot \boldsymbol{\xi}(t),^{1)} \tag{2.26}$$

wobei $\boldsymbol{\xi}(t)$ ein weißer Gaußscher Vektorprozeß mit Mittelwert Null und der Korrelationsmatrix

$$\boldsymbol{K}_{2,\xi}(t, t') = \langle \boldsymbol{\xi}(t) \cdot \boldsymbol{\xi}^{\mathsf{T}}(t') \rangle = \boldsymbol{R}(t) \cdot \delta(t - t') \tag{2.27}$$

ist. Hier sind $\boldsymbol{f}(\cdot) = \{f^{(\alpha)}(\cdot)\}_{n,1}$, $\boldsymbol{g}(\cdot) = \{g^{(\alpha,\beta)}\}_{n,m}$ und $\boldsymbol{R}(t) = \{R^{(\alpha,\beta)}(t)\}_{m,m}$.

Streng genommen ist die Gleichung (2.26) bzw. die ihr äquivalente Integralgleichung

$$\boldsymbol{z}(t) = \boldsymbol{z}(t_0) + \int_{t^0}^{t} \boldsymbol{f}(\boldsymbol{z}^{\mathsf{T}}(\tau), \tau)\,\mathrm{d}\tau + \int_{t_0}^{t} \boldsymbol{g}(\boldsymbol{z}^{\mathsf{T}}(\tau), \tau) \cdot \boldsymbol{\xi}(\tau) \cdot \mathrm{d}\tau$$

sinnlos, da $\boldsymbol{\xi}(t)$ im quadratischen Mittel unstetig ist und damit das zweite Integral nicht existiert — nach LEBESGUE ist die Existenz des Riemannschen Integrals als Grenzwert der Riemannschen Integralsumme an die Stetigkeit des Integranden im Integrationsintervall gebunden, außer, möglicherweise, auf einer Menge vom Maß Null. Bevor wir uns jedoch der Behandlung der sog. stochastischen Differentialgleichungen — der an die Stelle von (2.26) tretenden, mathematisch exakt definierten Systeme — zuwenden, mögen einige Bemerkungen die Wahl des Gleichungssystems (2.26) verständlich werden lassen.

Zuerst sei festgestellt, daß die Forderung nach Markov-Charakter eines durch ein allgemeines Differentialgleichungssystem

$$\dot{\boldsymbol{z}} = \boldsymbol{F}(\boldsymbol{z}^{\mathsf{T}}, \boldsymbol{x}^{\mathsf{T}}, t) \tag{1.2}$$

beschriebenen Prozesses $\boldsymbol{z}(t)$ unter recht allgemeinen Voraussetzungen die Bedingung nach sich zieht, daß der Eingangsprozeß in einen weißen Rauschprozeß überzugehen hat. In der Tat, betrachten wir der Einfachheit halber das eindimensionale System

$$\dot{z} = F(z, x, t) \tag{2.28}$$

und setzen voraus, daß $F(\cdot)$ stetig bezüglich seiner Argumente und $x(t)$ vorerst ein

[1]) Im Ergebnis der weiteren Ausführungen wird eine solche Differentialgleichung immer im Sinne einer stochastischen Differentialgleichung nach STRATONOWITSCH aufgefaßt, die durch Gl. (2.85) definiert ist.

stetiger[1]) Eingangsprozeß sei. Dann existiert in Verallgemeinerung des Satzes von PEANO eine im quadratischen Mittel differenzierbare Lösung des Systems (2.28), d. h., für kleine $t_{i+1} - t_i$ ist der Zuwachs $z_{i+1} - z_i = z(t_{i+1}) - z(t_i)$ im Mittel proportional $\Delta t_i = t_{i+1} - t_i$. Folglich kann die Differentialgleichung durch die äquivalente Differenzengleichung ersetzt werden

$$\Delta z_i = z_{i+1} - z_i = F(z_i, x_i, t_i) \cdot \Delta t_i, \tag{2.29}$$

wobei $x_i = x(t_i)$, $t_0 < t_1 < \cdots < t_N$.

Nehmen wir an, daß die Gleichung eindeutig nach x_i aufgelöst werden kann

$$x_i = \psi(z_{i+1}, z_i, t_i).$$

Bei bekannter Verteilungsdichte des Anfangszustandes $p_0(z_0)$ wird die Verbundwahrscheinlichkeitsdichte der z_i, $i = 0, 1, \ldots, N$ gleich

$$p_{N+1,z}(z_N, z_{N-1}, \ldots, z_1, z_0) = p_0(z_0) \int_{-\infty}^{\infty} dx_0, \ldots, \int_{-\infty}^{\infty} dx_{N-1} \cdot p_{N,x}(x_{N-1}, \ldots, x_0)$$
$$\times \prod_{i=0}^{N-1} \delta\big(z_{i+1} - z_i - F(z_i, x_i, t_i) \cdot \Delta t_i\big),$$

da die bedingte Verteilungsdichte $p(z_N, \ldots, z_1 \mid x_{N-1}, \ldots, x_0; z_0)$ nach (2.29) durch das Produkt der Deltafunktionen festgelegt wird. Man gewinnt somit

$$p_{N+1,z}(z_N, \ldots, z_1, z_0) = p_0(z_0) \cdot \prod_{i=0}^{N-1} I_i(z_{i+1}, z_i, t_i) \cdot p_{N,x}(x_{N-1}, \ldots, x_0) \big|_{x=\psi(z_{i+1}, z_i, t_i)}. \tag{2.30}$$

Hier sind die $\mathrm{I}_i(z_{i+1}, z_i, t_i)$ die Jacobi-Determinanten der Transformation (2.29)

$$\mathrm{I}_i(z_{i+1}, z_i, t_i) = \left| \frac{\partial \psi(z_{i+1}, z_i, t_i)}{\partial z_{i+1}} \right|.$$

Damit nun die Folge z_i, $i = 0, 1, \ldots$ in eine Markov-Folge übergeht, muß entsprechend der Definitionsgleichung (2.2) die Verbundwahrscheinlichkeitsdichte des Eingangsprozesses $p_{N,x}(\cdot)$ als Produkt der eindimensionalen Verteilungsdichten darstellbar sein

$$p_{N,x}(x_{N-1}, \ldots, x_0) = \prod_{i=0}^{N-1} p_{1,x}(x_i, t_i). \tag{2.31}$$

Dann wird

$$p(z_{i+1} \mid z_i, z_{i-1}, \ldots, z_0) = I_i(z_{i+1}, z_i, t_i) \cdot p_{1,x}\big(\psi(z_{i+1}, z_i, t_i), t_i\big) = p_{\Delta,z}(z_{i+1} \mid z_i). \tag{2.32}$$

Die Bedingung (2.31) besagt, daß die Eingangsgrößen $x_i = x(t_i)$ und $x_j = x(t_j)$ für alle $t_i \neq t_j$ voneinander statistisch unabhängig sein müssen.

---

[1]) Die Stetigkeit eines Prozesses verstehen wir immer im Sinne des quadratischen Mittels: $\lim\limits_{\Delta t \to 0} \langle \|\boldsymbol{z}(t + \Delta t) - \boldsymbol{z}(t)\|^2 \mid \boldsymbol{z}(t) \rangle = 0$. Die Funktion $\boldsymbol{F}(\cdot)$ braucht nur fast überall bezüglich ihrer Argumente stetig zu sein.

Die Bedingung der eindeutigen Lösbarkeit der Gleichung (2.29) kann fallengelassen werden, ebenso die Beschränkung auf den eindimensionalen Fall. Nach etwas komplizierteren Rechnungen für die verschiedenen Dimensionsverhältnisse zwischen Zustands- und Eingangsvektor ($m \gtreqless n$) gelangt man zu analogen Forderungen an den Eingangsprozeß, bei deren Einhaltung die Folge z_i, $i = 0, 1, \ldots$, Markov-Charakter aufweist:

$$p_{N\times m,x}(\boldsymbol{x}_{N-1}^{\mathrm{T}}, \ldots, \boldsymbol{x}_0{}^{\mathrm{T}}) = \prod_{i=0}^{N-1} p_{m,x}(\boldsymbol{x}_i{}^{\mathrm{T}}, t_i). \tag{2.33}$$

d. h., die m Komponenten des Eingangsprozesses $\boldsymbol{x}(t)$ dürfen zu gleichen Zeitpunkten miteinander korreliert sein; zu verschiedenen Zeitpunkten müssen die Werte sowohl gleicher als auch verschiedener Komponenten jedoch voneinander unabhängig sein.

Für $\Delta t_i \to 0$ muß somit der Eingangsprozeß gegen einen weißen und damit im quadratischen Mittel unstetigen Prozeß streben, wenn der Markov-Charakter des Zustandsvektors erhalten bleiben soll. Intuitiv ist klar, daß genau ein weißer, als unendlich dicht liegende Folge unabhängiger Einzelstöße interpretierbarer Eingangsprozeß die Entkopplung des zukünftigen Zustandes vom vergangenen bei fixierten gegenwärtigen bewirkt, infolge seiner Unstetigkeit aber auch eine Erweiterung des Differential- bzw. Integralbegriffes notwendig macht.

Nachdem die Abhängigkeit des Markov-Charakters des Prozesses $\boldsymbol{z}(t)$ vom Charakter des Eingangsprozesses $\boldsymbol{x}(t)$ deutlich gemacht wurde — hier wurden mehr Fakten dargelegt, da Raum für exakte Beweise fehlt — wird klar, warum das allgemeine Differentialgleichungssystem (1.2) auf Systeme mit linear eingehenden Eingangsprozessen zu begrenzen ist. Im anderen Falle müßte man nichtlineare Transformationen weißer Eingangsprozesse zulassen und damit das Feld gegenwärtig gesicherter mathematischer Objekte verlassen, was nicht nur große mathematische Schwierigkeiten nach sich ziehen, sondern auch zu Objekten mit derzeit ungeklärtem Bezug zu Modellen realer Systeme und Prozesse führen würde. Möglicherweise wird dieser Schritt in Zukunft getan werden, gegenwärtig haben wir uns mit Gleichungen zu begnügen, die die weißen Eingangsprozesse linear enthalten. Wir werden sehen, daß damit alle Markovschen Diffusionsprozesse beschrieben werden können.

Bleibt die letzte Frage nach der Beschränkung auf Systeme mit Gaußschen weißen Eingangsprozessen zu beantworten. Abgesehen davon, daß eine entwickelte Theorie für Systeme der Art (2.26) mit nicht-Gaußschen weißen Eingangsprozessen nicht existiert, liegt der Grund für diese Einschränkung darin, daß für allgemeine weiße Eingangsprozesse der Diffusionscharakter des Markov-Prozesses $\boldsymbol{z}(t)$ nicht gewährleistet werden kann. Berechnet man nämlich die Erwartungswerte der Zuwachsprodukte bzw. -potenzen, beispielsweise $\langle (z_{t+\Delta t}^{(i)} - z_t^{(i)})^k \mid \boldsymbol{z}_t \rangle$, für Eingangsprozesse, die gegen weiße Rauschprozesse streben, so werden diese im allgemeinen Fall nicht-Gaußscher Grenzprozesse auch für $k \geqq 3$ proportional Δt, so daß die $K_{k;\ldots}(\cdot)$ gemäß (2.6) für $k \geqq 3$ nicht verschwinden. Das liegt daran, daß die unter den auftretenden k-fachen Integralen der Zuwächse k-ter Ordnung stehenden Mittelwerte der Eingangsprozeßprodukte $\langle x(\tau_k) \cdot x(\tau_{k-1}) \cdot \cdots \cdot x(\tau_1) \rangle$ $(k - 1)$-fache Produkte von Deltafunktionen enthalten, während bei weißen Gaußschen Rauschen diese Mittelwerte höchstens $k/2$-fache Deltafunktionsprodukte aufweisen, die bei k-facher Integration Terme mindestens der Ordnung $(\Delta t)^{k/2}$ erzeugen. Für ungradzahlige k sind die Mittelwerte $\langle x(\tau_k) \cdot \cdots \cdot x(\tau_1) \rangle$ eines Gauß-Prozesses identisch Null, wenn $\langle x(\tau_i) \rangle = 0$.

Wenden wir uns nun den stochastischen Differentialgleichungen zu, die wir als Ergebnis eines Grenzüberganges von Systemen des Typs (2.26) mit Gaußschen Eingangsprozessen zu solchen mit weißen Gaußschen Eingangsprozessen $\boldsymbol{\xi}(t)$ auffassen wollen. Die Vektoren $\boldsymbol{f}(\boldsymbol{z}^{\mathrm{T}}, t)$ und $(n \times m)$-dimensionalen Matrizen $\boldsymbol{g}(\boldsymbol{z}^{\mathrm{T}}, t)$ seien wie oben stetig bezüglich $\boldsymbol{z}$ und t. Im weiteren wird noch die Voraussetzung benötigt, daß im skalaren Fall die Ableitung $\frac{\partial g(z,t)}{\partial z}$ und im allgemeinen Fall die partiellen Ableitungen der Komponenten der Matrix $\boldsymbol{g}(\boldsymbol{z}^{\mathrm{T}}, t)$ nach den Komponenten des Vektors $\boldsymbol{z}$ — $\frac{\partial g^{(\alpha,\beta)}(\boldsymbol{z}^{\mathrm{T}}, t)}{\partial z^{(\delta)}}$ — existieren.

Für stetige Eingangsprozesse $x(t)$ mit endlicher Streuung gilt

$$\Delta \boldsymbol{z}(t) = \boldsymbol{z}(t + \Delta t) - \boldsymbol{z}(t) = \int_t^{t+\Delta t} \boldsymbol{f}\big(\boldsymbol{z}^{\mathrm{T}}(\tau), \tau\big) \,\mathrm{d}\tau + \int_t^{t+\Delta t} \boldsymbol{g}\big(\boldsymbol{z}^{\mathrm{T}}(\tau), \tau\big) \cdot \boldsymbol{x}(\tau) \cdot \mathrm{d}\tau . \tag{2.34}$$

Nach dem Mittelwertsatz der Integralrechnung ist

$$\Delta \boldsymbol{z}(t) = \boldsymbol{f}(\boldsymbol{z}^{\mathrm{T}}(t) + \theta_t' \,\Delta \boldsymbol{z}^{\mathrm{T}}(t), t')\,\Delta t + \boldsymbol{g}(\boldsymbol{z}^{\mathrm{T}}(t) + \theta_t \,\Delta \boldsymbol{z}^{\mathrm{T}}(t), t'') \int_t^{t+\Delta t} \boldsymbol{x}(\tau)\,\mathrm{d}\tau + O(\Delta t^2), \tag{2.35}$$

wobei $t \leqq t', \ t'' \leqq t + \Delta t$ und für genügend kleine Δt: $0 \leqq \theta, \ \theta' \leqq 1$. Im Hinblick auf den späteren Grenzübergang $\boldsymbol{x}(t) \to \boldsymbol{\xi}(t)$ darf der Mittelwertsatz auf $\boldsymbol{x}(\tau)$ nicht angewendet werden.

Bezeichnen wir den Prozeß $\int_0^t \boldsymbol{x}(\tau)\,\mathrm{d}\tau$ mit $\tilde{\boldsymbol{w}}(t)$, d. h.,

$$\tilde{\boldsymbol{w}}(t) = \int_0^t \boldsymbol{x}(\tau) \cdot \mathrm{d}\tau , \tag{2.36}$$

$$\Delta \tilde{\boldsymbol{w}}(t) \doteq \tilde{\boldsymbol{w}}(t + \Delta t) - \tilde{\boldsymbol{w}}(t) = \int_t^{t+\Delta t} \boldsymbol{x}(\tau) \cdot \mathrm{d}\tau \tag{2.37}$$

und betrachten zuerst den skalaren Fall. Läßt man $x(t)$ gegen weißes Gaußsches Rauschen streben, so geht $\tilde{w}(t)$ in den Wiener-Prozeß $w(t)$ über, wobei Gl. (2.36) wegen der Unstetigkeit von $\xi(t)$ im quadratischen Mittel dann nur noch formalen Charakter trägt.

2.4. Der Wiener-Prozeß

Der Wiener-Prozeß kann als Integral des weißen Gaußschen Rauschens nur im Sinne des Grenzüberganges für die entsprechenden statistischen Beschreibungsgrößen aufgefaßt werden. Zur Durchführung des Grenzüberganges kann von einer beliebigen parametrisierten Darstellung der Korrelationsfunktion des Gaußschen Rauschens ausgegangen werden, deren Grenzwert der Diracschen Deltafunktion gleich wird, z. B.

$$K_x(t, t'; h) = \begin{cases} \dfrac{\sqrt{h}}{\sqrt{\pi}} \exp[-h(t - t')^2]; & \lim\limits_{h\to\infty} K_x(t, t'; h) = \delta(t - t'). \\ \dfrac{h}{2} \cdot \exp[-h|t - t'|] & \end{cases} \tag{2.38}$$

Das weiße Rauschen besitzt hier die Spektraldichte Eins. Damit folgt aus (2.36) für den hier betrachteten skalaren Fall

$$\begin{aligned} &\langle w(t)\rangle = 0, \\ &\langle w(t) \cdot w(t')\rangle = \lim_{h\to\infty} \langle \tilde{w}(t) \cdot \tilde{w}(t')\rangle = \int_0^t \mathrm{d}t_1 \int_0^{t'} \mathrm{d}t_2\, \delta(t_1 - t_2) = \min(t, t'). \end{aligned} \tag{2.39}$$

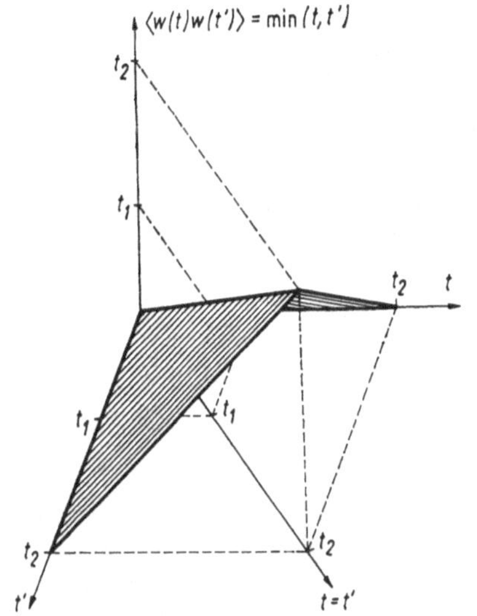

Abb. 2.1: Korrelationsfunktion des Wiener-Prozesses $w(t)$

In Abb. 2.1 ist die Korrelationsfunktion des Wiener-Prozesses dargestellt. Sie ist überall stetig, damit ist auch der Wiener-Prozeß ein im quadratischen Mittel stetiger, allerdings nirgends differenzierbarer Prozeß. Man überzeugt sich leicht, daß $w(t)$ ein Prozeß mit unabhängigen Zuwächsen ist $\langle [w(t_3) - w(t_2)]\,[w(t_1) - w(t_0)]\rangle = 0$ für $t_3 > t_2 \geqq t_1 > t_0$. Die Verteilung des Wiener-Prozesses ist Gaußisch. Da $w(0) = 0$ gilt für $t_N > t_{N-1} > \cdots > t_1 > t_0$ und $w_k = w(t_k)$

$$p_{N,w}(w_N, w_{N-1}, \ldots, w_1) = \frac{1}{\sqrt{(2\pi)^N \prod\limits_{k=1}^{N} (t_k - t_{k-1})}}\, \mathrm{e}^{-\frac{1}{2}\sum\limits_{k=1}^{N} \frac{(w_k - w_{k-1})^2}{t_k - t_{k-1}}} \tag{2.40}$$

Der Wiener-Prozeß ist folglich ein Markov-Prozeß.

Der Zuwachs des Wiener-Prozesses ist der Wahrscheinlichkeit nach proportional $\sqrt{\Delta t}$. Diese Eigenschaft unterscheidet den Wiener-Prozeß grundsätzlich von anderen differenzierbaren stochastischen Prozessen, deren Zuwächse proportional Δt sind.

Berechnen wir die Wahrscheinlichkeit dafür, daß der Zuwachs Δw dem Betrag nach größer als $(\Delta t)^{1/2+\varepsilon}$ und kleiner als $(\Delta t)^{1/2-\varepsilon}$ ist. Man erhält

$$P\left((\Delta t)^{1/2+\varepsilon} \leqq |\Delta w| \leqq (\Delta t)^{1/2-\varepsilon}\right) = \varphi\left(\frac{1}{\sqrt{2}(\Delta t)^{\varepsilon}}\right) - \varphi\left(\frac{(\Delta t)^{\varepsilon}}{\sqrt{2}}\right) \geqq 1$$

$$-\left[\sqrt{\frac{2}{\pi}}\,\Delta t^{\varepsilon} + \sqrt{2}\,(2\Delta t)^{2\varepsilon}\right].$$

Hier wurden die Abschätzungen der Fehlerfunktion

$$\Phi(z) = \frac{2}{\sqrt{\pi}} \int_0^z e^{-x^2} \cdot dx$$

entsprechend für kleine und große z verwendet. Für jedes beliebig kleine $\varepsilon > 0$ folgt aus dieser Ungleichung

$$\lim_{\Delta t \to 0} P\left((\Delta t)^{1/2+\varepsilon} \leqq |\Delta w| \leqq (\Delta t)^{1/2-\varepsilon}\right) = 1. \tag{2.42}$$

Die Zuwächse des Wiener-Prozesses sind also für beliebig kleine $\varepsilon > 0$ und $\Delta t \to 0$ mit Wahrscheinlichkeit Eins kleiner oder gleich $(\Delta t)^{1/2-\varepsilon}$ und größer oder gleich $(\Delta t)^{1/2+\varepsilon}$. Mehr noch, da $|\Delta w|^n \sim (\Delta t)^{n/2}$ $(n > 0)$, verschwindet der Prozeß $[|\Delta w| \mid (\Delta t)^{1/2-\varepsilon}]^n$ im quadratischen Mittel für $\Delta t \to 0$.

Von besonderer Bedeutung ist das Verhalten der Summen der Zuwachsquadrate $\sum \left(\Delta w(t_i)\right)^2$ des Wiener-Prozesses. Wird das Zeitintervall $[t_0, t]$ in n Teilintervalle $[t_k, t_{k+1}]$ unterteilt, so gilt nämlich

$$\lim_{\substack{n\to\infty \\ \max(t_{k+1}-t_k)\to 0}} \sum_{k=0}^{n-1} [w(t_{k+1}) - w(t_k)]^2 = t - t_0, \tag{2.43}$$

d. h., für beliebige $t - t_0 > 0$ strebt die Summe der Quadrate der Zuwächse des Wiener-Prozesses im quadratischen Mittel für eine immer feinere Unterteilung des (beliebig kleinen!) Zeitintervalls $[t_0, t]$ gegen die Länge dieses Intervalls.

Es sei

$$I_n = \sum_{k=0}^{n-1} [w(t_{k+1}) - w(t_k)]^2 = \sum_{k=0}^{n-1} (\Delta w_k)^2.$$

Nach (2.41) gilt

$$\langle I_n \rangle = t - t_0.$$

Unter Beachtung der Unabhängigkeit der Zuwächse für nichtüberlappende Zeitintervalle gilt für die Streuung

$$\langle (I_n - \langle I_n \rangle)^2 \rangle = \sum_{k=0}^{n-1} \sum_{k'=0}^{n-1} \langle [\Delta w_k^2 - \langle \Delta w_k^2 \rangle]\,[\Delta w_{k'}^2 - \langle \Delta w_{k'}^2 \rangle] \rangle$$

$$= \sum_{k=0}^{n-1} \langle [\Delta w_k^2 - \langle \Delta w_k^2 \rangle]^2 \rangle = \sum_{k=0}^{n-1} [\langle \Delta w_k^4 \rangle - (\langle \Delta w_k^2 \rangle)^2].$$

Da die Δw_k Gaußverteilt sind, wird $\langle \Delta w_k^4 \rangle = 3(\langle \Delta w_k^2 \rangle)^2 = 3(t_{k+1} - t_k)^2$. Endgültig folgt

$$\langle (I_n - \langle I_n \rangle)^2 \rangle = 2 \sum_{k=0}^{n-1} (t_{k+1} - t_k)^2 \leqq 2 \cdot (t - t_0) \cdot \max_k (t_{k+1} - t_k).$$

Mit $n \to \infty$ bzw. $\max (t_{k+1} - t_k) \to 0$ strebt die Streuung von I_n gegen Null und I_n im quadratischen Mittel gegen seinen Erwartungswert. Q.e.d.

In Analogie zur gewöhnlichen Schreibweise von Integralen wird häufig anstelle des Grenzwertes $\lim\limits_{\substack{n\to\infty \\ \max(t_{k+1}-t_k)\to 0}} \sum\limits_{k=0}^{n-1} [w(t_{k+1}) - w(t_k)]^2$ geschrieben $\int\limits_{t_0}^{t} (\mathrm{d}w)^2$, so daß Gleichung (2.43) auch in folgender Form dargestellt werden kann

$$\int_{t_0}^{t} (\mathrm{d}w)^2 \underset{\text{i.q.M.}}{=} t - t_0.$$

Die Notation i.q.M. unter dem Gleichheitszeichen bedeutet dabei Gleichheit im quadratischen Mittel.

In gleicher Weise wie der skalare Wiener-Prozeß lassen sich vektorielle Wiener-Prozesse $\boldsymbol{w}(t)$ einführen, wobei nicht nur von weißen Gauß-Prozessen mit einswertiger Intensitätsmatrix ausgegangen werden soll, sondern auch Prozesse $\boldsymbol{\xi}(t)$ mit beliebiger, positiv definierter und stetiger Intensitätsmatrix zugelassen werden

$$\langle \boldsymbol{\xi}(t) \cdot \boldsymbol{\xi}^{\mathsf{T}}(t') \rangle = \boldsymbol{R}(t) \cdot \delta(t - t') \tag{2.27}$$

und somit

$$\langle \boldsymbol{w}(t) \cdot \boldsymbol{w}^{\mathsf{T}}(t') \rangle = \int_0^{\min(t,t')} \boldsymbol{R}(\tau) \cdot \mathrm{d}\tau. \tag{2.44}$$

Die Übergangsdichte des allgemeinen Wiener-Prozesses ist

$$p_{\Delta,w}\big(\boldsymbol{w}^{\mathsf{T}}(t_2)/\boldsymbol{w}^{\mathsf{T}}(t_1)\big) = \frac{1}{\sqrt{(2\pi)^m \det \boldsymbol{D}(t_2, t_1)}} \exp\left[-\frac{1}{2}\big(\boldsymbol{w}(t_2) - \boldsymbol{w}(t_1)\big)^{\mathsf{T}} \times \boldsymbol{D}^{-1}(t_2, t_1)\big(\boldsymbol{w}(t_2) - \boldsymbol{w}(t_1)\big)\right] \tag{2.45}$$

mit

$$\boldsymbol{D}(t_2, t_1) = \int_{t_0}^{t_2} \boldsymbol{R}(\tau) \cdot \mathrm{d}\tau.$$

Wie auch im skalaren Fall ist der Zuwachs des Wiener-Prozesses der Wahrscheinlichkeit nach proportional $\sqrt{\Delta t}$. Genauer, für die i-te Komponente $w^{(i)}(t)$ gilt bei beliebigen $\varepsilon > 0$

$$\lim_{\Delta t \to 0} \mathsf{P}\Big(\sqrt{2R^{(i,i)}(t)}\,(\Delta t)^{1/2+\varepsilon} \leqq |\Delta w^{(i)}| \leqq \sqrt{2R^{(i,i)}(t)} \cdot (\Delta t)^{1/2-\varepsilon}\Big) = 1. \tag{2.46}$$

Weiterhin wird für beliebig kleines $\varepsilon > 0$ $\left(\varepsilon < \frac{1}{2}\right)$

$$\lim_{\Delta t \to 0} \left[\frac{(\Delta \boldsymbol{w}^{\mathsf{T}} \cdot \Delta \boldsymbol{w})^{1/2}}{(\Delta t)^{1/2-\varepsilon}}\right]^n = 0, \qquad n > 0. \tag{2.47}$$

Wie im skalaren Fall läßt sich die zu (2.43) äquivalente Aussage beweisen

$$\lim_{\substack{n\to 0 \\ \max_k (t_{k+1}-t_k)\to 0}} \sum_{k=0}^{n-1} (\boldsymbol{w}(t_{k+1}) - \boldsymbol{w}(t_k)) \cdot (\boldsymbol{w}(t_{k+1}) - \boldsymbol{w}(t_k))^{\mathsf{T}} = \int_{t_0}^{t} \boldsymbol{R}(\tau)\, \mathrm{d}\tau = \boldsymbol{D}(t, t_0) \tag{2.48}$$

bzw.

$$\int_{t_0}^{t} \mathrm{d}\boldsymbol{w} \cdot \mathrm{d}\boldsymbol{w}^{\mathsf{T}} \underset{i.q.M}{=} \int_{t_0}^{t} \boldsymbol{R}(\tau)\, \mathrm{d}\tau$$

nach der bei immer feinerer Unterteilung des Intervalls $[t_0, t]$ die Summe der Produkte der vektoriellen Zuwächse $\sum_{k=0}^{n-1} \Delta\boldsymbol{w}(t_k) \cdot \Delta\boldsymbol{w}^{\mathsf{T}}(t_k)$ im quadratischen Mittel gegen das Integral der Intensitätsmatrix bzw. die Korrelationsmatrix des bedingten Zuwachses im Gesamtintervall strebt.

2.5. Stochastische Differentialgleichungen

Mit den eingeführten Wiener-Prozessen $\boldsymbol{w}(t)$ und ihren Vorstufen $\tilde{\boldsymbol{w}}(t)$ läßt sich nun das Gleichungssystem (2.35) in folgende Form bringen

$$\Delta\boldsymbol{z}(t) = \boldsymbol{f}\big(\boldsymbol{z}^{\mathsf{T}}(t) + \theta_t' \, \Delta\boldsymbol{z}^{\mathsf{T}}(t), t'\big)\, \Delta t + \boldsymbol{g}\big(\boldsymbol{z}^{\mathsf{T}}(t) + \theta_t \, \Delta\boldsymbol{z}^{\mathsf{T}}(t), t''\big)\, \Delta\tilde{\boldsymbol{w}}(t) + O(\Delta t^2). \tag{2.49}$$

Da sowohl $\Delta\tilde{\boldsymbol{w}}(t)$ als auch $\Delta\boldsymbol{w}(t)$ stetig sind, kann in dieser Darstellung der Grenzübergang zum Wiener-Prozeß vollzogen werden. Dazu ist in (2.49) $\Delta\tilde{\boldsymbol{w}}(t)$ durch $\Delta\boldsymbol{w}(t)$ zu ersetzen. Läßt man danach Δt gegen Null gehen, so strebt $\Delta\boldsymbol{z}(t)$ gegen $\mathrm{d}z$ und $\boldsymbol{f}\big(\boldsymbol{z}^{\mathsf{T}}(t), t'\big) \cdot \Delta t$ gegen $\boldsymbol{f}\big(\boldsymbol{z}^{\mathsf{T}}(t), t\big)\, \mathrm{d}t$. Der Grenzwert des letzten Terms hängt infolge der Korrelation zwischen $\Delta\boldsymbol{z}(t)$ und $\Delta\boldsymbol{w}(t)$ von θ_t ab, so daß der Wert von θ_t gesondert angegeben werden muß. Mathematisch gesehen ergeben sich für alle $0 \leqq \theta_t \leqq 1$ sinnvoll konstruierte stochastische Differentialgleichungen, die eng miteinander zusammenhängen und — wie weiter unten gezeigt wird — ineinander überführt werden können.

Wir werden θ_t später so festlegen, wie es der Grenzübergang von einem stetigen Gaußschen Prozeß zu einem weißen Gaußschen Prozeß in (2.26) bzw. von $\Delta\tilde{\boldsymbol{w}}$ zu $\Delta\boldsymbol{w}$ in (2.49) erfordert.

Betrachten wir zuerst die allgemeine Definition der stochastischen Differentiale und Integrale. Für ein beliebiges festes $\theta_t = \theta$, $0 \leqq \theta \leqq 1$, wird ein stochastisches Differential als Grenzwert der stochastischen Differenz $\boldsymbol{\varphi}(\boldsymbol{z}^{\mathsf{T}} + \theta \cdot \Delta\boldsymbol{z}^{\mathsf{T}}, t) \cdot \Delta\boldsymbol{w}$ definiert

$$\begin{aligned} &\boldsymbol{\varphi}\big(\boldsymbol{z}^{\mathsf{T}}(t), t\big) \cdot \mathrm{d}_\theta \boldsymbol{w}(t) = \boldsymbol{\varphi}\big(\boldsymbol{z}^{\mathsf{T}}(t) + \theta \Delta\boldsymbol{z}^{\mathsf{T}}(t); t\big) \cdot \Delta\boldsymbol{w}(t)\,\big|_{\Delta t \to \mathrm{d}t}, \\ &\Delta\boldsymbol{w}(t) = \boldsymbol{w}(t + \Delta t) - \boldsymbol{w}(t); \qquad \Delta\boldsymbol{z}(t) = \boldsymbol{z}(t + \Delta t) - \boldsymbol{z}(t). \end{aligned} \tag{2.50}$$

Ein stochastisches Integral ist entsprechend bestimmt als Grenzwert der Summe der stochastischen Differenzen

$$\begin{aligned} &\int_{t_0}^{t} \boldsymbol{\varphi}\big(\boldsymbol{z}^{\mathsf{T}}(\tau), \tau\big) \cdot \mathrm{d}_\theta w(\tau) = \lim_{\substack{n\to\infty \\ \max \Delta t_i \to 0}} \sum_{i=0}^{n-1} \boldsymbol{\varphi}(\boldsymbol{z}^{\mathsf{T}}(t_i) + \theta \cdot \Delta\boldsymbol{z}^{\mathsf{T}}(t_i); t_i) \cdot \Delta w_i, \\ &\Delta\boldsymbol{w}_i = \Delta\boldsymbol{w}(t_i) = \boldsymbol{w}(t_{i+1}) - \boldsymbol{w}(t_i); \qquad \Delta t_i = t_{i+1} - t_i; \qquad t = t_n. \end{aligned} \tag{2.51}$$

$\varphi(z^T, t)$ ist eine in ihren Argumenten stetige $n \times m$-Matrix, $w(t)$ — der m-dimensionale Wiener-Prozeß.

Stochastische Differentiale und Integrale sind also auf der Grundlage der Wiener-Zuwächse $\Delta w(t)$ konstruierte Differential- und Integralausdrücke, die unter Beachtung der statistischen Abhängigkeit des Prozesses $z(t)$ von $w(t)$ berechnet werden. Unter Verwendung dieser Definitionen folgt aus (2.49) mit $\Delta \tilde{w}(t) \to \Delta w(t)$ und $\Delta t \to dt$ die stochastische Differentialgleichung

$$d_\theta z(t) = f_\theta(z^T(t), t) \cdot dt + g_\theta(z^T(t), t) \cdot d_\theta w(t). \tag{2.52}$$

2.6. Itosche Differentialgleichungen

In der mathematischen Literatur werden gewöhnlich nur die Itoschen Differentialgleichungen ([43]) behandelt, die sich aus (2.50—2.52) für $\theta = 0$ ergeben. Sie zeichnen sich vor allen anderen stochastischen Differentialgleichungen durch größtmögliche Einfachheit aus, die in Verbindung mit der Transformationsmöglichkeit anderer stochastischer Differentialgleichungen in die Itosche Form auch der Grund ist, warum wir sie anderen Formen vorziehen und diese bei Notwendigkeit in die Itosche Form überführen.

Die stochastische Differentialgleichung nach Ito lautet

$$d_0 z(t) = f_0\big(z^T(t), t\big) \cdot dt + g_0\big(z^T(t), t\big) \cdot d_0 w(t). \tag{2.53}$$

Sie besitzt eine im quadratischen Mittel stetige und nicht differenzierbare Lösung $z(t)$. Da $z(t)$ ein kausales Funktional des Wiener-Prozesses ist, sind die Vektoren $z(t')$ und $\Delta w(t) = w(t + \Delta t) - w(t)$ bzw. $d_0 w(t)$ für $t' \leqq t$ statistisch unabhängig. Unter Beachtung dieses Umstandes lassen sich die Drift- und Diffusionskoeffizienten des Markovschen Diffusionsprozesses $z(t)$ gemäß (2.6) bzw. (2.22) aus (2.53) einfach ableiten

$$\begin{aligned} \langle d_0 z(t) \rangle &= f_0\big(z^T(t), t\big)\, dt, \\ \langle d_0 z(t) \cdot d_0 z^T(t) \rangle &= g_0\big(z^T(t), t\big) \cdot R(t) \cdot g_0{}^T\big(z^T(t), t\big) \cdot dt + O(dt^2), \end{aligned} \tag{2.54}$$

d. h.

$$\begin{aligned} K_{1,\alpha}\big(z^T(t), t\big) &= f_{0,\alpha}\big(z^T(t), t\big), \\ K_{2,\alpha,\beta}\big(z^T(t), t\big) &= \sum_{\nu=1}^{m} \sum_{\mu=1}^{m} g_0{}^{(\alpha,\nu)}\big(z^T(t), t\big)\, R^{(\nu,\mu)}(t)\, g_0{}^{(\beta,\mu)}\big(z^T(t), t\big). \end{aligned} \tag{2.55}$$

Zuwachsprodukte höherer als zweiter Ordnung streben schneller als dt gegen Null — die entsprechenden Intensitätskoeffizienten höherer Ordnung verschwinden wie gefordert.

Die Gleichung (2.55) stellt den Zusammenhang zwischen der Fokker-Planck-Gleichung und der stochastischen Differentialgleichung nach Ito her: für jede stochastische Differentialgleichung läßt sich die Fokker-Planck-Gleichung für die Übergangswahrscheinlichkeitsdichte angeben und umgekehrt — für jede Fokker-Planck-Gleichung kann eine stochastische Differentialgleichung nach Ito angegeben werden, die den entsprechenden Diffusionsprozeß erzeugt.

Stochastische Systeme, die durch Itosche Differentialgleichungen beschrieben werden, lassen sich somit analysieren, indem man die zugehörigen Fokker-Planck- oder Kolmogoroff-Gleichungen für die Übergangswahrscheinlichkeitsdichten des Systemzustandes löst. Die Frage nach der Beziehung zwischen den gewöhnlichen Differentialgleichungen mit weißen Gaußschen Eingangsprozessen und den Itoschen Differentialgleichungen ist nun für die Anwendung der Theorie Markovscher Diffusionsprozesse besonders brennend, da ihre Beantwortung den Brückenschlag zwischen den gewöhnlichen Differentialgleichungen und der Fokker-Planck-Gleichung ermöglicht.

2.7. Itosche Differentialgleichungen als Grenzfall gewöhnlicher Differentialgleichungen

Durch Grenzübergang $\Delta\tilde{\boldsymbol{w}} \to \Delta\boldsymbol{w}$ versuchen wir, die gewöhnliche Differentialgleichung (2.26) in eine Itosche Differentialgleichung zu überführen. Gleichung (2.26) entspricht der Integralgleichung

$$\Delta\boldsymbol{z}(t) = \int\limits_t^{t+\Delta t} [\boldsymbol{f}\big(\boldsymbol{z}^{\mathrm{T}}(t) + \Delta_t\boldsymbol{z}^{\mathrm{T}}(\tau), \tau\big) + \boldsymbol{g}\big(\boldsymbol{z}^{\mathrm{T}}(t) + \Delta_t\boldsymbol{z}^{\mathrm{T}}(\tau), \tau\big) \cdot \boldsymbol{x}(\tau)]\,\mathrm{d}\tau \tag{2.56}$$

mit $\Delta_t\boldsymbol{z}(\tau) = \boldsymbol{z}(\tau) - \boldsymbol{z}(t)$. Wir lösen diese Gleichung für kleine Δt iterativ nach folgendem Schema

$$\Delta\boldsymbol{z}_n(t) = \int\limits_t^{t+\Delta t} [\boldsymbol{f}\big(\boldsymbol{z}^{\mathrm{T}}(t) + \Delta_t\boldsymbol{z}_{n-1}^{\mathrm{T}}(\tau), \tau\big) + \boldsymbol{g}\big(\boldsymbol{z}^{\mathrm{T}}(t) + \Delta_t\boldsymbol{z}_{n-1}^{\mathrm{T}}(\tau), \tau\big)$$
$$\times\, \boldsymbol{x}(\tau)]\,\mathrm{d}\tau;\ \Delta\boldsymbol{z}_0 = 0. \tag{2.57}$$

Betrachten wir den skalaren Fall. In erster Näherung gilt

$$\Delta z_1(t) = \int\limits_t^{t+\Delta t} [f\big(z(t), \tau\big) + g\big(z(t), \tau\big) \cdot x(\tau)]\,\mathrm{d}\tau.$$

Dabei läßt sich leicht abschätzen, daß

$$\Delta z_1(t) = f\big(z(t), t\big) \cdot \Delta t + g\big(z(t), t\big) \cdot \Delta\tilde{w}(t) + O(\Delta\tilde{w} \cdot \Delta t, \Delta t^2). \tag{2.58}$$

Bei den Ordnungsabschätzungen muß im Auge behalten werden, daß nachfolgend $\Delta\tilde{w}$ durch den Zuwachs Δw zu ersetzen ist, der seinerseits mit Wahrscheinlichkeit Eins proportional $\sqrt{\Delta t}$ wird, so daß z. B. Glieder der Ordnung $(\Delta\tilde{w})^2$ berücksichtigt werden müssen. Das Integral $\int\limits_t^{t+\Delta t} \Delta_t z_1(\tau)\,\mathrm{d}\tau$ besitzt die Ordnung $(\Delta t \cdot \Delta\tilde{w})$. Für die zweite Näherung gewinnt man

$$\Delta z_2(t) = f\big(z(t), t\big) \cdot \Delta t + g\big(z(t), t\big) \cdot \Delta\tilde{w} + \int\limits_t^{t+\Delta t} \frac{\partial g\big(z(t), \tau\big)}{\partial z(t)} \cdot \Delta_t z_1(\tau) \cdot x(\tau)\,\mathrm{d}\tau$$
$$+\, O(\Delta\tilde{w}^3, \Delta t \cdot \Delta\tilde{w}^2, \ldots),$$

wenn man $g\big(z(t) + \Delta_t z(\tau), \tau\big)$ nach TAYLOR zerlegt — die Existenz der ersten Ableitung von $g(\cdot)$ nach z wurde eingangs vorausgesetzt — und die Ordnung des Restgliedes unter Beachtung von (2.58) abschätzt. Substituiert man Δz_1, so erhält man bis auf Glieder der Ordnung $\Delta t \cdot \Delta\tilde{w}$ und höher

$$\Delta z_2(t) = f\big(z(t), t\big)\,\Delta t + g\big(z(t), t\big)\,\Delta\tilde{w}(t) + \frac{\partial g\big(z(t), t\big)}{\partial z(t)}\, g\big(z(t), t\big) \int\limits_t^{t+\Delta t} \mathrm{d}\tau\, x(\tau)\, \Delta_t\tilde{w}(\tau)$$
$$+ O(\Delta t \cdot \Delta\tilde{w}),$$

wobei $\Delta_t\tilde{w}(\tau) = \tilde{w}(\tau) - \tilde{w}(t)$. Da weiterhin

$$\int\limits_t^{t+\Delta t} \mathrm{d}\tau \cdot x(\tau) \cdot \tilde{w}(\tau) = \frac{1}{2}\,[\tilde{w}^2(t + \Delta t) - w^2(t)]$$

und

$$\int\limits_t^{t+\Delta t} \mathrm{d}\tau \cdot x(\tau) \cdot \Delta\tilde{w}(\tau) = \int\limits_t^{t+\Delta t} \mathrm{d}\tau \cdot x(\tau)\, \tilde{w}(\tau) - \tilde{w}(t)\, \Delta\tilde{w}(\tau)$$

folgt

$$\int\limits_t^{t+\Delta t} \mathrm{d}\tau\, x(\tau) \cdot \Delta\tilde{w}(\tau) = \frac{1}{2}\,\Delta\tilde{w}^2(t) = \frac{1}{2}\,[\tilde{w}(t + \Delta t) - \tilde{w}(t)]^2 .$$

Endgültig wird nach Übergang von $\Delta\tilde{w}$ zu Δw

$$\Delta z_2(t) = f\big(z(t), t\big)\,\Delta t + g\big(z(t), t\big)\,\Delta w(t) + \frac{1}{2}\,\frac{\partial g\big(z(t), t\big)}{\partial z(t)}\, g\big(z(t), t\big)\,\big(\Delta w(t)\big)^2$$
$$+ O(\Delta t \cdot \Delta w).$$

Die dritte und höhere Näherungen stimmen bis auf Glieder höherer Ordnung mit $\Delta z_2(t)$ überein, d. h.

$$\Delta z(t) = f\big(z(t), t\big)\,\Delta t + g\big(z(t), t\big)\,\Delta w(t) + \frac{1}{2}\,\frac{\partial g\big(z(t), t\big)}{\partial z(t)}\, g\big(z(t), t\big)\,\big(\Delta w(t)\big)^2$$
$$+ O(\Delta t \cdot \Delta w). \tag{2.59}$$

Wir unterteilen nun das Intervall $[t, t + \Delta t]$ in n Teilintervalle $[t_i, t_{i+1}]$, wobei für $n \to \infty$ $\max\,(t_{i+1} - t_i) \to 0$. Innerhalb der Teilintervalle gelten analoge Gleichungen für die Zuwächse $\Delta z_i = z(t_{i+1}) - z(t_i) = z_{i+1} - z_i$

$$\Delta z_i = f(z_i, t_i) \cdot \Delta t_i + g(z_i, t_i)\,\Delta w_i + \frac{1}{2}\,\frac{\partial g(z_i, t_i)}{\partial z_i} \cdot g(z_i, t_i) \cdot \Delta w_i^2$$
$$+ O(\Delta t_i \cdot \Delta w_i) \tag{2.60}$$

mit $\Delta t_i = t_{i+1} - t_i$ und $\Delta w_i = w(t_{i+1}) - w(t_i)$. Der Zuwachs im Intervall $[t, t + \Delta t]$ kann folglich in Form folgender Summe dargestellt werden

$$\Delta z(t) = \sum_{i=0}^{n-1} \left[f(z_i, t_i) \cdot \Delta t_i + g(z_i, t_i)\,\Delta w_i + \frac{1}{2}\,\frac{\partial g(z_i, t_i)}{\partial z_i} \cdot g(z_i, t_i) \cdot \Delta w_i^2\right]$$
$$+ O(\Delta t \cdot \Delta w). \tag{2.61}$$

Die erste Summe strebt für $n \to \infty$ gegen ein gewöhnliches Zeitintegral, die zweite — gegen ein Itosches Integral, die dritte geht im quadratischen Mittel in ein Zeitintegral über. Für die beiden ersten Summen ist der Grenzübergang offensichtlich, für die dritte Summe ist die Bestimmung des Grenzwertes etwas komplizierter.

Wir betrachten den allgemeineren Fall der Summe $I_n = \sum_{i=0}^{n-1} \varphi(z_i, t_i) \cdot \Delta w_i^2$ mit fast überall stetigen $\varphi(z_i, t_i)$, wobei die z_i den Gleichungen (2.60) genügen sollen, und zeigen, daß

$$\lim_{\substack{n\to\infty \\ \max \Delta t_i \to 0}} \sum_{i=0}^{n-1} \varphi(z_i, t_i) \cdot \Delta w_i^2 = \int_t^{t+\Delta t} \varphi\big(z(\tau), \tau\big) \cdot R(\tau) \cdot \mathrm{d}\tau. \tag{2.62}$$

Dabei ist $z(\tau)$ die Lösung der sich aus (2.61) für $\Delta t_i \to 0$ ergebenden Gleichung. In der Tat, gemäß (2.61) ist Δw_i für jedes i unabhängig von z_i, so daß

$$\langle I_n \rangle = \sum_{i=0}^{n-1} \varphi(z_i, t_i) \langle \Delta w_i^2 \rangle = \sum_{i=0}^{n-1} \varphi(z_i, t_i) \int_{t_i}^{t_i+1} R(\tau)\, \mathrm{d}\tau$$

und

$$\lim_{n\to\infty} \langle I_n \rangle = \int_t^{t+\Delta t} \varphi\big(z(\tau), \tau\big) \cdot R(\tau) \cdot \mathrm{d}\tau.$$

Die Streuung von I_n strebt für $n \to \infty$ gegen Null, da

$$\langle (I_n - \langle I_n \rangle)^2 \rangle = \sum_{i=0}^{n-1} \langle \varphi^2(z_i, t_i) \cdot (\Delta w_i^2 - \langle \Delta w_i^2 \rangle)^2 \rangle$$

$$+ 2 \sum_{i=0}^{n-1} \sum_{j=i+1}^{n-1} \langle \varphi(z_i, t_i) \cdot \varphi(z_j, t_j) (\Delta w_i^2 - \langle \Delta w_i^2 \rangle) (\Delta w_j^2 - \langle \Delta w_j^2 \rangle) \rangle.$$

Die Doppelsumme verschwindet wegen der Unabhängigkeit der Δw_j ($j > i$) von Δw_i, z_i, z_j, die erste Summe kann unter Beachtung der Normalverteilung von Δw_i leicht abgeschätzt werden, so daß

$$\langle (I_n - \langle I_n \rangle)^2 \rangle = 2 \sum_{i=0}^{n-1} \varphi^2(z_i, t_i) (\langle \Delta w_i^2 \rangle)^2 \leqq 2 \max (t_{i+1} - t_i) \sum_{i=0}^{n-1} \varphi^2(z_i, t_i) R(t_i')$$

$$\times \int_{t_i}^{t_i+1} R(\tau)\, \mathrm{d}\tau.$$

Hier ist $t_i \leqq t_i' \leqq t_{i+1}$. Für $n \to \infty$ und $\max (t_{i+1} - t_i) \to 0$ strebt der rechte Teil gegen Null. Q.e.d.

Übrigens läßt sich genauso zeigen, daß im mehrdimensionalen Fall

$$\lim_{\substack{n\to\infty \\ \max \Delta t_i \to 0}} \sum_{i=0}^{n-1} \varphi_{\alpha,\beta}(\boldsymbol{z}_i^{\mathrm{T}}, t_i) \cdot \Delta w_i^{(\alpha)} \cdot \Delta w_i^{(\beta)} = \int_t^{t+\Delta t} \varphi_{\alpha,\beta}(\boldsymbol{z}^{\mathrm{T}}(\tau), \tau) \cdot R^{(\alpha,\beta)}(\tau) \cdot \mathrm{d}\tau, \tag{2.63}$$

wenn $w^{(\alpha)}(t)$ und $w^{(\beta)}(t)$ Komponenten des Vektor-Markov-Prozesses $\boldsymbol{w}(t)$ sind und $\boldsymbol{z}(t)$ durch $\boldsymbol{w}(t)$ über eine Itosche Differentialgleichung

$$\mathrm{d}_0 \boldsymbol{z}(t) = \boldsymbol{f}(\boldsymbol{z}^{\mathrm{T}}(t), t) \cdot \mathrm{d}t + \boldsymbol{g}(\boldsymbol{z}^{\mathrm{T}}(t), t) \cdot \mathrm{d}_0 \boldsymbol{w}(t)$$

oder eine entsprechende Differenzengleichung erzeugt wird. $R^{(\alpha,\beta)}(t)$ ist Element der Intensitätsmatrix $\boldsymbol{R}(t)$, die auch in Übereinstimmung mit (2.48) in folgender Form definiert werden kann

$$\langle \mathrm{d}_0\boldsymbol{w}(t) \cdot \mathrm{d}_0\boldsymbol{w}^{\mathrm{T}}(t)\rangle = \boldsymbol{R}(t) \cdot \mathrm{d}t. \tag{2.64}$$

Aus (2.63) folgt, wenn man $\varphi_{\alpha,\beta}(\cdot)$ als Elemente der Matrix $\boldsymbol{\varphi}(\cdot)$ deutet und über α und β summiert

$$\lim_{\substack{n\to\infty \\ \max \Delta t_i \to 0}} \sum_{i=0}^{n-1} \Delta\boldsymbol{w}_i^{\mathrm{T}} \cdot \boldsymbol{\varphi}(\boldsymbol{z}_i^{\mathrm{T}}, t_i) \cdot \Delta\boldsymbol{w}_i = \mathrm{Sp} \int_t^{t+\Delta t} \boldsymbol{\varphi}(\boldsymbol{z}^{\mathrm{T}}(\tau), \tau) \cdot \boldsymbol{R}(\tau) \cdot \mathrm{d}\tau. \tag{2.65}$$

Wenden wir uns wieder dem Grenzübergang in Formel (2.61) zu. Wegen (2.62) läßt sich für $n \to \infty$ die dritte Summe im quadratischem Mittel durch das Zeitintegral $\frac{1}{2}\int_t^{t+\Delta t} \frac{\partial g\big(z(\tau), \tau\big)}{\partial z(\tau)} \cdot g\big(z(\tau), \tau\big) \cdot R(\tau) \cdot \mathrm{d}\tau$ ersetzen. Wir erhalten endgültig

$$\Delta z(t) = \int_t^{t+\Delta t} \mathrm{d}\tau \left[\big(z(\tau), \tau\big) + \frac{1}{2}\,\frac{\partial g\big(z(\tau), \tau\big)}{\partial z(\tau)}\, g\big(z(\tau), \tau\big)\, R(\tau)\right] + \int_t^{t+\Delta t} g\big(z(\tau), \tau\big)\, \mathrm{d}_0 w(\tau) + O(\Delta t^{3/2})$$

bzw. die äquivalente Itosche Differentialgleichung

$$\mathrm{d}_0 z = \left[f(z, t) + \frac{1}{2}\,\frac{\partial g(z, t)}{\partial z} \cdot g(z, t) \cdot R(t)\right] \mathrm{d}t + g(z, t) \cdot \mathrm{d}_0 w(t). \tag{2.66}$$

Hängt $g(\cdot)$ nicht vom Zustandsvektor z ab, so stimmen die Koeffizienten der Ausgangsgleichung (2.26) mit denen der äquivalenten Itoschen Differentialgleichung überein. Im anderen Fall verursacht die Korrelation zwischen Eingangsprozeß und Zustandsvektor im infinitesimalem Zeitintervall dt einen Zusatzterm, der den Driftkoeffizienten des Diffusionsprozesses $z(\cdot)$ verändert.

Unter Verwendung des Nabla-Operators[1])

$$\nabla_z^{\mathrm{T}} = \left(\frac{\partial}{\partial z^{(1)}}, \dots \frac{\partial}{\partial z^{(n)}}\right) \tag{2.67}$$

läßt sich auf ähnliche Weise wie im skalaren Fall der Grenzübergang von dem vektoriellen System mit nichtweißen Gaußschen Eingangsprozessen

$$\dot{\boldsymbol{z}} = \boldsymbol{f}(\boldsymbol{z}^{\mathrm{T}}, t) + \boldsymbol{g}(\boldsymbol{z}^{\mathrm{T}}, t) \cdot \boldsymbol{x}(t) \tag{2.68}$$

---

1) Das Arbeiten mit dem Nablaoperator ist im Anhang A. 1 ausführlich erläutert und vereinfacht wesentlich die analytische Behandlung mehrdimensionaler Systeme. Beispielsweise kann die Taylor-Zerlegung einer (skalaren, Vektor- oder Matrix-) Funktion $\varphi(\boldsymbol{z}^{\mathrm{T}})$ mit vektoriellem Argument kompakt dargestellt werden

$$\varphi(\boldsymbol{z}^{\mathrm{T}}) = \varphi(\boldsymbol{z}_0^{\mathrm{T}}) + (\Delta\boldsymbol{z})^{\mathrm{T}}\, \nabla_{z_0}\varphi(\boldsymbol{z}_0^{\mathrm{T}}) + \frac{1}{2}\, (\Delta\boldsymbol{z}\Delta\boldsymbol{z}^{\mathrm{T}}\, \nabla_{z_0})^{\mathrm{T}}\, \nabla_{z_0}\varphi(\boldsymbol{z}_0^{\mathrm{T}})$$

$$+ \dots + \frac{1}{k!}\, (\Delta\boldsymbol{z}^{\mathrm{T}}\, \nabla_{z_0})^k\, \varphi(\boldsymbol{z}_0^{\mathrm{T}}) + \dots,$$

wobei die Nablaoperatoren ∇_{z_0} nicht auf $\Delta\boldsymbol{z} = \boldsymbol{z} - \boldsymbol{z}_0$ wirken.

zur entsprechenden Itoschen Differentialgleichung durchführen. Man erhält

$$\mathrm{d}_0\boldsymbol{z} = \left\{\boldsymbol{f}(\boldsymbol{z}^\mathsf{T}, t) + \frac{1}{2}\left[\left(\boldsymbol{R}(t)\cdot \boldsymbol{g}^\mathsf{T}(\boldsymbol{z}^\mathsf{T}, t)\cdot \nabla_z\right)^\mathsf{T}\cdot \boldsymbol{g}^\mathsf{T}(\boldsymbol{z}^\mathsf{T}, t)\right]^\mathsf{T}\right\}\mathrm{d}t + \boldsymbol{g}(\boldsymbol{z}^\mathsf{T}, t)\cdot \mathrm{d}_0\boldsymbol{w}(t). \tag{2.69}$$

Die Ableitung dieser Gleichung ist mit umfangreichen Rechnungen verbunden, die im wesentlichen darauf zurückzuführen sind, daß das im zweiten Iterationsschritt auftretende Integral $\int_t^{t+\Delta t} \Delta\tilde{\boldsymbol{w}}^\mathsf{T}(\tau)\, \boldsymbol{g}^\mathsf{T}(\boldsymbol{z}^\mathsf{T}, t)\cdot \nabla_z \boldsymbol{g}(\boldsymbol{z}^\mathsf{T}, t)\, \boldsymbol{x}(\tau)\, \mathrm{d}\tau$ im allgemeinen nicht geschlossen integriert werden kann, wenn man sich nicht mit der stark einschränkenden Bedingung zufrieden geben möchte: $\boldsymbol{g}^\mathsf{T}(\boldsymbol{z}^\mathsf{T}, t)\left(\nabla_z \boldsymbol{g}(\boldsymbol{z}^\mathsf{T}, t)\right) = \left(\nabla_z \boldsymbol{g}(\boldsymbol{z}^\mathsf{T}, t)\right)^\mathsf{T}\cdot \boldsymbol{g}(\boldsymbol{z}^\mathsf{T}, t)$[1]. Aus diesem Grund müssen die Grenzwerte der nach Feinunterteilung des Intervalls $[t, t + \Delta t]$ entstehenden Summen und deren Streuung komponentenweise recht mühsam berechnet werden. Aus Platzgründen sei deshalb die Beweisführung dem Leser überlassen.

2.8. Stochastische Differentialgleichungen nach Stratonowitsch

Trotz ihrer Einfachheit besitzen Itosche Differentiale, Integrale und Differentialgleichungen einige unbefriedigende Eigenschaften: zum ersten sind Itosche Differentiale und Integrale unsymmetrisch bezüglich Spiegelung der Zeitachse — ein für die Beschreibung physikalischer Prozesse häufig störender Tatbestand, zum zweiten ist der Übergang von gewöhnlichen Differentialgleichungen mit Gaußschen Eingangsprozessen zu Itoschen Differentialgleichungen mit einer Änderung der Driftkoeffizienten $\boldsymbol{f}(\boldsymbol{z}^\mathsf{T}, t)$ verbunden. Diese Unzulänglichkeiten werden durch die sog. Stratonowitsch-Differentialgleichungen beseitigt, die einen Spezialfall der stochastischen Differentialgleichung für $\theta = 1/2$ darstellen.

Der Zusammenhang zwischen den θ-abhängigen Differentialen und Integralen und den Itoschen Formen kann leicht hergestellt werden. Sei

$$\int_{t_0}^{t} \varphi\left(\boldsymbol{z}^\mathsf{T}(\tau), \tau\right)\cdot \mathrm{d}_\theta \boldsymbol{w}(\tau) = \lim_{\substack{n\to\infty\\ \max\Delta t_i \to 0}} \sum_{i=0}^{n-1} \varphi(\boldsymbol{z}_i^\mathsf{T} + \theta\cdot \Delta\boldsymbol{z}_i^\mathsf{T}; t_i)\cdot \Delta\boldsymbol{w}_i; \qquad 0 \leqq \theta \leqq 1, \tag{2.70}$$

ein θ-abhängiges stochastisches Integral des Markovschen Diffusionsprozesses $\boldsymbol{z}(t)$. $\boldsymbol{z}(t)$ genüge der stochastischen Differentialgleichung

$$\mathrm{d}_\theta z = \boldsymbol{f}_\theta(\boldsymbol{z}^\mathsf{T}, t)\cdot \mathrm{d}t + \boldsymbol{g}_\theta(\boldsymbol{z}^\mathsf{T}, t)\cdot \mathrm{d}_\theta \boldsymbol{w}(t)$$

bzw.

$$\Delta\boldsymbol{z}_i = \boldsymbol{f}_\theta(\boldsymbol{z}_i^\mathsf{T} + \theta\Delta\boldsymbol{z}_i^\mathsf{T}, t_i)\cdot \Delta t_i + g_\theta(\boldsymbol{z}_i^\mathsf{T} + \theta\Delta\boldsymbol{z}_i^\mathsf{T}, t_i)\cdot \Delta\boldsymbol{w}_i. \tag{2.71}$$

---

[1]) Das Produkt $\nabla_z\boldsymbol{g}(\cdot)$ ist streng genommen nicht definiert. Die Gleichung ist deshalb folgendermaßen zu lesen

$$\boldsymbol{g}^\mathsf{T}(\cdot)\left[\nabla_z \boldsymbol{G}_i^\mathsf{T}(\cdot)\right] = \left[\nabla_z \boldsymbol{G}_i^\mathsf{T}(\cdot)\right]\boldsymbol{g}(\cdot), \qquad i = 1, 2, \ldots, n,$$

mit

$$\boldsymbol{G}_i^\mathsf{T}(\cdot) = \left(g^{(i,1)}(\cdot), g^{(i,2)}(\cdot), \ldots, g^{(i,m)}(\cdot)\right),$$

$$\boldsymbol{g}(\cdot) = \{g^{(i,j)}(\cdot)\}_{n,m}.$$

$\varphi(\cdot)$ sei eine bezüglich z differenzierbare Matrix oder skalare Funktion. Nach (2.70) gilt

$$\int_{t_0}^{t} \varphi(z^T(\tau), \tau) \cdot d_\theta w(\tau) = \lim_{\substack{n\to 0 \\ \max \Delta t_i \to 0}} \sum_{i=0}^{n-1} [\varphi(z_i^T, t_i) \cdot \Delta w_i + \theta \cdot \Delta z_i^T \cdot \nabla_{z_i}\varphi(z_i^T, t_i)$$

$$\times \Delta w_i + O(\Delta z_i^2)] = \int_{t_0}^{t} \varphi(z^T(\tau), \tau)\, d_0 w(\tau)$$

$$+ \theta \cdot \lim_{\substack{n\to 0 \\ \max \Delta t_i \to 0}} \sum_{i=0}^{n-1} \left[\Delta w_i^T \cdot g_\theta^T(z_i^T, t_i) \cdot \nabla_{z_i}\varphi(z_i^T, t_i)\, \Delta w_i\right.$$

$$\left. + O(\Delta t_i \cdot \Delta w_i)\right].$$

Bei der Substitution von Δz_i wurde beachtet, daß nur der Δw_i-proportionale Term $g_\theta(z_i^T + \theta\Delta z_i^T, t_i) \cdot \Delta w_i$ einen Beitrag zum Grenzwert liefert. $g_\theta(z_i^T + \theta\Delta z_i^T, t_i)$ kann aber mit Genauigkeit bis auf Anteile der nächsthöheren Ordnung $\theta \cdot \Delta z_i^T \cdot \nabla_{z_i} g_\theta \times (z_i^T, t_i)$, die keinen Beitrag mehr zur Gesamtsumme erzeugen, durch $g_\theta(z_i^T, t_i)$ ersetzt werden. Unter Beachtung der im vorigen Abschnitt erhaltenen Beziehung (2.63) wird die Summe nach Grenzübergang im quadratischen Mittel einem Zeitintegral gleich, so daß

$$\int_{t_0}^{t} \varphi(z^T(\tau), \tau)\, d_\theta w(\tau) \underset{\text{i.q.M}}{=} \int_{t_0}^{t} \varphi(z^T(\tau), \tau) \cdot d_0 w(\tau) + \theta \int_{t_0}^{t} \left[\left(R(\tau) \cdot g_\theta^T(z^T(\tau), \tau) \cdot \nabla_z\right)^T\right.$$

$$\left. \times \varphi^T(z^T(\tau), \tau)\right]^T d\tau. \tag{2.72}$$

Mit Wahrscheinlichkeit Eins folgt daraus die Gleichheit der Integranden

$$\varphi(z^T(t), t)\, d_\theta w(t) = \varphi(z^T(t), t)\, d_0 w(t) + \theta \cdot \left[\left(R(t) \cdot g_\theta^T(z^T(t), t) \cdot \nabla_z\right)^T\right.$$

$$\left. \times \varphi^T(z^T(t), t)\right]^T \cdot dt. \tag{2.73}$$

Mit dieser Formel kann jetzt der Zusammenhang zwischen Itoschen Differentialgleichungen und beliebigen θ-abhängigen Differentialgleichungen hergestellt werden. Wir betrachten das Itosche System

$$d_0 z = f_0(z^T, t)\, dt + g_0(z^T, t) \cdot d_0 w(t) \tag{2.74}$$

und das θ-abhängige System

$$d_\theta z = f_\theta(z^T, t)\, dt + g_\theta(z^T, t) \cdot d_\theta w(t). \tag{2.71}$$

Bei gegebenen Koeffizientenmatrizen $f_0(\cdot)$ und $g_0(\cdot)$ des Itoschen Systems sind die $f_\theta(\cdot)$ und $g_\theta(\cdot)$ des Systems (2.71) zu finden, das mit Wahrscheinlichkeit Eins den gleichen Prozeß wie das Itosche System erzeugt. Nach (2.73) gilt mit Wahrscheinlichkeit Eins

$$g_0(z^T, t) \cdot d_0 w = g_0(z^T, t)\, d_\theta w - \theta\left[\left(R(t) \cdot g_0^T(z^T, t) \cdot \nabla_z\right)^T \cdot g_0^T(z^T, t)\right]^T dt$$

d. h., mit Wahrscheinlichkeit Eins sind die von den Systemen

$$d_0 z = f_0(z^T, t) \cdot dt + g(z^T, t) \cdot d_0 w(t) \tag{2.74}$$

$$d_\theta z = \left\{f_0(z^T, t) - \theta\left[\left(R(t)\, g^T(z^T, t) \cdot \nabla_z\right)^T \cdot g^T(z^T, t)\right]^T\right\} dt + g(z^T, t) \cdot d_\theta w(t) \tag{2.75}$$

erzeugten Prozesse einander gleich. Da die $g_0(\cdot)$ von der Transformation nicht verändert werden, wurde der Index bei $g(\cdot)$ weggelassen. Die Invarianz der Koeffizientenmatrix bei $\mathrm{d}_\theta \boldsymbol{w}(t)$

$$\boldsymbol{g}_\theta(\cdot) = \boldsymbol{g}_0(\cdot) = \boldsymbol{g}(\cdot)$$

gegenüber verschiedenen Darstellungen des Markovschen Diffusionsprozesses bedeutet, daß auch in (2.74—75) der Index θ bei $\boldsymbol{g}_\theta(\cdot)$ weggelassen werden darf.

Für einen beliebigen Markovschen Diffusionsprozeß gelten somit die Transformationsregeln

$$\int_{t_0}^{t} \boldsymbol{\varphi}\big(\boldsymbol{z}^{\mathsf{T}}(\tau), \tau\big) \cdot \mathrm{d}_\theta \boldsymbol{w}(\tau) \underset{\text{i.q.M.}}{=} \int_{t_0}^{t} \boldsymbol{\varphi}\big(\boldsymbol{z}^{\mathsf{T}}(\tau), \tau\big) \cdot \mathrm{d}_0 \boldsymbol{w}(\tau) + \theta \int_{t^0}^{t} \Big[\Big(\boldsymbol{R}(\tau)\, \boldsymbol{g}^{\mathsf{T}}\big(\boldsymbol{z}^{\mathsf{T}}(\tau), \tau\big) \cdot \nabla_{z(\tau)}\Big)^{\mathsf{T}} \times \boldsymbol{\varphi}^{\mathsf{T}}\big(\boldsymbol{z}^{\mathsf{T}}(\tau), \tau\big)\Big]^{\mathsf{T}} \mathrm{d}\tau$$

und mit Wahrscheinlichkeit Eins

$$\boldsymbol{\varphi}(\boldsymbol{z}^{\mathsf{T}}, t)\, \mathrm{d}_\theta \boldsymbol{w}(t) = \boldsymbol{\varphi}(\boldsymbol{z}^{\mathsf{T}}, t) \cdot \mathrm{d}_0 \boldsymbol{w}(t) + \theta \cdot \big[\big(\boldsymbol{R}(t) \cdot \boldsymbol{g}^{\mathsf{T}}(\boldsymbol{z}^{\mathsf{T}}, t) \cdot \nabla_z\big)^{\mathsf{T}} \cdot \boldsymbol{\varphi}^{\mathsf{T}}(\boldsymbol{z}^{\mathsf{T}}, t)\big]^{\mathsf{T}} \cdot \mathrm{d}t. \tag{2.76}$$

Betrachten wir nun das totale Differential der Funktion $\boldsymbol{\varphi}(z^{\mathsf{T}}, t)$ für den Fall, daß $\boldsymbol{z}(t)$ einen Itoschen Prozeß nach (2.74) darstellt. Wenn $\boldsymbol{\varphi}(\boldsymbol{z}^{\mathsf{T}}, t)$ einmal bezüglich t und zweimal bezüglich z differenzierbar ist, dann gilt die sog. Itosche Formel

$$\mathrm{d}\boldsymbol{\varphi}(\boldsymbol{z}^{\mathsf{T}}, t) = \frac{\partial \boldsymbol{\varphi}(\boldsymbol{z}^{\mathsf{T}}, t)}{\partial t} \cdot \mathrm{d}t + \mathrm{d}_0 \boldsymbol{z}^{\mathsf{T}} \cdot \nabla_z \boldsymbol{\varphi}(\boldsymbol{z}^{\mathsf{T}}, t) + \frac{1}{2} \big[\boldsymbol{g}(\boldsymbol{z}^{\mathsf{T}} t) \cdot \boldsymbol{R}(t) \cdot \boldsymbol{g}^{\mathsf{T}}(\boldsymbol{z}^{\mathsf{T}}, t) \cdot \nabla_z\big]^{\mathsf{T}} \times \nabla_z \cdot \boldsymbol{\varphi}(\boldsymbol{z}^{\mathsf{T}}, t) \cdot \mathrm{d}t, \tag{2.77}$$

die eine Verallgemeinerung des totalen Differentials von Funktionen differenzierbarer Prozesse darstellt.

Der Beweis stützt sich wie in den vorigen Abschnitten auf die Berücksichtigung der $(\Delta z)^2$-proportionalen Glieder, die wegen (2.74) $(\Delta w)^2$- und damit Δt-proportionale Korrekturterme erzeugen. Ausgangspunkt ist das Integral des ITOschen Prozesses

$$\int_{t_0}^{t} \mathrm{d}\boldsymbol{\varphi}\big(\boldsymbol{z}^{\mathsf{T}}(\tau), \tau\big) = \lim_{\substack{n \to 0 \\ \max \Delta t_i \to 0}} \sum_{i=0}^{n-1} \big[\boldsymbol{\varphi}\big(\boldsymbol{z}^{\mathsf{T}}(t_{i+1}), t_{i+1}\big) - \boldsymbol{\varphi}\big(\boldsymbol{z}^{\mathsf{T}}(t_i), t_i\big].$$

Nach Taylor gilt

$$\begin{aligned} \int_{t_0}^{t} \mathrm{d}\boldsymbol{\varphi}\big(z^{\mathsf{T}}(\tau), \tau\big) &= \lim_{\substack{n \to 0 \\ \max \Delta t_i \to 0}} \sum_{i=0}^{n-1} \Bigg[\frac{\partial \boldsymbol{\varphi}\big(z_i^{\mathsf{T}}, t_i\big)}{\partial t_i} \Delta t_i + \Delta z_i^{\mathsf{T}} \cdot \nabla_{z_i} \boldsymbol{\varphi}(z_i^{\mathsf{T}}, t_i) \\ &\quad + \frac{1}{2} [\Delta z_i \cdot \Delta z_i^{\mathsf{T}} \cdot \nabla_{z_i}]^{\mathsf{T}} \cdot \nabla_{z_i} \boldsymbol{\varphi}\, (z_i^{\mathsf{T}}, t_i) + O(\Delta z_i^3)\Bigg] \\ &= \int_{t_0}^{t} \Bigg[\frac{\partial \boldsymbol{\varphi}\big(\boldsymbol{z}^{\mathsf{T}}(\tau), \tau\big)}{\partial \tau} \cdot \mathrm{d}\tau + \mathrm{d}_0 \boldsymbol{z}^{\mathsf{T}}(\tau) \cdot \nabla_z \boldsymbol{\varphi}\big(\boldsymbol{z}^{\mathsf{T}}(\tau), \tau\big)\Bigg] \\ &\quad + \lim_{\substack{n \to 0 \\ \max \Delta t_i \to 0}} \sum_{i=0}^{n-1} \Bigg\{\frac{1}{2} [\boldsymbol{g}(\boldsymbol{z}_i^{\mathsf{T}}, t_i) \cdot \Delta \boldsymbol{w}_i \cdot \Delta \boldsymbol{w}_i^{\mathsf{T}} \cdot \boldsymbol{g}^{\mathsf{T}}(\boldsymbol{z}_i^{\mathsf{T}}, t_i) \cdot \nabla_{z_i}]^{\mathsf{T}} \\ &\quad \times \nabla_{z_i} \boldsymbol{\varphi}(\boldsymbol{z}_i^{\mathsf{T}}, t_i) + O(\Delta t_i \cdot \Delta \boldsymbol{w}_i)\Bigg\}. \end{aligned} \tag{2.78}$$

Hier sind ∇_{z_i} der Nablaoperator (s. Anhang A. 1) bezüglich $\boldsymbol{z}_i$ und $\boldsymbol{z}_i = \boldsymbol{z}(t_i)$. Bei der Substitution der $\Delta \boldsymbol{z}_i$ gemäß (2.74) wurde die Größenordnung der einzelnen Terme berücksichtigt. Nach (2.73) strebt die dritte Summe im quadratischen Mittel gegen ein Zeitintegral, so daß

$$\int_{t_0}^{t} \mathrm{d}\varphi(\boldsymbol{z}^{\mathsf{T}}(\tau), \tau) = \int_{t_0}^{t} \left\{ \frac{\partial \varphi(\boldsymbol{z}^{\mathsf{T}}(\tau), \tau)}{\partial \tau} \cdot \mathrm{d}\tau + \mathrm{d}_0 \boldsymbol{z}^{\mathsf{T}}(\tau) \, \nabla_{z(\tau)} \cdot \varphi(\boldsymbol{z}^{\mathsf{T}}(\tau), \tau) \right.$$
$$\left. + \frac{1}{2} \left[\boldsymbol{g}(\boldsymbol{z}^{\mathsf{T}}(\tau), \tau) \cdot \boldsymbol{R}(\tau) \cdot \boldsymbol{g}^{\mathsf{T}}(\boldsymbol{z}^{\mathsf{T}}(\tau), \tau) \, \nabla_{z(\tau)} \right]^{\mathsf{T}} \nabla_{z(\tau)} \varphi(\boldsymbol{z}^{\mathsf{T}}(\tau), \tau) \cdot \mathrm{d}\tau . \right. \tag{2.79}$$

Für $t \to t_0$ folgt daraus die Ito-Formel.

Übrigens ergibt sich für $\varphi = \boldsymbol{z}^{\mathsf{T}} \cdot \boldsymbol{z}$ sofort eine wichtige Integrationsregel für Ito-Prozesse

$$\int_{t_0}^{t} \mathrm{d}(\boldsymbol{z}^{\mathsf{T}} \cdot \boldsymbol{z}) = 2 \int_{t_0}^{t} \left\{ \boldsymbol{z}^{\mathsf{T}} \cdot \mathrm{d}_0 \boldsymbol{z} + \mathrm{Sp} \left[\boldsymbol{g}(\boldsymbol{z}^{\mathsf{T}}(\tau), \tau) \cdot \boldsymbol{R}(\tau) \cdot (\boldsymbol{g} \boldsymbol{z}^{\mathsf{T}}(\tau), \tau) \right] \mathrm{d}\tau \right\}.$$

Da andererseits $\int_{t_0}^{t} \mathrm{d}(\boldsymbol{z}^{\mathsf{T}} \cdot \boldsymbol{z}) = \boldsymbol{z}^{\mathsf{T}}(t) \cdot \boldsymbol{z}(t) - \boldsymbol{z}^{\mathsf{T}}(t_0) \cdot \boldsymbol{z}(t_0)$, erhält man folgende Modifikation der klassischen Integrationsregel

$$\int_{t_0}^{t} \boldsymbol{z}^{\mathsf{T}}(\tau) \, \mathrm{d}_0 \boldsymbol{z}(\tau) = \frac{1}{2} \left[\boldsymbol{z}^{\mathsf{T}}(t) \cdot \boldsymbol{z}(t) - \boldsymbol{z}^{\mathsf{T}}(t_0) \cdot \boldsymbol{z}(t_0) \right] - \frac{1}{2} \int_{t_0}^{t} \mathrm{Sp} \left[\boldsymbol{g}(\boldsymbol{z}^{\mathsf{T}}(\tau), \tau) \right.$$
$$\left. \times \boldsymbol{R}(\tau) \cdot \boldsymbol{g}^{\mathsf{T}}(\boldsymbol{z}^{\mathsf{T}}(\tau), \tau) \right] \mathrm{d}\tau . \tag{2.80}$$

Im skalaren Fall bedeutet dies

$$\int_{t_0}^{t} z(\tau) \, \mathrm{d}_0 z(\tau) = \frac{1}{2} \left(z^2(t) - z^2(t_0) \right) - \frac{1}{2} \int_{t_0}^{t} g^2(z(\tau), \tau) \cdot R(\tau) \, \mathrm{d}\tau .$$

Uns interessiert nun die Verallgemeinerung der Ito-Formel für beliebige Darstellungsformen der Markovschen Diffusionsprozesse, d. h. das totale Differential der Funktion $\varphi(\boldsymbol{z}^{\mathsf{T}}, t)$ für den Fall, daß der Prozeß $\boldsymbol{z}(t)$ nicht durch das Itosche System (2.74), sondern durch eins der mit Wahrscheinlichkeit Eins äquivalenten θ-abhängigen Systeme (2.71) erzeugt wird.

Wir gehen wieder von dem Integral $\int_{t_0}^{t} \mathrm{d}\varphi(\boldsymbol{z}^{\mathsf{T}}, t)$ aus und substituieren die Taylor-Zerlegung des Integranden (s. erste Zeile von (2.78)). Da

$$\Delta \boldsymbol{z}_i^{\mathsf{T}} \cdot \nabla_{z_i} \varphi(\boldsymbol{z}_i^{\mathsf{T}}, t_i) = \Delta \boldsymbol{z}_i^{\mathsf{T}} \cdot \nabla_{z_i} \varphi(\boldsymbol{z}_i^{\mathsf{T}} + \theta \, \Delta \boldsymbol{z}_i^{\mathsf{T}}, t_i) - \theta [\Delta \boldsymbol{z}_i \cdot \Delta \boldsymbol{z}_i^{\mathsf{T}} \cdot \nabla_{z_i}]^{\mathsf{T}}$$
$$\times \nabla_{z_i} \varphi(\boldsymbol{z}_i^{\mathsf{T}} + \theta \Delta \boldsymbol{z}_i^{\mathsf{T}}, t_i) + O(\Delta z_i^3) ,$$

so liefert Einsetzen dieses Ausdruckes in (2.78) nach gleichartigen Rechnungen wie dort

$$\mathrm{d}\varphi(\boldsymbol{z}^{\mathsf{T}}, t) = \frac{\partial\varphi(\boldsymbol{z}^{\mathsf{T}}, t)}{\partial t} \cdot \mathrm{d}t + \mathrm{d}_\theta \boldsymbol{z}^{\mathsf{T}} \cdot \nabla_z \varphi(\boldsymbol{z}^{\mathsf{T}}, t)$$

$$+ \left(\frac{1}{2} - \theta\right) \left[\boldsymbol{g}(\boldsymbol{z}^{\mathsf{T}}, t) \cdot \boldsymbol{R}(t) \cdot \boldsymbol{g}^{\mathsf{T}}(\boldsymbol{z}^{\mathsf{T}}, t) \cdot \nabla_z\right]^{\mathsf{T}} \cdot \nabla_z \varphi(\boldsymbol{z}^{\mathsf{T}}, t) \cdot \mathrm{d}t. \quad (2.81)$$

Diese Gleichung kann als verallgemeinerte Itosche Formel bezeichnet werden. Sie deutet schon auf die bevorzugte Stellung der stochastischen Differentiale und Integrale für $\theta = 1/2$ hin, die von STRATONOWITSCH ([106, 107]) eingeführt wurden und einige bemerkenswerte Eigenschaften aufweisen. Zum ersten bleiben für Stratonowitsch-Integrale und Differentiale die klassischen Integrations- und Differentiationsregeln gültig, da nach (2.81)

$$\mathrm{d}\varphi(\boldsymbol{z}^{\mathsf{T}}, t) = \frac{\partial\varphi(\boldsymbol{z}^{\mathsf{T}}, t)}{\partial t} \cdot \mathrm{d}t + \mathrm{d}_{1/2} \boldsymbol{z}^{\mathsf{T}} \cdot \nabla_z \varphi(\boldsymbol{z}^{\mathsf{T}}, t). \quad (2.82)$$

Zweitens sind die Stratonowitsch-Formen symmetrisch bezüglich Spiegelungen der Zeitachse. Tatsächlich, da $\boldsymbol{z}(t_i) + \frac{1}{2}\,\Delta\boldsymbol{z}(t_i) = \frac{1}{2}\left[\boldsymbol{z}(t_{i+1}) + \boldsymbol{z}(t_i)\right]$, ergeben sich folgende spiegelungsinvarianten Definitionsgleichungen für Stratonowitsch-Differentiale und Integrale

$$\varphi(\boldsymbol{z}^{\mathsf{T}}, t) \cdot \mathrm{d}_{1/2}\boldsymbol{w}(t) = \lim_{\Delta t \to 0} \varphi\left(\frac{\boldsymbol{z}^{\mathsf{T}}(t + \Delta t) + \boldsymbol{z}^{\mathsf{T}}(t)}{2}, t\right) \cdot \Delta\boldsymbol{w}(t), \quad (2.83)$$

$$\int_{t_0}^{t} \varphi\big(\boldsymbol{z}^{\mathsf{T}}(\tau), \tau\big) \cdot \mathrm{d}_{1/2}\boldsymbol{w}(\tau) = \lim_{\substack{n \to 0 \\ \max \Delta t_i \to 0}} \sum_{i=0}^{n-1} \varphi\left(\frac{\boldsymbol{z}^{\mathsf{T}}(t_{i+1}) + \boldsymbol{z}^{\mathsf{T}}(t_i)}{2}, t_i\right) \cdot \Delta\boldsymbol{w}_i. \quad (2.84)$$

Eine weitere bemerkenswerte Eigenschaft der Stratonowitsch-Differentiale besteht darin, daß die Differentialgleichungskoeffizienten $\boldsymbol{f}(\cdot)$ und $\boldsymbol{g}(\cdot)$ beim Übergang von gewöhnlichen Differentialgleichungen mit Gaußschen Eingangsprozessen zu den Stratonowitsch-Differentialgleichungen unverändert bleiben. Das Differentialgleichungssystem

$$\dot{\boldsymbol{z}} = \boldsymbol{f}(\boldsymbol{z}^{\mathsf{T}}, t) + \boldsymbol{g}(\boldsymbol{z}^{\mathsf{T}}, t)\, \boldsymbol{x}(t) \quad (2.26)$$

geht bei Übergang von $\boldsymbol{x}(t)$ zum weißen Gauß-Prozeß $\boldsymbol{\xi}(t)$ in das Itosche System

$$\mathrm{d}_0\boldsymbol{z} = \left\{\boldsymbol{f}(\boldsymbol{z}^{\mathsf{T}}, t) + \frac{1}{2}\left[\big(\boldsymbol{R}(t)\, \boldsymbol{g}^{\mathsf{T}}(\boldsymbol{z}^{\mathsf{T}}, t)\, \nabla_z\big)^{\mathsf{T}}\, \boldsymbol{g}^{\mathsf{T}}(\boldsymbol{z}^{\mathsf{T}}, t)\right]^{\mathsf{T}}\right\} \mathrm{d}t$$

$$+ \boldsymbol{g}(z^{\mathsf{T}}, t)\, \mathrm{d}_0\boldsymbol{w}(t) \quad (2.69)$$

über, das seinerseits nach (2.74—75) der Stratonowitsch-Differentialgleichung

$$\mathrm{d}_{1/2}\boldsymbol{z} = \boldsymbol{f}(\boldsymbol{z}^{\mathsf{T}}, t)\, \mathrm{d}t + \boldsymbol{g}(\boldsymbol{z}^{\mathsf{T}}, t)\, \mathrm{d}_{1/2}\boldsymbol{w}(t) \quad (2.85)$$

äquivalent ist. Die Stratonowitsch-Differentiale und Integrale können somit als die natürliche Erweiterung der Differentiale und Integrale gewöhnlich differenzierbarer

Funktionen betrachtet werden. — Die Verbindung der Stratonowitsch-Differentialgleichung (2.85) und damit der Ausgangsgleichung (2.26) zur Fokker-Planck- bzw. Kolmogoroff-Gleichung wird durch folgende Koeffizientenbeziehungen hergestellt

$$\begin{aligned} K_{1;\alpha}(\boldsymbol{z}^{\mathsf{T}}, t) &= f^{(\alpha)}(\boldsymbol{z}^{\mathsf{T}}, t) + \frac{1}{2} \sum_{\mu=1}^{m} \sum_{\nu=1}^{m} \sum_{\gamma=1}^{n} \frac{\partial g^{(\alpha,\mu)}(\boldsymbol{z}^{\mathsf{T}}, t)}{\partial z^{(\gamma)}} R^{(\mu,\nu)}(t)\, g^{(\gamma,\nu)}(\boldsymbol{z}^{\mathsf{T}}, t), \\ K_{2;\alpha,\beta}(z^{\mathsf{T}}, t) &= \sum_{\mu=1}^{m} \sum_{\nu=1}^{m} g^{(\alpha,\mu)}(\boldsymbol{z}^{\mathsf{T}}, t)\, R^{(\mu,\nu)}(t)\, g^{(\beta,\nu)}(\boldsymbol{z}^{\mathsf{T}}, t). \end{aligned} \tag{2.86}$$

Schließlich sei noch bemerkt, daß zur Berechnung von Erwartungswerten von Funktionen eines Markovschen Diffusionsprozesses und des Eingangsprozesses ($\mathrm{d}\boldsymbol{w}(t)$ bzw. $\boldsymbol{\xi}(t)$) nur die Wahrscheinlichkeitsdichte des Prozesses $\boldsymbol{z}^{\mathsf{T}}(t)$ benötigt wird. Davon überzeugt man sich leicht, wenn man von der Itoschen Prozeßbeschreibung nach Gl. (2.69) ausgeht. Danach stellt $\boldsymbol{z}(t)$ ein Funktional der Wiener-Zuwächse $\Delta\boldsymbol{w}(t_i)$ bis zum Zeitpunkt $t - \Delta t$ ($\Delta \to \mathrm{d}$) — dar

$$\boldsymbol{z}(t) = \mathcal{F}_0\{\boldsymbol{z}^{\mathsf{T}}(t_0), \Delta_0\boldsymbol{w}(t_0), \ldots, \Delta_0\boldsymbol{w}(t - \Delta t); t, t_0),$$

d. h., $\boldsymbol{z}(t)$ und $\Delta\boldsymbol{w}_0(t')$ sind für $t' \geqq t$ statistisch unabhängig, so daß beispielsweise

$$\begin{aligned} &\langle \boldsymbol{\varphi}\big(\boldsymbol{z}^{\mathsf{T}}(t), t\big)\, \mathrm{d}_0\boldsymbol{w}(t')\rangle = 0 \quad \text{für} \quad t' \geqq t, \\ &\langle \boldsymbol{\varphi}\big(\boldsymbol{z}^{\mathsf{T}}(t), t\big)\, \mathrm{d}_0\boldsymbol{w}(t')\, \mathrm{d}_0\boldsymbol{w}(t')^{\mathsf{T}}\rangle = \langle \boldsymbol{\varphi}(\boldsymbol{z}^{\mathsf{T}}, t)\rangle\, \boldsymbol{R}(t')\, \mathrm{d}t \quad \text{für} \quad t' \geqq t. \end{aligned}$$

Der gleiche Prozeß $\boldsymbol{z}(t)$ kann aber auch durch die Stratonowitsch-Differentialgleichung (2.85) beschrieben werden. In diesem Kalkül gilt damit nach Gl. (2.76) ($\theta = 1/2$)

$$\begin{aligned} \langle \boldsymbol{\varphi}\big(\boldsymbol{z}^{\mathsf{T}}(t), t\big)\, \mathrm{d}_{1/2}\boldsymbol{w}(t)\rangle &= \frac{1}{2} \Big\langle \big[\big(\boldsymbol{R}(t)\, \boldsymbol{g}^{\mathsf{T}}(\boldsymbol{z}^{\mathsf{T}}, t)\, \nabla_z\big)^{\mathsf{T}}\, \boldsymbol{\varphi}^{\mathsf{T}}(\boldsymbol{z}^{\mathsf{T}}, t)\big]^{\mathsf{T}}\Big\rangle\, \mathrm{d}t, \\ \Big\langle \boldsymbol{\varphi}\big(\boldsymbol{z}^{\mathsf{T}}(t), t\big)\, \mathrm{d}_{1/2}\boldsymbol{w}(t)\, \mathrm{d}_{1/2}\boldsymbol{w}^{\mathsf{T}}(t)\rangle &= \langle \boldsymbol{\varphi}\big(\boldsymbol{z}^{\mathsf{T}}(t), t\big)\Big\rangle\, \boldsymbol{R}(t)\, \mathrm{d}t. \end{aligned} \tag{2.87}$$

$\boldsymbol{\varphi}(\boldsymbol{z}^{\mathsf{T}}, t)$ ist darin eine skalare, Vektor- oder Matrix-Funktion (entsprechender Dimension).

2.9. Zur Approximation realer Systeme

Da Systeme mit weißen Gaußschen Eingangsprozessen immer eine Idealisierung darstellen, wird die Anwendung der Theorie der Markovschen Diffusionsprozesse dann erfolgreich sein, wenn der Gaußsche Eingangsprozeß durch einen weißen Gaußschen Prozeß approximiert werden kann. Intuitiv ist klar, daß dazu die Korrelationszeiten der Eingangsprozeßkomponenten viel kleiner als die Systemzeitkonstanten sein müssen. Mathematisch ist diese Bedingung schwer zu formalisieren, da die Definition von Systemzeitkonstanten immer eine gewisse Kenntnis des Lösungsverhaltens des Systems voraussetzt. Für lineare Systeme lassen sich Systemzeitkonstanten relativ einfach einführen (s. z. B. [52, 67]), für nichtlineare Systeme ist man über Ansätze nicht hinausgekommen (s. z. B. [105]).

Die Systemzeitkonstante hängt eng mit den maximalen Änderungsgeschwindigkeiten der Zustandskomponenten des Systems bei beliebig schnellen Änderungen des Eingangsprozesses zusammen. Wenn die Korrelationszeiten des Eingangsprozesses klein gegenüber den reziproken Werten dieser Änderungsgeschwindigkeiten sind, dann kann man den Gaußschen Eingangsprozeß durch einen weißen ersetzen. Die Korrelationsmatrix ist dabei so zu approximieren, daß sich die gleichen Intensitätskoeffizienten ergeben, d. h.:

$$\boldsymbol{k}_{2;x}(t, t') \to \delta(t - t') \int_{-\infty}^{+\infty} \boldsymbol{k}_{2;x}(t, t'')\, dt'' = \boldsymbol{R}(t)\, \delta(t - t'). \tag{2.88}$$

Breite Anwendungsmöglichkeiten für die Theorie Markovscher Diffusionsprozesse ergeben sich, wenn der Gaußsche Eingangsprozeß stationär ist. In diesem Fall kann das Leistungsdichtespektrum mit beliebiger Genauigkeit durch eine gebrochen rationale Funktion approximiert werden. Nach Kapitel 1 läßt sich aber ein Gaußscher Prozeß mit gebrochen rationalem Leistungsdichtespektrum als Ausgangsprozeß eines linearen (zeitinvarianten) Filters mit weißem Gaußschen Eingangsrauschen interpretieren. Zieht man dieses Filter mit in das zu analysierende System ein, so gewinnt man ein erweitertes System mit weißem Gaußschen Eingangsprozeß. Diese in Kap. 1 demonstrierte Vorgehensweise läßt sich prinzipiell auf stationäre vektorielle und sogar instationäre Gaußprozesse ausdehnen.

Das Konzept der Markovschen Diffusionsprozesse kann weiterhin auch auf Systeme mit nichtgaußschen Eingangsprozessen ausgedehnt werden, indem man in Analogie zur Erweiterung des zu analysierenden Systems mit linearen Filtern versucht, den Eingangsprozeß als Ergebnis einer im allgemeinen nichtlinearen Filterung eines weißen Gaußprozesses darzustellen und dieses Filter in das zu analysierende System mit einbezieht. Obwohl für einige Problemklassen die erzeugenden nichtlinearen Filter angegeben werden können (s. z. B. Abschn. 6.1.2.), wird die praktische Handhabbarkeit durch das Fehlen allgemeiner konstruktiver Methoden für den Aufbau der erzeugenden nichtlinearen Filter und mitunter durch den stark ausgeprägten Dimensionszuwachs des erweiterten Systems eingeschränkt. Trotzdem zeigen diese Betrachtungen, daß die Bedeutung der Theorie der Markovschen Diffusionsprozesse weit über Systeme mit weißen Gaußschen Eingangsprozessen oder unmittelbar durch diese approximierbare Systeme hinausgeht (s. a. [64]). Durch geschickte Wahl des System- und Eingangs prozeßmodells wird auch hier der Erfolg der durchzuführenden Analyse vorgezeichnet

Teil II

Analyse durch Funktionalreihenentwicklung

Eine wichtige Möglichkeit zur Analyse nichtlinearer, stochastischer Systeme besteht darin, aus dem Lösungsfunktional des Zustandsvektors $\boldsymbol{z}^{\mathrm{T}}(t)$

$$\boldsymbol{z}(t) = \mathcal{F}_z\{\boldsymbol{z}^{\mathrm{T}}(t_0), \boldsymbol{x}^{\mathrm{T}}(t') \mid t_0 \leqq t' \leqq t\}$$

bzw. des (vektoriellen) Systemausgangsprozesses:

$$\boldsymbol{y}(t) = \mathcal{F}_y\{\boldsymbol{z}^{\mathrm{T}}(t_0), \boldsymbol{x}^{\mathrm{T}}(t') \mid t_0 \leqq t' \leqq t\} = \boldsymbol{H}\big(\boldsymbol{z}^{\mathrm{T}}(t), \boldsymbol{x}^{\mathrm{T}}(t), t\big)$$

die gesuchten statistischen Charakteristika aus den bekannten statistischen Charakteristika des Eingangsprozesses $\boldsymbol{x}^{\mathrm{T}}(t)$ zu berechnen. Diese Vorgehensweise ist prinzipiell nicht an einschränkende Voraussetzungen bezüglich des stochastischen Eingangsprozesses gebunden und stellt somit eine recht universell anwendbare Methodik zur Analyse allgemeiner stochastischer Systeme dar. Allerdings gelingt es i. d. R. ohne einschränkende Voraussetzungen an das Lösungsfunktional oder/und den Eingangsprozeß nicht, aus dem Lösungsfunktional die momentane Dichte oder gar die Verbundwahrscheinlichkeitsdichte des Zustandsvektors oder des Systemausgangsprozesses in analytischer und geschlossener Form zu bestimmen. Zur Lösung praktischer Analyseprobleme ist diese umfassende Kenntnis der statistischen Eigenschaften des stochastischen Systems i. d. R. nicht erforderlich, d. h., es reicht die Kenntnis einiger statistischer Charakteristika aus.

In praxi sind jedoch häufig der Systemzustandsvektor $\boldsymbol{z}^{\mathrm{T}}(t)$ durch ein nichtlineares Differentialgleichungssystem:

$$\dot{\boldsymbol{z}} = \boldsymbol{F}(\boldsymbol{z}^{\mathrm{T}}, \boldsymbol{x}^{\mathrm{T}}, t)$$

und der Systemausgangsprozeß durch die Relation:

$$\boldsymbol{y}(t) = \boldsymbol{H}\big(\boldsymbol{z}^{\mathrm{T}}(t), \boldsymbol{x}^{\mathrm{T}}(t), t\big)$$

bzw. in der dem Ingenieur geläufigeren Form eines äquivalenten Blockschaltbildes kausaler Subsysteme, definiert, so daß das Lösungsfunktional des Systemausgangsprozesses erst zu bestimmen ist. Exakt gelingt dies aber nur für in $\boldsymbol{z}^{\mathrm{T}}(t)$ lineare (s. Kap. 1) oder nur für sehr spezielle nichtlineare Differentialgleichungssysteme, so daß im allgemeinen, nichtlinearen Fall das Lösungsfunktional nur näherungsweise bestimmt werden kann. Diese Problematik besteht unabhängig von der Spezifik des Eingangsprozesses; sie ist uns schon aus der Theorie der gewöhnlichen Differentialgleichungen, also auch für Systeme mit deterministischen Eingangsprozessen, wohl bekannt.

Im folgenden wird vorausgesetzt, daß das Lösungsfunktional für den Zustandsvektor stetig ist, d. h., kleine Änderungen des Eingangsprozesses bewirken entsprechend kleine Variationen des Prozesses $\boldsymbol{z}^{\mathsf{T}}(t)$. Unter dieser Voraussetzung existiert nach FRÉCHET [30] eine Folge von Funktionalen $\mathcal{F}_k^*\{\cdot \mid \cdot\}$, die gegen das gesuchte Lösungsfunktional konvergiert. Damit kann das Lösungsfunktional in Form einer Funktionalreihe

$$\boldsymbol{z}(t) = \mathcal{F}_0\{\boldsymbol{z}^{\mathsf{T}}(t_0), \boldsymbol{x}^{\mathsf{T}}(t') \mid t_0 \leqq t' \leqq t\} + \sum_{k=1}^{\infty} \mathcal{F}_k\{\boldsymbol{z}^{\mathsf{T}}(t_0), \boldsymbol{x}^{\mathsf{T}}(t') \mid t_0 \leqq t' \leqq t\}$$

mit $\mathcal{F}_k\{\cdot \mid \cdot\} = \mathcal{F}_k^*\{\cdot \mid \cdot\} - \mathcal{F}_{k-1}^*\{\cdot \mid \cdot\}$ dargestellt werden. Zwar wird durch den Satz von FRÉCHET die Existenz einer derartigen Funktionalreihe garantiert, jedoch sind damit noch keine Richtlinien oder gar konstruktive Vorschriften zu ihrer Bestimmung gegeben.

Derartige Konstruktionsvorschriften herauszuarbeiten, ist Hauptanliegen der folgenden drei Kapitel. Der Näherungscharakter der hier beschriebenen Analysemethoden besteht darin, daß von der Funktionalreihe für den Zustandsvektor $\boldsymbol{z}^{\mathsf{T}}(t)$ bzw. des Systemausgangsprozesses $\boldsymbol{y}^{\mathsf{T}}(t)$ nur endlich viele Entwicklungsglieder berücksichtigt werden bzw. berücksichtigt werden können.

Kapitel 3: Die statistische Linearisierung

Beim Aufbau von Funktionalreihen für einen durch das Differentialgleichungssystem

$$\dot{z} = F(z^{\mathsf{T}}, x^{\mathsf{T}}, t) \tag{3.1}$$

beschriebenen Vektorprozeß $z^{\mathsf{T}}(t)$ kommt besondere Bedeutung der Wahl einer nullten Näherung $z_0{}^{\mathsf{T}}(t)$ zu, die schon möglichst vollständig die wesentlichen Eigenschaften des Ausgangssystems widerspiegeln soll. Zumindest im Mittel ist die Erfassung wesentlicher Merkmale des Prozesses $z^{\mathsf{T}}(t)$ anzustreben. Oft begnügt man sich bei der Analyse stochastischer Systeme sogar mit diesem Approximationsschritt, da bei sorgfältig berechneter nullter Näherung die statistischen Charakteristika des Prozesses $(z_0{}^{\mathsf{T}}, x^{\mathsf{T}})$ häufig schon hinreichend genau die des Prozesses $(z^{\mathsf{T}}, x^{\mathsf{T}})$ approximieren und damit höhere Näherungen bzw. weitere Entwicklungsglieder einer Funktionalreihe für $z^{\mathsf{T}}(t)$ nur geringfügige Korrekturen bedingen. Dies trifft insbesondere auf die Kumulanten niederer Ordnungen zu.

Es existieren jedoch nur wenig systematische Methoden zur möglichst günstigen Bestimmung einer nullten Näherung von (3.1). Vielfältig verwendet werden Linearisierungsverfahren, bei denen der rechte Teil des Differentialgleichungssystems (3.1) durch ein zumindest in $z^{\mathsf{T}}(t)$, meist jedoch in z^{T} und x^{T}, lineares Vektorpolynom ersetzt wird

$$F(z^{\mathsf{T}}, x^{\mathsf{T}}, t) \to F_{\mathrm{A}}(z^{\mathsf{T}}, x^{\mathsf{T}}, t) = A(t)\,(z - m_z) + B(t)\,(x - m_x) + C(t). \tag{3.2}$$

Damit wird das ursprüngliche System (2.1) durch ein linearisiertes System

$$\dot{z}_0 = A(z_0 - m_{z_0}) + B(x - m_x) + C^{1)} \tag{3.3}$$

mit dem Zustandsvektor $z_0{}^{\mathsf{T}}(t)$ approximiert. Als Anfangsbedingung gilt

$$z_0(t_0) = z(t_0), \tag{3.4}$$

d. h., der Anfangszustand des Systems der nullten Näherung entspricht dem des ursprünglichen Systems (3.1).

Die Zerlegung der Vektorfunktion $F^{\mathsf{T}}(\cdot)$ um die Erwartungswerttrajektorien $m_z{}^{\mathsf{T}}$ und $m_x{}^{\mathsf{T}}$ der Prozesse z^{T} und x^{T} ist für die weitere Bestimmung höherer statistischer

---

[1]) z^{T} und $z_0{}^{\mathsf{T}}$ sind immer n-dimensionale, x^{T} immer m-dimensionale Prozesse. Damit sind C^{T} ein n-dimensionaler Vektor, $A(t)$ eine quadratische Matrix der Dimension $n \times n$ und $B(t)$ eine Matrix der Dimension $n \times m$.

Momente vorteilhaft. Nach Festlegung der Koeffizientenmatrizen $\boldsymbol{A}$, $\boldsymbol{B}$ und $\boldsymbol{C}$ können aus dem linearen Differentialgleichungssystem die interessierenden statistischen Charakteristika des Prozesses $(\boldsymbol{z}_0^{\mathrm{T}}, \boldsymbol{x}^{\mathrm{T}})$ (bei bekannter Statistik des Eingangsprozesses $\boldsymbol{x}^{\mathrm{T}}$) nach bekannten Methoden (s. Kap. 1) prinzipiell bestimmt werden und als Näherungslösungen für die entsprechenden statistischen Charakteristika des Prozesses $(\boldsymbol{z}^{\mathrm{T}}, \boldsymbol{x}^{\mathrm{T}})$ herangezogen werden.

Je nach Wahl des $\boldsymbol{F}(\boldsymbol{z}^{\mathrm{T}}, \boldsymbol{x}^{\mathrm{T}}, t)$ approximierenden linearen Vektorpolynomes $\boldsymbol{F}_{\mathrm{A}}(\boldsymbol{z}^{\mathrm{T}}, \boldsymbol{x}^{\mathrm{T}}, t)$ unterscheidet man die Taylor-Linearisierung und die statistische Linearisierung. Möglich ist noch die stückweise Linearisierung, die aber hier nicht behandelt wird, da sie besser für die Berechnung des Verlaufs von Einzeltrajektorien eines Systems, also für die Analyse deterministischer Systeme, geeignet ist.

3.1. Die Taylor-Linearisierung

Die einfachste Methode der Linearisierung besteht in der Approximation der Vektorfunktion $\boldsymbol{F}(\boldsymbol{z}^{\mathrm{T}}, \boldsymbol{x}^{\mathrm{T}}, t)$ durch ein lineares Taylor-Polynom, wenn $\boldsymbol{F}(\cdot)$ bezüglich $\boldsymbol{z}^{\mathrm{T}}$ und $\boldsymbol{x}^{\mathrm{T}}$ in der Umgebung der Erwartungstrajektorien fast überall stetig differenzierbar ist. In dieser Approximation werden die Koeffizientenmatrizen $\boldsymbol{A}$, $\boldsymbol{B}$ und $\boldsymbol{C}$ des linearisierten Systems (3.3) durch die folgenden Gleichungen gegeben

$$\begin{aligned} \boldsymbol{C}(t)_{\mathrm{TL}} &= \boldsymbol{F}(\boldsymbol{z}^{\mathrm{T}}, \boldsymbol{x}^{\mathrm{T}}, t)\,\big|_{z=m_{z_0},\, x=m_x}\,, \\ \boldsymbol{A}^{\mathrm{T}}(t)_{\mathrm{TL}} &= \nabla_z \boldsymbol{F}^{\mathrm{T}}(\boldsymbol{z}^{\mathrm{T}}, \boldsymbol{x}^{\mathrm{T}}, t)\,\big|_{z=m_{z_0},\, x=m_x}\,, \\ \boldsymbol{B}^{\mathrm{T}}(t)_{\mathrm{TL}} &= \nabla_x \boldsymbol{F}^{\mathrm{T}}(\boldsymbol{z}^{\mathrm{T}}, \boldsymbol{x}^{\mathrm{T}}, t)\,\big|_{z=m_{z_0},\, x=m_x}\,. \end{aligned} \tag{3.5}$$

Die Nabla-Operatoren ∇_z und ∇_x sind durch Gl. (2.67) definiert und im Anhang A. 1 weiter erläutert. Danach sind $\boldsymbol{A}(t)$ eine $(n \times n)$-Matrix und $\boldsymbol{B}(t)$ eine $(n \times m)$-Matrix. Die untere Notierung „TL“ kennzeichnet die Taylor-Linearisierung.

Bei diesem Linearisierungsverfahren ist nur noch der Erwartungswertvektor des Prozesses $\boldsymbol{z}_0^{\mathrm{T}}(t)$ aus einem nichtlinearen, aber deterministischen Differentialgleichungssystem:

$$\dot{\boldsymbol{m}}_{z_0} = \boldsymbol{F}(\boldsymbol{m}_{z_0}^{\mathrm{T}}, \boldsymbol{m}_x^{\mathrm{T}}, t), \qquad \boldsymbol{m}_{z_0}(t_0) = \boldsymbol{m}_z(t_0) \tag{3.6}$$

zu bestimmen, das unmittelbar nach Mittelung der Gleichung (3.3) mit $\boldsymbol{C} = \boldsymbol{C}_{\mathrm{TL}}$ erhalten wird. Nach Lösung dieses Differentialgleichungssystems sind nach (3.5) die Koeffizientenmatrizen $\boldsymbol{A} = \boldsymbol{A}_{\mathrm{TL}}$ und $\boldsymbol{B} = \boldsymbol{B}_{\mathrm{TL}}$ und somit auch der zentrierte Prozeß $\boldsymbol{z}_0 - \boldsymbol{m}_{z_0}$ durch das lineare Differentialgleichungssystem:

$$\frac{\mathrm{d}}{\mathrm{d}t}(\boldsymbol{z}_0 - \boldsymbol{m}_{z_0}) = \boldsymbol{A}_{\mathrm{TL}}(\boldsymbol{z}_0 - \boldsymbol{m}_{z_0}) + \boldsymbol{B}_{\mathrm{TL}}(x - m_x) \tag{3.7}$$

vollständig festgelegt, und es können nach den im Kap. 1 beschriebenen Methoden die weiteren statistischen Charakteristika des Prozesses $(\boldsymbol{z}_0^{\mathrm{T}}, \boldsymbol{x}^{\mathrm{T}})$ berechnet werden.

Dieses einfache Linearisierungsverfahren wird oft und gern verwendet, wenn die Nichtlinearitäten im Konzentrationsbereich[1]) des Prozesses $(\boldsymbol{z}^{\mathsf{T}}, \boldsymbol{x}^{\mathsf{T}})$ analytisch und nur schwach ausgeprägt sind, der lineare Anteil also überwiegt.

Die beiden nachfolgend aufgeführten Beispiele weisen jedoch deutlich die Grenzen der approximativen Beschreibung eines nichtlinearen Systems (3.1) durch ein aus den lokalen Charakteristika (2.5) festgelegtes lineares System auch bei gutartigem nichtlinearen Verhalten des Ausgangssystems aus und demonstrieren hinlänglich die Notwendigkeit besserer Linearisierungsverfahren, die in stärkerem Maße den Einfluß der Nichtlinearitäten eines Systems (3.1) in einem linearisierten System (3.3) berücksichtigen.

Dies gelingt mit einer häufig schon ausreichenden Approximationsgenauigkeit, wenn die Koeffizientenmatrizen $\boldsymbol{A}$, $\boldsymbol{B}$ und $\boldsymbol{C}$ des linearisierten Systems (3.3) den statistischen Eigenschaften des Prozesses $(\boldsymbol{z}^{\mathsf{T}}, \boldsymbol{x}^{\mathsf{T}})$ angepaßt werden. Diese Anpassung ist Gegenstand der statistischen Linearisierung.

Beispiele:

1. Für den durch eine Differentialgleichung mit kubischer Nichtlinearität

$$\dot{z} = -\beta(\alpha z + z^3) + x, \qquad \alpha \geqq 0, \qquad \beta > 0,$$

definierten skalaren Prozeß $z(t)$ lautet das nach TAYLOR linearisierte System

$$\dot{m}_{z_0} = -\beta(\alpha m_{z_0} + m_{z_0}^3) + m_x,$$

$$\frac{\mathrm{d}}{\mathrm{d}t}(z_0 - m_{z_0}) = -\beta(\alpha + 3m_{z_0}^2)(z_0 - m_{z_0}) + x - m_x.$$

Unter der Voraussetzung eines verschwindenden Erwartungswerts des Eingangsprozesses $m_x = 0$ gilt offensichtlich

$$\lim_{t - t_0 \to \infty} m_{z_0}(t) = 0,$$

so daß das nach TAYLOR linearisierte System asymptotisch gegen das System

$$\dot{z}_0 = -\beta\alpha z_0 + x \quad \text{für} \quad t - t_0 \to \infty$$

strebt, das die nichtlineare Rückkopplung $-\beta z^3$ vollständig vernachlässigt. Wir können daher nur dann erwarten, daß die statistischen Charakteristika des Prozesses (z_0, x) ausreichend genau die des Prozesses (z, x) beschreiben, wenn der Prozeß $z(t)$ mit hoher Wahrscheinlichkeit nur Realisierungen annimmt, für die die kubische Nichtlinearität noch keine wesentliche Bedeutung gegenüber dem linearen Term erlangt, d. h., wenn der Konzentrationsbereich des Prozesses $z(t)$ sich auf das Gebiet $|z|^2 \ll \alpha$ beschränkt. Dies ist aber z. B. für den Spezialfall $\alpha = 0$ nicht erfüllt, und das nach TAYLOR linearisierte System führt zu gänzlich ungeeigneten Approximationen der statistischen Charakteristika des Prozesses (z, x) durch die des Prozesses (z_0, x). Besonders deutlich wird dies, wenn $\alpha = 0$ und $x(t)$ ein weißer Gaußscher Prozeß $(K_x(t, t') = R\delta(t - t'))$ sind. Dann strebt $z_0(t)$ gegen den Wiener-Prozeß, d. h. seine Streuung

[1]) Unter dem Konzentrationsbereich eines n-dimensionalen Prozesses $\boldsymbol{z}^{\mathsf{T}}(t)$ soll derjenige Teil des Euklidischen Raumes verstanden werden, in dem sich der Prozeß $\boldsymbol{z}^{\mathsf{T}}(t)$ mit überwiegender Wahrscheinlichkeit (z. B. $\gtrsim 0{,}92$) aufhält.

mit $(t - t_0) \to \infty$ gegen Unendlich, während der tatsächliche Prozeß $z(t)$ auch unter diesen Bedingungen gegen einen stationären Prozeß mit endlicher Streuung strebt. In diesem Falle versagt also die Methode der Taylor-Linearisierung völlig.

2. Auch für das im Abschn. 3.6. (Bsp. 4) ausführlich behandelte Beispiel eines eindimensionalen Systems mit stochastischer Zeitkonstante

$$\dot{z} = -(\alpha + \sigma_1 x_1)\, z + \sigma_2 x_2; \qquad \alpha > 0$$

und unabhängigen Gaußschen Eingangsprozessen $(m_{x_i} = 0,\ K_{x_i}(t, t') = (2\tau_i)^{-1} \exp\{-|t - t'| \mid \tau_i\},\ K_{x_1,x_2}(t, t') = 0)$ wird nach Taylor-Linearisierung

$$\dot{z}_0 = -\alpha z_0 + \sigma_2 x_2$$

der nichtlineare Anteil $\sigma_1 x_1 z$, d. h. der Einfluß des Prozesses $x_1(t)$, völlig ignoriert. Der Erwartungswert und die Streuung des so bestimmten Prozesses $z_0(t)$ bleiben für beliebige $\alpha > 0$ auch für $(t - t_0) \to \infty$ endlich, während die Streuung des Prozesses $z(t)$ für $\sigma_1^2 > \alpha$ mit $(t - t_0) \to \infty$ divergiert. Auch hier versagt die Methode der Taylor-Linearisierung, wenn $\sigma_1^2 \geqq \alpha$.

3.2. Die statistische Linearisierung

3.2.1. Die Grundidee der statistischen Linearisierung

Die Idee der statistischen Linearisierung wurde erstmals von Booton [5, 6] und Kasakow [46, 47, 49] dargelegt und besteht darin, eine nichtlineare Funktion mit statistischen Argumenten im Mittel möglichst genau durch ein lineares Polynom zu approximieren. Für trägheitslose Systeme

$$\boldsymbol{y}(t) = \boldsymbol{f}(\boldsymbol{x}^\mathsf{T}, t)$$

werden die Koeffizientenmatrizen $\boldsymbol{b}$ und $\boldsymbol{c}$ des $\boldsymbol{y}(t)$ approximierenden Prozesses

$$\boldsymbol{y}_0(t) = \boldsymbol{b}(t)\,(\boldsymbol{x} - \boldsymbol{m}_x) + \boldsymbol{c}(t)$$

durch Minimierung der mittleren quadratischen Abweichung $\langle \|\boldsymbol{y} - \boldsymbol{y}_0\|^2 \rangle$ optimal festgelegt, wobei die erforderlichen Mittelungen über die immer als bekannt vorausgesetzte Verteilungsdichte des Eingangsprozesses $p(\boldsymbol{x}^\mathsf{T}, t)$ ausgeführt werden (s. z. B. [52, Kap. 3]).

Der Ausbau dieser Idee und ihre Anwendung im Falle dynamischer Systeme hat sich als sehr fruchtbar erwiesen: Zur Bestimmung der Koeffizientenmatrizen $\boldsymbol{A}$, $\boldsymbol{B}$ und $\boldsymbol{C}$ des linearisierten Systems (3.3) wird dasjenige lineare Vektorpolynom:

$$\boldsymbol{F}_\mathrm{A}(\boldsymbol{z}^\mathsf{T}, \boldsymbol{x}^\mathsf{T}, t) = \boldsymbol{A}(t)\,(\boldsymbol{z} - \boldsymbol{m}_z) + \boldsymbol{B}(t)\,(\boldsymbol{x} - \boldsymbol{m}_x) + \boldsymbol{C}(t)$$

herangezogen, das die rechte Seite des Ausgangssystems (3.1) $\boldsymbol{F}(\boldsymbol{z}^\mathsf{T}, \boldsymbol{x}^\mathsf{T}, t)$ im Sinne der mittleren quadratischen Abweichung am besten approximiert

$$\langle \|\boldsymbol{F}(\boldsymbol{z}^\mathsf{T}, \boldsymbol{x}^\mathsf{T}, t) - \boldsymbol{F}_\mathrm{A}(\boldsymbol{z}^\mathsf{T}, \boldsymbol{x}^\mathsf{T}, t)\|^2 \rangle \overset{!}{=} \underset{(\boldsymbol{A},\boldsymbol{B},\boldsymbol{C})}{\mathrm{Min}}\,. \tag{3.8}$$

Hieraus werden die folgenden Bestimmungsgleichungen für die Koeffizientenmatrizen $\boldsymbol{A}$, $\boldsymbol{B}$ und $\boldsymbol{C}$ erhalten

$$\begin{aligned} \boldsymbol{C}(t) &= \langle \boldsymbol{F}(\boldsymbol{z}^{\mathsf{T}}, \boldsymbol{x}^{\mathsf{T}}, t) \rangle, \\ \boldsymbol{A}(t)\, \boldsymbol{K}_z(t, t) + \boldsymbol{B}(t)\, \boldsymbol{K}_{x,z}(t, t) &= \langle \boldsymbol{F}(\boldsymbol{z}^{\mathsf{T}}, \boldsymbol{x}^{\mathsf{T}}, t)\, (\boldsymbol{z} - \boldsymbol{m}_z)^{\mathsf{T}} \rangle, \\ \boldsymbol{A}(t)\, \boldsymbol{K}_{z,x}(t, t) + \boldsymbol{B}(t)\, \boldsymbol{K}_x(t, t) &= \langle \boldsymbol{F}(\boldsymbol{z}^{\mathsf{T}}, \boldsymbol{x}^{\mathsf{T}}, t)\, (\boldsymbol{x} - \boldsymbol{m}_x)^{\mathsf{T}} \rangle. \end{aligned} \tag{3.9}$$

Die durch die Gln. (3.9) festgelegte Approximation der Systemnichtlinearität $\boldsymbol{F}(\cdot)$ durch ein lineares Vektorpolynom $\boldsymbol{F}_{\mathrm{A}}(\cdot)$ bezeichnen wir als statistische Linearisierung. Das so bestimmte Polynom $\boldsymbol{F}_{\mathrm{A}}(\cdot)$ stellt das in [52, Kap. 3] ausführlich behandelte stochastische Polynom erster Ordnung dar, allerdings in der Erweiterung auf mehrargumentige, vektorielle Nichtlinearitäten. Im Gegensatz zu trägheitslosen Systemen tritt jedoch im Falle dynamischer Systeme eine prinzipielle Schwierigkeit auf: Zur Bestimmung der Koeffizientenmatrizen des statistisch linearisierten Systems benötigt man neben den Erwartungswerten $\boldsymbol{m}_z^{\mathsf{T}}$, $\boldsymbol{m}_x^{\mathsf{T}}$ und den Streumatrizen $\boldsymbol{K}_z(t, t)$, $\boldsymbol{K}_{z,x}(t, t)$, $\boldsymbol{K}_x(t, t)$ die vollständige Verbundwahrscheinlichkeitsdichte $p(\boldsymbol{z}^{\mathsf{T}}, \boldsymbol{x}^{\mathsf{T}}, t)$, um die auf den rechten Seiten von (3.9) stehenden Erwartungswerte berechnen zu können. Diese Wahrscheinlichkeitsdichte ist aber die gesuchte Dichte des durch Gl. (3.1) beschriebenen Prozesses $(\boldsymbol{z}^{\mathsf{T}}, \boldsymbol{x}^{\mathsf{T}})$ und damit in praxi unbekannt. Mit anderen Worten: Zur exakten Bestimmung des statistisch linearisierten Systems muß gleichzeitig die Verteilungsdichte $p(\boldsymbol{z}^{\mathsf{T}}, \boldsymbol{x}^{\mathsf{T}}, t)$ aus dem nichtlinearen Ausgangssystem (3.1) bestimmt werden. Aber gerade das wollten wir ja vermeiden und uns bei der Analyse eines nichtlinearen, dynamischen Systems auf ein linearisiertes System (3.3) beschränken.

Mit dieser Zielstellung wird daher zur Bestimmung der Koeffizientenmatrizen des statistisch linearisierten Systems anstelle der unbekannten Verteilungsdichte $p(\boldsymbol{z}^{\mathsf{T}}, \boldsymbol{x}^{\mathsf{T}}, t)$ näherungsweise eine approximierende Dichte $p_0(\boldsymbol{z}^{\mathsf{T}}, \boldsymbol{x}^{\mathsf{T}}, t)$ geeigneter Struktur

$$p(\boldsymbol{z}^{\mathsf{T}}, \boldsymbol{x}^{\mathsf{T}}, t) \approx p_0(\boldsymbol{z}^{\mathsf{T}}, \boldsymbol{x}^{\mathsf{T}}, t) \tag{3.10}$$

herangezogen, deren Parameter durch die ersten beiden Kumulanten des durch das statistisch linearisierte System definierten Prozesses $(\boldsymbol{z}_0^{\mathsf{T}}, \boldsymbol{x}^{\mathsf{T}})$ und durch die bekannten statistischen Charakteristika des Eingangsprozesses festgelegt werden.

Mit dieser Approximation, die die Näherungen: $\boldsymbol{m}_z(t) \approx \boldsymbol{m}_{z_0}(t)$, $\boldsymbol{K}_z(t, t) \approx \boldsymbol{K}_{z_0}(t, t)$, $\boldsymbol{K}_{z,x}(t, t) \approx \boldsymbol{K}_{z_0,x}(t, t)$ einschließt, werden die Koeffizientenmatrizen des statistisch linearisierten Systems näherungsweise aus dem Gleichungssystem

$$\begin{aligned} &\boldsymbol{C}(t) = \langle \boldsymbol{F}(\boldsymbol{z}^{\mathsf{T}}, \boldsymbol{x}^{\mathsf{T}}, t) \rangle_0, \\ &\boldsymbol{A}(t)\, \boldsymbol{K}_{z_0}(t, t) + \boldsymbol{B}(t)\, \boldsymbol{K}_{x,z_0}(t, t) = \langle \boldsymbol{F}(\boldsymbol{z}^{\mathsf{T}}, \boldsymbol{x}^{\mathsf{T}}, t)\, (\boldsymbol{z} - \boldsymbol{m}_{z_0})^{\mathsf{T}} \rangle_0, \\ &\boldsymbol{A}(t)\, \boldsymbol{K}_{z_0,x}(t, t) + \boldsymbol{B}(t)\, \boldsymbol{K}_x(t, t) = \langle \boldsymbol{F}(\boldsymbol{z}^{\mathsf{T}}, \boldsymbol{x}^{\mathsf{T}}, t)\, (\boldsymbol{x} - \boldsymbol{m}_x)^{\mathsf{T}} \rangle_0 \end{aligned} \tag{3.11}$$

bestimmt, wobei der Index „0“ an den Erwartungsklammern darauf hinweist, daß die Mittelungen mit Hilfe der $p(\boldsymbol{z}^{\mathsf{T}}, \boldsymbol{x}^{\mathsf{T}}, t)$ approximierenden Dichte $p_0(\cdot)$ ausgeführt werden.

Vervollständigt werden muß dieses Gleichungssystem durch die — zur quantitativen Festlegung der approximierenden Dichte erforderlichen — Gleichungen für den Erwartungswertvektor, die Streumatrix und die Kreuzstreumatrix des durch das so linearisierte System definierten Prozesses $\boldsymbol{z}_0^{\mathsf{T}}(t)$. Aus der aus (3.3) folgenden integralen Darstellung des Prozesses $\boldsymbol{z}_0{}^{\mathsf{T}}(t)$ ergeben sich für diese Kumulanten die folgenden Funktionale der Koeffizientenmatrizen $\boldsymbol{A}(t')$, $\boldsymbol{B}(t')$ und $\boldsymbol{C}(t')$ $(t_0 \leqq t' \leqq t)$

$$\left.\begin{aligned}
\boldsymbol{m}_{z_0}(t) &= \boldsymbol{m}_{z_0}(t_0) + \int_{t_0}^{t} \boldsymbol{C}(t')\,\mathrm{d}t',\\
\boldsymbol{K}_{z_0,x}(t,t) &= \boldsymbol{\Phi}(t,t_0)\,\boldsymbol{K}_{z_0,x}(t_0,t) + \int_{t_0}^{t} \boldsymbol{\Phi}(t,t')\,\boldsymbol{B}(t')\,\boldsymbol{K}_x(t',t)\,\mathrm{d}t',\\
\boldsymbol{K}_{z_0}(t,t) &= \boldsymbol{\Phi}(t,t_0)\,\boldsymbol{K}_{z_0}(t_0,t_0)\,\boldsymbol{\Phi}^{\mathsf{T}}(t,t_0)\\
&\quad + \int_{t_0}^{t} \boldsymbol{\Phi}(t,t_0)\,\boldsymbol{K}_{z_0,x}(t_0,t')\,\boldsymbol{B}^{\mathsf{T}}(t')\,\boldsymbol{\Phi}^{\mathsf{T}}(t,t')\,\mathrm{d}t'\\
&\quad + \int_{t_0}^{t} \boldsymbol{\Phi}(t,t')\,\boldsymbol{B}(t')\,\boldsymbol{K}_{x,z_0}(t',t_0)\,\boldsymbol{\Phi}^{\mathsf{T}}(t',t_0)\,\mathrm{d}t'\\
&\quad + \int_{t_0}^{t}\int_{t_0}^{t} \boldsymbol{\Phi}(t,t')\,\boldsymbol{B}(t')\,\boldsymbol{K}_x(t',t'')\,\boldsymbol{B}^{\mathsf{T}}(t'')\,\boldsymbol{\Phi}^{\mathsf{T}}(t,t'')\,\mathrm{d}t'\,\mathrm{d}t''.
\end{aligned}\right\} \quad (3.12)$$

Darin ist $\boldsymbol{\Phi}(t, t')$ die Fundamentallösungsmatrix des statistisch linearisierten Systems (3.3).

Die Gln. (3.11) und (3.12) stellen ein vollständiges, i. allg. nichtlineares und funktionales Gleichungssystem zur Bestimmung der Koeffizientenmatrizen $\boldsymbol{A}$, $\boldsymbol{B}$, $\boldsymbol{C}$ und der Kumulanten der ersten beiden Ordnungen $\big(\boldsymbol{m}_{z_0}, \boldsymbol{K}_{z_0}(t, t), \boldsymbol{K}_{z_0,x}(t, t)\big)$ des Prozesses $(\boldsymbol{z}_0{}^{\mathsf{T}}, \boldsymbol{x}^{\mathsf{T}})$ dar: Da die approximierende Dichte $p_0(\cdot)$ allein durch die statistischen Charakteristika des Eingangsprozesses und die Kumulanten der ersten beiden Ordnungen des Prozesses $(\boldsymbol{z}_0{}^{\mathsf{T}}, \boldsymbol{x}^{\mathsf{T}})$ festgelegt wird, ergeben die Mittelungen auf den rechten Seiten der Gln. (3.11) Funktionen dieser Charakteristika, die ihrerseits nach (3.12) durch Funktionale der Koeffizientenmatrizen gegeben sind.

Charakteristisch für die Lösung derartiger Aufgaben ist, daß die statistische Kopplung des Anfangszustandes: $\boldsymbol{z}_0{}^{\mathsf{T}}(t_0)$ mit dem Eingangsprozeß auch für $t > t_0$ bekannt sein muß; in unserem Falle also neben $\boldsymbol{K}_{z_0,x}(t_0, t_0)$ auch $\boldsymbol{K}_{z_0,x}(t_0, t)$ für $t > t_0$[1]). Damit steht eine leistungsfähige Methode zur näherungsweisen Analyse nichtlinearer dynamischer Systeme zur Verfügung, die zwar — wie bei der Taylorschen Linearisierung — von einem linearisierten System (3.3) ausgeht, jedoch aufgrund der (näherungsweise) durchgeführten statistischen Linearisierung in der Lage ist, im Rahmen einer linearen Prozeßbeschreibung wesentliche nichtlineare Eigenschaften des Ausgangssystems mit zu erfassen.

Viele Beispiele praktischer Analyseprobleme wurden auf diese Weise erfolgreich gerechnet. Aber trotz dieser Tatsache, die durch die im Abschn. 3.6. aufgeführten Beispiele hinlänglich belegt wird, muß dennoch die Wahl des Kriteriums (3.8) für eine optimale (statistische) Linearisierung etwas willkürlich erscheinen. Denkbar und auch möglich wären ja auch andere Kriterien für eine „bestmögliche" statistische Anpassung eines linearen Systems an das Ausgangssystem. Für das tiefere Verständnis der i. allg. hohen Leistungsfähigkeit gerade dieses Linearisierungsverfahrens soll daher zunächst die beschriebene Verfahrensweise weiter begründet werden.

---

[1]) Man beachte: $\langle(\boldsymbol{z}_0(t_0) - \boldsymbol{m}_{z_0}(t_0))\,(\boldsymbol{x} - \boldsymbol{m}_x(t))^{\mathsf{T}}\rangle = \boldsymbol{K}_{z_0,x}(t_0, t) = \boldsymbol{K}^{\mathsf{T}}_{x,z_0}(t, t_0)$.

Man beachte, daß durch das Kriterium (3.8) nicht die mittlere quadratische Abweichung $\langle \|z - z_0\|^2 \rangle$ der Prozeßtrajektorien von $z(t)$ und $z_0(t)$ minimiert wird. Es ist aber leicht einzusehen, daß dieses, für die statistische Linearisierung trägheitsloser Systeme (s. z. B. [52, Kap. 3]) so erfolgreich angewandte, Kriterium im Falle dynamischer Systeme für die Bestimmung eines optimalen linearen Funktionales

$$z_0(t) = \int_{-\infty}^{+\infty} G(t, t')\, x(t')\, dt' \tag{3.13}$$

ungeeignet ist, wenn die Linearisierung zwecks näherungsweiser Analyse eines nichtlinearen Systems (3.1) durchgeführt werden soll: Der bezüglich der mittleren quadratischen Abweichung der Prozeßtrajektorien $z(t)$ und $z_0(t)$ optimale Kern genügt in diesem Falle einer Wiener-Hopf-Gleichung

$$K_{z,x}(t, t_1) = \int_{-\infty}^{t} G(t, t')\, K_x(t', t_1)\, dt', \qquad t' \leqq t, \tag{3.14}$$

deren rechte Seite exakt mit der Kreuzkorrelationsmatrix des Prozesses $z_0(t)$ nach (3.13) übereinstimmt

$$K_{z_0,x}(t, t_1) = \int_{-\infty}^{t} G(t, t')\, K_x(t', t_1)\, dt', \tag{3.15}$$

so daß es hier nicht mehr möglich ist, in (3.14) näherungsweise $K_{z,x}(t, t')$ durch $K_{z_0,x}(t, t')$ zu ersetzen, da damit lediglich eine Identität und keine Bestimmungsgleichung für den Kern $G(\cdot)$ erhalten wird. Das bedeutet aber, daß zur Bestimmung des optimalen Kernes $G(\cdot)$ die Kreuzkorrelationsmatrix $K_{z,x}(t, t')$ aus dem nichtlinearen Ausgangssystem (3.1) (zumindest näherungsweise über eine lineare Näherung hinausgehend) bestimmt werden muß. Das sollte aber bei der statistischen Linearisierung gerade vermieden werden.

Auf der anderen Seite zielt das Kriterium der mittleren quadratischen Abweichung auf eine im Mittel möglichst genaue Approximation der stochastischen Prozeßtrajektorien $z(t)$ durch ein lineares Funktional $z_0(t)$. Für die näherungsweise Analyse stochastischer Systeme spielt diese Anpassung jedoch nur eine untergeordnete Rolle, da es vielmehr darauf ankommt, die statistischen Charakteristika, d. h. deterministische Zeitfunktionen, und nicht die Prozeßtrajektorien selbst zu bestimmen.

3.2.2. Begründung der statistischen Linearisierung als Analysemethode

Das Kriterium (3.8) für eine optimale Festlegung der Koeffizientenmatrizen des statistisch linearisierten Systems erhält seine tiefere und anschauliche Begründung durch die folgenden Überlegungen, bei denen vorerst angenommen werden soll, daß die Verbundwahrscheinlichkeitsdichte $p(z^{\mathsf{T}}, x^{\mathsf{T}}, t)$ bekannt sei. Ziel der Analyse stochastischer Systeme (3.1) ist die Ermittelung der statistischen Charakteristika des Prozesses $z(t)$ und dessen statistische Kopplung mit dem Eingangsprozeß $x(t)$. Beschränkt man sich dabei näherungsweise auf ein linearisiertes System (3.3), so kommt es bei der Festlegung der Koeffizientenmatrizen A, B und C hauptsächlich darauf an, die statistischen Charakteristika des Prozesses $(z_0{}^{\mathsf{T}}, x^{\mathsf{T}})$, d. h. deterministische Zeitfunktionen, möglichst genau denen des Prozesses $(z^{\mathsf{T}}, x^{\mathsf{T}})$ anzupassen (statistische Äquivalenz der Prozesse z und z_0).

Durch die beschränkte Anzahl $\big(n(n + m + 1)\big)$ der Komponenten der festzulegenden Koeffizientenmatrizen des linearisierten Systems muß man sich dabei auf die wichtigsten statistischen Charakteristika der Prozesse $(z^{\mathsf{T}}, x^{\mathsf{T}})$ und $(z_0{}^{\mathsf{T}}, x^{\mathsf{T}})$, d. h. auf die Kumulanten bzw. Momentenfunktionen niederer Ordnungen, beschränken.

Um überhaupt von einer statistischen Äquivalenz der Prozesse $z(t)$ und $z_0(t)$ sprechen zu können, müssen zumindest ihre Erwartungswerte und Streumatrizen identisch sein

$$\begin{aligned} m_{z_0}(t) &\stackrel{!}{=} m_z(t), \\ K_{z_0}(t, t) &\stackrel{!}{=} K_z(t, t). \end{aligned} \tag{3.16}$$

Diese Bedingungen können leicht in explizite Bedingungsgleichungen für die Koeffizientenmatrizen A und C des linearisierten Systems (3.3) überführt werden. Dazu werden die aus den Differentialgleichungssystemen (3.1) und (2.3) folgenden Differentialgleichungen für die Erwartungswerte und Streumatrizen der Prozesse $z(t)$ und $z_0^{\mathsf{T}}(t)$ herangezogen

$$\begin{aligned} \dot{m}_z &= \langle F(z^{\mathsf{T}}, x^{\mathsf{T}}, t) \rangle, \\ \dot{K}_z(t, t) &= \langle F(z^{\mathsf{T}}, x^{\mathsf{T}}, t)\,(z - m_z)^{\mathsf{T}} \rangle + \langle (z - m_z)\, F^{\mathsf{T}}(z^{\mathsf{T}}, x^{\mathsf{T}}, t) \rangle \end{aligned}$$

und

$$\begin{aligned} \dot{m}_{z_0} &= C(t), \\ \dot{K}_{z_0}(t, t) &= A(t)\, K_{z_0}(t, t) + B(t)\, K_{x,z_0}(t, t) + K_{z_0}(t, t)\, A^{\mathsf{T}}(t) + K_{z_0,x}(t, t)\, B^{\mathsf{T}}(t). \end{aligned} \tag{3.17}$$

Werden beide Differentialgleichungssysteme mit den gleichen Anfangsbedingungen gelöst, so müssen entsprechend den Bedingungen (3.16) auch notwendig die Bedingungen $\dot{m}_{z_0} = \dot{m}_z$ und $\dot{K}_{z_0}(t, t) = \dot{K}_z(t, t)$ erfüllt werden, d. h., die Bedingungen (3.16) ziehen notwendig die Bedingungsgleichungen

$$\begin{aligned} C(t) &= \langle F(z^{\mathsf{T}}, x^{\mathsf{T}}, t) \rangle, \\ A(t)\, K_{z_0}(t, t) + B(t)\, K_{x,z_0}(t, t) &= \langle F(z^{\mathsf{T}}, x^{\mathsf{T}}, t)\,(z - m_{z_0})^{\mathsf{T}} \rangle \end{aligned} \tag{3.18}$$

für die Koeffizientenmatrizen $A(t)$ und $C(t)$ des linearisierten Systems (3.3) nach sich.

Für eine eindeutige Festlegung aller Koeffizientenmatrizen A, C *und* B können weitere $n \times m$ skalare statistische Äquivalenzbedingungen der Prozesse $(z^{\mathsf{T}}, x^{\mathsf{T}})$ und $(z_0^{\mathsf{T}}, x^{\mathsf{T}})$ gestellt werden.

Entsprechend den Bedingungen (3.16) bieten sich dazu zunächst die Kreuzstreumatrizen der Prozesse $z^{\mathsf{T}}(t)$ und $z_0^{\mathsf{T}}(t)$ mit dem Eingangsprozeß $x^{\mathsf{T}}(t)$ an

$$K_{z_0,x}(t, t) \stackrel{!}{=} K_{z,x}(t, t). \tag{3.19}$$

Leider gelingt es i. allg. nur für die speziellen Systeme (3.1) mit weißen Eingangsprozessen, auch diese Bedingung im Rahmen eines linearisierten Systems (3.3) zu erfüllen.

Um dies zu zeigen, werden die beiden Seiten der Differentialgleichungssysteme (3.1) und (3.3) für $z^{\mathsf{T}}(t)$ und $z_0^{\mathsf{T}}(t)$ von t_0 bis t integriert, von rechts mit $\big(x(t) - m_x(t)\big)^{\mathsf{T}}$ multipliziert und anschließend die erhaltenen Gleichungen gemittelt. Aus den so erhaltenen integralen Darstellungen der Kreuzstreumatrizen $K_{z,x}(t, t)$ und $K_{z_0,x}(t, t)$ wird die der Bedingung (3.19) entsprechende Gleichung

$$\begin{aligned} &A(t')\, K_{z_0,x}(t', t) + B(t')\, K_x(t', t) = \Big\langle F\big(z^{\mathsf{T}}(t'), x^{\mathsf{T}}(t'), t'\big)\,\big(x(t) - m_x(t)\big)^{\mathsf{T}} \Big\rangle; \\ &t_0 \leqq t' \leqq t, \end{aligned} \tag{3.20}$$

erhalten, die für fast alle $t' \in [t_0, t]$ zu erfüllen ist. Für Systeme mit weißen Eingangsprozessen[1]) ist die Gleichung (3.20) für alle $t' < t$ immer erfüllt, da der weiße Prozeß $\boldsymbol{x}^{\mathrm{T}}(t) = \boldsymbol{\xi}^{\mathrm{T}}(t)$ für $t' < t$ unabhängig von den Prozessen $\boldsymbol{z}^{\mathrm{T}}(t')$ und $\boldsymbol{z}_0{}^{\mathrm{T}}(t')$ ist und $\boldsymbol{K}_\xi(t, t') = 0$ gilt. Damit beschreibt Gl. (3.20) in diesem Falle für $t' < t$ lediglich die Identität $0 = 0$, und Gl. (3.20) geht damit in eine Bedingungsgleichung über, die nur noch von einem Zeitargument $t' = t$ abhängt

$$\boldsymbol{A}(t)\,\boldsymbol{K}_{z_0,x}(t, t) + \boldsymbol{B}(t)\,\boldsymbol{K}_x(t, t) = \langle \boldsymbol{F}(\boldsymbol{z}^{\mathrm{T}}, \boldsymbol{x}^{\mathrm{T}}, t)\,(\boldsymbol{x} - \boldsymbol{m}_x)^{\mathrm{T}} \rangle \qquad (3.21)$$
$$(\text{für } \boldsymbol{x}(t) \to \boldsymbol{\xi}(t)).$$

Für Systeme mit weißen Eingangsprozessen können in den Gln. (3.18) und (3.21) aufgrund der gleichzeitig erfüllten Bedingungen (3.16) und (3.19) der Erwartungsvektor und die Streumatrix des Prozesses $(\boldsymbol{z}_0{}^{\mathrm{T}}, \boldsymbol{x}^{\mathrm{T}})$ durch die entsprechenden statistischen Charakteristika des Prozesses $(\boldsymbol{z}^{\mathrm{T}}, \boldsymbol{x}^{\mathrm{T}})$ ersetzt werden. Sie sind somit identisch mit dem Gleichungssystem (3.9), das formal aus dem Kriterium (3.8) erhalten wurde.

Damit wird die besondere Bedeutung des Kriteriums (3.8) für eine optimale statistische Linearisierung deutlich: Für Systeme mit weißen Eingangsprozessen werden nach dem Kriterium

$$\langle \|\boldsymbol{F}(\boldsymbol{z}^{\mathrm{T}}, \boldsymbol{x}^{\mathrm{T}}, t) - \boldsymbol{F}_{\mathrm{A}}(\boldsymbol{z}^{\mathrm{T}}, \boldsymbol{x}^{\mathrm{T}}, t)\|^2{}_{\boldsymbol{x}=\boldsymbol{\xi}} \rangle \overset{!}{=} \underset{(\boldsymbol{A}, \boldsymbol{B}, \boldsymbol{C})}{\mathrm{Min}} \qquad (3.8)$$

die Koeffizientenmatrizen $\boldsymbol{A}$, $\boldsymbol{B}$ und $\boldsymbol{C}$ so festgelegt, daß die Erwartungswertvektoren und Streumatrizen der Prozesse $(\boldsymbol{z}^{\mathrm{T}}, \boldsymbol{x}^{\mathrm{T}})$ und $(\boldsymbol{z}_0{}^{\mathrm{T}}, \boldsymbol{x}^{\mathrm{T}})$ identisch sind

$$\boldsymbol{m}_{z_0}(t) \overset{!}{=} \boldsymbol{m}_z(t), \qquad (3.16)$$
$$\boldsymbol{K}_{z_0}(t, t) \overset{!}{=} \boldsymbol{K}_z(t, t)$$

und

$$\boldsymbol{K}_{z_0,x}(t, t) \overset{!}{=} \boldsymbol{K}_{z,x}(t, t) \quad \text{für} \quad \boldsymbol{x}(t) \to \boldsymbol{\xi}(t). \qquad (3.19)$$

Für allgemeine Systeme (3.1) mit stetigen Eingangsprozessen sind die Koeffizientenmatrizen $\boldsymbol{A}$, $\boldsymbol{B}$ und $\boldsymbol{C}$ durch die Bedingungen (3.16) und (3.19) i. allg. überbestimmt, da die Gl. (3.20) i. allg. nicht für fast alle $t' \in [t_0, t]$ zu erfüllen ist. In diesen Fällen existiert daher auch kein lineares System (3.3), das gleichzeitig den Bedingungen (3.16) und (3.19) genügen kann. Hält man daher auch für Systeme (3.1) mit stetigen Eingangsprozessen an den Forderungen (3.16) fest, so muß für eine eindeutige Festlegung aller Koeffizientenmatrizen $\boldsymbol{A}$, $\boldsymbol{B}$ und $\boldsymbol{C}$ des linearisierten Systems (3.3) anstelle der Bedingung (3.19) eine andere herangezogen werden, die zu $n \times m$ skalaren Bedingungsgleichungen führt, die nur von einem Zeitargument t abhängen. Eine derartige Möglichkeit besteht darin, anstelle der Identität der Kreuzstreumatrizen der Prozesse $\boldsymbol{z}^{\mathrm{T}}(t)$ und $\boldsymbol{z}_0{}^{\mathrm{T}}(t)$ mit dem Eingangsprozeß die Identität der Kreuzstreumatrizen der Zuwächse der Prozesse $\boldsymbol{z}^{\mathrm{T}}$ und $\boldsymbol{z}_0{}^{\mathrm{T}}$ zu fordern

$$\boldsymbol{K}_{\dot{z},x}(t, t) \overset{!}{=} \boldsymbol{K}_{\dot{z}_0,x}(t, t). \qquad (3.22)$$

---

[1]) Bei Systemen mit weißen Eingangsprozessen beschränken wir uns immer auf die Struktur $\boldsymbol{F}(\boldsymbol{z}^{\mathrm{T}}, \boldsymbol{\xi}^{\mathrm{T}}, t) = \boldsymbol{f}(\boldsymbol{z}^{\mathrm{T}}, t) + \boldsymbol{g}(\boldsymbol{z}^{\mathrm{T}}, t)\,\boldsymbol{\xi}(t)$.

Aus den Differentialgleichungen (3.1) und (3.3) für die Prozesse $z(t)$ und $z_0(t)$ wird aus dieser Bedingung wieder die Gl. (3.21) erhalten.

Da die Bedingungen $\boldsymbol{m}_{z_0} = \boldsymbol{m}_z$ und $\boldsymbol{K}_{z_0}(t, t) = \boldsymbol{K}_z(t, t)$ mit der Festlegung der Koeffizientenmatrizen $\boldsymbol{A}$, $\boldsymbol{B}$ und $\boldsymbol{C}$ durch das Gleichungssystem (3.18) und (3.21) weiterhin erfüllt werden, unterscheiden sich diese Gleichungen von dem Gleichungssystem (3.9) lediglich in der Wahl der Kreuzstreumatrix: Im Gleichungssystem (3.9) wird die Kreuzstreumatrix des Prozesses z $\left(\boldsymbol{K}_{z,x}(t, t)\right)$, im Gleichungssystem (3.18), (3.21) die des Prozesses z_0 $\left(\boldsymbol{K}_{z_0,x}(t, t)\right)$ verwendet.

Dieser Unterschied bei der Festlegung der Koeffizientenmatrizen des statistisch linearisierten Systems ist aber völlig unbedeutend, wenn man beachtet, daß nach den Ausführungen des vorangegangenen Abschnitts die statistische Linearisierung überhaupt erst praktikabel wird, wenn die statistischen Charakteristika des Prozesses $(z^\mathsf{T}, x^\mathsf{T})$ näherungsweise durch die des Prozesses $(z_0{}^\mathsf{T}, x^\mathsf{T})$ ersetzt werden. Damit wird auch für Systeme mit stetigen Eingangsprozessen die besondere Bedeutung des Kriteriums (3.8) für eine statistische Linearisierung deutlich: Für Systeme (3.1) mit stetigen Eingangsprozessen werden im Rahmen der für die statistische Linearisierung erforderlichen Approximation $p(z^\mathsf{T}, x^\mathsf{T}, t) \approx p_0(\cdot)$ durch das Kriterium (3.8) die Koeffizientenmatrizen des statistisch linearisierten Systems (3.3) so festgelegt, daß die Erwartungswerte und Streumatrizen der Prozesse $z(t)$ und $z_0(t)$ und die Kreuzstreumatrizen der Zuwächse dieser Prozesse mit dem Eingangsprozeß möglichst gut übereinstimmen

$$\boldsymbol{m}_z(t) \stackrel{!}{=} \boldsymbol{m}_{z_0}(t),$$
$$\boldsymbol{K}_z(t, t) \stackrel{!}{=} \boldsymbol{K}_{z_0}(t, t), \tag{3.16}$$

$$\boldsymbol{K}_{\dot{z},x}(t, t) \stackrel{!}{=} \boldsymbol{K}_{\dot{z}_0,x}(t, t). \tag{3.22}$$

Aus diesen Überlegungen darf daher der Schluß gezogen werden: Das Funktionalgleichungssystem (3.11), (3.12) ist besonders vorteilhaft zur näherungsweisen Bestimmung des Erwartungswertvektors und der Streumatrix des Prozesses $z(t)$ aus einem statistisch linearisierten System (3.3). Die so gewonnenen Näherungslösungen $\big(\boldsymbol{m}_z \approx \boldsymbol{m}_{z_0}$, $\boldsymbol{K}_z(t, t) \approx \boldsymbol{K}_{z_0}(t, t)$ und im Falle von Systemen mit weißen Eingangsprozessen $\boldsymbol{K}_{z,x}(t, t) \approx \boldsymbol{K}_{z_0,x}(t, t)\big)$ sind dabei um so genauer, je besser die — zur näherungsweisen Berechnung der auf den rechten Seiten von (3.11) stehenden Erwartungswerte herangezogene — Verteilungsdichte $p_0(\cdot)$ die tatsächliche (unbekannte) Dichte $p(z^\mathsf{T}, x^\mathsf{T}, t)$ approximiert. (Im Falle $p_0(\cdot) = p(\cdot)$ gehen ja diese Näherungslösungen in exakte Lösungen über.) Aus diesem Grunde ist der Wahl einer $p(z^\mathsf{T}, x^\mathsf{T}, t)$ approximierenden Dichte $p_0(\cdot)$ besondere Aufmerksamkeit zu widmen.

3.2.3. Approximation der unbekannten Verteilungsdichte

Bei der Approximation der unbekannten Verteilungsdichte $p(z^\mathsf{T}, x^\mathsf{T}, t)$ kommt es hauptsächlich darauf an, ihre wesentlichen, qualitativen Eigenschaften durch eine parametrisierte Dichte $p_0(z^\mathsf{T}, x^\mathsf{T}, t)$ zu erfassen, da ja nach dem beschriebenen Verfahren die quantitative Festlegung durch die statistischen Charakteristika des Prozesses $(z_0{}^\mathsf{T}, x^\mathsf{T})$ vorgenommen wird.

Um Klarheit über die unbedingt zu berücksichtigenden, d. h. wesentlichen, Eigenschaften der Dichte $p(\boldsymbol{z}^T, \boldsymbol{x}^T, t)$ zu gewinnen, muß daher generell das konkret vorliegende System (3.1) einer sorgfältigen qualitativen Analyse unterzogen werden. Unter wesentlichen Eigenschaften sind dabei zu verstehen:

— Definitionsbereich des Prozesses $(\boldsymbol{z}^T, \boldsymbol{x}^T)$,
— Symmetrieeigenschaften und
— Anzahl ausgeprägter Maxima der Dichte $p(\boldsymbol{z}^T, \boldsymbol{x}^T, t)$,

sofern sie bei der Berechnung der für die Festlegung der Koeffizientenmatrizen des statistisch linearisierten Systems nach (3.1) erforderlichen Erwartungswerte (und nur dazu wird ja die Dichte des Prozesses $(\boldsymbol{z}^T, \boldsymbol{x}^T)$ benötigt) wesentlichen Einfluß nehmen können. Zumindest diese Eigenschaften sollten immer bei der Wahl der Struktur und der Anzahl der Parameter der approximierenden Dichte $p_0(\cdot)$ berücksichtigt werden.

Ist die Anzahl der erforderlichen Parameter gerade so groß, daß sie allein durch den Erwartungswert $\boldsymbol{m}_{z_0}$, die Streumatrix $\boldsymbol{K}_{z_0}(t, t)$, die Kreuzstreumatrix $\boldsymbol{K}_{z_0,x}(t, t)$ und die statistischen Charakteristika des Eingangsprozesses eindeutig festgelegt werden können, so kann beispielsweise eine der drei folgenden Approximationen der Dichte $p(\boldsymbol{z}^T, \boldsymbol{x}^T, t)$ zur näherungsweisen Berechnung der Koeffizientenmatrizen des statistisch linearisierten Systems verwendet werden:

Die Gaußsche Approximation

Hierbei wird die Dichte $p(\boldsymbol{z}^T, \boldsymbol{x}^T, t)$ durch die Gaußsche Dichte

$$p_0(\boldsymbol{z}^T, \boldsymbol{x}^T, t) = p_G(\boldsymbol{z}^T, \boldsymbol{x}^T, t) = \frac{\exp\left\{-\frac{1}{2}\left\|\begin{pmatrix}\boldsymbol{z} - \boldsymbol{m}_{z_0} \\ \boldsymbol{x} - \boldsymbol{m}_x\end{pmatrix}\right\|^2_{\boldsymbol{D}_0^{-1}}\right\}}{\sqrt{(2\pi)^{n+m} \det(\boldsymbol{D}_0)}} \tag{3.23}$$

ersetzt, worin $\boldsymbol{D}_0$ die Streumatrix des $(n + m)$-dimensionalen Prozesses $(\boldsymbol{z}_0^T, \boldsymbol{x}^T)$ bezeichnet

$$\boldsymbol{D}_0(t) = \begin{pmatrix}\boldsymbol{K}_{z_0}(t, t) & \boldsymbol{K}_{z_0,x}(t, t) \\ \boldsymbol{K}_{x,z_0}(t, t) & \boldsymbol{K}_x(t, t)\end{pmatrix}. \tag{3.24}$$

Diese Gaußsche Dichte kann dann herangezogen werden, wenn die Verteilungsdichte $p(\boldsymbol{z}^T, \boldsymbol{x}^T, t)$ nur ein (oder zumindest nur ein ausgeprägtes) Maximum besitzt und der Prozeß $(\boldsymbol{z}^T, \boldsymbol{x}^T)$ mit von Null verschiedener Wahrscheinlichkeit jedes Gebiet des $(n + m)$-dimensionalen Euklidischen Raumes erreichen kann, d. h., wenn der Prozeß im gesamten Zustandsraum definiert ist.

Die bedingt Gaußsche Approximation

Vermöge der Bayesschen Formel $p(\boldsymbol{z}^T, \boldsymbol{x}^T, t) = p(\boldsymbol{z}^T, t \mid \boldsymbol{x}^T, t)\, p(\boldsymbol{x}^T, t)$ wird bei der bedingt Gaußschen Approximation nur die bedingte Dichte durch eine Gaußsche ersetzt

$$\left.\begin{aligned} p_0(\boldsymbol{z}^\mathsf{T}, \boldsymbol{x}^\mathsf{T}, t) &= p_{\text{b.G.}}(\boldsymbol{z}^\mathsf{T}, t \mid \boldsymbol{x}^\mathsf{T}, t)\, p(\boldsymbol{x}^\mathsf{T}, t), \\ p_{\text{b.G.}}(\boldsymbol{z}^\mathsf{T}, t \mid \boldsymbol{x}^\mathsf{T}, t) &= \frac{\exp\left\{-\dfrac{1}{2} \|\boldsymbol{z} - \tilde{\boldsymbol{m}}_{z_0}(\boldsymbol{x}^\mathsf{T}, t)\|^2_{\tilde{\boldsymbol{K}}_0^{-1}}\right\}^1}{\sqrt{(2\pi)^n \det(\tilde{\boldsymbol{K}}_0)}}. \end{aligned}\right\} \tag{3.25}$$

Der bedingte Erwartungswert und die bedingte Streumatrix sind dabei gegeben durch

$$\begin{aligned} \tilde{\boldsymbol{m}}_{z_0}(\boldsymbol{x}^\mathsf{T}, t) &= \boldsymbol{m}_{z_0}(t) - \boldsymbol{K}_{z_0,x}(t, t)\, \boldsymbol{K}_x^{-1}(t, t)\, (\boldsymbol{x} - \boldsymbol{m}_x), \\ \tilde{\boldsymbol{K}}_0(t) &= \boldsymbol{K}_{z_0}(t, t) - \boldsymbol{K}_{z_0,x}(t, t)\, \boldsymbol{K}_x^{-1}(t, t)\, \boldsymbol{K}_{x,z_0}(t, t). \end{aligned} \tag{3.26}$$

Hierbei wird die Verteilungsdichte des Eingangsprozesses vollständig berücksichtigt, so daß $p_0(\cdot)$ nur dann eine Gauß-Verteilung ist, wenn der Eingangsprozeß $\boldsymbol{x}^\mathsf{T}(t)$ Gaußisch ist.

Die bedingt Gaußsche Approximation findet Anwendung, wenn die bedingte Dichte $p(\boldsymbol{z}^\mathsf{T}, t \mid \boldsymbol{x}^\mathsf{T}, t)$ nur ein (oder zumindest nur eín ausgeprägtes) Maximum besitzt, wobei nur der Prozeß $\boldsymbol{z}^\mathsf{T}$ im gesamten Euklidischen Raum definiert zu sein braucht. Für Gaußsche Eingangsprozesse $\boldsymbol{x}^\mathsf{T}(t)$ ist die bedingt Gaußsche identisch mit der Gaußschen Approximation.

Die gleichmäßige Approximation

Bei der gleichmäßigen Approximation werden die Mittelungen in (3.11) ungewichtet nur über den Konzentrationsbereich $\mathscr{K}_{z,x}$ des Prozesses $(\boldsymbol{z}^\mathsf{T}, \boldsymbol{x}^\mathsf{T})$ (genauer: des Prozesses $(\boldsymbol{z}_0^\mathsf{T}, \boldsymbol{x}^\mathsf{T})$) ausgeführt

$$p_0(\boldsymbol{z}^\mathsf{T}, \boldsymbol{x}^\mathsf{T}, t) = p_{\text{glm.}}(\boldsymbol{z}^\mathsf{T}, \boldsymbol{x}^\mathsf{T}, t) = \begin{cases} C_{n+m} & \text{für} \quad (\boldsymbol{z}^\mathsf{T}, \boldsymbol{x}^\mathsf{T}) \in \mathscr{K}_{z_0,x}, \\ 0 & \text{sonst.} \end{cases} \tag{3.27}$$

Geht man von einer Gaußschen Dichte $p_0(\cdot) = p_{\text{G}}(\cdot)$ nach (3.23) aus und legt den Konzentrationsbereich durch die Bedingung fest, daß sich der Prozeß $(\boldsymbol{z}^\mathsf{T}, \boldsymbol{x}^\mathsf{T})$ mit etwa 92%iger Wahrscheinlichkeit in diesem Gebiet aufhalten soll, so sind der Konzentrationsbereich und die Konstante C_{n+m} definiert durch (s. Anhang A. 2)

$$\mathscr{K}_{z_0,x} =: \left\{(\boldsymbol{z}^\mathsf{T}, \boldsymbol{x}^\mathsf{T}) : \left\| \begin{pmatrix} \boldsymbol{z} - \boldsymbol{m}_{z_0} \\ \boldsymbol{x} - \boldsymbol{m}_x \end{pmatrix} \right\|^2_{\boldsymbol{D}_0^{-1}} \leqq 2\varepsilon_{n+m} \right\},$$

$$C_{n+m} = \begin{cases} \dfrac{(2k)!!}{(4\pi\varepsilon_{2k})^k \sqrt{\det(\boldsymbol{D}_0)}} & \text{für} \quad n + m = 2k, \\[2ex] \dfrac{(2k-1)!!}{2(4\pi\varepsilon_{2k-1})^{k-1} \sqrt{2\varepsilon_{2k-1} \det(\boldsymbol{D}_0)}} & \text{für} \quad n + m = 2k - 1. \end{cases} \tag{3.28}$$

---

[1]) Die bezüglich einer positiv definiten Matrix $\boldsymbol{D}$ gewichtete Norm eines Vektors $\boldsymbol{z}^\mathsf{T}$ ist definiert durch

$$\|\boldsymbol{z}\|^2_{\boldsymbol{D}} = \boldsymbol{z}^\mathsf{T} \boldsymbol{D} \boldsymbol{z} \geqq 0.$$

$\boldsymbol{D}_0(t)$ ist die durch (3.24) definierte Streumatrix des Prozesses $(\boldsymbol{z}_0^\mathsf{T}, \boldsymbol{x}^\mathsf{T})$. In Tab. 3.1 sind die ε_k für die ersten zwölf Ordnungen $k = n + m$ angegeben. Die Verwendung dieser gleichmäßigen Dichte $p_{\text{glm.}}(\cdot)$ führt häufig zu erheblichen rechentechnischen Vereinfachungen und ist lediglich an die Bedingung gebunden, daß der Konzentrationsbereich $\mathscr{K}_{z_0,x}$ innerhalb des Definitionsbereiches des Prozesses $(\boldsymbol{z}^\mathsf{T}, \boldsymbol{x}^\mathsf{T})$ liegt.

Tab. 3.1: Abhängigkeit von ε_k von der Dimension k des Prozesses $(\boldsymbol{z}^\mathsf{T}, \boldsymbol{x}^\mathsf{T})$ zur Festlegung der gleichmäßigen Dichte nach Gl. (3.27/28)

k	1	2	3	4	5	6
ε_k	1.5	2.5	3.3	4.1	4.8	5.6

k	7	8	9	10	11	12
ε_k	6.3	7	7.6	8.3	9	9.6

Wesentlich bei diesen oder ähnlichen Approximationen ist, daß die Dichte $p_0(\cdot)$ allein durch den Erwartungswert $\boldsymbol{m}_{z_0}$, die Streumatrix $\boldsymbol{K}_{z_0}(t, t)$, die Kreuzstreumatrix $\boldsymbol{K}_{z_0,x}(t, t)$ und die statistischen Charakteristika des Eingangsprozesses eindeutig festgelegt ist, so daß das Funktionalgleichungssystem (3.11) und (3.12) ein vollständiges Gleichungssystem zur Bestimmung von $\boldsymbol{m}_{z_0}$, $\boldsymbol{K}_{z_0}(t, t)$, $\boldsymbol{K}_{z_0,x}(t, t)$ und der Koeffizientenmatrizen des statistisch linearisierten Systems darstellt.

Nicht immer ist es jedoch möglich, alle wesentlichen Eigenschaften der Verteilungsdichte $p(\boldsymbol{z}^\mathsf{T}, \boldsymbol{x}^\mathsf{T}, t)$ durch eine Dichte $p_0(\boldsymbol{z}^\mathsf{T}, \boldsymbol{x}^\mathsf{T}, t)$, deren Parameter allein durch die genannten statistischen Charakteristika des Prozesses $(\boldsymbol{z}_0^\mathsf{T}, \boldsymbol{x}^\mathsf{T})$ festgelegt sind, qualitativ richtig zu erfassen. Wie in derartigen Fällen günstig zu verfahren ist, wird im Abschn. 3.4. näher erläutert.

3.2.4. Zusammenhang zwischen der statistischen und Taylorschen Linearisierung

Der Zusammenhang zwischen der statistischen und Taylorschen Linearisierung wird besonders deutlich, wenn mit Hilfe der durch (2.24) definierten Streumatrix $\boldsymbol{D}_0(t)$ des Prozesses $(\boldsymbol{z}_0^\mathsf{T}, \boldsymbol{x}^\mathsf{T})$ die Gln. (3.11) in der Form

$$\boldsymbol{C}(t) = \langle \boldsymbol{F}(\boldsymbol{z}^\mathsf{T}, \boldsymbol{x}^\mathsf{T}, t)\rangle_0 ,$$

$$\begin{pmatrix} \boldsymbol{A}^\mathsf{T}(t) \\ \boldsymbol{B}^\mathsf{T}(t) \end{pmatrix} = \left\langle \boldsymbol{D}_0^{-1} \begin{pmatrix} \boldsymbol{z} - \boldsymbol{m}_{z_0} \\ \boldsymbol{x} - \boldsymbol{m}_x \end{pmatrix} \boldsymbol{F}^\mathsf{T}(\boldsymbol{z}^\mathsf{T}, \boldsymbol{x}^\mathsf{T}, t) \right\rangle_0$$

geschrieben werden und als approximierende Dichte $p_0(\cdot)$ die Gaußsche Dichte $p_G(\boldsymbol{z}^\mathsf{T}, \boldsymbol{x}^\mathsf{T}, t)$ (s. Gl. (3.23)) herangezogen wird: Unter Beachtung der für Gaußsche Dichten geltenden Beziehung

$$\boldsymbol{D}_0^{-1}\begin{pmatrix}\boldsymbol{z}-\boldsymbol{m}_{z_0}\\ \boldsymbol{x}-\boldsymbol{m}_x\end{pmatrix} p_G(\boldsymbol{z}^\mathsf{T},\boldsymbol{x}^\mathsf{T},t) = -\begin{pmatrix}\nabla_z\\ \nabla_x\end{pmatrix} p_G(\boldsymbol{z}^\mathsf{T},\boldsymbol{x}^\mathsf{T},t)$$

werden nach partieller Integration der rechten Seite der Gleichung für $\boldsymbol{A}^\mathsf{T}$ und $\boldsymbol{B}^\mathsf{T}$ die folgenden Bestimmungsgleichungen für die Koeffizientenmatrizen gewonnen

$$\begin{aligned}\boldsymbol{C}(t) &= \langle \boldsymbol{F}(\boldsymbol{z}^\mathsf{T},\boldsymbol{x}^\mathsf{T},t)\rangle_0,\\ \boldsymbol{A}^\mathsf{T}(t) &= \langle \nabla_z \boldsymbol{F}^\mathsf{T}(\boldsymbol{z}^\mathsf{T},\boldsymbol{x}^\mathsf{T},t)\rangle_0,\\ \boldsymbol{B}^\mathsf{T}(t) &= \langle \nabla_x \boldsymbol{F}^\mathsf{T}(\boldsymbol{z}^\mathsf{T},\boldsymbol{x}^\mathsf{T},t)\rangle_0.\end{aligned} \tag{3.29}$$

Läßt man nun die Streumatrix $\boldsymbol{D}_0(t)$ gegen Null, d. h. die Gaußsche Dichte $p_0(\cdot) = p_G(\cdot)$, gegen ein Produkt Diracscher Deltafunktionen

$$p_0(\cdot) \to \delta(\boldsymbol{z}-\boldsymbol{m}_{z_0})\,\delta(\boldsymbol{x}-\boldsymbol{m}_x)$$

streben, so werden aus (3.29) gerade die Koeffizientenmatrizen des nach TAYLOR linearisierten Systems (s. Gl. (3.5)) erhalten. Während also bei der Taylorschen Linearisierung zur Festlegung des linearisierten Systems die lokalen Charakteristika der Systemnichtlinearität $\boldsymbol{F}(\cdot)$, $\nabla_z\boldsymbol{F}^\mathsf{T}(\cdot)$ und $\nabla_x\boldsymbol{F}^\mathsf{T}(\cdot)$ auf der Erwartungswerttrajektorie $(\boldsymbol{m}_{z_0}^\mathsf{T}, \boldsymbol{m}_x^\mathsf{T})$ herangezogen werden, werden bei der statistischen Linearisierung ihre Erwartungswerte benutzt. Dies erklärt auch die Überlegenheit der statistischen Linearisierung gegenüber der Taylorschen, da durch die Verwendung der entsprechenden Erwartungswerte der Einfluß der Systemnichtlinearitäten nicht nur in der unmittelbaren Nähe der Erwartungswerttrajektorie, sondern auch in der weiteren Umgebung im Mittel mit erfaßt wird. Daher können bei der Taylorschen Linearisierung auch nur dann gute Näherungslösungen für die ersten beiden Kumulanten des Prozesses $(\boldsymbol{z}^\mathsf{T}, \boldsymbol{x}^\mathsf{T})$ erwartet werden, wenn seine Streumatrix hinreichend klein ist. In diesem Falle ist der Konzentrationsbereich dieses Prozesses auf die unmittelbare Umgebung seiner Mittelwerttrajektorie beschränkt, und die Dichte $p(\boldsymbol{z}^\mathsf{T}, \boldsymbol{x}^\mathsf{T}, t)$ kann in guter Näherung durch ein Produkt Diracscher Deltafunktionen ersetzt werden.

Schließlich sei darauf hingewiesen, daß die statistische Linearisierung nicht an die Bedingung der Differenzierbarkeit der Systemnichtlinearität $\boldsymbol{F}(\cdot)$ bezüglich $\boldsymbol{z}$ und $\boldsymbol{x}$ gebunden ist: Es wird lediglich gefordert, daß $\boldsymbol{F}(\cdot)$ und die Matrizen $(\boldsymbol{z}-\boldsymbol{m}_z)\,\boldsymbol{F}^\mathsf{T}(\cdot)$, $(\boldsymbol{x}-\boldsymbol{m}_x)\,\boldsymbol{F}^\mathsf{T}(\cdot)$ bezüglich des Maßes $p(\cdot)$ bzw. $p_0(\cdot)$ summierbar sind.

3.3. Wichtige Sonderfälle

In diesem Abschnitt wird immer vorausgesetzt, daß die $p(\boldsymbol{z}^\mathsf{T}, \boldsymbol{x}^\mathsf{T}, t)$ approximierende Dichte $p_0(\boldsymbol{z}^\mathsf{T}, \boldsymbol{x}^\mathsf{T}, t)$ allein durch die ersten beiden Kumulanten des Prozesses $(\boldsymbol{z}_0^\mathsf{T}, \boldsymbol{x}^\mathsf{T})$ und die weiteren statistischen Charakteristika des Eingangsprozesses $\boldsymbol{x}(t)$ festgelegt wird. Die Gln. (3.11) und (3.12) stellen dann $N = \frac{1}{2}\,n(3n + 4m + 5)$ skalare — i. allg. nichtlineare und miteinander verkoppelte — Funktionalgleichungen zur Bestimmung von $\boldsymbol{m}_{z_0}(t)$, $\boldsymbol{K}_{z_0}(t,t)$, $\boldsymbol{K}_{x,z_0}(t,t)$ und der Koeffizientenmatrizen $\boldsymbol{A}$, $\boldsymbol{B}$ und $\boldsymbol{C}$ des statistisch linearisierten Systems (3.3) dar (man beachte: $\boldsymbol{K}_{z_0}(t,t) = \boldsymbol{K}_{z_0}^{\mathsf{T}}(t,t)$), d. h., die Anzahl der zu lösenden Funktionalgleichungen wächst quadratisch mit der Dimension n des Zustandsvektors $\boldsymbol{z}(t)$ und linear mit der Dimension m des Eingangsprozesses $\boldsymbol{x}(t)$.

Glücklicherweise lassen sich diese Funktionalgleichungen für eine sehr breite Klasse von Eingangsprozessen und für Systeme, deren Anfangszustände $\boldsymbol{z}(t_0) = \boldsymbol{z}_0(t_0)$ unabhängig vom Eingangsprozeß sind

$$\boldsymbol{K}_{z,x}(t_0, t) = \boldsymbol{K}_{z_0,x}(t_0, t) = 0, \tag{3.30}$$

entkoppeln und in ein System von gewöhnlichen Differentialgleichungen für $\boldsymbol{m}_{z_0}(t)$, $\boldsymbol{K}_{z_0}(t,t)$ und $\boldsymbol{K}_{x,z_0}(t,t)$ überführen. Nach Lösung dieses Differentialgleichungssystems ist auch die approximierende Dichte $p_0(\cdot)$ vollständig bekannt, und die Koeffizientenmatrizen des statistisch linearisierten Systems können aus dem — nunmehr linearen und algebraischen — Gleichungssystem (3.11) leicht berechnet werden.

Im folgenden werden die dazu erforderlichen Bedingungen an den Eingangsprozeß erarbeitet, wobei von Systemen mit vom Eingangsprozeß unabhängigen Anfangszuständen ausgegangen wird, so daß die Kreuzstreumatrix entsprechend den Gln. (3.12) und (3.30) gegeben ist durch

$$\boldsymbol{K}_{z_0,x}(t,t) = \int_{t_0}^{t} \boldsymbol{\Phi}(t,t')\,\boldsymbol{B}(t')\,\boldsymbol{K}_x(t',t)\,\mathrm{d}t'. \tag{3.31}$$

3.3.1. Die Differentialgleichungen der statistischen Linearisierung

Für eine wichtige Klasse stetiger Eingangsprozesse kann das Funktionalgleichungssystem (3.11) und (3.12) in ein System gewöhnlicher Differentialgleichungen und ein lineares, algebraisches Gleichungssystem entkoppelt werden. Dazu werden zunächst die Funktionalgleichungen (3.12) total nach der Zeit t differenziert (man beachte: $\partial/\partial t\boldsymbol{\Phi}(t,t') = \boldsymbol{A}(t)\,\boldsymbol{\Phi}(t,t')$, $\partial/\partial t\,\boldsymbol{\Phi}^{\mathsf{T}}(t,t') = \boldsymbol{\Phi}^{\mathsf{T}}(t,t')\,\boldsymbol{A}^{\mathsf{T}}(t)$ und Gl. (3.30))

$$\dot{\boldsymbol{m}}_{z_0}(t) = \boldsymbol{C}(t),$$

$$\dot{\boldsymbol{K}}_{z_0}(t,t) = \boldsymbol{A}(t)\,\boldsymbol{K}_{z_0}(t,t) + \boldsymbol{K}_{z_0}(t,t)\,\boldsymbol{A}^{\mathsf{T}}(t) + \boldsymbol{B}(t)\,\boldsymbol{K}_{x,z_0}^{\mathsf{T}}(t,t) + \boldsymbol{K}_{z_0,x}(t,t)\,\boldsymbol{B}^{\mathsf{T}}(t),$$

$$\dot{\boldsymbol{K}}_{z_0,x}(t,t) = \boldsymbol{A}(t)\,\boldsymbol{K}_{z_0,x}(t,t) + \int_{t_0}^{t} \boldsymbol{\Phi}(t,t')\,\boldsymbol{B}(t')\,\frac{\partial}{\partial t}\,\boldsymbol{K}_x(t',t)\,\mathrm{d}t' + \boldsymbol{B}(t)\,\boldsymbol{K}_x(t,t).$$

Unter Berücksichtigung der Gln. (3.11) für die Koeffizientenmatrizen $\boldsymbol{A}$, $\boldsymbol{B}$ und $\boldsymbol{C}$ können diese Gleichungen auch in der folgenden Form dargestellt werden

$$\begin{aligned}
\dot{\boldsymbol{m}}_{z_0} &= \langle \boldsymbol{F}(\boldsymbol{z}^{\mathsf{T}}, \boldsymbol{x}^{\mathsf{T}}, t)\rangle_0,\\
\dot{\boldsymbol{K}}_{z_0}(t,t) &= \langle \boldsymbol{F}(\cdot)\,(\boldsymbol{z} - \boldsymbol{m}_{z_0})^{\mathsf{T}}\rangle_0 + \langle(\boldsymbol{z} - \boldsymbol{m}_{z_0})\,\boldsymbol{F}^{\mathsf{T}}(\cdot)\rangle_0,\\
\dot{\boldsymbol{K}}_{z_0,x}(t,t) &= \langle \boldsymbol{F}(\cdot)\,(\boldsymbol{x} - \boldsymbol{m}_x)^{\mathsf{T}}\rangle_0 + \int_{t_0}^{t} \boldsymbol{\Phi}(t,t')\,\boldsymbol{B}(t')\,\frac{\partial}{\partial t}\,\boldsymbol{K}_x(t',t)\,\mathrm{d}t'.
\end{aligned} \tag{3.32}$$

Für allgemeine stetige Eingangsprozesse stellt dieses Gleichungssystem allerdings immer noch ein Funktionalgleichungssystem dar: Zwar ergeben die Mittelungen $\langle(\cdot)\rangle_0$ Funktionen von $\boldsymbol{m}_{z_0}(t)$, $\boldsymbol{K}_{z_0}(t, t)$ und $\boldsymbol{K}_{z_0,x}(t, t)$ (die dazu herangezogene approximierende Dichte $p_0(\cdot)$ wird ja nur durch die ersten beiden Kumulanten des Prozesses $(\boldsymbol{z}_0^\mathsf{T}, \boldsymbol{x}^\mathsf{T})$ und die (bekannten) statistischen Charakteristika des Eingangsprozesses festgelegt), jedoch stellt der Integralterm in der Gleichung für die Kreuzstreumatrix ein Funktional der Koeffizientenmatrizen $\boldsymbol{A}$, $\boldsymbol{B}$ und $\boldsymbol{C}$, die ihrerseits nach (3.11) durch Funktionen von $\boldsymbol{m}_{z_0}$, $\boldsymbol{K}_{z_0}(t, t)$ und $\boldsymbol{K}_{z_0,x}(t, t)$ gegeben sind, dar

$$\int_{t_0}^{t} \boldsymbol{\Phi}(t, t')\, \boldsymbol{B}(t')\, \frac{\partial}{\partial t} \boldsymbol{K}_x(t', t)\, dt' = \mathcal{F}\{\boldsymbol{m}_{z_0}(t'), \boldsymbol{K}_{z_0}(t', t), \boldsymbol{K}_{x,z_0}(t', t) \mid t_0 \leqq t' \leqq t\}.$$

Daher vereinfacht sich das Funktionalgleichungssystem (3.32) nur dann in ein gewöhnliches Differentialgleichungssystem, wenn dieser Integralterm von den statistischen Charakteristika des Prozesses $(\boldsymbol{z}_0^\mathsf{T}, \boldsymbol{x}^\mathsf{T})$ nur zu dem Zeitpunkt $t' = t$ abhängt.

Offensichtlich ist dies der Fall, wenn die Korrelationsmatrix des Eingangsprozesses in der exponentiellen Form

$$\boldsymbol{K}_x(t', t) = \begin{cases} \boldsymbol{K}_x(t', t') \exp\left\{\int_{t'}^{t} \boldsymbol{V}^\mathsf{T}(t'')\, dt''\right\} & \text{für} \quad t \geqq t', \\[2ex] \exp\left\{\int_{t}^{t'} \boldsymbol{V}(t'')\, dt''\right\} \boldsymbol{K}_x(t, t) & \text{für} \quad t \leqq t' \end{cases} \tag{3.33}$$

gegeben ist. In diesem Falle gilt

$$\frac{\partial}{\partial t} \boldsymbol{K}_x(t', t) = \boldsymbol{K}_x(t', t)\, \boldsymbol{V}^\mathsf{T}(t) \quad \text{für} \quad t \geqq t',$$

und der Integralterm ist proportional der Kreuzstreumatrix $\boldsymbol{K}_{z_0,x}(t, t)$, die durch Gl. (3.31) definiert ist

$$\int_{t_0}^{t} \boldsymbol{\Phi}(t, t')\, \boldsymbol{B}(t')\, \frac{\partial}{\partial t} \boldsymbol{K}_x(t', t)\, dt' = \boldsymbol{K}_{z_0,x}(t, t)\, \boldsymbol{V}^\mathsf{T}(t).$$

Das Gleichungssystem (3.32) geht somit in ein gewöhnliches Differentialgleichungssystem für $\boldsymbol{m}_{z_0}(t)$, $\boldsymbol{K}_{z_0}(t, t)$ und $\boldsymbol{K}_{z_0,x}(t, t)$ über

$$\begin{aligned} \dot{\boldsymbol{m}}_{z_0} &= \langle \boldsymbol{F}(\boldsymbol{z}^\mathsf{T}, \boldsymbol{x}^\mathsf{T}, t)\rangle_0, \\ \dot{\boldsymbol{K}}_{z_0}(t, t) &= \langle \boldsymbol{F}(\cdot)\, (\boldsymbol{z} - \boldsymbol{m}_{z_0})^\mathsf{T}\rangle_0 + \langle(\boldsymbol{z} - \boldsymbol{m}_{z_0})\, \boldsymbol{F}^\mathsf{T}(\cdot)\rangle_0, \\ \dot{\boldsymbol{K}}_{z_0,x}(t, t) &= \langle \boldsymbol{F}(\cdot)\, (\boldsymbol{x} - \boldsymbol{m}_x)^\mathsf{T}\rangle_0 + \boldsymbol{K}_{z_0,x}(t, t)\, \boldsymbol{V}^\mathsf{T}(t). \end{aligned} \tag{3.34}$$

Bei praktischen Aufgabenstellungen reicht es i. d. R. völlig aus, die Korrelationsmatrix des stochastischen Eingangsprozesses in der exponentiellen Form gemäß Gl. (3.33) zu beschreiben.

Im Falle stationärer Eingangsprozesse ($\boldsymbol{K}_x(t)) = \overline{\boldsymbol{K}}_x(0) = \text{const.}$, $\boldsymbol{V}(t) = \overline{\boldsymbol{V}} = \text{const.}$) werden damit z. B. Prozesse erfaßt, deren einzelne Komponenten $x^{(i)}(t)$ Prozesse mit rationalem Leistungsdichtespektrum sind

$$S_{x^{(i)}}(\omega) = \int_{-\infty}^{+\infty} \overline{K}_{x^{(i)}}(\tau)\, e^{-j\omega\tau}\, d\tau = \frac{\left|\sum_{k=1}^{m} \beta_k^{(i)}(j\omega)^{m-k}\right|^2}{|N_m(j\omega)|^2},$$

wobei $N_m(\lambda)$ das charakteristische Polynom der Matrix $\boldsymbol{V}$ bezeichnet

$$N_m(\lambda) = \det(\boldsymbol{V} - \lambda \boldsymbol{E}) = \sum_{k=1}^{m} \alpha_k \lambda^{m-k}, \qquad \alpha_0 = 1,$$

dessen Nullstellen alle in der linken komplexen Halbebene liegen.

Damit findet das Differentialgleichungssystem (3.34) für eine breite Klasse von Eingangsprozessen Anwendung, zumal ja dazu keine Voraussetzungen an die weiteren statistischen Charakteristika des Eingangsprozesses erforderlich sind.

Nach Lösung des Differentialgleichungssystems (3.34) ist auch die approximierende Dichte $p_0(\cdot)$ vollständig bestimmt, und die Koeffizientenmatrizen $\boldsymbol{A}$, $\boldsymbol{B}$ und $\boldsymbol{C}$ des statistisch linearisierten Systems können aus dem nunmehr linearen, algebraischen Gleichungssystem (3.11) bestimmt werden.

3.3.2. Systeme mit weißen Gaußschen Eingangsprozessen

Für Systeme

$$\dot{\boldsymbol{z}} = \boldsymbol{f}(\boldsymbol{z}^{\mathsf{T}}, t) + \boldsymbol{g}(\boldsymbol{z}^{\mathsf{T}}, t)\, \boldsymbol{\xi}(t) \tag{2.26}$$

mit weißen Gaußschen Eingangsprozessen $\boldsymbol{x}(t) = \boldsymbol{\xi}(t)$

$$\boldsymbol{m}_{\xi}(t) = 0, \qquad \boldsymbol{K}_{\xi}(t, t') = \boldsymbol{R}(t)\, \delta(t - t') \tag{2.27}$$

vereinfachen sich die Gleichungen der statistischen Linearisierung wesentlich: Aufgrund der statistischen Unabhängigkeit des Prozesses $\boldsymbol{z}(t')$ vom weißen Eingangsprozeß $\boldsymbol{\xi}(t)$ für $t' < t$ können die für die statistische Linearisierung erforderlichen Erwartungswerte von Funktionen des Zustandsvektors $\boldsymbol{z}(t)$ und des Eingangsprozesses $\boldsymbol{\xi}(t)$ auf Erwartungswerte von Funktionen zurückgeführt werden, die nur vom Zustandsvektor abhängen, so daß nur noch die Verteilungsdichte $p(\boldsymbol{z}^{\mathsf{T}}, t)$ durch eine geeignete Dichte $p_0(\boldsymbol{z}^{\mathsf{T}}, t)$ approximiert zu werden braucht. Für Systeme (2.26) mit weißen Gaußschen Eingangsprozessen und bezüglich $\boldsymbol{z}(t)$ differenzierbaren Matrizenfunktionen $\boldsymbol{g}(\boldsymbol{z}^{\mathsf{T}}, t)$ gelten entsprechend den Ausführungen im Abschn. 2.8. (s. Gl. (2.87) mit: $\boldsymbol{\xi}(t) = d_{1/2}\boldsymbol{w}(t)/dt$) die folgenden Beziehungen

$$\langle \boldsymbol{\Psi}(\boldsymbol{z}^{\mathsf{T}}, t)\, \boldsymbol{\xi}(t) \rangle = \frac{1}{2} \langle (\nabla_{z'}{}^{\mathsf{T}}, \boldsymbol{g}(\boldsymbol{z}^{\mathsf{T}}, t)\, \boldsymbol{R}(t)\, \boldsymbol{\Psi}^{\mathsf{T}}(\boldsymbol{z}'^{\mathsf{T}}, t)|_{z'=z})^{\mathsf{T}} \rangle,$$

$$\langle \boldsymbol{\Psi}(\boldsymbol{z}^{\mathsf{T}}, t)\, \boldsymbol{\xi}(t)\, \boldsymbol{\xi}^{\mathsf{T}}(t) \rangle = \langle \boldsymbol{\Psi}(\boldsymbol{z}^{\mathsf{T}}, t) \rangle\, \boldsymbol{R}(t) \lim_{t' \to t} \delta(t - t').$$

Mit $\boldsymbol{F}(\boldsymbol{z}^{\mathsf{T}}, \boldsymbol{x}^{\mathsf{T}}, t) = \boldsymbol{f}(\boldsymbol{z}^{\mathsf{T}}, t) + \boldsymbol{g}(\boldsymbol{z}^{\mathsf{T}}, t)\, \boldsymbol{\xi}(t)$ gehen damit die Gln. (3.11) für die Koeffizientenmatrizen des statistisch linearisierten Systems über in

$$\left.\begin{aligned} \boldsymbol{B}(t) &= \langle \boldsymbol{g}(\boldsymbol{z}^{\mathsf{T}}, t)\rangle_0, \\ \boldsymbol{C}(t) &= \langle \tilde{\boldsymbol{f}}(\boldsymbol{z}^{\mathsf{T}}, t)\rangle_0, \\ \boldsymbol{A}(t)\, \boldsymbol{K}_{z_0}(t, t) &= \langle \tilde{\boldsymbol{f}}(\boldsymbol{z}^{\mathsf{T}}, t)\, (\boldsymbol{z} - \boldsymbol{m}_{z_0})^{\mathsf{T}}\rangle_0 \\ &\quad + \frac{1}{2}\left[\langle \boldsymbol{g}(\boldsymbol{z}^{\mathsf{T}}, t)\, \boldsymbol{R}(t)\, \boldsymbol{g}^{\mathsf{T}}(\cdot)\rangle_0 - \langle \boldsymbol{g}(\cdot)\rangle_0\, \boldsymbol{R}(t)\, \langle \boldsymbol{g}^{\mathsf{T}}(\cdot)\rangle_0\right]. \end{aligned}\right\} \tag{3.35}$$

Abkürzend wurde dabei die Funktion

$$\tilde{\boldsymbol{f}}^{\mathsf{T}}(\boldsymbol{z}^{\mathsf{T}}, t) = \boldsymbol{f}^{\mathsf{T}}(\boldsymbol{z}^{\mathsf{T}}, t) + \frac{1}{2}\, \nabla_{z'}{}^{\mathsf{T}} \boldsymbol{g}(\boldsymbol{z}^{\mathsf{T}}, t)\; \boldsymbol{R}(t)\; \boldsymbol{g}^{\mathsf{T}}(\boldsymbol{z}'^{\mathsf{T}}, t)\Big|_{z'=z} \tag{3.36}$$

eingeführt. Entsprechend gehen die ersten beiden Gleichungen von (3.34) über in

$$\left.\begin{aligned} \dot{\boldsymbol{m}}_{z_0} &= \langle \tilde{\boldsymbol{f}}(\boldsymbol{z}^{\mathsf{T}}, t)\rangle_0, \\ \dot{\boldsymbol{K}}_{z_0}(t, t) &= \langle \tilde{\boldsymbol{f}}(\cdot)\, (\boldsymbol{z} - \boldsymbol{m}_{z_0})^{\mathsf{T}}\rangle_0 + \langle (\boldsymbol{z} - \boldsymbol{m}_{z_0})\, \tilde{\boldsymbol{f}}^{\mathsf{T}}(\cdot)\rangle_0 \\ &\quad + \langle \boldsymbol{g}(\boldsymbol{z}^{\mathsf{T}}, t)\, \boldsymbol{R}(t)\, \boldsymbol{g}^{\mathsf{T}}(\boldsymbol{z}^{\mathsf{T}}, t)\rangle_0. \end{aligned}\right\} \tag{3.37}$$

In den Gleichungssystemen (3.35) und (3.37) wird tatsächlich nur noch eine $p(\boldsymbol{z}^{\mathsf{T}}, t)$ approximierende Dichte $p_0(\boldsymbol{z}^{\mathsf{T}}, t)$ benötigt. Wird diese Dichte allein durch die ersten beiden Kumulanten des Prozesses $\boldsymbol{z}_0{}^{\mathsf{T}}(t)$ — Erwartungswertvektor und Streumatrix — festgelegt, so stellen die Gln. (3.37) ein abgeschlossenes, gewöhnliches Differentialgleichungssystem zur Bestimmung von $\boldsymbol{m}_{z_0}$ und $\boldsymbol{K}_{z_0}(t, t)$ dar, nach dessen Lösung die approximierende Dichte $p_0(\boldsymbol{z}^{\mathsf{T}}, t)$ vollständig bekannt ist und die Koeffizientenmatrizen des statistisch linearisierten Systems aus (3.35) direkt berechnet werden können.

Man beachte, daß dazu die Kreuzstreumatrix des Zustandsvektors mit dem Eingangsprozeß nicht benötigt wird. Unter Berücksichtigung der δ-Korreliertheit des weißen Eingangsprozesses und der Festlegung der Koeffizientenmatrix $\boldsymbol{B}$ nach (3.35) kann diese entsprechend der Gl. (3.31) wie folgt berechnet werden

$$\boldsymbol{K}_{z_0,\xi}(t, t) = \frac{1}{2}\, \boldsymbol{B}(t)\, \boldsymbol{R}(t) = \frac{1}{2}\, \langle \boldsymbol{g}(\boldsymbol{z}^{\mathsf{T}}, t)\rangle_0\, \boldsymbol{R}(t). \tag{3.38}$$

Im Falle stetiger Eingangsprozesse mußte dagegen bei der statistischen Linearisierung die Kreuzstreumatrix $\boldsymbol{K}_{z_0,x}(t, t)$ aus einem Funktional- bzw. Differentialgleichungssystem mit bestimmt werden.

Ein typischer Anwendungsfall soll an einem einfachen Beispiel demonstriert werden: Das stochastische System sei durch die Gleichung

$$\dot{\boldsymbol{z}} = \boldsymbol{F}(\boldsymbol{z}^{\mathsf{T}}, x, t) \tag{3.39}$$

beschrieben. $x(t)$ sei ein stetiger und stationärer, skalarer Gaußscher Eingangsprozeß mit dem

Erwartungswert Null und einem Leistungsdichtespektrum

$$S_x(\omega) = \bar{R}\,\frac{\left|\sum\limits_{k=1}^{m} \gamma_k (j\omega)^{m-k}\right|^2}{\left|(j\omega)^m + \sum\limits_{k=1}^{m} \alpha_k (j\omega)^{m-k}\right|^2}.$$

Ein derartiger Prozeß kann durch Einführung eines m-dimensionalen Gauß-Prozesses $\boldsymbol{x}(t)$ durch ein lineares Differentialgleichungssystem mit einem skalaren, weißen, Gaußschen Eingangsprozeß $\xi(t)$ $(m_\xi = 0, \langle \xi(t)\, \xi(t')\rangle = \bar{R}\delta(t - t'))$ beschrieben werden (s. Abschn. 1.5.)

$$\dot{\tilde{\boldsymbol{x}}} = \bar{\boldsymbol{V}}\tilde{\boldsymbol{x}} + \boldsymbol{\Gamma}\xi(t), \tag{3.40}$$

wobei die Matrix $\bar{\boldsymbol{V}}$ und der Vektor $\boldsymbol{\Gamma}$ definiert sind durch

$$\bar{\boldsymbol{V}} = \begin{pmatrix} -\alpha_1 & 1 & 0 & 0 & 0 \ldots 0 \\ -\alpha_2 & 0 & 1 & 0 & 0 \ldots 0 \\ \vdots & & & & \\ -\alpha_m & 0 & 0 & 0 & 0 \ldots 0 \end{pmatrix}, \quad \boldsymbol{\Gamma}^\mathsf{T} = (\gamma_1, \ldots, \gamma_m).$$

Der eigentliche Eingangsprozeß $x(t)$ ist dabei durch die erste Komponente des Prozesses $\tilde{\boldsymbol{x}}$ gegeben

$$x(t) = \boldsymbol{H}^\mathsf{T}\tilde{\boldsymbol{x}}(t), \qquad \boldsymbol{H}^\mathsf{T} = (1, 0, \ldots, 0).$$

Der Prozeß

$$\tilde{\boldsymbol{z}}^\mathsf{T}(t) = (\tilde{\boldsymbol{z}}^\mathsf{T}(t), \boldsymbol{x}^\mathsf{T}(t))$$

wird nun durch ein System mit einem weißen Gaußschen Eingangsprozeß beschrieben. Mit

$$\boldsymbol{m}_{\tilde{z}_0}^\mathsf{T} = (\boldsymbol{m}_{z_0}^\mathsf{T}, \boldsymbol{m}_x{}^\mathsf{T}),$$

$$\boldsymbol{K}_{\tilde{z}_0}(t, t) = \begin{pmatrix} \boldsymbol{K}_{z_0}(t, t) & \boldsymbol{K}_{z_0,\tilde{x}}(t, t) \\ \boldsymbol{K}_{\tilde{x},z_0}(t, t) & \boldsymbol{K}_x(t, t) \end{pmatrix}$$

werden aus dem Differentialgleichungssystem (3.37) (für $\boldsymbol{z} \to \tilde{\boldsymbol{z}}$) für die unbekannten statistischen Charakteristika $\boldsymbol{m}_{z_0}$, $\boldsymbol{K}_{z_0}(t, t)$ und $\boldsymbol{K}_{z_0,\tilde{x}}(t, t)$ die Differentialgleichungen

$$\begin{aligned} \dot{\boldsymbol{m}}_{z_0} &= \langle \boldsymbol{F}(\boldsymbol{z}^\mathsf{T}, x, t)\rangle_0, \\ \dot{\boldsymbol{K}}_{z_0}(t, t) &= \langle \boldsymbol{F}(\boldsymbol{z}^\mathsf{T}, x, t)\, (\boldsymbol{z} - \boldsymbol{m}_{z_0})^\mathsf{T}\rangle_0 + \langle(\boldsymbol{z} - \boldsymbol{m}_{z_0})\, \boldsymbol{F}^\mathsf{T}(\cdot)\rangle_0, \\ \dot{\boldsymbol{K}}_{z_0,\tilde{x}}(t, t) &= \langle \boldsymbol{F}(\boldsymbol{z}^\mathsf{T}, x, t)\, \tilde{\boldsymbol{x}}^\mathsf{T}\rangle_0 + \langle \boldsymbol{K}_{z_0,x}(t, t)\, \boldsymbol{V}^\mathsf{T}\rangle_0 \end{aligned} \tag{3.41}$$

erhalten $(\boldsymbol{m}_{\tilde{x}} = 0)$, die einen Spezialfall der im vorangegangenen Abschnitt angegebenen Gleichungen (3.34) darstellen.

3.3.3. Die stationären Gleichungen der statistischen Linearisierung

Eine wichtige Klasse von stochastischen Systemen wird durch zeitinvariante Differentialgleichungen[1])

$$\dot{\boldsymbol{z}} = \bar{\boldsymbol{F}}(\boldsymbol{z}^\mathsf{T}, \boldsymbol{x}^\mathsf{T}) \tag{3.42}$$

---

[1]) Mit einem oberen Querstrich werden zeitunabhängige Funktionen und die statistischen Charakteristika eines stationären Prozesses gekennzeichnet, z. B. gilt für einen stationären Prozeß $\boldsymbol{K}_z(t, t') = \bar{\boldsymbol{K}}_z(t - t') = \langle(\boldsymbol{z}(t) - \boldsymbol{m}_z)\, (\boldsymbol{z}(t') - \boldsymbol{m}_z)^\mathsf{T}\rangle = \bar{\boldsymbol{K}}_z{}^\mathsf{T}(t' - t)$.

mit stationären Eingangsprozessen beschrieben, für die der Zustandsvektor $\boldsymbol{z}(t)$ asymptotisch $\left(t_0 \to -\infty \text{ bzw. } (t - t_0) \to +\infty\right)$ gegen einen stationären Prozeß strebt. Häufig interessiert man sich dann nur für die stationären statistischen Charakteristika des Prozesses $\boldsymbol{z}(t)$. In den Gleichungen der statistischen Linearisierung (3.11), (3.12) sind für derartige Systeme t_0 durch $-\infty$ und die Koeffizientenmatrizen $\boldsymbol{A}$, $\boldsymbol{B}$ und $\boldsymbol{C}$ durch die zeitinvarianten Matrizen $\bar{\boldsymbol{A}}$, $\bar{\boldsymbol{B}}$ und $\bar{\boldsymbol{C}}$ zu ersetzen. Für jedes endliche t verschwindet damit auch die Korrelation zwischen dem Eingangsprozeß $\boldsymbol{x}(t)$ und dem Anfangszustand $\boldsymbol{z}(-\infty)$, d. h., es gilt

$$\boldsymbol{K}_{z,x}(-\infty, t) = \boldsymbol{K}_{z_0,x}(-\infty, t) = 0.$$

Notwendige und hinreichende Bedingung dafür ist, daß die Eigenwerte der Matrix $\bar{\boldsymbol{A}}$ alle in der linken komplexen Halbebene liegen (Stabilitätsbedingung), d. h., daß die Fundamentallösungsmatrix des zeitinvarianten statistisch linearisierten Systems

$$\boldsymbol{\Phi}(t - t') = \exp\{(t - t') \cdot \bar{\boldsymbol{A}}\} \tag{3.43}$$

asymptotisch verschwindet

$$\lim_{t' \to +\infty} \boldsymbol{\Phi}(t') = 0.$$

In der Regel ist diese Bedingung erfüllt, wenn die Gleichung (3.42) einen stationären Prozeß $\boldsymbol{z}(t)$ beschreibt. Der $\boldsymbol{z}(t)$ approximierende Prozeß $\boldsymbol{z}_0(t)$ besitzt auf Grund seiner Stationarität einen konstanten Erwartungswert $\bar{\boldsymbol{m}}_{z_0}$, d. h., es muß $\boldsymbol{C} = 0$ gelten. Somit kann die Differentialgleichung (3.3) für stationäre Prozesse nur die Form besitzen

$$\dot{\boldsymbol{z}}_0 = \bar{\boldsymbol{A}}(\boldsymbol{z}_0 - \bar{\boldsymbol{m}}_{z_0}) + \bar{\boldsymbol{B}}(\boldsymbol{x} - \bar{\boldsymbol{m}}_x). \tag{3.44}$$

Die allgemeinen Gleichungen der statistischen Linearisierung (3.11) und (3.12) reduzieren sich im Falle stationärer Prozesse $(\boldsymbol{z}^\mathsf{T}, \boldsymbol{x}^\mathsf{T})$ und $(\boldsymbol{z}_0{}^\mathsf{T}, \boldsymbol{x}^\mathsf{T})$ auf das folgende Gleichungssystem

$$\begin{aligned} \bar{\boldsymbol{C}} &= \langle \bar{\boldsymbol{F}}(\boldsymbol{z}^\mathsf{T}, \boldsymbol{x}^\mathsf{T}) \rangle_0 = 0, \\ \bar{\boldsymbol{A}}\bar{\boldsymbol{K}}_{z_0}(0) + \bar{\boldsymbol{B}}\bar{\boldsymbol{K}}_{x,z_0}(0) &= \langle \bar{\boldsymbol{F}}(\cdot)\,(\boldsymbol{z} - \boldsymbol{m}_{z_0})^\mathsf{T} \rangle_0, \\ \bar{\boldsymbol{A}}\bar{\boldsymbol{K}}_{z_0,x}(0) + \bar{\boldsymbol{B}}\bar{\boldsymbol{K}}_x(0) &= \langle \bar{\boldsymbol{F}}(\cdot)\,(\boldsymbol{x} - \boldsymbol{m}_x)^\mathsf{T} \rangle_0, \end{aligned} \tag{3.45}$$

und

$$\begin{aligned} \bar{\boldsymbol{K}}_{z_0}(0) &= \int_0^{+\infty}\!\!\int_0 \boldsymbol{\Phi}(t')\,\bar{\boldsymbol{B}}\bar{\boldsymbol{K}}_x(t' - t'')\,\bar{\boldsymbol{B}}^\mathsf{T}\boldsymbol{\Phi}^\mathsf{T}(t'')\,\mathrm{d}t'\,\mathrm{d}t'', \\ \bar{\boldsymbol{K}}_{z_0,x}(0) &= \int_0^{\infty} \boldsymbol{\Phi}(t')\,\bar{\boldsymbol{B}}\bar{\boldsymbol{K}}_x(t')\,\mathrm{d}t'. \end{aligned} \tag{3.46}$$

Die Mittelungen in (3.45) sind wieder über eine — nunmehr stationäre — approximierende Dichte $\bar{p}_0(\boldsymbol{z}^\mathsf{T}, \boldsymbol{x}^\mathsf{T})$, die nur durch die ersten beiden Kumulanten des Prozesses $(\boldsymbol{z}_0{}^\mathsf{T}, \boldsymbol{x}^\mathsf{T})$ und die weiteren statistischen Charakteristika des Eingangsprozesses bestimmt wird, durchzuführen. Nach Ausführung dieser Mittelungen in (3.45) und der Zeitintegrationen in (3.46) wird ein nichtlineares, algebraisches Gleichungssystem zur

Bestimmung von $\overline{m}_{z_0}$, $\overline{K}_{z_0}(0)$, $\overline{K}_{x,z_0}(0)$ und die Koeffizientenmatrizen $\bar{A}$, $\overline{B}$ und $\overline{C}$ erhalten.

Für die in den beiden vorangegangenen Abschnitten behandelten Sonderfälle können die Zeitintegrationen in (3.46) umgangen werden, wenn von der entsprechenden differentiellen Darstellung ausgegangen wird. Dabei ist zu beachten, daß für den stationären Fall

$$\dot{\overline{m}}_{z_0} = 0, \quad \frac{\mathrm{d}}{\mathrm{d}t} \boldsymbol{K}_{z_0}(t, t) = 0 \quad \text{und} \quad \frac{\mathrm{d}}{\mathrm{d}t} \boldsymbol{K}_{z_0,x}(t, t) = 0$$

gelten.

Besitzt der stationäre Eingangsprozeß $\boldsymbol{x}(t)$ eine Korrelationsmatrix der Gestalt

$$\overline{K}_x(t - t') = \overline{K}_x{}^{\mathsf{T}}(t' - t) = \begin{cases} \boldsymbol{R}\, \mathrm{e}^{+(t'-t)\overline{V}^{\mathsf{T}}} & \text{für} \quad t \leqq t', \\ \mathrm{e}^{+(t-t')\overline{V}}_{\boldsymbol{R}} & \text{für} \quad t \geqq t', \end{cases} \tag{3.47}$$

dann können $\overline{m}_{z_0}$, $\overline{K}_{z_0}(0)$ und $\overline{K}_{x,z_0}(0)$ aus dem (3.34) entsprechenden, für stationäre Prozesse algebraischen, Gleichungssystem:

$$\begin{aligned} &\langle \overline{F}(z^{\mathsf{T}}, x^{\mathsf{T}}) \rangle_0 = 0, \\ &\langle \overline{F}(\cdot)\, (z - \overline{m}_{z_0})^{\mathsf{T}} \rangle_0 + \langle (z - \overline{m}_{z_0})\, \overline{F}^{\mathsf{T}}(\cdot) \rangle_0 = 0, \\ &\langle \overline{F}(\cdot)\, (x - \overline{m}_x)^{\mathsf{T}} \rangle_0 + \overline{K}_{z_0,x}(0)\, \overline{V}^{\mathsf{T}} = 0 \end{aligned} \tag{3.48}$$

bestimmt werden.

Für zeitinvariante Systeme

$$\dot{z} = \bar{f}(z^{\mathsf{T}}) + \bar{g}(z^{\mathsf{T}})\, \xi(t) \tag{3.49}$$

mit stationären, weißen Eingangsprozessen $\boldsymbol{x}(t) = \xi(t)$

$$\overline{m}_\xi = 0, \qquad \overline{K}_\xi(t - t') = \overline{R}\delta(t - t')$$

werden zunächst der stationäre Erwartungswert und die stationäre Streuung des Prozesses $z_0(t)$ aus dem (3.37) entsprechenden stationären, algebraischen Gleichungssystem

$$\left. \begin{aligned} &\langle \tilde{f}(z^{\mathsf{T}}) \rangle_0 = 0, \\ &\langle \tilde{f}(\cdot)\, (z - \overline{m}_{z_0})^{\mathsf{T}} \rangle_0 + \langle (z - \overline{m}_{z_0})\, \tilde{f}^{\mathsf{T}}(\cdot) \rangle_0 + \langle g(z^{\mathsf{T}})\, \boldsymbol{R} g^{\mathsf{T}}(z^{\mathsf{T}}) \rangle_0 = 0 \end{aligned} \right\} \tag{3.50}$$

bestimmt.

Nach Lösung dieses Gleichungssystems stehen $\overline{m}_{z_0}$ und $\overline{K}_{z_0}(0)$ und damit auch $p_0(z^{\mathsf{T}})$ zur Verfügung, so daß aus den (3.35) entsprechenden stationären Gleichungen

$$\left. \begin{aligned} &\overline{C} = 0, \\ &\bar{A}\overline{K}_{z_0}(0) = \langle \tilde{f}(z^{\mathsf{T}})\, (z - \overline{m}_{z_0})^{\mathsf{T}} \rangle_0 + \frac{1}{2} [\langle \bar{g}(\cdot)\, \overline{R} \bar{g}^{\mathsf{T}}(\cdot) \rangle_0 - \langle \bar{g} \rangle_0\, \overline{R} \langle \bar{g}^{\mathsf{T}} \rangle_0], \\ &\overline{B} = \langle \bar{g}(z^{\mathsf{T}}) \rangle_0 \end{aligned} \right\} \tag{3.51}$$

die Koeffizientenmatrizen des statistisch linearisierten Systems (3.44) berechnet werden können. Die Funktion $\tilde{\boldsymbol{f}}(\boldsymbol{z}^{\mathsf{T}})$ ist entsprechend der Gl. (3.36) definiert durch

$$\tilde{\boldsymbol{f}}^{\mathsf{T}}(\boldsymbol{z}^{\mathsf{T}}) = \tilde{\boldsymbol{f}}(\boldsymbol{z}^{\mathsf{T}}) + \frac{1}{2} \nabla_{z'}^{\mathsf{T}} \boldsymbol{g}(\boldsymbol{z}^{\mathsf{T}}) \, \boldsymbol{R} \boldsymbol{g}^{\mathsf{T}}(\boldsymbol{z}'^{\mathsf{T}}) \Big|_{\boldsymbol{z}'=\boldsymbol{z}} .$$

3.4. Die erweiterte statistische Linearisierung

3.4.1. Möglichkeiten und Grenzen der statistischen Linearisierung

Die im folgenden Abschn. 3.5. aufgeführten und diskutierten Beispiele konkreter Systeme mit den verschiedenartigsten Nichtlinearitäten weisen die Effektivität der Methode der statistischen Linearisierung zur näherungsweisen Berechnung des Erwartungswertvektors und der Streumatrix des Prozesses $\boldsymbol{z}^{\mathsf{T}}(t)$ hinlänglich aus. Daraus darf natürlich nicht der Schluß gezogen werden, daß auch die weiteren statistischen Charakteristika (z. B. die Kumulanten höherer Ordnungen oder gar die Verbundcharakteristika) in ähnlicher Güte durch die des statistisch linearisierten Prozesses $\boldsymbol{z}_0{}^{\mathsf{T}}(t)$ approximiert werden. Tatsächlich widerspiegeln z. B. die Momente höherer Ordnungen des statistisch linearisierten Prozesses $\boldsymbol{z}_0{}^{\mathsf{T}}(t)$ die des zu analysierenden Prozesses $\boldsymbol{z}^{\mathsf{T}}(t)$ im allgemeinen, nichtlinearen Fall mit wachsender Ordnung i. d. R. immer schlechter und sind häufig als Näherungslösungen völlig unbrauchbar.

Das einfache Beispiel eines skalaren Systems mit kubischer Nichtlinearität und einem skalaren, weißen Eingangsprozeß

$$\dot{z} = -\beta z^3 + g\xi, \qquad \gamma^2 = g^2/2\beta$$

soll dieses Verhalten einmal demonstrieren: Mit Hilfe der Theorie der Markovschen Diffusionsprozesse können die exakten stationären Momente dieses Prozesses ermittelt werden (s. Abschn. 6.1.5., Beispiel 1 für $\alpha = 0$):

$$\langle z^k \rangle = \begin{cases} (2\gamma)^{k/2} \dfrac{\Gamma\left(\dfrac{k+1}{4}\right)}{\Gamma(1/4)} & \text{für} \quad k = 2l, \\ 0 & \text{für} \quad k = 2l+1 \quad (l \geqq 0). \end{cases}$$

Für gerade Ordnungen sind die exakten Werte in der zweiten Spalte der Tabelle 3.2 im Vergleich zu denen des statistisch linearisierten Prozesses $z_0(t)$ (unter Verwendung einer Gaußschen Dichte $p_0(z)$):

$$\langle z_0{}^k \rangle = \begin{cases} (\gamma/\sqrt{3})^{k/2} \, (k-1)!! & \text{für} \quad k = 2l, \\ 0 & \text{für} \quad k = 2l+1 \quad (l \geqq 0) \end{cases}$$

angegeben, die im Abschn. 3.5. berechnet werden (s. Beispiel 1 für $\alpha = 0$).
Während die Momente des Prozesses $z_0(t)$ die des Prozesses $z(t)$ bis zur sechsten Ordnung noch in akzeptabler Güte approximieren, unterscheiden sich die Momente beider Prozesse für höhere Ordnungen um Größenordnungen.

Dieses Verhalten muß aber von vornherein erwartet werden: Nach den Ausführungen von Abschn. 3.2.2. können ja (im Falle nichtlinearer Ausgangssysteme) prinzipiell — selbst bei bekannter Dichte des Prozesses $(\boldsymbol{z}^{\mathsf{T}}, \boldsymbol{x}^{\mathsf{T}})$ — nur die Kumulanten der ersten beiden Ordnungen des statistisch linearisierten Prozesses $\boldsymbol{z}_0(t)$ mit denen des Prozesses

$z(t)$ in Übereinstimmung gebracht werden, nicht jedoch die weiteren statistischen Charakteristika. In praxi ist die Dichte $p(z^T, x^T, t)$ jedoch unbekannt, und die statistische Linearisierung kann nur noch näherungsweise unter Zuhilfenahme einer geeigneten, $p(z^T, x^T, t)$ approximierenden Dichte $p_0(z^T, x^T, t)$ durchgeführt werden. Infolge dieser Umstände zielt die Methode der statistischen Linearisierung im Rahmen einer linearen Prozeßbeschreibung auch nur auf eine „möglichst genaue" Approxima-

Tab. 3.2: Vergleich der exakten stationären Momente k-ter Ordnung mit den nach statistischer Linearisierung (bei Gaußscher Mittelung) gewonnenen Näherungslösungen für ein System (3.78) mit rein kubischer Nichtlinearität ($\alpha = 0$)

k	$\frac{\langle z^k \rangle}{\gamma^{k/2}}$	$\frac{\langle z_0{}^k \rangle}{\gamma^{k/2}}$
2	0.676	0.577
4	1.00	1.00
6	2.03	2.88
8	$5.00 \quad 10^{0}$	$1.17 \quad 10^{+1}$
10	$1.42 \quad 10^{+1}$	$6.06 \quad 10^{+1}$
12	$4.50 \quad 10^{+1}$	$3.85 \quad 10^{+2}$
14	$1.56 \quad 10^{+2}$	$2.89 \quad 10^{+3}$
16	$5.85 \quad 10^{+2}$	$2.50 \quad 10^{+4}$
18	$2.34 \quad 10^{+3}$	$2.56 \quad 10^{+5}$
20	$9.95 \quad 10^{+3}$	$2.69 \quad 10^{+6}$

tion der Kumulanten der ersten beiden Ordnungen des Prozesses $z^T(t)$ durch die des linearisierten Prozesses $z_0{}^T(t)$. Über die Güte der Approximation weiterer statistischer Charakteristika des Prozesses (z^T, x^T) durch die des Prozesses $(z_0{}^T, x^T)$ können aufgrund der Unkenntnis der tatsächlichen Dichte $p(z^T, x^T, t)$ keine allgemeinen Aussagen mehr getroffen werden.

Damit sind die Möglichkeiten und Grenzen der Methode der statistischen Linearisierung aufgezeigt: Sie stellt eine i. d. R. sehr leistungsfähige Näherungsmethode zur Lösung von Analyseproblemen dar, für die die Kenntnis der Kumulanten der ersten beiden Ordnungen des Prozesses $z^T(t)$ ausreichend ist. Erfordert jedoch das konkret vorliegende Analyseproblem die Kenntnis weiterer oder anderer statistischer Charakteristika des Prozesses $z^T(t)$, so reicht die näherungsweise Beschreibung des Prozesses $z^T(t)$ durch den statistisch linearisierten Prozeß $z_0{}^T(t)$ i. d. R. nicht mehr aus.

Im folgenden soll daher eine Möglichkeit aufgezeigt werden, wie auch für derartige Analyseprobleme die Grundidee der näherungsweisen Beschreibung nichtlinearer Systeme durch linearisierte Systeme erfolgversprechend verwirklicht werden kann.

3.4.2. Die erweiterte statistische Linearisierung

Häufig sind Analyseprobleme zu lösen, für die die Kenntnis der ersten beiden Kumulanten des Prozesses $\boldsymbol{z}^{\mathsf{T}}(t)$ entweder nicht ausreichend ist oder anstelle dieser andere statistische Charakteristika benötigt werden. Beispielsweise seien zur Lösung eines Analyseproblems der Erwartungswertvektor und die Streumatrix einer N-dimensionalen Vektorfunktion des Prozesses $\boldsymbol{z}^{\mathsf{T}}$

$$\boldsymbol{\varphi}^{\mathsf{T}}(\boldsymbol{z}^{\mathsf{T}}) = \left(\varrho^{(1)}(\boldsymbol{z}^{\mathsf{T}}), \ldots, \varrho^{(N)}(\boldsymbol{z}^{\mathsf{T}})\right), \qquad N \geqq n, \tag{3.52}$$

erforderlich, von der wir im folgenden annehmen, daß sie nicht explizit von der Zeit abhängt und (fast überall) nach $\boldsymbol{z}$ differenzierbar ist, so daß die wie folgt definierte Matrix:

$$\boldsymbol{U}^{\mathsf{T}}(\boldsymbol{z}^{\mathsf{T}}) = \nabla_z \boldsymbol{\varphi}^{\mathsf{T}}(\boldsymbol{z}^{\mathsf{T}}) \tag{3.53}$$

der Dimension: $n \times N$ (für fast alle $\boldsymbol{z} \in \Omega_z$) existiert.

Die Methode der statistischen Linearisierung stellt in diesem Sinne den Sonderfall: $N = n$ und $\boldsymbol{\varphi}(\boldsymbol{z}^{\mathsf{T}}) = \boldsymbol{z}$ dar und kann leicht für den Fall $\boldsymbol{\varphi}(\boldsymbol{z}^{\mathsf{T}}) \neq \boldsymbol{z}$ verallgemeinert werden. Dazu wird anstelle des n-dimensionalen Ausgangssystems

$$\dot{\boldsymbol{z}} = \boldsymbol{F}(\boldsymbol{z}^{\mathsf{T}}, \boldsymbol{x}^{\mathsf{T}}, t) \tag{3.54}$$

das entsprechende N-dimensionale Differentialgleichungssystem für den Vektorprozeß $\boldsymbol{\varphi}(\boldsymbol{z}^{\mathsf{T}})$ betrachtet

$$\dot{\boldsymbol{\varphi}} = \boldsymbol{U}(\boldsymbol{z}^{\mathsf{T}})\, \boldsymbol{F}(\boldsymbol{z}^{\mathsf{T}}, \boldsymbol{x}^{\mathsf{T}}, t), \tag{3.55}$$

der nun wieder näherungsweise mit Hilfe eines statistisch linearisierten Systems

$$\dot{\boldsymbol{\varphi}}_0 = \boldsymbol{A}_N(t)\, (\boldsymbol{\varphi}_0 - \boldsymbol{m}_{\varphi_0}) + \boldsymbol{B}_N(t)\, (\boldsymbol{x} - \boldsymbol{m}_x) + \boldsymbol{C}_N(t)^{1)} \tag{3.56}$$

analysiert wird.

Die in den vorangegangenen Abschnitten ausführlich abgeleiteten Gleichungen der statistischen Linearisierung können nun unmittelbar auf den Fall $\boldsymbol{\varphi}(\boldsymbol{z}^{\mathsf{T}}) \neq \boldsymbol{z}$ verallgemeinert werden; es sind dabei lediglich der Prozeß $\boldsymbol{z}^{\mathsf{T}}(t)$ durch die Vektorfunktion: $\boldsymbol{\varphi}^{\mathsf{T}}(\boldsymbol{z}^{\mathsf{T}})$ und die Vektorfunktion $\boldsymbol{F}(\boldsymbol{z}^{\mathsf{T}}, \boldsymbol{x}^{\mathsf{T}}, t)$ durch: $\boldsymbol{U}(\boldsymbol{z}^{\mathsf{T}})\, \boldsymbol{F}(\boldsymbol{z}^{\mathsf{T}}, \boldsymbol{x}^{\mathsf{T}}, t)$ zu ersetzen. Als approximierende Dichte $p_0(\boldsymbol{z}^{\mathsf{T}}, \boldsymbol{x}^{\mathsf{T}}, t)$ wird wieder eine Dichte geeigneter Struktur mit nunmehr jedoch

$$\binom{N+1}{2} + N(m+1)$$

1) Der untere Index „N" an den Koeffizientenmatrizen kennzeichnet, daß im Unterschied zur statistischen Linearisierung ($\boldsymbol{\varphi}(\boldsymbol{z}^{\mathsf{T}}) = \boldsymbol{z}$, $N = n$) die erweiterte statistische Linearisierung bezüglich einer Vektorfunktion $\boldsymbol{\varphi}(\boldsymbol{z}^{\mathsf{T}}) \neq \boldsymbol{z}$ der Dimension $N \geqq n$ durchgeführt wird.

freien Parametern gewählt, die durch die Bedingungen:

$$\int_{\Omega_z}\int_{\Omega_x} \begin{pmatrix} \varphi(z^\mathsf{T}) \\ x \end{pmatrix} p_0(z^\mathsf{T}, x^\mathsf{T}, t)\, \mathrm{d}\mathring{z}\, \mathrm{d}\mathring{x} = \begin{pmatrix} m_{\varphi_0} \\ m_x \end{pmatrix},$$

$$\int_{\Omega_z}\int_{\Omega_x} \begin{pmatrix} \varphi(z^\mathsf{T}) \\ x \end{pmatrix} \left((\varphi(z^\mathsf{T}) - m_{\varphi_0})^\mathsf{T}, (x - m_x)^\mathsf{T}\right) p_0(z^\mathsf{T}, x^\mathsf{T}, t)\, \mathrm{d}\mathring{z}\, \mathrm{d}\mathring{x}$$

$$= \begin{pmatrix} K_{\varphi_0,\varphi_0}(t, t) & K_{\varphi_0,x}(t, t) \\ K_{x,\varphi_0}(t, t) & K_x(t, t) \end{pmatrix} \tag{3.57}$$

festgelegt werden.

Unter den Voraussetzungen, daß der Anfangszustand $z^\mathsf{T}(t_0)$ für $t > t_0$ vom Eingangsprozeß $x^\mathsf{T}(t)$ statistisch unabhängig ist und die Korrelationsmatrix des Eingangsprozesses in der exponentiellen Form

$$K_x(t', t) = K_x(t', t') \exp \int_{t'}^{t} V^\mathsf{T}(t'')\, \mathrm{d}t'', \qquad t \geqq t',$$

dargestellt werden kann, gehen beispielsweise die für den Spezialfall $N = n$ und $\varphi(z^\mathsf{T}) = z$ geltenden Gln. (3.11) und (3.34) über in

$$\dot{m}_{\varphi_0}(t) = \langle U(z^\mathsf{T})\, F(z^\mathsf{T}, x^\mathsf{T}, t)\rangle_0,$$

$$\dot{K}_{\varphi_0,x}(t, t) = \langle U(z^\mathsf{T})\, F(z^\mathsf{T}, x^\mathsf{T}, t)\, (x - m_x)^\mathsf{T}\rangle_0 + K_{\varphi_0,x}(t, t)\, V^\mathsf{T}(t), \tag{3.58}$$

$$\dot{K}_{\varphi_0}(t, t) = \langle U(\cdot)\, F(\cdot)\, (\varphi(z^\mathsf{T}) - m_{\varphi_0})^\mathsf{T}\rangle_0 + \langle(\varphi - m_{\varphi_0})\, F^\mathsf{T}(\cdot)\, U^\mathsf{T}(\cdot)\rangle_0$$

und

$$C_N(t) = \langle U(z^\mathsf{T})\, F(z^\mathsf{T}, x^\mathsf{T}, t)\rangle_0,$$

$$A_N(t)\, K_{\varphi_0,x}(t, t) + B_N(t)\, K_x(t, t) = \langle U(\cdot)\, F(\cdot)\, (x - m_x)^\mathsf{T}\rangle_0, \tag{3.59}$$

$$A_N(t)\, K_{\varphi_0}(t, t) + B_N(t)\, K_{x,\varphi_0}(t, t) = \langle U(\cdot)\, F(\cdot)\, (\varphi - m_{\varphi_0})^\mathsf{T}\rangle_0 .$$

Nach Ausführung der Mittelungsoperationen auf den rechten Seiten der Gln. (3.58) wird ein abgeschlossenes, nichtlineares Differential- (bzw. für stationäre Prozesse $(z^\mathsf{T}, x^\mathsf{T})$ algebraisches) Gleichungssystem zur Bestimmung von $m_{\varphi_0}(t)$, $K_{\varphi_0,x}(t, t)$ und $K_{\varphi_0}(t, t)$ erhalten, da ja voraussetzungsgemäß die Dichte $p_0(\cdot)$ allein durch diese Größen vollständig festgelegt wird. Nach Lösung dieses Gleichungssystems ist die approximierende Dichte $p_0(z^\mathsf{T}, x^\mathsf{T}, t)$ determiniert, und die Koeffizientenmatrizen A_N, B_N und C_N des statistisch linearisierten Systems (3.56) können aus dem linearen Gleichungssystem (3.59) leicht berechnet werden.

In gleicher Weise werden für Systeme mit weißen, Gaußschen Eingangsprozessen

$$\dot{z} = f(z^\mathsf{T}, t) + g(z^\mathsf{T}, t)\, \xi(t) \tag{2.26}$$

die Gleichungen der statistischen Linearisierung (3.35) und (3.37) für den Fall: $\varphi(z^\mathsf{T}) \neq z$ verallgemeinert

$$\dot{m}_{\varphi_0}(t) = \langle \tilde{f}_U(z^\mathsf{T}, t)\rangle_0,$$

$$\dot{K}_{\varphi_0}(t, t) = \langle \tilde{f}_U(\cdot)\, (\varphi(z^\mathsf{T}) - m_{\varphi_0})^\mathsf{T}\rangle_0 + \langle(\varphi - m_{\varphi_0})\, \tilde{f}_U{}^\mathsf{T}(\cdot)\rangle_0$$

$$+ \langle U(z^\mathsf{T})\, g(z^\mathsf{T}, t)\, R(t)\, g^\mathsf{T}(z^\mathsf{T}, t)\, U^\mathsf{T}(z^\mathsf{T})\rangle_0 \tag{3.60}$$

und

$$\begin{aligned} C_N(t) &= \langle \tilde{f}_U(z^\mathsf{T}, t)\rangle_0 ,\\ B_N(t) &= \langle U(z^\mathsf{T})\, g(z^\mathsf{T}, t)\rangle_0 , \end{aligned} \tag{3.61}$$

$$\begin{aligned} A_N(t)\, K(t,_{\varphi_0} t) = {} & \langle \tilde{f}_U(z^\mathsf{T}, t)\, (\varphi(z^\mathsf{T}) - m_{\varphi_0})^\mathsf{T}\rangle_0 \\ & + \frac{1}{2}\, [\langle U(\cdot)\, g(\cdot)\, R(t)\, g^\mathsf{T}(\cdot)\, U^\mathsf{T}(\cdot)\rangle_0 - \langle U(\cdot)\, g(\cdot)\rangle_0\, R(t)\, \langle g^\mathsf{T}(\cdot)\, U^\mathsf{T}(\cdot)\rangle_0] . \end{aligned}$$

Abkürzend wurde dabei gesetzt

$$\tilde{f}_U{}^\mathsf{T}(z^\mathsf{T}, t) = \tilde{f}^\mathsf{T}(z^\mathsf{T}, t)\, U^\mathsf{T}(z^\mathsf{T}) + \frac{1}{2}\, \nabla_{z'}^\mathsf{T} g(z'^\mathsf{T}, t)\, R(t)\, g(z^\mathsf{T}, t)\, U^\mathsf{T}(z'^\mathsf{T})\Big|_{z'=z} . \tag{3.62}$$

Die Mittelungen werden mit Hilfe einer $p(z^\mathsf{T}, t)$ approximierenden Dichte $p_0(z^\mathsf{T}, t)$ mit

$$\binom{N+1}{2} + N$$

freien Parametern ausgeführt, die durch die Bedingungen

$$\begin{aligned} &\int \varphi(z^\mathsf{T})\, p_0(z^\mathsf{T}, t)\, \mathrm{d}\mathring{z} = m_{\varphi_0} ,\\ &\int (\varphi(z^\mathsf{T}) - m_{\varphi_0})\, (\varphi - m_{\varphi_0})^\mathsf{T}\, p_0(z^\mathsf{T}, t)\, \mathrm{d}\mathring{z} = K_{\varphi_0}(t, t) \end{aligned} \tag{3.63}$$

festgelegt werden.

Diese Vorgehensweise stellt einerseits eine Verallgemeinerung der statistischen Linearisierung auf den Fall $\varphi(z^\mathsf{T}) \neq z$ und andererseits eine Erweiterung dar, da zur näherungsweisen Analyse des n-dimensionalen Prozesses $z^\mathsf{T}(t)$ ein lineares Gleichungssystem (3.56) für einen Prozeß $\varphi(z^\mathsf{T})$ herangezogen wird, dessen Dimension N größer n gewählt werden kann. Wir bezeichnen daher die bezüglich des Vektorprozesses $\varphi(z^\mathsf{T})$ durchgeführte statistische Linearisierung auch als erweiterte statistische Linearisierung. Unter Beachtung der dazu erforderlichen Approximation der unbekannten Dichte $p(z^\mathsf{T}, x^\mathsf{T}, t)$ zielt die Methode der erweiterten statistischen Linearisierung auf eine „möglichst genaue" Approximation des Erwartungswertvektors und der Streumatrix des Vektorprozesses $\varphi(z^\mathsf{T})$ durch die eines statistisch linearisierten Funktionales des Eingangsprozesses.

3.4.3. Näherungsweise Bestimmung der Quasimomentenfunktionen

Bezüglich der Wahl einer $p(z^\mathsf{T}, x^\mathsf{T})$ approximierenden Dichte $p_0(\cdot)$ sind natürlich auch bei der erweiterten statistischen Linearisierung wieder die im Abschn. 3.2.3. aufgeführten allgemeinen Hinweise zu beachten. Durch die Verwendung einer Vektorfunktion $\varphi(z^\mathsf{T})$ der Dimension N anstelle des Prozesses $z^\mathsf{T}(t)$ selbst besteht nun jedoch für $N > n$ die Möglichkeit, zur quantitativen Anpassung der approximierenden Dichte gegenüber der gewöhnlichen statistischen Linearisierung eine größere Anzahl von, im Rahmen einer linearen Prozeßbeschreibung näherungsweise bestimmten, statistischen Charakteristika des Prozesses $z^\mathsf{T}(t)$ heranzuziehen. Daher kann auch erwartet werden, daß i. d. R. die nach der Methode der erweiterten statistischen Linearisierung ermittelte Dichte $p_0(\cdot)$ für $N > n$ die tatsächliche Dichte $p(\cdot)$ quantitativ in einem größeren

Bereich des Zustandsraumes des Prozesses $(\boldsymbol{z}^{\mathsf{T}}, \boldsymbol{x}^{\mathsf{T}})$ in befriedigender Güte zu approximieren in der Lage ist, als es bei der gewöhnlichen statistischen Linearisierung möglich ist.

Bei der Wahl einer mehrparametrigen Dichte $p_0(\boldsymbol{z}^{\mathsf{T}}, \boldsymbol{x}^{\mathsf{T}}, t)$ erweist es sich — sowohl hinsichtlich der Güte der gewonnenen Näherungslösungen als auch bezüglich des rechentechnischen Aufwandes — als vorteilhaft, wenn man von der Gram-Charlier-Reihe der (unbekannten) Dichte $p(\cdot)$ ausgeht

$$p(\boldsymbol{z}^{\mathsf{T}}, \boldsymbol{x}^{\mathsf{T}}, t) = \Bigg[1 + \underset{(3 \leq k_1 + \cdots + k_n + l_1 + \cdots + l_m}{\sum_{k_1 \geq 0} \cdots \sum_{k_n \geq 0} \sum_{l_1 \geq 0} \cdots \sum_{l_m \geq 0}} Q_{k_1, \ldots, k_n, l_1, \ldots, l_m}(t) \prod_{i=1}^{n} \prod_{j=1}^{m} \frac{1}{k_i! l_j!} \frac{\partial^{k_i + l_j}}{\partial z^{(i)K_i} \partial x^{(j)l_j}}\Bigg] p_G(\boldsymbol{z}^{\mathsf{T}}, \boldsymbol{x}^{\mathsf{T}}, t), \tag{3.64}$$

die für eine recht breite Klasse von Verteilungsdichten existiert und in Sonderfällen gutes Konvergenzverhalten zeigt. Die Erwartungswertvektoren und Streumatrizen der tatsächlichen Dichte $p(\cdot)$ und der Gaußschen Dichte $p_G(\cdot)$ sind dabei identisch und werden nicht durch die sogenannten Quasimomentenfunktionen $Q_{k_1, \ldots, k_n, l_1, \ldots, l_m}$ beeinflußt. Die Quasimomentenfunktionen erster und zweiter Ordnung[1]) sind bei der Gram-Charlierschen Reihe also Null. Die Momentenfunktionen der Dichte $p(\cdot)$ werden durch die der Gaußschen Dichte — $m_{G;k_1, \ldots, k_n, l_1, \ldots, l_m}$ — und die Quasimomentenfunktionen, jeweils bis zur betrachteten Ordnung, gegeben (s. Kap. 7, Abschn. 7.3.2.)

$$\begin{aligned} m_{k_1, \ldots, k_n, l_1, \ldots l_m}(t) = {} & m_{G;k_1, \ldots, k_n, l_1, \ldots, l_m} \\ & + \sum_{s_1=0}^{k_1} \cdots \sum_{s_n=0}^{k_n} \sum_{r_1=0}^{l_1} \cdots \sum_{r_m=0}^{l_m} Q_{s_1, \ldots s_n, r_1, \ldots, r_m} \\ & \times m_{G;k_1-s_1, \ldots, k_n-s_n, l_1-r_1, \ldots, l_m-r_m} \prod_{i=1}^{n} \prod_{j=1}^{m} \binom{k_i}{s_i} \binom{l_j}{r_j}. \end{aligned} \tag{3.65}$$

Zur näherungsweisen Bestimmung der Gram-Charlier-Reihe zieht man daher vorteilhaft eine Vektorfunktion $\boldsymbol{\varphi}(\boldsymbol{z}^{\mathsf{T}})$ heran, deren erste n Komponenten durch die des Prozesses $\boldsymbol{z}^{\mathsf{T}}(t)$ und die weiteren Komponenten durch Produktkombinationen der Komponenten des Prozesses $\boldsymbol{z}^{\mathsf{T}}(t)$ festgelegt sind

$$\boldsymbol{\varphi}^{\mathsf{T}}(\boldsymbol{z}^{\mathsf{T}}) = \left\{\prod_{i=1}^{n} \left(z^{(i)}\right)^{k_i}\right\}_{1,N}, \qquad k_i \geqq 0, \qquad 1 \leqq k_1 + \cdots + k_n \leqq k. \tag{3.66}$$

Die erweiterte statistische Linearisierung zielt damit auf eine „möglichst genaue" Approximation der Momente bis zur Ordnung $2k$:

$$m_{k_1, \ldots, k_n, l_1, \ldots, l_m}(t) = \left\langle \prod_{j=1}^{m} \prod_{i=1}^{n} z^{(i)k_i}(t)\, x^{(j)l_j}(t) \right\rangle,$$

die den Bedingungen

$$1 \leqq k_1 + \cdots + k_n + l_1 + \cdots + l_m \leqq 2k, \qquad 0 \leqq l_1 + \cdots + l_m \leqq 1$$

genügen.

[1]) Momenten- bzw. Quasimomentenfunktionen $m_{k_1, \cdots, k_n, l_1, \cdots, l_m}$ bzw. $Q_{k_1, \cdots, k_n, l_1, \cdots, l_m}$ werden k-ter Ordnung genannt, wenn die Summe ihrer Indizes k ergibt $k_1 + \cdots + k_n + l_1 + \cdots + l_m = k$.

Entsprechend den Gln. (3.65) und (3.66) ist dies gleichbedeutend mit der „möglichst genauen“ Beschreibung der Parameter der Gaußschen Dichte $p_G(\cdot)$ und der Quasimomentenfunktionen dritter bis $(2k)$-ter Ordnung, die den Bedingungen

$$3 \leqq k_1 + \cdots k_n + l_1 + \cdots + l_m \leqq 2k \tag{3.67}$$

genügen. Als approximierende Dichte wird daher (für Gaußsche Eingangsprozesse) die abgebrochene Gram-Charlier-Reihe

$$\begin{aligned} p_0(\boldsymbol{z}^{\mathsf{T}}, \boldsymbol{x}^{\mathsf{T}}, t) &= p_{2k}(\boldsymbol{z}^{\mathsf{T}}, \boldsymbol{x}^{\mathsf{T}}, t \mid p_G) \\ &= \Bigg[1 + \underset{(3 \leqq k_1 + \cdots + k_n + l_1 + l_m \leqq 2k; 0 \leqq l_1 + \cdots + l_m \leqq 1)}{\sum_{k_1 \geqq 0} \cdots \sum_{k_n \geqq 0} \sum_{l_1 \geqq 0} \cdots \sum_{l_m \geqq 0}} Q_{2k; k_1, \ldots, k_n, l_1, \ldots, l_m} \prod_{i=1}^{n} \prod_{j=1}^{m} \\ &\quad \times \frac{1}{k_i! l_j!} \frac{\partial^{k_i + l_j}}{\partial z(i)^{k_i} \partial x(j)^{l_j}}\Bigg] p_G(\boldsymbol{z}^{\mathsf{T}}, \boldsymbol{x}^{\mathsf{T}}, t) \end{aligned} \tag{3.68}$$

herangezogen. Für nicht Gaußsche Eingangsprozesse ist die Summe durch die Summe über die Quasimomentenfunktionen des Eingangsprozesses: $Q_{0 \ldots, 0, l_1, \ldots, l_m}$ $(l_1 + \cdots + l_m \geqq 3)$, die voraussetzungsgemäß bekannt sind, zu ergänzen.

Die tatsächlichen Quasimomentenfunktionen werden also durch die Funktionen $Q_{2k; k_1, \ldots, k_n, l_1, \ldots, l_m}$ approximiert, wobei der erste untere Index „$2k$“ darauf hinweist, daß zu ihrer Bestimmung nur die Quasimomentenfunktionen berücksichtigt werden, die den Bedingungen nach Gl. (3.67) genügen. (Bei nicht Gaußschen Eingangsprozessen können darüber hinaus natürlich auch seine Quasimomentenfunktionen mit berücksichtigt werden).

Unter Zugrundelegung dieser approximierenden Dichte, der Vektorfunktion $\boldsymbol{\varphi}(\boldsymbol{z}^{\mathsf{T}})$ nach Gl. (3.66) und unter Beachtung des Zusammenhanges zwischen den Momenten- und Quasimomentenfunktionen gemäß Gl. (3.65) gehen beispielsweise die Gln. (3.58) der erweiterten statistischen Linearisierung für Systeme mit Eingangsprozessen mit „exponentieller“ Korrelationsmatrix (s. Gl. (3.33)) in ein abgeschlossenes Gleichungssystem zur näherungsweisen Bestimmung von $\boldsymbol{m}_z$, $\boldsymbol{K}_z(t, t)$, $\boldsymbol{K}_{z,x}(t, t)$, die — neben den bekannten statistischen Charakteristika $\boldsymbol{m}_x$ und $\boldsymbol{K}_x(t, t)$ — die Gaußsche Dichte pG$(\cdot)$ festlegen, und die in (3.68) berücksichtigten (unbekannten) Quasimomentenfunktionen über. Wesentliches Merkmal dieser Gleichungen ist, daß sie bezüglich $\boldsymbol{m}_z$, $\boldsymbol{K}_z$, $\boldsymbol{K}_{z,x}$ nichtlinear, bezüglich der $Q_{zk_j} \ldots$ im stationären Fall jedoch linear sind. Das beschriebene Verfahren kennzeichnen wir durch QMF$_k(p_G \mid r = 2)$: Methode der Quasimomentenfunktionen unter Zugrundelegung einer Gaußschen Dichte $p_G(\boldsymbol{z}^{\mathsf{T}}, \boldsymbol{x}^{\mathsf{T}}, t)$, deren Erwartungswertvektor und Streumatrix $(r = 2)$ durch die (näherungsweise bestimmten) Momente der ersten beiden Ordnungen des Prozesses $(\boldsymbol{z}^{\mathsf{T}}, \boldsymbol{x}^{\mathsf{T}})$ festgelegt werden, wobei als approximierende Dichte $p_0(\cdot)$ die Struktur nach Gl. (3.68) herangezogen wird (Index $2k$).

Erhebliche rechentechnische Vereinfachungen ergeben sich durch eine einfache Modifikation dieses Verfahrens: Zunächst wird nach der gewöhnlichen statistischen Linearisierung eine Gaußsche Dichte $p_{G_0}(\cdot)$ ermittelt. Unter Zugrundelegung der Vektorfunktion $\boldsymbol{\varphi}(\boldsymbol{z}^{\mathsf{T}})$ gemäß Gl. (3.66) wird nachfolgend die Methode der erweiterten statistischen Linearisierung angewandt, wobei nun jedoch von der von Kusnezow u. a. [65, 66] (s. auch Abschn. 7.3.2.) eingeführten, verallgemeinerten Gram-Charlier-Reihe ausgegangen wird, von der wieder nur endlich viele Entwicklungsglieder berücksichtigt werden

$$p_0(\boldsymbol{z}^\mathsf{T}, \boldsymbol{x}^\mathsf{T}, t) = p_{2k}(\boldsymbol{z}^\mathsf{T}, \boldsymbol{x}^\mathsf{T}, t \mid p_{G_0})$$

$$= \Bigg[1 + \sum_{\substack{k_1 \geqq 0 \\ (1 \leqq k_1 + \dots + k_n + l_1 + \dots + l_m \leqq 2k; 0 \leqq l_1 + \dots + l_m \leqq 1)}} \cdots \sum_{k_n \geqq 0} \sum_{l_1 \geqq 0} \cdots \sum_{l_m \geqq 0} Q_{2k;k_1,\dots,k_n,l_1,\dots,l_m} \prod_{i=1}^{n} \prod_{j=1}^{m}$$

$$\times \frac{1}{k_i!\, l_j!} \frac{\partial^{k_i + l_j}}{\partial z(i)^{k_i} \partial x(j)^{l_j}}\Bigg] p_{G_0}(\boldsymbol{z}^\mathsf{T}, \boldsymbol{x}^\mathsf{T}, t). \tag{3.69}$$

Für nicht Gaußsche Eingangsprozesse kann diese Reihe durch seine (bekannten) Quasimomentenfunktionen entsprechend ergänzt werden. Gegenüber der Gram-Charlier-Reihe (3.68) werden also auch Quasimomentenfunktionen erster und zweiter Ordnung berücksichtigt, die eine Korrektur der nach statistischer Linearisierung gewonnenen Näherungslösungen für $\boldsymbol{m}_z$, $\boldsymbol{K}_z(t, t)$ und $\boldsymbol{K}_{z,x}(t, t)$ zulassen.

Durch diese Verallgemeinerung der Gram-Charlier-Reihe besteht auch keine Notwendigkeit mehr, die einmal bestimmte Gaußsche Dichte $p_{G_0}(\boldsymbol{z}^\mathsf{T}, \boldsymbol{x}^\mathsf{T}, t)$ im weiteren zu korrigieren; sie kann also auch als endgültig festgelegt betrachtet werden. Damit gehen die Gleichungen der erweiterten statistischen Linearisierung in Bestimmungsgleichungen für die in (3.69) berücksichtigten Quasimomentenfunktionen *erster* bis $(2k)$-ter Ordnung über. Der wesentliche Vorteil dieses Näherungsverfahrens besteht darin, daß diese Bestimmungsgleichungen immer linear sind.

Im Kap. 7 werden eine verallgemeinerte Quasimomentenentwicklung von Verteilungsdichten, für die in (3.68) bzw. (3.69) anstelle der Gaußschen Dichte $p_G(\cdot)$ bzw. $p_{G_0}(\cdot)$ auch eine andere, evtl. besser geeignete und in $(\boldsymbol{z}^\mathsf{T}, \boldsymbol{x}^\mathsf{T})$ analytische Dichte $\tilde{p}_0(\cdot)$ herangezogen werden kann, ausführlich erläutert und ihre allgemeinen Eigenschaften diskutiert. Die dort dargelegten Methoden zur näherungsweisen Bestimmung dieser verallgemeinerten Quasimomentenfunktionen für Systeme mit weißen Eingangsprozessen können ohne prinzipielle Schwierigkeiten auf den Fall von Systemen mit stetigen Eingangsprozessen verallgemeinert werden, worauf hier verzichtet werden soll.

3.5. Näherungsweise Bestimmung von Korrelationsmatrizen und Leistungsdichtespektren

Sowohl bei der statistischen als auch bei der erweiterten statistischen Linearisierung wird zur vollständigen Bestimmung einer $p(\boldsymbol{z}^\mathsf{T}, \boldsymbol{x}^\mathsf{T}, t)$ approximierenden, Dichte $p_0(\boldsymbol{z}^\mathsf{T}, \boldsymbol{x}^\mathsf{T}, t)$ für eine breite Klasse von Systemen das statistisch linearisierte System explizit nicht benötigt. Das ist beispielsweise der Fall für Systeme mit weißen oder stetigen Eingangsprozessen, deren Korrelationsmatrizen in der exponentiellen Form gemäß Gl. (3.33) gegeben sind. Auch ohne Kenntnis des statistisch linearisierten Systems können mit Hilfe der approximierenden Dichte $p_0(\cdot)$ — neben den zu ihrer Bestimmung herangezogenen statistischen Charakteristika — weitere momentane[1]) statistische Charakteristika des Prozesses $(\boldsymbol{z}^\mathsf{T}, \boldsymbol{x}^\mathsf{T})$ näherungsweise berechnet werden.

[1]) Unter momentanen statistischen Charakteristika verstehen wir Erwartungswerte von Funktionen von einem Zufallsprozeß zu einem Zeitargument (z. B. $\langle \varphi(\boldsymbol{z}^\mathsf{T}(t), t) \rangle$, unter Verbundcharakteristika den Erwartungswert einer Funktion eines Zufallsprozesses zu verschiedenen Zeitargumenten (z. B. $\varphi\langle(\boldsymbol{z}^\mathsf{T}(t_1), \dots, \boldsymbol{z}^\mathsf{T}(t_k), t_1, \dots, t_k)\rangle$.

Zur Bestimmung von Verbundcharakteristika benötigt man jedoch die Verbunddichte des Prozesses ($\boldsymbol{z}^{\mathsf{T}}, \boldsymbol{x}^{\mathsf{T}}$) (bzw. eine Näherungslösung), die prinzipiell nicht aus der momentanen Dichte $p(\boldsymbol{z}^{\mathsf{T}}, \boldsymbol{x}^{\mathsf{T}}, t)$ (bzw. aus $p_0(\boldsymbol{z}^{\mathsf{T}}, \boldsymbol{x}^{\mathsf{T}}, t)$) ermittelt werden kann. Zu ihrer exakten Bestimmung muß von dem dynamischen System, d. h. von den Differentialgleichungen, die den Prozeß $\boldsymbol{z}^{\mathsf{T}}(t)$ definieren, ausgegangen werden. Im Rahmen der statistischen Linearisierung wird zur näherungsweisen Bestimmung der Verbunddichte anstelle des nichtlinearen Ausgangssystems das (näherungsweise) statistisch linearisierte System zugrunde gelegt

$$\dot{\boldsymbol{z}}_0 = \boldsymbol{A}(\boldsymbol{z}_0 - \boldsymbol{m}_{z_0}) + \boldsymbol{B}(\boldsymbol{x} - \boldsymbol{m}_x) + \boldsymbol{C}, \tag{3.3}$$

von dem das Lösungsfunktional bekannt ist (s. Kap. 1, Abschn. 1.1.)

$$\boldsymbol{z}_0(t) - \boldsymbol{m}_{z_0}(t) = \boldsymbol{\Phi}(t, t_0)\,[\boldsymbol{z}_0(t_0) - \boldsymbol{m}_{z_0}(t_0)] + \int\limits_{t_0}^{\infty} \boldsymbol{G}(t, t')\,\big(\boldsymbol{x}(t') - \boldsymbol{m}_x(t')\big)\,\mathrm{d}t'.$$

Die Impulsübertragungsmatrix ist dabei definiert durch

$$\boldsymbol{G}(t, t') = \begin{cases} \boldsymbol{\Phi}(t, t')\,\boldsymbol{B}(t') & \text{für} \quad t \geqq t' \\ 0 & \text{für} \quad t < t'. \end{cases} \tag{3.70}$$

wobei $\boldsymbol{\Phi}(t, t')$ die Lösungsmatrix des linearisierten Systems ist. Prinzipiell können damit die Verbundcharakteristika des Prozesses ($\boldsymbol{z}_0^{\mathsf{T}}, \boldsymbol{x}^{\mathsf{T}}$) nach den im Kap. 1 beschriebenen Verfahren berechnet und als Näherungslösungen für die des Prozesses ($\boldsymbol{z}^{\mathsf{T}}, \boldsymbol{x}^{\mathsf{T}}$) herangezogen werden.

Unter der Voraussetzung, daß der Anfangszustand $\boldsymbol{z}_0^{\mathsf{T}}(t_0)$ für $t > t_0$ nicht mit dem Eingangsprozeß korreliert ist, wird beispielsweise die Korrelationsmatrix des Prozesses $\boldsymbol{z}_0^{\mathsf{T}}(t)$ wie folgt berechnet

$$\boldsymbol{K}_{z_0}(t, t') = \boldsymbol{\Phi}(t, t_0)\,\boldsymbol{K}_{z_0}(t_0, t_0)\,\boldsymbol{\Phi}^{\mathsf{T}}(t', t_0) + \int\limits_{t_0}^{\infty}\int\limits_{t_0}^{\infty} \mathrm{d}t_1\,\mathrm{d}t_2\,\boldsymbol{G}(t, t_1)\,\boldsymbol{K}_x(t_1, t_2)\,\boldsymbol{G}^{\mathsf{T}}(t', t_2). \tag{3.71}$$

Für stationäre Prozesse ($\boldsymbol{z}_0^{\mathsf{T}}, \boldsymbol{x}^{\mathsf{T}}$) besitzt die (zeitunabhängige) Matrix $\boldsymbol{A} = \bar{\boldsymbol{A}}$ nur Eigenwerte in der linken komplexen Halbebene[1]), so daß die Lösungsmatrix

$$\boldsymbol{\Phi}(t, t_0) = \exp\{\bar{\boldsymbol{A}}(t - t_0)\}$$

für $(t - t_0) \to \infty$ verschwindet. Da weiterhin im stationären Fall die Korrelationsmatrix des Eingangsprozesses und die Impulsübertragungsmatrix nur von den Zeitdifferenzen abhängen, wird beim Grenzübergang $(t - t_0) \to \infty$ aus obiger Formel die stationäre Streumatrix des Prozesses wie folgt ermittelt

$$\boldsymbol{K}_{z_0}(\tau) = \lim_{(t-t_0)\to\infty} \boldsymbol{K}_{z_0}(t + \tau, t) = \int\limits_{-\infty}^{+\infty}\int \mathrm{d}t_1\,\mathrm{d}t_2\,\bar{\boldsymbol{G}}(t + \tau - t_1)\,\bar{\boldsymbol{K}}_x(t_1 - t_2)\,\bar{\boldsymbol{G}}^{\mathsf{T}}(t - t_2). \tag{3.72}$$

Da die Fourier-Transformierte des Kerns $\bar{\boldsymbol{G}}(t - t')$ bekannt ist:

$$\boldsymbol{G}(j\omega) = (\boldsymbol{A} - j\omega\boldsymbol{E})^{-1}\,\boldsymbol{B}, \tag{3.73}$$

[1]) Unter komplexer Ebene wird hier die Ebene $p = \alpha + j\omega$ ($\mathrm{Im}\,(\alpha) = \mathrm{Im}\,(\omega) = 0$) verstanden.

kann die Matrix des Leistungsdichtespektrums des Prozesses $\boldsymbol{z}_0^{\mathrm{T}}(t)$ aus der des Eingangsprozesses leicht berechnet werden (vgl. mit Gl. (1.72))

$$\boldsymbol{S}_{z_0}(j\omega) = \boldsymbol{G}(j\omega)\, \boldsymbol{S}_x(j\omega)\, \boldsymbol{G}^{\mathrm{T}}(-j\omega)\,. \tag{3.74}$$

In ähnlicher Weise werden bei der erweiterten statistischen Linearisierung die Verbundcharakteristika des Prozesses $(\boldsymbol{\varphi}^{\mathrm{T}}(\boldsymbol{z}^{\mathrm{T}}), \boldsymbol{x}^{\mathrm{T}})$ näherungsweise aus dem linearisierten System

$$\dot{\boldsymbol{\varphi}}_0 = \boldsymbol{A}_N(\boldsymbol{\varphi}_0 - \boldsymbol{m}_{\varphi_0}) + \boldsymbol{B}_N(\boldsymbol{x} - \boldsymbol{m}_x) + \boldsymbol{C}_N \tag{3.56}$$

ermittelt.

3.6. Beispiele

Im zweiten Teil des vorliegenden Bandes werden Analysemethoden für die spezielle Klasse von Markovschen Diffusionsprozessen beschrieben, nach denen für zeitinvariante Systeme erster Ordnung mit weißen, Gaußschen Eingangsprozessen

$$\begin{aligned} \dot{z} &= f(z) + g(z)\,\xi\,, \\ m_\xi &= 0, \qquad K_\xi(t, t') = \delta(t - t') \end{aligned} \tag{3.75}$$

die stationäre Verteilungsdichte $\overline{p}(z)$ (sofern sie existiert) und daraus die statistischen Charakteristika des stationären Prozesses $z(t)$ exakt berechnet werden können. Damit besteht wenigstens für derartige Systeme die Möglichkeit, z. B. die aus linearisierten Systemen näherungsweise berechneten Kumulanten der ersten beiden Ordnungen mit den exakten Lösungen (s. Abschn. 6.1.2.) zu vergleichen. Einen recht guten Eindruck von der Approximationsgüte dieser Näherungslösungen vermittelt die Gütefunktion

$$\Delta = \frac{(\overline{m}_z - \overline{m}_{z_0})^2 + |\overline{K}_z(0) - \overline{K}_{z_0}(0)|}{\overline{m}_z^{\,2} + K_z(0)}, \tag{3.76}$$

die sowohl Abweichungen des genäherten Mittelwertes als auch der genäherten Streuungen von den exakten Werten berücksichtigt. Für die in der Tab. 3.3 zusammengefaßten sechs Beispiele mit den verschiedenartigsten Nichtlinearitäten sind die nach Linearisierung der Systeme ermittelten Δ-Werte in der Tab. 3.4 angegeben.

Bei der Taylor-Linearisierung (TL) wurden dazu zunächst die Koeffizienten des linearisierten Systems als Funktionen des stationären Erwartungswertes $\overline{m}_{z_0}$ gemäß Gl. (3.5) ermittelt. Erwartungswert $\overline{m}_{z_0}$ und Streuung $\overline{K}_{z_0}(0)$ wurden anschließend aus den ersten beiden Gleichungen von (3.11) ermittelt, wobei die Mittelungen über die entartete Dichte $\overline{p}_0(z) = \delta(z - \overline{m}_{z_0})$ ausgeführt wurden (s. Abschn. 3.2.4.).

Bei der statistischen Linearisierung wurden Erwartungswert und Streuung aus dem Gleichungssystem (3.50) ermittelt, wobei als approximierende Dichte die Gaußsche Dichte (SL(G.M.)):

$$\overline{p}_0(z) = (2\pi \overline{K}_{z_0}(0))^{-1/2} \exp\left\{-\frac{(z - \overline{m}_{z_0})^2}{2\overline{K}_{z_0}(0)}\right\}$$

und die gleichmäßige Dichte (SL(glm.))

$$\overline{p}_0(z) = \overline{p}_{\mathrm{glm.}}(z) = \begin{cases} 2/\sqrt{3\overline{K}_{z_0}(0)} & \text{für} \quad (z - m_{z_0})^2 \leqq \sqrt{3\overline{K}_{z_0}(0)}\,, \\ 0 & \text{sonst} \end{cases}$$

herangezogen wurden.

Tab. 3.3: Zusammenfassung der behandelten Beispiele

Beispiel	Differentialgleichung	Parameter
1	$\dot{z} = -\beta(\alpha z + z^3) + g\xi$	$\beta > 0, \quad \alpha \geqq 0, \quad \gamma_1 = \sqrt{g^2/2\beta}, \quad \gamma = \gamma_1/\alpha$
2	$\dot{z} = -\beta \operatorname{sgn}(z) + g\xi$	$\beta > 0, \quad \gamma = g^2/2\beta$
3	$\dot{z} = -\beta \sin(y) + g\xi$	$\beta > 0, \quad \gamma = g^2/2\beta$
4	$\dot{z} = -\beta z + g\xi_1 + z\sigma\xi_2$	$\beta > 0, \quad \gamma = g^2/2\beta, \quad \gamma_1 = \sigma^2/2\beta$
5	$\dot{z} = -\beta z + \frac{g^2}{2z} + g\xi$	$\beta > 0, \quad \gamma = g^2/2\beta$
6	$\dot{z} = +\beta(z - z^3) + g\xi$	$\beta > 0, \quad \gamma = \sqrt{g^2/2\beta}$
7	$\dot{y} = z - \beta k_1 \sin(y) - \beta k_2 \sqrt{2N_0}\xi$ $\dot{z} = -\beta z - \beta^2 k_2 \sin(y) - \beta^2 k_2 \sqrt{2N_0}\,\xi$ $+ \sqrt{2\beta d^2}\,\xi_1$	$\beta > 0, \quad \gamma = d^2/\beta^3 N_0$

Als Beispiel der Anwendung der Methode der erweiterten statistischen Linearisierung wurde die Vektorfunktion:

$$\boldsymbol{\varphi}^{\mathsf{T}}(z) = (\varphi^{(1)}, \varphi^{(2)}) = (z, z^3)$$

gewählt, die es prinzipiell gestattet, aus dem Gleichungssystem (3.60) m_{z_0}, $K_{z_0}(t, t)$ und die Quasimomentenfunktionen bis zur sechsten Ordnung zu bestimmen. Vereinfachend wurden jedoch nur die Quasimomentenfunktionen bis zur vierten Ordnung berücksichtigt $(\mathrm{QMF}_4(p_G/2))$

$$p_0(z) = \left[1 - \frac{1}{3!}\,\overline{Q}_{4;3}\,\frac{\partial^3}{\partial z^3} + \frac{1}{4!}\,\overline{Q}_{4;4}\,\frac{\partial^4}{\partial z^4}\right]\overline{p}_G(z).$$

Tab. 3.4: Überblick über die Güte, ausgedrückt durch die Werte der Gütefunktion Δ nach Gl. (3.76), und die Anwendbarkeit der beschriebenen Linearisierungsverfahren. Die im Beispiel 6 in Klammern angegebenen Δ-Werte wurden erhalten, indem als approximierende Dichte $\overline{p}_0(z)$ die Summe zweier Gaußscher bzw. gleichmäßiger Dichten herangezogen wurde

→ Beispiel ↓ Methode	1 $(\alpha = 0)$	2	3 $(\gamma = 0.315)$	4 $(\gamma_1 < 1/2)$	5	6 $\gamma \Rightarrow 0$	6 $\gamma \geqq 75$
TL	∞	nicht anwendbar	0.234	$2\gamma_1$	0.068	nicht anwendbar	nicht anwendbar
SL (G.M.)	0.146	0.22	0.076	0.0000	1.57!!	0.667 (0.000)	0.146 (0.146)
SL (glm.)	0.103	0.33	0.149	0.0000	0.0071	0.444 (0.000)	0.103 (0.103)
$\mathrm{QMF}_4\,(p_G/2)$	0.064	0.006	0.029	0.0000	nicht anwendbar	0.500 (0.000)	0.065 (0.065)

Zur Bestimmung dieser abgebrochenen Gram-Charlier-Reihe wurden im Gleichungssystem (3.60) die Gleichungen für die höheren Momente (d. h. für: $K_{\varphi(z)}(t, t)$) unberücksichtigt gelassen.

Es ist klar, daß im Rahmen der linearen Näherungen das Verfahren der statistischen Linearisierung i. d. R. bessere Näherungslösungen für die ersten beiden Kumulanten des Prozesses $z(t)$ als die Taylorsche Linearisierung liefert. Nach den Ausführungen des Abschnitts 3.2.2. ist die statistische Linearisierung ja gerade auf eine möglichst genaue Approximation dieser statistischen Charakteristika ausgerichtet. Sie führt aber auch dann noch zu recht guten Näherungslösungen, wenn die Taylorsche Linearisierung versagt oder zu völlig unzureichenden Approximationen führt, wie die Beispiele 1 (für $\alpha \lesssim 4\gamma_1$), 2, 4 (für $\beta \lesssim 2\sigma^2$) oder das Beispiel 6 zeigen.

Weitere Verbesserungen der Näherungslösungen werden nach dem Verfahren der erweiterten statistischen Linearisierung (speziell nach dem Verfahren $\mathrm{QMF}_4(p_G \mid 2)$) erhalten (für das Beispiel 5 ist dieses spezielle Verfahren nicht anwendbar).

In den *Beispielen 1 bis 4* mit antisymmetrischen Nichtlinearitäten $f(z) = -f(-z)$ besitzt die Dichte $\overline{p}(z)$ ein eindeutiges Maximum, und der Prozeß $z(t)$ ist im gesamten Zustandsraum $[-\infty, +\infty]$ definiert. Daher ist für diese Beispiele auch die Approximation von $\overline{p}(z)$ durch eine Gaußsche Dichte angebracht. Aber auch die wesentlich gröbere Approximation der tatsächlichen Dichte durch die gleichmäßige Dichte (SL (glm)) führt zu Näherungslösungen vergleichbarer Güten. Im *Beispiel 4* werden nach statistischer Linearisierung unabhängig von der Wahl der approximierenden Dichte (sie muß nur eine endliche Streuung besitzen) sogar die exakten Lösungen $\overline{m}_{z_0} = \overline{m}_z$ und $\overline{K}_{z_0}(0) = \overline{K}_z(0)$ erhalten, während nach Taylorscher Linearisierung der „Instabilitätsbereich“ $\beta \leqq \sigma^2$ überhaupt nicht erfaßt wird. Nach dem Verfahren QMF $(p_G \mid 2)$ wird für dieses Beispiel darüber hinaus auch das exakte Resultat für das vierte Moment $\langle z^4 \rangle$ erhalten.

Mit dem *Beispiel 5* soll nochmals auf die Tatsache hingewiesen werden, daß bei ungünstiger Wahl der approximierenden Dichte die statistische Linearisierung durchaus auch unbefriedigende Näherungslösungen liefern kann: Im Falle des Beispiels 5 ist die Gaußsche Dichte völlig ungeeignet, die wesentlichen Eigenschaften der tatsächlichen Dichte auch nur näherungsweise zu beschreiben. Da nämlich $\dot{z}$ proportional zu z^{-1} ist, wird der Prozeß $z(t)$ von der „Wand“ $z = 0$ abgestoßen, er kann diese nicht durchdringen. Seine stationäre Verteilungsdichte ist somit vom Anfangszustand $z(t_0)$ abhängig und nur für positive (für $z(t_0) > 0$) *oder* negative (für $z(t_0) < 0$) Werte von z von Null verschieden. Eine Gaußsche Dichte kann diesem eingeschränkten Definitionsbereich natürlich nicht Rechnung tragen. Bei Verwendung der gleichmäßigen Dichte für $\overline{p}_0(z)$ (SL(glm)) werden dagegen nach der Methode der statistischen Linearisierung wieder wesentlich bessere Näherungslösungen als bei der Taylorschen Linearisierung erhalten. Die so ermittelte gleichmäßige Dichte $\overline{p}_{\mathrm{glm}}(z)$ ist tatsächlich in Abhängigkeit vom Anfangszustand auch nur für positive *oder* negative z von Null verschieden, beschreibt also diese wesentliche Eigenschaft der tatsächlichen Dichte richtig. Das spezielle Verfahren $\mathrm{QMF}_4(p_G \mid 2)$ der erweiterten statistischen Linearisierung ist für dieses Beispiel nicht anwendbar.

Der im *Beispiel 6* definierte Prozeß $z(t)$ besitzt eine symmetrische Dichte $\overline{p}(z)$ mit zwei gleich stark ausgeprägten Maxima. Weder die Gaußsche noch die gleichmäßige Dichte können ein solches Verhalten auch nur annähernd beschreiben. Daher werden für dieses Beispiel, für das die Taylor-Linearisierung völlig versagt, nach den Methoden SL(G.M.) und SL(glm.) für $\gamma \lesssim 1$ Näherungslösungen erhalten, die die tatsächlichen

Kumulanten der ersten beiden Ordnungen nur in unbefriedigender Güte beschreiben. Aus diesem Grunde wurde für dieses Beispiel zusätzlich als approximierende Dichte $\bar{p}_0(z)$ die Summe zweier Gaußscher bzw. gleichmäßiger Dichten herangezogen, die, wie die tatsächliche Dichte, zwei Maxima besitzt. Die so gewonnenen Δ-Werte sind in der Tab. 3.4 in Klammern angegeben; sie weisen eine wesentliche Verbesserung der so gewonnenen Näherungslösungen aus. Aber auch für die entsprechenden Systeme mit stetigen Eingangsprozessen

$$\begin{aligned} &\dot{z} = f(z) + g(z)\, x(t), \\ &m_x = 0, \qquad K_x(t, t') = (2\tau_c)^{-1} \exp\left\{-\frac{|t - t'|}{\tau_c}\right\}^{1)} \end{aligned} \tag{3.77}$$

wird die allgemeine Überlegenheit und Leistungsfähigkeit der Methode der statistischen Linearisierung bestätigt.

Das Beispiel 4 mit den stetigen, statistisch voneinander unabhängigen Eingangsprozessen $x_1(t)$ und $x_2(t)$ zeigt aber auch die Grenzen der Möglichkeiten der statistischen Linearisierung auf: Für dieses Beispiel sind die nach statistischer und Taylorscher Linearisierung gewonnenen Näherungslösungen identisch (im Falle weißer Eingangsprozesse lieferte dagegen die statistische Linearisierung die exakten Lösungen für die stationären Momente der ersten beiden Ordnungen). Im Falle stetiger Eingangsprozesse wird für dieses System weder nach der Methode der statistischen Linearisierung noch nach Taylorscher Linearisierung irgendein Hinweis auf eine Stabilitätsgrenze bezüglich der Intensität des multiplikativen Eingangsprozesses x_2 erhalten. Dies liegt darin begründet, daß im Falle stetiger Eingangsprozesse die Festlegung einer approximierenden Dichte $\bar{p}_0(z, x_1, x_2)$ allein durch die ersten beiden Kumulanten des Prozesses (z_0, x_1, x_2) nicht ausreichend ist. Erst durch die Berücksichtigung des Momentes dritter Ordnung $\langle z^2 x_2 \rangle$, das ja bei der Verwendung einer Gaußschen approximierenden Dichte vernachlässigt wird ($m_z = m_{x_1} = m_{x_2} = 0$), kann eine Aussage über die tatsächlich vorhandene Stabilitätsgrenze bezüglich der Intensität des multiplikativen Eingangsprozesses gewonnen werden. Dazu wird die Methode der erweiterten statistischen Linearisierung herangezogen.

Nachfolgend werden für die diskutierten sechs Beispiele mit sowohl weißen als auch stetigen Eingangsprozessen (s. Gl. (3.77)) die Näherungslösungen ausführlich angegeben und teilweise durch Abbildungen illustriert. Sie mögen dem Leser als Übungsaufgaben dienen. Für Systeme mit weißen Eingangsprozessen ist weiter oben im Kleindruck der Lösungsweg noch einmal kurz skizziert. Für stetige Eingangsprozesse wurden die angegebenen Näherungslösungen aus dem Gleichungssystem (3.48) gewonnen, wobei entsprechend der Gl. (3.77) zu setzen sind

$$\bar{V} = -\frac{1}{\tau_c}; \qquad \bar{K}_x(0) = (2\tau_c)^{-1}.$$

Für die Beispiele 1 und 2 sind darüber hinaus auch die entsprechenden Näherungslösungen für das Leistungsdichtespektrum des Prozesses $z(t)$ angeben.
Während die ersten sechs Beispiele eindimensionale Systeme darstellen, wird mit dem

[1]) Für $\tau_c \to 0$ strebt diese Korrelationsfunktion gegen die Diracsche Deltafunktion, d. h. $x(t)$ gegen einen weißen Prozeß.

Beispiel 7 die Anwendung der Methode der statistischen Linearisierung auch an einem mehrdimensionalen System demonstriert. Aus zwei Gründen haben wir dazu den Phasenregelkreis zweiter Ordnung ausgewählt: Aufgrund seiner vielfältigen Anwendungsmöglichkeiten sowohl in der Nachrichtentechnik als auch in der Regelungstechnik besteht gerade für dieses System ein besonderes Interesse an möglichst genauen Methoden zur Bestimmung seiner deterministischen (bei fehlenden stochastischen Einflüssen) und statistischen Eigenschaften. Es existieren jedoch — selbst unter einschränkenden Voraussetzungen — weder für den deterministischen noch für den stochastischen Fall exakte Analysemethoden, wenn der Phasenregelkreis durch ein Differentialgleichungssystem der Ordnung $n \geqq 2$ beschrieben werden muß, was in der Praxis fast immer der Fall ist.

Weiterhin ist seine periodische Nichtlinearität wesentlich und kann i. d. R. nicht durch ein Taylorsches lineares Glied approximiert werden.

Dies erklärt auch die in den vergangenen zwanzig Jahren umfangreich publizierten Veröffentlichungen und Monographien, in denen gerade am Beispiel des Phasenregelkreises die verschiedenartigsten Näherungsverfahren zur Bestimmung spezieller deterministischer und statistischer Eigenschaften nichtlinearer Systeme entwickelt und beschrieben wurden (s. z. B. [35, 41, 70—72, 79, 92, 93, 95, 102, 103, 110—113, 117, 119]).

Im behandelten Beispiel 7 wird der Phasenregelkreis mit Hilfe der beschriebenen Näherungsverfahren als Frequenzdemodulator eines stochastisch frequenzmodulierten und additiv verrauschten Empfangssignales parameteroptimiert.

Beispiel 1:

$$\dot{z} = -\beta(\alpha z + z^3) + g\xi(t). \tag{3.78}$$

Parameter:

$$\alpha \geqq 0, \quad \beta > 0, \quad \gamma_1 = \sqrt{g^2/2\beta}, \quad \gamma = \gamma_1/\alpha.$$

Exakte Lösungen:

$$\left.\begin{aligned} &\overline{m}_z = 0, \\ &\overline{K}_z(0)/\gamma_1 = \frac{1}{\sqrt{2}} \frac{D_{-3/2}\left(\frac{1}{\gamma\sqrt{2}}\right)}{D_{-1/2}\left(\frac{1}{\gamma\sqrt{2}}\right)} = \begin{cases} \gamma(1 - 3\gamma^2 + 0(\gamma^4)) & \text{für } \gamma \to 0, \\ 2\Gamma(3/4)\Gamma/(1/4) & \text{für } \gamma \to \infty. \end{cases} \end{aligned}\right\} \tag{6.75}$$

Darin sind die $D_k(\cdot)$ die parabolischen Zylinderfunktionen und $\Gamma(\cdot)$ die Gammafunktionen (s. z. B. [44], [90]).

Nach Linearisierung des Ausgangssystems werden die folgenden Näherungslösungen erhalten

$$\left.\begin{aligned} &\overline{m}_{z_0} = 0 \quad \text{nach TL, SL(G.M.), SL(glm.), QMF}_4(p_G \mid 2), \\ &\overline{K}_{z_0}(0)/\gamma_1 = \begin{cases} \gamma & \text{nach TL} \\ \frac{1}{6\gamma}\left(\sqrt{1 + 12\gamma^2} - 1\right) & \text{nach SL(G.M.)}, \\ \frac{5}{18\gamma}\left(\sqrt{1 + \frac{36}{5}\gamma^2} - 1\right) & \text{nach SL(glm.)}. \end{cases} \end{aligned}\right\} \tag{3.79}$$

Nach $QMF_4(p_G \mid 2)$ wird die Streuung aus der kubischen Gleichung

$$30\bar{K}_{z_0}^3(0) + \frac{\gamma_1}{\gamma}\, 15\bar{K}_{z_0}^2(0) - (12 - \gamma^{-2})\,\gamma_1{}^2\bar{K}_{z_0}(0) - \gamma_1{}^3/\gamma = 0$$

bestimmt. Für die Quasimomentenfunktion 4ter Ordnung wird das Ergebnis erhalten

$$\bar{Q}_{4;4} = \gamma_1{}^2 - 3\bar{K}_{z_0}^2(0) - (\gamma_1/\gamma)\,\bar{K}_{z_0}(0).$$

Für $\gamma \to \infty$ $(\alpha \to 0)$ lauten die Ergebnisse

$$\bar{K}_z(0)/\gamma_1 = \begin{cases} 2\Gamma(3/4)/\Gamma(1/4) \approx 0.676 & \text{exakt} \\ \infty & \text{nach TL} \\ 1/\sqrt{3} \approx 0.577 & \text{nach SL(G.M.),} \\ \sqrt{5}/3 \approx 0.745 & \text{nach SL(glm.),} \\ \sqrt{2/5} \approx 0.632 & \text{nach } QMF_4(p_G \mid 2). \end{cases} \tag{3.80}$$

In Abb. 3.1 sind die Näherungslösungen für die stationäre Streuung in Abhängigkeit von γ im Vergleich zur exakten Lösung dargestellt.

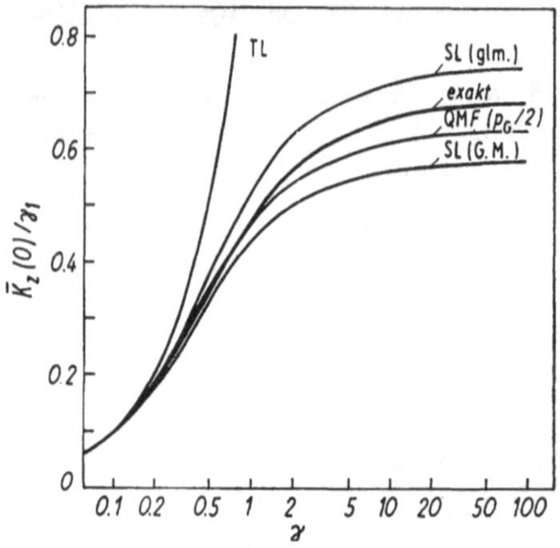

Abb. 3.1: Abhängigkeit der näherungsweise ermittelten stationären Streuung von $\gamma = \sqrt{g^2/2\beta\alpha^2}$ im Vergleich zum exakten Resultat für ein System (3.78) mit kubischer Nichtlinearität $\left(\gamma_1 = \sqrt{g^2/2\beta}\right)$

Für die aus den linearisierten Systemen berechneten Näherungslösungen für das Leistungsdichtespektrum des Prozesses $z(t)$ werden sowohl nach statistischer als auch nach erweiterter statistischer Linearisierung ($QMF_4(p_G \mid 2)$) Spektren erster Ordnung ermittelt. Für den Spezialfall eines Systems mit rein kubischer Nichtlinearität ($\alpha = 0$) lauten die Näherungslösungen

$$S_{z_0}(j\omega) = \frac{2\beta\gamma_1{}^2}{(d\beta\gamma_1)^2 + \omega^2} \quad \text{für} \quad \alpha = 0, \tag{3.81}$$

wobei für $d = \beta\langle z^4\rangle_0/\langle z^2\rangle_0$ nach den einzelnen Verfahren die folgenden Zahlenwerte ermittelt werden

$$d = \begin{cases} 3/\sqrt{5} & \text{nach SL(glm.),} \\ \sqrt{3} & \text{nach SL(G.M.),} \\ \sqrt{5/2} & \text{nach } QMF_4(p_G \mid 2). \end{cases} \tag{3.82}$$

Für das betrachtete System mit kubischer Nichtlinearität wird das Leistungsdichtespektrum mit wachsender Eingangsintensität γ_1 des Eingangsprozesses also breiter. In der Abb. 3.2 sind die auf $2/\beta$ normierten Näherungslösungen für das Leistungsdichtespektrum in Abhängigkeit von $\omega/\beta\gamma_1$ dargestellt.

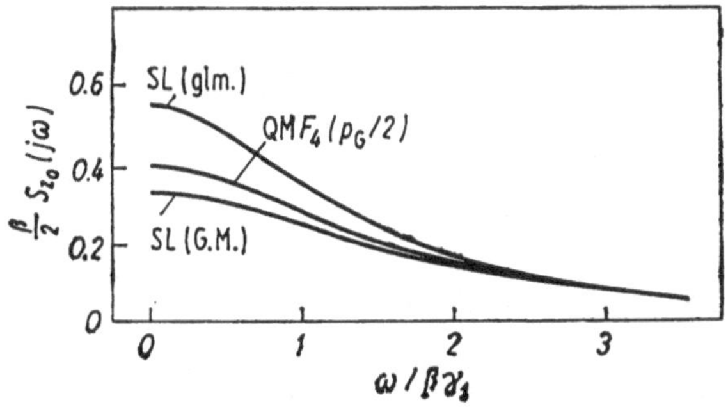

Abb. 3.2: Näherungsweise ermittelte Spektren eines durch (6.78) definierten stationären Prozesses $z(t)$

Für das entsprechende System mit stetigem Eingangsprozeß mit der Korrelationszeit τ (s. Gl. (3.77)) werden aus dem Gleichungssystem (3.48) mit $V = \tau^{-1}$ die folgenden Näherungslösungen erhalten

$$m_{z_0} = 0,$$

$$\bar{K}_{z_0,x}(0) = \begin{cases} \dfrac{g}{2\beta(3K_{z_0}(0)\,\tau + \alpha\tau + \beta^{-1})} & \text{nach SL(G.M.)}, \\[2ex] \dfrac{g}{2(\alpha\beta\tau + 1)} & \text{nach TL}. \end{cases}$$

Die Streuung wird nach SL(G.M.) aus der kubischen Gleichung:

$$9\tau\bar{K}_{z_0}^3(0) + 3(2\alpha\tau + \beta^{-1})\,\bar{K}_{z_0}^2(0) + \alpha(\alpha\tau + \beta^{-1})\,\bar{K}_{z_0}(0) - \gamma_1^2/\beta = 0$$

nach Taylorscher Linearisierung durch

$$\bar{K}_{z_0}(0) = \gamma_1\gamma(\alpha\beta\tau + 1)^{-1}$$

bestimmt.

Auch im Falle stetiger Eingangsprozesse versagt also die Taylor-Linearisierung für $\alpha \to 0$ ($\gamma \to \infty$), da sie zu einer unendlich großen Streuung führt, während nach SL(G.M.) eine endlich große Streuung für alle $\alpha \geqq 0$ erhalten wird. Mit dem Grenzübergang $\tau \to 0$ werden wieder die für weiße Eingangsprozesse gewonnenen Näherungslösungen erhalten.

Beispiel 2:

$$\dot{z} = -\beta\,\mathrm{sgn}\,(z) + g\xi, \tag{3.83}$$

$$\mathrm{sgn}\,(z) = \begin{cases} +1 & \text{für } z > 0, \\ 0 & \text{für } z = 0, \\ -1 & \text{für } z < 0. \end{cases}$$

Parameter:

$$\beta > 0, \qquad \gamma = g^2/2\beta.$$

Exakte Lösungen:

$$\overline{m}_z = 0, \qquad \overline{K}_z(0) = 2\gamma^2.$$

Nach Linearisierung des Ausgangssystems werden die folgenden Näherungslösungen erhalten

$$\left.\begin{aligned} &\overline{m}_{z_0} = 0 \quad \text{nach} \quad \text{SL(G.M.), SL(glm., (QMF}_4(p_G \mid 2), \\ &\overline{K}_{z_0}(0) = \gamma^2 \cdot \begin{cases} \dfrac{\pi}{2} \simeq 1.57 & \text{nach SL(G.M.)}, \\ \dfrac{4}{3} \simeq 1.33 & \text{nach SL(glm.)}, \\ \dfrac{\pi}{2}\left(\dfrac{9}{8}\right)^2 \simeq 1.988 & \text{nach QMF}_4(p_G \mid 2). \end{cases} \end{aligned}\right\} \tag{3.84}$$

Nach $QMF_4(p_G \mid 2)$ wird die Quasimomentenfunktion vierter Ordnung bestimmt durch

$$\overline{Q}_{4;4} = 24\overline{K}_{z_0}(0)\left(1 - \sqrt{\frac{\pi}{2\overline{K}_{z_0}(0)}}\,\gamma\right) = \pi^2\left(\frac{9}{8}\right)^3 \cdot \frac{3}{4}\,\gamma^4. \tag{3.85}$$

Für die spektrale Leistungsdichte des Prozesses $z(t)$ wird wieder näherungsweise ein Spektrum erster Ordnung ermittelt

$$S_{z_0}(j\omega) = \frac{2\beta\gamma}{(\beta d/\gamma)^2 + \omega^2}, \tag{3.86}$$

das mit wachsender Eingangsintensität γ immer schmaler wird. Für d werden nach den einzelnen Näherungsverfahren die folgenden Werte ermittelt

$$d = \begin{cases} 3/4 & \text{nach SL(glm.)}, \\ 2/\pi & \text{nach SL(G.M.)}, \\ (2/\pi)\,(8/9)^2 & \text{nach QMF}_4(p_G \mid 2). \end{cases} \tag{3.87}$$

In der Abb. 3.3 sind die so ermittelten Näherungslösungen für das Spektrum des stationären Prozesses $z(t)$ in Abhängigkeit von $\gamma\omega/\beta$ graphisch dargestellt.

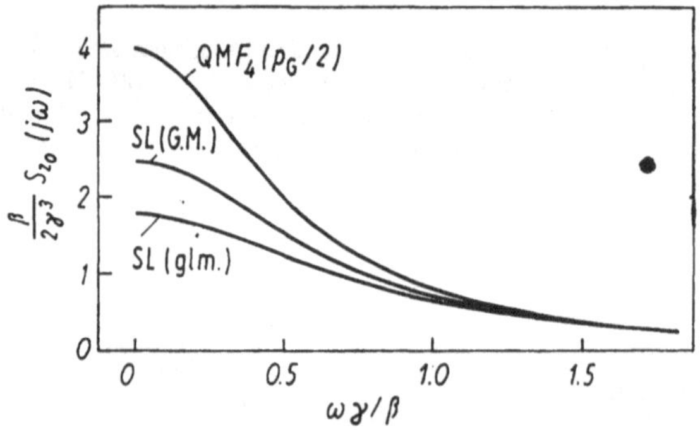

Abb. 3.3: Näherungsweise ermittelte Spektren eines durch ein System (3.83) mit einer Sprungnichtlinearität definierten Prozesses $z(t)$

Für das entsprechende System mit stetigem Eingangsprozeß $x(t)$ (s. Gl. (3.77)) werden nach statistischer Linearisierung bei Gaußscher Mittelung (SL(G.M.)) die folgenden Näherungslösungen erhalten

$$\overline{m}_{z_0} = 0,$$

$$\overline{K}_{z_0,x}(0) = \frac{g}{2(\beta\tau + 1)},$$

$$\overline{K}_{z_0}(0) = \frac{\pi}{2}\left(\frac{\gamma}{1 + \beta\tau}\right)^2.$$

Eine Taylor-Linearisierung ist für das hier betrachtete System nicht möglich, da die Nichtlinearität sgn (z) im Punkte $z = 0$ nicht differenzierbar ist.

Beispiel 3:

$$\dot{z} = -\beta \sin(z) + g\xi(t). \tag{3.88}$$

Parameter:

$$\beta > 0, \qquad \gamma = g^2/2\beta.$$

Aufgrund seiner periodischen Nichtlinearität müssen bei der Analyse dieses Systems zwei Dinge beachtet werden: Da der Prozeß: $z_n(t) = z(t) + 2n\pi$ derselben Differentialgleichung wie der Prozeß $z(t)$ genügt, muß die Verteilungsdichte des im gesamten Zustandsraum $[-\infty, +\infty]$ definierten Prozesses $z(t)$ im stationären Fall periodisch sein

$$\overline{p}(z) = \overline{p}(z + 2n\pi), \qquad n = 0, \pm 1, \pm 2, \ldots.$$

Dies hat zur Folge, daß die normierte stationäre Dichte $\overline{p}(z)$ identisch Null ist

$$\int_{-\infty}^{+\infty} \overline{p}(z)\, dz = (\lim_{k\to\infty} (2k)) \int_{-\pi}^{+\pi} \overline{p}(z)\, dz \overset{!}{=} 1,$$

d. h.

$$\int_{-\pi}^{+\pi} \overline{p}(z, t)\, dz = \lim_{k\to\infty} \frac{1}{2k} = 0.$$

Eine normierte und von Null verschiedene Dichte kann somit nur für einen in einem 2π-Intervall (z. B. $[-\pi, +\pi]$) definierten Prozeß $\tilde{z}(t)$ angegeben werden

$$p^*(\tilde{z}, t) = \begin{cases} > 0 & \text{für } |z| < \pi, \\ = 0 & \text{sonst.} \end{cases}$$

Weiterhin kann der im gesamten Zustandsraum definierte Prozeß $z(t)$ nur dann (näherungsweise) durch einen *stationären* Prozeß $\tilde{z} \in [-\pi, +\pi]$ charakterisiert werden, wenn zwischen zwei benachbarten 2π-Intervallen eine hinreichend große „Barriere" aufgebaut ist, die Übergänge des Prozesses $z(t)$ von einem in ein benachbartes 2π-Intervall (sogenannte 2π-Sprünge) weitestgehend unterdrückt. Diese „Barriere" kann wahrscheinlichkeitstheoretisch z. B. durch die Bedingung

$$P(|\tilde{z}| \leqq \pi/2) \geqq 1 - \lambda \quad \text{bzw.} \quad P(|\tilde{z}| > \pi/2) < \lambda$$

formuliert werden. Unter Zuhilfenahme der Tschebyschewschen Ungleichung (s. z. B. [51])

$$P(|\tilde{z}| > \pi/2) \leqq \left(\frac{2}{\pi}\right)^2 (\overline{K}_{\tilde{z}}(0) + m_{\tilde{z}}^2)$$

wird mit der „Stationaritätsbedingung“

$$\overline{K}_{\tilde{z}}(0) + \overline{m}_{\tilde{z}}^{\,2} \leqq \frac{1}{6}\left(\frac{\pi}{2}\right)^2 \approx 0.4112 \tag{3.89}$$

garantiert, daß sich der Prozeß $\tilde{z}(t)$ für $(t - t_0) \to \infty$ mit einer Wahrscheinlichkeit größer 5/6 im Intervall $[-\pi/2, +\pi/2]$ (bzw. der Prozeß $z(t)$ in der Mitte eines 2π-Intervalles $[2n\pi - \pi/2, 2n\pi + \pi/2]$) aufhält

$$P(|\tilde{z}| \leqq \pi/2) \geqq 5/6 \quad \text{bzw.} \quad P(|\tilde{z}| \geqq \pi/2) \leqq 1/6.$$

Für den stationären Prozeß $\tilde{z}$ lauten die exakten Ergebnisse

$$\overline{m}_{\tilde{z}} = 0,$$

$$\overline{K}_{\tilde{z}}(0) = \frac{\pi^2}{3} + 4I_0\left(\frac{1}{\gamma}\right)^{-1} \sum_{n=1}^{\infty} (-1)^n\, n^{-2} I_n\left(\frac{1}{\gamma}\right). \tag{6.80}$$

Die $I_n(\cdot)$ sind die modifizierten Bessel-Funktionen (Bessel-Funktionen mit imaginärem Argument) n-ter Ordnung, die z. B. in [44] tabelliert sind.
Nach Linearisierung des Ausgangssystems werden die folgenden Näherungslösungen erhalten

$$\left.\begin{aligned} &\overline{m}_{z_0} = 0 \qquad (\text{bzw.} = 2n\pi), \\ &\gamma = \begin{cases} \overline{K}_{z_0}(0) & \text{nach TL}, \\ \overline{K}_{z_0}(0) \exp -\overline{K}_{z_0}(0)/2 & \text{nach SL(G.M.)}, \\ \dfrac{\sin\sqrt{3\overline{K}_{z_0}(0)}}{\sqrt{3\overline{K}_{z_0}(0)}} - \cos\sqrt{3\overline{K}_{z_0}(0)} & \text{nach SL(glm.)}, \\ \left[1 - \dfrac{\overline{K}_{z_0}(0)\,(4 - \overline{K}_{z_0}(0))}{24 - 36\overline{K}_{z_0}(0) + 12\overline{K}_{z_0}^2(0) - \overline{K}_{z_0}^3(0)}\right] \overline{K}_{z_0}(0) \exp -\overline{K}_{z_0}(0)/2 & \text{nach } \mathrm{QMF}_4(p_G \mid 2). \end{cases} \end{aligned}\right\} \tag{3.90}$$

Die Ergebnisse für die stationäre Streuung sind in der Abb. 3.4 in Abhängigkeit von γ dargestellt. Im Rahmen der Zeichengenauigkeit sind die im „Stationaritätsbereich“ ($\overline{K}_z(0) \leqq (\pi/2)^2/6$) nach $\mathrm{QMF}_4(p_G \mid 2)$ ermittelten Werte für die Streuung kaum noch von den exakten Werten zu unterscheiden. Am schlechtesten schneidet auch hier wieder die Taylor-Linearisierung ab.

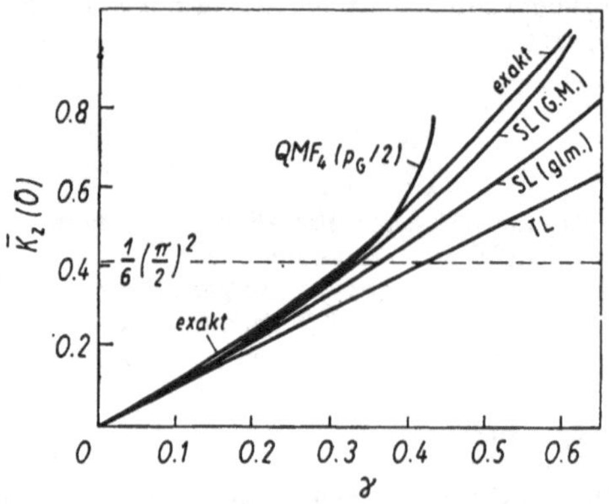

Abb. 3.4: Abhängigkeit der näherungsweise ermittelten stationären Streuung von $\gamma = g^2/2\beta$ im Vergleich zum exakten Resultat für einen Phasenregelkreis erster Ordnung nach Gl. (3.88)

Die nach $\mathrm{QMF}_4(p_G \mid 2)$ ermittelte Quasimomentenfunktion vierter Ordnung ist gegeben durch

$$\overline{Q}_{4;4} = (\overline{K}_{z_0}(0) - \gamma\, e^{+\overline{K}_{z_0}(0)/2})\,(4 - \overline{K}_{z_0}(0))^{-1}. \tag{3.91}$$

Für das entsprechende System mit stetigem Eingangsprozeß $x(t)$ (s. Gl. (3.77)) werden nach Taylor-Linearisierung und nach statistischer Linearisierung (Gl. (3.48), $V = -\tau^{-1}$) bei Gaußscher Mittelung die folgenden Lösungen erhalten

$$\left.\begin{aligned} \overline{m}_{z_0} &= 0, \\ \frac{\gamma}{1+\beta\tau} &= \begin{cases} \overline{K}_{z_0}(0) & \text{nach TL,} \\ \overline{K}_{z_0}(0) \exp -\overline{K}_{z_0}(0)/2 & \text{nach SL(G.M.),} \end{cases} \end{aligned}\right\} \tag{3.92}$$

die für $\tau \to 0$ in die entsprechenden Lösungen für das System mit weißem Eingangsprozeß übergehen.

Beispiel 4:

$$\dot{z} = -\beta z + g\xi_1(t) + z\sigma\xi_2(t). \tag{3.93}$$

ξ_1 und ξ_2 sind zwei voneinander unabhängige, weiße Gauß-Prozesse

$$m_{\xi_i} = 0, \qquad K_{\xi_i}(t-t') = \delta(t-t'), \qquad K_{\xi_1,\xi_2}(t,t') = 0.$$

Parameter:

$$\beta > 0, \qquad \gamma = g^2/2\beta, \qquad \gamma_1 = \sigma^2/2\beta.$$

Exakte Lösungen:

$$\overline{m}_z = 0 \quad \text{für} \quad \gamma_1 < 1,$$

$$\overline{K}_z(0) = \frac{\gamma}{1-2\gamma_1} \text{ für } \quad \gamma_1 < 1/2,$$

$$\langle z^4 \rangle = \frac{3\gamma^2}{(1-2\gamma_1)(1-4\gamma_1)} \text{ für } \quad \gamma_1 < 1/4.$$

Nach Linearisierung des Ausgangssystems werden die folgenden Näherungslösungen für den Erwartungswert und die Streuung erhalten

$$\left.\begin{aligned} \overline{m}_{z_0} &= \begin{cases} 0 \quad \text{für alle} \quad \gamma_1 & \text{nach TL,} \\ 0 \quad \text{für} \quad \gamma_1 < 1 & \text{nach SL(G.M.), SL(glm.), und } \mathrm{QMF}_4(p_G \mid 2), \end{cases} \\ \overline{K}_{z_0}(0) &= \begin{cases} \gamma \quad \text{für alle} \quad \gamma_1 & \text{nach TL,} \\ \dfrac{\gamma}{1-2\gamma_1} \quad \text{für } \gamma_1 < \dfrac{1}{2} & \text{nach SL(G.M.), SL(glm.), } \mathrm{QMF}_4(p_G \mid 2): \end{cases} \end{aligned}\right\} \tag{3.94}$$

Für Erwartungswert und Streuung werden nach statistischer Linearisierung unabhängig von der Wahl von $p_0(z)$ die exakten Lösungen erhalten. Das linearisierte System

$$\dot{z}_0 = \overline{A} z_0 + \overline{B}\xi_1(t), \qquad \overline{m}_{z_0} = 0$$

berücksichtigt dabei den zweiten Eingangsprozeß nicht explizit

$$\bar{B} = g \quad \text{nach TL, SL(G.M.), SL(glm.), QMF}_4(p_G \mid 2)$$

$$\bar{A} = \begin{cases} -\beta & \text{nach TL,} \\ -\beta(1 - 2\gamma_1) & \text{nach SL(G.M.), SL(glm.), QMF}_4(p_G \mid 2). \end{cases}$$

Das lineare System für z_0 ist also für $\gamma_1 \geqq \frac{1}{2}$ $(\beta \leqq \sigma^2)$ instabil, daher wird der Wert $\gamma_1 = 1/2$ als Stabilitätsgrenze bezeichnet. Nach Taylorscher Linearisierung wird der zweite Eingangsprozeß $\xi_2(t)$ vollständig ignoriert und daher auch kein Hinweis auf irgendeine Stabilitätsgrenze erhalten.

Nach $\text{QMF}_4(p_G \mid 2)$ wird für $\bar{Q}_{4;4}$ die Näherungslösung

$$\bar{Q}_{4;4} \triangleq \frac{6\gamma_1}{1 - 4\gamma_1} \bar{K}^2_{z_0}(0) \tag{3.95}$$

gewonnen, woraus das Moment vierter Ordnung des Prozesses $z(t)$ aus (4.65) (für $m = n = 1$, $k_1 = 4$, $l_1 = 0$, $m_{z_0} = 0$) das folgende Resultat erhalten wird

$$\langle z^4 \rangle_0 = \bar{Q}_{4;4} + 3\bar{K}^2_{z_0}(0) = \frac{3\gamma^2}{(1 - 2\gamma_1)(1 - 4\gamma_1)}.$$

Dieses Resultat ist identisch mit dem exakten vierten Moment des Prozesses $z(t)$ (s. Abschn. 6.1.5., Gl. (6.81)).

Das nach Taylorscher Linearisierung näherungsweise ermittelte Leistungsdichtespektrum ist unabhängig von den Intensitäten der Eingangsprozesse, das nach SL und $\text{QMF}_4(p_G \mid 2)$ ermittelte Spektrum wird mit wachsendem γ_1 immer breiter und existiert für $\gamma_1 \geqq 1/2$ nicht mehr

$$S_{z_0}(j\omega) = \frac{2\beta\gamma}{\omega^2 + (\beta d)^2}, \quad d = \begin{cases} 1 & \text{nach TL,} \\ (1 - 2\gamma_1)^{-1} & \text{nach SL, QMF}_4(p_G \mid 2). \end{cases}$$

Dieses Beispiel demonstriert, daß im Rahmen einer näherungsweisen Beschreibung nichtlinearer Systeme durch linearisierte Systeme sehr gute Näherungslösungen (in unserem Falle sogar die exakten) wohl für die momentanen statistischen Charakteristika gewonnen werden, nicht aber für die Verbundcharakteristika: Das oben angegebene Ergebnis für das Leistungsdichtespektrum

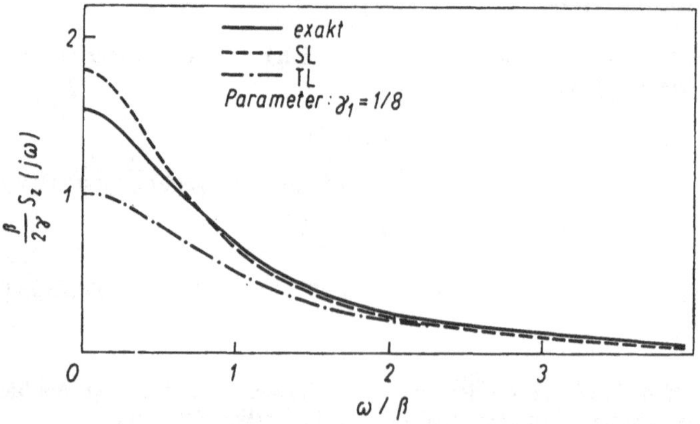

Abb. 3.5: Abhängigkeit der näherungsweise berechneten Spektren von ω/β im Vergleich zum exakten Resultat (6.82) für ein System (3.93) mit multiplikativem Rauschen

unterscheidet sich von dem des Prozesses $z(t)$ (s. Gl. (6.82)) für größer werdende γ_1 ($< 1/2$) immer mehr. Für $\gamma_1 = 1/8$ sind in der Abb. 3.5 die Näherungslösungen für das Leistungsdichtespektrum in Abhängigkeit von ω/β im Vergleich zum exakten Resultat dargestellt.

Für das entsprechende System mit stetigen, Gaußschen Eingangsprozessen

$$\dot{z} = -\beta z + g x_1(t) + z\sigma x_2(t),$$

$$m_{x_i} = 0, \qquad \overline{K}_{x_i}(t, t') = (2\tau_i)^{-1} \exp -\frac{t - t'}{\tau_i}, \qquad K_{x_1,x_2}(t, t') = 0$$

werden bei Gaußscher Mittelung (SL(G.M.)) aus (3.48) die gleichen Näherungslösungen wie nach Taylorscher Linearisierung erhalten

$$\left.\begin{aligned} &\overline{m}_{z_0} = 0, \\ &\overline{K}_{z_0,x_1}(0) = \frac{g}{2(1 + \beta\tau_1)}, \\ &\overline{K}_{z_0,x_2}(0) = 0, \\ &\overline{K}_{z_0}(0) = \frac{\gamma}{1 + 2\beta\tau_1} \end{aligned}\right\} \quad \text{nach TL und SL(G.M.)}.$$

Die Ursache für dieses unbefriedigende Resultat der statistischen Linearisierung liegt darin begründet, daß im Falle stetiger Eingangsprozesse die Festlegung der approximierenden Dichte $p_0(z, x_1, x_2)$ allein durch die ersten beiden Kumulanten des Prozesses (z_0, x_1, x_2) unzureichend ist: Im Falle weißer Eingangsprozesse wurde der Term $\langle z^2\xi_2\rangle$ durch $\sigma\overline{K}_{z_0}(0)$ approximiert, während bei stetigen Eingangsprozessen bei der normalen statistischen Linearisierung der entsprechende Term $\langle z^2 x_2\rangle$ vollkommen vernachlässigt wird.

Unter Berücksichtigung der Quasimomentenfunktion dritter Ordnung: $Q_{2,0,1}$ in der approximierenden Dichte (QMF$_3(p_G \mid 2)$)

$$\overline{p}_0(z, x_1, x_2) = \left[1 - \frac{1}{2}\,\overline{Q}_{3;2,0,1}\,\frac{\partial^3}{\partial z^2 \partial x_2}\right] \overline{p}_G(z, x_1, x_2)$$

werden für $\overline{m}_{z_0}$, $\overline{K}_{z_0,x_1}(0)$ und $\overline{K}_{z_0,x_2}(0)$ aus dem Gleichungssystem (3.58) für $\varphi^T(z) = (z, z^2)$ wieder die oben angegebenen Ergebnisse erhalten. Die Streuung $\overline{K}_{z_0}(0)$ wird nun jedoch durch die Gleichung

$$\overline{K}_{z_0}(0) - \frac{\sigma}{\beta}\,\overline{Q}_{3;2,0,1} = \frac{\gamma}{1 + \beta\tau_1}$$

festgelegt.

Zur Bestimmung der Quasimomentenfunktion $\overline{Q}_{3;2,0,1}$ wird aus dem Gleichungssystem (3.58) die Gleichung für $\overline{K}_{z^2,x_2}(0)$ herangezogen, nach der die gesuchte (stationäre) Quasimomentenfunktion in folgender Form mit der stationären Streuung in Zusammenhang steht

$$\overline{Q}_{3;2,0,1} = \frac{\sigma}{1 + 2\beta\tau_2}\,\overline{K}_{z_0}(0).$$

Setzt man das in der oberen Gleichung ein, so erhält man das folgende Resultat für die Streuung

$$\overline{K}_{z_0}(0) = \frac{\gamma}{(1 + \beta\tau_1)\left(1 - 2\,\dfrac{\gamma_1}{1 + 2\beta\tau_2}\right)} \qquad \text{nach QMF}_3(p_G \mid 2).$$

Für $\tau_i \to 0$ wird daraus wieder das für weiße Eingangsprozesse nach statistischer Linearisierung ermittelte exakte Resultat für die Streuung erhalten.

Beispiel 5:

$$\dot{z} = -\beta z + \frac{g^2}{2z} + g\xi(t). \tag{3.96}$$

Parameter:

$$\beta > 0, \qquad \gamma = g^2/2\beta.$$

Exakte Resultate: Die stationäre Verteilungsdichte ist die Rayleigh-Verteilung (s. Gl. (6.83)):

$$\bar{p}(z) = \begin{cases} \gamma^{-1}|z| \exp -\dfrac{z^2}{2\gamma} & \text{für} \quad z(t)\, z(t_0) \geqq 0, \\ 0 & \text{sonst.} \end{cases}$$

mit dem Erwartungswert (s. Gln. (6.84))

$$\overline{m}_z = \sqrt{\frac{\pi}{2}\gamma}\, \operatorname{sgn}(z(t_0)) \approx 1{,}253 \sqrt{\gamma} \operatorname{sgn}(z(t_0)) \tag{6.84}$$

und der Streuung

$$\overline{K}_z(0) = \left(2 - \frac{\pi}{2}\right)\gamma \simeq 0.4292\gamma.$$

Nach Linearisierung des Ausgangssystems werden die folgenden Näherungslösungen erhalten

$$\left.\begin{aligned} \overline{m}_{z_0} &= \begin{cases} \sqrt{\gamma} & \text{nach TL}, \\ 0 & \text{nach SL(G.M.)}, \\ 1.259\sqrt{\gamma} & \text{nach SL(glm.)}, \end{cases} \\ \overline{K}_{z_0}(0) &= \begin{cases} \dfrac{1}{2}\gamma & \text{nach TL}, \\ 2\gamma & \text{nach SL(G.M.)}, \\ 0.415\gamma & \text{nach SL(glm.)}. \end{cases} \end{aligned}\right\} \tag{3.97}$$

Die statistische Linearisierung liefert bei Verwendung einer Gaußschen Dichte (SL(G.M.)) für den Erwartungswert das völlig unbefriedigende Resultat $m_{z_0} = 0$. Dies liegt darin begründet, daß die Approximation der Rayleigh-Verteilung durch eine Gaußsche Dichte die Abhängigkeit vom Anfangszustand $z(t_0)$ nicht berücksichtigen kann und ein über alle Anfangszustände gemitteltes Resultat für den stationären Erwartungswert liefert

$$\begin{aligned} \overline{m}_{z_0}^{\text{SL(G.M.)}} &= \langle z \mid z(t_0) > 0\rangle\, P(z(t_0) > 0) + \langle z \mid z(t_0) \leqq 0\rangle\, P(z(t_0) \leqq 0) \\ &= m_z\big(P(z(t_0) > 0) - P(z(t_0) \leqq 0)\big). \end{aligned}$$

Da über $z(t_0)$ keinerlei Voraussetzungen getroffen wurden, gilt: $P(z(t_0) > 0) = P(z(t_0) \leqq 0) = 1/2$ und somit $\overline{m}_{z_0}^{\text{SL(G.M.)}} = 0$. Bei der gleichmäßigen Mittelung ist die $\bar{p}(z)$ approximierende Dichte $\bar{p}_{\text{glm}}(z)$ nur für positive *oder* negative Werte von z von Null verschieden, da $|\overline{m}_{z_0}^{\text{SL(glm)}}| - \sqrt{3K_{z_0}^{\text{SL(glm)}}} \simeq 0.143\sqrt{\gamma} > 0$. Daher werden nach SL(glm.) auch recht gute Näherungslösungen für $\overline{m}_z$ und $\overline{K}_z(0)$ erhalten.

Beispiel 6:

$$\dot{z} = \beta(z - z^3) + g\xi(t). \tag{3.98}$$

Parameter:

$$\beta > 0, \qquad \gamma = \sqrt{g^2/2\beta}.$$

Exakte Lösungen:

$$p(z) = C \exp\left\{-\frac{1}{4\gamma^2}(z^2 - 1)^2\right\} \tag{6.86}$$

$$\left.\begin{aligned} \overline{m}_z &= 0, \\ \overline{K}_z(0) &= \frac{\gamma \cdot D_{-3/2}\left(\frac{-1}{\gamma\sqrt{2}}\right)}{\sqrt{2}\, D_{-1/2}\left(\frac{-1}{\gamma\sqrt{2}}\right)} = \begin{cases} 1 - \frac{3}{2}\gamma^2 + 0(\gamma^4) & \text{für } \gamma \to 0 \\ 2\,\frac{\Gamma(3/4)}{\Gamma(1/4)} \cdot \gamma & \text{für } \gamma \to \infty. \end{cases} \end{aligned}\right\} \tag{6.87}$$

Eine Taylor-Linearisierung ist für dieses Beispiel nicht möglich, da keine eindeutige Lösung für den Erwartungswert erhalten wird. Das deterministische System

$$\dot{m}_{z_0} = \beta m_{z_0} - \beta m_{z_0}^3 \quad \text{nach TL}$$

besitzt eine instabile Lösung $\overline{m}_{z_0} = 0$ und zwei gleichberechtigte stabile Lösungen

$$\overline{m}_{z_0} = +1 \quad \text{und} \quad \overline{m}_{z_0} = -1.$$

Hieraus ist unmittelbar abzulesen, daß die Verteilungsdichte zwei gleich starke Maxima bei $z = +1$ und $z = -1$ besitzt. Weiterhin muß die Dichte $\overline{p}(z)$ symmetrisch um $z = 0$ sein, da die Prozesse z und $-z$ die gleichen (stationären) statistischen Charakteristika besitzen: Ihre Differentialgleichungen unterscheiden sich nur im weißen Eingangsprozeß ($+\xi(t)$ für z, $-\xi(t)$ für $-z$). Die weißen Prozesse $+\xi(t)$ und $-\xi(t)$ besitzen jedoch die gleichen statistischen Charakteristika.

Da eine Gaußsche Dichte oder die gleichmäßige Dichte diesem Umstand nicht Rechnung tragen können, werden nach den Verfahren: SL(G.M.), SL(glm.) und QMF$_4$(p_G | 2) für kleinere γ ($\gamma^2 \lesssim 1$) auch nur sehr schlechte Näherungslösungen für die stationäre Streuung erhalten

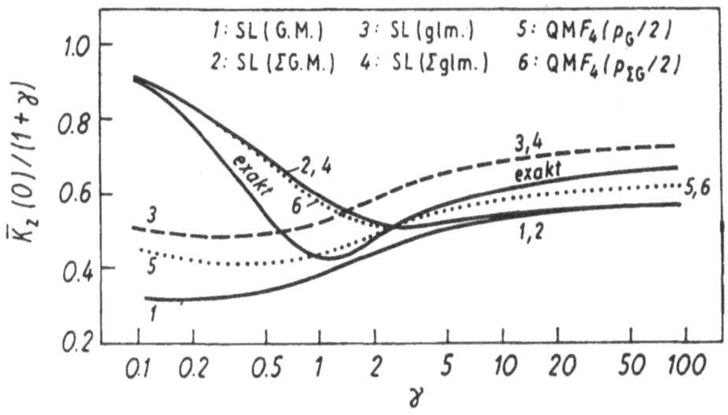

Abb. 3.6: Abhängigkeit der näherungsweise ermittelten stationären Streuung von $\gamma = \sqrt{g^2/2\beta}$ im Vergleich zum exakten Resultat des durch ein System (3.98) mit kubischer Nichtlinearität definierten stationären Prozesses $z(t)$

(s. Abb. 3.6):

$$\left.\begin{aligned} \overline{m}_{z_0} &= 0 \quad \text{nach SL(G.M.), SL(glm.), QMF}_4(p_G \mid 2), \\ \overline{K}_{z_0}(0) &= \begin{cases} \frac{1}{6}\left(1+\sqrt{1+12\gamma^2}\right) & \text{nach SL(G.M.),} \\ \frac{5}{18}\left(1+\sqrt{1+\frac{36}{5}\gamma^2}\right) & \text{nach SL(glm.).} \end{cases} \end{aligned}\right\} \tag{3.99}$$

Nach $\text{QMF}_4(p_G \mid 2)$ wird die Streuung aus der kubischen Gleichung

$$30\overline{K}_{z_0}^3(0) - 15\overline{K}_{z_0}^2(0) - (12-\gamma^2)\,\gamma^2(0)\overline{K}_{z_0} + \gamma^2 = 0 \tag{3.100}$$

bestimmt, nach dessen Lösung die Quasimomentenfunktion vierter Ordnung nach folgender Gleichung angegeben werden kann

$$\overline{Q}_{4;4} = \gamma^2 - 3\overline{K}_{z_0}^2(0) + \overline{K}_{z_0}(0). \tag{3.101}$$

Verwendet man dagegen als approximierende Dichte die Summe zweier Gaußscher Dichten

$$\overline{p}_0(z) = \overline{p}_{\Sigma G}(z) = \frac{1}{2}\left[\theta_G(z) + \theta_G(-z)\right], \qquad \theta_G(z) = \frac{\exp\left\{-\dfrac{(z-1)^2}{2(\overline{K}_{z_0}(0)-1)}\right\}}{\sqrt{2\pi(\overline{K}_{z_0}(0)-1)}} \tag{3.102}$$

bzw. die Summe zweier gleichmäßiger Dichten

$$\left.\begin{aligned} \overline{p}_0(z) &= \overline{p}_{\Sigma \mathrm{glm}}(z) = \frac{1}{2}\left[\theta_{\mathrm{glm}}(z) + \theta_{\mathrm{glm}}(-z)\right], \\ \theta_{\mathrm{glm}}(z) &= \begin{cases} \dfrac{1}{2\sqrt{3\overline{K}_{z_0}(0)}} & \text{für } |z-1| \leqq \sqrt{3\overline{K}_{z_0}(0)} \text{ und } 3\overline{K}_{z_0}(\omega) \leqq 1, \\ \dfrac{1}{\sqrt{1+3\overline{K}_{z_0}(0)}} & \text{für } 0 \leqq z \leqq 1+\sqrt{3\overline{K}_{z_0}(0)} \text{ und } 3\overline{K}_{z_0}(0) > 1, \\ 0 \quad \text{sonst.,} \end{cases} \end{aligned}\right\} \tag{3.103}$$

die bei $z = +1$ und $z = -1$ zwei gleich große Maxima besitzen und somit eine wesentliche Eigenschaft der tatsächlichen Dichte berücksichtigen, so werden nach statistischer Linearisierung im gesamten Bereich $0 \leqq \gamma^2 < \infty$ schon recht gute Näherungslösungen für die stationäre Streuung erhalten (s. Abb. 3.6: SL(Σ G.M.), SL(Σ glm.)):

$$\left.\begin{aligned} \overline{m}_{z_0} &= 0 \quad \text{nach SL}(\Sigma\text{ G.M.}),\ \text{SL}(\Sigma\text{ glm.}),\ \text{QMF}_4(p_{\Sigma G} \mid 2), \\ \overline{K}_{z_0}(0) &= \begin{cases} \left.\begin{array}{ll} \frac{5}{18}\left(\sqrt{1+\frac{36}{5}\gamma^2}+1\right) & \text{für } \gamma > \sqrt{\frac{28}{15}} \\ 1+\frac{25}{18}\left(\sqrt{1+\frac{36}{125}\gamma^2}-1\right) & \text{für } \gamma \leqq \sqrt{\frac{28}{15}} \end{array}\right\} \text{nach SL}(\Sigma\text{ glm.}) \\ 1+\frac{5}{6}\left(\sqrt{1+\frac{12}{25}\gamma^2}-1\right) \quad \text{nach SL}(\Sigma\text{ G.M.}) \end{cases} \end{aligned}\right\} \tag{3.104}$$

Das Verfahren $\text{QMF}_4(p_G)$ wird dahingehend modifiziert, daß die Quasimomentenentwicklung nicht bezüglich einer Gaußschen Dichte, sondern bezüglich der durch (3.102) definierten Dichte

$p_{\Sigma G}(z)$ durchgeführt wird und für $p_0(z)$ nur die Quasimomentenfunktion vierter Ordnung berücksichtigt wird

$$\bar{p}_0(z) = \left[1 + \frac{1}{4!} \bar{Q}_{4;4} \frac{\partial^4}{\partial z^4}\right] \bar{p}_{\Sigma G}(z). \tag{3.105}$$

Wir bezeichnen daher dieses Verfahren als $QMF_4(p_{\Sigma G} \mid 2)$. Aus dem Gleichungssystem (3.58) ($\varphi^T(z) = (z, z^3)$) wird für die stationäre Streuung ($m_{z_0} = 0$) eine kubische Gleichung erhalten

$$\gamma^2 = \frac{30D^2 + 87D + 61}{12D + 11} D \qquad \text{nach } QMF_4(p_{\Sigma G} \mid 2),$$

$$D = \bar{K}_{z_0}(0) - 1.$$

In der Abb. 3.6 ist auch die nach diesem Näherungsverfahren berechnete stationäre Streuung in Abhängigkeit von γ dargestellt ($QMF_4(p_{\Sigma G} \mid 2)$). Sie zeigt eine weitere verbesserte Approximationsgenauigkeit der tatsächlichen Streuung im gesamten Bereich $0 \leqq \gamma^2 < \infty$. Die Quasimomentenfunktion vierter Ordnung wird in dieser Näherung errechnet aus

$$\bar{Q}_{4;4} = -\frac{15D^3 + 30D^2 + (9-3)^2 D - 3\gamma^2}{15D + 14}.$$

Für $\gamma \to \infty$ lauten die Lösungen für die Streuung nach den hier betrachteten Näherungsverfahren

$$\bar{K}_z(0)/\gamma \underset{\gamma \gtrsim 100}{=} \begin{cases} 2\,\dfrac{\Gamma(3/4)}{\Gamma(1/4)} \simeq 0{,}676 & \text{exakt,} \\ \approx 1/\sqrt{3} \simeq 0{,}577 & \text{nach SL(G.M.) u. SL}(\Sigma\text{ G.M.}), \\ \approx \sqrt{5}/3 \simeq 0{,}745 & \text{nach SL(glm.) u. SL}(\Sigma\text{ glm.}), \\ \approx \sqrt{2/5} \simeq 0{,}632 & \text{nach } QMF_4(p_G \mid 2) \text{ u. } QMF_4(p_{\Sigma G} \mid 2). \end{cases} \tag{3.106}$$

Beispiel 7:

Optimierung des Phasenregelkreises als Frequenzdemodulator

Problemstellung: In der Nachrichtentechnik spielt die Übertragung frequenzmodulierter Signale eine bedeutende Rolle. Dabei wird die Information $\lambda(t)$ mit Hilfe eines fast periodischen Signales, dessen Momentanfrequenz: $\omega/2\pi = (\omega_0 + \dot{\varphi}(t))/2\pi$ dem Informationsprozeß $\lambda(t)$ proportional ist, zum Empfänger übertragen. Berücksichtigt man im Übertragungskanal additive Störeinflüsse $n(t)$, so besteht empfängerseitig das Problem, aus dem empfangenen Signal-Rauschgemisch

$$\begin{aligned} r(t) &= 2A_0 \sin(\omega_0 t + \varphi(t)) + A_0 \sqrt{2N_0}\, n(t), \\ \dot{\varphi}(t) &= \lambda(t) \end{aligned} \tag{3.107}$$

eine möglichst genaue Schätzung $\hat{\lambda}(t)$ für den zur Übertragung gelangten Informationsprozeß λ zu gewinnen, d. h., das Empfangssignal $r(t)$ möglichst optimal zu demodulieren. In (3.107) sind $\omega_0/2\pi$ die sogenannte Trägerfrequenz, $2A_0^2$ die Sendeleistung.

In der Praxis ist es häufig ausreichend, den Informationsprozeß λ a priori durch einen stationären Gauß-Prozeß mit dem Erwartungswert Null und dem Leistungsdichtespektrum

$$S_\lambda(j\omega) = \frac{2\beta d^2}{\omega^2 + \beta^2}$$

mit der Bandbreite β und der mittleren Standardabweichung $d = \sqrt{K/(0)}$, bzw. durch eine lineare stochastische Differentialgleichung mit einem weißen, Gaußschen Eingangsprozeß $\xi_1(t)$ zu beschreiben

$$\dot{\lambda} = -\beta\lambda + \sqrt{2\beta d^2}\, \xi_1(t) \tag{3.108}$$

zu beschreiben.
Unter den Voraussetzungen

V 1: daß die Informationsbandbreite β und die mittlere Standardabweichung d des Informations prozesses sehr viel kleiner als die Trägerfrequenz sind und

V 2: daß das Kanalrauschen $n(t)$ sehr viel breitbandiger als das Sendesignal ist,

wird in der Theorie der bedingten Markovschen Diffusionsprozesse (s. z. B. [10, 58, 61–63, 100, 104, 108] die annähernd optimale Struktur des Frequenzdemodulators abgeleitet, die durch die folgenden beiden Differentialgleichungen repräsentiert wird (s. a. [70, 71, 117–119]):

$$\begin{aligned} \dot{\hat{\varphi}} &= \hat{\lambda} + \frac{\beta k_1}{A_0} r(t) \cos(\omega_0 t + \hat{\varphi}), \\ \dot{\hat{\lambda}} &= -\beta\hat{\lambda} + \frac{\beta^2 k_2}{A_0} r(t) \cos(\omega_0 t + \hat{\varphi}). \end{aligned} \tag{3.109}$$

Diese annähernd optimale Struktur des Frequenzdemodulators wird durch einen analogen Multiplikator (Frequenzkomparator) und einen spannungsgesteuerten Oszillator (VCO: Voltage Controlled Oscillator) dessen Momentanfrequenz proportional der angelegten Spannung ist

$$\omega_{\mathrm{VCO}}(t) = \omega_0 + U(t),$$

technisch realisiert und ist in der Abb. 3.7 schematisch dargestellt, wobei entsprechend den Gln. (3.109) die linearen Übertragungsoperatoren wie folgt definiert sind

$$K(\mathrm{p}) = \frac{\beta k_1 \mathrm{p} + \beta^2(k_1 + k_2)}{\mathrm{p} + \beta}, \quad K_1(\mathrm{p}) = \frac{\beta k_2}{\mathrm{p} + \beta}.$$

Mit Hilfe der Theorie der Markovschen Diffusionsprozesse kann zwar die Struktur des (annähernd) optimalen Frequenzdemodulators ermittelt werden, jedoch werden keine ausreichenden Vorschriften, wie die Verstärkungsfaktoren k_1 und k_2 am besten festzulegen sind, gegeben. Diese Parameteroptimierung muß durch Analyse des Systems (3.109) vorgenommen werden.

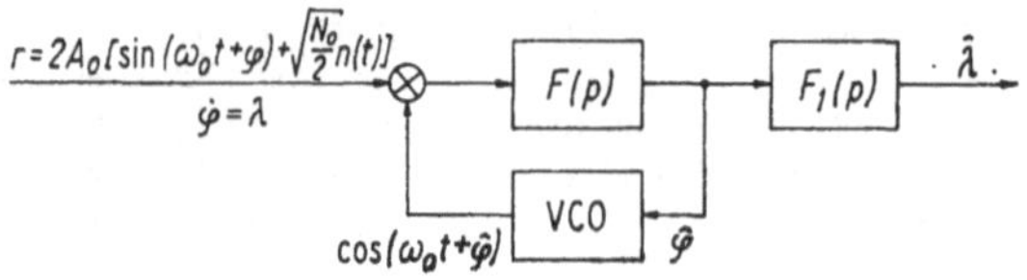

Abb. 3.7: Blockschaltbild eines Phasenregelkreises als Frequenzdemodulator

Als Optimierungskriterium wählen wir hier die mittlere quadratische Abweichung der Prozesse $\varphi(t)$ und $\hat{\varphi}(t)$

$$\langle(\varphi - \hat{\varphi})^2\rangle\,|_{k_1 = k_1^*, k_2 = k_2^*} \overset{!}{=} \mathrm{Min}\, \langle(\varphi - \hat{\varphi})^2\rangle, \tag{3.110}$$

d. h., es muß zur Lösung dieses Optimierungsproblems die mittlere quadratische Abweichung in Abhängigkeit der Verstärkungsfaktoren k_1 und k_2 ermittelt werden.

Dazu werden zunächst aus den Gln. (3.107) bis (3.109) die Differentialgleichungen für die Fehlerprozesse $y = \varphi - \hat{\varphi}$, $z = \lambda - \hat{\lambda}$ ermittelt, die unter den oben genannten Voraussetzungen weiter vereinfacht werden können: Nach V 1 kann der Term $\sin(2\omega_0 t + \varphi + \hat{\varphi})$ mit der doppelten Trägerfrequenz vernachlässigt werden, da er durch das Filter $K(p)$ „weggefiltert" wird Nach V 2 kann das Kanalrauschen

$$n(t) = \xi(t)$$

in sehr guter Näherung durch einen weißen Gaußschen Prozeß approximiert werden und in Verbindung mit V 1 kann der Prozeß $\xi(t) \cos(\omega_0 t + \hat{\phi})$ durch den weißen Prozeß $\xi(t)$ näherungsweise beschrieben werden (s. z. B. [118], [119]). Damit gehen die Differentialgleichungen für die Fehlerprozesse über in

$$\begin{aligned} \dot{y}(t) &= z - \beta k_1\big(\sin(y) + \sqrt{2N_0}\,\xi(t)\big), \qquad y = \varphi - \hat{\phi}, \\ \dot{z}(t) &= -\beta z - \beta^2 k_2\big(\sin(y) + \sqrt{2N_0}\,\xi(t)\big) + \sqrt{2\beta d^2}\,\xi_1(t), \qquad z = \lambda - \hat{\lambda}. \end{aligned} \tag{3.111}$$

Diese Gleichungen sind in der Literatur als Gleichungen des Phasenregelkreises zweiter Ordnung bekannt.

Im folgenden wird angenommen, daß das Kanalrauschen $\xi(t)$ und der Informationsprozeß $\lambda(t)$ nicht miteinander korreliert sind

$$\begin{aligned} &m_\xi = m_{\xi_1} = 0, \\ &K_\xi(t, t') = K_\xi(t, t') = \delta(t - t'), \qquad K_{\xi,\xi_1}(t, t') = 0. \end{aligned} \tag{3.112}$$

Der Parameter

$$\gamma^2 = \frac{d^2}{\beta^3 N_0} \tag{3.113}$$

stellt das Verhältnis des mittleren quadratischen Frequenzhubes d^2/β^2 pro Hertz Informationsbandbreite des ungestörten Signales (s. Gl. (3.107) für $n(t) = 0$) zum mittleren quadratischen Rausch-Signalverhältnis βN_0 pro Hertz Bandbreite dar.

Bei der Analyse des stationären Prozesses (y, z) sind wieder die für den eindimensionalen Fall im Beispiel 3 getroffenen Aussagen zu beachten: Da der Prozeß $y(t)$ derselben Differentialgleichung wie der Prozeß $y_n(t) = y(t) + 2n\pi$ genügt, kann nur für den in einem 2π-Intervall (z. B. $[-\pi, +\pi]$) definierten Prozeß $y(t)$ eine stationäre Dichte bestimmt werden, wobei die der Gl. (3.89) entsprechende „Stationaritätsbedingung"

$$m_y^2 + K_y(0) \lesssim \frac{1}{6}\left(\frac{\pi}{2}\right)^2 \simeq 0{,}4112 \tag{3.114}$$

erfüllt sein muß.

Näherungslösungen nach Linearisierung des Ausgangssystems

Das zweidimensionale System (3.111) kann in vektorieller Form in folgender Weise dargestellt werden

$$\dot{\tilde{z}} = A_0\tilde{z} + B_0 \sin(y) + G\tilde{\xi}, \qquad \tilde{z}^\mathsf{T} = (y, z), \qquad \tilde{\xi}^\mathsf{T} = (\xi, \xi_1), \tag{3.115a}$$

worin

$$A = \begin{pmatrix} 0 & 1 \\ 0 & -\beta \end{pmatrix}, \qquad -B_0 = \begin{pmatrix} \beta k_1 \\ \beta^2 k_2 \end{pmatrix}, \qquad G = \begin{pmatrix} -\beta k_1 \sqrt{2N_0} & 0 \\ -\beta^2 k_2 \sqrt{2N_0} & \sqrt{2\beta d^2} \end{pmatrix},$$
$$m_{\tilde{\xi}} = 0, \qquad K_{\tilde{\xi}}(t, t') = E\delta(t - t') \tag{3.115b}$$

und E die zweidimensionale Einheitsmatrix sind.

Zur Lösung der stationären Gleichungen der statistischen Linearisierung (3.50) müssen Erwartungswerte der Art $\langle \sin y\rangle_0$, $\langle y \sin y\rangle_0$ und $\langle z \sin y\rangle_0$ berechnet werden. In Abhängigkeit vom Linearisierungsverfahren (bei Taylorscher Linearisierung wird $\sin y$ durch y ersetzt, nach SL(G.M.) wird über eine Gaußsche Dichte gemittelt) werden dabei verschiedene Ergebnisse gewonnen. Nach beiden Verfahren werden für das betrachtete System aus der ersten Gleichung von (3.50) zunächst die stationären Erwartungswerte zu Null bestimmt

$$\overline{m}_y = \overline{m}_z = 0 \quad \text{nach TL und SL(G.M.)}. \tag{3.116}$$

Die in der zweiten Gleichung von (3.50) benötigten Erwartungswerte werden bestimmt zu

$$\langle \tilde{\boldsymbol{z}} \sin (y)\rangle_0 = h\overline{\boldsymbol{K}}_{\tilde{z}_0}(0)\, \boldsymbol{H}, \qquad \boldsymbol{H}^{\mathsf{T}} = (1, 0)$$

mit

$$h = \begin{cases} 1 & \text{nach TL}, \\ \exp\left\{-\dfrac{1}{2}\, \overline{K}_{y_0}(0)\right\} & \text{nach SL(G.M.)}, \\ \overline{K}_{y_0}(0)^{-1} \left[\dfrac{\sin \sqrt{3\overline{K}_{y_0}}}{\sqrt{3\overline{K}_{y_0}}} - \cos \sqrt{3\overline{K}_{y_0}}\right] & \text{nach SL(glm.)}, \end{cases} \tag{3.117}$$

so daß sie stationäre Streumatrix $\overline{\boldsymbol{K}}_{z_0}(0)$ des Prozesses $\boldsymbol{z}_0{}^{\mathsf{T}} = (y_0, z_0)$ aus der folgenden Matrizengleichung zu ermitteln ist

$$(\boldsymbol{A} - h\boldsymbol{B}\boldsymbol{H}^{\mathsf{T}})\, \overline{\boldsymbol{K}}_{\tilde{z}_0}(0) + \overline{\boldsymbol{K}}_{\tilde{z}_0}(0)\, (\boldsymbol{A} - \boldsymbol{B}\boldsymbol{H}^{\mathsf{T}})^{\mathsf{T}} + \boldsymbol{G}\boldsymbol{G}^{\mathsf{T}} = 0.$$

Für die einzelnen Streuungen werden daraus die folgenden Gleichungen erhalten

$$\left.\begin{aligned} h\overline{K}_{y_0}(0) &= \beta N_0\, \frac{(k_1 + k_2)^2 + hk_1{}^2(k_1 + k_2) + \gamma^2}{(k_1 + k_2)\,(hk_1 + 1)}, \\ \overline{K}_{y_0,z_0}(0) &= \beta k_1[h\overline{K}_{y_0}(0) - \beta N_0 k_1], \\ \overline{K}_{z_0}(0) &= N_0\beta^3(k_2{}^2 + \gamma^2) - \beta h k_2 \overline{K}_{y_0,z_0}(0). \end{aligned}\right\} \tag{3.118}$$

Durch Minimierung der durch die erste Gleichung von (3.118) definierten Streuung $\overline{K}_{y_0}(0)$ werden die optimalen Verstärkungsfaktoren k_1 und k_2 wie folgt festgelegt

$$\begin{aligned} k_1 &= k_1{}^* = \frac{1}{h}\left[\sqrt{1 + 2\gamma h} - 1\right], \\ k_2 &= k_2{}^* = \gamma - k_1{}^*. \end{aligned} \tag{3.119}$$

Der Parameter γ ist durch (3.113) definiert. Mit diesen Parametern werden für die Streuungen die folgenden Näherungslösungen erhalten

$$\left.\begin{aligned} \overline{K}_{y_0}(0)\,|_{k_i = k_i{}^*} &= 2\beta N_0 k_1{}^* h^{-1}, \\ \overline{K}_{y_0,z_0}(0)\,|_{k_i = k_i{}^*} &= 2\beta^2 N_0 k_2{}^* h^{-1}, \\ \overline{K}_{z_0}(0)\,|_{k_i = k_i{}^*} &= 2\beta^3 N_0 k_2{}^* h^{-1}(1 + hk_1{}^*). \end{aligned}\right\} \tag{3.120}$$

Nach Taylorscher Linearisierung ($h = 1$) werden also die näherungsweise berechneten optimalen Verstärkungsfaktoren allein durch den Parameter γ bestimmt, und die Streuungen sind durch (3.120) direkt gegeben. Sie sind in dieser Näherung proportional zur Rauschleistung pro Hertz Informationsbandbreite: $2\beta N_0$ des Beobachtungsrauschens $\xi(t)$.

Wesentlich anders sind die nach statistischer Linearisierung gewonnenen Näherungslösungen: $\overline{K}_{y_0}(0)$ wird aus einer nichtlinearen Gleichung in nichtlinearer Abhängigkeit von γ *und* $2\beta N_0$ ermittelt. Dazu gibt man sich Werte für $\overline{K}_{y_0}(0)$ und γ vor und ermittelt aus der ersten Gleichung von (3.120) den dazugehörigen Wert $2\beta N_0$. Mit Kenntnis von $\overline{K}_{y_0}(0)$ und der dazugehörigen

Parameter γ und $2\beta N_0$ können nun nach (3.119) (mit (3.117) für h nach SL(G.M.)) die optimalen Verstärkungsfaktoren und nach (3.120) die weiteren Streuungen $\bar{K}_{y_0,z_0}(0)$ und $\bar{K}_{z_0}(0)$ in nichtlinearer Abhängigkeit von γ und $2\beta N_0$ direkt angegeben werden.

In Abb. 3.8 sind die nach Linearisierung näherungsweise ermittelten optimalen Verstärkungsfaktoren für $\gamma = 1/2$ in Abhängigkeit von $2\beta N_0$ dargestellt. Im Bereich $0 \leqq 2\beta N_0 \lesssim 1$ unterscheiden sich die nach diesen Näherungsverfahren ermittelten optimalen Werte $k_1{}^*$ und $k_2{}^*$ nur unwesentlich. Wesentlich verschiedene Näherungslösungen werden allerdings für die stationäre Streuung erhalten (s. Abb. 3.9). Qualitativ ergeben sich im hier betrachteten zweidimensionalen Fall die gleichen Verhältnisse wie im eindimensionalen Fall (vgl. mit Abb. 3.4), so daß mit den dort gewonnenen Erfahrungen den nach statistischer Linearisierung gewonnenen Näherungslösungen der Vorzug zu geben ist. Tatsächlich widerspiegeln die nach SL(G.M.) gewonnenen Näherungslösungen die am realen Phasenregelkreis gemessenen Werte am besten (s. [95]).

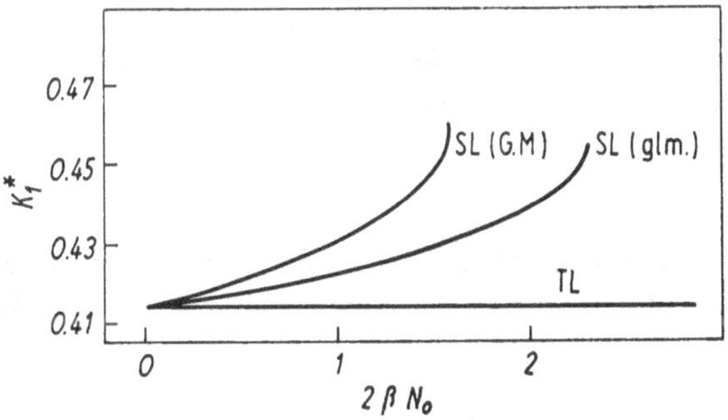

Abb. 3.8: Der nach Linearisierung ermittelte optimale Verstärkungsfaktor $k_1{}^*$ eines Frequenzdemodulators (Phasenregelkreis zweiter Ordnung) für $\gamma = 1/2$ in Abhängigkeit von der Rauschleistung pro Hertz Bandbreite $2N_0$

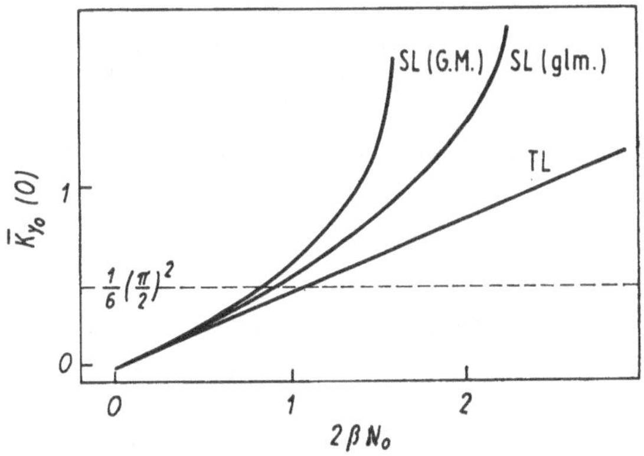

Abb. 3.9: Die nach Linearisierung für die optimalen Verstärkungsfaktoren $k_i = k_i{}^*$ $(i = 1, 2)$ ermittelten minimalen Streuungen eines Frequenzdemodulators (Phasenregelkreis zweiter Ordnung) für $\gamma = 1/2$ in Abhängigkeit von der Rauschleistung pro Hertz Bandbreite $2N_0$

Kapitel 4: Iterative Konstruktion von Funktionalreihen

Mit Hilfe einer erzeugenden Funktion wird in diesem Kapitel ein allgemeines Verfahren zur iterativen Konstruktion von Funktionalreihen

$$z(t) = z_0(t) + z_1(t) + \cdots + z_k(t) + \cdots$$

für einen durch ein Differentialgleichungssystem (3.1) definierten Prozeß $z^{\mathsf{T}}(t)$ beschrieben. Wesentliches Merkmal dieses allgemeinen Iterationsverfahrens ist, daß jedes Entwicklungsglied $z_k(t)$ für $k \geqq 1$ aus den niederen Entwicklungsgliedern durch ein lineares Funktional

$$z_k(t) = \boldsymbol{\Phi}^*(t, t_0)\, z_k(t_0) + \int_{t_0}^{t} \boldsymbol{\Phi}^*(t, t')\, \boldsymbol{R}_k\big(z_0{}^{\mathsf{T}}(t'), \ldots, z_{k-1}^{\mathsf{T}}(t'), \boldsymbol{x}^{\mathsf{T}}(t')\big)\, \mathrm{d}t'$$

berechnet wird, wobei $\boldsymbol{\Phi}^*(t, t')$ eine für alle $k \geqq 1$ identische Fundamentallösungsmatrix eines linearen Systems ist. Durch konkrete Festlegung der erzeugenden Funktion können aus diesem allgemeinen Iterationsschema die verschiedenartigsten Konstruktionsvorschriften von Funktionalreihenentwicklungen unmittelbar angegeben werden.

Voraussetzung für die praktische Anwendung dieser Iterationsverfahren sind die Vorgaben einer nullten Näherung

$$z_0(t) = \mathcal{F}_0\{z_0{}^{\mathsf{T}}(t_0), \boldsymbol{x}^{\mathsf{T}}(t') \mid t_0 \leqq t' \leqq t\}$$

für das gesuchte Lösungsfunktional des Prozesses $z^{\mathsf{T}}(\cdot)$ und von Potenzreihenentwicklungen der Systemnichtlinearitäten um die Prozeßtrajektorien dieser nullten Näherung.

Da der rechentechnische Aufwand zur Berechnung höherer Entwicklungsglieder einer Funktionalreihe sehr rasch anwächst, ist man i. d. R. gezwungen, sich bei der Analyse nichtlinearer Systeme näherungsweise mit einigen wenigen Entwicklungsgliedern einer Funktionalreihe für $z^{\mathsf{T}}(t)$ zu begnügen. Aus diesem Grunde müssen nicht nur das konkret herangezogene Iterationsverfahren (und damit die spezielle Klasse der möglichen Funktionalreihenentwicklungen für $z^{\mathsf{T}}(t)$), sondern auch die nullte Näherung und die Potenzreihendarstellungen der Systemnichtlinearitäten dem zu analysierenden System und dem Ziel der Analyse sorgfältig angepaßt werden. Dazu können die nach statistischer Linearisierung des Ausgangssystems gewonnenen Ergebnisse sehr vorteilhaft genutzt werden.

4.1. Allgemeine Darstellung der Iterationsverfahren

Um die Grundidee des allgemeinen Verfahrens zur Konstruktion von Funktionalreihen möglichst anschaulich darstellen zu können, beschränken wir uns in diesem Abschnitt zunächst auf den eindimensionalen Fall, d. h. auf ein System erster Ordnung

$$\dot{z} = f(z, x, t). \tag{4.1}$$

Die für dieses eindimensionale System abgeleiteten Verfahren zur Bestimmung von Funktionalreihen für das Lösungsfunktional

$$z(t) = \mathcal{F}\{z(t_0), x(t') \mid t_0 \leqq t' \leqq t\}$$

können ohne prinzipielle Schwierigkeiten auf den mehrdimensionalen Fall verallgemeinert werden.

Gesucht wird das Lösungsfunktional des durch die nichtlineare Differentialgleichung (4.1) definierten (skalaren) Prozesses $z(t)$ in Form einer Funktionalreihe

$$z(t) = z_0(t) + z_1(t) + \cdots + z_k(t) + \cdots, \tag{4.2}$$

wobei jedes Entwicklungsglied ein kausales Funktional bezüglich des (skalaren) Eingangsprozesses $x(t)$ und seines Anfangszustandes $z_k(t_0)$ ist

$$z_k(t) = \mathcal{F}_k\{z_k(t_0), x(t') \mid t_0 \leqq t' \leqq t\}.$$

Zur Bestimmung einer derartigen Funktionalreihe wird von einem in expliziter Form vorliegenden Funktional $z_0(t) = \mathcal{F}_0\{\cdot \mid \cdot\}$ ausgegangen, das als nullte Näherung für das Lösungsfunktional des Prozesses $z(t)$ geeignet ist.

Die Konstruktion der weiteren Entwicklungsglieder soll so erfolgen, daß jedes $z_k(t)$ — neben dem Eingangsprozeß und dem entsprechenden Anfangszustand — allein durch die Entwicklungsglieder niederer Ordnungen festgelegt wird

$$z_k(t) = \mathcal{F}_k^*\{z_k(t_0), z_0(t'), \ldots, z_{k-1}(t'), x(t') \mid t_0 \leqq t' \leqq t\}. \tag{4.3}$$

Damit wird gewährleistet, daß ein einmal bestimmtes Entwicklungsglied bei der weiteren Konstruktion der Funktionalreihe nicht mehr beeinflußt wird.

Die Grundidee des allgemeinen Verfahrens zur iterativen Konstruktion derartiger Funktionalreihen besteht darin, daß anstelle des Ausgangssystems (4.1) nach Einführung eines formalen Entwicklungs- (bzw. Ordnungs-) Parameters ε ein parametrisierter Prozeß $z(t, \varepsilon)$ betrachtet wird, der — bei zunächst beliebiger Funktion $f^*(z, x, \varepsilon, t)$ — der Differentialgleichung:

$$\dot{z}(t, \varepsilon) = f^*\big(z(t, \varepsilon), x, \varepsilon, t\big) \tag{4.4}$$

genügen soll. Der Zusammenhang zwischen beiden Prozessen $z(t)$ und $z(t, \varepsilon)$ wird über die Forderung hergestellt, daß $z(t, \varepsilon)$ für $\varepsilon \to 1$ gegen den zu analysierenden Prozeß $z(t)$ streben soll

$$\lim_{\varepsilon \to 1} z(t, \varepsilon) = z(t) \quad \text{für (fast) alle} \quad t \geqq t_0. \tag{4.5}$$

Diese Forderung zieht unmittelbar die Bedingung nach sich, daß die Funktion $f^*(\cdot)$ für $\varepsilon \to 1$ gegen die Systemnichtlinearität des Ausgangssystems streben muß

$$\lim_{\varepsilon \to 1} f^*(z, x, \varepsilon, t) = f(z, x, t), \tag{4.6}$$

wovon man sich leicht nach Vergleich der beiden Differentialgleichungen (4.1) und (4.4) für $z(t)$ und $z(t, \varepsilon)$ überzeugt.

In Analogie zur Funktionalreihe (4.2) wird nun der Prozeß $z(t, \varepsilon)$ in Form einer Potenzreihe bezüglich des Parameters ε gesucht

$$z(t, \varepsilon) = \sum_{k=0}^{\infty} \varepsilon^k z_k(t). \tag{4.7}$$

Aufgrund der Äquivalenzbedingung (4.5) sind die Reihendarstellungen (4.7) für $\varepsilon = 1$ und (4.2) identisch, so daß die $z_k(t)$ gemeinsame Entwicklungsglieder der Funktionalreihen für die Prozesse $z(t, \varepsilon)$ und $z(t)$ darstellen.

Zur Bestimmung der von ε unabhängigen Entwicklungsglieder $z_k(t)$ aus dem modifizierten System (4.4) muß die — bis auf die Bedingung (4.6) — frei wählbare Funktion $f^*(z, x, \varepsilon, t)$ in Form einer Potenzreihe bezüglich ε mit von diesem Parameter unabhängigen Zerlegungskoeffizienten vorliegen.

Da die Funktion $f^*(\cdot)$ sowohl explizit als auch über den Prozeß $z(t, \varepsilon)$ von ε abhängt, bedeutet dies, daß für $f^*(\cdot)$ eine Doppelreihenentwicklung nach ε und der Differenz zwischen der Prozeßtrajektorie $z(t, \varepsilon)$ und der Trajektorie des Prozesses der nullten Näherung $z_0(t)$ existieren muß

$$f^*\big(z(t, \varepsilon), x, \varepsilon, t\big) = \sum_{k \geqq 0} \sum_{l \geqq 0} \frac{\varepsilon^k}{k!} \frac{\big(z(t, \varepsilon) - z_0(t)\big)^l}{l!} f_{k,l}(z_0, x, t). \tag{4.8}$$

Die gewünschte Potenzreihe wird erhalten, wenn hierin für $z(t, \varepsilon)$ die Reihendarstellung (4.7) eingesetzt und die entstehende Mehrfachsumme nach Potenzen bezüglich ε geordnet wird

$$f^*\big(z(t, \varepsilon), x, \varepsilon, t\big) = f^*_{0.0}(z_0, x, t) + \sum_{k=1}^{\infty} \varepsilon^k \left[\frac{1}{k!} f^*_{0.k}(z_0, x, t) + \sum_{n=1}^{k} \sum_{s=1}^{n} \frac{1}{(k-n)!} f^*_{s,k-n}(z_0, x, t)\, C_n^{(s)}(z_1, \ldots, z_{n-s+1})\right].$$

Abkürzend wurden dabei über die Definitionsgleichung

$$\frac{1}{s!}\left[\sum_{k \geqq l} \frac{\varepsilon^k}{k!} z_k(t)\right]^s = \sum_{n \geqq s} \frac{\varepsilon^n}{n!} C_n^{(s)}(z_1, \ldots, z_{n-s+1}) \tag{4.9}$$

die Funktionen $C_n^{(s)}(\cdot)$ eingeführt, für die am Ende dieses Unterabschnitts eine übersichtliche Konstruktionsvorschrift angegeben wird. Zunächst wollen wir uns mit der für die weiteren Ausführungen wichtigen Feststellung begnügen, daß die Funktion $C_n^{(s)}(\cdot)$ nur von den Entwicklungsgliedern $z_1(t)$ bis z_{n-s+1} abhängt.

Setzt man nun diese ε-Zerlegung der Funktion $f^*(\cdot)$ und die des Prozesses $z(t, \varepsilon)$ gemäß Gl. (4.7) auf der rechten bzw. linken Seite der Differentialgleichung für $z(t, \varepsilon)$ ein, so wird nach Koeffizientenvergleich bezüglich ε^k ($k \geqq 0$) das folgende Gleichungssystem zur Bestimmung der Entwicklungsglieder $z_k(t)$ gewonnen

$$\dot{z}_0(t) = f^*_{0,0}(z_0, x, t), \tag{4.10}$$

$$\dot{z}_k(t) = \frac{1}{k!} f^*_{0,k}(z_0, x, t) + \sum_{n=1}^{k} \sum_{s=1}^{n} \frac{1}{(k-n)!} f^*_{s,k-n}(z_0, x, t)\, C_n^{(s)}(z_1, \ldots, z_{n-s+1}).$$

Wesentliches Merkmal dieses Gleichungssystems ist, daß die rechten Seiten der Differentialgleichungen für jedes Entwicklungsglied $z_k(t)$ ($k \geqq 0$) unabhängig von den jeweils höheren Entwicklungsgliedern $z_{k+1}, z_{k+2}, \ldots$ sind. Damit ist die Grundbedingung für eine rekursive Bestimmung von Funktionalreihen der eingangs geforderten Eigenschaft (4.3) durch das Gleichungssystem (4.10) erfüllt. Weiterhin zeichnet sich dieses Gleichungssystem durch eine für die praktische Handhabbarkeit sehr vorteilhafte Eigenschaft aus: Für jedes $k \geqq 1$ geht auf der rechten Seite des Differentialgleichungssystems (4.10) das höchste Entwicklungsglied $z_k(t)$ nur über die Summationsindizes $n = k$ und $s = 1$, d. h. nur über die Funktion: $C_k^{(1)}(z_1, \ldots, z_k)$, ein, die ihrerseits entsprechend ihrer Definitionsgleichung (4.9) identisch mit dem Prozeß $z_k(t)$ ist. Die Bestimmungsgleichungen für die $z_k(t)$ stellen also für $k \geqq 1$ lineare (bezüglich $z_k(t)$) Differentialgleichungen dar, die sich lediglich (für $k \geqq 1$) in dem Inhomogenitätsterm $R_k(\cdot)$ unterscheiden

$$\left.\begin{aligned} \dot{z}_k(t) &= f^*_{1,0}(z_0, x, t)\, z_k(t) + R_k(z_0, z_1, \ldots, z_{k-1}, x, t), \\ R_k(z_0, \ldots, z_{k-1}, x, t) &= \frac{1}{k!} f^*_{0,k}(z_0, x, t) + (1 - \delta_{k,1}) \\ &\quad \times \left[\sum_{n=1}^{k-1} \sum_{s=1}^{n} \frac{1}{(k-n)!} f^*_{s,k-n}(z_0, x, t)\, C_n^{(s)}(z_1, \ldots, z_{n-s+1}) \right. \\ &\quad \left. + \sum_{s=2}^{k} f^*_{s,0}(z_0, x, t)\, C_k^{(s)}(z_1, \ldots, z_{k-s+1}) \right], \qquad k \geqq 1. \end{aligned}\right\} \tag{4.11}$$

Darin ist

$$\delta_{k,n} = \begin{cases} 1 & \text{für} \quad k = n, \\ 0 & \text{für} \quad k \neq n \end{cases}$$

das Kronecker-Symbol.

Da die homogenen Differentialgleichungen für alle $k \geqq 1$ identisch sind, ist lediglich die Fundamentallösung

$$\Phi_x^*(t, t_0) = \exp \int_{t_0}^{t} f^*_{1,0}\big(z_0(t'), x(t'), t'\big)\, dt' \tag{4.12}$$

zu bestimmen, mit deren Hilfe die Entwicklungsglieder einer Funktionalreihe für $z(t)$ mit den geforderten Eigenschaften (4.3) unmittelbar nach folgendem allgemeinen Rekursionsschema berechnet werden können

$$z_k(t) = \Phi_x^*(t, t_0)\, z_k(t_0) + \int_{t_0}^{t} \Phi_x^*(t, t')\, R_k\big(z_0(t'), \ldots, z_{k-1}(t'), x(t'), t'\big)\, dt', \tag{4.13}$$

$k \geqq 1$.

Die Anfangsbedingungen der Entwicklungsglieder $z_k(t)$ können bis auf die Nebenbedingung

$$\sum_{k=1}^{\infty} z_k(t_0) = z(t_0) \tag{4.14}$$

frei gewählt werden.

Zu beachten ist dabei, daß in dieser allgemeinen Formulierung des Verfahrens zur iterativen Konstruktion von Funktionalreihen für den zu analysierenden Prozeß $z(t)$ die Fundamentallösung $\Phi_x^*(t, t_0)$ nach (4.12) im allgemeinen Fall ein Funktional des Eingangsprozesses, d. h. eine zufällige Funktion, ist.

Grundlegende Voraussetzung für die Anwendbarkeit eines derartigen Iterationsverfahrens ist, daß die Lösung der Differentialgleichung (4.10) für $z_0(t)$ für wenigstens eine Anfangsbedingung $z_0(t_0)$ bekannt sein muß, was durch eine entsprechende Wahl des ersten Zerlegungskoeffizienten $f_{0,0}^*(z_0, x, t)$ der Funktion $f^*(z, x, \varepsilon, t)$ erreicht wird. Ist dies nur für eine spezielle Anfangsbedingung $z_0(t_0)$ möglich, dann können in Übereinstimmung mit (4.14) die Anfangsbedingungen der weiteren Entwicklungsglieder der Funktionalreihe beispielsweise wie folgt gewählt werden

$$z_1(t_0) = z(t_0) - z_0(t_0), \qquad z_k(t_0) = 0 \quad \text{für} \quad k \geqq 2.$$

Wir haben sehr wohl den Fall $z_0(t_0) \neq z(t_0)$ zugelassen, da durchaus der Fall eintreten kann, daß die Lösung der Differentialgleichung (4.10) für $z_0(t)$ nur für eine spezielle Anfangsbedingung in analytischer Form angegeben werden kann, die nicht mit dem Anfangszustand des zu analysierenden Prozesses übereinstimmt. Die folgende Situation möge als Beispiel dienen: $f_{0,0}^*(z_0, x, t)$ habe eine derartige Struktur, daß die Lösung der Differentialgleichung (4.10) für Anfangsbedingungen $z_0(t_0) \neq z_0^*(t_0)$ nicht analytisch angegeben werden kann, jedoch gelte für fast alle $t \geqq t_0$: $f_{0,0}^*(z_0^*(t), x(t), t) = 0$. In diesem Falle kann z. B. die Partiallösung $z_0(t) = z_0^*(t)$ als nullte Näherung herangezogen werden, vorausgesetzt, sie ist stabil.

Durch die konkrete Festlegung der Funktion $f^*(z, x, \varepsilon, t)$, die lediglich den drei Bedingungen:

- $f^*(z, x, \varepsilon, t)$ strebt für $\varepsilon \to 1$ gegen die Systemnichtlinearität des Ausgangssystems,
- $f^*(z, x, \varepsilon, t)$ besitzt eine Potenzreihenentwicklung (4.8) bezüglich ε und $(z - z_0)$,
- die nullte Näherung $z_0(t)$ ist als Lösung der Differentialgleichung (4.10) für wenigstens eine Anfangsbedingung bekannt und in analytischer Form gegeben,

genügen muß, können aus dem allgemeinen Rekursionsschema (4.11) bzw. (4.13) die verschiedenartigsten Konstruktionsvorschriften für eine Funktionalreihe (4.2) unmittelbar abgeleitet werden. Wir bezeichnen daher die Funktion $f^*(z, x, \varepsilon, t)$ auch als erzeugende Funktion. Wie diese erzeugende Funktion am günstigsten zu wählen ist, muß jeweils am konkret vorliegenden stochastischen System entschieden werden. Zu beachten ist dabei, daß die Struktur und somit auch die Konvergenzeigenschaften einer Funktionalreihe für $z(t)$ nicht allein durch die erzeugende Funktion, sondern gleichermaßen durch die Art und Weise ihrer Potenzreihenentwicklung und die Wahl der nullten Näherung $z_0(t)$ bestimmt werden. Selbst bei vorgegebener erzeugender Funktion besteht somit die Möglichkeit, durch günstige Wahl ihrer Potenzreihenentwicklung und der nullten Näherung unmittelbaren Einfluß auf die Konvergenzeigenschaften der Funktionalreihe für $z(t)$ zu nehmen. Dabei können beispielsweise die nach statistischer Linearisierung des Ausgangssystems gewonnenen Ergebnisse vorteilhaft genutzt werden (s. Abschn. 4.4.). Dies ist insofern bedeutungsvoll, da die Berechnung höherer Entwicklungsglieder einer Funktionalreihe immer aufwendiger wird und man sich daher i. allg. bei der Analyse nichtlinearer stochastischer Systeme näherungsweise mit den ersten Entwicklungsgliedern, d. h. mit einer abgebrochenen Funktionalreihe für $z(t)$, begnügen muß. Somit nehmen die Konvergenzeigenschaften der Funktionalreihe unmittelbaren Einfluß auf die Genauigkeit der so gewonnenen Näherungslösungen für die statistischen Charakteristika des Prozesses (z, x).

In den folgenden Abschnitten werden die, aus dem allgemeinen Iterationsverfahren abgeleiteten, wichtigsten Konstruktionsvorschriften und ihre Besonderheiten näher erläutert.

Ehe wir uns jedoch den weiteren Ausführungen widmen, wollen wir uns mit einer übersichtlichen Konstruktionsvorschrift für die durch Gl. (4.9) definierten Funktionen $C_n^{(s)}(\cdot)$ vertraut machen, die beim Aufbau von Funktionalreihen eine zentrale Rolle spielen.

Nach (4.9) stellt $C_n^{(s)}(\cdot)$ eine Summe von s-fachen Produkten $z_{k_1} \cdot z_{k_2} \cdots z_{k_s}$ dar, wobei die Bedingungen $k_i \geqq 1$ und $k_1 + \cdots + k_s = n \geqq s$ erfüllt sein müssen. Dabei werden in der Regel einige Summanden gleich sein. Faßt man diese gleichen Summanden zusammen, so stellt $C_n^{(s)}(\cdot)$ eine gewichtete Summe verschiedener Produktkombinationen

$$\prod_{j=1}^{l} [z_{k_j}]^{m_j}$$

mit den Nebenbedingungen $k_1 m_1 + \cdots + k_l m_l = n$ und $m_1 + \cdots + m_l = s$ dar. Durch einfache kombinatorische Überlegungen wird der Wichtungsfaktor einer derartigen Produktkombination zu

$$\left[\prod_{j=1}^{l} m_j!\right]^{-1}$$

bestimmt (man beachte den Vorfaktor $1/s!$ in der Definitionsgleichung (4.9)). Auf diese Weise gelangt man zu der folgenden Konstruktionsvorschrift der $C_n^{(s)}(\cdot)$

$$C_n^{(s)}(z_1, \ldots, z_{n-s+1}) = \Sigma \left\{ \prod_{j=1}^{l} \left[\frac{(z_{k_j})^{m_j}}{m_j!} \right] \right\} \Bigg|_{\substack{k_j \geq 1, \quad m_i \geq 1 \\ \sum_{j=1}^{l} m_j k_j = n, \\ \sum_{j=1}^{l} m_j = s}} \tag{4.15}$$

Die Summation erstreckt sich dabei über alle voneinander verschiedenen Produktkombinationen die den angegebenen Bedingungen genügen. Zur weiteren Erläuterung dieser Vorschrift betrachten wir das folgende, willkürlich gewählte Beispiel: $C_7^{(4)}$ wird durch die folgenden drei verschiedenen Produktkombinationen bestimmt: $z_1^3 z_4$, $z_1^2 z_2 z_3$, $z_2^3 z_1$. Nach (4.15) gilt daher

$$C_7^{(4)}(z_1, \ldots, z_4) = \frac{1}{3!} z_1^3 z_4 + \frac{1}{2!} z_1^2 z_2 z_3 + \frac{1}{3!} z_2^3 z_1 .$$

Besonders einfach werden die $C_n^{(s)}$ für $s = n$ und $s = 1$

$$C_n^{(n)}(z_1) = \frac{1}{n!} z_1^n, \qquad C_n^{(1)}(z_1, \ldots, z_n) = z_n .$$

4.2. Iterationsverfahren mit linear eingeführtem Entwicklungsparameter

Eine wichtige Klasse von Iterationsverfahren wird erhalten, wenn eine von ε linear abhängige erzeugende Funktion f^* gewählt wird

$$f^*(z, x, \varepsilon, t) = h(z, x, t) + \varepsilon\big(f(z, x, t) - h(z, x, t)\big). \tag{4.16}$$

Offensichtlich erfüllen derartige Funktionen f^* für beliebige Funktionen $h(z, x, t)$ die Bedingung (4.6).

Nach Vorgabe der Potenzreihendarstellungen für $h(\cdot)$ und die Systemnichtlinearität $f(\cdot)$

$$h(z, x, t) = \sum_{k=0}^{\infty} \frac{(z - z_0)^k}{k!} h_k(z_0, x, t), \tag{4.17}$$

$$f(z, x, t) = \sum_{k=0}^{\infty} \frac{(z - z_0)^k}{k!} f_k(z_0, x, t) \tag{4.18}$$

wird die spezielle erzeugende Funktion durch eine Potenzreihe (4.8) mit den Zerlegungskoeffizienten

$$f^*_{k,l}(z_0, x, t) = \begin{cases} h_k(z_0, x, t) & \text{für} \quad 1 = 0, \\ f_k(z_0, x, t) - h_k(z, x, t) & \text{für} \quad 1 = 1, \\ 0 & \text{für} \quad 1 \geqq 2, \end{cases}$$

charakterisiert. Das Rekursionsschema (4.10) und (4.13) geht somit über in

$$\left.\begin{aligned} \dot{z}_0(t) &= h_0(z_0, x, t), \\ z_k(t) &= \Phi_x^*(t, t_0)\, z_k(t_0) + \int_{t_0}^{t} \Phi_x^*(t, t') \Bigg\{ \delta_{k,1}[f_0(z_0, x, t') - h_0(z_0, x, t')] \\ &\quad + (1 - \delta_{k,1}) \left[\sum_{s=1}^{k-1} \big(f_s(z_0, x, t') - h_s(z_0, x, t')\big)\, C^{(s)}_{k-1}(z_1, \dots, z_{k-s}) \right. \\ &\quad \left.\left. + \sum_{s=2}^{k} h_s(z_0, x, t')\, C_k^{(s)}(z_1, \dots, z_{k-s+1}) \right] \right\} \mathrm{d}t'. \end{aligned}\right\} \tag{4.19}$$

Zu beachten ist dabei, daß das Zeitargument der unter dem Integral stehenden Prozesse z_l $(0 \leqq l \leqq k - 1)$ und x ebenfalls t' ist, d. h., über die Zeitargumente dieser Prozesse ist mit zu integrieren. Die Fundamentallösung (4.12) erhält dabei die Form

$$\Phi_x^*(t, t_0) = \exp \int_{t_0}^{t} h_1(z_0', x', t')\, \mathrm{d}t'.$$

Vervollständigt werden diese Gleichungen durch die Bedingung (4.14) für die Anfangswerte $z_k(t_0)$.

Selbst durch den speziellen Ansatz (4.16) für die erzeugende Funktion $f^*(\cdot)$ können durch die freie Wahl der Funktion $h(z, x, t)$ beliebig viele Lösungswege abgeleitet werden. Im folgenden sollen die beiden wichtigsten Iterationsverfahren dieser Klasse angegeben werden, die lediglich die Potenzreihendarstellung der Systemnichtlinearität $f(\cdot)$ benötigen.

4.2.1. Iterationsverfahren mit stochastischer Fundamentallösung

Für die in ε lineare erzeugende Funktion wählen wir die spezielle Form

$$f^*(z, x, \varepsilon, t) = f(z, x, t) - (1 - \varepsilon)\,[f_0(z_0, x, t) - h_0(z_0, x, t)]$$

bzw. nach (4.16)

$$h(z, x, t) = f(z, x, t) - [f_0(z_0, x, t) - h_0(z_0, x, t)]. \tag{4.20}$$

Entsprechend den Gln. (4.17) und (4.18) sind $f_0(\cdot)$ und $h_0(\cdot)$ die jeweils ersten Zerlegungskoeffizienten von $f(\cdot)$ und $h(\cdot)$. Die weiteren Zerlegungskoeffizienten der Funktion $h(z, x, t)$ sind damit durch die der Systemnichtlinearität $f(\cdot)$ festgelegt

$$h_k(z_0, x, t) = \begin{cases} h_0(z_0, x, t) & \text{für} \quad k = 0, \\ f_k(z_0, x, t) & \text{für} \quad k \geqq 1. \end{cases}$$

Mit diesen Koeffizienten folgt aus (4.19) das Rekursionsschema:

$$\left.\begin{aligned} \dot{z}_0(t) &= h_0(z_0, x, t), \\ z_k(t) &= \Phi_x^*(t, t_0)\, z_k(t_0) + \int_{t_0}^{t} \Phi_x^*(t, t') \Big\{\delta_{k,1}[f_0(z_0, x, t') - h_0(z_0, x, t')] \\ &\quad + (1 - \delta_{k,1}) \sum_{s=2}^{k} f_s(z_0, x, t')\, C_k^{(s)}(z_1, \ldots, z_{k-s+1})\Big\}\, \mathrm{d}t', \\ \Phi_x^*(t, t_0) &= \exp \int_{t_0}^{t} f_1(z_0, x, t')\, \mathrm{d}t'. \end{aligned}\right\} \tag{4.21}$$

$h_0(z_0, x, t)$ ist dabei eine — bis auf die analytische Lösbarkeit der Differentialgleichung für die nullte Näherung $z_0(t)$ bei wenigstens einer Anfangsbedingung — frei wählbare Funktion.

Entsprechend der Festlegung (4.20) stellt die so bestimmte Funktionalreihe (4.2) nach Substitution der entsprechenden Ausdrücke für die $C_k^{(s)}(\cdot)$ eine Reihe von Mehrfachintegralen dar, deren Integranden Produkten der Differenz des nullten Zerlegungskoeffizienten der Systemnichtlinearität $f_0(z_0, x, t)$ und $h_0(z_0, x, t)$ proportional sind. Im Hinblick auf eine schnelle Konvergenz wird man daher bemüht sein, diese Abweichung betragsmäßig im Mittel möglichst klein zu halten. Wesentlich dabei ist, daß im Argument dieser Funktionen nur der Prozeß (z_0, x) und nicht der tatsächliche Prozeß $z(t)$ auftritt. Gibt man sich eine parametrisierte Funktion

$$h_0(z_0, x, t) = h_0^*(z_0, x, t, a_1, \ldots, a_n)$$

vor, so können diese Parameter mit oben genanntem Ziel z. B. über das Kriterium

$$\int\limits_{\Omega_{z_0}} \int\limits_{\Omega_x} |f_0(z_0, x, t) - h_0^*(z_0, x, t, a_1, \ldots, a_n)|^2 \, p(z_0, x, t) \, dz_0 \, dx \doteq \underset{(a_1, \ldots, a_n)}{\text{Min}}$$

mit Hilfe der Verbundwahrscheinlichkeitsdichte des Prozesses (z_0, x) bestimmt werden. Man beachte, daß dazu nicht die Statistik des Prozesses $z(t)$ erforderlich ist. Wählt man z. B. für $h_0(z_0, x, t)$ eine in z_0 und x lineare Funktion, so entspricht diese Festlegung der nullten Näherung dem Verfahren der statistischen Linearisierung $\left(f_0(\cdot) = f(\cdot)\right)$.

Häufig störend für die praktische Handhabung der so erzeugten Funktionalreihe ist jedoch die i. d. R. vom Eingangsprozeß funktional abhängige Fundamentallösung $\Phi_x^*(t, t_0)$, die uns auch bewogen hat, das Verfahren als Iterationsverfahren mit stochastischer Fundamentallösung zu bezeichnen.

Diese Abhängigkeit der Fundamentallösung vom Eingangsprozeß kann beispielsweise vermieden werden, wenn als nullte Näherung $z_0(t)$ eine geeignete deterministische Zeitfunktion gewählt wird, d. h., wenn die Funktion $h_0(\cdot)$ unabhängig vom Eingangsprozeß x ist. Für das spezielle System

$$\dot{z} = \varphi(z, t) + g(t) \, x(t)$$

erzeugt das soeben beschriebene Iterationsverfahren die Volterrasche Funktionalreihe, wenn als nullte Näherung die Lösung des deterministischen Systems ($x = 0$ oder $x = m_x$) gewählt wird (s. Abschn. 4.3., Gln. (4.33) mit $z_D = z_0$).

4.2.2. Iterationsverfahren mit deterministischer Fundamentallösung

Die häufig störende funktionale Abhängigkeit der Fundamentallösung vom Eingangsprozeß kann vermieden werden, wenn für $h(z, x, t)$ eine in z und x lineare Funktion gewählt wird

$$h(z, x, t) = -a(t) \, z(t) + b(t) \, x(t) + c(t). \tag{4.22}$$

Die Zerlegungskoeffizienten der Potenzreihendarstellung (4.17) dieser Funktion erhalten damit die spezielle Gestalt

$$h_k(z_0, x, t) = \begin{cases} h_0(z_0, x, t) & \text{für} \quad k = 0, \\ -a(t) & \text{für} \quad k = 1, \\ 0 & \text{für} \quad k \geqq 2, \end{cases}$$

so daß das Rekursionsschema (4.19) übergeht in:

$$\dot{z}_0 = c(t) - a(t) \, z_0(t) + b(t) \, x(t), \tag{4.23}$$

$$z_k(t) = \Phi(t, t_0) \, z_k(t_0) + \int\limits_{t_0}^{t} \Phi(t, t') \Bigg\{ \delta_{k,1} [f_0(z_0, x, t') - h_0(z_0, x, t')]$$
$$+ (1 - \delta_{k,1}) \sum_{s=1}^{k-1} \left(f_s(z_0, x, t) + \delta_{s,1} a(t')\right) C_{k-1}^{(s)}(z_1, \ldots, z_{k-s}) \Bigg\} \, dt',$$

$$\Phi(t, t_0) = \exp \left\{ -\int\limits_{t_0}^{t} a(t') \, dt' \right\}.$$

Aufgrund des linearen Ansatzes (4.22) für $h(\cdot)$ ist die Fundamentallösung $\Phi_x^*(t, t_0) = \Phi(t, t_0)$ tatsächlich nur noch eine reine Zeitfunktion.

Setzen wir die spezielle Form (4.22) für $h(\cdot)$ in (4.16) ein, dann erhalten wir die entsprechende erzeugende Funktion

$$f^*(z, x, \varepsilon, t) = -a(t)\, z(t) + b(t)\, x(t) + c(t) + \varepsilon[f(z, x, t) + az - bx - c].$$

Im Hinblick auf eine schnelle Konvergenz der aus (4.23) bestimmten Funktionalreihe (4.2) sollten daher die Parameter a, b, c so gewählt werden, daß diese lineare Funktion $h(\cdot)$ die Systemnichtlinearität im Mittel möglichst gut approximiert

$$\int_{\Omega_z} \int_{\Omega_x} |f(z, x, t) + az - bx - c|^2\, p(z, x, t)\, \mathrm{d}z\, \mathrm{d}x \doteq \underset{(a,b,c)}{\mathrm{Min}}.$$

Diese Minimierungsaufgabe wird durch die Methode der statistischen Linearisierung näherungsweise ($p(z, x, t)$ ist ja unbekannt) gelöst.

Ein sehr einfaches Iterationsverfahren wird erhalten, wenn

$$h(z, x, t) = h_0(z_0, x, t), \quad \text{d. h.} \quad h_k(z_0, x, t) = 0 \quad \text{für} \quad k \geqq 1,$$

gewählt werden. Aus (4.19) wird damit das folgende Rekursionsschema erhalten

$$\dot{z}_0(t) = h_0(z_0, x, t),$$

$$z_k(t) = z_k(t_0) + \int_{t_0}^{t} \Big\{\delta_{k,1}[f_0(z_0, x, t') - h_0(z_0, x, t')]$$
$$+ (1 - \delta_{k,1}) \sum_{s=1}^{k-1} f_s(z_0, x, t')\, C_{k-1}^{(s)}(z_1, \ldots, z_{k-s})\Big\}\, dt'. \tag{4.24}$$

Dieses Iterationsverfahren unterscheidet sich im wesentlichen vom oben angegebenen nur darin, daß die Fundamentallösung identisch Eins ist

$$\Phi_x^*(t, t_0) = 1 \quad \text{für alle } t \text{ und } t_0.$$

Jedoch kann, wie beim Iterationsverfahren mit stochastischer Fundamentallösung, die Funktion $h_0(z_0, x, t)$ wieder frei gewählt werden. Die Eigenschaft $\Phi_x^*(t, t_0) = 1$ hat allerdings zur Folge, daß die statistischen Charakteristika des nach n Iterationsschritten bestimmten Prozesses: $z_0 + z_1 + \cdots + z_n$ in der Regel für $t - t_0 \to \infty$ divergieren, so daß es i. allg. nur für Analyseprobleme geeignet ist, für die die zeitliche Entwicklung der statistischen Charakteristika des Prozesses (z, x) nur für kleine Zeitdifferenzen $t - t_0$ interessieren. Mit diesem Ziel kann z. B. $h_0(\cdot) = 0$ gewählt werden, d. h. als nullte Näherung die Anfangsbedingung

$$z_0(t) = z(t_0)$$

herangezogen werden. Dieses Iterationsverfahren wurde beispielsweise von R. L. Stratonowitsch verwendet, um die Bedingungen für die Approximierbarkeit realer stochastischer Prozesse durch Markovsche Diffusionsprozesse herzuleiten ([105]).

4.3. Die Volterrasche Funktionalreihe

Die in den vorangegangenen Unterabschnitten beschriebenen Iterationsverfahren führen zu Funktionalreihen, die in Abhängigkeit von der Spezifik der Systemnichtlinearität schon nach dem ersten Iterationsschritt zu komplizierten Funktionalen führen können. Dadurch wird häufig die weitere Behandlung (z. B. die Bestimmung der statistischen Charakteristika des Systemausgangsprozesses) wesentlich erschwert. Unter der Voraussetzung, daß das Lösungsfunktional des Prozesses $z(t)$ stetig ist, kann dieses in der für Analysezwecke sehr bequemen Form einer Volterra-Reihe

$$z(t) = z_D(t) + \sum_{k=1}^{\infty} \int_{-\infty}^{+\infty} \cdots \int_{-\infty}^{+\infty} g_k(t; t_1, \ldots, t_k) \prod_{i=1}^{k} x(t - t_i) \, dt_1, \ldots, dt_k$$

angegeben werden (s. z. B. [52, Abschn. 1.5.]), die eine Verallgemeinerung der Potenzreihenentwicklung trägheitsloser Nichtlinearitäten auf nichtlineare, funktionale Ein- und Ausgangsbeziehungen darstellt. Voraussetzungsgemäß ist das Lösungsfunktional des Systems (4.1) kausal, so daß die Volterra-Kerne den Kausalitätsbedingungen genügen:

$$g_k(t; t_1, \ldots, t_k) = 0, \quad \text{wenn mindestens ein} \quad t_k < 0 .$$

Mit diesen Kausalitätsbedingungen können die unteren Integrationsgrenzen auf $-\infty$ festgelegt werden. Die oberen Integrationsgrenzen (eigentlich $t - t_0$) wurden mit der Konvention

$$x(t) = 0 \quad \text{für} \quad t < t_0$$

auf $+\infty$ erweitert ($t_0 \to -\infty$ ist zugelassen).

Der vom Eingangsprozeß unabhängige Term wurde mit $z_D(t)$ bezeichnet (deterministischer Anteil von $z(t)$). Je nach Wahl der Potenzreihendarstellung der Systemnichtlinearität kann dieser deterministische Anteil jedoch durchaus von den statistischen Charakteristika des Eingangsprozesses abhängen.

Häufig ist es vorteilhafter, die Volterra-Reihe nicht bezüglich des Eingangsprozesses $x(t)$, sondern bezüglich des zentrierten Prozesses zu suchen

$$z(t) = z_D(t) + \sum_{k=1}^{\infty} \int_{-\infty}^{+\infty} \cdots \int g_k(t; t_1, \ldots, t_k) \left[\prod_{i=1}^{k} \left(x(t - t_i) - m_x(t - t_i) \right) \right] \times dt_1, \ldots, dt_k, \tag{4.25}$$

die wir im folgenden immer zugrunde legen.

Die Konstruktionsvorschrift dieser Volterra-Reihe kann leicht aus dem im Abschn. 4.1. beschriebenen allgemeinen Iterationsverfahren angegeben werden, wenn die erzeugende Funktion wie folgt festgelegt wird

$$f^*(z, x, \varepsilon, t) = f\big(z, m_x + \varepsilon(x - m_x), t\big). \tag{4.26}$$

Offensichtlich erfüllt auch diese erzeugende Funktion die Bedingung (4.6).

Die Zerlegungskoeffizienten der Potenzreihendarstellung (4.8) für diese erzeugende Funktion $f^*(\cdot)$ sind nun durch die der Doppelreihenentwicklung der Systemnichtlinearität $f(\cdot)$ bezüglich x und z um die Erwartungswerttrajektorie m_x und den deterministischen Anteil z_D

$$f(z, x, t) = \sum_{k=0}^{\infty} \sum_{l=0}^{\infty} \frac{(z - z_D)^k}{k!} \frac{(x - m_x)^l}{l!} f_{k,l}(z_D, m_x, t) \tag{4.27}$$

in folgender Weise gegeben

$$f^*_{k,l}(z_D, x, t) = f_{k,l}(z_D, m_x, t)\,(x - m_x)^l .$$

Hierbei spielt die deterministische Lösung $z_D(t)$ die Rolle einer nullten Näherung $z_0(t)$, so daß das Rekursionsschema (4.10), (4.13) übergeht in

$$\dot z_D(t) = f_{0,0}(z_D, m_x, t), \qquad z_D(t_0) = z(t_0), \tag{4.28}$$

$$\begin{aligned} z_k(t) = \int_{t_0}^{t} \Phi(t, t') \Bigg\{ & \frac{1}{k!} f_{0,k}(z_D, m_x, t')\,(x - m_x)^k\,(1 - \delta_{k,1}) \\ & \times \left[\sum_{n=1}^{k-1} \sum_{s=1}^{n} \frac{(x - m_x)^{k-n}}{(k-n)!} f_{s,k-n}(z_D, m_x, t')\, C_n^{(s)}(z_1, \ldots, z_{n-s+1}) \right. \\ & \left. + \sum_{s=2}^{k-1} f_{s,0}(z_D, m_x, t')\, C_k^{(s)}(z_1, \ldots, z_{k-s+1}) \right] \Bigg\}\, dt' . \end{aligned} \tag{4.29}$$

Die Fundamentallösung

$$\Phi(t, t_0) = \exp \int_{t_0}^{t} f_{1,0}\big(z_D(t'), m_x(t'), t'\big)\, dt' \tag{4.30}$$

und die Zerlegungskoeffizienten $f_{k,l}(z_D, m_x, t)$ sind hierin reine Zeitfunktionen.

Dabei wurde vorausgesetzt, daß die deterministische Zeitfunktion $z_D(t)$ als Lösung der Differentialgleichung (4.28) mit der Anfangsbedingung $z_D(t_0) = z(t_0)$ bekannt ist und somit $z_k(t_0) = 0$ für alle $k \geqq 1$ gilt.

Da weiterhin die Funktionalreihe (4.7) eine Potenzreihe bezüglich ε darstellt und nach (4.26) jedes ε^k gleichzeitig nur mit der k-ten Potenz des zentrierten Eingangsprozesses (i. d. R. mit verschiedenen Zeitargumenten) auftritt, läßt sich jedes $z_k(t)$ nach (4.29) in der Form

$$z_k(t) = \int_{-\infty}^{+\infty} \cdots \int_{-\infty}^{+\infty} g_k(t; t_1, \ldots, t_k) \left[\prod_{i=1}^{k} \big(x(t_i) - m_x(t_i)\big) \right] dt_1, \ldots, dt_k \tag{4.31}$$

darstellen, so daß das Iterationsverfahren tatsächlich die gesuchte Volterra-Reihe erzeugt.

Aufgrund der vorausgesetzten Kenntnis der deterministischen Lösung der Differentialgleichung (4.28) mit der geforderten Anfangsbedingung können nach diesem Iterationsverfahren die Volterra-Kerne nacheinander bestimmt werden: Aus (4.29) ergibt sich für $k = 1$ der Volterra-Kern erster Ordnung, für $k = 2$ der Volterra-Kern zweiter Ordnung, ... etc. Dabei wird ein einmal bestimmter Volterra-Kern nach weiteren Iterationsschritten nicht mehr korrigiert. Im Kap. 6 werden wir auf die Bestimmung der Volterra-Kerne im Falle mehrdimensionaler Systeme ausführlicher eingehen.

Für den häufig anzutreffenden Sonderfall

$$\left. \begin{aligned} \dot z &= \varphi(z, t) + g(t)\, x(t), \\ \varphi(z, t) &= \sum_{k=0}^{\infty} \frac{(z - z_D)^k}{k!} \varphi_k(z_D, t) \end{aligned} \right\} \tag{4.32}$$

werden die Zerlegungskoeffizienten wie folgt festgelegt

$$f_{k,l}(z_D, m_x, t) = \begin{cases} \varphi_k(z_D, t) & \text{für} \quad k \geqq 0, \quad l = 0, \\ g(t) & \text{für} \quad k = 0, \quad l = 1, \\ 0 & \text{sonst.} \end{cases}$$

Das Iterationsverfahren (4.28), (4.29) geht somit über in

$$\left.\begin{aligned} \dot{z}_D(t) &= \varphi_0(z_D, t) + g(t)\, m_x(t), \qquad z_D(t_0) = z(t_0), \\ z_k(t) &= \int_{t_0}^{t} \Phi(t, t') \Big\{ b(t')\, (x(t') - m_x(t'))\, \delta_{k,1} \\ &\quad + (1 - \delta_{k,1}) \sum_{s=2}^{k} \varphi_k(z_D, t')\, C_k^{(s)}(z_1, \ldots, z_{k-s+1}) \Big\}\, dt', \\ \Phi(t, t_0) &= \exp \int_{t_0}^{t} \varphi_1(z_D(t'), t')\, dt'. \end{aligned}\right\} \qquad (4.33)$$

Es kann aber durchaus der Fall auftreten, daß die Lösung der deterministischen Differentialgleichung (4.28) nicht in analytischer Form angebbar ist. In derartigen Fällen gibt es zwei Möglichkeiten zur Konstruktion der Volterra-Reihe.

Die erste Möglichkeit besteht darin, die deterministische Lösung $z_D(t)$ selbst iterativ aus einem der beschriebenen Iterationsverfahren zu bestimmen und die nach n Iterationsschritten gewonnene Näherungslösung $z_D(t) \simeq z_{n,D}(t)$ zur Bestimmung der Volterra-Reihe aus dem Gleichungssystem (4.29) heranzuziehen. Die Genauigkeit der so ermittelten Volterra-Reihe hängt dabei aber von der Approximationsgenauigkeit der dazu herangezogenen Näherungslösung für $z_D(t)$ ab.

Die zweite Möglichkeit besteht darin, zunächst nach einem der beschriebenen Iterationsverfahren eine Funktionalreihe anderer Struktur zu ermitteln und diese nach (funktionaler) Potenzreihenentwicklung nach dem (zentrierten) Eingangsprozeß in die Volterrasche Form zu überführen. Die so ermittelte Volterra-Reihe ist von der Anzahl der berücksichtigten Entwicklungsglieder der dazu herangezogenen Funktionalreihe abhängig und stellt also auch hier nur eine Näherungslösung dar.

4.4. Potenzreihendarstellungen der Systemnichtlinearität

Im Abschn. 4.1. wurde schon darauf hingewiesen, daß die Struktur und die Konvergenzeigenschaften einer iterativ konstruierten Funktionalreihe wesentlich auch durch die Art und Weise der Festlegung der — zu ihrer Konstruktion benötigten — Potenzreihenentwicklungen der Nichtlinearitäten mit bestimmt werden. Aus diesem Grunde sollen in diesem Abschnitt einige Möglichkeiten von Potenzreihenentwicklungen aufgezeigt werden. Dabei beschränken wir uns auf die Systemnichtlinearität $f(z, x, t)$, da ja für die wichtigsten, in den Abschnitten 4.2. und 4.3. diskutierten Iterationsverfahren nur die Potenzreihenentwicklungen dieser Funktion benötigt werden. Die für $f(\cdot)$ getroffenen Aussagen können ohne Einschränkung auf die allgemeine erzeugende Funktion $f^*(z, x, \varepsilon, t)$ übertragen werden.

Für in z und x analytische Funktionen $f(z, x, t)$ können als Entwicklungskoeffizienten der Potenzreihe (4.18) bzw. der Doppelentwicklung (4.27) die partiellen Ableitungen

(Taylor-Entwicklung)

$$f_k(z_0, x, t) = \left.\frac{\partial^k f(z, x, t)}{\partial z^k}\right|_{z=z_0} \quad \text{bzw.} \quad f_{k,l}(z_0, m_x, t) = \left.\frac{\partial^{k+l} f(z, x, t)}{\partial z^k \partial x^l}\right|_{z=z_0,\ x=m_x}$$

herangezogen werden. Diese Taylor-Entwicklungen sind aber an analytische Funktionen $f(\cdot)$ gebunden und weisen mitunter sehr schlechte Konvergenzeigenschaften auf.

Wesentlich vorteilhafter ist es, wenn die Entwicklungskoeffizienten in Abhängigkeit von den statistischen Eigenschaften des Prozesses (z, x) (wenigstens näherungsweise) angepaßt werden, wovon wir uns schon am Beispiel der statistischen Linearisierung überzeugen konnten. Dazu gehen wir davon aus, daß i. d. R. praktisch nur endlich viele Entwicklungsglieder einer Funktionalreihe für $z(t)$ berechnet werden können, d. h., das Lösungsfunktional wird durch eine endliche Funktionalreihe

$$z(t) \simeq z(m; t) = \sum_{k=0}^{m} z_k(t) \tag{4.34}$$

approximativ beschrieben. Zur Bestimmung dieser ersten m Entwicklungsglieder werden nur endlich viele Zerlegungskoeffizienten benötigt. Beispielsweise sind dazu beim Iterationsverfahren mit stochastischer Fundamentallösung die Zerlegungskoeffizienten $f_k(z_0, x, t)$ für $0 \leqq k \leqq m$ (vgl. mit Gl. (4.21)), beim Verfahren zur Bestimmung der Volterra-Reihe (s. Gl. (4.29)) die Zerlegungskoeffizienten $f_{k,l}(z_{\mathrm{D}}, m_x, t)$ für $0 \leqq k + l \leqq m$ $(l \geqq 0,\ k \geqq 0)$ erforderlich.

Damit die abgebrochene Funktionalreihe (4.34) das Lösungsfunktional von $z(t)$ möglichst genau beschreibt, müssen die dazu herangezogenen (endlich vielen) Zerlegungskoeffizienten im Mittel schon möglichst vollständig die statistischen Eigenschaften des Prozesses (z, x) erfassen. Mit anderen Worten: Die endlichen Polynome:

$$f_{z_0}(m; z, x, t) = \sum_{k=1}^{m} \frac{1}{k!} f_k(z_0, x, t)\,(z - z_0)^k \tag{4.35}$$

bzw.

$$f_{z_{\mathrm{D}}, m_x}(m; z, x, t) = \sum_{\substack{k \geq 0 \\ (k+l \leqq m)}} \sum_{l \geq 0} \frac{1}{k!}\,\frac{1}{l!}\, f_{k,l}(z_{\mathrm{D}}, m_x, t)\,(z - z_{\mathrm{D}})^k\,(x - m_x)^l \tag{4.36}$$

sollen die Systemnichtlinearität im Mittel schon möglichst genau beschreiben.

Mit diesem Ziel werden beispielsweise die $f_{k,l}(z_{\mathrm{D}}, m_x, t)$ einer im Endlichen abgebrochenen Potenzreihenentwicklung der Systemnichtlinearität um die deterministischen Zeitfunktionen $z_{\mathrm{D}}(t)$ und $m_x(t)$ durch das Kriterium

$$\left\langle \left| f(z, x, t) - \sum_{\substack{k \geq 0 \\ (k+l \leqq m)}} \sum_{l \geq 0} \frac{(z - z_{\mathrm{D}})^k}{k!}\,\frac{(x - m_x)^l}{i!}\, f_{k,l}(z_{\mathrm{D}}, m_x, t) \right|^2 \right\rangle \doteq \underset{f_{k,l}(z_{\mathrm{D}}, m_x, t)}{\mathrm{Min}}$$

festgelegt. Da die dazu erforderliche Dichte des Prozesses (z, x) jedoch unbekannt ist, können diese optimalen Zerlegungskoeffizienten nur näherungsweise ermittelt werden, indem die Mittelungen näherungsweise mit Hilfe einer geeigneten, $p(z, x, t)$ approximierenden Dichte $p_0(z, x, t)$ ausgeführt werden. Dazu kann z. B. die nach statistischer

Linearisierung des Ausgangssystems ermittelte Dichte $p_0(\cdot)$ herangezogen werden. Damit werden die optimalen Zerlegungskoeffizienten $f_{k,l}(\cdot) = f_{k,l}^{(m)}(\cdot)$ näherungsweise aus dem folgenden linearen Gleichungssystem bestimmt

$$\sum_{k \geqq 0} \sum_{\substack{l \geqq 0 \\ (k+l \leqq m)}} \frac{1}{k!\, l!} f_{k,l}(m; z_D, m_x, t) \langle (z - z_D)^{k+p} (x - m_x)^{l+q} \rangle_0$$

$$= \langle f(z, x, t)\, (z - z_D)^p\, (x - m_x)^q \rangle_0, \quad p \geqq 0, \quad q \geqq 0; \quad 0 \leqq p + q \leqq m. \tag{4.37}$$

Die mit diesen Zerlegungskoeffizienten:

$$f_{k,l}(\cdot) = \begin{cases} f_{k,l}(m; z_D, m_x, t) & \text{für} \quad k + l \leqq m, \\ 0 & \text{für} \quad k + l \geqq m + 1 \end{cases} \tag{4.38}$$

aus dem Gleichungssystem (4.29) ermittelte Volterra-Reihe (4.34) führt i. d. R. bei gleicher Abbruchbedingung m zu wesentlich besseren Näherungslösungen, als wenn dazu die mit Hilfe der Taylorschen Zerlegungskoeffizienten gewonnene Volterra-Reihe herangezogen wird (s. Beispiele im Abschn. 4.6.).

Ein weiterer Vorteil besteht darin, daß zur Festlegung der Zerlegungskoeffizienten nach (4.37) die Systemnichtlinearität nicht analytisch in z und x zu sein braucht. Damit besteht also die Möglichkeit, auch für Systeme mit nicht analytischen Nichtlinearitäten das Lösungsfunktional durch eine Volterra-Reihe zu beschreiben.

Erheblich schwieriger ist es jedoch, die Potenzreihenentwicklung der Funktion $f(z, x, t)$ um einen stochastischen Prozeß $z_0(t)$ statistisch anzupassen.

Zur Bestimmung des (im Sinne der mittleren quadratischen Abweichung) besten Polynomes m-ter Ordnung

$$\tilde{f}(m; z, x, t) = \sum_{k=1}^{m} \frac{1}{k!} f_k(z_0, x, t)\, (z - z_0)^k \tag{4.35}$$

benötigt man nämlich die bedingte Dichte $p(z \mid z_0, x)$

$$\langle |f(z, x, t) - \tilde{f}(m; z, x, t)|^2 \mid z_0, x \rangle \doteq \underset{f_k(z_0, x, t)}{\text{Min}}. \tag{4.39}$$

Bei der Potenzreihenentwicklung einer Funktion $f(z, x, t)$ um einen stochastischen Prozeß $z_0(t)$ reicht es also nicht mehr aus, die Mittelungen näherungsweise mit Hilfe der aus den statistischen Charakteristika des Prozesses $z_0(t)$ bestimmten Dichte $p_0(z, x, t)$ zu berechnen.

Näherungsweise könnte man anstelle der Dichte $p(z \mid z_0, x)$ entsprechend der Approximation $z(t) \simeq z(m; t)$ die bedingte Verbunddichte $p(z_1, \ldots, z_m \mid z_0, x)$ verwenden. Zu ihrer Bestimmung kann nun ähnlich wie bei der Methode der statistischen Linearisierung vorgegangen werden: Für die gesuchte bedingte Verbunddichte wird eine parametrisierte Dichte $p_0(z_1, \ldots, z_m \mid z_0, x)$ vorgegeben, deren Parameter durch geeignete bedingte statistische Charakteristika (z. B. durch bedingte Erwartungswerte: $\langle \varphi_i(z_0, \ldots, z_m, x) \mid z_0, x \rangle_0$) der Prozesse $z_1, \ldots, z_m$ festgelegt werden. Im Ergebnis wird wieder ein nichtlineares, funktionales Gleichungssystem zur Bestimmung der $f_k(z_0, x, t)$ und der zur Festlegung der approximierenden bedingten Verbunddichte herangezogenen bedingten Erwartungswerte erhalten. Die Struktur dieses funktionalen Gleichungssystems ist i. d. R. jedoch wesentlich komplizierter als wir es von der statistischen Linearisierung kennen, so daß eine Lösung nur in speziellen Sonderfällen möglich ist.

Somit ist die Festlegung des optimalen Polynomes (4.35) m-ter Ordnung unter Zugrundelegung des Kriteriums (4.39) auch näherungsweise i. allg. praktisch unmöglich.

Für in z analytische Funktionen $f(z, x, t)$ kann diese Schwierigkeit leicht umgangen werden, indem man auf die statistische Anpassung verzichtet und als Entwicklungskoeffizienten $f_k(z, x, t)$ einfach die k-te partielle Ableitung der Funktion $f(z, x, t)$ an der Stelle $z = z_0$ heranzieht. Für in z nicht analytische Funktionen $f(\cdot)$ besteht diese Möglichkeit jedoch nicht mehr.

Ein sehr eleganter Ausweg wird durch folgende Überlegungen motiviert: Mit Hilfe der approximierenden Dichte $p_0(z, x, t)$ kann ja nach (4.37) (für: $z_D = m_{z_0}$) ein Polynom m-ter Ordnung

$$f_{m_{z_0}, m_x}(m; z, x, t) = \sum_{k=0}^{m} \sum_{l=0}^{k} \frac{(z - m_{z_0})^k}{k!} \frac{(x - m_x)^{k-l}}{(k-l)!} f_{k,k-l}(m; m_{z_0}, m_x, t) \tag{4.40}$$

ermittelt werden, das die mittlere quadratische Abweichung bezüglich des Maßes $p_0(z, x, t)$

$$Q_m(p_0) = \langle |f(z, x, t) - f_{m_{z_0}, m_x}(m; z, x, t)|^2 \rangle_0$$

minimiert. Dieser bezüglich der approximierenden Dichte $p_0(\cdot)$ ermittelte Minimalwert kann als Näherungslösung für die tatsächliche mittlere quadratische Abweichung $Q_m(p)$ (d. h., wenn über die wirkliche Dichte des Prozesses (z, x) gemittelt wird) herangezogen werden. Unter der Bedingung, daß

$$\frac{Q_m(p_0)}{\langle f^2(z, x, t) \rangle_0} \overset{!}{\ll} 1, \tag{4.41}$$

kann also erwartet werden, daß das Polynom m-ter Ordnung nach Gl. (4.40) die Systemnichtlinearität $f(z, x, t)$ schon hinreichend genau beschreibt und somit durch dieses Polynom endlicher Ordnung ersetzt werden kann

$$f(z, x, t) \simeq f_{m_{z_0}, m_x}(m; z, x, t). \tag{4.42}$$

Mit dieser Approximation sind die Zerlegungskoeffizienten $f_k(z_0, \partial, t)$ nach Umordnung der Potenzreihe (4.40) in die gesuchte Form (4.35) gegeben durch

$$f_k(z_0, x, t) \simeq \begin{cases} \displaystyle\sum_{s=k}^{m} \sum_{l=0}^{s} \frac{(z_0 - m_{z_0})^{s-k}}{(s-k)!} \frac{(x - m_x)^l}{i!} f_{s,s-e}(m; m_{z_0}, m_x, t) \\ \qquad\qquad\qquad\qquad\qquad \text{für} \quad 0 \leqq k \leqq m, \\ 0 \qquad\qquad\qquad\qquad\qquad \text{für} \quad k \geqq m + 1. \end{cases} \tag{4.43}$$

Mit dieser Festlegung sind z. B. auch die im Abschn. 4.2. beschriebenen Verfahren zur Konstruktion von Funktionalreihen nicht mehr an die Bedingung gebunden, daß die Systemnichtlinearität $f(z, x, t)$ analytisch in z sein muß. Dabei sollte aber gewährleistet sein, daß die (überprüfbare) Bedingung (4.41) schon für kleinere Ordnungen m erfüllt ist.

Die hier beschriebenen Möglichkeiten der Potenzreihendarstellungen der Systemnichtlinearität $f(z, x, t)$ können ohne Einschränkung auf die allgemeine erzeugende

Funktion $f^*(z, x, \varepsilon, t)$ übertragen werden. Somit steht mit dem im Abschn. 4.1. beschriebenen allgemeinen Verfahren zur Bestimmung von Funktionalreihen eine recht universell anwendbare Methode zur Auffindung von (Näherungs-) Lösungen einer nichtlinearen Differentialgleichung (4.1) zur Verfügung, die nicht an die Bedingung gebunden ist, daß die Nichtlinearität $f(z, x, t)$ analytisch in z oder x sein muß.

4.5. Mehrdimensionale Systeme mit einer Nichtlinearität

In den vorangegangenen Abschnitten wurde an Hand des eindimensionalen Falles die Grundidee zur iterativen Konstruktion von Funktionalreihen eines durch eine nichtlineare Differentialgleichung beschriebenen Prozesses erläutert. Diese allgemeinen Konstruktionsvorschriften lassen sich ohne prinzipielle Schwierigkeiten auf mehrdimensionale Systeme verallgemeinern. Allerdings werden diese Verfahren mit wachsender Dimension des Zustandsvektors immer aufwendiger, so daß diese Verfahren aus aufwandstechnischen Gründen in dieser Form für höher dimensionale Zustandsräume praktisch kaum Anwendung finden können. Auf der anderen Seite interessieren bei der Analyse stochastischer Systeme selten die statistischen Charakteristika des vollständigen Zustandsvektors, sondern i. d. R. nur die einiger, weniger Zustandskomponenten, häufig sogar nur die einer einzigen Zustandskomponente.

In der überwiegenden Mehrheit hat man es in Praxis mit Systemen zu tun, deren vollständige Zustandsdarstellungen in Form von Differentialgleichungssystemen nur bezüglich des Eingangsprozesses und einiger, weniger Zustandskomponenten nichtlinear, bezüglich der weiteren Zustandskomponenten jedoch linear sind. Mit Hilfe einer recht allgemeinen Klasse von — nunmehr vektoriellen — erzeugenden Funktionen $\boldsymbol{F}^*(\boldsymbol{z}^\mathrm{T}, \boldsymbol{x}^\mathrm{T}, \varepsilon, t)$ gelingt es, ähnlich wie für den skalaren Fall beschrieben, ein allgemeines Verfahren anzugeben, nach dem die Funktionalreihen für die Zustandskomponenten, bezüglich derer das Zustandsmodell nichtlinear ist, unabhängig von den Funktionalreihen der restlichen (linear eingehenden) Zustandskomponenten konstruiert werden können.

Mit anderen Worten: Es besteht nicht notwendig der Zwang, die Funktionalreihe für den vollständigen Zustandsvektor zu bestimmen. Im folgenden soll dies an Hand eines Systems mit zwei stochastischen Eingangsprozessen x und x_1 erläutert werden, dessen (skalarer) Ausgangsprozeß durch eine nichtlineare Differentialgleichung n-ter Ordnung

$$\begin{aligned}
&[\mathrm{p}^n + \mathrm{p}^{n-1}\alpha_{1,0}(t) + \cdots + \mathrm{p}\alpha_{n-1,0}(t) + \alpha_{n,0}(t)]\, y(t) \\
&= [\mathrm{p}^{n-1}\beta_{1,0}(t) + \cdots + \mathrm{p}\beta_{n-1,0}(t) + \beta_{n,0}(t)]\, f(y, x, t) \qquad (4.44) \\
&\quad + [\mathrm{p}^{n-1}\beta_{1,1}(t) + \cdots + \mathrm{p}\beta_{n-1,1}(t) + \beta_{n,1}(t)]\, x_1(t)
\end{aligned}$$

beschrieben wird, wobei hier p den zeitlichen Differentialoperator

$$\mathrm{p} = \frac{\mathrm{d}}{\mathrm{d}t}$$

bezeichnet. Mit Hilfe des i. allg. zeitabhängigen linearen Übertragungsoperators

$$G_i(\mathrm{p}, t) = \frac{\sum\limits_{k=1}^{n} \mathrm{p}^{n-k}\beta_{k,i}(t)}{\mathrm{p}^n + \sum\limits_{k=1}^{n} \mathrm{p}^{n-k}\alpha_{k,0}(t)}, \qquad i = 0; 1,$$

kann dieses System in der folgenden Form dargestellt werden

$$y(t) = G_0(\mathrm{p}, t)\, f(\gamma, \partial, t) + G_1(\mathrm{p}, t)\, x_1(t).$$

Es stellt also ein lineares System mit einer (skalaren) nichtlinearen Rückkopplung $\big(f(y, x, t)\big)$ dar (s. Abb. 4.1).

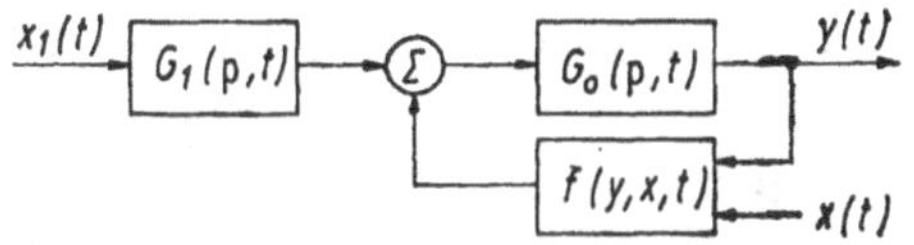

Abb. 4.1: Blockschaltbild des durch die Gl. (4.44) bzw. (4.46) beschriebenen mehrdimensionalen Systems mit einer Nichtlinearität $f(y, x, t)$ und zwei stochastischen Eingangsprozessen x und x_1

Da hier nur eine nichtlineare Funktion auftritt, bezeichnen wir derartige Systeme als mehrdimensionale Systeme mit einer Nichtlinearität. Zur Ableitung eines allgemeinen Verfahrens zur Konstruktion von Funktionalreihen für den Systemausgangsprozeß

$$y(t) = y_0(t) + y_1(t) + \cdots + y_k(t) + \cdots \tag{4.45}$$

gehen wir zunächst von einer Zustandsdarstellung des Systems (4.44) aus, für die die erste Komponente des Zustandsvektors $\boldsymbol{z}^\mathsf{T} = (z^{(1)}, \ldots, z^{(n)})$ identisch mit dem Systemausgangsprozeß $y(t)$ ist (vgl. mit (1.50) und (1.58) im Abschn. 1.4.)

$$\left.\begin{aligned} \dot{\boldsymbol{z}}(t) &= \boldsymbol{A}_0(t)\, \boldsymbol{z}(t) + \boldsymbol{B}_0(t)\, f(y, x, t) + \boldsymbol{B}_1(t)\, x_1(t) \\ y(t) &= \boldsymbol{H}^\mathsf{T}\boldsymbol{z}(t) = z^{(1)}(t), \qquad \boldsymbol{H}^\mathsf{T} = (1, 0, 0, \ldots, 0). \end{aligned}\right\} \tag{4.46}$$

Beispielsweise können

$$\boldsymbol{A}_0(t) = \begin{pmatrix} -\alpha_{1,0}(t) & 1 & 0 & \cdots & 0 \\ \vdots & & \cdot & & \\ & & & & \cdot \\ -\alpha_{n-1,0}(t) & 0 & 0 & \cdots & 1 \\ -\alpha_{n,0}(t) & 0 & 0 & \cdots & 0 \end{pmatrix}, \quad \boldsymbol{B}_i(t) = (i = 0; 1) \begin{pmatrix} \beta_{1,i}(t) \\ \cdot \\ \cdot \\ \cdot \\ \beta_{n,i}(t) \end{pmatrix} \tag{4.47}$$

gesetzt werden.

4.5.1. Allgemeines Verfahren zur Konstruktion von Funktionalreihen für den Systemausgangsprozeß

Auch im mehrdimensionalen Fall wird wie im Falle eindimensionaler Systeme verfahren: Anstelle des Zustandsvektors $\boldsymbol{z}^\mathsf{T}(t)$ wird der parametrisierte Vektorprozeß $\boldsymbol{z}^\mathsf{T}(t, \varepsilon)$, definiert durch das Differentialgleichungssystem

$$\dot{\boldsymbol{z}}(t, \varepsilon) = \boldsymbol{F}^*(\boldsymbol{z}^\mathsf{T}, x, x_1, \varepsilon, t), \qquad \boldsymbol{z}(t_0, \varepsilon) = \boldsymbol{z}(t_0),$$

betrachtet, wobei

$$\boldsymbol{z}(t, \varepsilon)\,|_{\varepsilon=1} = \boldsymbol{z}(t)$$

gelten soll.

Mit der Zielstellung, eine Funktionalreihe für den durch die Differentialgleichung (4.44) bzw. das Gleichungssystem (4.46) definierten Prozeß $y(t)$ unabhängig von den weiteren Zustandskomponenten konstruieren zu können, legen wir die vektorielle erzeugende Funktion $\boldsymbol{F}^*(\cdot)$ bis auf eine skalare erzeugende Funktion $f^*(\cdot)$ in folgender Weise fest

$$\boldsymbol{F}^*(\boldsymbol{z}^\mathsf{T}, x, x_1, \varepsilon, t) = \boldsymbol{A}_0\boldsymbol{z} + \boldsymbol{B}_1 x_1 + \boldsymbol{B}_0 f^*(y, x, \varepsilon, t). \tag{4.48}$$

Auch diese Klasse von erzeugenden Funktionen $\boldsymbol{F}^*(\cdot)$ ist hinreichend allgemein, da ja die Funktion $f^*(y, x, \varepsilon, t)$ entsprechend der Identitätsforderung $\boldsymbol{z}(t, \varepsilon = 1) = \boldsymbol{z}(t)$ nur der Bedingung (vgl. das Differentialgleichungssystem für $\boldsymbol{z}(t, \varepsilon)$ mit dem des Prozesses $\boldsymbol{z}(t)$ nach Gl. (4.47))

$$f^*(y, x, \varepsilon, t)\,|_{\varepsilon=1} = f(y, x, t) \tag{4.49}$$

genügen muß und ansonsten frei gewählt werden kann.

Unter Zugrundelegung derartiger erzeugender Funktionen $\boldsymbol{F}^*(\boldsymbol{z}^\mathsf{T}, x, \varepsilon, t)$ werden mit gleichen Schritten, wie im Abschnitt 4.1. für skalare Prozesse $z = y$ ausführlich beschrieben, die folgenden Konstruktionsvorschriften für eine Funktionalreihe des Zustandsvektors $\boldsymbol{z}^\mathsf{T}(t)$ erhalten

$$\dot{\boldsymbol{z}}_0(t) = \boldsymbol{A}_0\boldsymbol{z}_0 + \boldsymbol{B}_1 x_1 + \boldsymbol{B}_0 f_{0,0}(y_0, x, t), \qquad \boldsymbol{z}_0(t_0) = \boldsymbol{z}(t_0), \tag{4.50}$$

$$\boldsymbol{z}_k(t) = \int_{t_0}^{t} \boldsymbol{\Phi}_x^*(t, t')\, \boldsymbol{B}_0(t')\, R_k(y_0, \ldots, y_{k-1}, x, t')\, dt', \tag{4.51}$$

worin

$$\left.\begin{aligned}
R_k(y_0, \ldots, y_{k-1}, x, t) &= \frac{1}{k!} f^*_{0,k}(y_0, x, t) + (1 - \delta_{k,1}) \\
&\quad \times \Bigg[\sum_{n=1}^{k-1} \sum_{s=1}^{n} \frac{1}{(k-n)!} f^*_{s,k-n}(y_0, x, t)\, C_n^{(s)}(y_1, \ldots, y_{n-s+1}) \\
&\quad + \sum_{s=2}^{k} f^*_{s,0}(y_0, x, t)\, C_k^{(s)}(y_1, \ldots, z_{k-s+1})\Bigg], \\
\boldsymbol{\Phi}_x^*(t, t_0) &= \exp \int_{t_0}^{t} \boldsymbol{A}_x^*(t')\, dt', \\
\boldsymbol{A}_x^*(t') &= \boldsymbol{A}_0(t) + f^*_{1,0}(y_0, x, t)\, \boldsymbol{B}_0(t)\, \boldsymbol{H}^\mathsf{T}.
\end{aligned}\right\} \tag{4.52}$$

Ist die Matrix $\boldsymbol{A}_0$ in der Form (4.47) gegeben, so besitzt also die Matrix $\boldsymbol{A}_x{}^*$ die gleiche Struktur

$$\boldsymbol{A}_x{}^*(t) = \begin{pmatrix} -\alpha_{x,1}(t) & 1 & 0 & \cdots & 0 \\ \vdots & & \ddots & & \\ -\alpha_{x,n-1}(t) & 0 & 0 & \cdots & 1 \\ -\alpha_{x,n}(t) & 0 & 0 & \cdots & 0 \end{pmatrix}, \qquad \alpha_{x,k} = \alpha_{k,0}(t) - f^*_{1,0}(y_0, x, t)\, \beta^{(0)}_{k,0}. \tag{4.53}$$

Im allgemeinen Fall ist diese Matrix und somit auch die Fundamentallösungsmatrix $\boldsymbol{\Phi}_x{}^*(t, t')$ ein Funktional des stochastischen Eingangsprozesses $x(t)$. Die $f^*_{k,s}(\cdot)$ sind die Zerlegungskoeffizienten der Potenzreihenentwicklung der in (4.48) verwendeten skalaren erzeugenden Funktion

$$f^*(y, x, \varepsilon, t) = \sum_{k=0}^{\infty} \sum_{s=0}^{\infty} \frac{(y - y_0)^k}{k!} \frac{\varepsilon^s}{s!} f^*_{k,s}(y_0, x, t). \tag{4.54}$$

Die $C_n{}^{(s)}(\cdot)$ sind wieder die durch die Gl. (4.9) definierten Funktionen.

Voraussetzung für die Anwendung dieses Iterationsverfahrens ist, daß das Gleichungssystem (4.50) für $\boldsymbol{z}_0(t)$ (für mindestens eine Anfangsbedingung $\boldsymbol{z}_0(t_0)$ (s. u.)) in expliziter und geschlossener Form gelöst werden kann.

Wesentliches Merkmal der Gln. (4.51) ist, daß sie rechtsseitig nur von den Entwicklungsgliedern der Funktionalreihe für $y(t)$ abhängen. Damit ist die Grundvoraussetzung für die eingangs formulierte Zielstellung gegeben: Man braucht nur noch die Gln. (4.51) von links mit dem Spaltenvektor $\boldsymbol{H}^\top$ zu multiplizieren und erhält eine von den weiteren Zustandskomponenten unabhängige Konstruktionsvorschrift einer Funktionalreihe für den Ausgangsprozeß $y(t)$ (man beachte, daß entsprechend der zweiten Gleichung von (4.46): $\boldsymbol{H}^\top \boldsymbol{z} = y$ auch $\boldsymbol{H}^\top \boldsymbol{z}_k = y_k$ folgt)

$$\begin{aligned} y_k(t) &= \int_{t_0}^{\infty} G_x(t, t')\, R_k(y_0, \ldots, y_{k-1}, x, t')\, dt', \\ G_x(t, t') &= \begin{cases} \boldsymbol{H}^\top \boldsymbol{\Phi}_x{}^*(t, t')\, \boldsymbol{B}_0(t') & \text{für} \quad t \geqq t' \\ 0 & \text{für} \quad t < t'. \end{cases} \end{aligned} \tag{4.55}$$

Mit Hilfe der allgemeinen erzeugenden Funktion $\boldsymbol{F}^*(\boldsymbol{z}^\top, x, \varepsilon, t)$ nach Gl. (4.48) gelingt es also tatsächlich, für Systeme mit einer Nichtlinearität gemäß Gl. (4.44) bzw. (4.46) nach Lösung des Differentialgleichungssystems (4.50) für $\boldsymbol{z}_0(t)$ eine Funktionalreihe für den Ausgangsprozeß $y(t) = \boldsymbol{H}^\top \boldsymbol{z}(t)$ unabhängig von den anderen Zustandskomponenten zu ermitteln

$$y(t) = \boldsymbol{H}^\top \boldsymbol{z}_0(t) + \sum_{k=1}^{\infty} y_k(t), \quad \text{wenn} \quad \boldsymbol{z}_0(t_0) = \boldsymbol{z}(t_0).$$

Im allgemeinen muß aber nur gefordert werden, daß das Lösungsfunktional für $\boldsymbol{z}_0(t)$ aus dem Differentialgleichungssystem (4.50) nur für eine spezielle Anfangsbedingung $\boldsymbol{z}_0(t_0)$ bekannt zu sein braucht. Im Falle $\boldsymbol{z}_0(t_0) \neq \boldsymbol{z}(t_0)$ sind in den Gln. (4.51) die additiven

Terme $\boldsymbol{\Phi}_x^*(t, t_0)\, \boldsymbol{z}_k(t_0)$ hinzuzufügen, wobei die Bedingung

$$\sum_{k=1}^{\infty} \boldsymbol{z}_k(t_0) = \boldsymbol{z}(t_0) - \boldsymbol{z}_0(t_0)$$

für die Anfangsbedingungen $\boldsymbol{z}_k(t_0)$ zu erfüllen ist. Zur Konstruktion der Funktionalreihe für $y(t)$ kann aber wieder das System (4.55) herangezogen werden; es ist lediglich die Funktionalreihe für $y(t)$ durch einen für $\boldsymbol{z}_0(t_0) = \boldsymbol{z}(t_0)$ verschwindenden Term zu ergänzen

$$y(t) = \boldsymbol{H}^{\mathrm{T}} y_0(t) + \boldsymbol{H}^{\mathrm{T}} \boldsymbol{\Phi}_x^*(t, t_0) \big(\boldsymbol{z}(t_0) - \boldsymbol{z}_0(t_0)\big) + \sum_{k=1}^{\infty} y_k(t). \tag{4.56}$$

Aus dieser allgemeinen Konstruktionsvorschrift von Funktionalreihen für den skalaren Ausgangsprozeß $y(t)$ eines Systems mit einer Nichtlinearität können nun wieder durch konkrete Festlegung der skalaren erzeugenden Funktion $f^*(y, x, \varepsilon, t)$ die verschiedensten Funktionalreihen konstruiert werden.

4.5.2. Spezielle Iterationsverfahren

Im folgenden sollen wieder die wichtigsten Iterationsverfahren kurz angegeben werden, für die lediglich die Potenzreihendarstellungen der Systemnichtlinearität benötigt werden

$$f(y, x, t) = \sum_{k=0}^{\infty} \frac{(y - y_0)^k}{k!} f_k(y_0, x, t) \tag{4.57}$$

bzw.

$$f(y, x, t) = \sum_{k=0}^{\infty} \sum_{s=0}^{\infty} \frac{(y - y_{\mathrm{D}})^k}{k!} \frac{(x - m_x)^s}{s!} f_{k,s}(y_{\mathrm{D}}, m_x, t). \tag{4.58}$$

Bezüglich ihrer Diskussion gelten die gleichen Aussagen, wie sie für die entsprechenden Verfahren am Beispiel eindimensionaler Systeme in den Abschnitten 4.2.1., 4.2.2. und 4.3. getroffen wurden.

Iterationsverfahren mit stochastischer Fundamentallösungsmatrix

Setzt man

$$f^*(y, x, \varepsilon, t) = f(y, x, t) - (1 - \varepsilon)\big(f_0(y_0, x, t) - h_0(y_0, x, t)\big),$$

dann wird die Funktionalreihe für $y(t)$ nach folgenden Schema konstruiert

$$\dot{\boldsymbol{z}}_0(t) = \boldsymbol{A}_0 \boldsymbol{z}_0 + \boldsymbol{B}_1 x_1 + \boldsymbol{B}_0 f_0(y_0, x, t), \qquad y_0 = \boldsymbol{H}^{\mathrm{T}} \boldsymbol{z}_0, \tag{4.59}$$

$$y_k(t) = \int_{t_0}^{\infty} G_x(t, t') \Bigg\{ \delta_{k,1} [f_0(y_0, x, t') - h_0(y_0, x, t')] + (1 - \delta_{k,1}) \left[\sum_{s=2}^{k} f_s(y_0, x, t)\, C_k^{(s)}(y_1, \ldots, y_{k-s+1}) \right] \Bigg\}\, \mathrm{d}t'. \tag{4.60}$$

$G_x(t, t')$ ist durch die zweite Gleichung von (4.55) definiert, wobei die stochastische Fundamentallösungsmatrix durch die vom Eingangsprozeß $x(t)$ funktional abhängige Matrix

$$\boldsymbol{A}_x(t) = \boldsymbol{A}_0(t) + \boldsymbol{B}_0(t)\, \boldsymbol{H}^{\mathrm{T}} f_1(y_0, x, t) \tag{4.61}$$

bestimmt wird

$$\boldsymbol{\Phi}_x{}^*(t, t_0) = \exp \int_{t_0}^{t} \boldsymbol{A}_x(t')\, \mathrm{d}t'.$$

Iterationsverfahren mit deterministischer Fundamentallösungsmatrix

Für

$$f^*(y, x, t) = h(y, x, t) + \varepsilon\big(f(y, x, t) - h(y, x, t)\big)$$

mit dem linearen Polynom

$$h(y, x, t) = -a(t)\, y(t) + b(t)\, x(t) + c(t)$$

wird die Funktionalreihe für $y(t)$ nach folgendem Schema bestimmt

$$\dot{\boldsymbol{z}}_0(t) = (\boldsymbol{A}_0 - a\boldsymbol{B}_0\boldsymbol{H}^{\mathrm{T}})\, \boldsymbol{z}_0 + \boldsymbol{B}_0(bx + c) + \boldsymbol{B}_1 x_1, \qquad y_0(t) = \boldsymbol{H}^{\mathrm{T}}\boldsymbol{z}_0(t), \tag{4.62}$$

$$y_k(t) = \int_{t_0}^{t} G(t, t') \Bigg\{\delta_{k,1}[f_0(y_0, x, t') + a(t')\, y_0(t') - b(t')\, x(t') - c(t')] + (1 - \delta_{k,1}) \left[\sum_{s=1}^{k-1} \big(f_s(y_0, x, t') + \delta_{s,1} a(t')\big)\, C_{k-1}^{(s)} y_1, \ldots, y_{k-s})\right]\Bigg\} \mathrm{d}t'. \tag{4.63}$$

Die durch (4.55) definierte Übertragungsfunktion $G_x(t, t') = G(t, t')$ ist nun nur noch eine reine Zeitfunktion, da die Lösungsmatrix vom Eingangsprozeß unabhängig ist

$$\boldsymbol{\Phi}_x{}^*(t, t_0) = \boldsymbol{\Phi}(t, t_0) = \exp \int_{t_0}^{t} \boldsymbol{A}(t')\, \mathrm{d}t', \qquad \boldsymbol{A}(t) = \boldsymbol{A}_0(t) - a(t)\, \boldsymbol{B}_0(t)\, \boldsymbol{H}^{\mathrm{T}}. \tag{4.64}$$

Konstruktion der Volterra-Reihe für $y(t)$

Zur Konstruktion der Volterra-Reihe für $y(t)$ wird als erzeugende Funktion die folgende gewählt

$$\boldsymbol{F}^*(\boldsymbol{z}^{\mathrm{T}}, x, x_1, \varepsilon, t) = \boldsymbol{A}_0\boldsymbol{z} + \boldsymbol{B}_1\big(m_{x_1} + \varepsilon(x_1 - m_{x_1})\big) + \boldsymbol{B}_0 f\big(y, m_x + \varepsilon(x - m_x), t\big).$$

Der deterministische Anteil wird aus dem Differentialgleichungssystem

$$\dot{\boldsymbol{z}}_{\mathrm{D}}(t) = \boldsymbol{A}_0\boldsymbol{z}_{\mathrm{D}} + \boldsymbol{B}_1 m_{x_1} + \boldsymbol{B}_0 f_{0,0}(y_{\mathrm{D}}, m_x, t), \qquad y_{\mathrm{D}} = \boldsymbol{H}^{\mathrm{T}}\boldsymbol{z}_{\mathrm{D}} \tag{4.65}$$

bestimmt. Die weiteren Entwicklungsglieder werden nach dem folgenden Rekursionsschema iterativ berechnet

$$\begin{aligned} y_k(t) = \int_{t_0}^{\infty} G_0(t, t') \Bigg\{&\frac{1}{k!}\, f_{0,k}(y_{\mathrm{D}}, m_x, t')\, (x - m_x)^k \\ &+ (1 - \delta_{k,1}) \Bigg[\sum_{n=1}^{k-1} \sum_{s=1}^{n} \frac{(x - m_x)^{k-n}}{(k - n)!}\, f_{s,k-n}(y_{\mathrm{D}}, m_x, t')\, C_n{}^{(s)}(y_1, \ldots, y_{n-s+1}) \\ &+ \sum_{s=2}^{k} f_{s,0}(y_{\mathrm{D}}, m_x, t')\, C_k{}^{(s)}(y_1, \ldots, y_{k-s+1})\Bigg]\Bigg\}\, \mathrm{d}t' \\ &+ \delta_{k,1} \int_{t_0}^{\infty} G_1(t, t')\, (x_1(t') - m_{x_1}(t'))\, \mathrm{d}t'. \end{aligned} \tag{4.66}$$

Die $f_{k,s}(\cdot)$ sind die Zerlegungskoeffizienten der Potenzreihenentwicklung der Systemnichtlinearität um die deterministischen Zeitfunktionen $y_{\mathrm{D}}(t)$ und $m_x(t)$ (s. Gl. (3.58)). Auch hier sind die

Übertragungsfunktionen reine Zeitfunktionen, da die Lösungsmatrix

$$\boldsymbol{\Phi}_x{}^*(t, t_0) = \boldsymbol{\Phi}(t, t_0) = \exp \int_{t_0}^{t} \boldsymbol{A}(t')\, dt', \qquad \boldsymbol{A}(t) = \boldsymbol{A}_0(t) + f_{1,0}(y_D, m_x, t)\, \boldsymbol{B}_0(t)\, \boldsymbol{H}^T \quad (4.67)$$

unabhängig vom Eingangsprozeß ist

$$G_i(t, t') = \begin{cases} \boldsymbol{H}^T \boldsymbol{\Phi}(t, t')\, \boldsymbol{B}_i(t) & \text{für} \quad t \geqq t', \\ 0 & \text{für} \quad t < t'. \end{cases}$$

Jedes Entwicklungsglied läßt sich somit in der folgenden Form darstellen

$$y_k(t) = \int_{t_0}^{\infty} \cdots \int_{t_0}^{\infty} \sum_{s=0}^{k} g_{s,k-s}(t; t_1, \ldots, t_k)$$
$$\times \left[\prod_{i=1}^{s} (x(t_i) - m_x(t_i)) \right] \left[\prod_{j=s+1}^{k} (x_1(t_j) - m_{x_1}(t_j)) \right] dt_1 \cdots dt_k.$$

Im Kap. 5 wird auf die Konstruktion von Volterra-Reihen für allgemeinere Systeme ausführlich eingegangen.

4.6. Beispiele

In Abhängigkeit von der Spezifik des konkret vorliegenden stochastischen Systems wird sich bei seiner Analyse ein spezielles Iterationsverfahren als besonders vorteilhaft erweisen, während das gleiche Verfahren für ein anderes System oder/und ein anderes Analyseproblem weniger gut geeignet sein kann. Eine allgemeine und vollständige Wertung der einzelnen Verfahren zur Konstruktion von Funktionalreihen ist kaum möglich: Aufgrund der Allgemeinheit der hier betrachteten stochastischen Systeme müßte dazu eine Klassifikation der Systeme und der Analyseprobleme vorgenommen werden, was jedoch den Rahmen der vorliegenden Monographie bei weitem übersteigen würde. Zum anderen muß davon ausgegangen werden, daß i. d. R. bei der Analyse nichtlinearer stochastischer Systeme durch Funktionalreihenentwicklungen praktisch nur endlich viele Entwicklungsglieder berücksichtigt werden können, so daß auch Konvergenzbeweise für Funktionalreihen kaum Aufschluß über die Güte der aus einigen wenigen Entwicklungsgliedern gewonnenen Näherungslösungen für die gesuchten statistischen Charakteristika geben können. Dazu benötigt man i. d. R. schon die vollständige Statistik der zu analysierenden Prozesse.

Um dennoch einen wenigstens groben Überblick über die Leistungsfähigkeiten und Anwendungsmöglichkeiten der wichtigsten Iterationsverfahren

SF: Iterationsverfahren mit stochastischer Fundamentallösung,
DF: Iterationsverfahren mit deterministischer Fundamentallösung,
V: Volterrasche Funktionalreihenentwicklung

vermitteln zu können, sollen für die in der Tab. 3.3 aufgeführten sieben Beispiele die stationären Erwartungswerte und Streuungen näherungsweise ermittelt werden. Einheitlich wird dabei als nullte Näherung $z_0(t)$ ein nach Taylorscher (TL) oder statistischer (SL) Linearisierung des Ausgangssystems

$$\dot{z}_0(t) = \bar{A}(z_0 - m_{z_0}) + \bar{B}(x - m_x) \tag{4.68}$$

ermitteltes lineares Funktional des Eingangsprozesses herangezogen und nur das nächste, d. h. erste nichtlineare, Entwicklungsglied einer Funktionalreihe für $z(t)$

berücksichtigt

$$z(t) \approx \hat{z}(t) = \begin{cases} z_0(t) + z_1(t) & \text{nach } \mathrm{SF}_1, \mathrm{DF}_1, \\ z_D + z_1(t) + z_k(t) & \text{nach } \mathrm{V}_k \ (k = 2 \text{ bzw. } k = 3, \text{ wenn } z_2 = 0). \end{cases} \tag{4.69}$$

Die untere Indizierung der Iterationsverfahren kennzeichnet, nach welchem Entwicklungsglied z_k die entsprechende Funktionalreihe abgebrochen wird.

Im Abschn. 4.4. wurde schon darauf hingewiesen, daß die Struktur und die Konvergenzeigenschaften einer Funktionalreihe für $z(t)$ nicht nur von der Wahl ihres Konstruktionsverfahrens, sondern gleichermaßen auch von der Art und Weise der dazu erforderlichen Potenzreihenentwicklung der Systemnichtlinearitäten abhängen. Aus diesem Grunde werden für die betrachteten Beispiele zur Festlegung der Zerlegungskoeffizienten der Systemnichtlinearitäten sowohl ihre Taylor-Polynome (TP), sofern diese existieren, als auch die stochastischen Polynome k-ter Ordnung herangezogen, wobei auch hier nur die nichtlinearen Entwicklungsglieder der niedrigsten Ordnung k berücksichtigt werden (SP_k)

$$\begin{aligned} f(z, x) = {} & \bar{f}_{1,0}(\overline{m}_{z_0}, \overline{m}_x)\,(z - m_{z_0}) + \bar{f}_{0,1}(\overline{m}_{z_0}, \overline{m}_x)\,(x - \overline{m}_x) \\ & + \sum_{\substack{s \geq 0 \\ (s+l=k)}} \sum_{l \geq 0} \frac{(z - \overline{m}_{z_0})^s\,(x - \overline{m}_x)^l}{s!\,l!}\,\bar{f}_{s,l}(\overline{m}_{z_0}, \overline{m}_x), \end{aligned} \tag{4.70}$$

$$k = m, \quad \text{wenn} \sum_{\substack{s \geq 0 \\ 2 \leq s+l \leq m-1}} \sum_{l \geq 0} |\bar{f}_{s,l}(\cdot)| = 0 \quad \text{und} \quad \sum_{\substack{s \geq 0 \\ s+l=m}} \sum_{l \geq 0} |\bar{f}_{s,l}(\cdot)| \neq 0.$$

Wir bezeichnen ein derartiges Polynom als nichtlineares Minimalpolynom.

An Hand des Beispiels 2 wird weiter unten nachgewiesen, daß es sich im Rahmen der Berücksichtigung nur des ersten nichtlinearen Entwicklungsglieds einer Funktionalreihe für $z(t)$ als vorteilhafter erweist, wenn nicht alle Zerlegungskoeffizienten dieses nichtlinearen stochastischen Minimalpolynomes (4.70) sondern nur die Koeffizienten der nichtlinearen Terme ($\bar{f}_{s,l}$, $s + l = k$) aus dem reduzierten Gleichungssystem (4.37)

$$\begin{aligned} & \sum_{\substack{s \geq 0 \\ (1 \geq s+l \leq k)}} \sum_{l \geq 0} \bar{f}_{s,l}(\cdot)\, \frac{\langle (z - \overline{m}_{z_0})^{s+p}\,(x - \overline{m}_x)^{l+q} \rangle_0}{s!\,l!} = \langle \bar{f}(z, x)\,(z - \overline{m}_{z_0})^p\,(x - \overline{m}_x)^q \rangle_0 \\ & p + q = k, \qquad p \geqq 0, \qquad q \geqq 0, \end{aligned} \tag{4.71}$$

bestimmt und der lineare Anteil des Polynomes (4.70) durch das statistisch linearisierte System (4.68) festgelegt werden

$$\bar{f}_{1,0}(\overline{m}_{z_0}, \overline{m}_x) = \bar{A}, \qquad \bar{f}_{0,1}(\overline{m}_{z_0}, \overline{m}_x) = \bar{B}. \tag{4.72}$$

Diese Art der Festlegung des stochastischen Polynomes kennzeichnen wir durch einen Stern SP_k^*.

Man beachte jedoch, daß diese Aussage nur dann richtig ist, wenn man tatsächlich nur die nach dem ersten nichtlinearen Entwicklungsglied abgebrochene Funktionalreihe (4.69) zur näherungsweisen Berechnung der statistischen Charakteristika des Prozesses $z(t)$ heranzieht. Berücksichtigt man weitere Entwicklungsglieder einer Funktionalreihe für $z(t)$, so wird es sich im Rahmen der Approximation der Systemnichtlinearität durch ein stochastisches Polynom k-ter Ordnung günstiger erweisen, alle Zerlegungskoeffizienten dieses Polynomes aus dem vollständigen Gleichungssystem (4.37) zu ermitteln, da ja das so bestimmte Polynom die Systemnichtlinearität im Mittel besser approximiert als das modifizierte stochastische Polynom SP_k^* gleicher Ordnung.

Im Falle, daß $f(z, x)$ selbst schon ein Polynom k-ter Ordnung darstellt, erübrigt sich natürlich die Suche nach dem stochastischen Polynom; es ist identisch mit der Systemnichtlinearität.

Für die Beispiele 1 bis 6 (s. Tab. 3.3) besteht die Möglichkeit, die nach den verschiedenen Näherungsverfahren ermittelten Näherungslösungen für die stationären Erwartungswerte und Streuungen mit Hilfe der Gütefunktion

$$\Delta = \frac{(\overline{m}_z - \overline{m}_{\hat{z}})^2 + |\overline{K}_z(0) - \overline{K}_{\hat{z}}(0)|}{\overline{m}_z{}^2 + \overline{K}_z(0)} \tag{4.73}$$

quantitativ einzuschätzen, da ja für diese Beispiele die exakten Lösungen angegeben werden können (s. Abschn. 6.1.5.). In Tab. 4.1 sind die für diese Beispiele ermittelten Δ-Werte in Abhängigkeit der dazu herangezogenen Näherungsverfahren aufgeführt. Diese Werte weisen aus, daß schon mit Berücksichtigung nur des nächsten Entwicklungsgliedes zur nullten Näherung $z_0(t)$ (bzw. $z_D + z_1$) bei allen Beispielen bessere Näherungslösungen erhalten werden. Die Korrekturen zur nullten Näherung (TL bzw. SL) sind dabei um so größer, je ungenauer die Näherungslösungen der nullten Näherung sind.

Bezüglich der Güte der Näherungslösungen erweist sich das Iterationsverfahren mit stochastischer Fundamentallösung als das beste. Allerdings ist die so gewonnene

Tab. 4.1: Überblick über die Güte, ausgedrückt durch die Gütefunktion nach Gl. (4.73), und die Anwendbarkeit verschiedener Funktionalreihenentwicklungen. Die mit einem Stern versehenen Werte wurden unter Verwendung des modifizierten stochastischen Polynomes SP_k^* nach Gl. (4.71) und (4.72) erhalten. Im Beispiel 6 wurde als approximierende Dichte $\overline{p}_0(z)$ die Summe zweier Gaußscher bzw. gleichmäßiger Dichten herangezogen. Im Beispiel 4 wurde anstelle des genäherten Verfahrens $\overline{SF}_1$ das Verfahren SF_1 ausgewertet

Beispiel → Methode ↓	1	2	3	4	5	6	
	($\alpha = 0$)		($\gamma = 0.315$)	$\gamma_1 < 1/2$		$\gamma \to 0$	$\gamma \gtrsim 75$
TL	∞		0.234	$2\gamma_1$	0.068		
V_k/TP	∞	nicht anwendbar	0.114	$\gamma_1(1 + 2\gamma_1)$	0.056	nicht anwendbar	
DF_1/TP	∞		0.114	$\gamma_1(1 + 2\gamma_1)$	0.056		
$\overline{SF}_1$/TP	∞		0.105	0.0000	0.056		
SL (G.M.)	0.146	0.2146	0.076	0.0000	1.57	0.000	0.146
V_k/SP_k	∞	0.343 bzw. 0.037*	$< 10^{-3}$	$\gamma_1(1 + 2\gamma_1)$	1.278	∞	∞
DF_1/SP_k	0.0030	0.182 bzw. 0.037*	$< 10^{-3}$	$\gamma_1 \frac{\|1 - 4\gamma_1\|}{(1 + 2\gamma_1)^2}$	1.278	∞	0.003
$\overline{SF}_1/SP_k$	0.0030	0.182 bzw. 0.011*	0.004	0.0000	1.302	0.500	0.003
SL (glm.)	0.102	0.3333	0.149	0.0000	0.008	0.000	0.103
V_k/SP_k	∞	0.456 bzw. 0.178*	0.122	$\gamma_1(1 + 2\gamma_1)$	0.008	∞	∞
DF_1/SP_k	0.123	0.405 bzw. 0.178*	0.122	$\gamma_1 \frac{\|1 - 4\gamma_1\|}{(1 - 2\gamma_1)^2}$	0.008	∞	0.076
$\overline{SF}_1/SP_k$	0.075	1.264 bzw. 0.142*	0.122	0.0000	0.008	0.500	0.076

Funktionalreihe auch am schwierigsten, meist sogar nur näherungsweise, auswertbar. Aus diesem Grunde wurde dieses Verfahren dahingehend vereinfacht, in dem (bis auf das Beispiel 4) der Exponent der stochastischen Fundamentallösung durch seinen Erwartungswert und somit die stochastische durch eine deterministische Fundamentallösung approximiert wurde

$$\Phi_x(t, t') \approx \exp \int_{t'}^{t} \langle f_1(z_0(t''), x(t''))\rangle \, dt' \quad \text{nach} \quad \overline{\text{SF}}_1. \tag{4.74}$$

Diese zusätzliche Näherung charakterisieren wir durch einen oberen Querstrich $\overline{\text{SF}}_1$. Selbst mit dieser Approximation werden i. d. R. immer noch bessere (oder identische) Näherungslösungen erhalten, als wenn dazu das Verfahren mit deterministischer Fundamentallösung herangezogen wird. Im Falle des Beispieles 6 werden für $\gamma \to 0$ sogar nur nach dem Verfahren SF_1 (bzw. $\overline{\text{SF}}_1$) Streuungen $\bar{K}_{\dot{z}}(0)$ ermittelt. Am einfachsten auszuwerten ist die Volterra-Reihe. Allerdings werden mit gleicher Anzahl von Entwicklungsgliedern der Funktionalreihe für $z(t)$ gegenüber den Verfahren SF (bzw. SF) und DF i. d. R. ungenauere Näherungslösungen erhalten.

Bezüglich der Festlegung der Zerlegungskoeffizienten der Systemnichtlinearität erweisen sich die stochastischen Polynome (SP_k bzw. $\text{SP}_k{}^*$) den Taylorschen Polynomen (TP) sowohl bezüglich der damit gewonnenen Näherungslösungen als auch hinsichtlich des wesentlich größeren Anwendungsbereichs als überlegen. Dies ist um so bemerkenswerter, als die Auswertung der mit Hilfe der stochastischen Polynome ermittelten Funktionalreihen nicht komplizierter (zumindest im stationären Fall) ist, als wenn dazu die Taylorschen Potenzreihenentwicklungen herangezogen werden. Unter Zugrundelegung der stochastischen Polynome wird auch die relativ einfach auswertbare Volterrasche Funktionalreihe zu einer effektiven und allgemein anwendbaren Analysemethode.

Nachfolgend werden für die in der Tab. 3.3 aufgeführten sieben Beispiele die aus den abgebrochenen Funktionalreihen (4.69) ermittelten Näherungslösungen für die stationären Momente der ersten beiden Ordnungen ausführlich angegeben und durch Abbildungen teilweise illustriert. Sie mögen dem Leser als Übungsbeispiele dienen. Dabei sei erinnert, daß der Prozeß $z_0(t)$ in allen Beispielen ein Gaußscher Prozeß ist.

Beispiel 1:

$$\dot{z} = -\beta(\alpha z + z^3) + g\xi, \qquad \gamma_1 = \sqrt{g^2/2\beta}, \qquad \gamma = \gamma_1/\alpha. \tag{3.78}$$

Die im Abschn. 3.6. nach Linearisierung erhaltenen Näherungslösungen für den stationären Erwartungswert und die stationäre Streuung lauten

$$m_{z_0} = m_z = 0,$$

$$\frac{K_{z_0}(0)}{\gamma_1} = X(\gamma) = \begin{cases} \gamma & \text{nach TL,} \\ \dfrac{1}{6\gamma}\left(\sqrt{1 + 12\gamma^2} - 1\right) & \text{nach SL(G.M.),} \\ \dfrac{5}{18\gamma}\left(\sqrt{1 + \dfrac{36}{5}\gamma^2} - 1\right) & \text{nach SL(glm.).} \end{cases} \tag{3.79}$$

Die Koeffizienten des linearisierten Systems (4.68) sind damit gegeben durch

$$\bar{A} = -\beta\gamma_1/\chi(\gamma), \qquad \bar{B} = g.$$

Da die Systemnichtlinearität in diesem Beispiel durch ein Polynom dritter Ordnung gegeben ist, erübrigt sich die Approximation durch ein stochastisches Polynom; es ist identisch mit der Systemnichtlinearität (TP $\equiv$ SP_3).

Nach den verschiedenen Iterationsverfahren werden aus den endlichen Funktionalreihen die folgenden Näherungslösungen erhalten

$$\frac{\bar{K}_{\dot{z}}(0)}{\gamma_1} = \begin{cases} \gamma[1 - 3\gamma^2 + 6\gamma^4] & \text{nach } V_3/\text{TP und } DF_1/\text{TP}; (z_0 : \text{TL}), \\ \gamma \dfrac{4 + 3\gamma^2 + 6\gamma^4}{(1 + 3\gamma^2)(4 + 3\gamma^2)} & \text{nach } \overline{SF}_1/\text{TP}; (z_0 : \text{TL}), \\ \chi(\gamma)\left[1 + \dfrac{3}{2}\chi^4(\gamma)\right] & \text{nach } DF_1/\text{TP und } \overline{SF}_1/\text{TP}; (z_0 : \text{SL(G.M.)}), \\ \chi(\gamma)\left[1 - \dfrac{6}{5}\chi^2 + \dfrac{111}{50}\chi^4\right] & \text{nach } DF_1/\text{TP}; (z_0 : \text{SL(glm.)}), \\ \chi(\gamma)\left[1 - \dfrac{12\chi^2}{10 + 6\chi^2} + \dfrac{30\chi^4\left(74 + \dfrac{186}{5}\chi^2\right)}{(5 + 6\chi^2)(10 + 6\chi^2)(20 + 6\chi^2)}\right] & \\ \qquad \text{nach } \overline{SF}_1/\text{TP}; (z_0 : \text{SL(glm.)}). \end{cases}$$

In Abhängigkeit von der Festlegung der nullten Näherung $z_0(t)$ ist die Funktion $\chi(\gamma)$ durch die Gl.(3.79) definiert.

Ausgehend von einem nach Taylor linearisierten System (z_0 : TL) werden nach den Verfahren V_3/TL, DF_1/TL und $\overline{SF}_1$/TL zwar gegenüber der nullten Näherung (TL) für einen größeren Bereich von γ akzeptable Näherungslösungen für die stationäre Streuung erhalten, jedoch versagen diese einfachen Methoden, wenn $\gamma \gtrsim 1{,}5$ (bzw. $\alpha \lesssim 2/3\gamma_1$), wie aus der Abb. 4.2 ersichtlich ist.

Unter Zugrundelegung eines statistisch linearisierten Systems (z_0 : SL(G.M.) oder SL(glm.))

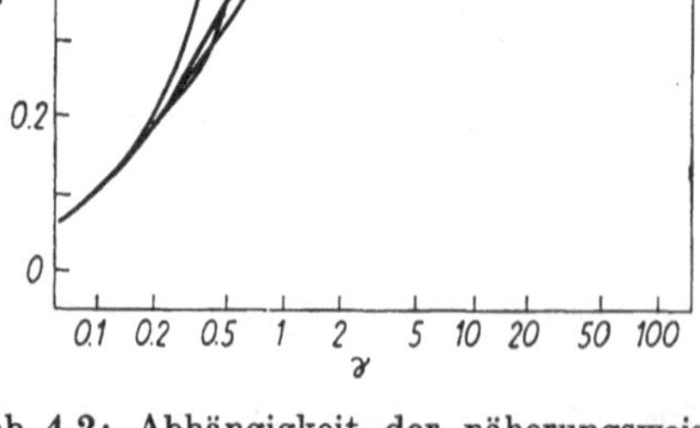

Abb. 4.2: Abhängigkeit der näherungsweise berechneten stationären Streuung von γ für ein System (3.78) mit kubischer Nichtlinearität im Vergleich zur exakten Lösung. Die nullte Näherung $z_0(t)$ wurde durch das nach Taylor linearisierte System (TL) festgelegt

werden nach dem Verfahren $\overline{SF}_1$/TP im gesamten Bereich: $0 \leqq \gamma \leqq \infty$ ausgezeichnete Näherungslösungen erhalten (s. Abb. 4.3). Nur wenig schlechter sind die nach DF_1/TP gewonnenen Näherungslösungen, wenn bei der statistischen Linearisierung die unbekannte Dichte durch eine Gaußsche approximiert wird, während mit gleichem Verfahren nur für endliche γ eine Verbesserung gegenüber der statistischen Linearisierung unter Verwendung der gleichmäßigen Dichte für $p_0(z)$ gewonnen wird.

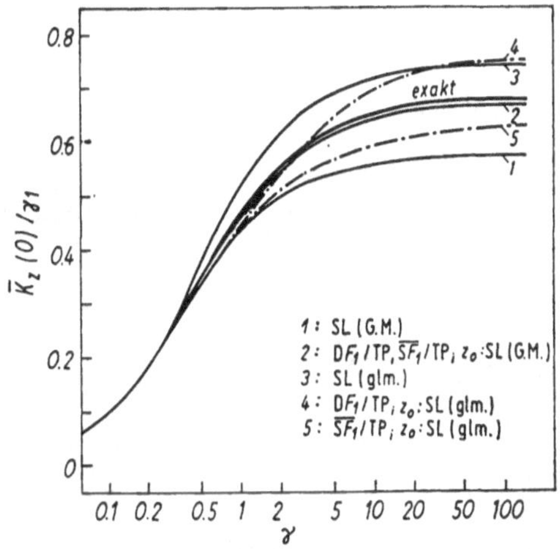

Abb. 4.3: Abhängigkeit der näherungsweise berechneten stationären Streuung von γ für ein System (3.78) mit kubischer Nichtlinearität im Vergleich zur exakten Lösung. Die nullte Näherung $z_0(t)$ wurde durch das statistisch linearisierte System (SL (G.M.) bzw. SL (glm.)) festgelegt

Für $\alpha \to 0$ (bzw. $\gamma \to \infty$) lauten die Näherungslösungen für die stationäre Streuung

$$\frac{K_z(0)}{\gamma_1} = \gamma \to \infty \begin{cases} 0.676 & \text{exakt,} \\ \infty & \text{nach } V_3, DF_1 \text{ und } SF_1; (z_0 : TL), \\ 0.577 & \text{nach SL(G.M.),} \\ 0.674 & \text{nach } DF_1, SF_1 \ (z_0 : \text{SL(G.M.)}), \\ 0.745 & \text{nach SL(glm.),} \\ 0.759 & \text{nach } DF_1; (z_0 : \text{SL(glm.)}), \\ 0.625 & \text{nach } \overline{SF}_1; (z_0 : \text{SL(glm.)}). \end{cases}$$

Die hieraus folgenden relativen Fehler der näherungsweise bestimmten Streuungen sind in der Tab. 4.1 angegeben.

Beispiel 2:

$$\dot{z} = -\beta \operatorname{sgn}(z) + g\xi, \qquad \gamma = g^2/2\beta. \tag{3.83}$$

Nach statistischer Linearisierung wurden im Abschn. 3.6. die folgenden Näherungslösungen erhalten (s. Gl. (3.84))

$$\overline{m}_{z_0} = \overline{m}_z = 0,$$

$$\overline{K}_{z_0}(0) = \gamma^2/d, \quad d = \begin{cases} 2/\pi & \text{nach SL(G.M.),} \\ 3/4 & \text{nach SL(glm.).} \end{cases}$$

Die Koeffizienten des linearisierten Systems (4.68) sind damit gegeben durch

$$\bar{A} = -\beta d/\gamma, \qquad \bar{B} = g.$$

Eine Taylor-Zerlegung der sgn-Nichtlinearität ist nicht möglich. Für das stochastische Polynom dritter Ordnung $(\dot{z} = \bar{f}(z, \xi))$

$$\bar{f}(z, \xi) \simeq \bar{f}_{1,0}(\overline{m}_{z_0}, \overline{m}_\xi)\, z + \frac{1}{3!}\, \bar{f}_{3,0}(\overline{m}_{z_0}, \overline{m}_\xi)\, z^3 + g\xi$$

werden in Abhängigkeit von der Festlegung des linearisierten Prozesses $z_0(t)$ die Zerlegungskoeffizienten bestimmt zu

$$\frac{\gamma \bar{f}_{1,0}}{\beta} = \begin{cases} -\dfrac{3}{\pi} & \text{nach } SP_3(G.M.) \\[2mm] -\dfrac{45}{32} & \text{nach } SP_3(glm.) \\[2mm] -\dfrac{2}{\pi} & \text{nach } SP_3^*(G.M.) \\[2mm] -\dfrac{3}{4} & \text{nach } SP_3^*(glm.); \end{cases} \qquad \frac{\gamma^3 \bar{f}_{3,0}}{\beta} = \begin{cases} \left(\dfrac{2}{\pi}\right)^2 & \text{nach } SP_3(G.M.), \\[2mm] \dfrac{105}{64} & \text{nach } SP_3(glm.), \\[2mm] \dfrac{8}{5\pi^2} & \text{nach } SP_3^*(G.M.), \\[2mm] \dfrac{21}{80} & \text{nach } SP_3^*(glm.). \end{cases}$$

Mit dieser Approximation werden nach den einzelnen Iterationsverfahren aus den endlichen Funktionalreihen (4.69) die folgenden Näherungslösungen für die stationäre Streuung im Vergleich zur exakten Lösung

$$\bar{K}_z(0) = 2\gamma^2$$

erhalten $(\overline{m}_z = 0)$

$$\bar{K}_{\hat{z}}(0) = \gamma^2 \cdot \begin{cases} 1.571 & \text{nach } SL(G.M.), \\ 1.314 & \text{nach } V_3/SP_3(G.M.), \\ 1.636 & \text{nach } DF_1/SP_3(G.M.) \text{ und } \overline{SF}_1/SP_3(G.M.), \\ 1.927 & \text{nach } V_3/SP_3^*(G.M.) \text{ und } DF_1/SP_3^*(G.M.), \\ 1.977 & \text{nach } \overline{SF}_1/SP_3^*(G.M.), \\ 1.333 & \text{nach } SL(glm.), \\ 1.088 & \text{nach } V_3/SP_3(glm.), \\ 2.810 & \text{nach } DF_1/SP_3(glm.), \\ 4.528 & \text{nach } \overline{SF}_1/SP_3(glm.), \\ 1.644 & \text{nach } V_3/SP_3^*(glm.) \text{ und } DF_1/SP_3^*(glm.), \\ 1.717 & \text{nach } \overline{SF}_1/SP_3^*(glm.). \end{cases}$$

Die hieraus folgenden relativen Fehler für die so ermittelten Näherungslösungen für die stationäre Streuung sind in der Tab. 4.1 angegeben.

Unter Zugrundelegung des stochastischen Polynomes SP_3 werden durch die Beschränkung auf die nach dem ersten nichtlinearen Entwicklungsglied abgebrochene Funktionalreihe (4.69) nur unwesentlich verbesserte Näherungslösungen gegenüber den nach Linearisierung gewonnenen Resultaten erhalten. Das völlig unbefriedigende Resultat nach dem Verfahren SF_1/SP_3(glm.) wird durch die zusätzliche Näherung der Approximation der stochastischen Fundamentallösung durch eine deterministische gemäß Gl. (4.74) hervorgerufen. Sie ist in diesem Falle also nicht zulässig.

Erheblich verbesserte Näherungslösungen werden dagegen erhalten, wenn anstelle des stochastischen Polynomes SP_3 das modifizierte stochastische Polynom SP_3* herangezogen wird, dessen lineare Entwicklungskoeffizienten durch das statistisch linearisierte System festgelegt werden.

Beispiel 3:

$$\dot{z} = -\beta \sin(z) + g\xi, \qquad \gamma = g^2/2\beta. \tag{3.88}$$

Nach Linearisierung dieses Systems wurden im Abschn. 3.6. die folgenden Näherungslösungen ermittelt (s. Gl. (3.90))

$$\overline{m}_{z_0} = 0, \qquad \overline{K}_{z_0}(0)\, h(\overline{K}_{z_0}(0)) = \gamma$$

mit

$$h = \begin{cases} \gamma & \text{nach TL,} \\ \exp -\overline{K}_{z_0}(0)/2 & \text{nach SL(G.M.),} \\ \dfrac{1}{\overline{K}_{z_0}(0)} \left[\dfrac{\sin \sqrt{3\overline{K}_{z_0}(0)}}{\sqrt{3\overline{K}_{z_0}(0)}} - \cos \sqrt{3\overline{K}_{z_0}(0)} \right] & \text{nach SL(glm.).} \end{cases}$$

Die Koeffizienten des linearisierten Systems (4.68) lauten damit

$$\overline{A} = -\beta h, \qquad \overline{B} = g.$$

Nach Taylor-Linearisierung der Systemnichtlinearität

$$\sin(z) = z - \frac{1}{3!} z^3 \pm \cdots \quad \text{für } V_3/TP$$

bzw.

$$\sin(z) = \sin(z_0) + (z - z_0)\cos(z_0) \pm \cdots \quad \text{für } DF_1 \text{ und } SF_1/TP$$

werden aus den abgebrochenen Funktionalreihen (4.69) für die stationäre Streuung die folgenden Näherungslösungen erhalten ($m_{\hat{z}} = 0$)

$$\overline{K}_{\hat{z}}(0) = \gamma \left(1 + \frac{1}{2}\gamma + \frac{1}{6}\gamma^2\right) \quad \text{nach } V_3/TP; \quad z_0 : TL$$

und nach DF_1/TP und $\overline{SF}_1/TP$

$$\overline{K}_{\hat{z}}(0) = \overline{K}_{z_0}(0) \left[1 + \frac{2h}{f_1 + h} \left(h - e^{-\overline{K}_{z_0}(0)/2}\right) + \frac{\left(h - e^{-\overline{K}_{z_0}(0)/2}\right)^2}{f_1 + h} \right.$$
$$\left. + e^{-\overline{K}_{z_0}(0)} \sum_{s=1}^{\infty} \frac{(\overline{K}_{z_0}(0))^{2s}}{(2s+1)!\,((2s+1)\,h + f_1)} \right].$$

In Abhängigkeit vom verwendeten Iterationsverfahren und der gewählten nullten Näherung $z_0(t)$ sind darin zu setzen

$$f_1 = h = 1 \quad \text{nach } DF_1/TP; \quad z_0 : TL,$$

$$f_1 = \exp\{-\gamma_0/2\},\ h = 1 \quad \text{nach } \overline{SF}_1/TP; \quad z_0 : TL,$$

$$f_1 = h = \exp - \overline{K}_{z_0}/2 \quad \text{nach } DF_1/TP \text{ und } \overline{SF}_1/TP; \quad z_0 : SL(G.M.),$$

$$f_1 = \exp - \overline{K}_{z_0}/2,\ h = \frac{1}{\overline{K}_{z_0}} \left[\frac{\sin \sqrt{3\overline{K}_{z_0}}}{\sqrt{3\overline{K}_{z_0}}} - \cos \sqrt{3\overline{K}_{z_0}} \right] \quad \text{nach } DF_1/TP \text{ und } \overline{SF}_1/TP;$$

$$z_0 : SL(glm.).$$

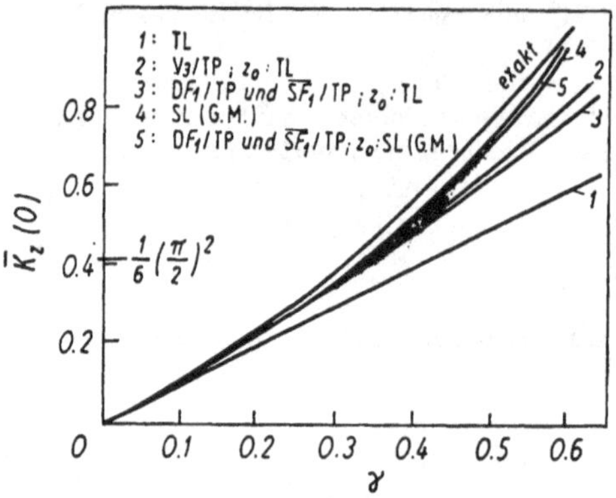

Abb. 4.4: Abhängigkeit der näherungsweise berechneten stationären Streuung von γ für einen Phasenregelkreis erster Ordnung nach Gl. (3.88) im Vergleich zum exakten Resultat; sin (z) wurde nach Taylor entwickelt (TP). Die nach den Verfahren DF_1/TP und $\overline{SF}_1$/TP ermittelten Näherungslösungen sind für (z_0 : SL (G.M.)) und (z_0 : SL (glm.)) im Bereich $0 \leqq \gamma \leqq 1$ fast identisch

In Abb. 4.4 sind diese Näherungslösungen im Vergleich zur exakten stationären Streuung in Abhängigkeit von γ dargestellt. Im „Stationaritätsbereich" $0 \leqq \gamma \leqq 0{,}315$ (vgl. mit Gl. (3.88)) werden nach allen Iterationsverfahren gegenüber der zugrunde gelegten nullten Näherung weiter verbesserte Näherungslösungen für die stationäre Streuung erhalten, wobei mit den Verfahren DF_1/TP und $\overline{SF}_1$/TP (z_0 : SL(G.M.)) die besten Resultate erzielt werden. Die größten Korrekturen zur nullten Näherung werden erhalten, wenn z_0 durch das nach Taylor linearisierte System festgelegt wird (z_0 : TL).

Approximiert man die rechte Seite der Differentialgleichung (3.88) durch ein modifiziertes stochastisches Polynom dritter Ordnung (SP_3*)

$$\sin(z) + g\xi \approx -\beta h z - \frac{\beta}{3!}\varphi_3{}^* z^3 + g\xi,$$

so werden für die stationäre Streuung die folgenden Näherungslösungen erhalten

$$\bar{K}_{\hat{z}}(0) = \bar{K}_{z_0}(0)\left[1 - \frac{\varphi_3{}^*}{h + \bar{f}_1}\bar{K}_{z_0}(0) + \frac{\varphi_3{}^{*2}\bar{K}_{z_0}(0)^2}{2f_1(3h + \bar{f}_1)}\left(\frac{h}{h + \bar{f}_1} + \frac{5}{6}\right)\right].$$

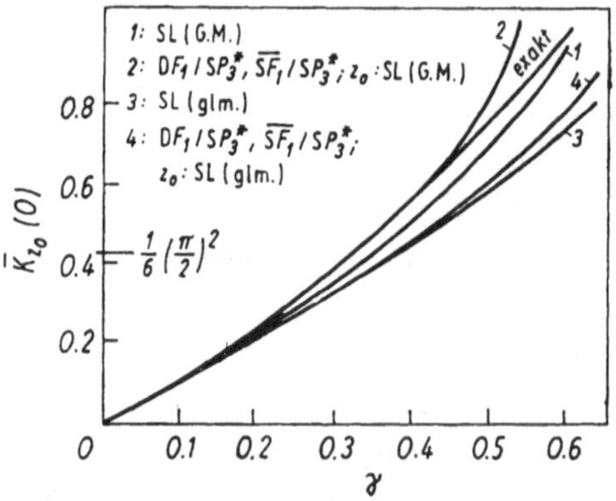

Abb. 4.5: Abhängigkeit der näherungsweise ermittelten stationären Streuung von γ für einen Phasenregelkreis erster Ordnung nach Gl. (3.88) im Vergleich zum exakten Resultat. Der Prozeß $z_0(t)$ wurde durch statistische Linearisierung (SL) festgelegt, sin (z) durch ein modifiziertes stochastischer Polynom dritter Ordnung approximiert

In Abhängigkeit vom Iterationsverfahren und der Wahl der approximierenden Dichte $\bar{p}_0(z)$ ($= \bar{p}_G(z)$ bzw. $\bar{p}_{glm}(z)$) sind darin zu setzen

$$\bar{f}_1 = \begin{cases} h & \text{nach } DF_1/SP_3^* \text{ und } V_3/SP_3^* \\ h + \frac{1}{2}\varphi_3^* \bar{K}_{z_0}(0) & \text{nach } SF_1/SP_3^*, \end{cases}$$

$$\bar{K}_{z_0}(0) = \gamma/h,$$

$$\varphi_3^* = \begin{cases} -\frac{2}{5}h & \text{nach } SP_3^*(G.M.) \\ +\frac{28h^{-1}}{3\bar{K}_{z_0}(0)^2}\left[\cos\sqrt{3\bar{K}_{z_0}(0)} + \left(\frac{6}{5}\bar{K}_{z_0}(0) - 1\right)h\right]. \end{cases}$$

In Abb. 4.5 sind auch diese Näherungslösungen in Abhängigkeit von γ im Vergleich zur exakten stationären Streuung dargestellt. Für $\gamma = 0.315$ werden daraus die folgenden Zahlenwerte ermittelt

$$\bar{K}_{\dot{z}}(0) = \gamma = 0.315 \begin{cases} 0.4112 & \text{exakt}, \\ 0.4115 & \text{nach } V_3/SP_3^*(G.M.) \text{ und } DF_1/SP_3^*(G.M.), \\ 0.4128 & \text{nach } SF_1/SP_3^*(G.M.), \\ 0.3611 & \text{nach } V_3/SP_3^*(glm.) \text{ und } DF_1/SP_3^*(glm.), \\ 0.3612 & \text{nach } SF_1/SP_3^*(glm.), \end{cases}$$

aus denen die in der Tab. 4.1 angegebenen relativen Fehler Δ erhalten werden.

Beispiel 4:

$$\dot{z} = -\beta z + g\xi_1 + z\sigma\xi_2, \qquad \gamma = g^2/2\beta, \qquad \gamma_1 = \sigma^2/2\beta, \tag{3.93}$$

$$\bar{K}_{\xi_i,\xi_j}(t, t') = \delta_{i,j}\delta(t - t').$$

Nach Linearisierung des Ausgangssystems wurden im Abschn. 3.6. die folgenden Näherungslösungen erhalten (vgl. mit Gl. (3.94)):

$$\bar{m}_{z_0} = 0 \quad \text{nach TL, SL(G.M.) und SL(glm.)},$$

$$\bar{K}_{z_0}(0) = \begin{cases} \gamma & \text{nach TL}, \\ \frac{\gamma}{1 - 2\gamma_1} & \text{nach SL(G.M.) und SL(glm.)}. \end{cases}$$

Wir erinnern, daß nach statistischer Linearisierung das exakte Resultat für die stationäre Streuung gewonnen wird! Die Koeffizienten des linearisierten Systems (4.68) lauten damit

$$\bar{A} = \begin{cases} -\beta & \text{nach TL} \\ -\beta(1 - 2\gamma_1) & \text{nach SL} \end{cases} \qquad \bar{B} = g.$$

Das stochastische Polynom SP_2 ist identisch mit der Systemnichtlinearität ($TP \equiv SP_2$).

Unter Berücksichtigung des ersten nichtlinearen Entwicklungsgliedes einer Funktionalreihe für $z(t)$ nach Gl. (4.69) werden die folgenden Näherungslösungen für die stationäre Streuung erhalten ($\overline{m}_z^{\circ} = 0$)

$$K_z(0) = \begin{cases} \gamma[1+\gamma_1] & \text{nach } V_2/TP,\ DF_1/TP;\quad z_0 : TL, \\ \dfrac{\gamma}{1-2\gamma_1}\left[1-\gamma_1\dfrac{1-4\gamma_1}{(1-2\gamma_1)^2}\right] & \text{nach } DF_1/TP;\quad z_0 : SL, \\ \dfrac{\gamma}{1-2\gamma_1} & \text{nach } SF_1/TP;\quad z_0 : TL \text{ und } z_0 : SL. \end{cases}$$

In Abb. 4.6 sind diese Näherungslösungen für die normierte stationäre Streuung $K_z(0)/\gamma$ in Abhängigkeit von γ_1 dargestellt. Das völlig unbefriedigende Resultat, das nach Taylorscher Linearisierung erhalten wird, wird durch die Verfahren V_2/TP und DF_1/TP (z_0 : TL) nur geringfügig verbessert. Aufschluß über den „Instabilitätsbereich" $\gamma_1 \geqq 1/2$ liefern diese einfachen Verfahren jedoch nicht.

Das nach statistischer Linearisierung erhaltene exakte Resultat für die stationäre Streuung wird durch das Verfahren DF_1/TP (z_0 : SL) wieder verfälscht. Der Stabilitätsbereich wird aber weiterhin richtig wiedergegeben.

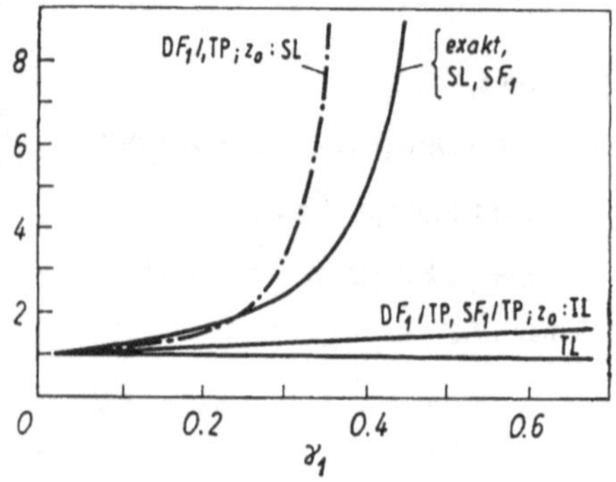

Abb. 4.6: Abhängigkeit der nach verschiedenen Näherungsverfahren berechneten stationären Streuung von γ_1 für ein System (3.93) mit multiplikativem Rauschterm im Vergleich zur exakten Lösung

Die nach dem Iterationsverfahren mit stochastischer Fundamentallösung erzeugte Funktionalreihe bricht nach dem ersten nichtlinearen Entwicklungsglied ab und ist identisch mit dem Lösungsfunktional des Prozesses $z(t)$

$$z_0 + z_1 + z_2 + \cdots \equiv z_0 + z_1 \equiv z(t) \qquad \text{nach } SF_k \ (k \geqq 1).$$

Beispiel 5:

$$\dot{z} = -\beta z + \frac{g^2}{2z} + g\xi, \qquad \gamma = g^2/2\beta. \tag{3.96}$$

Im Abschn. 3.6. wurde gezeigt, daß zur Festlegung eines statistisch linearisierten Systems die Approximation der Dichte $p(z)$ durch eine Gaußsche Dichte völlig ungeeignet ist, da diese auch nicht näherungsweise dem eingeschränkten Definitionsbereich $z \geqq 0$ (wir setzen hier immer $z(t_0) > 0$ voraus) Rechnung tragen kann. Wir beschränken uns daher zunächst bei der Festlegung des linearen Funktionals $z_0(t)$ nur auf die Linearisierungsverfahren TL und SL(glm.), nach denen die folgenden Näherungslösungen für den stationären Erwartungswert und die stationäre Streuung erhalten wurden (vgl. mit Gl. (3.97))

$$\overline{m}_{z_0} = \alpha_1\sqrt{\gamma}, \qquad \overline{K}_{z_0}(0) = \alpha_2\gamma$$

mit

$$\alpha_1 = \begin{cases} 1 & \text{nach TL} \\ 1.259 & \text{nach SL(glm.),} \end{cases} \qquad \alpha_2 = \begin{cases} 0.5 & \text{nach TL} \\ 0.415 & \text{nach SL(glm.).} \end{cases}$$

Die Koeffizienten des linearisierten Systems (4.68) sind damit gegeben durch

$$\bar{A} = -\frac{\beta}{\alpha_2}, \qquad \bar{B} = g.$$

Die Anwendung der Verfahren DF und SF unter Zugrundelegung einer Taylorschen Zerlegung der rechten Seite von (3.96) um den Prozeß $z_0(t)$ ist hier nicht möglich, da zur Auswertung der entstehenden Funktionalreihen u. a. Erwartungswerte von z_0^{-2} zu bilden sind. Da der Prozeß $z_0(t)$ jedoch ein Gaußscher Prozeß ist, divergieren derartige Erwartungswerte.

Daher entwickeln wir hier die rechte Seite von (3.96) um den in nullter Näherung bestimmten Erwartungswert m_{z_0}

$$\dot{z} = -\frac{\beta}{\alpha_2}(z - \bar{m}_{z_0}) + \frac{\beta}{2\sqrt{\gamma}}\varphi_2^*(z - \bar{m}_{z_0})^2 + \cdots + g\xi,$$

worin φ_2^* unter Zugrundelegung des Taylorschen Polynomes (TP) bzw. des modifizierten stochastischen Polynomes zweiter Ordnung (SP_2) wie folgt festgelegt ist

$$\varphi_2^* = \begin{cases} 2 & \text{nach TP,} \\ 1.0702 & \text{nach SP}_2^*\text{(glm.).} \end{cases}$$

In diesem Falle sind die Ergebnisse für den durch die Gl. (4.69) definierten Prozeß z nach den drei Iterationsverfahren V_2, DF_1 und $\overline{SF}_1$ identisch. Mit obiger Polynomapproximation werden für den exakten stationären Erwartungswert

$$\bar{m}_z = 1{,}253\sqrt{\gamma}$$

die Näherungslösungen

$$\bar{m}_{\hat{z}} = \begin{cases} 1{,}000\sqrt{\gamma} & \text{nach TL,} \\ 1{,}250\sqrt{\gamma} & \text{nach V}_2\text{/TP, DF}_1\text{/TP, }\overline{\text{SF}}_1\text{/TP;} \quad z_0\text{: TL,} \\ 1{,}259\sqrt{\gamma} & \text{nach SL(glm.),} \\ 1{,}351\sqrt{\gamma} & \text{nach V}_2\text{/SP}_2^*\text{(glm.), DF}_1\text{/SP}_2^*\text{(glm.), }\overline{\text{SF}}_1\text{/SP}_2^*; \quad z_0\text{: SL(glm.)} \end{cases}$$

und für die exakte Streuung

$$\bar{K}_z(0) = 0.4292\gamma$$

die Näherungslösungen

$$\bar{K}_{\hat{z}}(0) = \begin{cases} 0{,}500\gamma & \text{nach TL,} \\ 0{,}5417\gamma & \text{nach V}_2\text{/TP, DF}_1\text{/TP, }\overline{\text{SF}}_1\text{/TP;} \quad z_0\text{: TL,} \\ 0{,}415\gamma & \text{nach SL(glm.),} \\ 0{,}4357\gamma & \text{nach V}_2\text{/SP}_2\text{(glm.), DF}_1\text{/SP}_2^*\text{(glm.), }\overline{\text{SF}}_1\text{/SP}_2^*\text{(glm.)} \end{cases}$$

gewonnen. Die hieraus folgenden Werte für die Fehlerfunktion (s. Gl. (4.73)) sind in der Tab. 4.1 angegeben.

Völlig ungeeignet ist die Approximation der Dichte $\bar{p}(z)$ durch eine Gaußsche Dichte $\bar{p}_G(z)$, da der mit dieser Dichte nach statistischer Linearisierung ermittelte Prozeß $z_0(t)$ den Erwartungswert Null besitzt. Aufgrund dieser Eigenschaft und der Antisymmetrie der Systemnichtlinearität: $-\beta(z - \gamma/z)$ wird für beliebige Funktionalreihenentwicklungen immer der Erwartungswert Null (im stationären Fall) erhalten. Prinzipiell kann somit eine mit einer derart festgelegten nullten Näherung $z_0(t)$ keine Funktionalreihe aufgebaut werden, die gegen das tatsächliche Lösungsfunktional der Differentialgleichung (3.96) strebt, das ja einen von Null verschiedenen Erwartungswert besitzt.

Beispielsweise soll dieses Verhalten an den Verfahren V_3, DF_1 und SF_1 demonstriert werden: Mit $\bar{p}_0(z) = \bar{p}_G(z)$ wurden nach (3.97) die Näherungslösungen

$$\overline{m}_{z_0} = 0, \qquad \overline{K}_{z_0}(0) = 2\gamma \quad \text{nach SL(G.M.)}$$

erhalten. Das nichtlineare stochastische Minimalpolynom ist nun wegen $m_{z_0} = 0$ nicht zweiter sondern dritter Ordnung

$$z - \frac{\gamma}{z} \approx +\frac{1}{2}\,z + \frac{1}{30\gamma}\,z^3 \quad \text{nach SP}_3^*\text{(G.M.)}; \quad z_0: \text{SL(G.M.)}.$$

Mit dieser Approximation werden die folgenden Näherungslösungen erhalten

$$\overline{m}_{\hat{z}} = 0 \quad \text{nach } V_3/SP_3,\ DF_1/SP_3^*,\ \overline{SF}_1/SP_3^*; \quad z_0: \text{SL(G.M.)},$$

$$\overline{K}_{\hat{z}}(0) = \begin{cases} 1.413\gamma & \text{nach } V_3/SP_3^*,\ DF_1/SP_3^*; \quad z_0: \text{SL(G.M.)}, \\ 1.463\gamma & \text{nach } \overline{SF}_1/SP_3^*; \quad z_0: \text{SL(G.M.)}. \end{cases}$$

Wohl wird gegenüber der statistischen Linearisierung (SL(G.M.)) bezüglich der Streuung ein verbessertes Ergebnis erhalten, jedoch der Erwartungswert $\overline{m}_z = \overline{m}_{z_0} = 0$ beibehalten. Dies ist die Ursache für die hohen Δ-Werte in der entsprechenden Spalte und Zeile der Tab. 4.1.

Beispiel 6:

$$\dot{z} = \beta(z - z^3) + g\xi, \qquad \gamma = \sqrt{g^2/2\beta}. \tag{3.96}$$

Nach Taylor-Linearisierung wird ein instabiles System erhalten, so daß zur Festlegung des linearen Funktionals $z_0(t)$ nur die statistische Linearisierung herangezogen werden kann. In Abhängigkeit von der Wahl der $\bar{p}(z)$ approximierenden Dichte $\bar{p}_0(z)$ wurden im Abschn. 3.6. für die stationäre Streuung und den stationären Erwartungswert die folgenden Näherungslösungen erhalten

$$\overline{K}_{z_0}(0) = \begin{cases} \frac{1}{6}\left(1 + \sqrt{1 + 12\gamma^2}\right) & \text{nach SL(G.M.)}, \\ \frac{5}{18}\left(1 + \sqrt{1 + \frac{36}{5}\gamma^2}\right) & \text{nach SL(glm.)}, \end{cases} \tag{3.99}$$

$$\overline{K}_{z_0}(0) = \begin{cases} 1 + \frac{5}{6}\left(\sqrt{1 + 12\gamma^2} - 1\right) & \text{nach SL}(\Sigma\ \text{G.M.}), \\ \frac{5}{18}\left(\sqrt{1 + \frac{36}{5}\gamma^2} + 1\right) & \text{für: } \gamma > \sqrt{\frac{28}{15}} \\ 1 + \frac{25}{18}\left(\sqrt{1 + \frac{36}{125}\gamma^2} - 1\right) & \text{für: } \gamma \leqq \sqrt{\frac{28}{15}} \end{cases} \left.\right\} \text{nach SL}(\Sigma\ \text{glm.}). \tag{3.104}$$

Die Ergebnisse nach Gl. (3.104) wurden unter Zugrundelegung der Summe zweier Gaußscher bzw. gleichmäßiger Dichten (s. Gl. (3.102) bzw. (3.103)) erhalten.

Wie im Beispiel 1 ist auch hier das stochastische Polynom dritter Ordnung identisch mit der Systemnichtlinearität (SP_3 = TP). Unter Zugrundelegung dieses Polynomes ist die Volterra-Reihenentwicklung nicht möglich, da das lineare Funktional $(z_1(t))$ mit $(t - t_0)$ im quadratischen Mittel divergiert.

Nach den Verfahren DF_1 und $\overline{SF}_1$ werden für dieses System (3.96) für die Streuung die folgenden Näherungslösungen gewonnen ($m_z = 0$)

$$\overline{K}_{\hat{z}}(0) = \begin{cases} \overline{K}_{z_0}(0)\,\dfrac{1}{2}\left[1 + \left(\dfrac{d}{\gamma^2} - 1\right)^2 + 3(\overline{K}_{z_0}(0)/\gamma)^4\right] & \text{nach } DF_1/TP, \\[2ex] \dfrac{\overline{K}_{z_0}(0)}{d + \gamma^2}\left[\gamma^2 + \dfrac{6\overline{K}_{z_0}(0)^4}{d + 4\gamma^2}\right] & \text{nach } \overline{SF}_1/TP \end{cases}$$

mit

$$d = 3\overline{K}_{z_0}(0)^2 - \overline{K}_{z_0}(0) - \gamma^2 = \begin{cases} 0 & \text{für } z_0: \text{SL(G.M.)}, \\ 2 & \text{für } z_0: \text{SL}(\textstyle\sum \text{G.M.}). \end{cases}$$

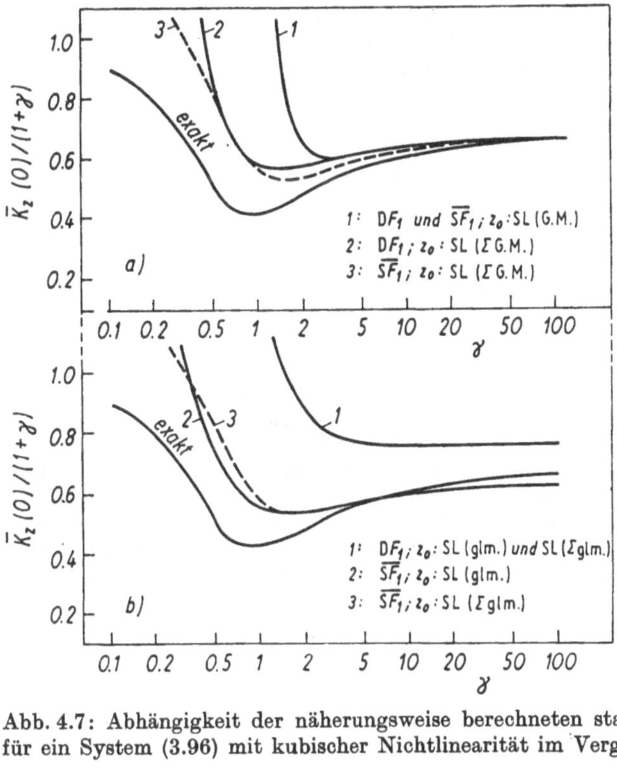

Abb. 4.7: Abhängigkeit der näherungsweise berechneten stationären Streuung von γ für ein System (3.96) mit kubischer Nichtlinearität im Vergleich zur exakten Lösung

In Abb. 4.7 sind für die in (3.99) und (3.104) berücksichtigten Linearisierungsverfahren die Näherungslösungen für $\overline{K}_{\hat{z}}(0)$ in Abhängigkeit von γ im Vergleich zum exakten Resultat dargestellt. Für größere γ widerspiegeln diese Näherungslösungen, insbesondere die nach $\overline{SF}_1$/TP gewonnenen, die tatsächliche Streuung recht genau. Für $\gamma \to \infty$ lauten die Resultate

$$\frac{\overline{K}_{\hat{z}}(0)}{\gamma} = \gamma \to \infty \begin{cases} 0{,}676 & \text{exakt}, \\ 0{,}674 & \text{nach } DF_1/TP,\ \overline{SF}_1/TP;\quad z_0: \text{SL(G.M.) und SL}(\textstyle\sum \text{G.M.}), \\ 0{,}759 & \text{nach } DF_1/TP;\quad z_0: \text{SL(glm.) und SL}(\textstyle\sum \text{glm.}), \\ 0{,}625 & \text{nach } \overline{SF}_1/TP;\quad z_0: \text{SL(glm.) und SL}(\textstyle\sum \text{glm.}). \end{cases}$$

Für kleinere γ dagegen sind die Näherungslösungen $\bar{K}_{\hat{z}}(0)$ recht unbefriedigend. Nach dem Verfahren DF_1/TP divergiert die so ermittelte Streuung $\bar{K}_{\hat{z}}(0)$ sogar für $\gamma \to 0$ unabhängig von der Wahl des statistisch linearisierten Systems, da der Prozeß $z_1(t)$ durch eine Differentialgleichung

$$\dot{z}_1 = -\beta(\gamma^2/\bar{K}_{z_0}(0))\, z_1 + \beta(1 + \gamma^2/\bar{K}_{z_0}(0))\, z_0 - \beta z_0^3 \quad \text{nach } DF_1/TP$$

definiert ist, dessen reziproke Zeitkonstante quadratisch, ihre Inhomogentität jedoch nicht schnell genug mit $\gamma \to 0$ verschwindet. Günstigere Verhältnisse werden nach dem Verfahren SF_1/TP vorgefunden, nach dem der Prozeß $z_1(t)$ durch die Differentialgleichung

$$\dot{z}_1 = -\beta\varphi_1 z_1 + \beta(1 + \gamma^2/\bar{K}_{z_0}(0))\, z_0 - \beta z_0^3,$$

$$\varphi_1 = \begin{cases} 3z_0^2 - 1 & \text{nach } SF_1/TP, \\ 3\bar{K}_{z_0}(0) - 1 & \text{nach } \overline{SF}_1/TP \end{cases}$$

definiert ist. Wird bei der statistischen Linearisierung eine Gaußsche Dichte (SL(G.M.)) zugrunde gelegt, so sind die Prozesse $z_1(t)$ nach DF_1 und $\overline{SF}_1$ identisch, da $3\bar{K}_{z_0}(0) - 1 = \gamma^2/\bar{K}_{0z}(0)$.

Bei allen anderen Linearisierungsverfahren gilt dagegen $3\bar{K}_{z_0}(0) - 1 > 0$ für alle $\gamma \geqq 0$, so daß nach dem Verfahren SF_1/TP in diesen Fällen auch für $\gamma = 0$ endliche Streuungen erhalten werden

$$\bar{K}_z(0) = \gamma \to \infty \begin{cases} 1 & \text{exakt}, \\ \infty \begin{cases} \text{nach } DF_1/TP; & z_0: \text{SL(G.M.), SL(glm.), SL}(\sum \text{G.M.}), \text{SL}(\sum \text{glm.}) \\ \text{und} & \\ \overline{SF}_1/TP; & z_0: \text{SL(G.M.)}, \end{cases} \\ 2.315 & \text{nach } \overline{SF}_1/TP;\quad z_0: \text{SL(glm.)}, \\ 1.500 & \text{nach } \overline{SF}_1/TP;\quad z_0: \text{SL}(\sum \text{glm.}). \end{cases}$$

Die für $\gamma = 0$ und $\gamma \to \infty$ folgenden relativen Fehler Δ für die stationäre Streuung sind für die Spezialfälle: z_0: SL($\sum$ G.M.) bzw. SL($\sum$ glm.) in Tab. 4.1 angegeben.

Die tiefere Ursache für das unbefriedigende Verhalten der Näherungslösungen für kleinere γ ist darin begründet, daß in diesem Falle die tatsächliche Dichte $\bar{p}(z)$ zwei gleich stark ausgeprägte, wesentliche Maxima bei $z = \pm 1$ besitzt und mit der Funktionalreihe (3.69) um einen Gaußschen Prozeß $z_0(t)$ entwickelt wird, der ein solches Verhalten auch nicht näherungsweise beschreiben kann. Für große γ zerfließt diese Dichte in eine Dichte mit einem einzigen Maximum, die durch eine Gaußsche hinreichend genau approximiert werden kann.

Beispiel 7:

$$\dot{\tilde{z}} = \boldsymbol{A}_0\tilde{z} + \boldsymbol{B}_0\left(\sin(y) + \sqrt{2N_0}\xi\right) + \boldsymbol{B}_1\xi_1, \qquad \tilde{z}^{\mathsf{T}} = (y, z), \tag{3.115a}$$

$$\boldsymbol{A}_0 = \begin{pmatrix} 0 & 1 \\ 0 & -\beta \end{pmatrix}, \quad \boldsymbol{B}_0 = -\begin{pmatrix} \beta k_1 \\ \beta^2 k_2 \end{pmatrix}, \quad \boldsymbol{B}_1 = \sqrt{2\beta d^2}\begin{pmatrix} 0 \\ 1 \end{pmatrix}, \tag{3.115b}$$

$$K_{\xi_1,\xi_1}(t, t') = 0.$$

Nach Linearisierung wurden im Abschn. 3.6. für die optimalen Verstärkungsfaktoren

$$k_1 = k_1^* = h^{-1}]\sqrt{1 + 2\gamma h} - 1], \qquad k_2 = k_2^* = \gamma - k_1^* \tag{3.119}$$

nach (3.120) in Verbindung mit (3.115) die folgenden stationären Streuungen ermittelt

$$\begin{pmatrix} \bar{K}_{y_0}(0) \\ \bar{K}_{z_0,y_0}(0) \end{pmatrix} = \bar{\boldsymbol{K}}_{\tilde{z}_0}(0)\, \boldsymbol{H} = -2N_0 h^{-1}\boldsymbol{B}_0 \quad \text{für} \quad k_i = k_i^* \quad (i = 1 \text{ und } 2), \quad \boldsymbol{H}^{\mathsf{T}} = (1, 0).$$

In Abhängigkeit vom Linearisierungsverfahren ist darin

$$h = \begin{cases} 1 & \text{nach TL,} \\ \exp -\bar{K}_{y_0}(0)/2 & \text{nach SL(G.M.),} \\ \dfrac{1}{\bar{K}_{y_0}(0)} \left[\dfrac{\sin \sqrt{3\bar{K}_{y_0}}}{\sqrt{3\bar{K}_{y_0}}} - \cos \sqrt{3\bar{K}_{y_0}} \right] & \text{nach SL(glm.)} \cdot \end{cases} \tag{3.117}$$

Das linearisierte System (4.68) nimmt damit die Gestalt an

$$\dot{\bar{z}}_0 = \bar{A}\bar{z}_0 + \sqrt{2N_0}\, B_0 \xi + B_1 \xi_1,$$

worin

$$\bar{A}_h = \begin{pmatrix} -\beta h k_1^* & 1 \\ -\beta^2 h k_2^* & -\beta \end{pmatrix}.$$

Die stationäre Korrelationsfunktion des Prozesses $y_0(t)$ ist damit für $k_i = k_i^*$ gegeben durch

$$\bar{K}_{y_0}(\tau) = \bar{K}_{y_0}(0)\, \varphi_h(\tau), \tag{4.75}$$

worin nach dem Satz von SILVESTER (s. z. B. [34], [56], [115])

$$\varphi_h(\tau) = -\frac{1}{\beta k_1} H^\top e^{\bar{A}_h \tau} B_0 = \frac{\beta}{2r(h)} \left[\operatorname{sh}(\tau r(h)) + \operatorname{ch}(\tau r(h))\right] e^{-\lambda(h)} \tag{4.76}$$

und die Funktionen $r(h)$ und $\lambda(h)$ durch die Eigenwerte

$$\lambda_{1/2}(h)\,|_{k_i = k_i^*} = \lambda(h) \pm r(h)$$

definiert sind

$$\lambda(h) = \frac{\beta}{2} \sqrt{1 + 2\gamma h}, \qquad r(h) = \frac{\beta}{2} \sqrt{1 - 2\gamma h}. \tag{4.77}$$

Zur Bestimmung der Funktionalreihen

$$\hat{y} = \begin{cases} y_1 + y_3 & \text{nach } V_3, \quad (y_1 = y_0|_{h=1}) \\ y_0 + y_1 & \text{nach } DF_1,\ SF_1 \end{cases}$$

für den Phasenfehler $y(t)$ ziehen wir hier nur die Taylor-Zerlegung der Systemnichtlinearität heran ($m_{y_0} = 0$)

$$\sin(y) = \begin{cases} y_0 - \dfrac{1}{3!} y_0^3 \pm \cdots & \text{nach } V_3\ (h = 1), \\ \sin(y_0) + (y - y_0)\cos(y_0) \pm \cdots & \text{nach } DF_1 \text{ und } SF_1. \end{cases}$$

Nach den im Abschn. 4.5.2. beschriebenen Verfahren wird die lineare Übertragungsfunktion $G(t - t')$ benötigt, die für die hier behandelten Verfahren V_3/TP, DF_1/TP und das genäherte Verfahren $\overline{SF}_1$/TP einheitlich in der folgenden Form geschrieben werden kann

$$\bar{G}(\tau) = \begin{cases} \beta k_1^* \varphi_c(\tau) & \text{für } \tau \geqq 0, \\ 0 & \text{sonst.,} \end{cases} \tag{4.78}$$

worin

$$\varphi_c(\tau) = -H^\top e^{\bar{A}_c \tau} B_0, \qquad \bar{A}_c = \bar{A}_h|_{h=c}$$

wie die Funktion $\varphi_h(\tau)$ nach (4.76) und (4.77) definiert ist

$$\varphi_c(\tau) = \varphi_h(\tau)|_{h=c}. \tag{4.79}$$

Der Parameter c ist in Abhängigkeit vom Iterationsverfahren wie folgt definiert

$$c = \begin{cases} 1 & \text{nach } V_3/TP, \\ h & \text{nach } DF_1/TP, \\ \exp - \overline{K}_{y_0}(0)/2 & \text{nach } \overline{SF}_1/TP. \end{cases} \tag{4.80}$$

Nach den im Abschn. 4.5.2. beschriebenen Verfahren ist der stationäre Prozeß $\hat{y}$ somit gegeben durch ($\overline{m}_{\hat{y}} = 0$)

$$\hat{y}(t) = \begin{cases} y_0(t) - \dfrac{\beta}{3!} \displaystyle\int_{-\infty}^{t} \varphi_h(\tau)\, y_0^3(t-\tau)\, d\tau & \text{nach } V_3/TP, \quad h = 1 \\ y_0(t) + \beta \displaystyle\int_{-\infty}^{t} \varphi_c(\tau) \left[h y_0(t-\tau) - \sin\left(y_0(t-\tau)\right)\right] d\tau & \text{nach } DF_1/TP \text{ und } \overline{SF}_1/TP, \end{cases}$$

für den die folgende stationäre Streuung ermittelt wird

$$\overline{K}_{\hat{y}}(0) = K_{y_0}(0) \left[1 + \frac{1}{2} k_1{}^* \overline{K}_{y_0}(0)\, g(h)\, d_1(h, c) + (k_1{}^* \overline{K}_{y_0}(0))^2\, d_2(h, c)\right]. \tag{4.81}$$

Die Parameter h und c sind in Abhängigkeit vom Linearisierungsverfahren und dem Iterationsverfahren durch die Gln. (3.117) und (4.80) und der Koeffizient $g(\cdot)$ durch

$$g(\cdot) = \begin{cases} 1 & \text{nach } V_3/TP, \\ \dfrac{2\left(h - e^{-\overline{K}_{y_0}(0)/2}\right)}{h} & \text{nach } DF_1/TP \text{ und } \overline{SF}_1/TP \end{cases} \tag{4.82}$$

definiert.
Die Koeffizienten $d_i(\cdot)$ werden aus den folgenden Zeitintegralen berechnet

$$d_1(\cdot) = \beta \int_0^\infty \varphi_c(\tau)\, \varphi_h(\tau)\, d\tau,$$

$$d_2(\cdot) = \beta^2 \int_0^\infty\!\!\int \varphi_c(\tau_1)\, \varphi_c(\tau_2)\, F(|\tau_1 - \tau_2|)\, d\tau_1\, d\tau_2, \tag{4.83}$$

$$F(\tau) = \begin{cases} \dfrac{1}{36} \left[15\varphi_h{}^3(\tau) + 9\varphi_h(\tau)\right] & \text{nach } V_3/TP \\ \overline{K}_{y_0}(0)^{-2}\left[\left(h^2 - 2h\, e^{-\overline{K}_{y_0}(0)/2}\right) \varphi_h(\tau) \right. & \text{nach } DF_1/TP \\ \left. + e^{-\overline{K}_{y_0}(0)}\, \overline{K}_{y_0}^{-1}(0) \operatorname{sh}\left(\overline{K}_{y_0}(0)\, \varphi_h(\tau)\right)\right] & \text{und } \overline{SF}_1/TP. \end{cases}$$

In der Abb. 4.8 sind Lösungen für $\overline{K}_{\hat{y}}(0)$ nach den Gln. (4.81) bis (4.83) für die folgenden Näherungsverfahren

DF_1/TP; $\quad z_0 :$ TL $: h = c = 1,$

$\overline{SF}_1/TP$; $\quad z_0 :$ TL $: h = 1, \qquad c = \exp - \overline{K}_{y_0}/2,$

$V_3/TP \qquad : h = c = 1,$

$$\mathrm{DF_1/TP}\ \text{und}\ \overline{\mathrm{SF}}_1/\mathrm{TP};\quad z_0:\mathrm{SL(G.M.)}:\quad h = c = \exp - \overline{K}_{y_0}/2,$$

$$\mathrm{DF_1/TP};\quad z_0:\mathrm{SL(glm.)}:\quad c = h = \frac{1}{\overline{K}_{y_0}}\left[\frac{\sin\sqrt{3\overline{K}_{y_0}}}{\sqrt{3\overline{K}_{y_0}}} - \cos\sqrt{3\overline{K}_{y_0}}\right],$$

$$\overline{\mathrm{SF}}_1/\mathrm{TP};\quad z_0:\mathrm{SL(glm.)}:\quad c = \exp - \frac{1}{2}\,\overline{K}_{y_0},\quad h = \frac{1}{\overline{K}_{y_0}}\left[\frac{\sin\sqrt{3\overline{K}_{y_0}}}{\sqrt{3\overline{K}_{y_0}}} - \cos\sqrt{3\overline{K}_{y_0}}\right]$$

in Abhängigkeit von der Rauschleistung pro Hertz Informationsbandbreite $2\beta N_0$ für $\gamma = 1/2$ dargestellt. Es zeigt sich, daß die nach SL(G.M.) in nullter Näherung berechnete Streuung $\overline{K}_{y_0}(0)$ die geringste Korrektur erhält. Tatsächlich beschreiben diese Näherungslösungen die am realen Objekt ermittelten Meßergebnisse auch am genauesten (s. z. B. [95]).

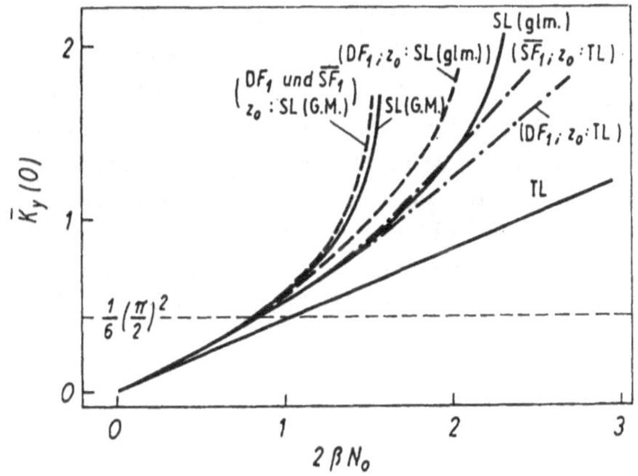

Abb. 4.8: Abhängigkeit der näherungsweise berechneten stationären Streuung des Phasenfehlers y von der Rauschleistung pro Hertz Informationsbreite $2N_0\beta$ für einen Frequenzdemodulator (Phasenregelkreis zweiter Ordnung) mit den in linearer Näherung berechneten optimalen Verstärkungsfaktoren $k_i = k_i^*$ und $\gamma = 1/2$

Kapitel 5: Bestimmung der Volterra-Reihe aus dem Blockschaltbild

Ausgehend von den Arbeiten von Volterra [120] und ihrer weiteren mathematischen Begründung (s. z. B. [123, 8, 15]) fand die Methode der Volterraschen Funktionalreihenentwicklung breiten Eingang in die Analyse nichtlinearer stochastischer Systeme. Schon Wiener [122] (s. a. [42, 23]) benutzte die Volterra-Reihe zur parametrischen Beschreibung allgemeiner stochastischer Systeme, wobei er sich auf eine spezielle Darstellung der Volterra-Kerne mit Hilfe von Laguerreschen Polynomen stützte.

Zu einer leicht und übersichtlich handhabbaren Methode zur Analyse nichtlinearer stochastischer Systeme wurde die Volterrasche Funktionalreihenentwicklung durch weitere Arbeiten von Wiener [122] (s. a. [7, 36, 73, 98, 99]) und vor allem von van Trees [117], der die Grundgedanken zur Konstruktion der Volterra-Reihe (für stationäre Prozesse) auf der Grundlage der dem Ingenieur geläufigen Beschreibung eines Systems in Form eines Blockschaltbilds darlegte.

Im Abschn. 4.3. wurde schon eine allgemeine Methode zur Konstruktion von Volterra-Reihen beschrieben, die jedoch von einem vollständigen Zustandsmodell ausgeht. Speziell für hohe Dimensionen des vollständigen Zustandsvektors z^{T} ist diese Vorgehensweise häufig sehr unhandlich bzw. unzweckmäßig, wenn man bedenkt, daß in der Regel ja nicht die statistischen Charakteristika des vollständigen Zustandsvektors, sondern nur die einiger weniger Teilprozesse (z. B. eines einzigen Systemausgangsprozesses) interessieren und in der Praxis das zu analysierende System in der Regel als Blockschaltbild vorliegt, das die Verknüpfung von einzelnen Subsystemen (häufig in Form von trägheitslosen Nichtlinearitäten und linearen Filtern) beschreibt. Derartige Verknüpfungsoperationen sind (s. Abb. 5.1 bis 5.3):

— Addition und Multiplikation der Ausgangsprozesse zweier Subsysteme,
— Reihenschaltung zweier Subsysteme und
— Rückkopplung eines Systems.

In diesem Falle ist es i. allg. zweckmäßiger, durch schrittweise Zusammenfassung von Subsystemen die Volterra-Reihe des interessierenden Ausgangsprozesses des Gesamtsystems aus den, in diesem Kapitel immer als bekannt vorausgesetzten, Volterra-Reihen der Ausgangsprozesse der Subsysteme zu bestimmen.

In diesem Kapitel werden für die oben genannten Verknüpfungsoperationen die entsprechenden Regeln zur Bestimmung resultierender Volterra-Reihen (-Kerne) abgeleitet. Dazu ist es günstig, von einer verkürzten Schreibweise der Volterra-Reihe auszugehen, die es gestattet, diese Regeln in übersichtlicher und einfacher Form darzustellen.

Für zeitvariante Systeme müssen die resultierenden Volterra-Kerne notwendig im Zeitbereich bestimmt werden, wenn nicht spezielle, stark einschränkende Voraussetzungen bezüglich der expliziten Zeitabhängigkeiten erfüllt sind. Wesentlich vereinfacht werden die Regeln zur Bestimmung resultierender Volterra-Reihen (-Kerne) im Frequenzbereich (s. [117]), da die im Zeitbereich erforderlichen Operationen (z. B. Faltungsintegrale bei Reihenschaltung zweier Subsysteme) im Frequenzbereich in algebraische Operationen (z. B. Multiplikationen) übergehen. Diese Vorgehensweise ist natürlich an die Existenz der Fourier-Transformierten der Volterra-Kerne gebunden. Wir beschränken uns in diesem Falle auf zeitinvariante Systeme mit zeitinvarianten Volterra-Kernen.

Den an Fragen der Konvergenz der Volterra-Reihen interessierten Leser verweisen wir auf die oben zitierte Literatur (s. a. [89] u. [9, 29, 38, 54, 60, 85, 130]).

5.1. Verkürzte Darstellung der Volterra-Reihe

Mit dem Ziel, die Regeln zur Bestimmung resultierender Volterra-Kerne in übersichtlicher Form herleiten und darstellen zu können, führen wir für die Volterra-Reihe die abkürzende Darstellung

$$y(t) = \sum_{k \geqq 0} g_{k;t}[x_0^k] = \mathrm{G}_t[x];^{1)} \qquad x_0 = x - m_x, \tag{5.1}$$

ein, wobei nach Vergleich mit der ausführlichen Schreibweise nach Gl. (4.25) der deterministische Anteil durch den Kern nullter Ordnung und die Funktionale $g_{k;t}[x_0^k]$ durch Faltungsintegrale definiert sind

$$y_\mathrm{D}(t) = g_{0,t} = g_0(t), \tag{5.2}$$

$$g_{k;t}[x_0^k] = \int_{-\infty}^{+\infty} \mathrm{d}t_1' \cdots \int_{-\infty}^{+\infty} \mathrm{d}t_k' g_k(t; t_1', \ldots, t_k') \prod_{i=1}^{k} x_0(t - t_i').$$

Diese verkürzte Schreibweise hat den Vorteil, daß wir die Argumente der entsprechenden Funktionen und die Zeitintegrale nicht explizit mitführen müssen. Um in diesem verkürzten Rechenkalkül arbeiten zu können, benötigen wir noch den Einheitskern $e_k(t_1, \ldots, t_k)$, der durch die Beziehung

$$e_k[x^k] = x(t)^k. \tag{5.3}$$

definiert ist und nach Vergleich mit Gl. (5.2) durch ein Produkt von Diracschen Delta-Funktionen gegeben ist

$$e_k(t_1, \ldots, t_k) = \prod_{i=1}^{k} \delta(t_i) \quad \text{für} \quad k \geqq 1. \tag{5.4}$$

Der Einheitskern ist also immer zeitinvariant!

Offensichtlich stellt die Volterra-Reihe eine Verallgemeinerung der Potenzreihendarstellung trägheitsloser Nichtlinearitäten

$$f(x, t) = \sum_{k \geqq 0} \frac{1}{k!} f_k(t)\, x_0^k$$

---

[1]) Mit großen Buchstaben kennzeichnen wir die vollständige Volterra-Reihe (gelegentlich auch das „System“), mit kleinen Buchstaben die Volterra-Kerne.

dar, deren Volterra-Kerne durch die oben definierten Einheitskerne gegeben sind

$$g_{0;t} = f_0(t),$$

$$g_{k;t} = \frac{1}{k!} f_k(t) \cdot e_k.$$

Ehe wir uns der Berechnung resultierender Volterra-Reihen zuwenden, wollen wir die wichtigsten Rechenregeln für die beschriebene verkürzte Darstellung erläutern.

Aus der Definitionsgleichung (5.2) sind das Additionstheorem

$$g_{k;t}[x^k + y^k] = g_{k;t}[x^k] + g_{k;t}[y^k] \quad \text{für} \quad k \geqq 1 \tag{5.5}$$

und die für ein konstantes a gültige Eigenschaft

$$g_{k;t}[ax^k] = a \cdot g_{k;t}[x^k] \tag{5.6}$$

unmittelbar abzulesen. — Formal kann also die Volterra-Reihe wie eine gewöhnliche Potenzreihe behandelt werden.

Bei der Berechnung der Volterra-Kerne eines nichtlinearen Systems sind u. a. Funktionale von Volterra-Kernen zu bilden. Diese Operationen müssen z. B. bei der Reihenschaltung zweier Subsysteme durchgeführt werden und stellen verallgemeinerte Faltungsintegrale dar.

Ist z. B. $z(t)$ ein Funktional der k-ten Potenz des Eingangsprozesses $x(t)$ und $y(t)$ der linear gefilterte Prozeß $z(t)$

$$z(t) = g_{k;t}[x^k] = \int\limits_{-\infty}^{+\infty} dt_1', \ldots, \int\limits_{-\infty}^{+\infty} dt_k' g_k(t; t_1', \ldots, t_k') \prod_{i=1}^{k} x(t - t_i'),$$

$$y(t) = w_{1;t}[z] = \int\limits_{-\infty}^{+\infty} dt_1' w_1(t; t_1')\, z(t - t_1'),$$

dann stellt $y(t)$ ebenfalls ein Funktional der k-ten Potenz des Eingangsprozesses $x(t)$ dar

$$y(t) = w_{1;t}\big[g_{k;t}[x^k]\big] = v_{k;t}[x^k].$$

Der Volterra-Kern $v_{k;t}$ wird in der verkürzten Schreibweise angegeben durch

$$v_{k;t} = w_{1;t}[g_{k;t}].$$

Entsprechend der Definitionsgleichung (5.2) lautet diese Gleichung in der ausführlichen Schreibweise

$$v_k(t; t_1, \ldots, t_k) = \int\limits_{-\infty}^{+\infty} dt_1' w_1(t; t_1')\, g_k(t - t_1'; t_1 - t_1', \ldots, t_k - t_1').$$

Auf gleiche Weise ist das kompliziertere Funktional

$$v_{m;t} = w_{n;t}\left[\prod_{i=1}^{n} g_{k_i;t}\right] \quad \text{mit} \quad m = k_1 + \cdots + k_n \tag{5.7}$$

durch das folgende Faltungsintegral

$$
\begin{aligned}
v_m(t; t_1, \ldots, t_m) = \int\limits_{-\infty}^{+\infty} \mathrm{d}t_1', \ldots, \int\limits_{-\infty}^{+\infty} \mathrm{d}t_n' w_n(t; t_1', \ldots, t_n') \\
\cdot g_{k_1}(t - t_1'; t_1 - t_1', \ldots, t_{k_1} - t_1') \\
\cdot g_{k_2}(t - t_2'; t_{k_1+1} - t_2', \ldots, t_{k_1+k_2} - t_n') \\
\vdots \\
\cdot g_{k_n}(t - t_n'; t_{k_1+\cdots+k_{n-1}+1} - t_n', \ldots, t_m - t_n')
\end{aligned}
\tag{5.8}
$$

definiert. Ist $w_{n;t}$ beispielsweise in (5.7) der Einheitskern n-ter Ordnung, so gilt entsprechend der Definitionsgleichung (5.3)

$$
e_n\left[\prod_{i=1}^{n} g_{k_i;t}\right] = \prod_{i=1}^{n} g_{k_i;t}. \tag{5.9}
$$

Sind in (5.7) die $g_{k_i;t}$ durch Einheitskerne gegeben, dann gilt

$$
w_{n;t}\left[\prod_{i=1}^{n} e_{k_i}\right] = w_{n;t} \cdot \prod_{i=1}^{n} e_{k_i-1}. \tag{5.10}
$$

Man beachte, daß in der letzten Gleichung ein Volterra-Kern der Ordnung $m = k_1 + \cdots + k_n$ und nicht der Ordnung n angegeben ist! Der Einheitskern muß daher immer mitgeführt werden, wenn nicht der durch die Gleichung (5.9) beschriebene Fall vorliegt.

Unter Beachtung dieser Rechenregeln sind wir nun in der Lage, resultierende Volterra-Kerne bei der Kombination zweier Subsysteme mit bekannten Volterra-Reihendarstellungen in übersichtlicher Form zu berechnen, ohne die verwirrenden Zeitargumente und Integraloperatoren ständig mitschreiben zu müssen. Die Verallgemeinerung der verkürzten Schreibweise auf den Fall vektorieller Eingangsprozesse ist offensichtlich, so daß wir darauf hier nicht näher eingehen.

Im weiteren werden wir gelegentlich den Begriff des symmetrischen Volterra-Kerns gebrauchen: Ein Volterra-Kern $v_k(t; t_1, \ldots, t_k)$ heißt symmetrisch, wenn er invariant gegenüber beliebigen Vertauschungen der Argumente $t_1, \ldots, t_k$ ist. Für Systeme mit mehreren Eingangsprozessen kann sich diese Symmetrie natürlich nur auf die Zeitargumente beziehen, die auf die gleiche Komponente des Eingangsprozesses Bezug nehmen.

5.2. Bestimmung resultierender Volterra-Kerne im Zeitbereich

5.2.1. Addition und Multiplikation der Ausgangsprozesse zweier Subsysteme

Die einfachsten Verknüpfungsoperationen sind die Addition und Multiplikation der Ausgangsprozesse zweier Subsysteme (s. Abb. 5.1)

$$
z_1(t) = \mathrm{W}_t[x] = \sum_{k \geqq 0} w_{k;t}[x^k],
$$

$$
z_2(t) = \mathrm{V}_t[x] = \sum_{k \geqq 0} v_{k;t}[x^k].
$$

Wird der Ausgangsprozeß $y(t)$ durch die Summe der beiden Prozesse $z_1(t)$ und $z_2(t)$ gegeben, dann werden die Volterra-Kerne für den resultierenden Prozeß $y(t)$ ebenfalls durch die Summe der entsprechenden Volterra-Kerne der Subsysteme bestimmt

$$y(t) = z_1(t) + z_2(t) = \mathrm{G}_t[x] = \sum_{k \geqq 0} g_{k;t}[x^k]$$

mit (5.11)

$$g_{k;t} = w_{k;t} + v_{k;t}.$$

Ebenso einfach lassen sich die Volterra-Kerne des Systems bestimmen, dessen Ausgangsprozeß $y(t)$ durch Multiplikation der Teilprozesse $z_1(t)$ und $z_2(t)$ entsteht. Dazu setzen wir die entsprechenden Volterra-Reihen für die Teilprozesse ein und erhalten zunächst

$$y(t) = z_1(t)\, z_2(t) = \sum_{k \geqq 0} \sum_{s \geqq 0} w_{k;t}[x^k]\, v_{s;t}[x^s].$$

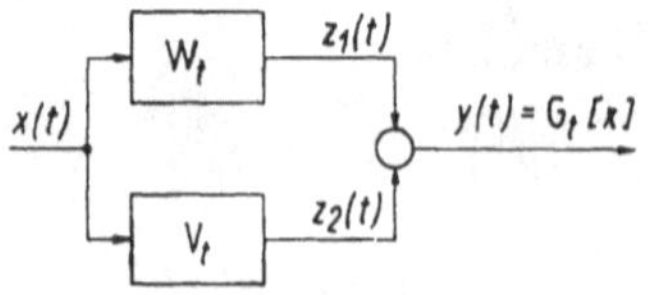

Abb. 5.1: Schematische Darstellung der Multiplikation und Addition der Ausgangsprozesse $z_i(t)$ zweier Subsysteme W_t und V_t

Ordnen wir diese Zweifachsumme nach Potenzen $n = k + s$ bezüglich des Eingangsprozesses, dann erhalten wir die Volterra-Reihe des Prozesses $y(t)$

$$y(t) = z_1(t) \cdot z_2(t) = \mathrm{G}_t[x] = \sum_{k \geqq 0} g_{k;t}[x^k]$$

mit (5.12)

$$g_{n;t} = \sum_{s=0}^{n} w_{n-s;t} \cdot v_{s;t}.$$

In der ausführlichen Schreibweise lautet die letzte Gleichung

$$g_n(t; t_1, \ldots, t_n) = \sum_{s=0}^{n} w_{n-s}(t; t_1, \ldots, t_{n-s}) \cdot v_s(t; t_{n-s+1}, \ldots, t_n).$$

5.2.2. Systeme mit Eingangsprozessen, die einen deterministischen Anteil besitzen

Sehr hilfreich für die Berechnung resultierender Volterra-Kerne bei der Reihenschaltung zweier nichtlinearer Systeme und bei der Rückkopplung eines Systems ist die folgende Betrachtung: Enthält der Eingangsprozeß $z(t)$ einen deterministischen Anteil $z_{\mathrm{D}}(t)$, dann kann das System

$$y(t) = \mathrm{V}_t[z] = \sum_{k \geqq 0} v_{k;t}[z^k]$$

völlig äquivalent durch ein System $V_t^{(z_D)}$ beschrieben werden, dessen Eingangsprozeß der Prozeß $z - z_D$ ist.

Zur Bestimmung der Volterra-Reihe des Systems $V_t^{(z_D)}$ schreiben wir die Volterra-Reihe für den Prozeß $y(t)$ in der Form

$$y(t) = \sum_{k \geq 0} v_{k;t}[(z_D + z - z_D)^k]$$

und nutzen die Eigenschaften nach (5.5) und (5.6) aus. Für symmetrische Volterra-Kerne $v_{k;t}$ erhalten wir

$$y(t) = \sum_{k \geq 0} v_{k;t} \left[\sum_{l=0}^{k} \binom{k}{l} (z - z_D)^l \cdot z_D{}^{k-l} \right]$$

$$= \sum_{l \geq 0} \left\{ \sum_{k \geq l} \binom{k}{l} v_{k;t}[z_D{}^{k-l} \cdot (z - z_D)^l] \right\}.$$

Der in der geschweiften Klammer stehende Ausdruck stellt ein Funktional der l-ten Potenz des Prozesses $z - z_D$ dar, so daß der Prozeß $y(t)$ auch in der folgenden Weise dargestellt werden kann

$$y(t) = \sum_{k \geq 0} v_{k;t}[z^k] = \sum_{k \geq 0} v_{k;t}^{(z_D)}[(z - z_D)^k]$$

mit (5.13)

$$v_{k;t}^{(z_D)} = \sum_{l \geq k} \binom{l}{k} v_{l;t}[z_D{}^{l-k}].$$

Ausführlich geschrieben lautet die letzte Gleichung

$$v_k^{(z_D)}(t; t_1, \ldots, t_k) = v_k(t; t_1, \ldots, t_k) \tag{5.14}$$

$$+ \sum_{l \geq k} \binom{l}{k} \int_{-\infty}^{+\infty} dt'_{k+1}, \ldots, \int_{-\infty}^{+\infty} dt_l' v_l(t; t_1, \ldots, t_k, t'_{k+1}, \ldots, t_l')$$

$$\times z_D(t - t'_{k+1}) \, z_D(t - t'_{k+2}), \ldots, z_D(t - t_l').$$

Wir erinnern daran, daß wir symmetrische Volterra-Kerne $v_{k;t}$ vorausgesetzt haben.

Die Rückführung eines Systems mit dem Eingangsprozeß z auf ein System mit dem Eingangsprozeß $z - z_D$ stellt somit eine Verallgemeinerung der Umordnungsregel für Potenzreihendarstellungen trägheitsloser Nichtlinearitäten dar, für die ja

$$f(z, t) = \sum_{k \geq 0} \frac{1}{k!} f_k(t) \, z^k = \sum_{k \geq 0} \frac{1}{k!} f_k^{(z_D)}(t) \, (z - z_D)^k$$

mit

$$f_k^{(z_D)}(t) = \sum_{l \geq k} \binom{l}{k} f_l(t) \cdot z_D{}^{l-k}$$

gilt.

5.2.3. Reihenschaltung nichtlinearer Systeme

Reihenschaltungen von Teilsystemen treten in allen Blockschaltbildern auf. Die Berechnung der Volterra-Kerne der resultierenden Ausgangsprozesse muß daher immer ausgeführt werden, wobei mehrdimensionale Faltungsintegrale zu lösen sind. Diese stellen eine Verallgemeinerung der uns aus der Theorie der linearen Systeme bekannten eindimensionalen Faltung der Übertragungsfunktionen der in Reihe geschalteten linearen Systeme auf nichtlineare Systeme dar.

Betrachten wir das in der Abbildung 5.2a dargestellte System, dessen Ausgangsprozeß $y(t)$ durch zwei in Reihe geschaltete Subsysteme mit als bekannt vorausgesetzten Volterraschen Reihendarstellungen der Prozesse

$$z(t) = \mathrm{W}_t[x_2] = z_\mathrm{D} + \sum_{k\geqq 1} w_{k;t}[x_2{}^k],$$

$$y(t) = \mathrm{V}_t[x_1, z] = \sum_{k\geqq 0} \sum_{s\geqq 0} v_{k,s;t}[x_1{}^s, z^s]$$

gegeben ist (s. Abb. 5.2 a).

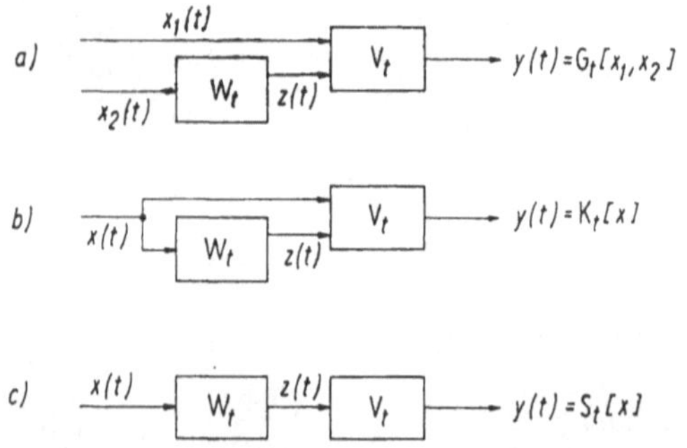

Abb. 5.2: Beispiele von Reihenschaltungen zweier Subsysteme V_t und W_t mit zwei Eingangsprozessen (*a*) und einem Eingangsprozeß (*b* und *c*)

Offensichtlich kann der Prozeß $y(t)$ durch eine Volterra-Reihe bezüglich der beiden Eingangsprozesse $x_1(t)$ und $x_2(t)$ dargestellt werden, wenn in der letzten Gleichung $z(t)$ durch seine Volterra-Reihe $\mathrm{W}_t[x_2]$ ersetzt wird

$$y(t) = \mathrm{V}_t\big[x_1, \mathrm{W}_t[x_2]\big] = \mathrm{G}_t[x_1, x_2].$$

Zur Bestimmung der Volterra-Kerne $g_{k,l;t}$ transformieren wir zunächst das System V_t in ein System $\mathrm{V}_t{}^{(z_\mathrm{D})}$ mit den Eingangsprozessen x_1 und $z - z_\mathrm{D}$

$$y(t) = \mathrm{V}_t[x_1, z] = \mathrm{V}_t{}^{(z_\mathrm{D})}[x_1, z - z_\mathrm{D}]$$
$$= \sum_{k\geqq 0} v_{k,0;t}^{(z_\mathrm{D})}[x_1{}^k] + \sum_{k\geqq 0} \sum_{l\geqq 1} v_{k,l;t}[x_1{}^k, (z - z_\mathrm{D})^l],$$

wobei — unter Voraussetzung der Symmetrie der Volterra-Kerne $v_{k,l;t}$ — nach (5.13) die Kerne $v_{k,l;t}^{(z_D)}$ gegeben sind durch

$$v_{k,l;t}^{(z_D)} = \sum_{s \geqq l} \binom{s}{l} v_{k,s;t}[\cdot\,; z_D{}^{s-l}] \tag{5.15}$$

bzw. in der ausführlichen Form

$$v_{k,l}^{(z_D)}(t; t_1, \ldots, t_k; \tau_1, \ldots, \tau_l) = v_{k,l}(t; t_1, \ldots, t_k; \tau_1, \ldots, \tau_l)$$

$$+ \sum_{s \geqq l+1} \binom{s}{l} \int_{-\infty}^{+\infty} d\tau'_{l+1}, \ldots, \int_{-\infty}^{+\infty} d\tau_s' v_{k,s}(t; t_1, \ldots, t_k, \tau_1, \ldots, \tau_l, \tau'_{l+1}, \ldots, \tau_s')$$

$$\times z_D(t - \tau'_{l+1}), \ldots, z_D(t - \tau_s').$$

Ersetzen wir den Prozeß $z - z_D$ durch seine Volterra-Reihe, dann erhalten wir unter Zuhilfenahme der durch die Gl. (4.9) bzw. (4.15) definierten Funktion $C_s{}^{(l)}$ für die l-te Potenz dieses Prozesses die Darstellung

$$(z - z_D)^l = l! \sum_{s \geqq l} C_s{}^{(l)}(w_{1;t}[x_2], \ldots, w_{s-l+1;t}[x_2{}^{s-l+1}]),$$

wobei jeder Summand ein Funktional der s-ten Potenz des Eingangsprozesses x_2 ist. Setzen wir das in die letzte Gleichung für $y(t)$ ein, dann erhalten wir die gewünschte Volterra-Reihe $y = G_t[x_1, x_2]$ (man beachte: $\sum_{l \geqq 1} \sum_{s \geqq 1} \ldots = \sum_{s \geqq 1} \sum_{l=1}^{s} \ldots$)

$$\left.\begin{aligned} & y(t) = V_t[x_1; W_t[x_2]] = G_t[x_1; x_2] \\ & \text{mit } z_D = W_t[0] \text{ und} \\ & g_{k,s;t} = \begin{cases} v_{k,l;t}^{(z_D)} & \text{für} \quad s = 0 \\ \sum_{l=1}^{s} l!\, v_{k,0;t}^{(z_D)}[\cdot\,; C_s{}^{(l)}(w_{1;t}, \ldots, w_{s-l+1;t})] & \text{für} \quad s \geqq 1. \end{cases} \end{aligned}\right\} \tag{5.16}$$

Die Kerne $v_{k,l;t}^{(z_D)}$ sind durch die Gl. (5.15) definiert. Für die Volterra-Kerne der ersten drei Ordnungen bezüglich des Eingangsprozesses $x_2(t)$ erhalten wir aus (5.16)

$$g_{0,0;t} = y_D(t) = V_t[0, z_D],$$

$$g_{k,0;t} = v_{k,0;t}^{(z_D)},$$

$$g_{k,1;t} = v_{k,1;t}^{(z_D)}[\cdot\,; w_{1;t}],$$

$$g_{k,2;t} = v_{k,1;t}^{(z_D)}[\cdot\,; w_{2;t}] + v_{k,2;t}^{(z_D)}[\cdot, w_{1;t}^2],$$

$$g_{k,3;t} = v_{k,1;t}^{(z_D)}[\cdot\,; w_{3;t}] + 2 \cdot v_{k,2;t}^{(z_D)}[\cdot\,; w_{1;t} \cdot w_{2;t}] + v_{k,3;t}^{(z_D)}[\cdot, w_{1;t}^3].$$

Die Funktionale sind durch die Gln. (5.7) und (5.8) durch Faltungsintegrale erklärt.

Wir wollen uns nun einigen wichtigen Sonderfällen zuwenden. Wesentliche Vereinfachungen ergeben sich, wenn eines der beiden Systeme linear ist. Ist das nachgeschaltete System linear, dann erhalten wir aus (5.15) und (5.16) mit $W_t[0] = z_D$ und

$$\left.\begin{aligned} &v_{k,l;t} = 0 \quad \text{für} \quad k + l \geqq 2, \\ &g_{k,l;t} = \begin{cases} V_t[0, 0] + v_{0,1;t}[z_D] & \text{für} \quad k = l = 0, \\ v_{1,0;t} & \text{für} \quad k = 1 \quad \text{und} \quad l = 0, \\ v_{0,1;t}[w_{l;t}] & \text{für} \quad k = 0 \quad \text{und} \quad l = 1, \\ 0 & \text{für} \quad k \cdot l \neq 0. \end{cases} \end{aligned}\right\} \tag{5.17}$$

Ist das vorgeschaltete System linear, dann erhalten wir aus (5.15) und (5.16) die folgende Regel

$$\left.\begin{aligned} &w_{k;t} = 0 \quad \text{für} \quad k \geqq 2, \\ &g_{k,l;t} = \begin{cases} v_{k,0;t}^{(z_D)} & \text{für} \quad l = 0, \\ v_{k,l;t}[\cdot\,; w_{1;t}^l] & \text{für} \quad l \geqq 1. \end{cases} \end{aligned}\right\} \tag{5.18}$$

Sind beide Systeme linear, so erhalten wir selbstverständlich die aus der Theorie der linearen Systeme wohlbekannte Transformationsregel

$$\begin{aligned} &y_D = V_t[0, z_D], \\ &g_{1,0}(t; t_1) = v_{1,0}(t; t_1), \\ &g_{0,1}(t; \tau_1) = \int_{-\infty}^{+\infty} d\tau_1' v_{0,1}(t; \tau_1')\, w_1(t - \tau_1'; \tau_1 - \tau_1'), \\ &g_{k,l;t} = 0 \quad \text{für} \quad k + l \geqq 2. \end{aligned}$$

Sind die Eingangsprozesse x_1 und x_2 identisch (s. Abb. 5.2b), dann kann für den Prozeß $y(t)$ aus (5.16) mit $x_1 = x_2 = x$ die Volterra-Reihe durch Umordnung der Reihe $G_t[x, x]$ leicht errechnet werden

$$y(t) = G_t[x, x] = \sum_{k \geqq 0} \left\{ \sum_{s=0}^{k} g_{k-s,s;t}[x^{k-s}, x^s] \right\}.$$

Daraus erhalten wir die Regel

$$\left.\begin{aligned} &y(t) = V_t[x; W_t[x]] = K_t[x] \\ &\text{mit} \\ &z_D = W_t[0] \quad \text{und} \\ &k_{l;t} = v_{l,0;t}^{(z_D)} + (1 - \delta_{k,1}) \sum_{s=1}^{l} s! \sum_{k=1}^{s} v_{l-s,k;t}^{(z_D)}[\cdot, C_s^{(k)}(w_{1;t}, \ldots, w_{s-k+1;t})]. \end{aligned}\right\} \tag{5.19}$$

Ist der Eingangsprozeß $x_1 \equiv 0$ (s. Abb. 5.2c), dann lautet die Transformationsregel

$$\left.\begin{aligned} &y(t) = V_t[W_t[x]] = S_t[x] \\ &\text{mit } z_D = W_t[0] \text{ und} \\ &s_{k;t} = \begin{cases} V_t[z_D] \quad \text{für} \quad k = 0, \\ \sum_{l=1}^{k} l!\, v_{l;t}^{(z_D)}[C_k^{(l)}(w_{1;t}, \ldots, w_{k-l+1;t})] \quad \text{für} \quad k \geqq 1. \end{cases} \end{aligned}\right\} \tag{5.20}$$

Die Transformationsregel (5.16) stellt eine Verallgemeinerung der Verhältnisse bei trägheitslosen Nichtlinearitäten dar: Seien $z(t)$ und $y(t)$ die Ausgangsprozesse zweier trägheitsloser Nichtlinearitäten mit bekannten Potenzreihendarstellungen

$$z(t) = z_D(t) + \sum_{k\geq 0} w_k{}^*(t) \cdot x_2(t)^k,$$

$$y(t) = \sum_{k\geq 0} \sum_{l\geq 0} v_{k,l}^*(t) \cdot x_1(t)^k \cdot z(t)^l.$$

Für die resultierende Potenzreihe

$$y(t) = \sum_{k\geq 0} \sum_{l\geq 0} g_{k,l}^*(t) \cdot x_1(t)^k \cdot x_2(t)^l$$

werden die Entwicklungskoeffizienten wie folgt berechnet

$$g_{k,s}^*(t) = \begin{cases} v_{k,0}^{*(z_D)}(t) & \text{für} \quad s = 0, \\ \sum\limits_{l=1}^{s} l!\, v_{k,l}^{*(z_D)}(t)\, C_s{}^{(l)}\big(w_1{}^*(t), \ldots, w_{s-l+1}^*(t)\big) & \text{für} \quad s \geqq 1 \end{cases}$$

mit

$$v_{k,l}^{*(z_D)}(t) = \sum_{s\geqq l} \binom{s}{l} v_{k,s}^*(t) \cdot z_D{}^{s-l}(t).$$

Hieraus erhalten wir die für dynamische Systeme geltenden Formeln (5.15) und (5.16), wenn wir die Entwicklungskoeffizienten (gesternt gekennzeichnet) durch die entsprechenden Volterra-Kerne und Produkte der Art $v_{k,l}^*(t) \cdot f_1(t) \cdot \cdots \cdot f_n(t)$ $(n \leqq l)$ durch die Faltungsintegrale $v_{k,l;t}[f_1 \cdot \cdots \cdot f_n]$ (vgl. (5.2), (5.7), (5.8)) ersetzen.

5.2.4. Rückkopplung eines nichtlinearen Systems

Das Grundproblem der Bestimmung der Volterra-Reihe (-Kerne) eines rückgekoppelten Systems besteht, wie wir weiter unten sehen werden, darin, die Resolvente eines Volterra-Kerns erster Ordnung zu bestimmen. Nach Lösung dieses Problems, das in gleicher Weise auch bei rückgekoppelten linearen Systemen zu lösen ist, können die Volterra-Kerne höherer Ordnungen des Ausgangsprozesses des rückgekoppelten Systems ohne prinzipielle Schwierigkeiten nacheinander bestimmt werden.

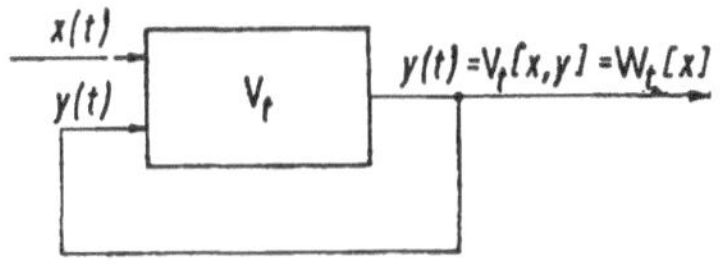

Abb. 5.3: Schematische Darstellung der Rückkopplung eines Systems

In der Abb. 5.3 ist die Struktur eines rückgekoppelten Systems mit einem skalaren stochastischen Eingangsprozeß $x(t)$ schematisch dargestellt

$$y(t) = \mathrm{V}_t[x, y] = \sum_{k\geq 0} \sum_{l\geq 0} v_{k,l;t}[x^k, y^l].$$

Bestimmt werden soll die Volterra-Reihe

$$y(t) = \mathrm{W}_t[x] = y_\mathrm{D} + \sum_{k \geqq 1} w_{k;t}[x^k]$$

aus den als bekannt vorausgesetzten Volterra-Kernen $v_{k,l;t}$. Wir setzen weiterhin voraus, daß der deterministische Anteil $y_\mathrm{D}(t)$ des Ausgangsprozesses $y(t)$ ebenfalls bekannt ist und die Volterra-Kerne $v_{k,l;t}$ symmetrisch sind. Aus der Gleichung

$$y(t) = \mathrm{W}_t[x] = \mathrm{V}_t\big[x, \mathrm{W}_t[x]\big]$$

erhalten wir unter der Berücksichtigung der Gl. (5.19) mit $k_{k;t} = w_{k;t}$ und $z_\mathrm{D} = y_\mathrm{D}$ für die gesuchten Volterra-Kerne $w_{k;t}$ die folgenden Funktionalgleichungen ($k \geqq 1$)

$$w_{k,t} = v_{k,0;t}^{(y_\mathrm{D})} + \sum_{s=1}^{k} \sum_{l=1}^{s} l!\, v_{k-s,l;t}^{(y_\mathrm{D})}[\cdot, c_s^{(l)}(w_{1;t}, \ldots, w_{s-l+1})].$$

Auf der rechten Seite der letzten Gleichung treten die Volterra-Kerne der Ordnungen $m > k$ überhaupt nicht auf, während der Kern $w_{k;t}$ nur für die Summationsindizes $s = k$ und $l = 1$ auftritt. Spalten wir diesen Term ab, so erhalten wir eine lineare Funktionalgleichung für $w_{k;t}$

$$w_{k;t} = v_{0,1;t}^{(y_\mathrm{D})}[w_{k;t}] + F_k[w_{1;t}, \ldots, w_{k-1;t}].$$

Mit dem durch Gl. (5.3) definierten Einheitskern e_1 kann diese Gleichung auch wie folgt geschrieben werden

$$(e_1 - v_{0,1;t}^{(y_\mathrm{D})})\,[w_{k;t}] = F_k[w_{1;t}, \ldots, w_{k-1;t}]. \tag{5.21}$$

Dabei haben wir abkürzend das Funktional

$$\begin{aligned} F_k[w_{1;t}, \ldots, w_{k-1;t}] = {} & v_{k,0;t}^{(y_\mathrm{D})} + (1 - \delta_{k,1}) \sum_{l=2}^{k} l!\, v_{0,l;t}^{(y_\mathrm{D})}[C_k^{(l)}(w_{1;t}, \ldots, w_{k-l+1;t})] \\ & + (1 - \delta_{k,1}) \sum_{s=1}^{k-1} \sum_{l=1}^{s} l!\, v_{k-s,l}^{(y_\mathrm{D})}[\cdot, C_s^{(l)}(w_{1;t}, \ldots, w_{s-l+1;t})] \end{aligned} \tag{5.22}$$

eingeführt, das nur die Volterra-Kerne bis zur Ordnung $k - 1$ enthält. Führen wir hier, wie in der Theorie der linearen Integralgleichungen (s. z. B. [91]), die Resolvente $v_{0,1;t}^*$ des Kerns $v_{0,1;t}^{(y_\mathrm{D})}$ über die Funktionalgleichung

$$(e_1 + v_{0,1;t}^*)\,[e_1 - v_{0,1;t}^{(y_\mathrm{D})}] = e_1 \tag{5.23}$$

ein, dann erhalten wir mit

$$(e_1 + v_{0,1;t}^*)\,\big[(e_1 - v_{0,1;t}^{(y_\mathrm{D})})\,[w_{k;t}]\big] = e_1[w_{k;t}] = w_{k;t}$$

für die gesuchten Volterra-Kerne $w_{k;t}$ ($k \geqq 1$) die folgenden Funktionalgleichungen

$$w_{k;t} = (e_1 + v_{0,1;t}^*)\,\big[F_k[w_{1;t}, \ldots, w_{k-1;t}]\big], \tag{5.24}$$

die nacheinander gelöst werden können. Für die Volterra-Kerne der ersten drei Ordnungen erhalten wir

$$w_{1;t} = (e_1 + v^*_{0,1;t})\,[v^{(y_D)}_{1,0;t}],$$

$$w_{2;t} = (e_1 + v^*_{0,1;t})\,[v^{(y_D)}_{2,0;t} + v^{(y_D)}_{1,1;t}[\cdot, w_{1;t}] + v^{(y_D)}_{0,2;t}[w^2_{1;t}]],$$

$$w_{3;t} = (e_1 + v^*_{0,1;t})\,[v^{(y_D)}_{3,0;t} + v^{(y_D)}_{2,1;t}[\cdot, \cdot, w_{1;t}] + v^{(y_D)}_{1,1;t}[\cdot, w_{2;t}] + v^{(y_D)}_{1,2;t}[\cdot, w^2_{1;t}]$$
$$+ 2v^{(y_D)}_{0,2}[w_{1;t}, w_{2;t}] + w^{(y_D)}_{0,3}[w^3_{1;t}]].$$

Voraussetzung zur Bestimmung der Volterra-Kerne $w_{k;t}$ ist natürlich die Lösung der Resolventen-Gleichung (5.23), die mit den Eigenschaften $e_1[e_1] = e_1$, $e_1[v_{0,1}] = v_{0,1}$ und $v_{0,1}[e_1] = v_{0,1}$ des Einheitskerns in der folgenden Weise geschrieben werden kann

$$v^*_{0,1;t} = v^{(y_D)}_{0,1;t} + v^*_{0,1;t}[v^{(y_D)}_{0,1;t}].$$

In der ausführlichen Schreibweise

$$v^*_{0,1}(t;\tau) = v^{(y_D)}_{0,1}(t;\tau) + \int\limits_{-\infty}^{\infty} ds\, v^*_{0,1}(t;s)\, v^{(y_D)}_{0,1}(t-s;\tau-s)$$

erkennen wir hier eine inhomogene Fredholmsche Integralgleichung 2. Art (bzw. wegen der Kausalität des Kernes $v^{(y_D)}_{0,1;t}$ eine Volterrasche Integralgleichung 2. Art). Im allgemeinen Fall zeitvarianter Kerne $v^{(y_D)}_{0,1;t}$ kann die Lösung dieser Integralgleichung für die Resolvente $v^*_{0,1;t}$ nicht mehr geschlossen angegeben werden. Aus der Theorie der linearen Integralgleichungen (s. z. B. [91], [14]) ist jedoch bekannt, daß unter den Voraussetzungen beschränkter und summierbarer, kausaler Kerne $v^{(y_D)}_{0,1;t}$

$$\left|v^{(y_D)}_{0,1;t}\right| \leqq A < \infty,$$

$$\int\limits_0^{\infty} ds \left|v^{(y_D)}_{0,1}(t;s)\right| \leqq B < \infty$$

die Liouville-Neumannsche Reihe

$$v^{(n+1)}_{0,1}(t;\tau) = \sum_{k=1}^{n+1} [v^{(y_D)}_{0,1}]^k = v^{(y_D)}_{0,1}(t;\tau) + \int\limits_0^{\infty} ds_1, \ldots, \int\limits_0^{\tau} ds_k v^{(y_D)}_{0,1}(t;s_1)\, v^{(y_D)}_{0,1;t}(t-s_1;$$
$$s_2 - s_1), \ldots, v^{(y_D)}_{0,1}(t-s_{k-1}; s_k - s_{k-1})\, v^{(y_D)}_{0,1}(t-s_k;\tau-s_k)$$

für $n \to \infty$ gleichmäßig gegen die Lösung der Volterraschen Integralgleichung 2. Art strebt

$$v^*_{0,1;t} = \lim_{n\to 0} v^{(n)}_{0,1;t} = v^{(y_D)}_{0,1;t} + \sum_{k\geqq 2}^{n\to\infty} [v^{(y_D)}_{0,1;t}]^k.$$

Diese Reihe erhält man, wenn man die Resolvente mit $v^{(0)}_{0,1;t} = v^{(y_D)}_{0,1;t}$ iterativ bestimmt.

$$v^{(n+1)}_{0,1;t} = v^{(y_D)}_{0,1;t} + v^{(n)}_{0,1;t}[v^{(y_D)}_{0,1;t}].$$

Wir weisen darauf hin, daß auch die Resolvente ein kausaler Kern ist, wenn $v_{0,1;t}^{(y_D)}$ kausal ist.

Nach diesen Bemerkungen wird der Leser vielleicht meinen, einen Widerspruch zu den Ausführungen im Abschn. 4.3. bzw. 4.5. zu erkennen, nach denen ja zur Konstruktion der Volterraschen Reihe ein derartiges Problem überhaupt nicht auftrat! Dies ist darin begründet, daß dort von einem vollständigen Zustandsmodell ausgegangen wurde und die Resolvente, ohne diesen Begriff zu verwenden, auch für zeitvariante Systeme explizit angegeben werden konnte. Bei der hier beschriebenen Methode wird jedoch auf das vollständige Zustandsmodell verzichtet und anstelle des Zustandsvektors $\boldsymbol{z}^{\mathrm{T}}$ nur der skalare Ausgangsprozeß $y(t)$ betrachtet. In den Fällen also, bei denen die Lösung der Resolventengleichung nicht geschlossen angegeben werden kann, wird man wieder die Volterra-Reihe nach dem im Abschn. 4.3. bzw. 4.5. beschriebenen Verfahren aus dem Zustandsmodell bestimmen, wenn man nicht mit der Liouville-Neumannschen Reihe arbeiten will. Unter speziellen Voraussetzungen ist jedoch die Resolventengleichung geschlossen lösbar.

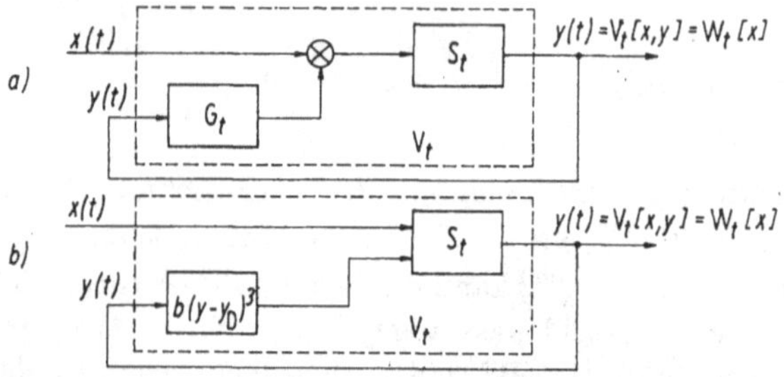

Abb. 5.4: Beispiele von Strukturen des Systems V_t nach Abb. 7.3, für die $v_{0,1;t} = 0$ und somit $v_{0,1;t}^* = 0$ gelten

Dies ist z. B. der Fall, wenn die Volterra-Kerne des Systems V_t zeitinvariant sind $\left(v_{k,l;t}^{(y_D)} = \bar{v}_{k,l}^{(\bar{y}_D)}\right)$ und ihre Fourier-Transformierten existieren. In diesem Fall geht die inhomogene Volterrasche Integralgleichung 2. Art in eine lineare, algebraische Gleichung für die Fourier-Transformierte der Resolvente über, deren Lösung unmittelbar angegeben werden kann. Derartigen Systemen ist der nachfolgende Abschnitt 5.3. gewidmet.

Aber auch für spezielle zeitvariante Systeme V_t kann die Lösung der Resolventengleichung geschlossen angegeben werden. Dies ist z. B. der Fall für Systeme, für die der Volterra-Kern $v_{0,1;t}^{(y_D)} = 0$ ist. Aus der Liouville-Neumannschen Reihe lesen wir die Lösung für die Resolvente unmittelbar ab

$$v_{0,1;t}^* = 0 \quad \text{für} \quad v_{0,1;t}^{(y_D)} = 0. \tag{5.25}$$

Beispiele von Systemen mit dieser Eigenschaft sind in Abb. 5.4 schematisch dargestellt:

a) Das System V_t verknüpft den Eingangsprozeß $x(t)$ multiplikativ mit einem Funktional des Ausgangsprozesses

$$y(t) = \mathrm{S}_t[(x \cdot \mathrm{G}_t[y])] = \mathrm{V}_t[x, y]$$

mit

$$v_{0,k;t} = v_{0,k;t} = 0 \quad \text{für} \quad k \geqq 1.$$

b) Im System wird die dritte Potenz des Prozesses $(y - y_D)$ gebildet und in einem nachfolgenden System W_t transformiert. In diesem Falle gilt

$$y(t) = S_t[x, b(y - y_D)_s] = V_t[x, y - y_D]$$

mit

$$v_{k,l;t} = v_{k,l;t}^{(y_D)} = 0 \quad \text{für} \quad l \neq 3 \quad \text{und} \quad k \geqq 0.$$

5.2.5. Beispiel

An Hand eines Beispiels wollen wir die soeben erarbeiteten Regeln zur Berechnung resultierender Volterra-Reihen (-Kerne) zur schrittweisen Bestimmung der Volterra-Reihe des Ausgangsprozesses des Gesamtsystems anwenden. Dazu legen wir das in

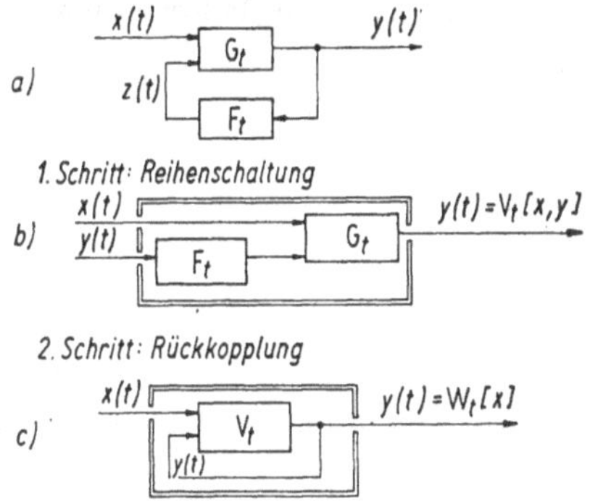

Abb. 5.5: Beispiel der schrittweisen Bestimmung der Volterra-Reihe $y(t) = W_t[x]$

der Abbildung 5.5a schematisch dargestellte System zugrunde

$$y(t) = G_t[x, z] = \sum_{k \geqq 0} \sum_{l \geqq 0} g_{k,l;t}[x^k, z^l],$$

$$z(t) = F_t[y] = \sum_{k \geqq 0} f_{k;t}[y^k].$$

Wir setzen dabei voraus, daß die deterministischen Anteile $y_D(t) = g_{0,0;t}$, $z_D = f_{0;t}$ und die Kerne $g_{k,l;t}$, $f_{k;t}$ bekannt sind. Darüber hinaus setzen wir symmetrische Kerne $g_{k,l;t}$ voraus.

Im ersten Schritt wird zunächst die Volterra-Reihe des Ausgangsprozesses $y(t)$ bestimmt, die aus der Reihenschaltung der Subsysteme F_t und G_t entsteht (s. Abb. 5.5b)

$$y(t) = G_t[x, F_t[y]] = V_t[x, y].$$

Aus der Reihenschaltungsregel nach (5.16) mit $x_1 = x$ und $x_2 = y$ und den entsprechenden Umbenennungen der Subsysteme erhalten wir

$$v_{k,s;t} = \begin{cases} g_{k,0;t}^{(z_D)} \quad \text{für} \quad s = 0, \\ \sum_{l=1}^{s} l!\, g_{k,l;t}^{(z_D)}[\cdot, C_s^{(l)}(f_{1;t}, \ldots, f_{s-l+1;t})] \quad \text{für} \quad s \geqq 1, \end{cases} \tag{5.26}$$

wobei die Kerne $g_{k,l;t}^{(z_D)}$ nach (5.15) wie folgt errechnet werden

$$g_{k,l;t}^{(z_D)} = g_{k,l;t} + \sum_{n \geqq 1} \binom{l+n}{l} g_{k,l+n;t}[\cdot, \cdot\, z_D^n]. \tag{5.27}$$

Im zweiten Schritt wird die Volterra-Reihe des Ausgangsprozesses $y(t)$ des rückgekoppelten Systems V_t bestimmt (s. Abb. 5.5c). Dazu werden zunächst aus den Kernen $v_{k,l;t}$ die Kerne

$$v_{k,s;t}^{(y_D)} = v_{k,s;t} + \sum_{m \geqq 1} \binom{s+m}{s} v_{k,s+m;t}[\cdot, \cdot\, y_D^m] \tag{5.28}$$

und die Resolvente des Kernes $v_{0,1;t}^{(y_D)}$ aus der inhomogenen Volterraschen Integralgleichung 2. Art

$$(e_1 + v_{0,1;t}^*)\, [e_1 - v_{0,1;t}^{(y_D)}] = e_1 \tag{5.23}$$

bzw.

$$v_{0,1;t}^* = v_{0,1;t} + v_{0,1;t}^*[v_{0,1;t}^{(y_D)}]$$

berechnet.

Mit Kenntnis der Kerne $v_{k,l;t}^{(y_D)}$ und der Resolvente $v_{0,1;t}^*$ können nun die gesuchten Kerne $w_{k,t}$ der Volterra-Reihe $y(t) = W_t[x]$ nacheinander, beginnend mit $w_{1;t}$, bestimmt werden (s. Gln. (5.22) und (5.24))

$$w_{k;t} = (e_1 + v_{0,1;t}^*)\, [F_k[w_{1;t}, \ldots, w_{k-1;t}]], \tag{5.29}$$

$$\begin{aligned} F_k[w_{1;t}, \ldots, w_{k-1;t}] = v_{k,0;t}^{(y_D)} &+ (1 - \delta_{k,1}) \sum_{l=2}^{k} l!\, v_{0,l;t}^{(y_D)}[C_k^{(l)}(w_{1;t}, \ldots, w_{k-l+1;t})] \\ &+ (1 - \delta_{k,1}) \sum_{s=1}^{k-1} \sum_{l=1}^{s} l!\, v_{k-s,l;t}[\cdot, C_s^{(l)}(w_{1;t}, \ldots, w_{s-l+1;t})]. \end{aligned} \tag{5.30}$$

Erhebliche Vereinfachungen ergeben sich, wenn das System G_t (s. Abb. 5.5a) linear ist

$$g_{k,l;t} = 0 \quad \text{für} \quad k + l \geqq 2. \tag{5.31}$$

In diesem Fall erhalten wir aus den Gln. (5.26) bis (5.28)

$$\left.\begin{aligned} v_{1,0;t}^{(y_D)} &= g_{1,0;t}, \\ v_{0,s;t}^{(y_D)} &= \sum_{m \geqq 0} \binom{s+m}{m} g_{0,1;t}[y_D^m(t) \cdot f_{s+m;t}], \\ v_{k,l;t}^{(y_D)} &= 0 \quad \text{für} \quad k \cdot l \geqq 1. \end{aligned}\right\} \tag{5.32}$$

In der ausführlichen Schreibweise werden danach die Kerne $v_{0,s;t}^{(y_D)}$ wie folgt berechnet

$$v_{0,t}^{(y_D)}(t; t_1, \ldots, t_s) = \int_{-\infty}^{+\infty} dt_1' g_{0,1}(t; t_1') f_s(t - t_1'; t_1 - t_1', \ldots, t_s - t_1')$$

$$+ \sum_{m \geqq 1} \binom{m+s}{s} \int_{-\infty}^{+\infty} dt_1' g_{0,1}(t; t_1') \int_{-\infty}^{+\infty} d\tau_1, \ldots, \int_{-\infty}^{+\infty} d\tau_m \prod_{i=1}^{m} y_D(t - t_1' - \tau_i).$$

$$\times f_{s+m}(t - t_1'; t_1 - t_1', \ldots, t_s - t_1', \tau_1, \tau_2, \ldots, \tau_m).$$

Mit den speziellen Kernen $v_{k,l;t}^{(y_D)}$ nach (5.32) verschwindet in dem Funktional F_k nach (5.30) die Doppelsumme

$$F_k[w_{1;t}, \ldots, w_{k-1;t}] = \delta_{k,1} g_{1,0;t} + (1 - \delta_{k,1}) \sum_{l=2}^{k} l!\, v_{0,l;t}^{(y_D)}[C_k^{(l)}(w_{1;t}, \ldots, w_{k-l+1;t})]. \tag{5.33}$$

Nach Lösung der Resolventengleichung (5.23) werden damit die Volterra-Kerne aus (5.29) berechnet.

Schließlich wollen wir noch den wichtigen Spezialfall betrachten, daß in der Abbildung 5.5a das System G_t linear ist und das System F_t in der Rückkopplungsschleife eine trägheitslose Nichtlinearität $f(y, t)$ mit bekannter Potenzreihendarstellung charakterisiert

$$g_{k,l;t} = 0 \quad \text{für} \quad k + l \geqq 2,$$

$$z(t) = F_t[y] = \sum_{k \geqq 0} \frac{f_k(t)}{k!} y(t)^k \tag{5.34}$$

bzw.

$$z(t) = \sum_{k \geqq 0} \frac{f_k^{(y_D)}(t)}{k!} \left(y(t) - y_D(t)\right)^k$$

mit

$$f_k(t) = \sum_{s \geqq 0} \binom{k+s}{k} f_{s+k}(t)\, y_D(t)^s.$$

In diesem Falle sind die Kerne $f_{k;t}$ durch den Einheitskern e_k gegeben

$$f_{k;t} = \frac{1}{k!} f_k(t)\, e_k.$$

Die Gln. (5.32) und (5.33) gehen damit über in

$$v_{1,0;t}^{(y_D)} = g_{1,0;t}, \tag{5.35}$$

$$v_{0,s;t}^{(y_D)} = \frac{1}{s!} g_{0,1;t}[f_s^{(y_D)}(t)\, e_s]$$

und

$$F_k[w_{1;t}, \ldots, w_{k-1;t}]$$
$$= \delta_{k,1} g_{1,0;t} + (1 - \delta_{k,1}) \sum_{l=2}^{k} l!\, g_{0,1;t}[f_l^{(y_D)}(t)\, C_k^{(l)}(w_{1;t}, \ldots, w_{k-l+1;t})].$$

Nach Lösung der Resolventengleichung (5.23) werden entsprechend Gl. (5.29) die gesuchten Volterra-Kerne $w_{k;t}$ wie folgt berechnet

$$\left.\begin{aligned} w_{1;t} &= (e_1 + v^*_{0,1;t})\,[g_{1,0;t}], \\ w_{k;t} &= s_{1;t}\left[\sum_{l=2}^{k} l!\, f_l^{(y_D)}(t)\, C_k^{(l)}(w_{1;t}, \ldots, w_{k-l+1;t})\right] \quad \text{für } k \geqq 2 \\ \text{mit} \\ s_{1;t} &= (e_1 + v^*_{0,1;t})\,[g_{0,1;t}]. \end{aligned}\right\} \tag{5.36}$$

5.3. Bestimmung der Volterra-Kerne im Frequenzbereich

Im vorangegangenen Abschnitt haben wir uns die Regeln zur Bestimmung resultierender Volterra-Kerne (-Reihen) des nach Kombination zweier Subsysteme oder Rückkopplung eines Systems entstehenden Ausgangsprozesses im Zeitbereich erarbeitet. Dabei mußten bei Reihenschaltungen von Subsystemen mehrdimensionale Faltungsintegrale berechnet und bei der Rückkopplung eine inhomogene Volterrasche Integralgleichung 2. Art gelöst werden. Die gesuchten Volterra-Kerne des Ausgangsprozesses müssen i. allg. notwendig im Zeitbereich berechnet werden, wenn das vorliegende System zeitvariant ist.

Eine wichtige Systemklasse ist die der zeitinvarianten Systeme, wobei darüber hinaus die Kerne der Volterra-Reihe des Systemausgangsprozesses zeitinvariant sind und deren Fourier-Transformierten existieren

$$v_{k;t} \doteq \bar{v}_k,$$
$$\mathcal{F}_k\{\bar{v}_k(t_1, \ldots, t_k)\} = \int_{-\infty}^{+\infty} \mathrm{d}t_1, \ldots, \int_{-\infty}^{+\infty} \mathrm{d}t_k \bar{v}_k(t_1, \ldots, t_k) \exp -j \sum_{i=1}^{k} \omega_i t_i.$$

j ist darin die imaginäre Einheit ($j^2 = -1$).

Die geforderte Zeitinvarianz der Volterra-Kerne bezieht sich dabei auch auf die deterministischen Anteile der entsprechenden Ausgangsprozesse, da wir ja wissen, daß die Volterra-Kerne des Ausgangsprozesses des Gesamtsystems von diesen abhängen!

Unter diesen Voraussetzungen können die Regeln zur Bestimmung resultierender Volterra-Kerne aus dem Zeitbereich in die entsprechenden Regeln zur Bestimmung der Fourier-Transformierten der resultierenden Volterra-Kerne transformiert werden. Bei der Bestimmung der resultierenden Volterra-Kerne im Fourier-Raum bzw. im Frequenzbereich ergeben sich dabei gegenüber den Regeln im Zeitbereich erhebliche Vereinfachungen dergestalt, daß die Fourier-Transformierten der Volterra-Kerne des Gesamtsystemausgangsprozesses durch einfache kombinatorische Überlegungen in übersichtlicher Form bestimmt werden können. Bevor wir uns jedoch den Regeln zur Bestimmung resultierender Volterra-Kerne im Frequenzbereich zuwenden, wollen wir uns mit den wichtigsten Eigenschaften der mehrdimensionalen Fourier-Transformation vertraut machen.

5.3.1. Eigenschaften der mehrdimensionalen Fourier-Transformation

In diesem Abschnitt wollen wir die wichtigsten Eigenschaften der mehrdimensionalen Fourier-Transformation zusammenstellen, soweit wie wir sie zur Bestimmung resultierender Volterra-Kerne im Frequenzbereich benötigen. Für eine allgemeinere Übersicht verweisen wir den Leser auf die Literatur (s. z. B. [14], [76], [89]).

Wir gehen von einer n-argumentigen Zeitfunktion $F_n(t_1, \ldots, t_n)$ mit einer bekannten n-dimensionalen Fourier-Transformierten aus

$$\begin{aligned} \mathcal{F}_n\{F_n(t_1, \ldots, t_n)\} &= \tilde{F}_n(j\omega_1, \ldots, j\omega_n) \\ &= \int_{-\infty}^{+\infty} \mathrm{d}t_1, \ldots, \int_{-\infty}^{+\infty} \mathrm{d}t_n \tilde{F}_n(t_1, \ldots, t_n) \exp - j \sum_{m=1}^{n} \omega_m t_m . \end{aligned} \tag{5.37}$$

Die Rücktransformation lautet

$$\begin{aligned} F_n(t_1, \ldots, t_n) &= \mathcal{F}_n^{-1}\{\tilde{F}_n(j\omega_1, \ldots, j\omega_n)\} \\ &= \int_{-\infty}^{+\infty} \frac{\mathrm{d}\omega_1}{2\pi}, \ldots, \int_{-\infty}^{+\infty} \frac{\mathrm{d}\omega_n}{2\pi} F_n(j\omega_1, \ldots, j\omega_n) \exp j \sum_{m=1}^{n} \omega_m t_m . \end{aligned} \tag{5.38}$$

Davon überzeugt man sich leicht, indem man von der Fourier-Darstellung (5.38) der Funktion $F_n(t_1, \ldots, t_n)$ ausgeht und die Darstellung (5.37) der Fourier-Transformierten $\tilde{F}_n(j\omega_1, \ldots, j\omega_n)$ einsetzt. Unter Beachtung der Fourier-Darstellung der Diracschen Delta-Funktion

$$2\pi\delta(t) = \int_{-\infty}^{+\infty} \mathrm{d}\omega \, \mathrm{e}^{\pm j\omega t} \tag{5.39}$$

können alle auftretenden Integrale berechnet werden. Im Ergebnis erhält man die Identität

$$F_n(t_1, \ldots, t_n) = \mathcal{F}_n\left\{\mathcal{F}_n^{-1}\{F_n(t_1, \ldots, t_n)\}\right\}.$$

Bei der Bestimmung resultierender Volterra-Kerne werden im Zeitbereich, allgemein gesagt, n-argumentige Zeitfunktionen in s-argumentige $(0 < s < n)$ Zeitfunktionen überführt

$$F_s(t_1, \ldots, t_s) = \mathrm{L}_{t_{s+1}, \ldots, t_n} \{F_n(t_1, \ldots, t_n)\}.$$

Derartige Zeitoperationen sind: Integrationen über die Zeitargumente $t_{s+1}, \ldots, t_n$ in unendlichen Grenzen, Faltungsintegrale und das Gleichsetzen einiger Zeitargumente.

Für diese Zeitoperationen wollen wir die entsprechenden Operatoren $\tilde{L}\omega_{s+1}, \ldots, \omega_n$ bestimmen, die die n-dimensionale Fourier-Transformierte $F_n(j\omega_1, \ldots, j\omega_n)$ in die entsprechende s-dimensionale Fourier-Transformierte $\tilde{F}_s(j\omega_1, \ldots, j\omega_s)$ überführen

$$\mathcal{F}_s\left\{\mathrm{L}_{t_{s+1}, \ldots, t_n} \{F_n(t_1, \ldots, t_n)\}\right\} = \tilde{L}_{\omega_{s+1}, \ldots, \omega_n}\{F_n(j\omega_1, \ldots, j\omega_n)\}.$$

Dazu ziehen wir die Fourier-Darstellung der Funktion $F_n(t_1, \ldots, t_n)$ nach Gl. (5.38) heran und führen die entsprechenden Zeitoperationen durch. Unter Ausnutzung der

Fourier-Darstellung der Diracschen Delta-Funktion nach (5.39) erhalten wir die Fourier-Darstellungen der Funktionen $F_s(t_1, \ldots, t_s)$ und gelangen so zu den folgenden Regeln:

Die Integration über ein Zeitargument (t_i) in unendlichen Grenzen entspricht im Fourier-Raum dem Nullsetzen der entsprechenden Fourier-Variablen (ω_i)

$$\mathcal{F}_s\left\{\int_{-\infty}^{+\infty} \mathrm{d}t_{s+1}, \ldots, \int_{-\infty}^{+\infty} \mathrm{d}t_n F_n(t_1, \ldots, t_n)\right\} = \tilde{F}_n(j\omega_1, \ldots, j\omega_n)\,|_{\omega_{s+1}=\cdots=\omega_n=0}. \tag{5.40}$$

Wird im Zeitbereich das Argument t_n mit den Argumenten $t_m, \ldots, t_{n-1}$ $(1 \leqq m \leqq n-1)$ gefaltet, so wird im Fourier-Raum die Fourier-Variable ω_n der Faltungsgröße t_n durch die Summe der Fourier-Variablen der gefalteten Größen ersetzt

$$\mathcal{F}_{n-1}\left\{\int_{-\infty}^{+\infty} \mathrm{d}t_n F_n(t_1, \ldots, t_{m-1}, t_m - t_n, t_{m+1} - t_n, \ldots, t_{n-1} - t_n, t_n)\right\}$$
$$= \tilde{F}_n(j\omega_1, \ldots, j\omega_n)\Big|_{\omega_n = \sum_{i=m}^{n-1} \omega_i}. \tag{5.41}$$

Sind zwei Zeitargumente der Funktion F_n (z. B. $t_n = t_{n-1}$) identisch, dann entspricht dies einer Faltung von ω_n mit ω_{n-1} im Fourier-Raum

$$\mathcal{F}_{n-1}\{F_n(t_1, \ldots, t_n)_{t_n=t_{n-1}}\} = \int_{-\infty}^{+\infty} \frac{\mathrm{d}\omega_n}{2\pi} \tilde{F}_n\big(j\omega_1, \ldots, j\omega_{n-2}, (j\omega_{n-1} - \omega_n), j\omega_n\big)$$
$$= \tilde{F}_n(j\omega_1, \ldots, j\omega_n)_{\omega_n \ominus \omega_{n-1}}. \tag{5.42}$$

Abkürzend schreiben wir für diese Faltungsoperation im Fourier-Raum $\omega_n \ominus \omega_{n-1}$ und sagen, der Terminologie von VAN TREES [28] folgend, ω_n wird mit ω_{n-1} assoziiert. In der internationalen Literatur findet man für diese Faltungsoperation auch andere Bezeichnungsweisen. In [89] z. B. wird diese Operation für zweiargumentige Funktionen als „Übergang zu einer Variablen" bezeichnet.

Die Regel (5.42) entspricht gerade der Umkehrung der für $m = n - 1$ geltenden Regel (5.41): Wird im Zeitbereich die Variable t_n mit t_{n-1} gefaltet, so entspricht dies im Fourier-Raum dem Gleichsetzen der Fouriervariablen ω_n und ω_{n-1}.

Umgekehrt lautet die Aussage der Gleichung (5.42): Werden im Fourier-Raum die Variablen ω_n mit ω_{n-1} assoziiert (gefaltet), dann entspricht dies im Zeitbereich dem Gleichsetzen der Zeitargumente t_n und t_{n-1}. Sind mehrere Zeitargumente gleich, dann können im Fourier-Raum die entsprechenden Assoziationen (Faltungen im Fourier-Raum) nacheinander ausgeführt werden

$$\mathcal{F}_s\left\{F_n(t_1, \ldots, t_s, \underbrace{t_s, \ldots, t_s}_{n-s})\right\} = \tilde{F}_n(j\omega_1, \ldots, j\omega_n)\Big|_{\substack{\omega_n \ominus \omega_{n-1},\\ \omega_{n-1} \ominus \omega_{n-2},\\ \vdots\\ \omega_{s+1} \ominus \omega_s.}}$$

Für die Konstruktion der Volterra-Kerne im Fourier-Raum benötigen wir nur die Transformationsregeln nach (5.40) und (5.41) für Zeitintegrationen. Wie wir uns noch später im Abschn. 5.4. überzeugen werden, können die stationären statistischen Charakteristika eines stationären Prozesses direkt aus den Fourier-Transformierten der Volterra-Kerne seiner Volterraschen Reihenentwicklung errechnet werden. Dazu müssen derartige Assoziationen bezüglich der Fourier-Variablen durchgeführt werden. Im genannten Abschnitt werden wir dazu einige wichtige Assoziationsregeln angeben, die es gestatten, die Assoziationsergebnisse ohne die direkte Berechnung der Faltungsintegrale durch algebraische Operationen herzuleiten.

5.3.2. Bestimmung resultierender Volterra-Kerne

Bei der Transformation der für den Zeitbereich geltenden Regeln zur Bestimmung resultierender Volterra-Kerne in die entsprechenden Regeln im Fourier-Raum ist zu beachten, daß wir zeitinvariante Volterra-Kerne (d. h. z. B. $v_{k,t} = \bar{v}_k$) und zeitinvariante deterministische Anteile der Ausgangsprozesse der Subsysteme (z. B. $\bar{y}_D(t) = \bar{y}_D$, $\bar{z}_D(t) = \bar{z}_D$) vorausgesetzt haben. Die für den Zeitbereich angegebenen Regeln können in der verkürzten Schreibweise voll übernommen werden, wobei die Volterra-Kerne lediglich durch ihre Fourier-Transformierten zu ersetzen sind. Dabei vereinfachen sich die Funktionale im Zeitbereich in einfache algebraische Operationen bezüglich der Fourier-Variablen.

Aus der Eigenschaft (5.6) (Herausziehen von konstanten Größen aus dem Funktional) und der Transformationsvorschrift nach (5.40) erhalten wir für symmetrische Volterra-Kerne $\bar{v}_k$

$$\mathcal{F}_k\{\bar{v}_{k+n}[\cdot\ \bar{y}_D{}^n]\} = \tilde{v}_{k+n}(j\omega_1, \ldots, j\omega_{k+n})|_{\omega_i=0 \text{ für } k+1\leq i\leq k+n} \cdot y_D{}^n,$$

d. h.

$$\tilde{v}_{k+n}[\cdot\ \bar{y}_D{}^n] = \tilde{v}_{k+n}(j\omega_1, \ldots, j\omega_k, \underbrace{0, \ldots, 0}_{n}) \cdot \bar{y}_D{}^n. \tag{5.43}$$

Das in (5.7—8) angegebene Faltungsintegral geht mit der Transformationsregel (5.41) über in

$$\mathcal{F}_{k_1+\cdots+k_l}\left\{w_l\left[\prod_{i=1}^{l} g_{k_i}\right]\right\} = \tilde{w}_l(j\omega_1', \ldots, j\omega_l')\Big|_{\omega_i'=\sum\limits_{n=1}^{k_i}\omega_n^{(i)}} \cdot \prod_{i=1}^{l} \tilde{g}_{k_i}(j\omega_1^{(i)}, \ldots, j\omega_{k_i}^{(i)}),$$

so daß wir die Regel

$$\tilde{v}_l\left[\prod_{i=1}^{l}\tilde{g}_{k_i}\right] = \tilde{w}_l\left(j\sum_{n=1}^{k_1}\omega_n^{(1)}, \ldots, j\sum_{n=1}^{k_l}\omega_n^{(l)}\right)\prod_{i=1}^{l}\tilde{g}_{k_i}(j\omega_1^{(i)}, \ldots, j\omega_{k_i}^{(i)}) \tag{5.44}$$

erhalten.

Die Übertragung der Regeln (5.11) und (5.12) zur Bestimmung der resultierenden Volterra-Kerne des Prozesses, der nach Addition bzw. Multiplikation zweier Teilprozesse ($y = z_1 + z_2$ bzw. $y = z_1 \cdot z_2$) entsteht, ist trivial, so daß wir auf ihre explizite Angabe hier verzichten können.

Wird das zeitinvariante System $\bar{\mathrm{V}}$ mit dem Eingangsprozeß $z(t)$ in ein System mit dem Eingangsprozeß $(z - z_D)$ transformiert, so erhalten wir aus (5.13—14) unter

Berücksichtigung der Gleichung (5.43) die folgende Regel

$$\left.\begin{aligned} &y(t) = \overline{\mathrm{V}}[z] = \overline{\mathrm{V}}^{(\bar{z}_\mathrm{D})}[z - \bar{z}_\mathrm{D}] \\ \text{mit}\quad & \\ &\tilde{v}_k^{(\bar{z}_\mathrm{D})}(j\omega_1, \dots, j\omega_k) = \sum_{l \leqq k} \binom{k}{l} \tilde{v}_l(j\omega_1, \dots, j\omega_k, \underbrace{0, \dots, 0}_{l-k}) \cdot \bar{z}_\mathrm{D}{}^{l-k}. \end{aligned}\right\} \tag{5.45}$$

Die Reihenschaltungsregel (5.16) geht im Fourier-Raum über in

$$\left.\begin{aligned} &y(t) = \overline{\mathrm{V}}[x_1, \overline{W}[x_2]] = \overline{\mathrm{G}}[x_1, x_2] \\ \text{mit}\quad & \\ &\bar{z}_\mathrm{D} = \overline{\mathrm{W}}[0], \\ &\tilde{g}_{k,s} = \begin{cases} \tilde{v}_{k,0}^{(\bar{z}_\mathrm{D})} & \text{für} \quad s = 0, \\ \sum_{l=1}^{s} l!\, \tilde{v}_{k,0}^{(\bar{z}_\mathrm{D})}[C_s^{(l)}(\tilde{w}_1, \dots, \tilde{w}_{s-l+1})] & \text{für} \quad s \geqq 1 \end{cases} \\ \text{und}\quad & \\ &\tilde{v}_{k,l}^{(\bar{z}_\mathrm{D})}(j\omega_1, \dots, j\omega_k, j\Omega_1, \dots, j\Omega_l) \\ &= \sum_{n \geqq l} \binom{n}{l} \bar{z}_\mathrm{D}{}^{n-l} \tilde{v}_{k,n}(j\omega_1, \dots, j\omega_k, j\Omega_1, \dots, j\Omega_l, \underbrace{0, \dots, 0}_{n-l}). \end{aligned}\right\} \tag{5.46}$$

Wir erinnern, daß diese Gleichungen nur für symmetrische Kerne $\tilde{v}_{k,l}$ gelten! Unter Beachtung der Regel (5.44) können daraus unmittelbar die Fourier-Transformierten der nach Reihenschaltung zweier Subsysteme entstehenden Volterra-Kerne des Gesamtausgangsprozesses angegeben werden. Für die ersten Ordnungen bezüglich des Eingangsprozesses x_2 erhalten wir

$$\tilde{g}_{k,0}(j\omega_1, \dots, j\omega_k) = \tilde{v}_{k,0}^{(\bar{z}_\mathrm{D})}(j\omega_1, \dots, j\omega_k),$$

$$\tilde{g}_{k,1}(j\omega_1, \dots, j\omega_k; j\Omega_1) = \tilde{v}_{k,1}^{(\bar{z}_\mathrm{D})}(j\omega_1, \dots, j\omega_k, j\Omega_1)\, w_1(j\Omega_1),$$

$$\begin{aligned} \tilde{g}_{k,2}(j\omega_1, \dots, j\omega_k; j\Omega_1, j\Omega_2) &= \tilde{v}_{k,1}^{(\bar{z}_\mathrm{D})}\big(j\omega_1, \dots, j\omega_k, j(\Omega_1 + \Omega_2)\big)\, w_2(j\Omega_1, j\Omega_2) \\ &+ \tilde{v}_{k,2}^{(\bar{z}_\mathrm{D})}(j\omega_1, \dots, j\omega_k; j\Omega_1, j\Omega_2)\, w_1(j\Omega_1)\, w_1(j\Omega_2), \end{aligned}$$

$$\begin{aligned} \tilde{g}_{k,3}(j\omega_1, \dots, j\omega_k; j\Omega_1, j\Omega_2, j\Omega_3) &= \tilde{v}_{k,1}^{(\bar{z}_\mathrm{D})}\big(j\omega_1, \dots, j\omega_k; j(\Omega_1 + \Omega_2 + \Omega_3)\big) \\ &\times \tilde{w}_3(j\Omega_1, j\Omega_2, j\Omega_3) \\ &+ 2\tilde{v}_{k,2}^{(\bar{z}_\mathrm{D})}\big(j\omega_1, \dots, j\omega_k; j\Omega_1, j(\Omega_2 + \Omega_3)\big)\, \tilde{w}_1(j\Omega_1)\, \tilde{w}_2(j\Omega_2, j\Omega_3) \\ &+ \tilde{v}_{k,3}^{(\bar{z}_\mathrm{D})}(j\omega_1, \dots, j\omega_k; j\Omega_1, j\Omega_2, j\Omega_3) \prod_{i=1}^{3} \tilde{w}_1(j\Omega_i). \end{aligned}$$

Sind in (5.46) die beiden Eingangsprozesse x_1 und x_2 identisch, dann werden die Fourier-Transformierten der Kerne des Ausgangsprozesses $y(t)$ wie folgt bestimmt

$$\left.\begin{aligned} & y(t) = \overline{\mathrm{V}}[x, \mathrm{W}[x]] = \overline{\mathrm{B}}[x] \\ \text{mit} & \\ & \tilde{b}_k(j\omega_1, \ldots, j\omega_k) = \sum_{s=0}^{k} \tilde{g}_{s,k-s}(j\omega_1, \ldots, j\omega_s; j\omega_{s+1}, \ldots, j\omega_k). \end{aligned}\right\} \tag{5.47}$$

Die Kerne $\tilde{g}_{k,l}$ sind in der Gleichung (5.46) definiert.

Schließlich wollen wir noch die Rückkopplungsregel in den Frequenzbereich überführen. Im Zeitbereich war bei der Rückkopplung die Resolventengleichung

$$(e_1 + \overline{v}^*_{0,1})\,[e_1 - \overline{v}^{(y_D)}_{0,1}] = e_1 \tag{5.23}$$

zu lösen. Beachten wir, daß der Einheitskern $e_1 = \delta(t_1)$ die Fourier-Transformierte $\tilde{e}_1 = 1$ besitzt, dann geht diese Funktionalgleichung nach (5.23) in eine lineare algebraische Gleichung über, deren Lösung unmittelbar angegeben werden kann

$$\tilde{e}_1 + \tilde{v}^*_{0,1} = \frac{1}{1 - \tilde{v}^{(y_D)}_{0,1}}.$$

Die Rückkopplungsregel (5.24) geht somit über in

$$\left.\begin{aligned} & y(t) = \overline{\mathrm{V}}[x, \overline{\mathrm{W}}[x]] = \overline{\mathrm{W}}[x] \\ \text{mit} & \\ & \tilde{w}_k = \frac{1}{1 - \tilde{v}^{(y_D)}_{0,1}}\left[F_k[\tilde{w}_1, \ldots, \tilde{w}_{k-1}]\right], \\ & F_k = \tilde{v}^{(\overline{y}_D)}_{k,0} + (1 - \delta_{k,1}) \sum_{l=2}^{k} l!\, \tilde{v}^{(\overline{y}_D)}_{0,l}[C_l^{(k)}(\tilde{w}_1, \ldots, \tilde{w}_{k-l+1})] \\ & \qquad + (1 - \delta_{k,1}) \sum_{s=1}^{k-1} \sum_{l=1}^{s} l!\, \tilde{v}^{(\overline{y}_D)}_{k-s,l}[\cdot, C_l^{(s)}(\tilde{w}_1, \ldots, \tilde{w}_{s-l+1})] \\ \text{und} & \\ & \tilde{v}^{(\overline{y}_D)}_{k,l}(j\omega_1, \ldots, j\omega_k; j\Omega_1, \ldots, j\Omega_l) \\ & = \sum_{n \geq 0} \binom{l+n}{l} \overline{y}_D{}^n \tilde{v}_{k,l+n}(j\omega_1, \ldots, j\omega_k, j\Omega_1, \ldots, j\Omega_l, \underbrace{0, \ldots, 0}_{n}). \end{aligned}\right\} \tag{5.48}$$

Wir stellen somit fest, daß auch für ein rückgekoppeltes System die Volterra-Kerne des Ausgangsprozesses im Frequenzbereich unmittelbar angegeben werden können. Für die ersten drei Ordnungen erhalten wir daraus

$$\tilde{w}_1(j\omega_1) = \frac{1}{1 - \tilde{v}^{(\overline{y}_D)}_{0,1}(j\omega_1)}\, \tilde{v}^{(\overline{y}_D)}_{1,0}(j\omega_1),$$

$$\begin{aligned} \tilde{w}_2(j\omega_1, j\omega_2) = \frac{1}{1 - \tilde{v}^{(\overline{y}_D)}_{0,1}(j\omega_1 + j\omega_2)} & \Big(\tilde{v}^{(\overline{y}_D)}_{2,0}(j\omega_1, j\omega_2) + \tilde{v}^{(\overline{y}_D)}_{1,1}(j\omega_1, j\omega_2)\, \tilde{w}_1(j\omega_2) \\ & + \tilde{v}^{(\overline{y}_D)}_{0,2}(j\omega_1, j\omega_2) \prod_{i=1}^{2} \tilde{w}_1(j\omega_i)\Big), \end{aligned}$$

$$\tilde{w}_3(j\omega_1, j\omega_2, j\omega_3) = \frac{1}{1 - \tilde{v}_{0,1}^{(\bar{y}_D)}(j\omega_1 + j\omega_2 + j\omega_3)} \Bigg(\tilde{v}_{3,0}^{(\bar{y}_D)}(j\omega_1, j\omega_2, j\omega_3)$$

$$+ \tilde{v}_{2,1}^{(\bar{y}_D)}(j\omega_1, j\omega_2, j\omega_3)\, \tilde{w}_1(j\omega_3) + \tilde{v}_{1,2}^{(\bar{y}_D)}(j\omega_1, j\omega_2, j\omega_3) \prod_{i=2}^{3} \tilde{w}_1(j\omega_i)$$

$$+ \tilde{v}_{1,1}^{(\bar{y}_D)}(j\omega_1, j\omega_2 + j\omega_3)\, \tilde{w}_2(j\omega_2, j\omega_3) + 2\tilde{v}_{0,2}^{(\bar{y}_D)}(j\omega_1, j\omega_2 + j\omega_3)\, \tilde{w}_1(j\omega_1)\, \tilde{w}_2(j\omega_2, j\omega_3)$$

$$+ \tilde{v}_{0,3}^{(\bar{y}_D)}(j\omega_1, j\omega_2, j\omega_3) \prod_{i=1}^{3} \tilde{w}_1(j\omega_i) \Bigg).$$

Mit diesen Regeln zur Bestimmung resultierender Volterra-Kerne im Frequenzbereich steht uns eine sehr effektive Methode zur Verfügung, die es gestattet, die Fourier-Transformierten der Volterra-Kerne des Gesamtsystemausgangsprozesses direkt aus dem Blockschaltbild eines zeitinvarianten Systems zu bestimmen.

Für die Anwendbarkeit dieses Verfahrens fassen wir noch einmal die Voraussetzungen zusammen:

- Das Gesamtsystem ist zeitinvariant.
- Es existieren zeitinvariante Volterra-Reihen der Ausgangsprozesse der Subsysteme mit bekannten Fourier-Transformierten der entsprechenden Volterra-Kerne.
- Sämtliche Teilprozesse, einschließlich des Gesamtsystemausgangsprozesses, besitzen einen (bekannten) deterministischen Anteil.

5.3.3. Beispiel

Als Beispiel wollen wir die oben erarbeiteten Regeln zur Bestimmung resultierender Volterra-Kerne im Frequenzbereich auf das in der Abb. 5.6 schematisch dargestellte System anwenden.

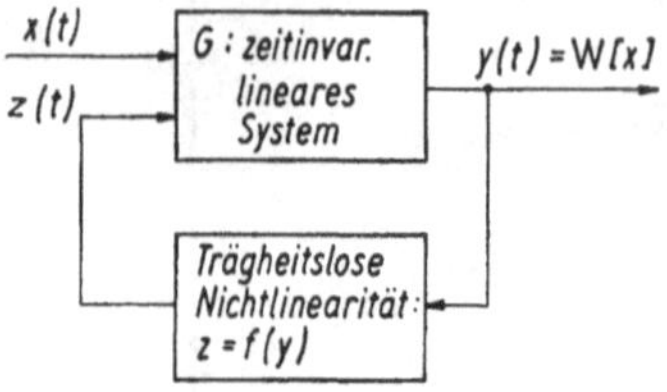

Abb. 5.6: Schematische Darstellung eines linearen Systems G_t mit nichtlinearer Zustandsrückkopplung $f(y)$

Dabei setzen wir eine bekannte Potenzreihenentwicklung der trägheitslosen Nichtlinearität im Rückkopplungszweig

$$z(t) = f(y) = \sum_{k \geq 0} \frac{\bar{f}_k^{(y_D)}}{k!} \cdot (y - \bar{y}_D)^k \quad \text{mit} \quad \bar{z}_D = \bar{f}_0$$

und ein lineares System

$$y(t) = \overline{G}[x, z] \quad \text{mit} \quad \bar{g}_{k,l} = 0 \quad \text{für} \quad k + l \geqq 2$$

mit bekanntem $\bar{y}_D = \overline{G}[0, \bar{z}_D] = \bar{g}_{0,0}$ und bekannten Fourier-Transformierten der Kerne erster Ordnungen ($\bar{g}_{0,1}$ und $\bar{g}_{1,0}$) voraus. Für dieses System erhalten wir aus den entsprechenden Gleichungen (5.36) mit $f_k(t) = f_k$ unter Berücksichtigung der Regel (5.44) die folgende Lösung für die Fourier-Transformierte der Kerne der gesuchten Volterra-Reihe

$$y(t) = \overline{\mathrm{G}}[x; f(y)] = \overline{\mathrm{W}}[x]: \tag{5.49}$$

$$\begin{aligned}
\tilde{w}_1(j\omega_1) &= \frac{\tilde{g}_{1,0}(j\omega_1)}{1 - \bar{f}_1^{(\bar{y}_D)}\tilde{g}_{0,1}(j\omega_1)}, \\
\tilde{w}_2(j\omega_1, j\omega_2) &= \frac{1}{2}\,\bar{f}_2^{(\bar{y}_D)}\tilde{S}_1(j\omega_1 + j\omega_2)\prod_{i=1}^{2}\tilde{w}_1(j\omega_i), \\
\tilde{w}_3(j\omega_1, j\omega_2, j\omega_3) &= \tilde{S}_1(j\omega_1 + j\omega_2 + j\omega_3)\,\Big(\bar{f}_2^{(\bar{y}_D)}\tilde{w}_1(j\omega_1)\,\tilde{w}_2(j\omega_2, j\omega_3) \\
&\quad + \frac{1}{3!}\,\bar{f}_3^{(\bar{y}_D)}\prod_{i=1}^{3}\tilde{w}_1(j\omega_i)\Big), \\
\tilde{w}_4(j\omega_1, \dots, j\omega_4) &= \tilde{S}_1(j\omega_1 + \dots + j\omega_4)\,\Big\{\bar{f}_2^{(\bar{y}_D)}\Big(\frac{1}{2}\,\tilde{w}_2(j\omega_1, j\omega_2)\,\tilde{w}_2(j\omega_3, j\omega_4) \\
&\quad + \tilde{w}_3(j\omega_1, j\omega_2, j\omega_3)\,\tilde{w}_1(j\omega_4)\Big) + \frac{1}{2}\,\bar{f}_3^{(\bar{y}_D)}\tilde{w}_2(j\omega_1, j\omega_2)\,\tilde{w}_1(j\omega_3)\,\tilde{w}_1(j\omega_4) \\
&\quad + \frac{1}{4!}\,\bar{f}_4^{(\bar{y}_D)}\prod_{i=1}^{4}\tilde{w}_1(j\omega_i)\Big\}, \\
&\;\;\vdots
\end{aligned} \tag{5.50}$$

$$\left.\begin{aligned}
\tilde{w}_k(j\omega_1, \dots, j\omega_k) &= \tilde{S}_1\left(\sum_{l=2}^{k} j\omega_i\right)\left[\sum_{l=2}^{k} l!\,\bar{f}_l^{(\bar{y}_D)}C_k^{(l)}(\tilde{w}_1, \dots, \tilde{w}_{k-l+1})\right] \\
\text{mit} \qquad & \\
\tilde{S}_1(j\omega) &= \frac{\tilde{g}_{0,1}(j\omega)}{1 - \bar{f}_1^{(\bar{y}_D)}\tilde{g}_{0,1}(j\omega)}.
\end{aligned}\right\} \tag{5.51}$$

Wir sehen also, daß die Kerne der Volterra-Reihe $y = \mathrm{W}[x]$ im Frequenzbereich auch für höhere Ordnungen ohne Schwierigkeiten direkt angegeben werden können. Im Prinzip sind dazu nur kombinatorische Überlegungen erforderlich.

Für das im Abschn. 5.2.5. im Zeitbereich behandelte allgemeinere System

$$z(t) = \overline{\mathrm{F}}[y],$$

$$y(t) = \overline{\mathrm{G}}[x, z] = \overline{\mathrm{W}}[x]$$

können aus den Gln. (5.32) bis (5.36) ebenso einfach die Fourier-Transformierten $\tilde{w}_k$ abgelesen werden.

5.4. Bestimmung der stationären Momentenfunktionen im Frequenzbereich

Existiert für den Systemausgangsprozeß eine zeitinvariante Volterra-Reihe $y(t) = \overline{\mathrm{W}}[x]$ und ist darüber hinaus der stochastische Eingangsprozeß $x(t)$ stationär, dann ist der Systemausgangsprozeß ebenfalls stationär ($t - t_0 \to \infty$), wenn das Gesamtsystem stabil ist.

Unter diesen Voraussetzungen existieren auch die Fourier-Transformierten der Momentenfunktionen des Prozesses $y - \bar{y}_D$ (bzw. y), die aus den Fourier-Transformierten der Kerne seiner Volterra-Reihe $\tilde{w}_k(j\omega_1, \dots, j\omega_k)$ und denen der Momentenfunktionen des stationären Eingangsprozesses $\tilde{m}_{k,x}(j\omega_1, \dots, j\omega_k)$ berechnet werden können, sofern diese existieren.

5.4.1. Beschreibung des Eingangsprozesses

Aufgrund der vorausgesetzten Stationarität des Eingangsprozesses sind seine Momentenfunktionen zeitinvariant

$$\left\langle \prod_{i=1}^{k} x(t_i) \right\rangle = m_{k,x}(t_1, \ldots, t_k) = m_{k,x}(t_1 - t, \ldots, t_k - t). \tag{5.52}$$

Da die Identität für beliebige Zeiten t und somit auch für $t = t_i$ ($i \in [1, k]$) erhalten bleibt, kann die Momentenfunktion k-ter Ordnung eines stationären Prozesses immer durch eine $(k-1)$-argumentige Zeitfunktion beschrieben werden. Wir wählen hier zur Definition der stationären Momentenfunktion $t = t_k$

$$\begin{aligned} m_{1,x} &= \overline{m}_x, \\ m_{k,x}(t_1, \ldots, t_k) &= M_{k,x}(t_1 - t_k, \ldots, t_{k-1} - t_k). \end{aligned} \tag{5.53}$$

Infolge dieser Eigenschaft enthält die Fourier-Transformierte der k-argumentigen Momentenfunktion eines stationären Prozesses immer einen Diracschen Delta-Anteil

$$\begin{aligned} \mathcal{F}_k\{m_{k,x}(t_1, \ldots, t_k)\} &= \int \mathrm{d}t_1, \ldots, \int \mathrm{d}t_k M_{k,x}(t_1 - t_k, \ldots, t_{k-1} - t_k)\, \mathrm{e}^{-j \sum\limits_{i=1}^{k} \omega_i t_i} \\ &= \int \mathrm{d}t_1', \ldots, \int \mathrm{d}t_{k-1}' M_{k,x}(t_1', \ldots, t_{k-1}')\, \mathrm{e}^{-j \sum\limits_{i=1}^{k-1} \omega_i t_i} \int \mathrm{d}t_k\, \mathrm{e}^{-j t_k \sum\limits_{i=1}^{k} \omega_i}. \end{aligned}$$

Die ersten $k - 1$ Zeitintegrale ergeben gerade die $(k-1)$-dimensionale Fourier-Transformierte der oben definierten Funktion $M_{k,x}(t_1, \ldots, t_{k-1})$. Das Integral über t_k stellt die mit 2π multiplizierte Fourier-Darstellung der Diracschen Delta-Funktion dar. Somit erhalten wir

$$\tilde{m}_{k,x}(j\omega_1, \ldots, j\omega_k) = 2\pi \cdot \delta\left(\omega_k + \sum_{i=1}^{k+1} \omega_i\right) \tilde{M}_{k,x}(j\omega_1, \ldots, j\omega_{k-1}). \tag{5.54}$$

Dabei gilt $\tilde{M}_{1,x} = \overline{m}_x$.

Die als eindimensionale Fourier-Transformierte der stationären Korrelationsfunktion definierte spektrale Leistungsdichte-Funktion steht mit diesen Funktionen in folgendem Zusammenhang

$$S_x(\omega) = \mathcal{F}_1\{\overline{K}_{2,x}(\tau)\} = \tilde{M}_{2,x}(j\omega) - 2\pi \cdot \delta(\omega)\, \overline{m}_x^2. \tag{5.55}$$

Die spektrale Leistungsdichte-Funktion eines stationären Prozesses ist immer symmetrisch (s. Abschn. 1.3.)

$$S_x(\omega) = S_x(-\omega).$$

Fassen wir die Korrelationsfunktion als zweiargumentige Funktion auf, dann gilt entsprechend den obigen Ausführungen

$$\mathcal{F}_2\{\overline{K}_x(t_1 - t_2)\} = 2\pi \cdot \delta(\omega_1 + \omega_2) \cdot S_x(\omega).$$

Ist der stationäre Prozeß $x(t)$ ein Gaußscher Prozeß mit dem Erwartungswert Null, dann gilt

$$m_{2k,x}(t_1, \ldots, t_{2k}) = \sum_{\text{Perm.}(t_i)} \bar{K}_x(t_i - t_{i+k}), \tag{5.56}$$

$m_{2k+1,x}(t_1, \ldots, t_{2k+1}) = 0$ für Gauß-Prozesse mit $\bar{m}_x = 0$.

Die Summe erstreckt sich dabei über alle Permutationen der Zeitargumente t_i, wobei die Permutationen innerhalb der Korrelationsfunktionen $\left(\bar{K}_x(t_i - t_j) = \bar{K}_x(t_j - t_i)\right)$ nicht ausgeführt werden. Die Summe über die Permutationen besteht aus genau $(2k-1)!! = 1 \cdot 3 \cdot 5 \cdot \cdots \cdot (2k-1)$ Summanden, so daß z. B. gilt: (s. dazu [51], Kap. 3)

$$m_{2k,x}(t, \ldots, t) = (2k-1)!!\, \bar{K}_x(0)^k.$$

Die Fourier-Transformierte der Momentenfunktion $m_{2k,x}$ enthält für Gaußsche Prozesse daher weitere Diracsche Delta-Funktionen

$$\tilde{m}_{2k,x}(j\omega_1, \ldots, j\omega_{2k}) = (2\pi)^k \sum_{\text{Perm.}(\omega_i)} \prod_{i=1}^{k} \left(S_x(\omega_i)\, \delta(\omega_i + \omega_{i+k})\right), \tag{5.57}$$

$\tilde{m}_{2k+1,x}(j\omega_1, \ldots, j\omega_{2k+1}) = 0$ für Gaußsche Prozesse und $\bar{m}_x = 0$.

5.4.2. Bestimmung der Momentenfunktionen des Ausgangsprozesses

Aus der Volterraschen Reihendarstellung des Ausgangsprozesses

$$y(t) = \bar{y}_{\mathrm{D}} + \sum_{k \geq 1} \tilde{w}_k[x^k]$$

können wir die Momentenfunktion n-ter Ordnung des Prozesses $y - y_{\mathrm{D}}$

$$m_{n,y-y_{\mathrm{D}}}(t_1, \ldots, t_n) = \left\langle \prod_{i=1}^{n} \left(y(t_i) - y_{\mathrm{D}}\right) \right\rangle$$

nur in Form einer Mehrfachsumme angeben

$$\left.\begin{aligned} &m_{n,y-\bar{y}_{\mathrm{D}}}(t_1, \ldots, t_n) = \sum_{k_1 \geq 1} \cdots \sum_{k_1 \geq 1} m_{k_1,\ldots,k_n}(t_1, \ldots, t_n) \\ \text{mit}\quad & \\ &m_{k_1,\ldots,k_n}(t_1, \ldots, t_n) = \left\langle \prod_{i=1}^{n} w_{k_i}[x(t_i)^{k_i}] \right\rangle . \end{aligned}\right\} \tag{5.58}$$

Führen wir formal die $(k_1 + k_2 + \cdots + k_n)$-argumentige Zeitfunktion

$$m^*_{k_1,\ldots,k_n}(t_1^{(1)}, \ldots, t_{k_1}^{(1)}; \ldots; t_1^{(n)}, \ldots, t_{k_n}^{(n)}) = \left\langle \prod_{i=1}^{n} \bar{w}_{k_i} \left[\prod_{s=1}^{k_i} x(t_s^{(i)}) \right] \right\rangle$$

$$= \prod_{i=1}^{n} \left\{ \int \mathrm{d}\tau_1^{(i)}, \ldots, \int \mathrm{d}\tau_{k_i}^{(i)} \bar{w}_{k_i}(\tau_1^{(i)}, \ldots, \tau_{k_i}^{(i)}) \right\}$$

$$\times\, m_{k_1+\cdots+k_n,x}(t_1^{(1)} - \tau_1^{(1)}, \ldots, t_{k_1}^{(1)} - \tau_{k_1}^{(1)}; \ldots; t_1^{(n)} - \tau_1^{(n)}, \ldots, t_{k_n}^{(n)} - \tau_{k_n}^{(n)})$$

ein, so können wir unter Ausnutzung der Faltungsregel (5.44) ihre Fourier-Transformierte aus den Fourier-Transformierten der Kerne der Volterraschen Reihe des Ausgangsprozesses $\tilde{w}_k$ und denen der Momentenfunktionen des stationären Eingangsprozesses $\tilde{m}_{l,x}$ unmittelbar angeben

$$\tilde{m}^*_{k_1,\dots k_n}(j\omega_1{}^{(1)}, \dots, j\omega^{(1)}_{k_1}, \dots, j\omega_1{}^{(n)}, \dots, j\omega^{(n)}_{k_n})$$
$$= \tilde{m}_{k_1+\dots+k_n,x}(j\omega_1{}^{(1)}, \dots, j\omega^{(1)}_{k_1}; \dots; j\omega_1{}^{(n)}, \dots, j\omega^{(n)}_{k_n}) \prod_{i=1}^{n} \tilde{w}_{k_i}(j\omega_1{}^{(i)}, \dots, j\omega^{(i)}_{k_i})$$

Aus der offensichtlichen Beziehung

$$m_{k_1,\dots,k_n}(t_1, \dots, t_n) = m^*_{k_1,\dots,k_n}(\underbrace{t_1{}^{(1)}, \dots, t_1{}^{(1)}}_{k_1}; \dots; \underbrace{t_1{}^{(n)}, \dots, t_1{}^{(n)}}_{k_n})_{t_1{}^{(i)}=t_i}$$

können nun die Fourier-Transformierten der gesuchten Funktionen $\tilde{m}_{k_1,\dots,k_n}$ entsprechend der Regel (5.42) wie folgt berechnet werden

$$\tilde{m}_{k_1,\dots,k_n}(j\omega_1, \dots, j\omega_n) = \Big\{\tilde{m}_{k_1+\dots+k_n,x}(j\omega_1{}^{(1)}, \dots, j\omega^{(n)}_{k_1}, \dots, j\omega_1{}^{(n)}, \dots, j\omega^{(n)}_{k_n})$$
$$\times \prod_{i=1}^{n} \tilde{w}_{k_i}(j\omega_1{}^{(i)}, \dots, j\omega^{(i)}_{k_i})\Big\}_{\omega^{(i)}_{k_i} \ominus \omega^{(i)}_{k_i-1} \ominus \dots \ominus \omega_1{}^{(i)}; \omega_1{}^{(i)}=\omega_i} \qquad 1 \leqq i \leqq n. \tag{5.59}$$

Die Assoziationen werden dabei nacheinander, beginnend mit der Assoziation von ω_{k_i} mit ω_{k_i-1}, durchgeführt. Sie sind durch die Gleichung (5.42) durch Faltungsintegrale im Fourier-Raum (man beachte aber den Vorfaktor $1/2\pi$!) definiert. Entsprechend der Gleichung (5.58) erhalten wir auch die n-dimensionale Fourier-Transformierten der stationären Momentenfunktionen des Prozesses $y - y_D$ in Form einer Mehrfachsumme

$$\tilde{m}_{n,y-y_D}(j\omega_1, \dots, j\omega_n) = \sum_{k_1 \geqq 1} \cdots \sum_{k_n \geqq 1} \tilde{m}_{k_1,\dots,k_n}(j\omega_1, \dots, j\omega_n). \tag{5.60}$$

Im folgenden Abschnitt werden wir einige, wichtige Assoziationsregeln angeben, die es erlauben, für spezielle Funktionen $\tilde{F}_k(j\omega_1, \dots, j\omega_k)$ die Assoziationsergebnisse direkt anzugeben. Wir wollen hier die Assoziationsregel

$$\tilde{f}_1(j\omega_1 + j\omega_2)\, \tilde{f}_2(j\omega_1, j\omega_2)_{\omega_2 \ominus \omega_1} = \tilde{f}_2(j\omega_1, j\omega_2)_{\omega_2 \ominus \omega_1}\, \tilde{f}_1(j\omega_1)$$

vorwegnehmen, um zu zeigen, daß entsprechend der vorausgesetzten Stationarität des Ausgangsprozesses die so berechneten Momentenfunktionen $m_{n,y-y_D}(t_1, \dots, t_n)$ auch wirklich stationär sind, d. h., daß ihre n-dimensionalen Fourier-Transformierten einen Diracschen Delta-Anteil besitzen und in der Form

$$\tilde{m}_{n,y-\bar{y}_D}(j\omega_1, \dots, j\omega_n) = 2\pi\delta\left(\omega_n + \sum_{i=1}^{n-1} \omega_i\right) \tilde{M}_{n,y-\bar{y}_D}(j\omega_1, \dots, j\omega_{n-1}) \tag{5.61}$$

dargestellt werden können. Dazu setzen wir in (5.59) für $\tilde{m}_{k,x}$ die Darstellung $2\pi\delta\left(\sum_{i=1}^{n} \omega_i\right) \times \tilde{M}_{k,x}$ nach Gl. (5.54) ein und wenden die oben genannte Assoziationsregel mehrmals an. Im Ergebnis erhalten wir

$$\tilde{m}_{k_1,\dots,k_n}(j\omega, \dots, j\omega_n) = 2\pi\delta\left(\omega_n + \sum_{i=1}^{n-1}\omega_i\right) \tilde{M}_{k_1,\dots,k_n}(j\omega_1, \dots, j\omega_{n-1})$$

mit

$$\tilde{M}_{k_1,\dots,k_n}(j\omega_1, \dots, j\omega_{n-1}) = \left\{\prod_{i=1}^{n} \tilde{w}_{k_i}(j\omega_1{}^{(i)}, \dots, j\omega_{k_i}^{(i)})\right.$$

$$\left.\times\, \tilde{M}_{k_1+\dots+k_n,x}(j\omega_1{}^{(1)}, \dots, j\omega_{k_1}^{(1)}, \dots, j\omega_1{}^{(n)}, \dots, j\omega_{k_{n-1}}^{(n)})\right\}_{\substack{\omega_{k_i}^{(i)} \ominus \omega_{k_i-1}^{(i)} \ominus \dots \ominus \omega_1{}^{(i)};\\ \omega_1^{(i)} = \omega_i;\ \omega_n = -\sum_{i=1}^{n-1}\omega_i}}$$

$$1 \leqq i \leqq n. \tag{5.62}$$

Setzen wir dieses Resultat in die Gl. (5.60) ein, dann erhalten wir nach Vergleich der entstehenden Gleichung mit Gl. (5.61) für $\tilde{M}_{k_1,\dots,k_n}$ die folgende Darstellung

$$\tilde{M}_{n,y-y_D}(j\omega_1, \dots, j\omega_{n-1}) = \sum_{k_1 \geqq 1} \cdots \sum_{k_n \geqq 1} \tilde{M}_{k_1,\dots,k_n}(j\omega_1, \dots, j\omega_{n-1}). \tag{5.63}$$

Die in Gl. (5.62) angegebenen Operationen sind nacheinander in der angegebenen Reihenfolge, von links beginnend, auszuführen: Zuerst werden die Assoziationen berechnet und danach $\omega_1{}^{(i)} = \omega_i$ und $\omega_n = -\sum_{i=1}^{n-1}\omega_i$ gesetzt. Man beachte dabei, daß in der Funktion $\tilde{M}_{k+\dots+k_n,x}$ das Argument $j\omega_{k_n}^{(n)}$ nicht auftritt! Für den stationären Erwartungswert erhalten wir daraus die folgende Berechnungsvorschrift:

$$\overline{m}_y = \overline{y}_D + \sum_{k \geqq 1} \{\tilde{M}_{k,x}(j\omega_1, \dots, j\omega_{k-1})\, \tilde{w}_k(j\omega_1, \dots, j\omega_k)\}_{\substack{\omega_k \ominus \omega_{k-1} \ominus \cdots\\ \cdots \omega_2 \ominus \omega_1;\ \omega_1 = 0}}. \tag{5.64}$$

Dabei ist beachtet worden, daß

$$\mathcal{F}_1^{-1}\{2\pi\delta(\omega_1)\, \tilde{F}_1(\omega_1)\} = F_1(t_1 = 0)$$

gilt.

Die zweidimensionale Fourier-Transformierte der stationären Korrelationsfunktion $m_{2,y-\overline{y}_D}(t_1, t_2) - \overline{m}_{y-\overline{y}_D}^2$ wird nach den Gln. (5.59) und (5.60) wie folgt berechnet

$$\mathcal{F}_2\{K_{2,y}(t_1 - t_2)\} = \sum_{k_1 \geqq 1} \sum_{k_2 \geqq 1} D_{k_1,k_2}(j\omega_1, j\omega_2).$$

Dabei haben wir abkürzend die Funktion

$$D_{k_1,k_2}(j\omega_1, j\omega_2) = \left\{\prod_{i=1}^{2} \tilde{w}_{k_i}(j\omega_1{}^{(i)}, \dots, j\omega_{k_i}^{(i)})\right.$$

$$\times\, [\tilde{m}_{k_1+k_2,x}(j\omega_1{}^{(1)}, \dots, (\omega_{k_1}^{(1)}, j\omega_1{}^{(2)}, \dots, j\omega_{k_2}^{(2)})$$

$$\left. -\, \tilde{m}_{k_1,x}(j\omega_1{}^{(1)}, \dots, j\omega_{k_1}^{(1)})\, \tilde{m}_{k_2,x}(j\omega_1{}^{(2)}, \dots, j\omega_{k_2}^{(2)})]\right\}_{\omega_{k_i}^{(i)} \ominus \omega_{k_i-1}^{(i)} \ominus \dots \ominus \omega_1{}^{(i)};\ \omega_1{}^{(i)} = \omega_i},$$

$$1 \leqq i \leqq 2. \tag{5.65}$$

eingeführt. Nach den vorangegangenen Ausführungen kann die zweidimensionale Fourier-Transformierte der Korrelationsfunktion des stationären Ausgangsprozesses in der Form

$$\mathcal{F}_2\{K_{2,y}(t_1 - t_2)\} = 2\pi\delta(\omega_1 + \omega_2)\, S_y(\omega_1)$$

dargestellt werden, wobei die spektrale Leistungsdichte-Funktion des Ausgangsprozesses aus (5.65) wie folgt berechnet wird:

$$\begin{aligned} D_{k_1,k_2}(j\omega_1, (\omega_2) &= 2\pi\delta(\omega_1 + \omega_2)\, S_{k_1,k_2}(j\omega_1, j\omega_2) \\ S_y(\omega_1) &= \sum_{k_1 \geqq 1} \sum_{k_2 \geqq 1} S_{k_1,k_2}(j\omega_1, -j\omega_1). \end{aligned} \tag{5.66}$$

Daraus kann die stationäre Korrelationsfunktion durch Rücktransformation

$$\bar{K}_y(\tau) = \int_{-\infty}^{+\infty} \frac{\mathrm{d}\omega}{2\pi}\, S_y(\omega) \exp j\omega\tau$$

berechnet werden. Die stationäre Streuung $\bar{K}_y(0)$ kann auch durch Assoziationsbildung gewonnen werden

$$\bar{K}_y(0) = \sum_{k_1 \geqq 1} \sum_{k_2 \geqq 1} S_{k_1,k_2}(j\omega_1, j\omega_2)_{\omega_2 \ominus \omega_1;\ \omega_1 = 0}. \tag{5.67}$$

Entsprechend können die Fourier-Transformierten der höheren verallgemeinerten Korrelationsfunktionen aus den Momentenfunktionen berechnet werden (s. [51, Kap. 3]).

5.4.3. Einige Assoziationsregeln

Wir haben im vorangegangenen Abschnitt gesehen, daß die Fourier-Transformierten der Momentenfunktionen eines stationären Ausgangsprozesses aus den Fourier-Transformierten der Kerne seiner Volterra-Reihendarstellung und denen der Momentenfunktionen des stationären Eingangsprozesses berechnet werden können. Dabei sind im wesentlichen Assoziationen bezüglich der Fourier-Variablen auszuführen. Wir wollen hier einige wichtige Assoziationsregeln angeben.

Im Abschnitt 5.3.1. wurde die Assoziation zweier Fourier-Variablen als Faltungsintegral definiert

$$\tilde{F}_2(j\omega_1, j\omega_2)_{\omega_2 \ominus \omega_1} = \int \frac{\mathrm{d}\omega_2}{2\pi}\, \tilde{F}_2(j\omega_1 - j\omega_2, j\omega_2).$$

Aus dieser Definitionsgleichung ist unmittelbar die Regel

$$\big(\tilde{f}_1(j\omega_1 + j\omega_2)\, \tilde{f}_2(j\omega_1, j\omega_2)\big)_{\omega_2 \ominus \omega_1} = \tilde{f}_2(j\omega_1, j\omega_2)_{\omega_2 \ominus \omega_1}\, \tilde{f}_1(j\omega_1) \tag{5.68}$$

ablesbar.

Vielfach enthalten die Funktionen $\tilde{F}_k(j\omega_1, \ldots, (\omega_k)$ Diracsche Delta-Funktionen. Wir erinnern uns, daß z. B. die Fourier-Transformierte der Momentenfunktion n-ter Ordnung eines stationären, Gaußschen Prozesses ein Produkt von n Deltafunktionen enthält (s. Gl. (5.57)). Auch für derartige Fälle kann das Assoziationsergebnis direkt aus der obigen Definitionsgleichung abgelesen werden

$$\left.\begin{aligned}\left(\delta(\omega_1+\omega)\,\bar{f}_2(j\omega_1,j\omega_2)\right)_{\omega_2\ominus\omega_1} &= \frac{1}{2\pi}\,\bar{f}_2(j\omega_1',j\omega_2')\Big|_{\substack{\omega_2'=\omega_1+\omega\\ \omega_1'=\omega.}}\\ \left(\delta(\omega_2+\omega)\,\bar{f}_2(j\omega_1,j\omega_2)\right)_{\omega_2\ominus\omega_1} &= \frac{1}{2\pi}\,\bar{f}_2(j\omega_1',j\omega_2')\Big|_{\substack{\omega_1'=\omega_1+\omega\\ \omega_2'=-\omega}}\,.\end{aligned}\right\}\tag{5.69}$$

In vielen praktischen Anwendungsfällen sind die Fourier-Transformierten der Volterra-Kerne w_k und die der Momentenfunktionen des stationären Eingangsprozesses durch Produkte rationaler Funktionen bezüglich der Fourier-Variablen gegeben. Betrachten wir daher den Fall, daß $\bar{F}_2(j\omega_1, j\omega_2)$ durch ein Produkt zweier Funktionen gegeben ist

$$\bar{F}_2(j\omega_1,j\omega_2) = \bar{f}_1(j\omega_1)\cdot\bar{f}_2(j\omega_2).$$

Unter den Voraussetzungen

— $\bar{f}_i(s)$ besitzt nur Pole in der linken, komplexen s-Ebene:

$$\frac{1}{\bar{f}_i(s)} = 0 \quad \text{für} \quad s=\lambda_i^{(\mu)} \quad \text{mit} \quad \operatorname{Re}(\lambda_i^{(\mu)}) < 0,$$ [1]

— $\bar{f}_i(s)$ strebt für komplexe Argumente s mit $|s|\to\infty$ gegen Null:

$$\lim_{|s|\to\infty} |s\bar{f}_i(s)| < A < \infty \quad \text{und}$$

— $\bar{f}_i(s)$ bleibt für alle rein imaginären Argumente s beschränkt,

können die Assoziationen mit Hilfe des Residuensatzes (s. z. B. [32, 50]) berechnet werden. Dazu führen die Laplace-Variablen $s_2 = j\omega_2$ ($j^2 = -1$) ein und erhalten

$$\left(\bar{f}_1(j\omega_1)\,\bar{f}_2(j\omega_2)\right)_{\omega_2\ominus\omega_1} = \frac{1}{2\pi j}\int_{-j\infty}^{+j\infty} ds\,\bar{f}_1(j\omega_1-s)\,\bar{f}_2(s).$$

Unter den obengenannten Voraussetzungen liegen dabei für reelle ω_1 sämtliche Pole der Funktion $\bar{f}_2(s)$ in der linken und die der Funktion $\bar{f}_1(j\omega_1 - s)$ in der rechten, komplexen s-Halbebene. Schließen wir daher den Integrationsweg über die linke (rechte) komplexe s-Halbebene (nach der zweiten Voraussetzung können wir dies tun), so erhalten wir nach dem Residuensatz das folgende Assoziationsergebnis

$$\begin{aligned}\left(\bar{f}_1(j\omega_1)\,\bar{f}_2(j\omega_2)\right)_{\omega_2\ominus\omega_1} &= \sum_{\lambda_2^{(\mu)}} \frac{1}{(m_\mu-1)!}\\ &\quad\times\left[\frac{\partial^{m_\mu-1}}{\partial s^{m_\mu-1}}\,\bar{f}_1(j\omega_1-s)\,\bar{f}_2(s)\,(s-\lambda_2^{(\mu)})^{m_\mu}\right]_{s=\lambda_2^{(\mu)}}\\ &= \sum_{\lambda_1^{(\mu)}} \frac{1}{(m_\mu-1)!}\left[\frac{\partial^{m_\mu-1}}{\partial s^{m_\mu-1}}\,\bar{f}_1(s)\,\bar{f}_2(s)\,(s-\lambda_1^{(\mu)})^{m_\mu}\right]_{s=\lambda_1^{(\mu)}}.\end{aligned}$$

[1]) Re (·) bezeichnet den Realteil von (·).

Tab. 5.1: Zusammenfassung der wichtigsten Assoziationsregeln

Regel	$F(j\omega_1, j\omega_2)$		$F(j\omega_1, j\omega_2)_{\omega_2 \ominus \omega_1}$
1	$\dfrac{1}{(j\omega_1 + a)(j\omega_2 + b)}$	$a > 0$ $b > 0$	$\dfrac{1}{j\omega_1 + a + b}$
2	$\dfrac{1}{(j\omega_1 + a)^n (j\omega_2 + b)^m}$	$a > 0$ $b > 0$	$\dfrac{(m + n - 2)!}{(n - 1)!\,(m - 1)!} \; \dfrac{1}{(j\omega_1 + a + b)^{n+m-1}}$
3	$f_1(j\omega_1)\, \dfrac{1}{(j\omega_2 + b)^m}$	$b > 0$ $\mathrm{Re}\, \lambda_1^{(\mu)} < 0$	$\dfrac{(-1)^{m-1}}{(m - 1)!} \left(\dfrac{\mathrm{d}}{\mathrm{d}b}\right)^{m-1} f_1(j\omega_1 + b)$
4	$f_1(j\omega_1)\, \dfrac{1}{(b - j\omega_2)^m}$	$b > 0$ $\mathrm{Re}\, \lambda_1^{(\mu)} > 0$	0
5	$f_1(j\omega_1)\, f_2(j\omega_1)$	$\mathrm{Re}\, \lambda_1^{(\mu)} < 0$ $\mathrm{Re}\, \lambda_2^{(\mu)} > 0$	0
6	$f_1(j\omega_1 + j\omega_2)\, f_2(j\omega_1, j\omega_2)$		$f_2(j\omega_1, j\omega_2)_{\omega_2 \ominus \omega_1}\, f_1(j\omega_1)$

Summiert wird dabei über die voneinander verschiedenen Pole $\lambda_1^{(\mu)}$ (oder $\lambda_2^{(\mu)}$) der Funktion $\bar{f}_1(s)$ (oder $\bar{f}_2(s)$). m_μ ist dabei die Anzahl gleicher Pole $\lambda_1^{(\mu)}$ bzw. $\lambda_2^{(\mu)}$. In Tab. 5.1 sind die wichtigsten, daraus folgenden, Assoziationsregeln zusammengestellt (s. dazu auch [76, 89]).

5.4.4. Gaußsche Eingangsprozesse

Für stationäre Gaußsche Eingangsprozesse mit verschwindendem Erwartungswert und bekannter spektraler Leistungsdichte-Funktion

$$\overline{m}_x = 0,$$

$$\bar{S}_x(\omega) = \mathcal{F}_1\{K_{2,x}(\tau)\}$$

enthalten die Momentenfunktionen $\tilde{m}_{2k,x}(j\omega_1, \ldots, j\omega_{2k})$ genau k Diracsche Delta-Funktionen, und es verschwinden die Momentenfunktionen ungerader Ordnungen (s. Gl. (5.57)). Das Auftreten mehrerer Deltafunktionen hat zur Folge, daß in den allgemeinen Gleichungen zur Berechnung der Momentenfunktionen des stationären Ausgangsprozesses $y(t) = \bar{y}_\mathrm{D} + \sum_{k \geq 1} \overline{w}_k[x^k]$ einige Assoziationen direkt ausgeführt werden können. Dies soll hier an Hand der Berechnung des stationären Erwartungswertes und der spektralen Leistungsdichte-Funktion demonstriert werden. Wir beschränken uns dabei nur auf die Berücksichtigung der ersten drei Volterra-Kerne $\overline{w}_k$. Mit anderen Worten: Wir approximieren den Ausgangsprozeß $y(t)$ durch den Prozeß

$$\hat{y}(t) = \bar{y}_\mathrm{D} + \sum_{k=1}^{3} \overline{w}_k[x^k].$$

$$= \bar{y}_\mathrm{D} + \sum_{k=1}^{3} y_k(t). \tag{5.70}$$

Unter der Voraussetzung eines stationären Gaußschen Eingangsprozesses mit dem Erwartungswert Null $\left(\tilde{M}_{2k+1} = \tilde{m}_{2k+1} = 0,\ \tilde{M}_{2,x}(j\omega_1) = S_x(\omega_1)\right)$ erhalten wir zunächst aus den Gln. (5.64) bis (5.66) die folgenden Gleichungen für den stationären Erwartungswert und die spektrale Leistungsdichte-Funktion des durch Gl. (5.70) definierten Prozesses $\hat{y}(t)$ ($\overline{w}_k = 0$ für $k \geqq 4$)

$$\overline{m}_{\hat{y}} = y_D + S_x(\omega_1)\, \tilde{w}_2(j\omega_1, j\omega_2)_{\omega_2 \ominus \omega_1;\ \omega_1 = 0}, \tag{5.71}$$

$$\begin{aligned} S_y(\omega) &= S_{1,1}(j\omega, -j\omega) + S_{2,2}(j\omega, -j\omega) + S_{3,3}(j\omega, -j\omega) \\ &\quad + S_{1,3}(j\omega, -j\omega) + S_{3,1}(j\omega, -j\omega). \end{aligned} \tag{5.72}$$

Die Funktionen $S_{k,l}(j\omega_1, j\omega_2)$ sind über die Beziehungen

$$\begin{aligned} &\mathcal{F}_2\{K_{y_k,y_l}(t_1 - t_2)\} = D_{k,l}(j\omega_1, j\omega_2) \\ &= \begin{cases} 2\pi\delta(\omega_1 + \omega_2)\, S_{k,l}(j\omega_1, j\omega_2) & \text{für} \quad k + l = 2n, \\ 0 & \text{für} \quad k + l = 2n + 1 \end{cases} \end{aligned} \tag{5.73}$$

durch Gl. (5.65) für die zweidimensionalen (Kreuz-) Korrelationsfunktionen der Prozesse y_i definiert.

Unter Zugrundelegung der speziellen Momentenfunktionen

$$\begin{aligned} &\tilde{m}_{2k,x}(j\omega_1, \ldots, j\omega_{2k}) = \sum_{\text{Perm.}(\omega_i)} \prod_{i=1}^{k} \left(2\pi\delta(\omega_i + \omega_{i+k})\, S_x(\omega_i)\right), \\ &\tilde{m}_{2k+1,x}(j\omega_1, \ldots, j\omega_{2k+1}) = 0 \end{aligned} \tag{5.57}$$

des Gaußschen Eingangsprozesses $x(t)$ ($m_x = 0$) erhalten wir zunächst aus (5.65) für $k_1 = k_2 = 1$ unter Berücksichtigung der Gl. (5.73) unmittelbar die spektrale Leistungsdichte-Funktion des Prozesses $y_1(t)$

$$S_{1,1}(j\omega_1, -j\omega_1) = S_x(\omega_1)\, \tilde{w}_1(j\omega_1)\, \tilde{w}_1(-j\omega_1). \tag{5.74}$$

Diese Gleichung ist uns aus der Theorie der linearen Systeme wohlbekannt (s. Abschn. 1.3.).

Für die weiteren zweidimensionalen Fourier-Transformierten der (Kreuz-) Korrelationsfunktionen der Prozesse $y_i(t)$ erhalten wir mit den speziellen Momentenfunktionen (5.57) des Eingangsprozesses aus (5.65) die folgenden Gleichungen

$$\begin{aligned} D_{2,2}(j\omega_1, j\omega_2) &= 2\{\tilde{w}_2(j\omega_1, j\omega_1')\, \tilde{w}_2(j\omega_2, j\omega_2')\, S_x(\omega_1)\, S_x(\omega_1') \\ &\quad \times (2\pi)^2\, \delta(\omega_1 + \omega_2)\, \delta(\omega_1' + \omega_2')\}_{\substack{\omega_1' \ominus \omega_1, \\ \omega_2' \ominus \omega_2}}, \\ D_{1,3}(j\omega_1, j\omega_2) &= 3\{\tilde{w}(j\omega_1)\, w_3(j\omega_2, j\omega_2', j\omega_2'')\, S_x(\omega_2')\, S_x(\omega_2) \\ &\quad \times (2\pi)^2\, \delta(\omega_1 + \omega_2)\, \delta(\omega_2' + \omega_2'')\}_{\omega_2'' \ominus \omega_2' \ominus \omega_2}, \\ D_{3,1}(j\omega_1, j\omega_2) &= D_{1,3}(j\omega_2, j\omega_1), \\ D_{3,3}(j\omega_1, j\omega_2) &= \big\{\tilde{w}_3(j\omega_1, j\omega_1', j\omega_1'')\, \tilde{w}_3(j\omega_2, j\omega_2', j\omega_2'')\, S_x(\omega_1) \\ &\times \big(6\delta(\omega_1' + \omega_2')\, \delta(\omega_1'' + \omega_2'')\, S_x(\omega_1')\, S_x(\omega_1'') \\ &+ 9\delta(\omega_1' + \omega_1'')\, \delta(\omega_2' + \omega_2'')\, S_x(\omega_1')\, S_x(\omega_2')\big)\big\}_{\omega_i'' \ominus \omega_i' \ominus \omega_i} \qquad 1 \leqq i \leqq 2. \end{aligned}$$

Wir haben dabei vorausgesetzt, daß die Volterra-Kerne $\tilde{w}_k$ symmetrisch sind. In diesem Falle sind einige Summanden in der Darstellung (5.57) für die Fourier-Transformierten der Momentenfunktionen gleich und können bei der Berechnung der $D_{k,l}$ in der oben angegebenen Weise zusammengefaßt werden. Aufgrund der Delta-Funktionen können für $D_{2,2}$ und $D_{1,3}$ jeweils eine und für $D_{3,3}$ zwei Assoziationen vermöge der Assoziationsregeln (5.69) direkt ausgeführt werden. Im Ergebnis erhalten wir die Funktionen $D_{k,l}$ in der Form der Gl. (5.73) mit

$$S_{2,2}(j\omega_1, -j\omega_1) = 2\{\tilde{w}_2(j\omega_1 + j\omega_2', -j\omega_2')\, \tilde{w}_2(j\omega_2, j\omega_2') \times S_x(\omega_1 + \omega_2')\, S_x(\omega_2')\}_{\omega_2' \ominus \omega_2;\; \omega_2 = -\omega_1}, \tag{5.75}$$

$$S_{1,3}(j\omega_1, -j\omega_1) + S_{3,1}(j\omega_1, j\omega_1) = 6S_x(\omega_1) \times \operatorname{Re}\left(\tilde{w}_1(j\omega_1)\, \{S_x(\omega_2')\, \tilde{w}_3(-j\omega_1, j\omega_2', j\omega_2'')\}_{\omega_2'' \ominus \omega_2';\; \omega_2' = 0}\right), \tag{5.76}$$

$$\begin{aligned} S_{3,3}(j\omega_1, -j\omega_1) &= 6S_x(\omega_1)\, \{\tilde{w}_3(j\omega_1 + j\omega_2' + j\omega_2'', -j\omega_2', -j\omega_2'') \\ &\times \tilde{w}_3(j\omega_2, j\omega_2', j\omega_2'') \cdot S_x(\omega_2')\, S_x(\omega_2'')\}_{\omega_2'' \ominus \omega_2' \ominus \omega_2;\; \omega_2 = -\omega_1} \\ &+ 9S_x(\omega_1)\, \{\tilde{w}_3(j\omega_1, j\omega_1', j\omega_1'')_{\omega_1'' \ominus \omega_1'} \cdot \tilde{w}_3(j\omega_2, j\omega_2', j\omega_2'')_{\omega_2'' \ominus \omega_2'}\}_{\omega_2' = \omega_1' = 0}. \end{aligned} \tag{5.77}$$

Wir erinnern daran, daß diese Gleichungen nur für symmetrische Volterra-Kerne $\tilde{w}_k$ gelten!

Nach Ausführung der verbleibenden Assoziationen in den Gleichungen (5.74) bis (5.77) kann nun auch die spektrale Leistungsdichtefunktion des Prozesses $\hat{y} = y_D + \sum_{k=1}^{3} \overline{w}_k[x^k]$ entsprechend der Gleichung (5.72) angegeben werden. Ebenfalls durch reine Assoziationen wird die Streuung des stationären Prozesses $\hat{y}$ aus seiner spektralen Leistungsdichte-Funktion berechnet

$$\left.\begin{aligned} &\overline{K}_{\hat{y}}(0) = \overline{K}_{1,1} + \overline{K}_{1,3} + \overline{K}_{3,1} + \overline{K}_{2,2} + \overline{K}_{3,3} \\ &\text{mit} \\ &\overline{K}_{l,m} = \begin{cases} S_{l,m}(j\omega_1, j\omega_2)_{\omega_2 \ominus \omega_1;\; \omega_1 = 0} & \text{für} \quad l + m = 2n, \\ 0 & \text{für} \quad l + m = 2n + 1. \end{cases} \end{aligned}\right\} \tag{5.78}$$

In gleicher Weise kann verfahren werden, wenn höhere Kerne w_k der Volterra-Reihe für den Ausgangsprozeß $y(t)$ berücksichtigt werden sollen.

5.5. Beispiel

An Hand des Beispieles eines eindimensionalen Systems

$$\dot{y} = -\alpha_0 y + \alpha_0 f(y) + x \tag{5.79}$$

mit einem weißen Gaußschen Eingangsprozeß ($x = 2\alpha_0 \varkappa \xi(t)$)

$$\begin{aligned} m_x &= 0, \\ S_x(\omega) &= 2\alpha_0 \varkappa \end{aligned} \tag{5.80}$$

und bekannter Potenzreihendarstellung der Systemnichtlinearität

$$f(y) = \sum_{k\geq 0} \frac{\bar{f}_k^{(\bar{y}_D)}}{k!} (y - \bar{y}_D)^k$$

soll gezeigt werden, daß mit Hilfe der in Tab. 5.1 angegebenen Assoziationsregeln der stationäre Erwartungswert, die spektrale Leistungsdichte-Funktion und die stationäre Streuung des Prozesses $y(t)$ aus seiner Volterra-Reihendarstellung durch einfache, algebraische Operationen berechnet werden können. Wir beschränken uns dabei wieder auf den Prozeß

$$\hat{y}(t) = y_D + \sum_{k=1}^{3} \bar{w}_k[x^k]. \tag{5.70}$$

Zur Bestimmung der Volterra-Kerne $\tilde{w}_k$ schreiben wir das System (5.79) in der Operatorenform

$$y(t) = \frac{1}{p + \alpha_0} (\alpha_0 f(y) + x(t)), \qquad p = \frac{d}{dt}$$

und erkennen darin die Struktur des im Abschn. 5.3.3. behandelten Systems

$$y(t) = \overline{G}[z, x], \qquad z = f(y),$$

$$\bar{g}_{k,l} = 0 \quad \text{für} \quad k + l \geqq 2.$$

In unserem Falle sind die Kerne $\tilde{g}_{1,0}$ und $\tilde{g}_{0,1}$ gegeben durch:

$$\tilde{g}_{1,0}(j\omega) = \frac{1}{j\omega + \alpha_0}, \qquad \tilde{g}_{0,1}(j\omega) = \frac{\alpha_0}{j\omega + \alpha_0}.$$

Setzen wir diese speziellen Kerne in die Gln. (5.50—51) ein, dann erhalten wir mit

$$\bar{\alpha} = \alpha_0(1 - f_1^{(\bar{y}_D)}) \overset{!}{>} 0 \tag{5.81}$$

für die ersten drei Volterra-Kerne die folgenden Gleichungen

$$\tilde{w}_1(j\omega_1) = \frac{1}{j\omega_1 + \bar{\alpha}},$$

$$\tilde{w}_2(j\omega_1, j\omega_2) = \frac{1}{2} f_2^{(y_D)} \frac{\alpha_0}{j(\omega_1 + \omega_2) + \bar{\alpha}} \cdot \frac{1}{j\omega_1 + \bar{\alpha}} \cdot \frac{1}{j\omega_2 + \bar{\alpha}}, \tag{5.82}$$

$$\tilde{w}_3(j\omega_1, j\omega_2, j\omega_3) = \frac{1}{3!} f_3^{(y_D)} \frac{\alpha_0}{j(\omega_1 + \omega_2 + \omega_3) + \alpha} \cdot \prod_{i=1}^{3} \frac{1}{j\omega_i + \bar{\alpha}} \quad \text{für} \quad f_2^{(y_D)} = 0.$$

Wir wollen im folgenden auf den Volterra-Kern dritter Ordnung verzichten, wenn $f_2^{(y_D)} \neq 0$ ist, da es uns hier lediglich darauf ankommt, die Anwendung der Assoziationsgesetze einmal zu demonstrieren. Mit den oben angegebenen Kernen und der spektralen Leistungsdichte-Funktion $S_x = 2\alpha_0\varkappa$ geht Gl. (5.71) für den stationären Erwartungswert des Prozesses $\hat{y}$ über in

$$\overline{m}_{\hat{y}} = \bar{y}_D + 2\alpha_0\varkappa \frac{1}{2} f_2^{(y_D)} \left\{\frac{\alpha_0}{j(\omega_1 + \omega_2) + \bar{\alpha}} \cdot \frac{1}{j\omega_1 + \bar{\alpha}} \cdot \frac{1}{j\omega_2 + \bar{\alpha}}\right\}_{\omega_2 \ominus \omega_1;\, \omega_1 = 0}.$$

Zur Berechnung der Assoziationen nutzen wir zunächst die Assoziationsregel 6 (s. Tab. 5.1), danach die Assoziationsregel 1 aus:

$$\overline{m}_{\hat{y}} = \bar{y}_D + f_2^{(y_D)}\alpha_0^2\varkappa \left\{\frac{1}{j\omega_1 + \bar{\alpha}} \left(\frac{1}{j\omega_1 + \bar{\alpha}} \cdot \frac{1}{j\omega_2 + \bar{\alpha}}\right)_{\omega_2 \ominus \omega_1}\right\}_{\omega_1 = 0}$$

$$= \bar{y}_D + f_2^{(y_D)}\alpha_0^2\varkappa \left\{\frac{1}{j\omega_1 + \bar{\alpha}} \cdot \frac{1}{j\omega_1 + 2\bar{\alpha}}\right\}_{\omega_1 = 0}.$$

Hieraus erhalten wir schließlich das Resultat:

$$\overline{m}_{\mathfrak{y}} = y_D + \frac{1}{2} f_2^{(y_D)} \left(\frac{\alpha_0}{\overline{\alpha}}\right)^2 \varkappa. \tag{5.83}$$

Mit den oben angegebenen Volterra-Kernen und $S_x = 2\alpha_0\varkappa$ erhalten wir aus (5.74) die spektrale Leistungsdichte-Funktion des Prozesses $y_1(t)$ in der Form

$$S_{1,1}(j\omega_1, -j\omega_1) = \frac{2\alpha_0\varkappa}{|j\omega_1 + \overline{\alpha}|^2}. \tag{5.84}$$

Unter Ausnutzung der in der ersten Spalte der Tab. 5.1 stehenden Assoziationsregel kann daraus leicht die Streuung des Prozesses $y_1(t)$ berechnet werden

$$\begin{aligned}\overline{K}_{1,1} &= S_{1,1}(j\omega_1, j\omega_2)_{\omega_2 \ominus \omega_1;\ \omega_1=0} = \frac{2\alpha_0\varkappa}{(j\omega_1 + \overline{\alpha})\,(j\omega_2 + \overline{\alpha})_{\omega_2 \ominus \omega_1;\ \omega_1=0}} \\ &= \left.\frac{2\alpha_0\varkappa}{j\omega_1 + 2\overline{\alpha}}\right|_{\omega_1=0}, \\ \overline{K}_{1,1} &= \left(\frac{\alpha_0}{\overline{\alpha}}\right)\varkappa. \end{aligned} \tag{5.85}$$

Die Gl. (5.75) für die spektrale Leistungsdichte-Funktion des Prozesses $y_2 = \overline{w}_2[x^2]$ geht in unserem konkreten Fall über in

$$\begin{aligned} S_{2,2}(j\omega_1, -j\omega_1) &= 2 \cdot (2\alpha_0\varkappa)^2 \left(\frac{f_2^{(y_D)}}{2}\right)^2 \left\{\frac{\alpha_0}{j\omega_1 + \overline{\alpha}} \cdot \frac{1}{j\omega_1 + j\omega_2' + \overline{\alpha}} \cdot \frac{1}{\overline{\alpha} - j\omega_2'} \right. \\ &\quad \times \left. \frac{\alpha_0}{j\omega_2 + j\omega_2' + \overline{\alpha}} \cdot \frac{1}{j\omega_2 + \overline{\alpha}} \cdot \frac{1}{j\omega_2' + \overline{\alpha}}\right\}_{\omega_2' \ominus \omega_1;\ \omega_2 = -\omega_1}. \end{aligned}$$

Wieder nutzen wir zunächst die Assoziationsregel 6 der Tab. 5.1 aus und erhalten

$$\begin{aligned} S_{2,2}(j\omega_1, -j\omega_1) &= \frac{2\alpha_0^4 f_2^{(y_D)2}\varkappa^2}{|j\omega_1 + \overline{\alpha}|^2} \left\{\frac{1}{j\omega_2 + \overline{\alpha}} \left(\frac{1}{\overline{\alpha} - j\omega_2'} \cdot \frac{1}{j\omega_2' + \overline{\alpha}} \right.\right. \\ &\quad \times \left.\left. \frac{1}{j(\omega_1 + \omega_2') + \overline{\alpha}}\right)\right\}_{\omega_2' \ominus \omega_2;\ \omega_2 = -\omega_1} = \frac{2\alpha_0^4 f_2^{(y_D)2}\varkappa^2}{|j\omega_1 + \overline{\alpha}|^2} \left\{\frac{1}{j\omega_2 + \overline{\alpha}} \left(\frac{1}{j\omega_1 + 2\overline{\alpha}} \cdot \frac{1}{\overline{\alpha} - j\omega_2'} \right.\right. \\ &\quad + \left.\left. \frac{1}{2j\omega_1\overline{\alpha}} \cdot \frac{1}{j\omega_2^4\overline{\alpha}} + \frac{1}{j\omega_1(j\omega_1 + 2\overline{\alpha})} \cdot \frac{1}{j(\omega_1 + \omega_2') + \overline{\alpha}}\right)\right\}_{\omega_2' \ominus \omega_2;\ \omega_2 = -\omega_1}. \end{aligned}$$

Unter Zuhilfenahme der Assoziationsregeln 1 und 4 (s. Tab. 5.1) erhalten wir schließlich das Resultat

$$S_{2,2}(j\omega_1, -j\omega_1) = \frac{2 \cdot \alpha_0^4 \cdot f_2^{(y_D)2} \cdot \varkappa^2}{\overline{\alpha}\,|(j\omega_1 + \overline{\alpha})\,(j\omega_1 + 2\alpha)|^2}. \tag{5.86}$$

Zur Bestimmung der Streuung des Prozesses $y_2 = w_2[x^2]$ berechnen wir zunächst unter Ausnutzung der Assoziationsregel 2 die Assoziation

$$\begin{aligned} &\left\{\frac{1}{(j\omega_1 + \overline{\alpha})\,(j\omega_1 + 2\overline{\alpha})} \cdot \frac{1}{(j\omega_2 + \overline{\alpha})\,(j\omega_2 + 2\overline{\alpha})}\right\}_{\omega_2 \ominus \omega_1;\ \omega_1=0} \\ &= \left\{\frac{1}{(j\omega_1 + \overline{\alpha})\,(j\omega_1 + 2\overline{\alpha})} \left(\frac{1}{\overline{\alpha}} \cdot \frac{1}{j\omega_2 + \overline{\alpha}} - \frac{1}{\overline{\alpha}}\, \frac{1}{j\omega_2 + 2\overline{\alpha}}\right)\right\}_{\omega_2 \ominus \omega_1;\ \omega_1=0} = \frac{1}{12\overline{\alpha}^3}. \end{aligned}$$

Für die Streuung des Prozesses y_2

$$\overline{K}_{2,2} = S_{2,2}(j\omega_1, j\omega_2)_{\omega_2 \ominus \omega_1;\ \omega_1=0}$$

erhalten wir damit das folgende Resultat

$$\overline{K}_{2,2} = \frac{1}{6}\left(\frac{\alpha_0}{\overline{\alpha}}\right)^4 \cdot f_2^{(y_D)2} \cdot \varkappa^2. \tag{5.87}$$

In gleicher Weise können nun auch die Terme $S_{1,3}$ und $S_{3,3}$ und die entsprechenden Streuterme ($\overline{K}_{1,3}$ und $\overline{K}_{3,3}$) berechnet werden, wenn in (5.56) und (5.77) die entsprechenden Volterra-Kerne nach (5.82) und $S_x = 2\alpha_0\varkappa$ eingesetzt werden. Zur Berechnung der erforderlichen Assoziationen werden nur die in Tab. 5.1 angegebenen Assoziationsregeln benötigt (gelegentlich werden dazu Produkte rationaler Funktionen durch ihre Partialbruchzerlegungen ersetzt).

Für den Spezialfall $f_2^{(y_D)} = 0$ erhalten wir die folgenden Resultate, deren Herleitung dem interessierten Leser als Übungsaufgaben dienen mögen

$$S_{1,3}(j\omega_1, -j\omega_1) + S_{3,1}(j\omega_1, -j\omega_1) = \frac{2\overline{\alpha}\alpha_0^2\varkappa^2}{|j\omega_1 + \overline{\alpha}|^4}\left(\frac{\alpha_0}{\overline{\alpha}}\right) f_3^{(y_D)}, \tag{5.88}$$

$$\overline{K}_{1,3} + \overline{K}_{3,1} = \frac{1}{2}\left(\frac{\alpha_0}{\overline{\alpha}}\right)^3 f_3^{(y_D)}\varkappa^2, \tag{5.89}$$

$$S_{3,3}(j\omega_1, -j\omega_1) = \frac{\alpha_0^5\varkappa^3}{\overline{\alpha}^2}\,\frac{f_3^{(y_D)2}}{|j\omega_1 + \overline{\alpha}|^2}\left(\frac{1}{|j\omega_1 + 3\overline{\alpha}|^2} + \frac{1}{2}\cdot\frac{1}{|j\omega_1 + \alpha|^2}\right), \tag{5.90}$$

$$K_{3,3} = \frac{1}{6} f_3^{(y_D)2}\left(\frac{\alpha_0}{\overline{\alpha}}\right)^5 \varkappa^3. \tag{5.91}$$

Fassen wir die Teilergebnisse nach den Gln. (5.84) bis (5.91) zusammen, so gelangen wir zu den folgenden Resultaten:
Wird der durch die Gl. (5.79) beschriebene Prozeß $y(t)$ durch den Prozeß

$$\hat{y}(t) = \overline{y}_D + \overline{w}_1[x] + \overline{w}_2[x^2]$$

approximiert, dann sind der stationäre Erwartungswert, die spektrale Leistungsdichte-Funktion ($S_{1,1} + S_{2,2}$) und die Streuung ($\overline{K}_{1,1} + \overline{K}_{2,2}$) des Prozesses $\hat{y}$ gegeben durch:

$$\left.\begin{aligned}
\overline{m}_{\hat{y}} &= \overline{y}_D + \frac{\varkappa}{2} f_2^{(y_D)}\left(\frac{\alpha_0}{\overline{\alpha}}\right)^2,\\
S_{\hat{y}}(\omega) &= \frac{2\alpha_0\varkappa}{|j\omega_1 + \overline{\alpha}|^2}\left(1 + \frac{\alpha_0^3 f_2^{(y_D)2}}{|j\omega_1 + 2\overline{\alpha}|^2}\varkappa\right),\\
K_{\hat{y}}(0) &= \varkappa\frac{\alpha_0}{\overline{\alpha}}\left(1 + \frac{\varkappa}{6}\left(\frac{\alpha_0}{\overline{\alpha}}\right)^3 f_2^{(y_D)2}\right).
\end{aligned}\right\} \tag{5.92}$$

Verschwindet in der Potenzreihendarstellung der Systemnichtlinearität $f(y)$ der zweite Zerlegungskoeffizient $f_2^{(y_D)}$, dann erhalten wir für den $y(t)$ approximierenden Prozeß (in diesem Fall ist $\overline{w}_2 = 0$)

$$\hat{y}(t) = y_D + \overline{w}_1[x] + \overline{w}_3[x^3]$$

mit $D_{2,2} = 0$ die folgenden statistischen Charakteristika

$$\left.\begin{aligned}
\overline{m}_{\hat{y}} &= \overline{y}_D,\\
S_{\hat{y}}(\omega) &= \frac{2\alpha_0\varkappa}{|j\omega_1 + \overline{\alpha}|^2}\left[1 + \frac{\alpha_0^2\varkappa}{|j\omega_1 + \overline{\alpha}|^2}\left(\frac{\alpha_0}{\overline{\alpha}}\right)^2 f_3^{(y_D)}\right.\\
&\quad\left. + \frac{\varkappa^2}{2} f_3^{(y_D)2}\left(\frac{\alpha_0}{\overline{\alpha}}\right)^2\left(\frac{\alpha_0^2}{|j\omega_1 + 3\overline{\alpha}|^2} + \frac{1}{2}\,\frac{\alpha_0^2}{|j\omega_1 + \overline{\alpha}|^2}\right)\right],\\
K_{\hat{y}}(0) &= \frac{\alpha_0}{\overline{\alpha}}\varkappa\left[1 + \frac{1}{2} f_3^{(y_D)}\left(\frac{\alpha_0}{\overline{\alpha}}\right)^2\varkappa + \frac{1}{6} f_3^{(y_D)2}\left(\frac{\alpha_0}{\overline{\alpha}}\right)^5\varkappa^2\right].
\end{aligned}\right\} \tag{5.93}$$

Die Größe $\alpha_0/\bar{\alpha}$ ist entsprechend Gl. (5.81) durch den ersten Zerlegungskoeffizient der Systemnichtlinearität festgelegt

$$\frac{\alpha_0}{\bar{\alpha}} = (1 - f_1(y_D))^{-1} \overset{!}{>} 0. \tag{5.94}$$

Im Abschn. 4.6. wurden für eindimensionale Systeme mit weißem Eingangsprozeß und konkreten Systemnichtlinearitäten $f(y)$ der stationäre Erwartungswert und die stationäre Streuung u. a. auch nach Volterra-Reihenentwicklung des Ausgangsprozesses in der hier betrachteten Näherung im Zeitbereich berechnet. Der Leser überzeugt sich leicht, daß die Gln. (5.92) (für das Beispiel 5) bzw. (5.93) (für die Beispiele 1, 2, 5 und 6) tatsächlich die in Abschn. 4.6. angegebenen Näherungslösungen (gekennzeichnet durch V_k) ergeben.

Teil III

Analyse Markovscher Diffusionsprozesse

Im Kapitel 2 wurde gezeigt, unter welchen Bedingungen bei der Beschreibung realer Systeme durch gewöhnliche Differentialgleichungen mit (in quadratischen Mittel) stetigen Eingangsprozessen $\boldsymbol{x}(t)$ zu den idealisierten stochastischen Differentialgleichungen mit weißen Gaußschen Eingangsprozessen $\boldsymbol{\xi}(t)$ übergegangen werden kann und die breite praktische Bedeutung derartig idealisierter Systeme begründet. Damit werden bei der Analyse stochastischer Systeme i. d. R. erhebliche Vorteile gewonnen: Der vollständige Zustandsvektor stellt einen Markovschen Diffusionsprozeß dar, dessen Statistik vermöge der Gl. (2.5) allein durch die momentane Dichte $p(\boldsymbol{z}^{\mathsf{T}}, t)$ und die Übergangsdichte $p\left(\boldsymbol{z}^{\mathsf{T}}(t), t \mid \boldsymbol{z}^{\mathsf{T}}(t'), t'\right) = p_{t,t'}(\boldsymbol{z}^{\mathsf{T}} \mid \boldsymbol{z}'^{\mathsf{T}})$ vollständig bestimmt ist. Für beide Dichten konnte eine parabolische partielle Differentialgleichung, die Fokker-Planck-Gleichung, angegeben werden.

Damit ergeben sich qualitativ neue Möglichkeiten zur (näherungsweisen) Analyse nichtlinearer stochastischer Systeme, die direkt auf die Bestimmung von Wahrscheinlichkeitsdichten ausgerichtet sind. Wesentlicher Vorteil dieser Vorgehensweise ist, daß für einige nichtlineare Systemklassen die Fokker-Planck-Gleichung exakt und in geschlossener Form lösbar ist. Leider ist dies aber nicht mehr für den allgemeinen, nichtlinearen und mehrdimensionalen Fall möglich, so daß auch hier wieder Näherungsverfahren bemüht werden müssen. Unter Zugrundelegung stochastischer Differentialgleichungssysteme mit weißen Gaußschen Eingangsprozessen werden zunächst die an die Fokker-Planck-Gleichung zu stellenden Rand- und Anfangsbedingungen erläutert und für spezielle Systemklassen exakte Lösungen der Fokker-Planck-Gleichung erarbeitet und zwei spezielle Näherungsmethoden vorgestellt.

Schwerpunkt dieses dritten Teils ist das darauffolgende Kapitel 7, in dem erstmals eine geschlossene Darstellung der sehr allgemein anwendbaren und praktisch relativ einfach handhabbaren Methode der Quasimomentenentwicklung geboten wird, die trotz ihrer erheblichen Vorteile in der Literatur noch nicht genügend Beachtung gefunden hat. Das dieses Buch abschließende Kapitel 8 ist schließlich dem Problem der Analyse selbstschwingender stochastischer Systeme gewidmet.

Kapitel 6: Lösungsmethoden für die Fokker-Planck-Gleichung

Im folgenden wird davon ausgegangen, daß der n-dimensionale Zustandsvektor $\boldsymbol{z}^{\mathsf{T}}(t)$ des zu analysierenden Systems durch ein stochastisches Differentialgleichungssystem mit rechtsseitig linear eingehendem (m-dimensionalen) weißen, Gaußschen Eingangsprozeß $\boldsymbol{\xi}^{\mathsf{T}}(t)$ beschrieben wird

$$\dot{\boldsymbol{z}} = \boldsymbol{f}(\boldsymbol{z}^{\mathsf{T}}, t) + \boldsymbol{g}(\boldsymbol{z}^{\mathsf{T}}, t)\, \boldsymbol{\xi}(t), \tag{6.1}$$

$$\boldsymbol{m}_{\xi} = 0, \qquad \boldsymbol{K}_{\xi}(t, t') = \boldsymbol{R}(t)\, \delta(t - t'). \tag{6.2}$$

Den praktischen Aufgabenstellungen angemessen, fassen wir den weißen Eingangsprozeß immer als Idealisierung eines (im quadratischen Mittel) stetigen Eingangsprozesses mit hinreichend kleiner Korrelationszeit auf, so daß, entsprechend den Ausführungen im Kap. 2 (Abschn. 2.8.), die formale stochastische Differentialgleichung (6.1) im Sinne von Stratonowitsch als symmetrisierte stochastische Differentialgleichung

$$\mathrm{d}_{1/2}\boldsymbol{z} = \boldsymbol{f}(\boldsymbol{z}^{\mathsf{T}}, t)\, \mathrm{d}t + \boldsymbol{g}(\boldsymbol{z}^{\mathsf{T}}, t)\, \mathrm{d}_{1/2}\boldsymbol{w} \tag{2.85}$$

verstanden wird, die der, in der mathematischen Literatur bevorzugten Itoschen Differentialgleichung

$$\mathrm{d}_0\boldsymbol{z} = \tilde{\boldsymbol{f}}(\boldsymbol{z}^{\mathsf{T}}, t)\, \mathrm{d}t + \boldsymbol{g}(\boldsymbol{z}^{\mathsf{T}}, t)\, \mathrm{d}_0\boldsymbol{w} \tag{2.69}$$

mit

$$\tilde{\boldsymbol{f}}^{\mathsf{T}}(\boldsymbol{z}^{\mathsf{T}}, t) = \boldsymbol{f}^{\mathsf{T}}(\boldsymbol{z}^{\mathsf{T}}, t) + \frac{1}{2}\, \nabla_{z'}^{\mathsf{T}}\, \boldsymbol{g}(\boldsymbol{z}^{\mathsf{T}}, t)\, \boldsymbol{R}(t)\, \boldsymbol{g}^{\mathsf{T}}(\boldsymbol{z}'^{\mathsf{T}}, t)|_{z'=z} \tag{6.3}$$

äquivalent ist.

Die Koeffizienten der Fokker-Planck-Gleichung (2.23) sind damit für das System (6.1) gegeben durch (vgl. mit (2.86))

$$\boldsymbol{K}_1(\boldsymbol{z}^{\mathsf{T}}, t) = \tilde{\boldsymbol{f}}(\boldsymbol{z}^{\mathsf{T}}, t) = \{\tilde{f}^{(i)}(\boldsymbol{z}^{\mathsf{T}}, t)\}_{n,1}\,, \tag{6.4}$$

$$\boldsymbol{K}_2(\boldsymbol{z}^{\mathsf{T}}, t) = \boldsymbol{M}(\boldsymbol{z}^{\mathsf{T}}, t) = \boldsymbol{g}(\boldsymbol{z}^{\mathsf{T}}, t)\, \boldsymbol{R}(t)\, \boldsymbol{g}^{\mathsf{T}}(\boldsymbol{z}^{\mathsf{T}}, t) = \{M^{(i,j)}(\boldsymbol{z}^{\mathsf{T}}, t)\}_{n,n}.$$

Im folgenden werden wir für $\boldsymbol{K}_1(\cdot)$ und $\boldsymbol{K}_2(\cdot)$ immer die Beziehungen $\tilde{\boldsymbol{f}}(\cdot)$ bzw $\boldsymbol{M}(\cdot)$ verwenden, um Verwechslungen mit den Korrelations- bzw. Kumulantenfunktionen zu vermeiden.

Die Fokker-Planck-Gleichung (2.23) nimmt dabei die folgende Gestalt an

$$\frac{\partial p(\boldsymbol{z}^{\mathsf{T}}, t)}{\partial t} = -\nabla_z^{\mathsf{T}} \boldsymbol{f}(\boldsymbol{z}^{\mathsf{T}}, t)\, p(\boldsymbol{z}^{\mathsf{T}}, t) + \frac{1}{2}\,\mathrm{Sp}\,\{\nabla_z \nabla_z^{\mathsf{T}} \boldsymbol{M}(\boldsymbol{z}^{\mathsf{T}}, t)\, p(\boldsymbol{z}^{\mathsf{T}}, t)\} \tag{6.5}$$

bzw. in ausführlicher Schreibweise

$$\frac{\partial p(\boldsymbol{z}^{\mathsf{T}}, t)}{\partial t} = -\sum_{\alpha=1}^{n} \frac{\partial \bar{f}^{(\alpha)}(\boldsymbol{z}^{\mathsf{T}}, t)\, p(\boldsymbol{z}^{\mathsf{T}}, t)}{\partial z^{(\alpha)}} + \frac{1}{2} \sum_{\alpha=1}^{n} \sum_{\beta=1}^{n} \frac{\partial^2 M^{(\alpha,\beta)}(\boldsymbol{z}^{\mathsf{T}}, t)\, p(\boldsymbol{z}^{\mathsf{T}}, t)}{\partial z^{(\alpha)}\, \partial z^{(\beta)}}.$$

Die Lösung der Fokker-Planck-Gleichung ist in starkem Maße von den zu erfüllenden Anfangs- und Randbedingungen abhängig, die ihrerseits durch das konkret vorliegende stochastische System und das Analyseziel bestimmt werden. Erst mit Klärung dieser Anfangs- und Randbedingungen ist eine eindeutige Lösung der Fokker-Planck-Gleichung möglich.

Nur für spezielle stochastische Systeme (6.1) und Anfangs- und Randbedingungen können die entsprechenden Lösungen der Fokker-Planck-Gleichung exakt und in analytischer Form angegeben werden, während im allgemeinen, nichtlinearen und mehrdimensionalen Fall wieder Näherungsverfahren herangezogen werden müssen.

Inhalt dieses Kapitels ist die Erläuterung verschiedener Rand- und Anfangsbedingungen, das Auffinden von exakten Lösungen der Fokker-Planck-Gleichung für spezielle stochastische Systeme und Analyseziele und die Beschreibung einiger Möglichkeiten zur näherungsweisen Lösung der Fokker-Planck-Gleichung für allgemeine nichtlineare Systeme (6.1).

6.1. Eindimensionale Systeme

Zum besseren Verständnis betrachten wir zunächst einen skalaren Markovschen Diffusionsprozeß $z(t)$, der durch folgende stochastische Differentialgleichung

$$\dot{z} = f(z, t) + \boldsymbol{g}(z, t)\, \boldsymbol{\xi}(t) \tag{6.6}$$

definiert sei. Darin sind $\boldsymbol{\xi}^{\mathsf{T}}(t)$ ein m-dimensionaler Gaußscher weißer Rauschprozeß mit den durch (6.2) gegebenen statistischen Charakteristika und $\boldsymbol{g}(z, t)$ entsprechend ein m-dimensionaler Zeilenvektor.

Die skalaren Koeffizientenfunktionen der Fokker-Planck-Gleichung

$$\frac{\partial p(z, t)}{\partial t} = -\frac{\partial \bar{f}(z, t)\, p(z, t)}{\partial z} + \frac{1}{2}\,\frac{\partial^2 M(z, t)\, p(z, t)}{\partial z^2} \tag{6.7}$$

sind entsprechend den Gln. (6.2) und (6.4) gegeben durch

$$\bar{f}(z, t) = f(z, t) + \frac{1}{4}\,\frac{\partial M(z, t)}{\partial z}, \qquad M(z, t) = \boldsymbol{g}(z, t)\, \boldsymbol{R}(t)\, \boldsymbol{g}^{\mathsf{T}}(z, t). \tag{6.8}$$

6.1.1. Anfangs- und Randbedingungen

Die Formulierung der Anfangsbedingungen ist einfach: Die Lösung der Fokker-Planck-Gleichung $p(z, t)$ $(t > t_0)$ muß für $t = t_0$ identisch mit der vorgegebenen Anfangsverteilungsdichte $p_A(z, t_0)$ des Prozesses z zum Zeitpunkt t_0 sein

$$p(z, t_0) = p_A(z, t_0).$$

Ist zum Zeitpunkt t_0 der Anfangszustand $z(t_0) = z_0$ eindeutig fixiert, so ist die Anfangsverteilung eine Diracsche Deltafunktion. Mit dieser Anfangsbedingung stellt die Lösung der Fokker-Planck-Gleichung die Übergangsdichte $p_{t,t_0}(z \mid z_0)$ dar

$$p_{t_0,t_0}(z \mid z_0) = \delta(z - z_0).$$

Wesentlich differenzierter und mannigfaltiger sind die Möglichkeiten der Randbedingungen, unter denen die Lösung der Fokker-Planck-Gleichung zu suchen ist. Diese sind nicht nur von der konkreten Struktur des zu analysierenden Systems, sondern wesentlich vom Analyseziel abhängig.

Zur Erläuterung der wichtigsten Randbedingungen ist es vorteilhaft, wenn die Fokker-Planck-Gleichung (6.7) in der folgenden Form geschrieben wird

$$\frac{\partial p(z, t)}{\partial t} = -\frac{\partial G(z, t)}{\partial z}, \tag{6.9}$$

worin

$$G(z, t) = \bar{f}(z, t)\, p(z, t) - \frac{1}{2} \frac{\partial M(z, t)\, p(z, t)}{\partial z} \tag{6.10}$$

den (in positiver z-Richtung) gerichteten Wahrscheinlichkeitsfluß bezeichnet (s. Abb. 6.1).

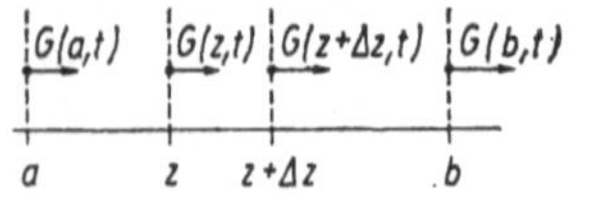

Abb. 6.1: Zur Erläuterung des Wahrscheinlichkeitsflusses $G(z, t)$

Der Wahrscheinlichkeitsfluß wird unmittelbar anschaulich, wenn man mit der Größe

$$\int_z^{z+\Delta z} p(z', t)\, dz'$$

beispielsweise die Vorstellung einer Anzahl von „Teilchen" verbindet, die sich zum Zeitpunkt in einem räumlichen Gebiet $[z, z + \Delta z]$ befindet: Bezeichnet $G(z, t)$ den „Teilchenfluß" am Orte z zum Zeitpunkt t (für $G(\cdot) > 0$ ist er bezüglich der z-Achse nach rechts, für $G(\cdot) < 0$ nach links gerichtet (s. Abb. 6.1)), dann stellt die Differenz $G(z, t) - G(z + \Delta z, t)$ die Änderung der „Teilchenzahl" pro Zeiteinheit im Gebiet $[z, z + \Delta z]$ dar, vorausgesetzt, in ihm können keine neuen „Teilchen" entstehen oder vernichtet werden. Zum Zeitpunkt $t + \Delta t$ ist somit die Anzahl der im betrachteten Gebiet befindlichen „Teilchen" gegeben durch die entsprechende Anzahl zum Zeitpunkt t und die in der Zeit von t bis $t + \Delta t$ herein- bzw. herausgeflossene Anzahlen von „Teilchen"

$$\int_z^{z+\Delta z} p(z', t + \Delta t)\, dz' = \int_z^{z+\Delta z} p(z', t)\, dz' + \int_z^{z+\Delta t} [G(z, t') - G(z + z, t')]\, dt'.$$

Sind $p(z, t)$ stetig in z und differenzierbar bezüglich t und der „Teilchenfluß" stetig in t und differenzierbar bezüglich z, so geht diese Gleichung für hinreichend kleine Δt und Δz über in

$$[p(z, t + \Delta t) - p(z, t)]\, \Delta z = -[G(z + \Delta z, t) - G(z, t)]\, \Delta t,$$

woraus für $\Delta t \to 0$ und $\Delta z \to 0$ Gl. (6.9) erhalten wird. In unserem Falle ist $p(z, t)$ eine Wahrscheinlichkeitsdichte; der „Teilchenfluß" wird daher als Wahrscheinlichkeitsfluß bezeichnet.

Durch die Fokker-Planck-Gleichung wird eine Wahrscheinlichkeitsdichte definiert, die per definitionem immer normiert ist. Nimmt der Prozeß $z(t)$ nur Realisierungen aus dem Intervall $[a, b]$ an ($a = -\infty$ und $b = +\infty$ sind zugelassen), so gilt also

$$\int_a^b p(z, t)\, dz = 1 \quad \text{für alle} \quad t \geqq t_0, \tag{6.11}$$

wobei anstelle der momentanen Dichte natürlich auch die Übergangsdichte $p_{t,t_0}(z \mid z_0)$ gesetzt werden kann.

Diese Normierungsbedingung kann als Erhaltungssatz der Wahrscheinlichkeitsdichte interpretiert werden und hat zur Folge, daß die Wahrscheinlichkeitsflüsse an den Grenzen des Definitionsbereiches gleich sein müssen

$$G(a, t) = G(b, t) \quad \text{für alle} \quad t \geqq t_0. \tag{6.12}$$

Diese Gleichung erhält man unmittelbar nach Integration der Gl. (6.9) über z von a bis b und unter Beachtung der Normierungsbedingung (6.11).

In unserem Teilchenbild entspricht die Normierungsbedingung der Forderung, daß im Gebiet $[a, b]$ die Gesamtteilchenzahl konstant sein soll. Folglich muß die pro Zeiteinheit linksseitig in das betrachtete Gebiet einfließende „Teilchenmenge" in gleicher Quantität rechtsseitig herausfließen.

Ist der Definitionsbereich des Prozesses $z(t)$ nicht eingeschränkt ($a = -\infty$, $b = +\infty$), so werden die Randbedingungen gewöhnlich schärfer formuliert

$$G(-\infty, t) = 0, \qquad G(+\infty, t) = 0. \tag{6.13}$$

Ist der Prozeß $z(t)$ nur in einem endlichen Intervall $[a, b]$ definiert, so werden diese Randbedingungen gewöhnlich beibehalten

$$G(a, t) = G(b, t) = 0. \tag{6.14}$$

Diese Randbedingungen können unmittelbar anschaulich gemacht werden, wenn man sich die endlichen Grenzen a und b als reflektierende Wände (s. Abb. 6.2a) vorstellt: Eine Trajektorie $z(t)$ falle zum Zeitpunkt t_1 auf die Wand b und werde von dort reflektiert. Dann gilt für hin-

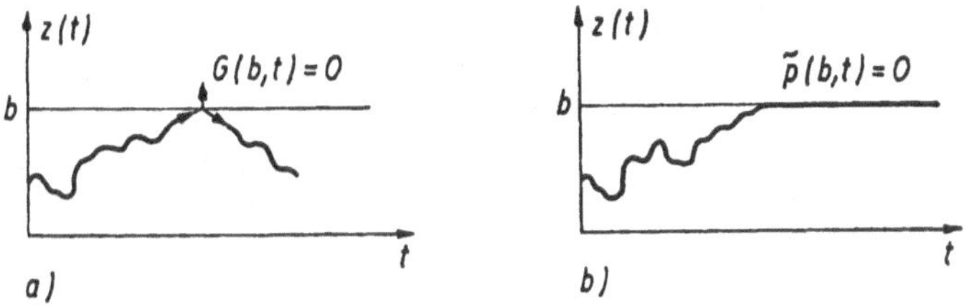

Abb. 6.2: Illustration a) der Reflexions- und b) der Absorptionsbedingung

reichend kleine Δt und Δz $G(b - \Delta z, t_1 - \Delta t) = -G(b - \Delta z, t_1 + \Delta t)$. Läßt man nun Δz und Δt gegen Null streben, so erhält man aufgrund der Stetigkeit des Wahrscheinlichkeitsflusses $G(b, t) = -G(b, t)$, d. h. $G(b, t) = 0$. Wir bezeichnen daher die Randbedingungen (6.13) bzw. (6.14) als Reflexionsbedingungen.

Darüber hinaus sind natürlich auch weitere Aufgabenstellungen möglich, die durch andere Randbedingungen charakterisiert werden müssen.

Eine wichtige Aufgabenstellung besteht beispielsweise darin, daß ein Prozeß $z(t)$ in einem abgeschlossenen Gebiet $[a, b+0]$ definiert ist, jedoch nur in dem halboffenen Gebiet $[a, b)$ durch eine stochastische Differentialgleichung (6.6) bzw. die Fokker-Planck-Gleichung (6.7) beschrieben wird. a sei eine „reflektierende Wand". Die obere Grenze b habe aber die Eigenschaft, daß Trajektorien, die einmal den Wert $z = b$ erreichen, diesen für immer beibehalten. Im Verlaufe der Zeit werden von der „Wand" $z = b$ immer mehr Trajektorien (oder anschaulicher Teilchen) absorbiert, d. h. dem halboffenen Gebiet $[a, b)$ entzogen. Die Wahrscheinlichkeitsdichte eines derart im abgeschlossenen Gebiet $[a, b]$ definierten Prozesses $z(t)$ setzt sich also additiv aus Diracschem Deltaanteil und einer Wahrscheinlichkeit $\tilde{p}(z, t)$ zusammen, so daß unter Beachtung der Normierungsbedingung gilt

$$p(z, t) = \left(1 - \int_a^b p(z', t)\, \mathrm{d}z'\right) \delta(z - b) + \tilde{p}(z, t). \tag{6.15}$$

Offensichtlich gilt $p(z, t) = \tilde{p}(z, t)$ für alle z aus dem halboffenen Gebiet $[a, b)$, so daß $\tilde{p}(z, t)$ der Fokker-Planck-Gleichung in diesem Gebiet genügt. Trajektorien $z(t) = b$ sind aber in der Wahrscheinlichkeit $\tilde{p}(z, t)$ ausgeschlossen, so daß die Fokker-Planck-Gleichung für $\tilde{p}(z, t)$ nun mit den Randbedingungen

$$G(a, t)|_{p=\tilde{p}} = 0$$

und

$$\tilde{p}(b, t) = 0 \tag{6.16}$$

zu lösen ist: Die erste Bedingung folgt aus der Annahme, daß a eine „reflektierende Wand" darstellt. Die zweite Bedingung folgt aus der Darstellung (6.15) der Wahrscheinlichkeitsdichte, in der ja der Punkt $z = b$ vollständig in dem Deltaanteil berücksichtigt wird. Die Bedingung (6.16) bezeichnen wir als Absorptionsbedingung (s. Abb. 6.2.b).

Es ist klar, daß mit den oben formulierten Randbedingungen aus der Fokker-Planck-Gleichung keine Wahrscheinlichkeitsdichte bestimmt werden kann: Dazu müssen entsprechend der Gl. (6.14) die Wahrscheinlichkeitsflüsse an den Grenzen des Definitionsbereiches des Prozesses $z(t)$ identisch sein. Aus der Bedingung $\tilde{p}(b, t) = 0$ folgt aber nicht $G(b, t) = G(a, t) = 0$.

Setzt man voraus, daß zum Zeitpunkt $t = t_0$ der Prozeß z mit Wahrscheinlichkeit Eins nur Realisierungen innerhalb des halboffenen Gebietes $[a, b)$ annehmen kann, so erhält die mit der Absorptionsbedingung (6.16) gewonnene Lösung $\tilde{p}(z, t)$ der Fokker-Planck-Gleichung eine sehr anschauliche Bedeutung: Da bei der Bestimmung von $\tilde{p}(z, t)$ alle Trajektorien, die einmal den Punkt $z = b$ erreichen, aus den weiteren Betrachtungen ausgeschlossen werden, stellt

$$P\big(a \leqq z(t') < b, t_0 \leqq t' \leqq t \mid a \leqq z_0 < b\big) = \int_a^b p(z, t)\, \mathrm{d}z$$

die Wahrscheinlichkeit dar, daß im Verlaufe der Zeit von t_0 bis t noch keine Trajektorie diesen Punkt b erreicht hat. Über den besprochenen Fall hinaus besitzt also die Absorptionsbedingung auch für solche Analyseprobleme Bedeutung, für die beispielsweise die mittleren Verweilzeiten in einem vorgegebenen Gebiet interessieren. Derartige Fragestellungen werden im Abschn. 6.3. ausführlicher behandelt.

6.1.2. Stationäre Prozesse

Ein stationärer, skalarer Prozeß $z(t)$ sei durch eine zeitinvariante stochastische Differentialgleichung

$$\dot{z} = \bar{f}(z) + \bar{\boldsymbol{g}}(z)\, \boldsymbol{\xi}(t)$$

mit einem stationären weißen Eingangsprozeß $\boldsymbol{\xi}^{\mathsf{T}}(t)$

$$\overline{\boldsymbol{m}}_\xi = 0, \qquad \overline{\boldsymbol{K}}_\xi(t, t') = \overline{\boldsymbol{R}}\delta(t - t')$$

definiert. In diesem Falle sind die Koeffizienten der Fokker-Planck-Gleichung zeitinvariant

$$\bar{f}(z, t) = \bar{f}(z) = \bar{f}(z) + \frac{1}{4}\frac{\partial \overline{M}(z)}{\partial z}, \qquad \overline{M}(z) = \bar{\boldsymbol{g}}(z)\, \overline{\boldsymbol{R}}\bar{\boldsymbol{g}}^{\mathsf{T}}(z). \tag{6.17}$$

Interessiert man sich für die stationäre, momentane Dichte $\overline{p}(z)$ (ihre Existenz wird vorausgesetzt), so wird diese entsprechend Gl. (6.9) unter Beachtung von $\frac{\partial}{\partial t}\overline{p}(z) = 0$ durch folgende Gleichung bestimmt

$$\frac{\partial}{\partial z}\overline{G}(z) = 0,$$

d. h., der Wahrscheinlichkeitsfluß ist sowohl räumlich als auch zeitlich konstant

$$G(z) = G_0 = \text{const}. \tag{6.18}$$

Unter Berücksichtigung der Definitionsgleichung (6.10) für den Wahrscheinlichkeitsfluß wird die stationäre Dichte also durch eine lineare Differentialgleichung erster Ordnung bestimmt

$$\bar{f}(z)\,\overline{p}(z) - \frac{1}{2}\frac{\partial \overline{M}(z)\,\overline{p}(z)}{\partial z} = G_0,$$

deren Lösung leicht angegeben werden kann

$$\overline{p}(z) = \frac{1}{\overline{M}(z)}\, \mathrm{e}^{U(z)}\Big[C + G_0 \int \mathrm{e}^{-U(z)}\, \mathrm{d}z\Big], \tag{6.19}$$

worin das Integral ein unbestimmtes ist. Die Funktion $U(z)$ wird aus dem unbestimmten Integral

$$U(z) = 2\int \frac{\bar{f}(z)}{\overline{M}(z)}\, \mathrm{d}z \tag{6.20}$$

berechnet (es gilt also $\frac{\mathrm{d}U(z)}{\mathrm{d}z} = 2\bar{f}(z)/\overline{M}(z)$). Der Wahrscheinlichkeitsfluß G_0 wird durch die Randbedingung vorgegeben, C stellt die Normierungskonstante dar.

Im Falle, daß der Prozeß $z(t)$ nur Realisierungen innerhalb des Intervalles $[a, b]$ ($a = -\infty$ und $b = +\infty$ sind zugelassen) annehmen kann, ist mit der Reflektionsbedingung (6.14) $G_0 = 0$ zu setzen. Die stationäre Wahrscheinlichkeitsdichte ist damit gegeben durch

$$p(z) = \begin{cases} CM^{-1}(z)\, e^{U(z)} & \text{für} \quad a \leqq z \leqq b, \\ 0 \quad \text{sonst} \end{cases} \tag{6.21}$$

für $\bar{G}(a) = \bar{G}(b) = G_0 = 0$.

Die Normierungskonstante wird demnach wie folgt berechnet:

$$C^{-1} = \int_a^b \frac{1}{M(z)}\, e^{U(z)}\, dz.$$

Wenden wir uns nun der Bestimmung der Übergangsdichte zu. Die Übergangsdichte des stationären Prozesses $z(t)$ hängt nur von der Zeitdifferenz $t - t_0$ ab $p_{t,t_0}(z \mid z_0) = \bar{p}_{t-t_0}(z \mid z_0)$. Aufgrund der Zeitunabhängigkeit der Koeffizienten der Fokker-Planck-Gleichung bietet sich zur Bestimmung der Übergangsdichte die Fouriersche Methode der Trennung der Variablen an

$$\bar{p}_\tau(z \mid z_0) = T(\tau)\, Z(z), \qquad \tau = t - t_0 \geqq 0.$$

Damit kann die Fokker-Planck-Gleichung (6.7) aufgespalten werden in

$$\dot{T}(\tau) = -\lambda T(\tau),$$

$$-\frac{\partial \bar{f}(z)\, Z(z)}{\partial z} + \frac{1}{2} \frac{\partial \bar{M}(z)\, Z(z)}{\partial z^2} + \lambda Z = 0. \tag{6.22}$$

Mit der letzten Gleichung ist das Auffinden der stationären Übergangsdichte $\bar{p}_{t-t_0}(z \mid z_0)$ auf die Bestimmung der Eigenfunktionen $Z_n(z)$ und der dazugehörigen Eigenwerte λ_n zurückgeführt worden. Dieses Eigenwertproblem ist in der Literatur hinreichend beschrieben.

Mit Kenntnis der Eigenwertfunktionen und Eigenwerte wird die stationäre Übergangsdichte in Form einer unendlichen Reihe erhalten

$$\bar{p}_{t-t_0}(z \mid z_0) = \sum_{n \geqq 0} T_n Z_n(z)\, e^{-\lambda_n (t - t_0)}.$$

Offensichtlich ist $\lambda_0 = 0$ ein Eigenwert der Gl. (2.22). Die dazugehörige Eigenfunktion ist durch die stationäre Dichte gegeben

$$Z_0(z) = \bar{p}(z), \qquad \lambda_0 = 0. \tag{6.23}$$

Weiterhin muß die Übergangsdichte für $(t - t_0) \to \infty$ gegen diese stationäre Dichte streben, d. h., die (reellen) Eigenwerte λ_n müssen für $n \geqq 1$ alle positiv und der Koeffizient $T_0 = 1$ sein

$$\bar{p}_{t-t_0}(z \mid z_0) = \bar{p}(z) + \sum_{n \geqq 1} T_n Z_n(z)\, e^{-\lambda_n (t - t_0)}. \tag{6.24}$$

Stratonowitsch [105] weist nach, daß unter der Bedingung, daß der Wahrscheinlichkeitsfluß an den Grenzen des Definitionsbereiches des Prozesses $z(t)$ verschwindet, die Eigenfunktionen $Z_n(z)$ von (6.22) bezüglich des Maßes $1/\bar{p}(z)$ orthogonal sind und normiert werden können

$$\int_a^b Z_n(z)\, Z_m(z) \frac{\mathrm{d}z}{\overline{p}(z)} = \delta_{m,n} \qquad (m \geqq 0,\, n \geqq 0). \tag{6.25}$$

Speziell folgt daraus mit (6.23)

$$\int_a^b Z_n(z)\, \mathrm{d}z = 0 \quad \text{für} \quad n \geqq 1. \tag{6.26}$$

Damit können die Koeffizienten T_n in (6.24) leicht bestimmt werden: Für $t = t_0$ muß die Übergangsdichte eine Diracsche Deltafunktion sein

$$\overline{p}_{t_0-t_0}(z \mid z_0) = \delta(z - z_0) = \overline{p}(z) + \sum_{n\geqq 1} T_n Z_n(z).$$

Multipliziert man diese Gleichung mit $Z_k(z)/\overline{p}(z)$, dann erhält man nach Integration der entstehenden Gleichung über z im Definitionsbereich $[a, b]$ unter Beachtung von (6.25)

$$T_k = Z_k(z_0)/\overline{p}(z_0),$$

und Gl. (6.24) geht über in

$$\overline{p}_{t-t_0}(z \mid z_0) = \overline{p}(z) + \sum_{n\geqq 1} \frac{Z_n(z_0)\, Z_n(z)}{\overline{p}(z_0)} \mathrm{e}^{-\lambda_n(t-t_0)}. \tag{6.27}$$

Wählt man als Anfangsverteilung für z_0 die stationäre Dichte

$$p_{\mathrm{A}}(z_0, t_0) = \overline{p}(z_0), \tag{6.28}$$

so erhält die Verbunddichte $p\big(z(t), z_0, t, t_0\big) = \overline{p}_{t-t_0}(z \mid z_0)\, \overline{p}(z_0)$ eine besonders einfache Gestalt

$$\overline{p}(z, z_0, t - t_0) = \overline{p}(z)\, \overline{p}(z_0) + \sum_{n\geqq 1} Z_n(z_0)\, Z_n(z)\, \mathrm{e}^{-\lambda_n(t-t_0)}. \tag{6.29}$$

Für skalare und stationäre Markovsche Diffusionsprozesse $z(t)$ bereitet also die Bestimmung der stationären Dichte und der Übergangsdichte keine prinzipiellen Schwierigkeiten. Mit ihrer Kenntnis können nun unter Ausnutzung der Gl. (2.5) Erwartungswerte beliebiger Funktionen $\varphi\big(z(t_n), t_n, \ldots, z(t_1), t_1\big)$ berechnet werden.
Beispielsweise können aus (6.29) die Korrelationsfunktionen

$$\overline{K}_{\varphi_1,\varphi_2}(t - t_0) = \langle \varphi_1(z)\, \varphi_2(z_0) \rangle - \langle \varphi_1(z) \rangle \langle \varphi_2(z_0) \rangle$$

für beliebige Funktionen $\varphi_k(z)$ des stationären Prozesses z leicht in Form unendlicher Reihen angegeben werden: Dazu multipliziert man Gl. (6.29) mit $\varphi_1(z)\, \varphi_2(z_0)$, integriert die entstehende Gleichung über z und z_0 über den Definitionsbereich des Prozesses z und zieht vom Ergebnis das Produkt der stationären Erwartungswerte dieser Funktionen ab (in unserem Falle gilt $\overline{p}(z_0) = \overline{p}(z)|_{z=z_0}$)

$$\overline{K}_{\varphi_1,\varphi_2}(t - t_0) = \sum_{n\geqq 1} \varphi_{1,n} \varphi_{2,n}\, \mathrm{e}^{-\lambda_n(t-t_0)}. \tag{6.30}$$

Da voraussetzungsgemäß $\lambda_n > 0$, kann daraus auch leicht das entsprechende Leistungsdichtespektrum angegeben werden

$$S_{\varphi_1,\varphi_2}(j\omega) = \sum_{n\geqq 1} 2\lambda_n \frac{\varphi_{1,n}\varphi_{2,n}}{\lambda_n^2 + \omega^2}. \tag{6.31}$$

Die Entwicklungskoeffizienten sind dabei definiert durch

$$\varphi_{k,n} = \int_a^b \varphi_k(z)\, Z_n(z)\, \mathrm{d}z. \tag{6.30}$$

Häufig erweist es sich als vorteilhaft, von dem Funktionensystem $Z_n(z)$ die stationäre Dichte $p(z)$ abzuspalten

$$Z_n(z) = \bar{p}(z)\, S_n(z). \tag{6.31}$$

Für den Fall, daß der Wahrscheinlichkeitsfluß von $p(z)$ verschwindet, $G_0 = 0$, geht die Eigenwertgleichung (6.22) für $Z_n(z)$ unter Beachtung von (6.21) und (6.20) in die folgende Eigenwertgleichung für das Funktionensystem $S_n(z)$ über

$$\frac{\partial^2 S(z)}{\partial z^2} + 2\frac{\bar{f}(z)}{M(z)}\frac{\partial S(z)}{\partial z} + \frac{2\lambda}{\bar{M}(z)} S(z) = 0. \tag{6.32}$$

Die Gln. (6.27) und (6.29) gehen damit über in

$$\left.\begin{aligned} \bar{p}_{t-t_0}(z \mid z_0) &= \bar{p}(z)\left[1 + \sum_{n\geqq 1} S_n(z_0)\, S_n(z)\, \mathrm{e}^{-\lambda_n(t-t_0)}\right], \\ \bar{p}(z, z_0, t-t_0) &= \bar{p}(z)\,\bar{p}(z_0)\left[1 + \sum_{n\geqq 1} S_n(z_0)\, S_n(z)\, \mathrm{e}^{-\lambda_n(t-t_0)}\right]. \end{aligned}\right\} \tag{6.33}$$

Die Koeffizienten $\varphi_{k,n}$ nach (6.30) werden damit durch Erwartungswerte bezüglich der stationären Dichte $p(z)$ repräsentiert

$$\varphi_{k,n} = \langle \varphi_k(z)\, S_n(z)\rangle. \tag{6.34}$$

6.1.3. Differentialgleichungen für Erwartungswerte

Mit Kenntnis der Dichte $p(z, t)$ können Erwartungswerte von Funktionen $\varphi(z, t)$ direkt berechnet werden. Dabei erweist es sich in vielen Fällen als vorteilhafter, wenn man von den entsprechenden Differentialgleichungen ausgeht. Diese erhält man, wenn die Fokker-Planck-Gleichung (6.7) mit $\varphi(z, t)$ multipliziert und die entstehende Gleichung über z im Definitionsbereich $[a, b]$ integriert wird

$$\int_D^b \varphi(z, t)\frac{\partial}{\partial t} p(z, t)\, \mathrm{d}t = \frac{\mathrm{d}}{\mathrm{d}t}\int_a^b \varphi(z, t)\, p(z, t)\, \mathrm{d}z - \int_a^b \frac{\partial\varphi(z, t)}{\partial t}\, p(z, t)\, \mathrm{d}z$$

$$= \int_a^b \varphi(z, t)\left[-\frac{\partial\bar{f}(z, t)\, p(z, t)}{\partial z} + \frac{1}{2}\frac{\partial^2 M(z, t)\, p(z, t)}{\partial z^2}\right] \mathrm{d}z.$$

Nach partiellen Integrationen der beiden letzten Integrale wird unter der i. d. R. erfüllten Bedingung, daß die Funktion

$$r(z, \varphi, t) = G(z, t)\,\varphi(z, t) - \frac{1}{2} M(z, t)\, p(z, t)\frac{\partial\varphi(z, t)}{\partial z} \tag{6.35}$$

an den Grenzen des Definitionsbereiches des Prozesses z identische Werte annimmt

$$r(z, \varphi, t)|_{z=a} = r(z, \varphi, t)|_{z=b} \tag{6.36}$$

die folgende Erwartungsgleichung für zweimal nach z differenzierbare Funktionen $\varphi(z, t)$ erhalten[1])

$$\frac{\mathrm{d}}{\mathrm{d}t} \langle \varphi(z, t) \rangle = \left\langle \bar{f}(z, t) \frac{\partial \varphi(z, t)}{\partial z} \right\rangle + \frac{1}{2} \left\langle M(z, t) \frac{\partial^2 \varphi(z, t)}{\partial z^2} \right\rangle + \left\langle \frac{\partial \varphi(z, t)}{\partial t} \right\rangle. \tag{6.37}$$

Gemittelt wird mit Hilfe der aus der Fokker-Planck-Gleichung bestimmten momentanen Dichte $p(z, t)$; der Anfangswert wird aus der vorgegebenen Anfangsdichte $p_{\mathrm{A}}(z, t_0)$ berechnet

$$\langle \varphi(z, t_0) \rangle = \int_a^b \varphi(z, t_0)\, p_{\mathrm{A}}(z, t_0)\, \mathrm{d}z .$$

Der bedingte Erwartungswert $\langle \varphi(z, t) \mid z_0 \rangle$ genügt ebenfalls der Differentialgleichung (6.37): Gemittelt wird jedoch bezüglich der Übergangsdichte $p_{t,t_0}(z \mid z_0)$, und der Anfangswert ist gegeben durch

$$\langle \varphi(z, t_0) \mid z_0 \rangle = \varphi(z_0, t_0) .$$

Beispielsweise werden mit $\varphi(z, t) = z^k$ aus (6.37) für die Momente k-ter Ordnung

$$m_k(t) = \langle z^k \rangle , \qquad m_1(t) = m_z(t) ,$$

die Differentialgleichungen

$$\dot{m}_k = \langle f_k(z, t) \rangle \tag{6.38}$$

mit

$$f_k(z, t) = k\bar{f}(z, t)\, z^{k-1} + \binom{k}{2} M(z, t)\, z^{k-2} \tag{6.39}$$

oder für $\varphi(z, t) = (z - m_z)^k$ die Differentialgleichungen für die zentrierten Momente

$$\mu_k(t) = \langle [z(t) - m_z(t)]^k \rangle$$

erhalten

$$\dot{\mu}_k = \langle f_k^*(z, t) \rangle - k\dot{m}_1(t)\, \mu_{k-1}(t) , \tag{6.40}$$

worin

$$f_k^*(z, t) = k\bar{f}(z, t)\, (z - m_z)^{k-1} + \binom{k}{2} M(z, t)\, (z - m_z)^{k-2} . \tag{6.41}$$

Häufig interessiert man sich jedoch nicht für die (zentrierten) Momentenfunktionen, sondern für die Kumulanten $k_s(t)$. Da die Kumulanten in einem nichtlinearen Zusammenhang mit den Momentenfunktionen stehen, ist die Ermittelung ihrer Differentialgleichungen aus denen der Momente recht umständlich. Wesentlich vorteil-

---

[1]) Ist die Bedingung (6.36) nicht erfüllt, so ist die rechte Seite von Gl. (6.37) durch den Term $r(z, \varphi, t)|_{z=a} - r(z, \varphi, t)|_{z=b}$ additiv zu ergänzen.

hafter ist es, wenn von der charakteristischen Funktion

$$h(s, t) = \langle e^{sz} \rangle, \qquad s = j\lambda,$$

ausgegangen wird. Diese genügt nach (6.37) mit $\varphi(z, t) = e^{sz}$ der folgenden Differentialgleichung, die häufig auch als Pugatschew-Gleichung bezeichnet wird

$$\frac{\partial h(s, t)}{\partial t} = s\langle \tilde{f}(z, t)\, e^{sz} \rangle + \frac{s^2}{2} \langle M(z, t)\, e^{sz} \rangle. \tag{6.42}$$

Diese Gleichung stellt eine Integro-Differentialgleichung für die charakteristische Funktion dar: Gemittelt wird über die Dichte

$$p(z, t) = \frac{1}{2\pi} \int_{-\infty}^{+\infty} e^{-j\lambda z} h(j\lambda, t)\, d\lambda,$$

so daß Gl. (6.42) die folgende Gestalt annimmt

$$\frac{\partial h(s, t)}{\partial t} = \int_a^b dz \int_{-\infty}^{+\infty} \frac{d\lambda}{2\pi} \left\{ h(j\lambda, t)\, e^{(s-j\lambda)z} \left[s\tilde{f}(z, t) + \frac{s^2}{2} M(z, t) \right] \right\}.$$

Die Kumulante n-ter Ordnung $(1 \leqq n < \infty)$ ist definiert durch die n-te Ableitung des natürlichen Logarithmus der charakteristischen Funktion an der Stelle $s = 0$

$$k_n(t) = \frac{\partial^n}{\partial s^n} \ln \big(h(s, t)\big)\Big|_{s=0}.$$

Differenziert man daher die, aus der Pugatschew-Gleichung (6.42) folgende, Gleichung für $\ln \big(h(\cdot)\big)$ n-mal an der Stelle $s = 0$, so wird unmittelbar die Differentialgleichung für die Kumulante n-ter Ordnung erhalten

$$\dot{k}_n(t) = \sum_{l=1}^{n} \binom{n}{l} \tilde{m}_{n-l}(t) \langle f_l(z, t) \rangle, \tag{6.43}$$

worin $f_l(z, t)$ durch Gl. (6.39) erklärt und die

$$\tilde{m}_k(t) = \frac{\partial^k}{\partial s^k} h^{-1}(s, t)\Big|_{s=0} \tag{6.44}$$

die „Momente" der reziproken charakteristischen Funktion sind. Nachfolgend werden iterative Konstruktionsvorschriften dieser Funktionen und einige Summeneigenschaften angegeben, die besonders dann vorteilhaft anzuwenden sind, wenn die Funktion $f_l(z, t)$ eine Potenzfunktion bezüglich z darstellt. Insbesondere vereinfacht sich die Kumulantengleichung (6.43) unter Ausnutzung der unten angegebenen Formel (6.49), wenn die Funktion $M(z, t) = \boldsymbol{g}(z, t)\, \boldsymbol{R}\boldsymbol{g}^{\mathrm{T}}(z, t)$ unabhängig von z ist

$$\dot{k}_n = \delta_{n,2} M(t) + \sum_{l=1}^{n} \binom{n}{l} l \tilde{m}_{n-l}(t) \langle z^{l-1} f(z, t) \rangle, \quad \text{wenn} \quad \frac{\partial M(\cdot)}{\partial z} \equiv 0. \tag{6.45}$$

Die Momentenfunktionen m_k können iterativ nach folgender Gleichung in Abhängigkeit von den Kumulanten bestimmt werden

$$m_{n+1}(t) = k_{n+1}(t) + \sum_{l=1}^{n} \binom{n}{l} k_{n+1-l}(t)\, m_l, \qquad m_0(t) = 1. \tag{6.46}$$

Geht man von der Kumulantenentwicklung der charakteristischen Funktion

$$h(s,t) = \exp\left\{\sum_{l\geq 1} \frac{s^l}{l!} k_l(t)\right\}$$

aus, so ist ersichtlich, daß sich die Kumulantendarstellungen der Funktionen $\tilde{m}_k(t)$ von denen der Momentenfunktionen $m_k(t)$ lediglich darin unterscheiden, daß die Kumulanten durch ihre negativen Werte ersetzt sind. Zur Bestimmung der Funktionen $\tilde{m}_k(t)$ in Abhängigkeit von den Kumulanten kann daher wieder das Rekursionsschema (6.46) herangezogen werden, wenn dort $k_l(t)$ durch $-k_l(t)$ ersetzt wird

$$\tilde{m}_{n+1}(t) = -k_{n+1}(t) - \sum_{l=1}^{n} \binom{n}{l} k_{n+1-l}(t)\, \tilde{m}_l(t), \qquad \tilde{m}_0(t) = 1. \tag{6.47}$$

Für die ersten drei Ordnungen erhält man also

$$m_1(t) = k_1(t), \qquad \tilde{m}_1(t) = -k_1(t),$$

$$m_2(t) = k_2(t) + k_1^2(t), \qquad \tilde{m}_2(t) = -k_2(t) + k_1^2(t),$$

$$m_3(t) = k_3(t) + 3k_1(t)\, k_2(t) + k_1^3, \qquad \tilde{m}_3(t) = -k_3(t) + 3k_1(t)\, k_2(t) - k_1^3(t),$$

$\vdots$

etc.

Einige Produktsummen der Funktionen $\tilde{m}_k(t)$ und der Momentenfunktionen $m_l(t)$ lassen sich leicht aufsummieren
Aus der Identität:

$$\delta_{n,0} = \left.\frac{\partial^n h^{-1}(s,t)\, h(s,t)}{\partial s^n}\right|_{s=0} = \sum_{l=0}^{n} \binom{n}{l} \left.\frac{\partial^{n-l} h^{-1}(s,t)}{\partial s^{n-l}} \frac{\partial^l h(s,t)}{\partial s^l}\right|_{s=0}$$

erhält man die folgende Summenformel

$$\sum_{l=0}^{n} \binom{n}{l} \tilde{m}_{n-l}(t)\, m_l(t) = \delta_{n,0}, \quad \text{bzw.} \quad \tilde{m}_n(t) = -\sum_{l=1}^{n} \binom{n}{l} \tilde{m}_{n-l}(t)\, m_l(t) \quad (n \geqq 1), \tag{6.48}$$

aus der beispielsweise die Funktionen $\tilde{m}_k(t)$ iterativ in Abhängigkeit von den Momentenfunktionen $m_l(t)$ ermittelt werden können. Unter Beachtung von $\binom{n}{l}\binom{l}{2} = \binom{n}{2}\binom{n-2}{l-2}$ weist man leicht eine weitere Summenformel nach

$$\sum_{l=0}^{n} \binom{n}{l} (l-1)\, l \tilde{m}_{n-l} m_{l-2} = \delta_{n,2}, \tag{6.49}$$

die es gestattete, das Gleichungssystem (6.43) in das Gleichungssystem (6.45) zu überführen, wenn $M(\cdot)$ unabhängig von z ist. Weiterhin gilt

$$k_{n+1}(t) = \left.\frac{\partial^{n+1} \ln h(s,t)}{\partial s^{n+1}}\right|_{s=0} = \sum_{l=0}^{n} \binom{n}{l} \left[\frac{\partial^{n-l} \ln (h)}{\partial s^{n-l}} \frac{\partial^{l+1} h(s,t)}{\partial s^{l+1}}\right]_{s=0}.$$

Hieraus wird die Summenformel

$$\sum_{l=0}^{n} \binom{n}{l} \tilde{m}_{n-l}(t)\, m_{l+1} = k_{n+1}(t)$$

erhalten, mit deren Hilfe auch die Gleichung

$$\sum_{l=0}^{n} \binom{n}{l} l \tilde{m}_{k-l}(t)\, m_l(t) = n k_n(t) \tag{6.50}$$

leicht bewiesen werden kann. Auf ähnliche Weise können weitere Summenformeln abgeleitet werden. Beispielsweise gilt auch

$$\sum_{l=0}^{n} \binom{n}{l} \binom{l}{2} \tilde{m}_{n-l}(t)\, m_l(t) = \binom{n}{2} \left[k_n(t) + \sum_{l=0}^{n-2} \binom{n-2}{l} k_{n-1-l}(t)\, k_{l+1}(t) \right]. \tag{6.51}$$

6.1.4. Spezielle Transformationen

Während die Lösung der Fokker-Planck-Gleichung (6.7) mit zeitunabhängigen Koeffizienten mit herkömmlichen mathematischen Methoden (z. B. durch Lösung des Eigenwertproblems) prinzipiell immer möglich ist, bereitet die Behandlung der Fokker-Planck-Gleichung mit zeitabhängigen Koeffizienten i. allg., selbst im hier betrachteten eindimensionalen Fall, erhebliche Schwierigkeiten. Häufig gelingt es jedoch, durch spezielle Transformationen $(t, z(t)) \to (\tau, x(\tau))$ die Fokker-Planck-Gleichung (6.7) in eine entsprechende Gleichung für die Variablen $(\tau, x(\tau))$ mit einer wesentlich einfacheren Struktur zu überführen. Wir wollen hier die drei wichtigsten Möglichkeiten kurz beschreiben:

Betrachten wir zunächst die Transformation

$$\tau = \theta(t), \qquad x = \Psi(z, t), \tag{6.52}$$

von der wir annehmen wollen, daß sie eindeutig umkehrbar sei

$$t = \theta_1(\tau), \qquad z = \Psi_1(x, t). \tag{6.53}$$

Weiterhin sei $\theta(t)$ eine mit t monoton wachsende Funktion. Die Verteilungsdichten der Prozesse $z(t)$ und $x(\tau)$ $(p_1(x, \tau))$ stehen dann in folgendem Zusammenhang

$$\begin{aligned} p_1(x, \tau) &= \left| \frac{\partial}{\partial z} \Psi(z, t) \right|^{-1} p(z, t)\Big|_{z=\Psi_1(x,t),\, t=\theta_1(\tau)}, \\ p(z, t) &= \left| \frac{\partial}{\partial z} \Psi(z, t) \right| p_1(x, \tau)\Big|_{x=\Psi(z,t),\, \tau=\theta(t)}. \end{aligned} \tag{6.54}$$

Setzt man die Darstellung der Dichte $p(z, t)$ durch die neuen Variablen $x(\tau)$ und τ in Gl. (6.7) ein, so erhält man mit der Transformation (6.52) die folgende Fokker-Planck-Gleichung für den Prozeß $x(\tau)$

$$\frac{\partial p_1(x, \tau)}{\partial \tau} = -\frac{\partial F^*(x, \tau)\, p_1(x, \tau)}{\partial x} + \frac{1}{2} \frac{\partial^2 M^*(x, \tau)\, p_1(x, \tau)}{\partial x^2}, \tag{6.55}$$

worin[1])

$$\left.\begin{aligned} M^*(x, \tau) &= \dot{\theta}(t)^{-1} M(z, t)\, |\Psi'(z, t)|^2\big|_{z=\Psi_1(y,t),\, t=\theta_1(\tau)}, \\ F^*(x, \tau) &= F(z, t)\big|_{j=\Psi_1(x,t),\, t=\theta_1(\tau)}, \\ F(z, t) &= \dot{\theta}(t)^{-1} \left[\frac{1}{2} M(z, t)\, \Psi''(z, t) + \tilde{f}(z, t)\, \Psi'(z, t) + \dot{\Psi}(z, t) \right]. \end{aligned}\right\} \tag{6.56}$$

[1]) Abkürzend kennzeichnen wir eine zeitliche Ableitung mit einem oberen Punkt $\theta(t) = \partial\theta(t)/\partial t$, die Ableitung nach z durch einen oberen Strich: $\Psi'(z, t) = \partial\Psi(z, t)/\partial z$, $\Psi''(z, t) = \partial^2\Psi(z, t)/\partial z^2$.

Mit der Fellerschen Transformation [28]

$$\tau = t, \qquad \Psi(z, t) = \int \frac{\mathrm{d}z}{\sqrt{M(z, t)}}$$

wird beispielsweise $M^*(x, \tau) = 1$ erhalten.

Mit dem Ziel, die Ausgangsgleichung (6.7) in die einfache Struktur

$$\frac{\partial p_1(x, \tau)}{\partial \tau} = \alpha^*(\tau)^2 \left[-\frac{\partial F_1(x)\, p_1(x, \tau)}{\partial x} + \frac{1}{2} \frac{\partial^2 p_1(x, \tau)}{\partial x^2} \right] \tag{6.57}$$

zu überführen, schlug LEBEDJEW [69] die Transformation vor

$$\left.\begin{aligned} \tau &= \theta(t) = \int\limits_{t_0}^{t} \exp\left\{ \int\limits_{t_0}^{t} u(t'')\, \mathrm{d}t'' \right\} \mathrm{d}t', \\ x &= \Psi(z, t) = \alpha(t) \sqrt{\dot\theta(t)}\, \varphi(z, t) + \frac{1}{2} \int\limits_{t_0}^{t} \sqrt{\dot\theta(t')}\, v(t')\, \mathrm{d}t'; \\ \varphi(z, t) &= \int \frac{\mathrm{d}z}{\sqrt{M(z, t)}}. \end{aligned}\right\} \tag{6.58}$$

Damit wird zunächst erreicht, daß die Funktion $M^*(x, \tau)$ in (6.55) die geforderte Struktur besitzt

$$M^*(x, \tau) = \alpha^*(\tau)^2, \qquad \alpha^*(\tau) = \alpha(t)|_{t=\theta_1(\tau)}.$$

Die in (6.56) definierte Funktion $F(z, t)$ geht mit dieser Transformation über in

$$F(z, t) = \frac{\frac{1}{2} v(t) + \alpha(t) \left[f(z, t)\, \varphi'(z, t) + \dot\varphi(z, t) + \frac{1}{2} u(t)\, \varphi(z, t) \right] + \dot\alpha \varphi(z, t)}{\sqrt{\dot\theta(t)}} \tag{6.59}$$

worin $f(z, t) = \tilde f(z, t) - \frac{1}{4} M'(z, t)$ die in der Differentialgleichung (6.6) stehende Funktion ist. Die bei der Transformation (6.58) frei wählbaren Zeitfunktionen $v(t)$, $u(t)$ und $\alpha(t)$ werden nun so festgelegt, daß auch $F(z, t)$ die in (6.57) geforderte Struktur besitzt

$$F(z, t) = \alpha(t)^2\, F_1\big(\Psi(z, t)\big).$$

Dazu muß notwendig die folgende Bedingungsgleichung

$$\Psi'(z, t)\, [\alpha(t)\, \dot F(z, t) - 2\dot\alpha(t)\, F(z, t)] = \alpha(t)\, \dot\Psi(z, t)\, F'(z, t) \tag{6.60}$$

erfüllt sein, die man nach partieller Differentiation der Gleichung $F(\cdot) = \alpha^2 F_1(\cdot)$ nach der Zeit t erhält.

Beispiel:

Für das lineare System:

$$\dot z = -\beta(t)\, z + c(t) + g(t)\, \xi(t), \qquad K_\xi(t, t') = \delta(t - t') \tag{6.61}$$

erhält man aus (6.59)

$$F(z, t) = \frac{1}{2\sqrt{\dot{\theta}(t)}}\left\{v(t) + \frac{2c(t)}{|g(t)|} + \frac{z}{|g(t)|}\left[\alpha(t)\left(-2\beta - \frac{\partial}{\partial t}\ln|g|^2 + u\right) + 2\dot{\alpha}\right]\right\}.$$

Setzt man hierin $\alpha = 1$, $u = 2\beta + \frac{\partial}{\partial t}\ln|g|$, $v = -\frac{2c}{|g|}$, so gilt $F(z, t) = 0$. Mit der Transformation

$$\tau = \theta(t) = |g(t_0)|^2 \int_{t_0}^{t} |g(t')|^2 \exp\left\{2\int_{t_0}^{t} \beta(t'')\,dt''\right\} dt',$$

$$x = \Psi(z, t) = \frac{z}{|g(t_0)|}\exp\left\{\int_{t_0}^{t}\beta(t')\,dt'\right\} - \frac{1}{|g(t_0)|}\int_{t_0}^{t} c(t')\exp\left\{\int_{t_0}^{t}\beta(t'')\,dt''\right\} dt' \tag{6.62}$$

wird also die zeitabhängige Fokker-Planck-Gleichung für das lineare System (6.61) in eine Fokker-Planck-Gleichung mit zeitunabhängigen Koeffizienten der denkbar einfachen Struktur

$$\frac{\partial p_1(x, \tau)}{\partial \tau} = \frac{1}{2}\frac{\partial^2 p_1(x, \tau)}{\partial x^2} \tag{6.63}$$

überführt. Bezüglich der transformierten Zeit τ stellt also der Prozeß $x(\tau)$ einen Wiener-Prozeß dar[1])

$$\frac{d}{d\tau}x(\tau) = \xi(\tau), \qquad K_{\xi}(\tau, \tau') = \delta(\tau - \tau').$$

Es erhebt sich die Frage, ob auch für allgemeinere Prozesse $z(t)$ die Fokker-Planck-Gleichung (6.7) in die einfachste Struktur (6.63) überführt werden kann.

Mit Einführung der Funktionen

$$\begin{aligned} \varphi_1(z, t) &= \sqrt{M(z, t)}, \\ \varphi_2(z, t) &= \sqrt{M(z, t)}\int \frac{dz}{\sqrt{M(z, t)}}, \\ \varphi_3(z, t) &= 2\bar{f}(z, t) - M'(z, t) - \sqrt{M(z, t)}\int \dot{M}(z, t)\,M(z, t)^{-3/2}\,dz \end{aligned} \tag{6.64}$$

wies Tscherkassow [114] nach, daß unter der Bedingung einer verschwindenden Determinante

$$\det\left\{\begin{pmatrix} \varphi_1(z, t) & \varphi_2(z, t) & \varphi_3(z, t) \\ \varphi_1'(z, t) & \varphi_2'(z, t) & \varphi_3'(z, t) \\ \varphi_1''(z, t) & \varphi_2''(z, t) & \varphi_3''(z, t) \end{pmatrix}\right\} = 0 \tag{6.65}$$

eine eindeutige Transformation $(t, z(t)) \to (\tau, x(\tau))$ existiert, die die Fokker-Planck-Gleichung (6.7) in die Form (6.63) überführt. Unter Voraussetzung von (6.65) lautet

---

[1]) Es kann gezeigt werden, daß auch im mehrdimensionalen Fall ein lineares System mit zeitunabhängigen Koeffizienten mit einer Transformation $\boldsymbol{x}(t) = \Psi(\boldsymbol{z}^{\mathrm{T}})$ auf einen Wiener-Prozeß $\boldsymbol{x}^{\mathrm{T}}(t)$ zurückgeführt werden kann.

diese Transformation

$$\left.\begin{aligned} \tau &= \theta(z, t) = \int_{t_0}^{t} \exp\left\{+\int_{t_0}^{t'} q(z, t'')\,\mathrm{d}t''\right\} \mathrm{d}t', \\ x &= \Psi(z, t) = \frac{\varphi_2(z, t)}{\varphi_1(z, t)} \exp\left\{+\frac{1}{2}\int_{t_0}^{t} q(z, t')\,\mathrm{d}t'\right\} \\ &\quad + \frac{1}{2}\int_{t_0}^{t} r(z, t') \exp\left\{\frac{1}{2}\int_{t_0}^{t} q(z, t'')\,\mathrm{d}t''\right\} \mathrm{d}t' \end{aligned}\right\} \tag{6.66}$$

mit

$$\left.\begin{aligned} q(z, t) &= -\frac{1}{\varphi_1(z, t)} \det\left\{\begin{pmatrix} \varphi_1(z, t) & \varphi_3(z, t) \\ \varphi_1'(z, t) & \varphi_3'(z, t) \end{pmatrix}\right\}, \\ r(z, t) &= \frac{1}{\varphi_1(z, t)} \det\left\{\begin{pmatrix} \varphi_2(z, t) & \varphi_3(z, t) \\ \varphi_2'(z, t) & \varphi_3'(z, t) \end{pmatrix}\right\}. \end{aligned}\right\}$$

Für das lineare System (6.61) wird daraus beispielsweise wieder die Transformation (6.62) erhalten, wovon sich der Leser leicht überzeugt.

6.1.5. Beispiele

Zur weiteren Erläuterung der in den vorangegangenen Abschnitten dargelegten Ausführungen sollen einige Beispiele konkreter Systeme erster Ordnung betrachtet werden. Wir beginnen dabei zunächst mit dem einfachsten, dem linearen Fall und betrachten anschließend die in der Tab. 3.3 aufgeführten Beispiele nichtlinearer Systeme erster Ordnung mit zeitinvarianten Koeffizienten.

Lineare Systeme

Gegeben sei ein lineares System

$$\dot{z} = -\beta(t)\, z + g(t)\, \xi(t), \qquad m_\xi = 0, \qquad K_\xi(t, t') = \delta(t - t'). \tag{6.67}$$

Aus der Theorie der linearen Systeme (s. Kap. 1) ist bekannt, daß unter gewissen Bedingungen ein lineares Funktional eines Gaußschen Prozesses (in unserem Falle des weißen Eingangsprozesses) wieder gaußverteilt ist. Diese Bedingungen lassen sich leicht ermitteln, wenn die zeitlichen Entwicklungen der Kumulanten analysiert werden.

Lösung der Kumulantengleichungen

Wir setzen voraus, daß der Prozeß $z(t)$ durch die Gl. (6.67) im gesamten Zustandsraum $[-\infty, +\infty]$ definiert ist und die Randbedingungen gegeben sind durch:

$$G(-\infty, t) = 0, \qquad G(+\infty, t) = 0. \tag{6.13}$$

Diese Forderung schließt die Bedingung $p(\pm\infty, t) = 0$ mit ein, wenn vorausgesetzt wird, daß zu jedem Zeitpunkt $t \geqq t_0$ eine normierte Dichte $p(z, t)$ existiert.

Mit diesen Randbedingungen ist auch die Bedingung (6.36) ($a = -\infty$, $b = +\infty$) erfüllt für alle Funktionen $\varphi(z, t)$, die mit $|z|$ nicht stärker als exponentiell wachsen und nach z differenzierbar sind. Somit können für unser System (6.67) die Kumulantengleichungen (6.45) angewandt werden, die mit

$$f(z, t) = -\beta(t)\, z, \qquad M(t) = g(t)^2$$

und unter Berücksichtigung der Gl. (6.50) in ein entkoppeltes, lineares Gleichungssystem übergehen

$$\dot{k}_n = -\beta \sum_{l=1}^{n} \binom{n}{l} l\tilde{m}_{n-l} m_l + g^2\delta_{n,2} = -n\beta(t)\, k_n(t) + g(t)^2\, \delta_{n,2}.$$

Für den Erwartungswert $m_z(t) = k_1(t)$, die Streuung $K_z(t, t) = k_2(t)$ und die Kumulanten höherer Ordnungen werden die folgenden Lösungen erhalten

$$m_z(t) = \mathrm{e}^{-\alpha(t,t_0)} m_z(t_0), \qquad \alpha(t, t_0) = \int_{t_0}^{t} \beta(t')\, \mathrm{d}t',$$

$$K_z(t, t) = \mathrm{e}^{-2\alpha(t,t_0)} K_z(t, t_0) + \int_{t_0}^{t} g(t')^2 \exp\{-2\alpha(t, t')\}\, \mathrm{d}t', \tag{6.68}$$

$$k_n(t) = k_n(t_0) \exp\{-n\alpha(t, t_0)\} \quad \text{für} \quad n \geqq 3.$$

Folgende Eigenschaften werden daraus unmittelbar abgelesen:

— Die Übergangsdichte $p_{t,t_0}(z \mid z_0)$[1]) ist eine Gaußsche Dichte mit dem bedingten Erwartungswert und der bedingten Streuung

$$m_z(t \mid z_0, t_0) = z_0\, \mathrm{e}^{-\alpha(t,t_0)}, \qquad K_z(t \mid z_0, t_0) = \int_{t_0}^{t} g(t')^2\, \mathrm{e}^{-2\alpha(t,t')}\, \mathrm{d}t'.$$

— Ist der Anfangszustand gaußverteilt ($k_n(t_0) = 0$ für $n \geqq 3$), so ist die momentane Dichte $p(z, t)$ für alle $t \geqq t_0$ eine Gaußsche Dichte.

— Ist der Anfangszustand nicht gaußverteilt, so strebt die momentane Dichte $p(z, t)$ unabhängig von der Anfangsverteilungsdichte (mit endlichen Kumulanten) asymptotisch mit $(t - t_0) \to \infty$ gegen eine eindeutig festgelegt Gaußsche Dichte, wenn nur

$$\int_{t_0}^{t} \beta(t')\, \mathrm{d}t' \to +\infty \quad \text{für} \quad (t - t_0) \to +\infty. \tag{6.69}$$

Damit also der durch (6.67) im gesamten Zustandsraum definierte Prozeß $z(t)$ ein Gaußscher ist muß der zu einem in endlicher Vergangenheit ($t - t_0 < \infty$) vorgegebene Anfangszustand gaußverteilt sein oder/und der Anfangszustand in unendlicher Vergangenheit ($t - t_0 \to +\infty$) liegen und die Bedingung (6.69) erfüllt sein. In beiden Fällen stellt die Verbunddichte

$$p(z(t_n), t_n, \ldots, z(t_1), t_1) = \left[\prod_{k=2}^{n} p_{t_k,t_{k-1}}(z(t_k) \mid z(t_{k-1}))\right] p(z(t_1), t_1);$$

$$t_n \geqq t_{n-1} \geqq \cdots \geqq t_1 \geqq t_0$$

ein Produkt Gaußscher Dichten dar, und der Prozeß $z(t)$ wird allein durch den Erwartungswert $m_z(t)$, die Streuung $K_z(t, t)$ nach Gl. (6.68) und die Korrelationsfunktion

$$K_z(t, t') = [\exp -|\alpha(t, t')|]\, K_z(\bar{t}, \bar{t})\, |_{\bar{t} = \mathrm{Min}(t,t')}$$

statistisch vollständig beschrieben.

Für ein lineares System (6.67) mit zeitinvarianten Parametern $\beta = \bar{\beta} > 0$, $g = \bar{g} = \sqrt{2\bar{\beta}\gamma}$ strebt $z(t)$ mit $(t - t_0) \to \infty$ gegen einen stationären, Gaußschen Prozeß mit dem stationären Erwartungswert $\overline{m}_z$ und der stationären Korrelationsfunktion $\overline{K}_z(t - t')$ bzw. dem Leistungs-

---

[1]) Wegen $p_{t_0,t_0}(z \mid z_0) = \delta(z - z_0)$ sind die Kumulantengleichungen (6.70) für die Übergangsdichte mit den Anfangsbedingungen $k_n(t_0) = \delta_{n,1} \cdot z_0$ zu lösen.

dichtespektrum $S_z(j\omega)$

$$\overline{m}_z = 0, \qquad \overline{K}_z(t-t') = \gamma \exp\{-\beta\,|t-t'|\},$$
$$S_z(j\omega) = \frac{2\bar{\beta}\gamma}{\bar{\beta}^2+\omega^2}, \qquad \gamma = \bar{g}^2/2\bar{\beta}. \tag{6.70}$$

Zu gleichen Resultaten gelangt man natürlich, wenn mit der Transformation (6.62) ($c(t) = 0$) die neue Zeit τ und der Prozeß $x(\tau)$ eingeführt werden, der der besonders einfachen Fokker-Planck-Gleichung (6.63) mit $\tilde{f}(x,\tau) = 0$ und $M = 1$ genügt. Die Kumulantengleichungen (6.45) ($t \to \tau$, $z(t) \to x(\tau)$) gehen damit über in $\frac{\mathrm{d}}{\mathrm{d}\tau} k_{n,x}(\tau) = \delta_{n,2}$ mit den Lösungen

$$k_{n,x}(\tau) = k_{n,x}(\tau_0) + \delta_{n,2}(\tau - \tau_0).$$

Nach Rücktransformation in die ursprünglichen Variablen $(t, z(t))$ erhält man daraus für die Kumulanten des Prozesses $z(t)$

$$k_n(t) = k_{n,z}(t) = |g(t_0)|^n\, k_{n,x}(\tau) \exp\{-n\alpha(t,t_0)\}$$

mit

$$\tau = g(t_0)^{-2} \int_{t_0}^{t} g(t')^2\, \mathrm{e}^{2\alpha(t',t_0)}\, \mathrm{d}t'$$

wieder die Gl. (6.68).

Es zeigt sich also, daß ein durch eine lineare stochastische Differentialgleichung (6.67) im gesamten Zustandsraum $[-\infty, +\infty]$ definierter Prozeß auch ohne explizite Kenntnis der Fokker-Planck-Gleichung vollständig analysiert werden kann. Dies trifft i. allg. natürlich nur für lineare Systeme zu. Ist dagegen der Prozeß $z(t)$ durch (6.67) nur in einem eingeschränkten Bereich des Zustandsraums definiert, dann ist zur exakten Analyse eines derartigen Prozesses die direkte Lösung der Fokker-Planck-Gleichung erforderlich. Im folgenden sollen daher die Lösungen der Fokker-Planck-Gleichung unter verschiedenen Randbedingungen angegeben werden.

Lösungen der Fokker-Planck-Gleichung

Der Einfachheit halber beschränken wir uns auf das lineare System (6.67) mit zeitinvarianten Parametern $\beta = \bar{\beta} > 0$, $g = \bar{g} = \sqrt{2\bar{\beta}\gamma}$. Mit $f(z,t) = -\bar{\beta}z$ und $M = 2\bar{\beta}\gamma$ erhält man aus (6.19) und (6.20) für den im gesamten Zustandsraum definierten Prozeß $z(t)$ ($G_0 = 0$) sofort die stationäre Dichte

$$p(z) = (2\pi\gamma)^{-1/2} \exp\{-z^2/2\gamma\}, \qquad -\infty \leqq z \leqq +\infty, \tag{6.71}$$

mit dem stationären Erwartungswert $\overline{m}_z = 0$ und der stationären Streuung $\overline{K}_z(0) = \gamma = \bar{g}^2/2\bar{\beta}$ (vgl. mit Gl. (6.70)).

Zur Demonstration der Anwendung der im Abschn. 6.1.2. allgemein beschriebenen Methode der Trennung der Variablen ($p(z,t) = Z(z)\,T(t)$) bestimmen wir nach diesem Verfahren die Übergangs- und Verbunddichte. Dazu sind die Eigenwerte und -Funktionen der aus (6.22) folgenden Gleichung zu bestimmen

$$\frac{\partial^2 Z(z)}{\partial z^2} + \frac{\partial z Z(z)}{\partial z} + \frac{\lambda}{\beta} Z(z) = 0.$$

Ist der Prozeß $z(t)$ im gesamten Zustandsraum $[-\infty, +\infty]$ definiert, so müssen entsprechend der Randbedingung (6.13) die Lösungen $Z(z)$ für $z = \pm\infty$ verschwinden

$$Z(\pm\infty) = 0.$$

Dies ist aber nur möglich, wenn $\lambda/\bar{\beta}$ die Werte 0, 1, 2, ... annimmt. Mit den Eigenwerten

$$\lambda_n = n\bar{\beta}, \qquad n = 0, 1, 2, \ldots, m, \ldots$$

werden für die Eigenfunktionen $S_n(z) = \bar{p}(z)^{-1} Z_n(z)$ nach der Transformation $x = z/\sqrt{2\gamma}$ gerade die Differentialgleichungen der Hermiteschen Polynome $H_n(x)$ erhalten (s. z. B. [44], [90]), die wir hier bezüglich des Prozesses $z(t)$ wie folgt definieren

$$S_n(z) = \tilde{H}_n(z) = (-1)^n \sqrt{\frac{\gamma^n}{n!}} \exp\{z^2/2\gamma\} \frac{\partial^n}{\partial z^n} \exp\{-z^2/2\gamma\}. \tag{6.72}$$

Sie bilden ein orthonormiertes Funktionensystem bezüglich der stationären Dichte $\bar{p}(z)$ nach Gl. (6.71).

Entsprechend den Gln. (6.33) werden für die Übergangs- und (stationäre) Verbunddichte also Entwicklungen nach den Hermiteschen Polynomen erhalten

$$\left.\begin{aligned} \bar{p}_{t-t_0}(z \mid z') &= \bar{p}(z) \left[1 + \sum_{n\geq 1} \tilde{H}_n(z) \tilde{H}_n(z') e^{-n\bar{\beta}(t-t')}\right]\Bigg|_{t\geq t'}, \\ \bar{p}(z, z', t-t') &= \bar{p}(z)\,\bar{p}(z') \left[1 + \sum_{n\geq 1} \tilde{H}_n(z) \tilde{H}_n(z') e^{-n\beta|t-t'|}\right]. \end{aligned}\right\} \tag{6.73}$$

Abkürzend wurde darin $z(t) = z$, $z(t') = z'$ gesetzt.

Diese Reihenentwicklung der stationären Verbunddichte $p(z, z', t - t')$ erhält man leicht auch ohne Lösung des Eigenwertproblems. Dazu geht man von der charakteristischen Funktion der Verbunddichte des stationären, Gaußschen Prozesses $z(t)$ aus

$$\bar{h}(s, s', t - t') = \langle \exp\{sz + s'z'\}\rangle = \exp\left\{\frac{\gamma}{2} s^2 + \frac{\gamma}{2} s'^2 + \gamma s s' e^{-\beta|t-t'|}\right\}$$

und entwickelt diese um die charakteristischen Funktionen der stationären Dichten $\bar{p}(z)$, $\bar{p}(z')$ $\left(\bar{h}(s) = \exp\left\{\frac{1}{2}\gamma s^2\right\}\right)$ nach TAYLOR

$$h(s, s', t - t') = h(s)\, h(s') \left[1 + \sum_{n\geq 1} \frac{\gamma^n}{n!} s^n s'^n e^{-n\beta|t-t'|}\right].$$

Nach Fourier-Rücktransformation ($\mathrm{Re}\,(s) = \mathrm{Re}\,(s') = 0$) erhält man die Reihenentwicklung der Verbunddichte nach Gl. (6.73) (s. a. [52]). Diese ist besonders dann vorteilhaft anzuwenden, wenn Korrelationsfunktionen von Funktionen des Prozesses $z(t)$ berechnet werden müssen.

Für $\varphi_1(z) = \varphi_2(z) = z \equiv \gamma^{1/2}\tilde{H}_1(z)$ erhält man unter Berücksichtigung der Orthonormiertheit der Hermiteschen Polynome aus (6.34) $\varphi_{k,n} = \gamma\delta_{n,1}$ und somit nach (6.30) bzw. (6.31) wieder die bekannten Resultate für die Korrelationsfunktionen bzw. das Leistungsdichtespektrum nach Gl. (6.70).

Bisher wurde vorausgesetzt, daß der Prozeß $z(t)$ durch die Gleichung (6.67) im gesamtem Zustandsraum $[-\infty, +\infty]$ definiert ist. Die hier angegebenen Ergebnisse können in diesem Falle aber auch ebenso einfach ohne Kenntnis der Fokker-Planck-Gleichung mit Hilfe der im Kap. 1 beschriebenen Methoden erhalten werden. Dies ist aber nicht mehr möglich, wenn der Prozeß $z(t)$ durch Gl. (6.67) nur in einem eingeschränkten Gebiet des Zustandsraums definiert ist. Zur Lösung derartiger Aufgabenstellungen kann wieder die Fokker-Planck-Gleichung herangezogen werden; sie ist nur unter anderen Randbedingungen zu lösen.

Beispielsweise interessiere die Aussage, mit welcher Wahrscheinlichkeit der Prozeß $z(t)$, definiert durch (6.67) mit zeitinvarianten Parametern im Gebiet $(0, +\infty]$, nach einer Zeit $(t - t_0)$ noch nie den Nullpunkt $z = 0$ erreicht hat, wenn er zum Zeitpunkt t_0 einen Wert $z_0 > 0$ angenommen hatte. In diesem Falle ist die „Wand“ $z = 0$ eine absorbierende, die „Wand“ $z = +\infty$ eine reflektierende. Nach den Ausführungen im Abschn. 6.1.1. ist zur Lösung dieses Problems die Fokker-Planck-Gleichung für $\tilde{p}_{t-t_0}(z \mid z_0)$ mit folgenden Anfangs- und Randbedingungen zu lösen

$$\begin{aligned} &\lim_{t\downarrow t_0} \tilde{p}_{t-t_0}(z \mid z_0) = \delta(z - z_0), \\ &G(z = +\infty, t - t_0 \mid z_0) = 0, \qquad \tilde{p}_{t-t_0}(z = 0 \mid z_0) = 0. \end{aligned} \tag{6.74a}$$

Dazu ziehen wir wieder die Methode der Trennung der Variablen heran $\tilde{p}_{t-t_0}(z \mid z_0) = Z(z)\,T(t)$. Aus der Randbedingung $G(z = +\infty, \cdot) = 0$ $(Z(z = +\infty) = 0)$ werden als Eigenfunktionen wieder die Hermiteschen Polynome $Z_n(z) = \bar{p}(z)\,\tilde{H}_n(z)$ mit den Eigenwerten $\lambda_n = n\beta$ $(n = 0, 1, \ldots)$ ermittelt. Die zweite Randbedingung $\tilde{p}_{t-t_0}(z = 0 \mid z_0) = 0$ $(Z(0) = 0)$ schließt die Eigenwerte λ_n für $n = 0, 2, 4, \ldots$ aus, da nur die Hermiteschen Polynome ungerader Ordnungen für $z = 0$

verschwinden. Die Lösung der Fokker-Planck-Gleichung mit den Anfangs- und Randbedingungen (6.74) lautet daher

$$\tilde{p}_{t-t_0}(z \mid z_0) = 2\overline{p}(z) \cdot \sum_{n \geqq 0} \tilde{H}_{2n+1}(z)\, \tilde{H}_{2n+1}(z_0) \exp\{-(2n+1)\,\beta(t-t_0)\}, \quad 0 < z \leqq +\infty. \tag{6.74 b}$$

Die gesuchte Wahrscheinlichkeit, daß der Prozeß $z(t')$ im Verlaufe der Zeit von t_0 bis t den Nullpunkt $z = 0$ nicht einmal erreicht hat, kann daraus leicht berechnet werden

$$P(z(t') > 0, \quad t_0 \leqq t' \leqq t \mid z_0 > 0) = \int_0^\infty \tilde{p}_{t-t_0}(z \mid z_0)\, \mathrm{d}z$$

$$= \sqrt{\frac{2}{\pi}} \sum_{n \geqq 0} \frac{\tilde{H}_{2n}(0)\, \tilde{H}_{2n+1}(z_0)}{\sqrt{2n+1}} \exp\{-(2n+1)\,\beta(t-t_0)\}.$$

Nichtlineare Beispiele

Während lineare Systeme auch ohne Kenntnis der Fokker-Planck-Gleichung vollständig analysiert werden können, ist dies bei nichtlinearen Systemen i. allg. nicht mehr möglich. Im Kapitel 4 haben wir uns davon überzeugen müssen, daß beispielsweise mit Hilfe von Funktionalreihenentwicklungen — selbst im stationären Fall — nur die statistischen Charakteristika des zu analysierenden Prozesses (näherungsweise) ermittelt werden können, nicht jedoch die Wahrscheinlichkeitsdichten.

Zumindest für eindimensionale und zeitinvariante Systeme können aber mit den im Abschn. 6.1.2. beschriebenen Lösungsverfahren für die Fokker-Planck-Gleichung prinzipiell die momentane stationäre Dichte $\overline{p}(z)$ und die stationäre Übergangsdichte $\overline{p}_{t-t_0}(z \mid z_0)$ exakt berechnet werden. Für die in der Tab. 3.3 aufgeführten ersten sechs Beispiele sollen im folgenden die exakten Lösungen für die stationäre Dichte $\overline{p}(z)$ und die daraus folgenden stationären Erwartungswerte und Streuungen angegeben werden. Dazu werden die Gln. (6.19) und (6.20) herangezogen. Für einige Systeme werden darüber hinaus auch die exakten Lösungen der Fokker-Planck-Gleichung unter verschiedenen Randbedingungen und in den Beispielen 4 und 5 die Korrelationsfunktionen mit angegeben.

Beispiel 1:

$$\dot{z} = -\beta(\alpha z + z^3) + g\xi, \qquad \overline{R} = 1. \tag{3.78}$$

Parameter:

$$\alpha \geqq 0, \qquad \beta > 0, \qquad \gamma_1 = \sqrt{g^2/2\beta}, \qquad \gamma = \gamma_1/\alpha.$$

Mit $f(z) = -\beta(z + z^3)$, $M = 2\beta\gamma_1$ erhält man aus (6.20) und (6.19) die stationäre Dichte

$$\overline{p}(z) = \exp\left\{-\left[\frac{z^2}{2\gamma} + \frac{z^4}{4\gamma_1}\right]\right\} \left[C + G_0 \int \exp\left\{\frac{z^2}{2\gamma} + \frac{z^4}{4\gamma_1}\right\} \mathrm{d}z\right].$$

Ist der Prozeß $z(t)$ durch die Gl. (3.78) im gesamten Zustandsraum $[-\infty, +\infty]$ definiert, so ist der konstante Wahrscheinlichkeitsfluß G_0 Null zu setzen. Mit der Normierungskonstanten C gilt also

$$p(z) = C \cdot \exp - \left\{\frac{z^2}{2\gamma} + \frac{z^4}{4\gamma_1}\right\}, \qquad -\infty \leqq z \leqq +\infty.$$

Hieraus werden unter Zuhilfenahme der Integraltabellen in [90] für den stationären Erwartungswert und die stationäre Streuung die folgenden exakten Lösungen erhalten

$$\overline{m}_z = 0, \qquad \overline{K}_z(0)/\gamma_1 = \frac{1}{2}\,\frac{D_{-3/2}\left(\frac{1}{\gamma\sqrt{2}}\right)}{D_{-1/2}\left(\frac{1}{\gamma\sqrt{2}}\right)} \begin{cases} \gamma[1 - 3\gamma^2 + 0(\gamma^4)] & \text{für} \quad \gamma \to 0, \\ 2\Gamma(3/4)/\Gamma(1/4) & \text{für} \quad \gamma \to \infty. \\ \approx 0{,}676 \end{cases} \tag{6.75}$$

Darin sind die $D_k(,)$ die parabolischen Zylinderfunktionen und $\Gamma(\cdot)$ die Gammafunktionen.

Beispiel 2:

$$\dot{z} = -\beta \operatorname{sgn}(z) + g\xi. \tag{3.83}$$

Parameter:

$$\beta > 0, \qquad \gamma = g^2/2\beta, \qquad R(t) = 1.$$

Der Prozeß sei im gesamten Zustandsraum $[-\infty, +\infty]$ definiert. Mit der Randbedingung $G_0 = 0$ und den speziellen Funktionen $f(z) = -\beta \operatorname{sgn}(z)$, $M = 2\beta\gamma$ ist die stationäre Dichte gegeben durch

$$\overline{p}(z) = \frac{1}{2\gamma} \exp\{-|z|/\gamma\}, \qquad -\infty \leqq z \leqq +\infty.$$

Hieraus werden der stationäre Erwartungswert und die stationäre Streuung ermittelt zu

$$\overline{m}_z = 0, \qquad \overline{K}_z(0) = 2\gamma^2. \tag{6.76}$$

Uns interessiere weiterhin die Wahrscheinlichkeit dafür, daß der Prozeß $z(t')$ im Verlaufe der Zeit von t_0 bis t nie eine der Grenzen $z = -a$ oder $z = +a$ erreicht hat ($|z_0| < a$).

Die Lösung der Fokker-Planck-Gleichung für $\tilde{p}_{t-t_0}(z \mid z_0)$ mit den entsprechenden Rand- und Anfangsbedingungen

$$\begin{aligned} &\tilde{p}_{t-t_0}(z \mid z_0)|_{z=-a} = \tilde{p}_{t-t_0}(z \mid z_0)|_{z=+a} = 0, \\ &\lim_{t \downarrow t_0} \tilde{p}_{t-t_0}(z \mid z_0) = \delta(z - z_0) \end{aligned} \tag{6.77}$$

erweist sich als recht schwierig. Bemüht man dazu beispielsweise wieder die Fouriersche Methode, so müssen die Eigenfunktionen und -Werte aus der folgenden Differentialgleichung

$$\gamma \frac{\partial^2 Z(z)}{\partial z^2} + \operatorname{sgn}(z) \frac{\partial Z(z)}{\partial z} + \left(\frac{\lambda}{\beta} + 2\delta(z)\right) Z(z) = 0$$

ermittelt werden. Erhebliche Schwierigkeiten bereitet dabei die Deltafunktion

$$2\delta(z) = \frac{\mathrm{d} \operatorname{sgn}(z)}{\mathrm{d}z}.$$

In der Literatur (s. [70], [113]) wird zur Lösung dieses Problems vorgeschlagen, die Differentialgleichung nur für $z > 0$ und $z < 0$ getrennt zu lösen und diese Einzellösungen zu einer Gesamtlösung

$$Z^*(z) = [C_1 \sin(\tilde{\lambda} z) + C_2 \cos(\tilde{\lambda} z)] \exp\{-|z|/2\gamma\}, \qquad \tilde{\lambda} = \sqrt{\frac{\lambda}{\beta\gamma} - \left(\frac{1}{2\gamma}\right)^2}$$

zusammenzufassen, d. h., die Deltafunktion wird vollständig vernachlässigt.

Mit den Rand- und Anfangsbedingungen nach Gl. (6.77) würde man damit für die gesuchte Wahrscheinlichkeit

$$P(|z(t')| < a; \quad t_0 \leqq t' \leqq t) = \int_{-a}^{+a} \tilde{p}_{t-t_0}(z \mid z_0)\,\mathrm{d}z$$

zu dem folgenden Ergebnis gelangen

$$\left.\begin{aligned} &P(|z(t')| < a;\, t_0 \leqq t' \leqq t) \\ &= \frac{\beta}{a}\, e^{-|z_0|/2\gamma} \sum_{m\geqq 1} \frac{\cos(\bar\lambda_{2m-1} z_0)}{\lambda_{2m-1}} \left[1 - (-1)^m\, 2\gamma\bar\lambda_{2m-1}\, e^{-a/2\gamma}\right] e^{-\lambda_{2m-1}(t-t_0)}, \\ &\bar\lambda_m = \frac{m}{2a}\pi, \qquad \lambda_m = \frac{\beta}{4\gamma}\left[1 + (2\gamma\lambda_m)^2\right]. \end{aligned}\right\} \tag{6.78}$$

An Hand der daraus folgenden mittleren Verweilzeit des Prozesses $z(t)$ im offenen Intervall $(-a, +a)$ werden wir im Abschn. 6.3.3. (Beispiel 2) jedoch nachweisen, daß dieses Ergebnis nicht richtig sein kann. Dies ist auch unmittelbar einzusehen, da ja der Nullpunkt $z = 0$ im Definitionsbereich des Prozesses $z(t)$ voll mit eingeschlossen ist, so daß die Deltafunktion bei der Bestimmung der Eigenfunktionen und -Werte für den Prozeß $z \in (-a, a)$ nicht vernachlässigt werden darf.

Der Schwierigkeiten bereitende Nullpunkt $z = 0$ kann in unserer Aufgabenstellung aber leicht bei der Prozeßbeschreibung ausgeschlossen werden: Es interessiert ja nur die Wahrscheinlichkeit dafür, daß der Betrag des Prozesses $z(t')$ für alle $t' \in [t_0, t]$ kleiner als a ist. Daher ist es auch völlig ausreichend, anstelle des Prozesses $z(t)$ den Prozeß $x = |z| \geqq 0$ zu betrachten. Bei der Beschreibung dieses Prozesses darf nun der Nullpunkt ausgeschlossen werden; er wird bei der Lösung der Fokker-Planck-Gleichung durch eine entsprechende Randbedingung (in unserem Fall muß dies die Reflektionsbedingung sein) berücksichtigt. Entsprechend den Transformationsregeln nach Gl. (6.55) und (6.56) (mit $\Psi(z, t) = |z|$ und $\tau = \theta(t) = t$) wird für die Dichte p_1 des Prozesses $x = |z|$ die folgende Fokker-Planck-Gleichung erhalten

$$\frac{\partial p_1(|z|, t)}{\partial t} = +\beta\, \frac{\partial p_1(|z|, t)}{\partial\, |z|} + \frac{g^2}{2}\, \frac{\partial^2 p_1(|z|, t)}{|z|^2}, \qquad |z| > 0,$$

die nun aber mit den Rand- und Anfangsbedingungen

$$\left.\begin{aligned} &G_1(|z| = 0) = 0, \qquad p_1(|z| = a) = 0, \\ &\lim_{t\downarrow t_0} p_1(|z|, t) = \delta(|z| - |z_0|) \end{aligned}\right. \tag{6.79a}$$

zu lösen ist. Nach der Fourierschen Methode müssen dazu die Eigenfunktionen und -Werte der charakteristischen Gleichung

$$\frac{\partial^2 Z(|z|)}{\partial\, |z|^2} + \frac{\partial Z(|z|)}{\partial\, |z|} + \frac{\lambda}{\beta}\, Z(|z|) = 0$$

bestimmt werden, deren allgemeine Lösung gegeben ist durch

$$Z(|z|) = [C_1 \sin(\bar\lambda\, |z|) + C_2 \cos(\bar\lambda\, |z|)] \exp\{-|z|/2\gamma\}.$$

Nach der Absorptionsbedingung im Punkte $|z| = a$ und der Reflektionsbedingung im Punkte $|z| = 0$ müssen die Konstanten C_1 und C_2 eine Lösung des linearen, homogenen Gleichungssystems

$$\begin{aligned} &\sin(\bar\lambda a)\, C_1 + \cos(\bar\lambda a)\, C_2 = 0, \\ &2\gamma\bar\lambda C_1 + C_2 = 0 \end{aligned}$$

sein, das nur eine nichttriviale Lösung besitzt, wenn

$$2\gamma\bar\lambda = \operatorname{tg}(\bar\lambda a), \qquad \bar\lambda = \sqrt{\frac{\lambda}{\beta\gamma} - \left(\frac{1}{2\gamma}\right)^2}.$$

Die hieraus folgenden (s. Abb. 6.3) diskreten Lösungen $\bar\lambda_m$ $(m = 0, \pm 1, \ldots)$ können auf $m \geqq 1$ beschränkt werden, da die Werte $\bar\lambda_m$ und $\bar\lambda_{-m} = -\bar\lambda_m$ zu den gleichen Eigenwerten $\lambda_m = \frac{\beta}{4}$ $[1 + (2\gamma\bar\lambda_m)^2]$ führen und die, dem Werte $\bar\lambda_m = 0$ entsprechende, Eigenfunktion $Z_0(z)$ wegen der Absorptionsbedingung ausgeschlossen werden muß.

Als Lösung der Fokker-Planck-Gleichung für den Prozeß $|z|$ wird mit den geforderten Rand- und Anfangsbedingungen nach Gl. (6.79a) schließlich die Reihe

$$\tilde{p}_{1,t-t_0}(|z| \mid |z_0|) = \sum_{m \geqq 1} \varphi_m^*(|z_0|)\, \varphi_m(|z|)\, e^{-\lambda_m(t-t_0)}$$

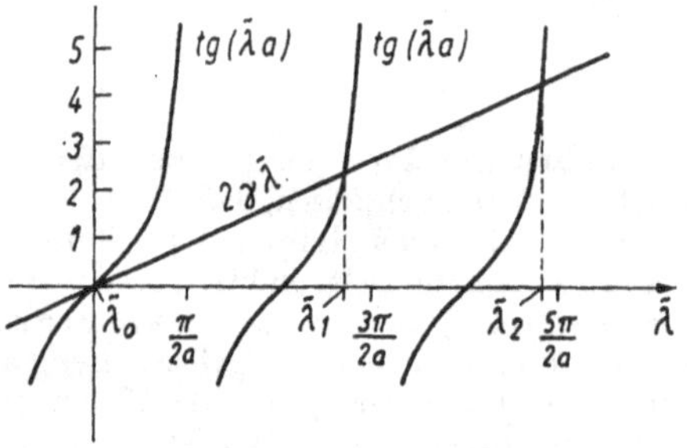

Abb. 6.3: Zur Bestimmung der Eigenwerte für den auf das Intervall $(-a, +a)$ beschränkten Prozeß $z(t)$ des Beispiels 2

erhalten, aus der nach Integration über $z \in (0, a)$ die gesuchte Wahrscheinlichkeit folgt

$$\left.\begin{aligned} &P(|z(t')| < a,\, t_0 \leqq t' \leqq t) = \sum_{m \geqq 1} \varphi_m^*(|z_0|) \int_0^a \varphi_m(x)\, dx\, e^{-\lambda_m(t-t_0)}, \\ &\lambda_m = \frac{\beta}{4}\,[1 + (2\gamma\bar{\lambda}_m)^2], \quad 2\gamma\bar{\lambda}_m = \operatorname{tg}(a\bar{\lambda}_m), \quad m\,\frac{\pi}{a} \leqq \bar{\lambda}_m \leqq \frac{2m-1}{2}\,\frac{\pi}{a}. \end{aligned}\right\} \quad (6.79\,\text{b})$$

Darin sind die $\varphi_m^*(x)$ die im Intervall $(0, a)$ zu $\varphi_n(x)$ biorthogonalen Funktionen

$$\left.\begin{aligned} &\varphi_n(x) = e^{-x/2\gamma}[\sin(\bar{\lambda}_n x) - 2\gamma\bar{\lambda}_n \cos(\bar{\lambda}_n x)], \\ &\int_0^a \varphi_m^*(x)\, \varphi_n(x)\, dx = \delta_{n,m}. \end{aligned}\right\} \quad (6.79\,\text{c})$$

Das exakte Resultat nach Gl. (6.79b, c) unterscheidet sich wesentlich von der (falschen) Formel (6.78).

Beispiel 3:

$$\dot{z} = -\beta \sin(z) + g\xi, \qquad m_\xi = 0, \qquad K_\xi(t, t') = \delta(t - t'), \qquad \gamma = g^2/2\beta. \quad (3.88)$$

Infolge der periodischen Nichtlinearität genügen die Dichten: $p(z + 2n, t)$ $(n = \pm 1, \pm 2, \ldots)$ derselben Fokker-Planck-Gleichung wie $p(z, t)$

$$\frac{\partial p(z,t)}{\partial t} = \beta \left[\frac{\partial \sin(z)\, p(z,t)}{\partial z} + \gamma\, \frac{\partial^2 p(z,t)}{\partial z} \right],$$

so daß man sich bei der Analyse des Prozesses $z \in [-\infty, +\infty]$ auf den im 2π-Intervall $[-\pi, +\pi]$ definierten Prozeß $z(t)$ beschränken kann (s. z. B. [113, 119]). Zwischen den Prozessen $z(t)$ und $\tilde{z}(t)$ besteht folgender Zusammenhang

$$z(t) = \tilde{z}(t) + 2n\pi \quad \text{für:} \quad (2n-1)\,\pi \leqq z \leqq (2n+1)\,\pi,$$
$$-\pi \leqq \tilde{z} \leqq +\pi.$$

Die Dichte des Prozesses $\tilde{z}(t)$ ist damit durch die Dichte $p(z, t)$ des Prozesses $z(t)$ in folgender Weise gegeben

$$p^*(\tilde{z}, t) = \sum_{n=-\infty}^{+\infty} p(\tilde{z} + 2n\pi, t).$$

Sie ist periodisch in $\tilde{z}$ $(p^*(\tilde{z}, t) = p^*(\tilde{z} + 2n\pi, t))$ und genügt ebenfalls obiger Fokker-Planck-Gleichung. Gelöst werden muß sie nun aber mit der Anfangsbedingung

$$p^*(\tilde{z}, t_0) = \sum_{n=-\infty}^{+\infty} p_A(z + 2n\pi, t_0)$$

der periodischen Randbedingung

$$p^*(-\pi, t) = p^*(+\pi, t)$$

unter Einhaltung der Normierungsbedingung

$$\int_{-\pi}^{+\pi} p^*(\tilde{z}, t)\, d\tilde{z} = 1.$$

Für die stationäre Dichte des im 2π-Intervall $[-\pi, +\pi]$ definierten Prozesses $\tilde{z}(t)$ wird nun aus (6.19) und (6.20) mit $\tilde{f}(\tilde{z}, t) = -\beta \sin(\tilde{z})$, $M = 2\beta\gamma$ zunächst das Resultat erhalten

$$\bar{p}^*(\tilde{z}) = \exp\left\{\frac{1}{\gamma}\cos(\tilde{z})\right\}\left[C + G_0 \int \exp\left\{-\frac{1}{\gamma}\cos(\tilde{z})\right\} d\tilde{z}\right].$$

Aus der Randbedingung $\bar{p}^*(-\pi) = \bar{p}^*(+\pi)$ wird $G_0 = 0$ ermittelt, so daß schließlich

$$\bar{p}^*(\tilde{z}) = C \exp\left\{\frac{1}{\gamma}\cos(\tilde{z})\right\} = C\left[I_0\left(\frac{1}{\gamma}\right) + 2\sum_{n\geqq 1} I_n\left(\frac{1}{\gamma}\right)\cos(n\tilde{z})\right], \qquad -\pi \leqq z \leqq +\pi.$$

Darin sind $C = (2I_0(1/\gamma))^{-1}$ die Normierungskonstante und die $I_n(\cdot)$ die modifizierten Besselfunktionen n-ter Ordnung (s. z. B. [44], [90]). Für den stationären Erwartungswert und die stationäre Streuung des Prozesses $z(t)$ werden daraus die folgenden Resultate erhalten

$$\bar{m}_{\tilde{z}} = 0, \qquad \bar{K}_{\tilde{z}}(0) = \frac{\pi^2}{3} + 4\sum_{n\geqq 1}\frac{(-1)^n}{n^2} I_n\left(\frac{1}{\gamma}\right)\Big/ I_0\left(\frac{1}{\gamma}\right). \tag{6.80}$$

Beispiel 4:

$$\begin{aligned} &\dot{z} = -\beta z + g\xi_1(t) + z\sigma\xi_2(t), \\ &m_{\xi_i} = 0, \qquad K_{\xi_i,\xi_j}(t, t') = \delta_{i,j}\delta(t - t'), \\ &\gamma = g^2/2\beta, \qquad \gamma_1 = \sigma^2/2\beta. \end{aligned} \tag{3.93}$$

Für dieses System sind

$$\tilde{f}(z, t) = -\beta(1 - \gamma_1)\, z, \qquad M = 2\beta(\gamma + \gamma_1 z^2).$$

Der Prozeß $z(t)$ sei im gesamten Zustandsraum $[-\infty, +\infty]$ definiert. Mit der Randbedingung $G_0 = 0$ ist seine stationäre Dichte gegeben durch

$$\bar{p}(z) = C[\gamma + \gamma_1 z^2]^{-(1+\gamma_1)/2\gamma_1}, \qquad -\infty \leqq z \leqq +\infty.$$

Nur unter der Bedingung $\gamma_1 < 1/m$ existieren endliche stationäre Momente (bis zur Ordnung m); für $\gamma_1 \geqq 1/(m+1)$ sind die stationären Momente der Ordnungen $k \geqq m + 1$ unendlich groß

$$\left.\begin{aligned} &\bar{m}_z = 0 \quad \text{für} \quad \gamma_1 < 1, \\ &\bar{K}_z(0) = \frac{\gamma}{1 - 2\gamma_1} \quad \text{für} \quad \gamma_1 < 1/2, \\ &\bar{m}_{2n+1} = 0 \quad \text{für} \quad \gamma_1 < 1/(2n+1), \\ &\bar{m}_{2n} = \gamma^n \frac{\Gamma(n + 1/2)\,\Gamma(1/2\gamma_1 - n)}{\Gamma(1/2)\,\Gamma(1/2\gamma_1)} = (2n-1)!!\prod_{k=1}^{n}\frac{\gamma}{1 - 2k\gamma_1} \quad \text{für} \quad \gamma_1 < \frac{1}{2n}. \end{aligned}\right\} \tag{6.81}$$

Wenden wir uns nun der Bestimmung der stationären Korrelationsfunktion zu. Dazu ziehen wir die Differentialgleichungen (6.38) für die Momentenfunktionen heran, die in unserem Fall folgende Gestalt annehmen

$$\dot{m}_k = \langle f_k(z, t) \rangle = -\beta k(1 - k\gamma_1)\, m_k + 2\beta \binom{2}{k} \gamma m_{k-2}.$$

Lösen wir diese Differentialgleichungen mit den Anfangsbedingungen $m_k(t') = z(t')^k$ $(t \geqq t')$, so werden die Momente der Übergangsdichte $p_{t-t'}(z \mid z')$ $(z(t) = z,\ z(t') = z')$ erhalten

$$m_z(t \mid z', t') = z(t') \exp\{-\beta(1 - \gamma_1)(t - t')\},$$

$$m_2(t \mid z', t') = z(t')^2\, e^{-2\beta(1-2\gamma_1)(t-t')} + \frac{\gamma}{2}\left[1 - e^{-2\beta(1-2\gamma_1)(t-t')}\right],$$

$$\vdots$$

etc.

Zur Berechnung der stationären Korrelationsfunktion $\bar{K}_z(t - t')$ werden nur die stationäre Dichte $\bar{p}(\cdot)$ der Prozesse $z(t) = z$ und $z(t') = z'$ und der bedingte Erwartungswert $m_z(t \mid z', t')$ benötigt

$$\bar{K}_z(t - t') = \langle z(t)\, z(t') \rangle - \langle z(t) \rangle \langle z(t') \rangle = \langle m_z(t \mid z', t')\, z' \rangle - \langle m_z(t \mid z', t') \rangle \langle z' \rangle.$$

Gemittelt wird über die stationäre Dichte $\bar{p}(z')$, so daß schließlich für die stationäre Korrelationsfunktion das Resultat

$$\bar{K}_z(t - t') = \bar{K}_z(0)\, e^{-\beta(1-\gamma_1)|t-t'|} = \frac{\gamma}{1 - 2\gamma_1}\, e^{-\beta(1-\gamma_1)|t-t'|}, \qquad \gamma_1 < 1/2,$$

erhalten wird, woraus das Leistungsdichtespektrum

$$S_z(j\omega) = \frac{2\beta(1 - \gamma_1)\,\gamma}{(1 - 2\gamma_1)\,(\omega^2 + \beta^2(1 - \gamma_1)^2)}, \qquad \gamma_1 < 1/2, \tag{6.82}$$

bestimmt wird.

Beispiel 5:

$$\dot{z} = -\beta z + \frac{g^2}{2z} + g\xi(t), \qquad m_\xi = 0, \qquad K_\xi(t, t') = \delta(t - t'), \tag{3.96}$$

$$\gamma = \sqrt{g^2/2\beta}.$$

Der Prozeß $z(t)$ sei nur für positive z definiert (s. auch Abschn. 3.6., Beispiel 5). Mit der Randbedingung $G_0 = 0$ ist die stationäre Dichte für diesen Prozeß nach Gl. (6.19) und (6.20) gegeben durch

$$\bar{p}(z) = \gamma^{-1} z \cdot \exp\{-z^2/2\gamma\}, \qquad 0 < z \leqq +\infty. \tag{6.83}$$

Hieraus können leicht der stationäre Erwartungswert und die stationäre Streuung ermittelt werden

$$\bar{m}_z = \sqrt{\frac{\pi}{2}\gamma}, \qquad \bar{K}_z(0) = \left(2 - \frac{\pi}{2}\right)\gamma. \tag{6.84}$$

Wenden wir uns der Bestimmung der stationären Korrelationsfunktion zu. Dazu bemühen wir wieder die Methode der Trennung der Variablen $(p(z, t) = Z(z)\, T(t))$. Die Eigenfunktionen sind aus der Gleichung (s. Gl. (6.22))

$$\frac{\partial^2 Z(z)}{\partial z^2} + \frac{\partial(z - \gamma/z)\, Z(z)}{\partial z} + \frac{\lambda}{\beta} Z(z) = 0$$

zu ermitteln, deren Lösungen im Unendlichen verschwinden müssen $Z(+\infty) = 0$.

Führen wir die Transformationen

$$x = z^2/2\gamma, \qquad Z(z) = x^{1/2}\, e^{-x} L(x)|_{x=z^2/2\gamma}$$

durch, dann wird für die Funktion $L(x)$ die folgende Differentialgleichung erhalten

$$x \frac{\partial^2 L(x)}{\partial x^2} + (1 - x) \frac{\partial L(x)}{\partial x} + \frac{\lambda}{2\beta} L(x) = 0.$$

Entsprechend der Randbedingung $Z(+\infty) = 0$ dürfen die Lösungen dieser Gleichung nicht exponentiell mit x wachsen. Dies ist aber nur möglich, wenn $\lambda/2\beta$ nur ganzzahlige Werte oder den Wert Null annimmt. Mit den Eigenwerten

$$\lambda_n = 2n\beta, \qquad n = 0, 1, 2, \ldots, m, \ldots,$$

werden somit für $L(x)$ die Laguerreschen Polynome (s. z. B. [44], [90]) ermittelt

$$L_n(x) = \frac{e^x}{n!} \frac{d^n}{dx^n} x^n e^{-x}.$$

Das bezüglich der stationären Dichte $p(z)$ orthonormierte Funktionensystem $S_n(z) = p(z)^{-1} Z_n(z)$ ist somit durch die Laguerreschen Polynome gegeben

$$S_n(z) = L_n\left(\frac{z^2}{2\gamma}\right).$$

Entsprechend der Gl. (6.33) wird für die stationäre Verbunddichte damit die folgende Reihendarstellung gewonnen ($L_0(\cdot) = 1$)

$$\bar{p}(z, z', t - t') = p(z)\, p(z') \left[1 + \sum_{n \geqq 1} L_n\left(\frac{z^2}{2\gamma}\right) L_n\left(\frac{z'^2}{2\gamma}\right) e^{-2n\beta|t-t'|}\right],$$

$$z(t) = z, \qquad z(t') = z'.$$

Zur Berechnung der Korrelationsfunktion bzw. des Leistungsdichtespektrums werden die Erwartungswerte

$$\left\langle z L_n\left(\frac{z^2}{2\gamma}\right)\right\rangle = \sqrt{2\gamma} \int_0^\infty x^{1/2} L_n(x)\, e^{-x}\, dx = \sqrt{2\gamma}\, \frac{\Gamma(3/2)\, \Gamma(n - 1/2)}{\Gamma(-1/2)\, n!}$$

$$= -\sqrt{\frac{\gamma\pi}{2}} \frac{1}{4n(2n - 1)} \frac{(2n - 1)!!}{(2n)!!}$$

benötigt, mit denen entsprechend den Gln. (6.30) und (6.31) für die Korrelationsfunktion und das Leistungsdichtespektrum die folgenden Reihenentwicklungen erhalten werden

$$\bar{K}_z(t - t') = \frac{\gamma\pi}{2} \sum_{n \geqq 1} \left[\frac{(2n - 3)!!}{4n(2n)!!}\right]^2 e^{-2n\beta|t-t'|},$$

$$S_z(j\omega) = \pi\gamma\beta \sum_{n \geqq 1} \frac{1}{2n} \left[\frac{(2n - 3)!!}{(2n)!!}\right]^2 \frac{1}{\omega^2 + (2n\beta)^2}. \qquad (6.85)$$

Beispiel 6:

$$\dot{z} = \beta(z - z^3) + g\xi, \qquad m_\xi = 0, \qquad K_\xi(t, t') = \delta(t - t'),$$

$$\beta > 0, \qquad \gamma = \sqrt{g^2/2\beta}. \qquad (3.98)$$

Der Prozeß sei im gesamten Zustandsraum definiert. Mit der Randbedingung $G_0 = 0$ wird für dieses System aus (6.19) und (6.20) die stationäre Dichte ermittelt zu

$$\bar{p}(z) = C \cdot \exp\left\{-\frac{1}{4\gamma^2} (z^2 - 1)^2\right\}, \qquad -\infty \leqq z \leqq +\infty. \qquad (6.86)$$

Sie besitzt also zwei gleich stark ausgeprägte Maxima bei $z = \pm 1$. Für den stationären Erwartungswert und die stationäre Streuung werden daraus ermittelt

$$\left.\begin{aligned} \overline{m}_z &= 0, \\ \overline{K}_z(0) &= \frac{\gamma D_{-3/2}\left(-1/\gamma\sqrt{2}\right)}{\sqrt{2}\, D_{-1/2}\left(-1/\gamma\sqrt{2}\right)} = \begin{cases} 1 - \frac{3}{2}\gamma^2 + O(\gamma^4) & \text{für} \quad \gamma \to 0 \\ 2\frac{\Gamma(3/4)}{\Gamma(1/4)}\gamma & \text{für} \quad \gamma \to \infty. \end{cases} \end{aligned}\right\} \tag{6.87}$$

Die $D_k(\cdot)$ sind wieder die parabolischen Zylinderfunktionen.

6.2. Mehrdimensionale Systeme

6.2.1. Anfangs- und Randbedingungen

Führt man auch im mehrdimensionalen Fall den, nunmehr vektoriellen, Wahrscheinlichkeitsfluß ein

$$\boldsymbol{G}^{\mathsf{T}}(\boldsymbol{z}^{\mathsf{T}}, t) = \tilde{\boldsymbol{f}}^{\mathsf{T}}(\boldsymbol{z}^{\mathsf{T}}, t)\, p(\boldsymbol{z}^{\mathsf{T}}, t) - \frac{1}{2}\nabla_z{}^{\mathsf{T}}\boldsymbol{M}(\boldsymbol{z}^{\mathsf{T}}, t)\, p(\boldsymbol{z}^{\mathsf{T}}, t), \tag{6.88a}$$

dann kann die Fokker-Planck-Gleichung (6.5) in der folgenden Form geschrieben werden

$$\frac{\partial p(\boldsymbol{z}^{\mathsf{T}}, t)}{\partial t} = -\nabla_z{}^{\mathsf{T}}\boldsymbol{G}(\boldsymbol{z}^{\mathsf{T}}, t). \tag{6.88b}$$

Wie im eindimensionalen Fall ist zur Lösung dieser Gleichung eine Anfangsverteilungsdichte $p_{\mathrm{A}}(\boldsymbol{z}^{\mathsf{T}}, t_0)$ vorzugeben; die Anfangsbedingung lautet also

$$p(\boldsymbol{z}^{\mathsf{T}}, t)|_{t=t_0} = p_{\mathrm{A}}(\boldsymbol{z}^{\mathsf{T}}, t_0).$$

Zur Bestimmung der Übergangsdichte $p(\boldsymbol{z}^{\mathsf{T}}, t \mid \boldsymbol{z}_0{}^{\mathsf{T}}, t_0) = p_{t,t_0}(\boldsymbol{z}^{\mathsf{T}} \mid \boldsymbol{z}_0{}^{\mathsf{T}})$ ist für diese Anfangsdichte ein Produkt Diracscher Deltafunktionen zu wählen

$$p_{t,t_0}(\boldsymbol{z}^{\mathsf{T}} \mid \boldsymbol{z}_0{}^{\mathsf{T}})|_{t=t_0} = \prod_{i=1}^{n} \delta(z^{(i)} - z_0{}^{(i)}) = \delta(\boldsymbol{z} - \boldsymbol{z}_0).$$

Erheblich differenzierter als im skalaren Fall sind dagegen die Möglichkeiten der Formulierung der Randbedingungen. Beschreibt die Fokker-Planck-Gleichung eine Wahrscheinlichkeitsdichte eines, durch (6.1) im Gebiet Ω definierten, Prozesses $\boldsymbol{z}^{\mathsf{T}}(t)$, so muß zunächst die Normierungsbedingung

$$\int_{\Omega} p(\boldsymbol{z}^{\mathsf{T}}, t)\, \mathrm{d}\mathring{z} = 1 \tag{6.89}$$

erfüllt werden. Diese Normierungsbedingung zieht notwendig Bedingungen an den Wahrscheinlichkeitsfluß auf dem Rand $\mathsf{R}(\Omega)$ des Definitionsbereiches Ω des Prozesses $\boldsymbol{z}^{\mathsf{T}}(t)$ nach sich: Integriert man nämlich die Gl. (6.88b) über $\boldsymbol{z} \in \Omega$, so gilt mit der Normierungsbedingung

$$\frac{\mathrm{d}}{\mathrm{d}t}\int_{\Omega} p(\boldsymbol{z}^{\mathsf{T}}, t)\, \mathrm{d}\mathring{\boldsymbol{z}} = 0 = -\int_{\Omega} \nabla_z{}^{\mathsf{T}}\boldsymbol{G}(\boldsymbol{z}^{\mathsf{T}}, t)\, \mathrm{d}\mathring{\boldsymbol{z}}.$$

Das „Volumen"-Integral kann unter Ausnutzung des Gaußschen Satzes in ein „Oberflächen"-Integral über den Rand $\mathsf{R}(\Omega)$ des Definitionsbereiches Ω überführt werden. Bezeichnet $\boldsymbol{e}(\boldsymbol{z})$ den (nach außen gerichteten) n-dimensionalen Normalenvektor im Raumpunkt $\boldsymbol{z}$ auf dem Rand $\mathsf{R}(\Omega)$ und $d\mathring{\boldsymbol{s}}$ das entsprechende „Oberflächen"-Element, so muß also notwendig zur Erfüllung der Normierungsbedingung der Wahrscheinlichkeitsfluß folgender Randbedingung genügen

$$\int\limits_{\mathsf{R}(\Omega)} \boldsymbol{e}^{\mathsf{T}}(\boldsymbol{z}^{\mathsf{T}})\, \boldsymbol{G}(\boldsymbol{z}^{\mathsf{T}}, t)\, d\mathring{\boldsymbol{s}} = 0. \tag{6.90}$$

Diese Randbedingung stellt die Verallgemeinerung des für skalare Prozesse formulierten Erhaltungssatzes der Wahrscheinlichkeit nach Gl. (6.14) auf vektorielle Prozesse dar. Man beachte aber, daß im mehrdimensionalen Fall die Bedingung (6.90) nicht besagt, daß der Wahrscheinlichkeitsfluß auf allen Randpunkten $\boldsymbol{z} \in \mathsf{R}(\Omega)$ konstant sein muß; dies gilt nur im eindimensionalen Fall!

Ist der Prozeß $\boldsymbol{z}^{\mathsf{T}}(t)$ durch (6.1) im gesamten Euklidischen Raum definiert ($\Omega = \{-\infty \leqq z^{(i)} \leqq +\infty,\ 1 \leqq i \leqq n\}$), so sind die Randbedingungen gewöhnlich durch die Forderung eines verschwindenden Wahrscheinlichkeitsflusses im Unendlichen gegeben

$$\boldsymbol{G}(\boldsymbol{z}^{\mathsf{T}}, t)|_{z^{(i)}=\pm\infty} = 0, \qquad 1 \leqq i \leqq n. \tag{6.91}$$

Bei der Festlegung der Randbedingungen für einen durch die Gl. (6.1) nur in einem eingeschränkten Gebiet Ω definierten Prozeß ist zunächst das Randgebiet näher zu analysieren. Im allgemeinen Fall besteht dieses aus drei disjunkten Teilgebieten $\mathsf{R}^{\pm}$, R^{+} und R^{-}

$$\mathsf{R}(\Omega) = \mathsf{R}^{\pm} \cup \mathsf{R}^{+} \cup \mathsf{R}^{-}.$$

Durch das Randgebiet $\mathsf{R}^{\pm}$ können Trajektorien den Definitionsbereich gemäß Gl. (6.1) sowohl verlassen als auch in Ω eintreten. Notwendig dafür ist, daß die zeitliche Änderung des Prozesses $\boldsymbol{z}(t)$ auf derartigen Randpunkten in $\boldsymbol{e}$-Richtung sowohl positive als auch negative Werte annehmen kann $\boldsymbol{e}^{\mathsf{T}}\dot{\boldsymbol{z}} \gtreqless 0$. Nach Gl. (6.1) darf also der Rauscheinfluß in $\boldsymbol{e}$-Richtung nicht verschwinden:

$$\boldsymbol{e}^{\mathsf{T}}\boldsymbol{g}(\boldsymbol{z}^{\mathsf{T}}, t)|_{\boldsymbol{z}\in\mathsf{R}^{\pm}} \neq 0. \tag{6.92}$$

Auf dem verbleibenden Teil des Randgebietes $\mathsf{R}^{+} \cup \mathsf{R}^{-}$ gilt:

$$\boldsymbol{e}^{\mathsf{T}}\boldsymbol{g}(\boldsymbol{z}^{\mathsf{T}}, t)|_{\boldsymbol{z}\in\mathsf{R}^{+}\cup\mathsf{R}^{-}} = 0,$$

d. h., auf diesen Randpunkten besitzt der Wahrscheinlichkeitsfluß eine eindeutig festgelegte Komponente in $\boldsymbol{e}$-Richtung

$$\boldsymbol{G}^{\mathsf{T}}(\boldsymbol{z}^{\mathsf{T}}, t)\, \boldsymbol{e}|_{\boldsymbol{z}\in\mathsf{R}^{+}\cup\mathsf{R}^{-}} = p(\boldsymbol{z}^{\mathsf{T}}, t)\, [\tilde{\boldsymbol{f}}^{\mathsf{T}}(\boldsymbol{z}^{\mathsf{T}}, t) - \nabla_z{}^{\mathsf{T}}\boldsymbol{M}(\boldsymbol{z}^{\mathsf{T}}, t)]\, \boldsymbol{e}|_{\boldsymbol{z}\in\mathsf{R}^{+}\cup\mathsf{R}^{-}}.$$

Im Randgebiet R^{+} können die Trajektorien nach Gl. (6.1) aus dem Definitionsbereich Ω nur herauslaufen, im Randgebiet R^{-} nur in Ω hereinlaufen (s. Abb. 6.4a)

$$\left.\begin{aligned} \left[\tilde{\boldsymbol{f}}^{\mathsf{T}}(\boldsymbol{z}^{\mathsf{T}}, t) - \frac{1}{2}\, \nabla_z{}^{\mathsf{T}}\boldsymbol{M}(\boldsymbol{z}^{\mathsf{T}}, t)\right] \boldsymbol{e}|_{\boldsymbol{z}\in\mathsf{R}^{+}} > 0, \\ \left[\tilde{\boldsymbol{f}}^{\mathsf{T}}(\boldsymbol{z}^{\mathsf{T}}, t) - \frac{1}{2}\, \nabla_z{}^{\mathsf{T}}\boldsymbol{M}(\boldsymbol{z}^{\mathsf{T}}, t)\right] \boldsymbol{e}|_{\boldsymbol{z}\in\mathsf{R}^{-}} < 0. \end{aligned}\right\} \tag{6.93}$$

Erst nach Bestimmung der Randgebiete $R^\pm$, R^+ und R^- aus den Definitionsgleichungen (6.92) und (6.93) können die Randbedingungen zur Lösung der Fokker-Planck-Gleichung

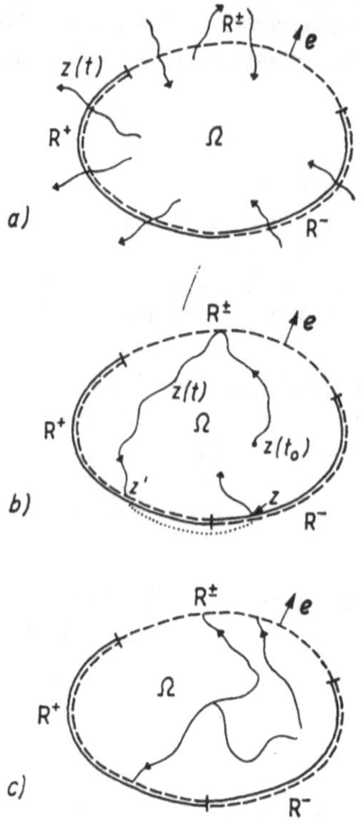

Abb. 6.4: Zur Erläuterung
a) der Randgebiete $R\pm$, R^+ und R^-,
b) der Reflexionsbedingung (6.94) und
c) der Absorptionsbedingung (6.95)

exakt formuliert werden. Dabei sind im wesentlichen zwei grundlegende Aufgabenstellungen zu unterscheiden:

- Der durch Gl. (6.1) definierte Prozeß soll mit Wahrscheinlichkeit Eins nur Realisierungen aus Ω annehmen.
- Trajektorien, die einmal den Rand von Ω erreichen, sollen aus den weiteren Betrachtungen ausgeschlossen werden.

Im ersten Fall sind die „Reflexionsbedingungen" zu formulieren. Die dem eindimensionalen Fall entsprechende Forderung nach Gl. (6.14) $\boldsymbol{G}^{\mathsf{T}}(\boldsymbol{z}^{\mathsf{T}}, t)\,\boldsymbol{e} = 0$ kann im mehrdimensionalen Fall aber nur auf dem Randgebiet $R^\pm$ formuliert werden, da ja anderenfalls nach (6.93) der Systembeschreibung durch Gl. (6.1) widersprochen wird.[1]) Damit Trajektorien das Gebiet Ω über den Rand R^+ nicht verlassen können, müssen sie von einem Randpunkt $\boldsymbol{z}(t) \in R^+$ in einen Randpunkt von R^- „überspringen" und von dort in das Gebiet Ω reflektiert werden. Die Reflektionsbedingungen sind im mehrdimensionalen Fall also wie folgt zu formulieren (s. Abb. 6.4.b)

$$\begin{aligned} \boldsymbol{e}^{\mathsf{T}}\boldsymbol{G}(\boldsymbol{z}^{\mathsf{T}}, t)|_{\boldsymbol{z}\in R\pm} &= 0, \\ \boldsymbol{e}^{\mathsf{T}}\boldsymbol{G}(\boldsymbol{z}^{\mathsf{T}}, t)|_{\boldsymbol{z}\in R^-} &= -\int_{R^+} \pi_t(\boldsymbol{z}^{\mathsf{T}} \mid \boldsymbol{z}'^{\mathsf{T}})\, \boldsymbol{e}^{\mathsf{T}}\boldsymbol{G}(\boldsymbol{z}'^{\mathsf{T}}, t)\, \mathrm{d}\mathring{s}(\boldsymbol{z}'). \end{aligned} \tag{6.94}$$

---

[1]) Per definitionem gilt nämlich auf R^+: $\boldsymbol{e}^{\mathsf{T}}\boldsymbol{G}(\boldsymbol{z}^{\mathsf{T}}, T) > 0$ und auf R^-: $\boldsymbol{e}^{\mathsf{T}}\boldsymbol{G}(\boldsymbol{z}^{\mathsf{T}}, t) < 0$, so daß auf diesen Randgebieten nicht $\boldsymbol{e}^{\mathsf{T}}\boldsymbol{G}(\boldsymbol{z}^{\mathsf{T}}, t) = 0$ gefordert werden kann!

Hierin beschreibt $\pi_t(\boldsymbol{z}^{\mathsf{T}} \mid \boldsymbol{z}'^{\mathsf{T}})$ die Wahrscheinlichkeitsdichte für den Übergang eines Randpunktes $\boldsymbol{z}' \in \mathsf{R}^+$ in einen Randpunkt $\boldsymbol{z} \in \mathsf{R}^-$. Da die Bedingung (6.90) hierbei eingehalten werden muß, ist diese Dichte auf R^- normiert

$$\int_{\mathsf{R}^-} \pi_t(\boldsymbol{z}^{\mathsf{T}} \mid \boldsymbol{z}'^{\mathsf{T}})\, \mathrm{d}\mathring{\mathsf{s}}(z') = 1 .$$

Sie ist bei der konkreten Aufgabenstellung vorzugeben. Sind R^- und R^+ Nullmengen, so entfällt dieses Problem, und die Reflexionsbedingung ist allein durch die erste Gleichung von (6.94) gegeben $\left(\mathsf{R}^\pm \equiv \mathsf{R}(\Omega)\right)$.

Im zweiten Falle werden Trajektorien, die einmal den Rand erreichen, aus den weiteren Betrachtungen ausgeschlossen. Die Randbedingungen (Absorptionsbedingungen) brauchen hier nur auf dem Teilrandgebiet $\mathsf{R}^\pm \cup \mathsf{R}^-$ formuliert zu werden (s. Abb. 6.4c)

$$\tilde{p}(\boldsymbol{z}^{\mathsf{T}}, t)_{\boldsymbol{z} \in \mathsf{R}^\pm \cup \mathsf{R}^-} = 0 . \tag{6.95}$$

Damit wird aber i. allg. die Bedingung (6.90) verletzt, so daß $\tilde{p}(\boldsymbol{z}^{\mathsf{T}}, t)$ keine normierte Dichte mehr darstellt

$$\int_{\Omega} \tilde{p}(\boldsymbol{z}^{\mathsf{T}}, t)\, \mathrm{d}\mathring{\boldsymbol{z}} \leqq 1 .$$

Das einfache zweidimensionale Beispiel

$$\ddot{y} + \alpha_1 \dot{y} + \alpha_2 y = g\xi$$

soll die Bestimmung der Teilrandgebiete demonstrieren. Dazu führen wir den Zustandsvektor $\boldsymbol{z}^{\mathsf{T}} = (y, \dot{y})$ ein

$$\dot{\boldsymbol{z}} = \boldsymbol{A}\boldsymbol{z} + \boldsymbol{g}\xi , \qquad \boldsymbol{A} = \begin{pmatrix} 0 & 1 \\ -\alpha_1 & -\alpha_2 \end{pmatrix}, \qquad \boldsymbol{g} = \begin{pmatrix} 0 \\ g \end{pmatrix} .$$

Der Definitionsbereich sei der endliche Bereich (s. Abb. 6.5)

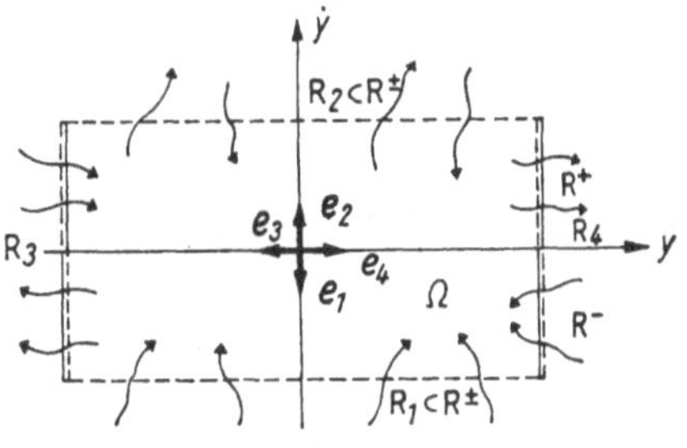

Abb. 6.5: Zur Bestimmung der Randgebiete $\mathsf{R}^\pm$, R^+ und R^- für ein zweidimensionales System (6.96) im endlichen Definitionsbereich nach Gl. (6.97)

$$\Omega = \{-a \leqq y \leqq +a,\ -b \leqq \dot{y} \leqq +b\} , \qquad a > 0, \qquad b > 0,$$

mit den Rändern $(\mathsf{R}(\Omega) = \mathsf{R}_1 \cup \mathsf{R}_2 \cup \mathsf{R}_3 \cup \mathsf{R}_4)$

$$\begin{aligned}
\mathsf{R}_1 &= \{-a \leqq y \leqq +a,\ \dot{y} = -b\} , & \boldsymbol{e}_1^{\mathsf{T}} &= (0, -1),\\
\mathsf{R}_2 &= \{-a \leqq y \leqq +a,\ \dot{y} = +b\} , & \boldsymbol{e}_2^{\mathsf{T}} &= (0, +1),\\
\mathsf{R}_3 &= \{-b \leqq \dot{y} \leqq +b,\ y = -a\} , & \boldsymbol{e}_3^{\mathsf{T}} &= (-1, 0),\\
\mathsf{R}_4 &= \{-b \leqq \dot{y} \leqq +b,\ y = +a\} , & \boldsymbol{e}_4^{\mathsf{T}} &= (+1, 0).
\end{aligned}$$

Auf R_1 und R_2 gilt $|\boldsymbol{e}^{\mathsf{T}}\boldsymbol{g}| = |\boldsymbol{g}| \neq 0$. Beide zusammen bilden also das Randgebiet

$$\mathsf{R}^\pm = \mathsf{R}_1 \cup \mathsf{R}_2 ,$$

durch das Trajektorien ein- und austreten können.

Auf R_3 und R_4 gilt $\boldsymbol{e}^{\mathsf{T}}\boldsymbol{g} = 0$. Mit $\tilde{\boldsymbol{f}}(\boldsymbol{z}^{\mathsf{T}}, t) = \boldsymbol{A}\boldsymbol{z}$ und $\nabla_z{}^{\mathsf{T}}\boldsymbol{M} \equiv 0$ sind weiterhin

$$\boldsymbol{e}_3{}^{\mathsf{T}}\tilde{\boldsymbol{f}}(\boldsymbol{z}^{\mathsf{T}}, t)|_{\boldsymbol{z} \in \mathsf{R}_3} = -\dot{y} , \qquad \boldsymbol{e}_4{}^{\mathsf{T}}\tilde{\boldsymbol{f}}(\boldsymbol{z}^{\mathsf{T}}, t)|_{\boldsymbol{z} \in \mathsf{R}_4} = +\dot{y} .$$

Die Randgebiete R^+ und R^- sind somit gegeben durch

$$\mathsf{R}^+ = \{y = -a, -b \leqq \dot{y} < 0\} \cup \{y = +a, 0 < \dot{y} \leqq +b\},$$
$$\mathsf{R}^- = \{y = +a, -b \leqq \dot{y} < 0\} \cup \{y = -a, 0 < \dot{y} \leqq +b\}.$$

6.2.2. Transformationen

Wie im eindimensionalen Fall erweist es sich bei der Lösung der Fokker-Planck-Gleichung häufig als vorteilhaft, anstelle der ursprünglichen Variablen $(t, \boldsymbol{z}^\mathsf{T}(t))$ die neuen Variablen $(\tau, \boldsymbol{x}^\mathsf{T}(\tau))$ mit Hilfe der Transformation

$$\tau = \theta(t), \qquad \boldsymbol{x} = \boldsymbol{\Psi}(\boldsymbol{z}^\mathsf{T}, t)$$

einzuführen. $\boldsymbol{\Psi}(\boldsymbol{z}^\mathsf{T}, t)$ ist hierin eine Vektorfunktion der Dimension $\operatorname{Dim}(\boldsymbol{\Psi}) = \operatorname{Dim}(\boldsymbol{z}) = n$. Diese Transformation sei eindeutig umkehrbar

$$t = \theta_1(\tau), \qquad \boldsymbol{z} = \boldsymbol{\Psi}_1(\boldsymbol{x}^\mathsf{T}, t),$$

die Funktion $\theta(t)$ wachse monoton mit der Zeit t.

Ziel dieser Transformation ist, die Fokker-Planck-Gleichung für die Variablen $(t, \boldsymbol{z}^\mathsf{T}(t))$ in eine Fokker-Planck-Gleichung für die neuen Variablen $(\tau, \boldsymbol{x}^\mathsf{T}(\tau))$ einfacherer und leichter auswertbarer Struktur zu überführen

$$\frac{\partial p_x(\boldsymbol{x}^\mathsf{T}, \tau)}{\partial \tau} = -\nabla_x{}^\mathsf{T} \boldsymbol{F}^*(\boldsymbol{x}^\mathsf{T}, \tau)\, p_x(\boldsymbol{x}^\mathsf{T}, \tau) + \frac{1}{2} \operatorname{Sp} \{\nabla_x \nabla_x{}^\mathsf{T} \boldsymbol{M}^*(\boldsymbol{x}^\mathsf{T}, \tau)\, p_x(\boldsymbol{x}^\mathsf{T}, \tau)\}.$$

Mit oben genannter Transformation sind darin

$$\boldsymbol{M}^*(\boldsymbol{x}^\mathsf{T}, \tau) = \frac{1}{\dot{\theta}} \boldsymbol{\Psi}_z'(\boldsymbol{z}^\mathsf{T}, t)^\mathsf{T} \boldsymbol{M}(\boldsymbol{z}^\mathsf{T}, t)\, \boldsymbol{\Psi}_z'(\boldsymbol{z}^\mathsf{T}, t)\big|_{z=\Psi_1(x^\mathsf{T}, t), t=\theta_1(\tau)},$$

$$\boldsymbol{F}^*(\boldsymbol{x}^\mathsf{T}, \tau) = \frac{1}{\dot{\theta}} \boldsymbol{F}(\boldsymbol{z}^\mathsf{T}, t)\big|_{z=\Psi_1(x^\mathsf{T}, t), t=\theta_1(\tau)},$$

$$\dot{\theta} = \frac{\partial \theta(t)}{\partial t}, \qquad \boldsymbol{\Psi}_z'(\boldsymbol{z}^\mathsf{T}, t) = \nabla_z \boldsymbol{\Psi}(\boldsymbol{z}^\mathsf{T}, t)^\mathsf{T} = \{a(\boldsymbol{z}^\mathsf{T}, t)^{(i,j)}\}_{n \times n},$$

$$\boldsymbol{F}(\boldsymbol{z}^\mathsf{T}, t) = \bar{\boldsymbol{f}}(\boldsymbol{z}^\mathsf{T}, t)^\mathsf{T} \nabla_z \boldsymbol{\Psi}(\boldsymbol{z}^\mathsf{T}, t) + \frac{1}{2} \operatorname{Sp} \{\boldsymbol{M}(\boldsymbol{z}^\mathsf{T}, t)\, \nabla_z \nabla_z{}^\mathsf{T}\}\, \boldsymbol{\Psi}(\boldsymbol{z}^\mathsf{T}, t) + \frac{\partial \boldsymbol{\Psi}(\boldsymbol{z}^\mathsf{T}, t)}{\partial t}.$$

Mit Kenntnis der Dichte $p_x(\boldsymbol{x}^\mathsf{T}, \tau)$ kann auch die Dichte $p_z(\boldsymbol{z}^\mathsf{T}, t) = p(\boldsymbol{z}^\mathsf{T}, t)$ mit Hilfe der bekannten Transformationsregel leicht berechnet werden

$$p(\boldsymbol{z}^\mathsf{T}, t) = |\det \boldsymbol{\Psi}_z'(\boldsymbol{z}^\mathsf{T}, t)| \cdot p_x(\boldsymbol{x}^\mathsf{T}, \tau)\big|_{x=\Psi(z^\mathsf{T}, t), \tau=\theta(t)}.$$

Für den skalaren Fall gehen die angegebenen Transformationsregeln in die Gln. (6.54) bis (6.56) über.

6.2.3. Stationäre Prozesse

Beschreibt das Gleichungssystem (6.1) mit zeitunabhängigen Vektor- bzw. Matrix-Funktionen $(\boldsymbol{f}(\boldsymbol{z}^\mathsf{T}, t) = \bar{\boldsymbol{f}}(\boldsymbol{z}^\mathsf{T}), \boldsymbol{g}(\boldsymbol{z}^\mathsf{T}, t) = \bar{\boldsymbol{g}}(\boldsymbol{z}^\mathsf{T}))$ und stationärem weißen Eingangsprozeß $(\boldsymbol{R}(t) = \bar{\boldsymbol{R}})$ einen stationären Prozeß $\boldsymbol{z}^\mathsf{T}(t)$, so ist seine Dichte $p(\boldsymbol{z}^\mathsf{T}, t) = \bar{p}(\boldsymbol{z}^\mathsf{T})$ aus einer elliptischen (für $\det(\boldsymbol{M}) > 0$) bzw. parabolischen (für $\det(\boldsymbol{M}) = 0$) partiellen

Differentialgleichung mit den geforderten Randbedingungen zu bestimmen

$$\nabla_z^{\mathsf{T}} \bar{\boldsymbol{G}}(\boldsymbol{z}^{\mathsf{T}}) = 0$$

bzw. (6.96)

$$\nabla_z^{\mathsf{T}} \tilde{\boldsymbol{f}}(\boldsymbol{z}^{\mathsf{T}})\, \bar{p}(\boldsymbol{z}^{\mathsf{T}}) - \frac{1}{2} \operatorname{Sp} \{\nabla_z \nabla_z^{\mathsf{T}} \boldsymbol{M}(\boldsymbol{z}^{\mathsf{T}})\, \bar{p}(\boldsymbol{z}^{\mathsf{T}})\} = 0.$$

Hieraus folgt aber nicht notwendig (wie im eindimensionalen Fall), daß der Wahrscheinlichkeitsfluß innerhalb des Definitionsbereichs Ω des Prozesses $\boldsymbol{z}^{\mathsf{T}}(t)$ konstant sein muß — selbst dann nicht, wenn der Wahrscheinlichkeitsfluß auf dem Rand $\mathsf{R}(\Omega)$ identisch verschwindet. (Möglich sind beispielsweise Wirbelbildungen des Wahrscheinlichkeitsflusses innerhalb von Ω). Dies erschwert die exakte Bestimmung der stationären Dichte im mehrdimensionalen Fall außerordentlich und ist nur für lineare und spezielle nichtlineare Systeme unter speziellen Randbedingungen möglich, die wir im folgenden behandeln wollen.

Im allgemeinen, nichtlinearen und mehrdimensionalen, Fall kann selbst die stationäre Dichte (im Gegensatz zum eindimensionalen Fall) nur noch näherungsweise bestimmt werden.

In den Abschnitten 6.4.1., 6.4.2. und insbesondere in den Kapiteln 7. und 8. werden effektive Näherungsverfahren zur Lösung der Fokker-Planck-Gleichung (auch für den nichtstationären Fall) beschrieben. Im folgenden beschränken wir uns auf einige wichtige Sonderfälle, für die die Lösung der partiellen Differentialgleichung (6.96) exakt und in analytischer Form angegeben werden kann.

6.2.3.1. Der Potentialfall

Bei einigen praktischen Aufgabenstellungen sind stationäre Prozesse zu analysieren, deren Wahrscheinlichkeitsfluß im Definitionsbereich Ω Null ist

$$\bar{\boldsymbol{G}}(\boldsymbol{z}^{\mathsf{T}}) = 0. \tag{6.97}$$

Diese Bedingung erfordert aber ganz bestimmte Eigenschaften der Definitionsgleichung (6.1) für den Prozeß $\boldsymbol{z}^{\mathsf{T}}(t)$: Setzt man voraus, daß für $\boldsymbol{z}^{\mathsf{T}}(t)$ eine, vom in unendlicher Vergangenheit liegenden, Anfangszustand $\boldsymbol{z}^{\mathsf{T}}(t_0)$ $(t - t_0 \to +\infty)$ unabhängige (eindeutige), stationäre Dichte existiert und jeder (endliche) Phasenpunkt aus Ω erreicht werden kann ($\bar{p}(\boldsymbol{z}^{\mathsf{T}}) > 0$ für alle $|\boldsymbol{z}| < \infty$ mit $|\boldsymbol{z}| < \infty$), so kann prinzipiell der Wahrscheinlichkeitsfluß in Ω nur dann identisch verschwinden, wenn die Matrix $\bar{\boldsymbol{M}}(\boldsymbol{z}^{\mathsf{T}}) = \bar{\boldsymbol{g}}(\boldsymbol{z}^{\mathsf{T}})\, \bar{\boldsymbol{R}} \bar{\boldsymbol{g}}^{\mathsf{T}}(\boldsymbol{z}^{\mathsf{T}})$ im gesamten Definitionsbereich invertierbar ist. Dazu muß notwendig die Dimension des Eingangsprozesses gleich der des Zustandsvektors sein und die Inverse der nunmehr quadratischen Matrix $\bar{\boldsymbol{g}}(\boldsymbol{z}^{\mathsf{T}})$ und somit auch der Matrix $\boldsymbol{M}(\boldsymbol{z}^{\mathsf{T}})$ existieren:

$$\operatorname{Dim}(\xi) = \operatorname{Dim}(z) = n, \qquad \bar{\boldsymbol{M}}^{-1}(\boldsymbol{z}^{\mathsf{T}}) = \left(\bar{\boldsymbol{g}}(\boldsymbol{z}^{\mathsf{T}})^{-1}\right)^{\mathsf{T}} \bar{\boldsymbol{R}}^{-1} \bar{\boldsymbol{g}}(\boldsymbol{z}^{\mathsf{T}})^{-1}. \tag{6.98}$$

Den Beweis dieser Aussage führen wir indirekt: Nehmen wir einmal an, es existiere eine nichtleere Menge $\Omega_1 \subset \Omega$, in der die Matrix $\bar{\boldsymbol{M}}$ nicht invertierbar sei. Dann existiert in diesem Gebiet ein normierter Vektor $\boldsymbol{e}_1$ ($\|\boldsymbol{e}_1\| = 1$), so daß

$$\boldsymbol{e}_1^{\mathsf{T}} \bar{\boldsymbol{M}}(\boldsymbol{z}^{\mathsf{T}}) = 0 \quad \text{bzw.} \quad \boldsymbol{e}_1^{\mathsf{T}} \bar{\boldsymbol{g}}(\boldsymbol{z}^{\mathsf{T}}) = 0 \quad \text{für} \quad \boldsymbol{z} \in \Omega_1.$$

Betrachten wir den Wahrscheinlichkeitsfluß in dieser Richtung

$$\boldsymbol{e}_1^{\mathsf{T}}\boldsymbol{G}(\boldsymbol{z}^{\mathsf{T}})|_{\boldsymbol{z}\in\Omega_1} = \bar{p}(\boldsymbol{z}^{\mathsf{T}})\,\boldsymbol{e}_1^{\mathsf{T}}\boldsymbol{f}(\boldsymbol{z}^{\mathsf{T}})|_{\boldsymbol{z}\in\Omega_1}.$$

Voraussetzungsgemäß sind $\bar{p}(\boldsymbol{z}^{\mathsf{T}}) > 0$ für $\boldsymbol{z} \in \Omega_1$ und $\bar{\boldsymbol{G}}(\boldsymbol{z}^{\mathsf{T}}) = 0$, so daß $\boldsymbol{e}^{\mathsf{T}}\boldsymbol{f}(\boldsymbol{z}^{\mathsf{T}}) = 0$ für $\boldsymbol{z} \in \Omega_1$. Nach (6.1) gilt also in diesem Gebiet

$$\boldsymbol{e}_1^{\mathsf{T}}\dot{\boldsymbol{z}}(t) = \boldsymbol{e}_1^{\mathsf{T}}\boldsymbol{f}(\boldsymbol{z}^{\mathsf{T}}) = 0 \quad \text{für} \quad \boldsymbol{z} \in \Omega_1.$$

Hieraus folgt unmittelbar für alle $t \geqq t_0$ (einschließlich $(t - t_0) = +\infty$):

$$\boldsymbol{e}_1^{\mathsf{T}}\boldsymbol{z}(t) = \boldsymbol{e}_1^{\mathsf{T}}\boldsymbol{z}(t_0), \quad \text{wenn} \quad \boldsymbol{z}(t_0) \in \Omega_1.$$

Dies widerspricht aber der Annahme, daß eine vom Anfangszustand $\boldsymbol{z}^{\mathsf{T}}(t_0)$ $(t - t_0 \to +\infty)$ unabhängige stationäre Dichte existieren soll und für alle $\boldsymbol{z} \in \Omega$ $(|z| < \infty)$ $\bar{p}(\boldsymbol{z}^{\mathsf{T}}) > 0$ gelten soll. Somit kann Ω_1 nur die leere Menge sein, d. h., $\bar{\boldsymbol{M}}(\boldsymbol{z}^{\mathsf{T}})$ besitzt für alle $\boldsymbol{z} \in \Omega$ eine Inverse.

Mit der Bedingung (6.97) geht die elliptische Differentialgleichung in ein System von Differentialgleichungen erster Ordnung zur Bestimmung der stationären Dichte über

$$\left.\begin{aligned} &\mathfrak{E}(\boldsymbol{z}^{\mathsf{T}})\,p(\boldsymbol{z}^{\mathsf{T}}) + \nabla_z p(\boldsymbol{z}^{\mathsf{T}}) = 0, \\ \text{worin} \\ &\mathfrak{E}(\boldsymbol{z}^{\mathsf{T}}) = \{e^{(k)}(\boldsymbol{z}^{\mathsf{T}})\}_{n,1} = -\boldsymbol{M}(\boldsymbol{z}^{\mathsf{T}})^{-1}\left[2\tilde{\boldsymbol{f}}(\boldsymbol{z}^{\mathsf{T}}) - \left(\nabla_z^{\mathsf{T}}\boldsymbol{M}(\boldsymbol{z}^{\mathsf{T}})\right)^{\mathsf{T}}\right] \end{aligned}\right\} \tag{6.99}$$

ein Vektorfeld ist, das für alle $\boldsymbol{z} \in \Omega$ existiert ($\boldsymbol{M}$ ist ja invertierbar).

Gilt weiterhin

$$\frac{\partial e^{(k)}}{\partial z^{(l)}} = \frac{\partial e^{(l)}}{\partial z^{(k)}}, \tag{6.100}$$

dann stellt dieses Vektorfeld bekanntlich den Gradienten einer Potentialfunktion $U(\boldsymbol{z}^{\mathsf{T}})$ dar

$$\nabla_z U(\boldsymbol{z}^{\mathsf{T}}) = \mathfrak{E}(\boldsymbol{z}^{\mathsf{T}})$$

bzw.

$$U(\boldsymbol{z}^{\mathsf{T}}) = \sum_{k=1}^{n} \int e^{(k)}(\boldsymbol{z}^{\mathsf{T}})\,\mathrm{d}z^{(k)} = \int \mathfrak{E}^{\mathsf{T}}(\boldsymbol{z}^{\mathsf{T}})\,\mathrm{d}\boldsymbol{z}, \tag{6.101}$$

und es gilt

$$\frac{\partial^2 U(\boldsymbol{z}^{\mathsf{T}})}{\partial z^{(k)}\,\partial z^{(l)}} = \frac{\partial^2 U(\boldsymbol{z}^{\mathsf{T}})}{\partial z^{(l)}\,\partial z^{(k)}}.$$

Mit dieser Potentialfunktion ist die Lösung der stationären Fokker-Planck-Gleichung gegeben durch

$$p(\boldsymbol{z}^{\mathsf{T}}) = C\exp\{U(\boldsymbol{z}^{\mathsf{T}})\}, \qquad \boldsymbol{z} \in \Omega, \tag{6.102}$$

worin C die Normierungskonstante bezeichnet.

Die durch die Gln. (6.97), (6.98) und (6.100) charakterisierten Bedingungen werden in der Literatur häufig durch den Begriff „Potentialfall" zusammengefaßt. Wesentliche Voraussetzung für das Vorliegen des Potentialfalles ist die Existenz der inversen Matrix von $\boldsymbol{g}(\boldsymbol{z}^{\mathsf{T}})$. Häufig ist jedoch die Dimension des Eingangsprozesses kleiner als die des Zustandsvektors, so daß diese Bedingung nicht erfüllt werden kann. Speziell kann damit der Wahrscheinlichkeitsfluß auch nicht in Ω identisch verschwinden.

Am Beispiel eines zweidimensionalen Systems soll daher gezeigt werden, wie in derartigen Fällen vorgegangen werden kann.

6.2.3.2. Zweidimensionales Beispiel

Wir betrachten das zweidimensionale System

$$\left(\frac{\mu}{\beta}\right)^2 \ddot{y} + \beta^{-1}\dot{y} + f(y) = \sqrt{2\gamma/\beta}\,\xi(t), \qquad m_\xi = 0, \qquad K_\xi(t, t') = \delta(t - t') \quad (6.103)$$

mit den konstanten Parametern $\beta > 0$, $\gamma > 0$ und $\mu > 0$. Mit Einführung des Zustandsvektors

$$z^\mathsf{T} = (y, x), \qquad x = \frac{\mu \dot{y}}{\beta}$$

lautet die Zustandsdarstellung des Systems

$$\dot{y} = \frac{\beta}{\mu}\, x,$$

$$\dot{x} = -\frac{\beta}{\mu^2}\, x - \frac{\beta}{\mu}\, f(y) + \frac{1}{\mu}\sqrt{2\beta\gamma}\;\xi.$$

Der zweidimensionale Prozeß sei im gesamten Euklidischen Raum definiert

$$\Omega = \{-\infty \leqq y \leqq +\infty,\ -\infty \leqq x \leqq +\infty\}.$$

Gesucht ist die stationäre Dichte $\overline{p}(y, x) = \overline{p}\left(y, \frac{\mu}{\beta}\,\dot{y}\right)$ unter der Randbedingung, daß der Wahrscheinlichkeitsfluß in unendlichen Grenzen verschwinden soll. Offensichtlich liegt hier nicht der Potentialfall vor, da die Matrix

$$\mu^2 \boldsymbol{M}(y, x) = \begin{pmatrix} 0 & 0 \\ 0 & 2\beta\gamma \end{pmatrix}$$

nicht invertierbar ist.

Die Fokker-Planck-Gleichung (6.96) geht für unser System über in

$$\frac{\beta}{\mu}\left[-x\,\frac{\partial \overline{p}(y, x)}{\partial y} + f(y)\,\frac{\partial \overline{p}(y, x)}{\partial x}\right] + \frac{\beta}{\mu^2}\left[\frac{\partial}{\partial x}\left(x + \gamma\,\frac{\partial}{\partial x}\right)\overline{p}(y, x)\right] = 0.$$

Setzt man jede eckige Klammer gleich Null, so erhält man leicht die Lösung für die stationäre Dichte in der folgenden Form

$$\left.\begin{aligned} &\overline{p}(y, x) = \overline{p}_1(y)\,\overline{p}_2(x), \\ &\overline{p}_1(y) = C\exp\left\{-\frac{1}{\gamma}\,U(y)\right\}, \qquad \overline{p}_2(x) = (2\pi\gamma)^{-1/2}\exp\left\{-\frac{x^2}{2\gamma}\right\}, \\ &U(y) = \int f(y)\,\mathrm{d}y. \end{aligned}\right\} \quad (6.104)$$

Unter der Voraussetzung, daß $U(y)$ für $y \to +\infty$ und $y \to -\infty$ gegen $+\infty$ strebt, erfüllt diese Dichte auch die geforderte Randbedingung: Die stationäre Dichte $\overline{p}(y, x)$ ist für unendliche $|x|$ oder/und $|y|$ Null und somit auch der Wahrscheinlichkeitsfluß

$$\overline{G}(y, x) = \overline{p}(y, x) \begin{pmatrix} +x \\ -f(y) \end{pmatrix}, \qquad \overline{G}(y, x)|_{|x|=\infty, |y|=\infty} = 0.$$

Für endliche Phasenpunkte (y, x) ist der Wahrscheinlichkeitsfluß jedoch von Null verschieden; es liegt ja nicht der Potentialfall vor.

Während für das System (6.103) die stationäre Dichte $\overline{p}\left(y, \frac{\mu}{\beta} \dot{y}\right)$ noch exakt angegeben werden kann, müssen zur Bestimmung der Übergangsdichte schon Näherungsverfahren herangezogen werden.

Wir demonstrieren dies am Beispiel der Methode der Trennung der Variablen. Dabei nutzen wir zunächst aus, daß die stationäre Dichte nach Gl. (6.104) identisch mit dem Produkt der stationären Dichten zweier skalarer Prozesse y' und x' ist, definiert durch die Gleichungen

$$\dot{y}' = -\beta f(y) + \sqrt{2\beta\gamma}\,\xi, \qquad \overline{p}_{y'}(y') = \overline{p}_1(y)|_{y=y'},$$

$$\dot{x}' = -\beta x' + \sqrt{2\beta\gamma}\,\xi, \qquad \overline{p}_{x'}(x') = \overline{p}_2(x)|_{x=x'}.$$

(Diese statistische Äquivalenz der beiden Prozesse (y, x) und (y', x') bezieht sich aber nur auf die stationären, momentanen Dichten: y' und x' stellen beide skalare Markovsche Prozesse dar, nicht aber y und x für sich; nur der zweidimensionale Prozeß (y, x) besitzt Markov-Charakter.) Nehmen wir an, daß die Eigenfunktionen und -Werte der skalaren Markovschen Prozesse y' und x' aus den charakteristischen Gleichungen

$$\gamma \frac{\partial^2 Y_k(y')}{\partial y'^2} + \frac{\partial f(y')\, Y_k(y')}{\partial y'} + \beta^{-1}\delta_k Y_k(y') = 0,$$

$$\gamma \frac{\partial^2 X_l(x)}{\partial x'^2} + \frac{\partial x' X_l(x')}{\partial x'} + \beta^{-1}\lambda_l X_l(x') = 0$$

schon bestimmt seien und die Eigenfunktionen orthonormiert sind

$$\int\limits_{-\infty}^{+\infty} Y_k(y)\, Y_l(y) \frac{dy}{\overline{p}_1(y)} = \int\limits_{-\infty}^{+\infty} X_k(x)\, X_l(x) \frac{dx}{\overline{p}_2(x)} = \delta_{k,l}.$$

(Nach Abschn. 6.1.5. (lineare Systeme) sind die $X_k(x)$ mit den Hermiteschen Polynomen (s. Gl. (6.72)) gegeben durch $X_k(x) = \tilde{H}_k(x)\, \overline{p}_2(x)$. Die entsprechenden Eigenwerte sind

$$\lambda_k = k\beta, \qquad k = 0, 1, 2, \dots .$$

Unter Zugrundelegung der Eigenfunktionen der Prozesse y' und x' versuchen wir zur Bestimmung der Übergangsdichte des Prozesses (y, x) den folgenden Ansatz:

$$p_{t-t_1}(y, x \mid y_1, x_1) = \overline{p}_1(y)\, \overline{p}_2(x) + \sum_{\substack{k \geq 0 \\ (k-l \geq 1)}} \sum_{l \geq 0} T_{k,l}(t - t_1)\, Y_k(y)\, X_l(x). \tag{6.105}$$

Mit diesem Ansatz geht die Fokker-Planck-Gleichung

$$\frac{\partial p_{t-t_1}(\cdot)}{\partial t} = \frac{\beta}{\mu}\left[\left(-x \frac{\partial}{\partial y} + f(y) \frac{\partial}{\partial x}\right) p_{t-t_1}(\cdot)\right] + \frac{\beta}{\mu^2}\left[\left(\frac{\partial}{\partial x} x + \gamma \frac{\partial^2}{\partial x^2}\right) p_{t-t_1}(\cdot)\right]$$

mit $\dot{T}(t-t_1) = \frac{\mathrm{d}}{\mathrm{d}t} T(t-t_1)$ über in

$$\sum_{\substack{r \geqq 0 \\ (r+s \geqq 1)}} \sum_{s \geqq 0} [\mu^2 \dot{T}_{r,s} + s\beta T_{r,s}]\, Y_r(y)\, X_s(x)$$
$$= \mu \sum_r \sum_s T_{r,s} \left[-xX_s \frac{\partial Y_r}{\partial y} + f(y)\, Y_r \frac{\partial X_s}{\partial x} \right]$$
$$= \mu \sum_{\substack{r \geqq 0 \\ (r+s \geqq 1)}} \sum_{s \geqq 0} T_{r,s} \left[s\beta \frac{\partial Y_r}{\partial y} \int X_s \,\mathrm{d}x - \delta_r \frac{\partial X_s}{\partial x} \int Y_r \,\mathrm{d}y \right].$$

Hierbei wurden die charakteristischen Gleichungen für die Eigenfunktionen $Y_k(y)$ und $X_l(x)$ und die Eigenwerte $\lambda_l = l\beta$ der Funktionen $X_l(x)$ berücksichtigt.
Diese Gleichung stellt zunächst nichts anderes als die Fokker-Planck-Gleichung in transformierter Form dar. Multipliziert man diese Gleichung mit $\frac{Y_k(y)}{\bar{p}_1(y)} \frac{X_l(x)}{\bar{p}_2(x)}$ und integriert die entstehende Gleichung in unendlichen Grenzen über y und x, so werden unter Berücksichtigung der Orthonormiertheit der Eigenfunktionen Bestimmungsgleichungen für die Zeitfunktionen $T_{k,l}(t-t_1)$ gewonnen

$$\mu^2 \dot{T}_{k,l} + l\beta T_{k,l} = \mu \left[-\beta \sqrt{\gamma(l+1)} \sum_{s \geqq 0} a_{k,s} T_{s,l+1} + \sqrt{\frac{l}{\gamma}} \sum_{s \geqq 0} b_{k,s} \delta_s T_{s,l-1} \right],$$
$$a_{k,s} = \int_{-\infty}^{+\infty} Y_k(y) \frac{\partial Y_s(y)}{\partial y} \,\mathrm{d}y; \qquad b_{k,s} = \int_{-\infty}^{+\infty} Y_k(y) \left[\int Y_s(y)\,\mathrm{d}y \right] \mathrm{d}y, \tag{6.106}$$
$$\sum_{s \geqq 0} a_{k,s} b_{s,l} = \delta_{k,l}\text{[1]}.$$

Bei der Ableitung dieser Gleichungen wurden weiterhin die für die Eigenfunktionen

$$X_s(x) = \frac{(-1)^s}{\sqrt{2\pi\gamma}} \left(\frac{\gamma^s}{s!} \right)^{1/2} \frac{\partial^s}{\partial x^s} \exp\{-x^2/2\gamma\}$$

geltenden Rekursionsbeziehungen

$$\frac{\partial}{\partial x} X_s(x) = -\sqrt{\frac{s+1}{\gamma}}\, X_{s+1}(x), \qquad \int X_s(x)\,\mathrm{d}x = -\sqrt{\frac{\gamma}{s}}\, X_{s-1}(x)$$

ausgenutzt.

Die Gln. (6.106) (für $k \geqq 0$, $l \geqq 0$, $k + l \geqq 1$) stellen ein zwar lineares, jedoch unendliches und verkoppeltes Differentialgleichungssystem zur Bestimmung der Zeitfunktionen $T_{k,l}$ in (6.105) dar, die nur noch näherungsweise gelöst werden können.

Beispielsweise können die $T_{k,l}$ für kleine Parameter μ durch Störungsentwicklung

$$T_{k,l} = \mu^l \sum_{\alpha \geqq 0} \mu^{2\alpha} T_{k,l}^{(\alpha)}$$

ermittelt werden. Dazu wird wie folgt vorgegangen: Für $l \geqq 1$ können die Gleichungen (6.106) umgeformt werden $\left(\mathrm{p} = \frac{\mathrm{d}}{\mathrm{d}t}\right)$

$$T_{k,l} = \frac{1}{\mu^2 \mathrm{p} + \beta l} \mu \left[-\beta \sqrt{\gamma(l+1} \sum_{s \geqq 0} a_{k,s} T_{s,l+1} + \sqrt{\frac{l}{\gamma}} \sum_{s \geqq 0} b_{k,s} \delta_s T_{s,l-1} \right]$$
$$= \frac{1}{\beta l} \sum_{r \geqq 0} (-1)^r \left(\frac{\mu^2 \mathrm{p}}{\beta l} \right)^r \mu \left[-\beta \sqrt{\gamma(l+1)} \sum_{s \geqq 0} a_{k,s} T_{s,l+1} + \sqrt{\frac{l}{\gamma}} \sum_{s \geqq 0} b_{k,s} \delta_s T_{s,l-1} \right].$$

---

[1]) Diese Gleichung folgt unmittelbar aus der Tatsache, daß die $a_{k,s}$ und $b_{k,s}$ die Entwicklungskoeffizienten der Zerlegungen von $\partial \Psi_k(y)/\partial y = \sum_{s \geqq 1} a_{k,s} \Psi_s(y)$ und $\int \Psi_k(y)\,\mathrm{d}y = \sum_{s \geqq 1} b_{k,s} \Psi_s(y)$ nach den Funktionen $\Psi_s(y)$ sind.

Für $l = 0$ gilt

$$\mu^2 \mathrm{p} T_{k,0} = -\beta \sqrt{\gamma} \sum_{s \geqq 0} a_{k,s} T_{s,1}.$$

Setzt man in diesen Gleichungen die μ-Entwicklungen für die $T_{k,l}$ ein, so erhält man nach Koeffizientenvergleich Bestimmungsgleichungen für die $T_{k,l}^{(\alpha)}$

$$T_{k,l}^{(\alpha)} = \frac{1}{\beta \sqrt{\gamma l}} \sum_{s \geqq 0}^{\alpha} \left(-\frac{\mathrm{p}}{\beta l}\right)^{\alpha - s} \sum_{r \geqq 0} b_{k,r} \delta_r T_{r,l-1}^{(s)}$$
$$- (1 - \delta_{\alpha,0}) \frac{\sqrt{\gamma(l+1)}}{l} \sum_{s=0}^{\alpha-1} \left(-\frac{\mathrm{p}}{\beta l}\right)^{\alpha-1-s} \sum_{r \geqq 0} a_{k,r} T_{r,l+1}^{(s)},$$
$$\mathrm{p} T_{k,0}^{(\alpha)} = -\beta \sqrt{\gamma} \sum_{s \geqq 0} a_{k,s} T_{s,1}^{(\alpha)}.$$

Für $\alpha = 0$ werden daraus die folgenden Lösungen erhalten $\left(\sum_{s \geqq 0} a_{k,s} b_{s,l} = \delta_{k,l}\right)$

$$\dot{T}_{k,0}^{(0)} = -\delta_k \cdot T_{k,0} \quad \text{bzw.} \quad T_{k,0}(t - t_1) = C_0 \exp\{-\delta_k (t - t_1)\},$$
$$T_{k,1}^{(0)} = \frac{1}{\beta \sqrt{\gamma}} \sum_{s \geqq 0} b_{k,s} \delta_s T_{s,0}^{(0)},$$
$$\vdots$$
$$T_{k,l}^{(0)} = \frac{1}{\beta \sqrt{l\gamma}} \sum_{s \geqq 0} b_{k,s} \delta_s T_{s,l-1}^{(0)}$$
$$\vdots$$

etc.

Darauf aufbauend werden für $\alpha = 1$ die ersten Korrekturen $T_{k,l}^{(1)}$ berechnet

$$(\mathrm{p} + \delta_k)\, T_{k,0}^{(1)} = -\frac{1}{\beta} \delta_k^2 T_{k,0}^{(0)} + \frac{1}{\beta} \sum_{s \geqq 0} \sum_{r \geqq 0} a_{k,s} \delta_s b_{s,r} \delta_r T_{r,0}^{(0)}.$$

Die allgemeine Lösung dieser Gleichung ist gegeben durch

$$T_{k,0}^{(1)}(t - t_1) = \left[C_1 - \frac{\delta_k}{\beta}(t - t_1)\left(\delta_k - C_0 \sum_{s \geqq 0} a_{k,s} \delta_s b_{s,k}\right)\right] T_{r,0}^{(0)}(t - t_1)$$
$$+ C_0 \sum_{s \geqq 0} \sum_{\substack{r \geqq 0 \\ (r \neq k)}} \frac{a_{k,s} \delta_s b_{s,r} \delta_r}{\beta(\delta_k - \delta_r)} [T_{r,0}^{(0)} - T_{k,0}^{(0)}].$$

Damit können die $T_{k,l}^{(1)}$ für $l \geqq 1$ nacheinander berechnet werden

$$T_{k,l}^{(1)}(t - t_1) = -\frac{1}{l} \frac{\delta_k}{\beta} T_{k,l}^{(0)} + \frac{1}{\beta \sqrt{\gamma l}} \sum_{s \geqq 0} b_{k,s} \delta_s \left[T_{s,l-1}^{(1)} + \frac{\delta_s}{\beta} T_{s,l-1}^{(0)}\right].$$

In entsprechender Weise werden die höheren Entwicklungsglieder $T_{k,l}^{(\alpha)}$ für $\alpha \geqq 2$ berechnet. Die dabei auftretenden Konstanten $C_0, C_1, \ldots$ werden durch die Anfangsbedingung der Übergangsdichte gemäß Gl. (6.105) festgelegt

$$T_{k,l}(t - t_1)|_{t \downarrow t_1} = T_{k,l}(0) = \frac{Y_k(y_1)}{\overline{p}_1(y_1)} \frac{X_l(x_1)}{\overline{p}_2(x_1)}; \qquad \begin{pmatrix} y_1 \\ x_1 \end{pmatrix} = \begin{pmatrix} y(t_1) \\ x(t_1) \end{pmatrix}; \quad t \geqq t_1.$$

6.2.4. Differentialgleichungen für Erwartungswerte

Die Differentialgleichungen für Erwartungswerte von Funktionen $\boldsymbol{\varphi}(\boldsymbol{z}^\mathsf{T}, t)$ werden wie im skalaren Fall ermittelt, indem die Fokker-Planck-Gleichung (6.5) mit $\boldsymbol{\varphi}(\boldsymbol{z}^\mathsf{T}, t)$ multipliziert und anschließend über $\boldsymbol{z}$ im Definitionsbereich Ω integriert wird.

Unter der Voraussetzung, daß das Oberflächenintegral (vgl. Abb. 6.4)

$$\boldsymbol{r}_\varphi(\mathsf{R}) = -\oint\limits_{\mathsf{R}(\Omega)} \left[\mathbf{e}^\mathsf{T}\boldsymbol{G}(\boldsymbol{z}^\mathsf{T}, t)\, \boldsymbol{\varphi}(\boldsymbol{z}^\mathsf{T}, t) + \frac{1}{2}\, p(\boldsymbol{z}^\mathsf{T}, t)\, \mathbf{e}^\mathsf{T}\boldsymbol{M}(\boldsymbol{z}^\mathsf{T}, t)\, \nabla_z \boldsymbol{\varphi}(\boldsymbol{z}^\mathsf{T}, t)\right] \mathrm{d}\dot{s} = 0 \tag{6.107}$$

verschwindet (für den skalaren Fall ist diese Bedingung identisch mit der Bedingungsgleichung (6.36)), genügen die Erwartungswerte den Differentialgleichungen

$$\frac{\mathrm{d}}{\mathrm{d}t} \langle \boldsymbol{\varphi}(\boldsymbol{z}^\mathsf{T}, t)\rangle = \langle \tilde{\boldsymbol{f}}(\boldsymbol{z}^\mathsf{T}, t)^\mathsf{T}\, \nabla_z \boldsymbol{\varphi}(\boldsymbol{z}^\mathsf{T}, t)\rangle + \frac{1}{2} \langle (\mathrm{Sp}\, \boldsymbol{M}(\boldsymbol{z}^\mathsf{T}, t)\, \nabla_z \nabla_z^\mathsf{T})\, \boldsymbol{\varphi}(\boldsymbol{z}^\mathsf{T}, t)\rangle + \left\langle \frac{\partial \boldsymbol{\varphi}(\boldsymbol{z}^\mathsf{T}, t)}{\partial t} \right\rangle. \tag{6.108}$$

(Für $\boldsymbol{r}_\varphi(\mathsf{R}) \neq 0$ ist rechtsseitig der Term $\boldsymbol{r}_\varphi(\mathsf{R})$ additiv hinzuzufügen).

Beispielsweise werden daraus für den Erwartungswert und die Streumatrix der zeitunabhängigen Vektorfunktion $\boldsymbol{\varphi}^\mathsf{T}(\boldsymbol{z}^\mathsf{T})$ die folgende Vektor- bzw. Matrizengleichung erhalten

$$\dot{\boldsymbol{m}}_\varphi(t) = \langle \dot{\boldsymbol{f}}_U(\boldsymbol{z}^\mathsf{T}, t)\rangle, \qquad \boldsymbol{m}_\varphi = \langle \boldsymbol{\varphi}(\boldsymbol{z}^\mathsf{T})\rangle,$$

$$\dot{\boldsymbol{K}}_\varphi(t, t) = \langle \tilde{\boldsymbol{f}}_U(\cdot)\, (\boldsymbol{\varphi} - \boldsymbol{m}_\varphi)^\mathsf{T}\rangle + \langle (\boldsymbol{\varphi} - \boldsymbol{m}_\varphi)\, \tilde{\boldsymbol{f}}_U(\cdot)^\mathsf{T}\rangle + \langle \boldsymbol{U}(\boldsymbol{z}^\mathsf{T})\, \boldsymbol{M}(\boldsymbol{z}^\mathsf{T}, t)\, \boldsymbol{U}^\mathsf{T}(\boldsymbol{z}^\mathsf{T})\rangle.$$

Die Matrix $\boldsymbol{U}(\boldsymbol{z}^\mathsf{T}, t)$ und die Vektorfunktion $\tilde{\boldsymbol{f}}_U(\boldsymbol{z}^\mathsf{T}, t)$ sind durch die Gln. (3.53) und (3.62) definiert.

Diese Erwartungswert- und Streugleichungen wurden schon bei der erweiterten statistischen Linearisierung (s. Abschn. 3.4.2., Gl. (3.60)) zur Bestimmung einer $p(\boldsymbol{z}^\mathsf{T}, t)$ approximierenden Dichte $p_0(\boldsymbol{z}^\mathsf{T}, t)$ herangezogen, wobei dort näherungsweise die Mittelungen mit Hilfe der Dichte $p_0(\cdot)$ ausgeführt wurden.

Die für den eindimensionalen Fall geltenden Gleichungen für die Momentenfunktionen, die zentrierten Momente und die Kumulanten können leicht auf die entsprechenden mehrdimensionalen Erwartungswerte

$$\left\langle \prod_{i=1}^{n} z^{(i)}(t) \right\rangle = m_{k_1,\ldots,k_n}(t) = \left.\frac{\partial^{k_1+\cdots+k_n} h(\boldsymbol{s}^\mathsf{T}, t)}{(\partial s^{(1)})^{k_1} \ldots (\partial s^{(n)})^{k_n}}\right|_{\boldsymbol{s}^\mathsf{T}=0},$$

$$\mu_{k_1,\ldots,k_n}(t) = \left\langle \prod_{i=1}^{n} \left(z^{(i)}(t) - m_z{}^{(i)}(t)\right)^{k_i} \right\rangle = \left.\frac{\partial^{k_1+\cdots+k_n} h(s^\mathsf{T}, t)\, \mathrm{e}^{-\boldsymbol{s}^\mathsf{T} \boldsymbol{m}_z}}{(\partial s^{(1)})^{k_1} \ldots (\partial s^{(n)})^{k_n}}\right|_{\boldsymbol{s}^\mathsf{T}=0},$$

$$k_{l_1,\ldots,l_n}(t) = \left.\frac{\partial^{l_1+\cdots+l_n} \ln\left(h(\boldsymbol{s}^\mathsf{T}, t)\right)}{(\partial s^{(1)})^{l_1} \ldots (\partial s^{(n)})^{l_n}}\right|_{\boldsymbol{s}^\mathsf{T}=0}$$

verallgemeinert werden, wenn die skalaren Indizes k durch die Vektorindizes $(k_1, \ldots, k_n)$ ersetzt werden.

Die Gl. (6.38) für die Momentenfunktionen geht im mehrdimensionalen Fall über in

$$\dot m_{k_1,\ldots,k_n}(t) = \langle f_{k_1,\ldots,k_n}(\boldsymbol{z}^\mathsf{T}, t)\rangle,$$

$$\begin{aligned} f_{k_1,\ldots,k_n}(\boldsymbol{z}^\mathsf{T}, t) = \sum_{i=1}^{n} \Bigg[& k_i \bar f^{(i)}(\boldsymbol{z}^\mathsf{T}, t) \prod_{s=1}^{n} (z^{(s)})^{k_s-\delta_{i,s}} \\ & + \binom{k_i}{2} M^{(i,i)}(\boldsymbol{z}^\mathsf{T}, t) \prod_{s=1}^{n} (z^{(s)})^{k_s-2\delta_{i,s}} \Bigg] \\ & + \sum_{i=2}^{n} \sum_{j=1}^{i-1} k_i k_j M^{(i,j)}(\boldsymbol{z}^\mathsf{T}, t) \prod_{s=1}^{n} (z^{(s)})^{k_s-\delta_{i,s}-\delta_{j,s}}. \end{aligned} \tag{6.109}$$

Entsprechend nimmt Gl. (6.40) im mehrdimensionalen Fall die Gestalt an

$$\begin{aligned} \dot\mu_{k_1,\ldots,k_n}(t) &= \langle f^*_{k_1,\ldots,k_n}(\boldsymbol{z}^\mathsf{T}, t)\rangle - k_i \dot m_z^{(i)} \{\mu_{k_1,\ldots,k_n}|_{k_i\to k_i-1}\}, \\ f^*_{k_1,\ldots,k_n}(\boldsymbol{z}^\mathsf{T}, t) &= f_{k_1,\ldots,k_n}(\boldsymbol{z}^\mathsf{T}, t)|_{z^k\to(z-m_z)^k}. \end{aligned} \tag{6.110}$$

Genauso werden die Kumulantengleichungen (6.43) auf den mehrdimensionalen Fall verallgemeinert

$$\dot k_{l_1,\ldots,l_n}(t) = \sum_{\substack{s_1=0 \\ (s_1+\cdots+s_n\geqq 1)}}^{l_1} \cdots \sum_{s_n=0}^{l_n} \prod_{i=1}^{n} \binom{l_i}{s_i} \langle \tilde m_{l_1-s_1,\ldots,l_n-s_n}(t)\, f_{s_1,\ldots,s_n}(\boldsymbol{z}^\mathsf{T}, t)\rangle. \tag{6.111}$$

Die Funktionen $\tilde m_{l_1,\ldots,l_n}(t)$ sind wieder die „Momentenfunktionen" der reziproken charakteristischen Funktion

$$\tilde m_{l_1,\ldots,l_n}(t) = \left.\frac{\partial^{l_1+\cdots+l_n} h^{-1}(\mathbf{s}^\mathsf{T}, t)}{(\partial s^{(1)})^{l_1} \ldots (\partial s^{(n)})^{l_n}}\right|_{\mathbf{s}^\mathsf{T}=0}.$$

Die für den eindimensionalen Fall abgeleiteten Formeln zur Berechnung von Produktsummen können ebenfalls in der oben angegebenen Weise auf den mehrdimensionalen Fall verallgemeinert werden. Die aus (6.47) und (6.48) folgenden Gleichungen

$$\begin{aligned} \tilde m_{l_1,\ldots,l_n} &= -K_{l_1,\ldots,l_n} - \sum_{\substack{s_1=0 \\ (s_1+\cdots+s_n\geqq 1,\, l_{j,i}=l_j-\delta_{i,j})}}^{l_{1,i}} \cdots \sum_{s_n=0}^{l_{n,i}} \prod_{j=1}^{n} \binom{l_{j,i}}{s_j} \tilde m_{s_1,\ldots,s_n} K_{l_1-s_1,\ldots,l_n-s_n} \\ \tilde m_{l_1,\ldots,l_n} &= -\sum_{\substack{s_1=0 \\ (s_1+\cdots+s_n\geqq 1)}}^{l_1} \cdots \sum_{s_n=0}^{l_n} \prod_{j=1}^{n} \binom{l_j}{s_j} \tilde m_{l_1-s_1,\ldots,l_n-s_n} m_{s_1,\ldots,s_n} \end{aligned} \tag{6.112}$$

können zur iterativen Bestimmung der Funktionen $\tilde m_{k_1,\ldots,k_n}(t)$ in Abhängigkeit von den Kumulanten bzw. von den Momentenfunktionen herangezogen werden.

In entsprechender Weise werden die Gln. (6.49) bis (6.51) auf den mehrdimensionalen Fall verallgemeinert.

6.3. Analyse von Verweilzeiten

Bei der Analyse stochastischer Systeme interessiert man sich häufig für die Zeit τ_A, zu der eine Zufallstrajektorie $\boldsymbol{z}^\mathsf{T}(t)$ das erste Mal ein Randgebiet $\mathsf{R}_A(\Omega)$ des Definitionsbereiches Ω erreicht, wenn der Anfangszustand $z_0 = z(t_0)$ mit Wahrscheinlichkeit Eins nur Realisierungen aus $\Omega \mid \mathsf{R}_A$ (d. h. nicht aus R_A) angenommen hat

$$\tau_A = \{\tau : \boldsymbol{z}(t) \in \mathsf{R}_A \mid \boldsymbol{z}(t') \in \Omega \mid \mathsf{R}_A, t_0 \leqq t' < t\}. \tag{6.113}$$

Selbst bei fest vorgegebenem Anfangszustand stellt diese Zeit τ_A eine Zufallsgröße dar, deren statistische Charakteristika, wie Erwartungswert und Momente höherer Ordnungen, zu ermitteln sind. Dazu kann die Lösung der prospektiven oder reprospektiven Fokker-Planck-Gleichung unter bestimmten Randbedingungen herangezogen werden. Im Falle zeitinvarianter Systeme können die Momente der zufälligen Zeiten τ_A direkt aus partiellen Differentialgleichungen berechnet werden.

Im folgenden sollen diese Methoden näher erläutert werden.

6.3.1. Bestimmung mittlerer Verweilzeiten durch Lösung der prospektiven Fokker-Planck-Gleichung

Der Prozeß $\boldsymbol{z}^{\mathsf{T}}(t)$ sei durch das Differentialgleichungssystem

$$\dot{\boldsymbol{z}} = \boldsymbol{f}(\boldsymbol{z}^{\mathsf{T}}, t) + \boldsymbol{g}(\boldsymbol{z}^{\mathsf{T}}, t)\, \boldsymbol{\xi}(t) \tag{6.1}$$

in Ω definiert. Das Randgebiet $\mathsf{R}(\Omega)$ setzt sich zusammen aus dem Randgebiet R_A und dem restlichen Gebiet R_R

$$\mathsf{R}(\Omega) = \mathsf{R}_A \cup \mathsf{R}_R.$$

(R_R kann auch die Nullmenge sein).

Nach den Ausführungen in den Abschn. 6.1.1. und 6.2.1. wissen wir, daß mit den Anfangs- und Randbedingungen

$$\begin{aligned} &\lim_{t \downarrow t_0} \tilde{p}_{t,t_0}(\boldsymbol{z}^{\mathsf{T}} \mid \boldsymbol{z}_0^{\mathsf{T}}) = \delta(\boldsymbol{z} - \boldsymbol{z}_0), \\ &\tilde{p}_{t,t_0}(\boldsymbol{z}^{\mathsf{T}} \mid \boldsymbol{z}_0^{\mathsf{T}})|_{\boldsymbol{z} \in \mathsf{R}_A} = 0 \end{aligned} \tag{6.114}$$

und den Reflexionsbedingungen nach Gl. (6.94) auf dem Rand R_R aus der Lösung $\tilde{p}_{t,t_0}(\boldsymbol{z}^{\mathsf{T}} \mid \boldsymbol{z}_0^{\mathsf{T}})$ der Fokker-Planck-Gleichung die Wahrscheinlichkeit

$$P\big(\boldsymbol{z}(t') \in \Omega \mid \mathsf{R}_A, t_0 \leqq t' \leqq t \mid \boldsymbol{z}_0 \in \Omega \mid \mathsf{R}_A\big) = \int_{\Omega} \tilde{p}_{t,t_0}(\boldsymbol{z}^{\mathsf{T}} \mid \boldsymbol{z}_0^{\mathsf{T}})\, \mathrm{d}\mathring{\boldsymbol{z}}$$

ermittelt werden kann, mit der der Prozeß $\boldsymbol{z}^{\mathsf{T}}(t')$ im Verlaufe der Zeit t' von t_0 bis t noch nie das Randgebiet R_A erreicht hat. Mit anderen Worten: Sie stellt die Wahrscheinlichkeit dafür dar, daß die Zeit $\tau_A + t_0$ des ersten Erreichens des Randgebietes R_A größer t ist

$$P(\tau_A + t_0 > t \mid \boldsymbol{z}_0^{\mathsf{T}}) = \int_{\Omega} \tilde{p}_{t,t_0}(\boldsymbol{z}^{\mathsf{T}} \mid \boldsymbol{z}_0^{\mathsf{T}})\, \mathrm{d}\mathring{\boldsymbol{z}}. \tag{6.115}$$

Aufgrund der offensichtlichen Beziehung: $P(\tau_A > t - t_0 \mid \cdot) + P(\tau_A \leqq t - t_0 \mid \cdot) = 1$ ist damit auch die Verteilungsfunktion $P\,(\tau_A \leqq t - t_0)$ gegeben, aus der nach Differentiation nach t per definitionem die Wahrscheinlichkeitsdichte der zufälligen Zeit ermittelt werden kann

$$p(\tau_A \mid \boldsymbol{z}_0^{\mathsf{T}}) = \frac{\partial}{\partial t} P(\tau_A \leqq t - t_0 \mid \boldsymbol{z}_0^{\mathsf{T}}) = -\frac{\partial}{\partial t} P(\tau_A > t - t_0 \mid \boldsymbol{z}_0^{\mathsf{T}})\,|_{t - t_0 = \tau_A}, \tag{6.116}$$

$$0 \leqq \tau_A \leqq \infty.$$

Tatsächlich stellt $p(\tau_A \mid z_0^\mathsf{T})$ eine normierte Dichte dar, wenn

$$\lim_{t\to\infty} \int_\Omega \tilde{p}_{t,t_0}(z^\mathsf{T} \mid z_0^\mathsf{T})\, \mathrm{d}\mathring{z} = 0,$$

da damit

$$\int_0^\infty p(\tau_A \mid z_0^\mathsf{T})\, \mathrm{d}\tau_A = -\int_{t_0}^\infty \frac{\partial}{\partial t} \int_\Omega \tilde{p}_{t,t_0}(z^\mathsf{T} \mid z_0^\mathsf{T})\, \mathrm{d}t\, \mathrm{d}\mathring{z} = \int_\Omega \tilde{p}_{t_0,t_0}(z^\mathsf{T} \mid z_0^\mathsf{T})\, \mathrm{d}\mathring{z} = 1$$

(vgl. mit der Anfangsbedingung nach Gl. (6.114)).
Mit Kenntnis von $\tilde{p}_{t,t_0}(z^\mathsf{T} \mid z_0^\mathsf{T})$ können nun die Momente der zufälligen Zeit τ_A in Abhängigkeit von einem vorgegebenen Anfangszustand z_0^T aus $\tilde{p}_{t,t_0}(z^\mathsf{T} \mid z_0^\mathsf{T})$ berechnet werden

$$m_{n;\tau_A}(z_0^\mathsf{T}) = -\int_0^\infty \tau_A^n \frac{\partial}{\partial \tau_A} \int_R \tilde{p}_{\tau_A+t_0,t_0}(z^\mathsf{T} \mid z_0^\mathsf{T})\, \mathrm{d}\mathring{z}\, \mathrm{d}\tau_A .$$

Unter der Voraussetzung, daß $\lim_{t\to\infty} \int_\Omega t^n \tilde{p}_{t,t_0}(z^\mathsf{T} \mid z_0^\mathsf{T})\, \mathrm{d}\mathring{z} = 0$, erhält man daraus nach partieller Zeitintegration

$$m_{n;\tau_A}(z_0^\mathsf{T}) = n \int_{t_0}^\infty (t - t_0)^{n-1}\, P(\tau_A > t - t_0 \mid z_0^\mathsf{T})\, \mathrm{d}t. \tag{6.117}$$

Mittelt man diese bedingten Momente über den Anfangszustand (voraussetzungsgemäß muß die Anfangsverteilungsdichte $p_\mathrm{A}(z_0^\mathsf{T}, t_0)$ im Gebiet $\Omega \mid \mathrm{R}_A$ auf Eins normiert sein), so erhält man die unbedingten Momente der zufälligen Verweilzeit τ_A in Ω

$$m_{n;\tau_A} = \int_{\Omega \mid \mathrm{R}_A} m_{n;\tau_A}(z_0^\mathsf{T})\, p_\mathrm{A}(z_0^\mathsf{T}, t_0)\, \mathrm{d}\mathring{z}_0, \qquad \int_{\Omega \mid \mathrm{R}_A} p_\mathrm{A}(z_0^\mathsf{T}, t_0)\, \mathrm{d}z_0 = 1.$$

Es zeigt sich also, daß auch derartige Probleme durch Lösung der (prospektiven) Fokker-Planck-Gleichung analysiert werden können. Da jedoch die statistischen Charakteristika der (zufälligen) Verweilzeiten τ_A in Abhängigkeit vom Anfangszustand z_0^T interessieren, ist es i. d. R. vorteilhafter, wenn man von der reprospektiven Fokker-Planck- (bzw. Kolmogoroff-) Gleichung ausgeht.

6.3.2. Bestimmungsgleichungen für die mittleren Verweilzeiten und ihre Momente höherer Ordnungen

Für zeitinvariante Systeme:

$$\dot{z} = \bar{f}(z^\mathsf{T}) + \bar{g}(z^\mathsf{T})\, \xi(t), \qquad R(t) = \bar{R}$$

können die Momente der zufälligen Verweilzeit τ_A direkt aus partiellen Differentialgleichungen bestimmt werden. Die durch Gl. (6.115) definierte Wahrscheinlichkeit $P(\tau_A > t - t_0 \mid z_0^\mathsf{T})$ ist für zeitinvariante Systeme nur von der Zeitdifferenz $t - t_0$ abhängig, so daß nach Gl. (6.116)

$$p(\tau_A \mid z_0^\mathsf{T}) = -\frac{\partial}{\partial t} P(\tau_A < t - t_0 \mid z_0^\mathsf{T}) = \frac{\partial}{\partial t_0} \int_\Omega \tilde{p}_{t-t_0}(z^\mathsf{T} \mid z_0^\mathsf{T})\, \mathrm{d}\mathring{z}.$$

Da die Dichte $p_{t-t_0}(\boldsymbol{z}^\mathsf{T} \mid \boldsymbol{z}_0^\mathsf{T})$ eine Lösung der (prospektiven) Fokker-Planck-Gleichung ist, genügt sie ebenfalls der (reprospektiven) Kolmogoroff-Gleichung (2.19), so daß die letzte Gleichung mit den Bezeichnungen gemäß Gl. (6.4) in expliziter Abhängigkeit vom Anfangszustand in der folgenden Form geschrieben werden kann

$$-\frac{\partial}{\partial t} P(\tau_A > t - t_0 \mid \boldsymbol{z}_0^\mathsf{T}) = -\left[\tilde{\boldsymbol{f}}(\boldsymbol{z}_0^\mathsf{T})^\mathsf{T}\, \nabla_{z_0} + \frac{1}{2}\,\mathrm{Sp}\left(\boldsymbol{M}(\boldsymbol{z}_0^\mathsf{T})\, \nabla_{z_0}\nabla_{z_0}^\mathsf{T}\right)\right] \times P(\tau_A > t - t \mid \boldsymbol{z}_0^\mathsf{T}). \tag{6.118}$$

Die hieraus für $P(\tau_A \leqq t - t_0 \mid \boldsymbol{z}_0^\mathsf{T}) = 1 - P(\tau_A > t - t_0 \mid \boldsymbol{z}_0^\mathsf{T})$ folgende partielle Differentialgleichung ist in der Literatur als Pontrjaginsche Gleichung ([87]) bekannt.

Die Anfangs- und Randbedingungen formulieren wir folgendermaßen

$$\begin{aligned} P(\tau_A > 0 \mid \boldsymbol{z}_0^\mathsf{T}) &= 1 && \text{für} \quad \boldsymbol{z}_0 \in \Omega \mid \mathsf{R}_A, \\ P(\tau_A > t - t_0 \mid \boldsymbol{z}_0^\mathsf{T}) &= 0 && \text{für} \quad \boldsymbol{z}_0 \in \mathsf{R}_A, \\ \boldsymbol{e}^\mathsf{T}\nabla_{z_0}P(\tau_A > t - t_0 \mid \boldsymbol{z}_0^\mathsf{T}) &= 0 && \text{für} \quad \boldsymbol{z}_0 \in \tilde{\mathsf{R}} \mid \mathsf{R}_A, \quad \tilde{\mathsf{R}} = \mathsf{R}^\pm \cup \mathsf{R}^+. \end{aligned} \tag{6.119}$$

Dabei wurde vorausgesetzt, daß ein Phasenpunkt $\boldsymbol{z}_0 \in \mathsf{R}^+ \mid \mathsf{R}_A$ eindeutig in einen Phasenpunkt $\boldsymbol{z}_0' \in \mathsf{R}^-$ „reflektiert" wird (vgl. mit der zweiten Reflektionsbedingung von Gl. (6.94)). $\boldsymbol{e}$ bezeichnet wieder die Oberflächennormale des betrachteten Randgebietes.

Diese Anfangs- und Randbedingungen sollen im folgenden etwas näher erläutert werden: Die ersten beiden Bedingungen sind unmittelbar einleuchtend: Die Anfangsbedingung folgt aus der Stetigkeit der Prozeßtrajektorien, so daß eine endliche Zeit $\tau_A > 0$ benötigt wird, ehe der Prozeß $\boldsymbol{z}(t)$ das Randgebiet R_A erreicht, wenn er sich zum Zeitpunkt $t = t_0$ nicht auf R_A befand. Die zweite Bedingung folgt aus $\tau_A = 0$, wenn $\boldsymbol{z}_0 \in \mathsf{R}_A$. Im Falle, daß R_A identisch mit dem gesamten Randgebiet R ist, durch das prinzipiell Trajektorien aus Ω herauslaufen können (nach den Ausführungen im Abschn. 6.2.1. setzt sich dieses zusammen aus $\mathsf{R}^\pm$ und R^+), so ist $\tilde{\mathsf{R}} \mid \mathsf{R}_A$ die Nullmenge ($\mathsf{R}_A = \tilde{\mathsf{R}}$) und die dritte Bedingung entfällt.

Ist dagegen R_A eine echte Teilmenge von $\tilde{\mathsf{R}}$, so müssen auf dem restlichen Randgebiet

$$(\mathsf{R}(\Omega) \mid \mathsf{R}_A) = (\mathsf{R}^\pm \mid \mathsf{R}_A) \cup (\mathsf{R}^+ \mid \mathsf{R}_A) \cup \mathsf{R}^-$$

die Reflexionsbedingungen berücksichtigt werden. Entsprechend der ersten Bedingung von Gl. (6.94) werden Trajektorien auf dem Randgebiet $\mathsf{R}^\pm \mid \mathsf{R}_A$ direkt reflektiert. Befindet sich der Prozeß $\boldsymbol{z}_0'$ zum Zeitpunkt $t = t_0$ auf $\mathsf{R}^\pm \mid \mathsf{R}_A$, so muß er im vorangegangenen Zeitpunkt $t_0 - \Delta t_0$ mit Wahrscheinlichkeit $(1 - \alpha)$ schon auf diesem Randgebiet gewesen sein oder mit Wahrscheinlichkeit α eine Realisierung $\boldsymbol{z}_0 + \Delta\boldsymbol{z}_0 \in \Omega \mid \mathsf{R}$ in der Nähe von $\mathsf{R}^\pm \mid \mathsf{R}_A$ angenommen haben. Es gilt also

$$\begin{aligned} \tilde{p}(\boldsymbol{z}^\mathsf{T}, t \mid \boldsymbol{z}_0^\mathsf{T}, t_0)|_{\boldsymbol{z}_0 \in \mathsf{R}^\pm/\mathsf{R}_A} &= (1 - \alpha)\, \tilde{p}(\boldsymbol{z}^\mathsf{T}, t \mid \boldsymbol{z}_0^\mathsf{T}, t_0 - \Delta t_0) + \alpha \tilde{p}(\boldsymbol{z}^\mathsf{T}, t \mid \boldsymbol{z}_0^\mathsf{T} + \Delta\boldsymbol{z}_0^\mathsf{T}, t_0 - \Delta t_0) \\ &= \tilde{p}(\boldsymbol{z}^\mathsf{T}, t \mid \boldsymbol{z}_0^\mathsf{T}, t_0)|_{\boldsymbol{z}_0 \in \mathsf{R}^\pm/\mathsf{R}_A} - \Delta t_0 \frac{\partial \tilde{p}(\boldsymbol{z}^\mathsf{T}, t \mid \boldsymbol{z}_0^\mathsf{T}, t_0)}{\partial t_0} \\ &\quad + \alpha \left[\Delta\boldsymbol{z}_0^\mathsf{T}\nabla_{z_0} + \frac{1}{2}(\Delta\boldsymbol{z}_0^\mathsf{T}\nabla_{z_0})^2\right] \tilde{p}(\boldsymbol{z}^\mathsf{T}, t \mid \boldsymbol{z}_0^\mathsf{T}, t_0) + \cdots. \end{aligned}$$

Beachtet man weiterhin $\|\Delta\boldsymbol{z}_0\| \sim \sqrt{\Delta t_0}$ (s. Kap. 2), so folgt daraus für kleine Δt_0

$$\Delta\boldsymbol{z}_0^\mathsf{T}\nabla_{z_0}\tilde{p}(\boldsymbol{z}^\mathsf{T}, t \mid \boldsymbol{z}_0^\mathsf{T}, t_0)|_{\boldsymbol{z}_0 \in \mathsf{R}^\pm/\mathsf{R}_A} = 0,$$

und zwar für beliebige $\boldsymbol{z}_0 + \Delta\boldsymbol{z}_0 \in \Omega \mid \mathsf{R}$, d. h., es gilt auch: $\boldsymbol{e}^\mathsf{T}\Delta\boldsymbol{z}_0 \neq 0$. Integriert man die daraus folgende Gleichung

$$\boldsymbol{e}^\mathsf{T}\nabla_{z_0}\tilde{p}(\boldsymbol{z}^\mathsf{T}, t \mid \boldsymbol{z}_0^\mathsf{T}, t_0)|_{\boldsymbol{z}_0 \in \mathsf{R}^\pm/\mathsf{R}_A} = 0$$

über $\boldsymbol{z} \in \Omega$, so erhält man die dritte Randbedingung für das Teilrandgebiet $\mathsf{R}^\pm \mid \mathsf{R}_A \subset \tilde{\mathsf{R}} \mid \mathsf{R}_A$.

Für den restlichen Teil $(\mathsf{R}^+ \mid \mathsf{R}_A) \cup \mathsf{R}^-$ gehen wir zum Nachweis der dritten Bedingung von Gl. (6.119) ähnlich vor: Entsprechend der zweiten Reflexionsbedingung von Gl. (6.94) kann der Prozeß $\boldsymbol{z}_0'$ zum Zeitpunkt $t = t_0$ nur Realisierungen auf R^- haben, wenn er zu einem kurz davor liegenden Zeitpunkt $t_0 - \Delta t_0$ eine Realisierung $\boldsymbol{z}_0 + \Delta\boldsymbol{z}_0 \in \Omega \mid \mathsf{R}$ in der Nähe von $\mathsf{R}^+ \mid \mathsf{R}_A$ angenommen hatte und zum Zeitpunkt t_0 von $\mathsf{R}^+ \mid \mathsf{R}_A$ auf R^- „reflektiert" wird. Es gilt also

$$\tilde{p}(\boldsymbol{z}^\mathsf{T}, t \mid \boldsymbol{z}_0'^\mathsf{T}, t_0)|_{\boldsymbol{z}_0' \in \mathsf{R}^-} = \tilde{p}(\boldsymbol{z}^\mathsf{T}, t \mid \boldsymbol{z}_0^\mathsf{T} + \Delta\boldsymbol{z}_0^\mathsf{T}, t_0 - \Delta t_0)|_{\boldsymbol{z}_0 \in \mathsf{R}^+/\mathsf{R}_A}$$
$$= \tilde{p}(\boldsymbol{z}^\mathsf{T}, t \mid \boldsymbol{z}_0^\mathsf{T}, t_0)|_{\boldsymbol{z}_0 \in \mathsf{R}^+/\mathsf{R}_A} + \Delta\boldsymbol{z}_0^\mathsf{T} \nabla_{\boldsymbol{z}_0} \tilde{p}(\boldsymbol{z}^\mathsf{T}, t \mid \boldsymbol{z}_0, t_0) + O(\Delta t_0).$$

Setzt man voraus, daß $\boldsymbol{z}_0 \in \mathsf{R}^+ \mid \mathsf{R}_A$ eindeutig in einen Randpunkt $\boldsymbol{z}_0' \in \mathsf{R}^-$ und von dort ins Innere von Ω reflektiert wird, so gilt

$$\tilde{p}(\boldsymbol{z}^\mathsf{T}, t \mid \boldsymbol{z}_0'^\mathsf{T}, t_0)_{\boldsymbol{z}_0' \in \mathsf{R}^-} = \tilde{p}(\boldsymbol{z}^\mathsf{T}, t \mid \boldsymbol{z}_0^\mathsf{T}, t_0)|_{\boldsymbol{z}_0 \in \mathsf{R}^+/\mathsf{R}_A},$$

d. h., die Anfangswerte $\boldsymbol{z}_0'$ und $\boldsymbol{z}_0$ sind statistisch äquivalent. Da weiterhin $\boldsymbol{e}^\mathsf{T}\Delta\boldsymbol{z}_0 \neq 0$ für alle $\boldsymbol{z}_0 \in \mathsf{R}^+$ wird daraus die Bedingung

$$\boldsymbol{e}^\mathsf{T} \nabla_{\boldsymbol{z}_0} \tilde{p}(\boldsymbol{z}^\mathsf{T}, t \mid \boldsymbol{z}_0^\mathsf{T}, t_0) = 0 \quad \text{für} \quad \boldsymbol{z}_0 \in \mathsf{R}^+ \mid \mathsf{R}_A$$

erhalten. Nach Integration dieser Gleichung über $\boldsymbol{z} \in \Omega$ erhält man schließlich die dritte Randbedingung aus Gl. (6.119) für das restliche Randgebiet $(\mathsf{R}^+ \mid \mathsf{R}_A)$.

Multipliziert man Gl. (6.118) mit $(t - t_0)^n$ und integriert anschließend über t von t_0 bis ∞, so erhält man unter Beachtung von Gl. (6.117) eine partielle Differentialgleichung für die Momente der Verweilzeit in Ω

$$\left[\tilde{\boldsymbol{f}}(\boldsymbol{z}_0^\mathsf{T})^\mathsf{T} \nabla_{\boldsymbol{z}_0} + \frac{1}{2} \operatorname{Sp}\left(\boldsymbol{M}(\boldsymbol{z}_0^\mathsf{T})\, \nabla_{\boldsymbol{z}_0} \nabla_{\boldsymbol{z}_0}^\mathsf{T}\right)\right] m_{n;\tau_A}(\boldsymbol{z}_0^\mathsf{T}) + n m_{n-1;\tau_A}(\boldsymbol{z}_0^\mathsf{T}) = 0,$$
$$n \geqq 0, \qquad m_{-1;\tau_A}(\boldsymbol{z}_0^\mathsf{T}) = 0. \tag{6.120}$$

Die Randbedingungen für diese partielle Differentialgleichung erhält man leicht aus den letzten beiden Bedingungen von Gl. (6.119), die ja gleichermaßen für die Dichte $p(\tau_A \mid \boldsymbol{z}_0^\mathsf{T}) = -\partial/\partial t\, P(\tau_A > t - t_0 \mid \boldsymbol{z}_0^\mathsf{T})$ gelten

$$p(\tau_A \mid \boldsymbol{z}_0^\mathsf{T})_{\boldsymbol{z}_0 \in \mathsf{R}_A} = 0, \qquad \boldsymbol{e}^\mathsf{T} \nabla_{\boldsymbol{z}_0} p(\tau_A \mid \boldsymbol{z}_0^\mathsf{T})_{\boldsymbol{z}_0 \in \tilde{\mathsf{R}}/\mathsf{R}_A} = 0.$$

Multipliziert man beide Gleichungen mit t^n $(n \geqq 0)$ und integriert anschließend über $\tau_A \in [0, \infty]$, so werden die Randbedingungen für die Gleichung (6.120) erhalten

$$m_{n;\tau_A}(\boldsymbol{z}_0^\mathsf{T}) = 0 \quad \text{für} \quad \boldsymbol{z}_0 \in \mathsf{R}_A,$$
$$\boldsymbol{e}^\mathsf{T} \nabla_{\boldsymbol{z}_0} m_{n;\tau_A}(\boldsymbol{z}_0^\mathsf{T}) = 0 \quad \text{für} \quad \boldsymbol{z}_0 \in \tilde{\mathsf{R}} \mid \mathsf{R}_A. \tag{6.121}$$

Beginnend mit $n = 0$ können mit diesen Randbedingungen die Momente $m_{n;\tau_A}(\boldsymbol{z}_0^\mathsf{T})$ aus (6.120) nacheinander berechnet werden.

Bezüglich des Momentes nullter Ordnung gilt

$$m_{0;\tau_A}(\boldsymbol{z}_0^\mathsf{T}) = -\int_{t_0}^{\infty} \frac{\partial}{\partial t} P(\tau_A > t - t_0 \mid \boldsymbol{z}_0^\mathsf{T})\, \mathrm{d}t = P(\tau_A > 0 \mid \boldsymbol{z}_0^\mathsf{T}),$$

wobei $\lim\limits_{t \to \infty} P(\tau_A > t - t_0 \mid \boldsymbol{z}_0^\mathsf{T}) = 0$ vorausgesetzt wurde. Nach Gl. (6.119) ist also

$$m_{0;\tau_A}(\boldsymbol{z}_0^\mathsf{T}) = 1 \quad \text{für} \quad \boldsymbol{z}_0 \in \Omega \mid \mathsf{R}_A.$$

Im Falle skalarer Systeme (6.6) mit zeitinvarianten Funktionen $f(z, t) = \bar{f}(z)$ und $g(z, t) = \bar{g}(z)$ kann die partielle Differentialgleichung (6.120) leicht integriert werden

$$m_{n;\tau_A}(z_0) = A_n + \int_a^{z_0} \mathrm{d}y\, \mathrm{e}^{-U(y)} \left[B_n - 2n \int_a^{y} \mathrm{d}x \frac{m_{n-1;}(x)}{M(x} \mathrm{e}^{U(y)} \right], \tag{6.122}$$

$$a \leqq z_0 \leqq b, \qquad a \leqq z \leqq b, \qquad m_{0;\tau_A}(z_0) = 1 .$$

Darin ist

$$U(z) = 2 \int \frac{\bar{f}(x)}{M(x)} \mathrm{d}x \tag{6.20}$$

die schon zur Bestimmung der stationären Dichte $\bar{p}(z)$ benötigte Funktion.

Die Konstanten A_n und B_n werden aus den den Gln. (6.121) entsprechenden Randbedingungen bestimmt:

Interessiert die Zeit τ_A des ersten Erreichens einer der beiden Grenzen $z = a$ oder $z = b$, so ist $\mathsf{R}_A = (z = a, z = b) = \tilde{\mathsf{R}} \equiv \mathsf{R}$ und in (6.122) sind zu setzen:

$$A_n = 0, \qquad B_n = 2n \int_a^b \mathrm{d}y\, \mathrm{e}^{-U(y)} \int_a^y \mathrm{d}x\, \mathrm{e}^{U(x)} \frac{m_{n-1;\tau_A}(x)}{M(x)} \left[\int_a^b \mathrm{d}y\, \mathrm{e}^{-U(y)} \right]^{-1}, \tag{6.123}$$

$$\text{für} \quad m_{n;\tau_A}(a) = m_{n;\tau_A}(b) = 0 .$$

Interessiert die Zeit des ersten Erreichens nur einer Grenze, z. B. der unteren Grenze a, so ist $\mathsf{R}_A = (z = a)$, $\tilde{\mathsf{R}} \mid \mathsf{R}_A = (z = b)$, und die Momente werden entsprechend der Gl. (6.122) wie folgt bestimmt

$$m_{n;\tau_A}(z_0) = 2n \int_a^{z_0} \mathrm{d}y\, \mathrm{e}^{-U(y)} \int_y^b \mathrm{d}x\, \mathrm{e}^{U(x)} \frac{m_{n-1;\tau_A}(x)}{M(x)},$$

$$m_{n;\tau_A}(a) = 0, \qquad \frac{\partial}{\partial z_0} m_{n;\tau_A}(z_0)|_{z_0=b} = 0 . \tag{6.124}$$

Entsprechend gilt für den dritten möglichen Fall $\mathsf{R}_A = (z = b)$, $\mathsf{R} \mid \mathsf{R}_A = (z = a)$

$$m_{n;\tau_A}(z_0) = 2n \int_{z_0}^{b} \mathrm{d}y\, \mathrm{e}^{-U(y)} \int_a^y \mathrm{d}x\, \mathrm{e}^{U(x)} \frac{m_{n-1;}(x)}{M(x)}$$

$$\text{für} \quad m_{n;\tau_A}(b) = 0, \qquad \frac{\partial}{\partial z_0} m_{n;\tau_A}(z_0)|_{z_0=a} = 0 . \tag{6.125}$$

Leider gelingt es für allgemeine, zeitabhängige Systeme nicht, die Momente der Verweilzeit τ_A direkt aus partiellen Differentialgleichungen zu bestimmen. In diesem Falle geht man entweder von der (prospektiven) Fokker-Planck-Gleichung aus und berechnet, wie im Abschn. 6.3.1. beschrieben, aus der Lösung $\tilde{p}_{t,t_0}(\boldsymbol{z}^\mathsf{T} \mid \boldsymbol{z}_0^\mathsf{T})$ die gesuchten Momente $m_{n;\tau_A}(\boldsymbol{z}_0^\mathsf{T})$ oder man löst dazu die Pontrjaginsche Gleichung (6.118) (mit $\bar{\boldsymbol{f}}(\boldsymbol{z}_0^\mathsf{T}) \to \bar{f}(\boldsymbol{z}_0^\mathsf{T}, t)$, $\boldsymbol{M}(\boldsymbol{z}_0^\mathsf{T}) \to \boldsymbol{M}(\boldsymbol{z}_0^\mathsf{T}, t)$) unter den Randbedingungen (6.119).

6.3.3. Beispiele

In den vorangegangenen Unterabschnitten wurde gezeigt, daß es zur Bestimmung beispielsweise der mittleren Verweilzeit $\langle \tau_A \mid z_0 \rangle = m_{1;\tau_A}(z_0)$ stationärer Prozesse prinzipiell drei Möglichkeiten gibt

- Lösung der Fokker-Planck-Gleichung,
- Lösung der Pontrjaginschen Gleichung,
- Lösung der Momentengleichung für τ_A.

In allen drei Fällen sind partielle Differentialgleichungen mit jedoch verschiedenen Rand- und Anfangsbedingungen zu lösen. Im folgenden wird die Anwendung dieser drei Berechnungsmethoden am einfachsten Beispiel des skalaren Wiener-Prozesses demonstriert. Fernerhin werden für die Beispiele 1 und 2 die mittleren Verweilzeiten in einem Gebiet $(-a, +a)$ explizit angegeben. Schließlich wird der im Abschn. 6.1.5. (Beispiel 2) schuldig gebliebene Beweis der Unrichtigkeit von Formel (6.78) geführt.

Mittlere Verweilzeit eines Wiener-Prozesses in $(-a, +a)$

Wir betrachten das einfachste System

$$\dot{z} = \sqrt{2\beta}\, \xi(t), \qquad K_\xi(t, t') = \delta(t - t')$$

($z(t)$ ist also ein skalarer Wiener-Prozeß) und interessieren uns dafür, wie lange es dauert, ehe dieser Prozeß eine der Grenzen $z = -a$ oder $z = +a$ erreicht, wenn er zum Zeitpunkt t_0 eine Realisierung $|z_0| < a$ angenommen hatte.

Nach der ersten Methode wird dazu die Lösung der Fokker-Planck-Gleichung

$$\frac{\partial p(\cdot)}{\partial t} = \beta \frac{\partial^2 p(\cdot)}{\partial z^2}$$

mit den Rand- und Anfangsbedingungen $(p(\cdot) = \tilde{p}_{t-t_0}(z \mid z_0))$:

$$\tilde{p}_{t-t_0}(z = \pm a \mid z_0) = 0, \qquad \lim_{t \downarrow t_0} \tilde{p}_{t-t_0}(z \mid z_0) = \delta(z - z_0)$$

herangezogen, für die nach der Fourierschen Methode (s. Abschn. 6.1.2.) die Reihe

$$\tilde{p}_{t-t_0}(z \mid z_0) = \frac{1}{a} \sum_{m \geqq 1} \left[\sin\left(\frac{m\pi}{a} z_0\right) \sin\left(\frac{m\pi}{a} z\right) e^{-\lambda_{2m}(t-t_0)} + \cos\left(\frac{2m-1}{2a} \pi z_0\right) \cos\left(\frac{2m-1}{2a} \pi z\right) e^{-\lambda_{2m-1}(t-t_0)} \right]$$

mit den Eigenwerten

$$\lambda_m = \left(\frac{m}{2a}\pi\right)^2 \beta$$

ermittelt wird. Nach Integration von $\tilde{p}_{t-t_0}(z \mid z_0)$ über $z \in (-a, +a)$ wird daraus die Wahrscheinlichkeit

$$P(\tau_A > (t - t_0) \mid z_0) \equiv P(|z(t')| < a, t_0 \leqq t' \leqq t) = \frac{4}{\pi} \sum_{m \geqq 1} \frac{(-1)^{m+1}}{2m-1} \cos\left(\frac{2m-1}{2a} \pi z_0\right) e^{-\lambda_{2m-1}(t-t_0)}$$

erhalten.

Zu dem gleichen Resultat gelangt man natürlich, wenn man von der Pontrjaginschen Gleichung (6.118)

$$\frac{\partial}{\partial t} P(\tau_A > t - t_0 \mid z_0) = \beta \frac{\partial^2 P(\tau_A > t - t_0 \mid z_0)}{\partial {z_0}^2}$$

ausgeht. Mit den Randbedingungen

$$P(\tau_A > t - t_0 \mid z_0 = \pm a) = 0$$

wird daraus nach der Fourierschen Methode die Reihe

$$P(\tau_A > t - t_0 \mid z_0) = \sum_{m \geqq 1} \left[C_{2m} \sin\left(\frac{m\pi}{a} z_0\right) e^{-\lambda_{2m}(t-t_0)} + C_{2m-1} \cos\left(\frac{2m-1}{2a} \pi z_0\right) e^{-\lambda_{2m-1}(t-t_0)} \right]$$

erhalten, wobei die Eigenwerte λ_m wie oben definiert sind. Mit der Anfangsbedingung $P(\tau_A > 0 \mid z_0) = 1$ $(t = t_0)$ werden die Koeffizienten ermittelt zu

$$C_{2m} = 0, \qquad C_{2m-1} = (-1)^{m+1} \frac{4}{(2m-1)\,\pi},$$

so daß wieder das oben angegebene Resultat erhalten wird. Integriert man diese Wahrscheinlichkeit über $t \in (t_0, \infty)$ so erhält man nach Formel (6.117) $(n = 1)$ für die mittlere Verweilzeit das Resultat

$$m_{1;\tau_A}(z_0) = \frac{16a^2}{\gamma\pi^3} \sum_{m \geqq 1} (-1)^{m+1} \frac{\cos\left(\frac{2m-1}{2a} \pi z_0\right)}{(2m-1)^3}.$$

Diese Reihe stellt gerade die Entwicklung der Funktion $\frac{(a^2 - {z_0}^2)}{2\beta}$ nach dem im Intervall $(-a, a)$ vollständigen Funktionensystem $\sin\left(\frac{m\pi}{a} z\right)$ und $\cos\left(\frac{2m-1}{2a} \pi z\right)$ dar

$$m_{1;\tau_A}(z_0) = \frac{a^2 - {z_0}^2}{2\beta}.$$

Dieses Resultat erhält man wesentlich einfacher aus der Momentengleichung (6.120) $(n = 1)$ $m_{0;\tau_A} = 1)$

$$\beta \frac{\partial^2 m_{1;\tau_A}(z_0)}{\partial {z_0}^2} + 1 = 0$$

mit der allgemeinen Lösung

$$m_{1;\tau_A}(z_0) = C_0 + C_1 z_0 - \frac{1}{2\beta} {z_0}^2.$$

Mit den zu erfüllenden Randbedingungen

$$m_{1;\tau_A}(z_0 = \pm a) = 0$$

folgt daraus unmittelbar das oben angegebene Resultat für $m_{1;\tau_A}(z_0)$.

Nichtlineare Beispiele

Beispiel 1:

$$\dot{z} = -\beta(\alpha z + z^3) + g\xi, \qquad \gamma_1 = \sqrt{g^2/2\beta}, \qquad \gamma = \gamma_1/\alpha. \tag{3.78}$$

Uns interessiert die mittlere Zeit, nach der der Prozeß $z(t)$ den Nullpunkt $z = 0$ erreicht, wenn er zum Zeitpunkt t_0 eine Realisierung $z_0 > 0$ angenommen hat.

In diesem Fall ist $a = 0$ eine „absorbierende" Wand und $b = +\infty$ eine „reflektierende". Damit findet Gl. (6.124) Anwendung

$$m_{1;\tau_A}(z_0) = \int_0^{z_0} \mathrm{d}y \left[\exp\left\{\frac{1}{2\gamma} y^2 + \frac{1}{4\gamma_1} y^4\right\}\right] \int_y^{\infty} \mathrm{d}x \exp\left\{-\frac{1}{2\gamma} x^2 - \frac{1}{4\gamma_1} x^4\right\}.$$

Diese Formel kann nur noch numerisch ausgewertet werden.

Beispiel 2:

$$\dot{z} = -\beta \operatorname{sgn}(z) + g\xi, \qquad \gamma = g^2/2\beta. \tag{3.83}$$

Nach welcher Zeit erreicht $z(t)$ eine der Grenzen $z = -\gamma\pi$ oder $z = \gamma\pi$, wenn zum Zeitpunkt t_0 $z_0 = z(t_0) = 0$?

In diesem Fall sind $a \to -\gamma\pi$ und $b = +\gamma\pi$ zwei „absorbierende" Wände, so daß Gl. (6.122) mit den Koeffizienten nach Gl. (6.123) Anwendung findet

$$m_{1;\tau_A}(z_0 = 0) = \frac{\gamma}{\beta} (\mathrm{e}^{\pi} - 1 - \pi) \approx 19 \frac{\gamma}{\beta}.$$

Zu gleichem Resultat gelangt man, wenn man den Prozeß $|z|$ betrachtet: $|z| = 0$ ist nun eine „reflektierende" Wand, $|z| = \gamma\pi$ eine absorbierende. Es findet also Formel (6.125) Anwendung

$$m_{1;\tau_A}(z_0 = 0) = \frac{1}{\gamma\beta} \int_0^{\pi\gamma} \mathrm{d}y\, \mathrm{e}^{+\frac{y}{\gamma}} \int_0^{y} \mathrm{d}x\, \mathrm{e}^{-\frac{x}{\gamma}} = \frac{\gamma}{\beta} (\mathrm{e}^{\pi} - 1 - \pi).$$

Dieses Resultat muß ebenfalls erhalten werden, wenn man die Fokker-Planck-Gleichung mit den Randbedingungen nach Gl. (6.77) löst, das Ergebnis $\tilde{p}_{t-t_0}(z \mid z_0)$ über $z \in (-a, a)$ $(a = \gamma\pi)$ integriert und damit zunächst die Wahrscheinlichkeit

$$P(|z(t')| < a, t_0 \leqq t' \leqq t \mid z_0) \equiv P(\tau_A > (t - t_0) \mid z_0 = 0)$$

ermittelt. Nach Zeitintegration über $t \in (t_0, \infty)$ erhält man die gesuchte mittlere Verweilzeit (vgl. mit Gl. (6.117))

$$m_{1;\tau_A}(z_0) = \int_{t_0}^{t} P(|z(t')| < a, t_0 \leqq t' \leqq t)\, \mathrm{d}t.$$

Setzt man für den Integranden die unter Vernachlässigung der Deltafunktion gewonnene Formel (6.78) für $a = +\gamma\pi$ und $z_0 = 0$ ein, so führt das zu einer mittleren Verweilzeit

$$m^*_{1;\tau_A}(z_0 = 0) = \frac{\gamma}{\beta} \frac{16}{\pi} \sum_{m \geqq 1} \frac{1 - (-1)^m (2m - 1)\, \mathrm{e}^{-\pi/2}}{[1 + (2m - 1)^2]^2} \approx \frac{\gamma}{\beta} 1{,}574.$$

Im Vergleich mit dem oben angegebenen exakten Resultat ist dieses Ergebnis um mehr als eine Zehnerpotenz zu klein! Die Formel (6.78) ist also falsch!

Es muß also das für den Prozeß $|z|$ gewonnene Resultat (6.79c) herangezogen werden, nachdem

$$m_{1;\tau_A}(z_0 = 0) = \frac{\gamma}{\beta} \sum_{m \geqq 1} \frac{1}{\lambda_m} \varphi_m^*(z_0 = 0) \int_0^{a} \varphi_m(x)\, \mathrm{d}x$$

erhalten wird. Dazu müßten aber noch die, zu den Funktionen $\varphi_n(z)$, biorthogonalen Funktionen $\varphi_m^*(z)$ gemäß Gl. (6.79c) bestimmt werden, worauf hier verzichtet werden soll. Von der Richtigkeit dieses aus der Fokker-Planck-Gleichung (für den Prozeß $|z|$ unter den Randbedingungen $|z| = 0$ ist eine „reflektierende Wand" und $|z| = a$ eine „absorbierende") gewonnenen Resultats haben wir uns überzeugt, da die Lösung der Momentengleichung (6.120) für beide Randbedingungen identisch ist ($z = \pm a$ sind absorbierend und $z = 0$ ist reflektierend, $z = a$ absorbierend).

6.4. Spezielle Näherungsmethoden

In den vorangegangenen Abschnitten mußten wir uns davon überzeugen, daß auch die Fokker-Planck-Gleichung nur für spezielle (z. B. eindimensionale und zeitinvariante) Systeme exakt gelöst werden kann. Für allgemeine nichtlineare Systeme müssen i. allg. zur Lösung der Fokker-Planck-Gleichung wieder Näherungsverfahren herangezogen werden.

Eine mögliche Strategie besteht dabei darin, die Dichte $p(\boldsymbol{z}^\mathsf{T}, t)$ durch eine geeignete Dichte $p_0(\boldsymbol{z}^\mathsf{T}, t)$ vorgegebener Struktur zu approximieren und deren Parameter durch geeignete statistische Charakteristika festzulegen, die ihrerseits aus einem nichtlinearen Differentialgleichungssystem näherungsweise ermittelt werden, indem die dazu erforderlichen Erwartungswerte mit Hilfe der approximierenden Dichte $p_0(\boldsymbol{z}^\mathsf{T}, t)$ berechnet werden (vgl. m. Gl. (6.108)). Wählt man beispielsweise als Parameter der Dichte $p_0(\boldsymbol{z}^\mathsf{T}, t)$ den Erwartungswertvektor und die Streumatrix des Prozesses $\boldsymbol{z}^\mathsf{T}(t)$, so entspricht dieses Näherungsverfahren der im Kapitel 3 ausführlich beschriebenen Methode der statistischen Linearisierung, ohne daß hier jedoch das linearisierte System explizit benötigt wird. Im Kapitel 7 wird ein sehr effektives Verfahren vorgestellt, das bei der Wahl von $p_0(\boldsymbol{z}^\mathsf{T}, t)$ neben dem Erwartungswertvektor und der Streumatrix weitere statistische Charakteristika, die Quasimomentenfunktionen, zu berücksichtigen gestattet.

In diesem Abschnitt sollen zwei Näherungsverfahren vorgestellt und erläutert werden, deren Näherungscharakter nicht der soeben erwähnten, allgemeiner anwendbaren Strategie entspricht. Beide Näherungsverfahren sind an spezielle Eigenschaften des Ausgangssystems gebunden und somit nicht allgemein anwendbar.

6.4.1. Die bedingt Gaußsche Näherung

Häufig hat man in der Praxis stochastische Systeme zu analysieren, deren Zustandsvektoren

$$\boldsymbol{z}^\mathsf{T} = (y, \boldsymbol{x}^\mathsf{T})$$

durch stochastische Differentialgleichungssysteme beschrieben werden, die nur bezüglich der ersten Zustandskomponente $y = z^{(1)}$ nichtlinear, bezüglich der weiteren Komponenten $\boldsymbol{x}^\mathsf{T} = (z^{(2)}, \ldots, z^{(n)})$ jedoch linear sind

$$\begin{aligned} \dot{y} &= \boldsymbol{a}^\mathsf{T}(t)\, \boldsymbol{x} + f(y) + \boldsymbol{g}^\mathsf{T}\xi; \qquad y \in [a, b]^{1)}, \\ \dot{\boldsymbol{x}} &= \boldsymbol{A}(t)\, \boldsymbol{x} + \boldsymbol{F}(y) + \boldsymbol{G}\xi; \qquad \boldsymbol{x} \in [-\infty, +\infty], \\ \boldsymbol{K}_\xi(t, t') &= \boldsymbol{E}\delta(t - t'). \end{aligned} \tag{6.126}$$

[1]) $a = -\infty$ und $b = +\infty$ sind zugelassen.

Darin sind $\boldsymbol{x}^{\mathsf{T}}$, $\boldsymbol{a}^{\mathsf{T}}(t)$ und $\boldsymbol{F}^{\mathsf{T}}(y, t)$ $(n-1)$-dimensionale Vektoren, $\boldsymbol{g}^{\mathsf{T}}(t)$ ein m-dimensionaler Vektor, $\boldsymbol{A}(t)$ eine quadratische Matrix der Dimension $n-1$ und $\boldsymbol{G}(t)$ eine Matrix der Dimension $(n-1)\times m$. $\boldsymbol{\xi}^{\mathsf{T}}(t)$ ist also ein m-dimensionaler weißer, Gaußscher Prozeß. Der Einfachheit halber haben wir zustandsunabhängige Koeffizientenmatrizen $\boldsymbol{a}^{\mathsf{T}}$, $\boldsymbol{g}^{\mathsf{T}}$, $\boldsymbol{A}$ und $\boldsymbol{G}$ vorausgesetzt. Die nachfolgend beschriebene Methode kann jedoch auch angewandt werden, wenn diese Koeffizientenmatrizen von $y(t)$ abhängig sind.

Die Fokker-Planck-Gleichung des Systems (6.126) ist gegeben durch

$$\frac{\partial p(y, \boldsymbol{x}^{\mathsf{T}}, t)}{\partial t} = \left[-\frac{\partial}{\partial y}\left(\boldsymbol{a}^{\mathsf{T}}\boldsymbol{x} + f(y, t)\right) + \frac{|\boldsymbol{g}|^2}{2}\frac{\partial^2}{\partial y^2} + \nabla_x{}^{\mathsf{T}}\boldsymbol{G}\boldsymbol{g}\frac{\partial}{\partial y} - \nabla_x{}^{\mathsf{T}}(\boldsymbol{A}\boldsymbol{x} + \boldsymbol{F}) + \frac{1}{2}\nabla_x{}^{\mathsf{T}}\boldsymbol{G}\boldsymbol{G}^{\mathsf{T}}\nabla_x\right] p(y, \boldsymbol{x}^{\mathsf{T}}, t). \tag{6.127}$$

Wir wollen uns im folgenden nur für die Dichte $p(y, t)$ des Prozesses $y(t)$ interessieren. Integriert man die Fokker-Planck-Gleichung über $\boldsymbol{x} \in [-\infty, +\infty]$ und setzt man voraus, daß $p(y, \boldsymbol{x}^{\mathsf{T}}, t)$ und der Wahrscheinlichkeitsfluß $\boldsymbol{G}(y, \boldsymbol{x}^{\mathsf{T}}, t)$ für $|\boldsymbol{x}| \to \infty$ hinreichend schnell für alle $y \in [a, b]$ verschwinden, so wird für diese Dichte die folgende partielle Differentialgleichung erhalten

$$\frac{\partial p(y, t)}{\partial t} = \left[-\frac{\partial}{\partial y}\left(\boldsymbol{a}^{\mathsf{T}}\boldsymbol{m}_x{}^b(t \mid y) + f(y, t)\right) + \frac{|\boldsymbol{g}|^2}{2}\frac{\partial^2}{\partial y^2}\right] p(y, t). \tag{6.128}$$

Zur Bestimmung der Dichte des Prozesses $y(t)$ benötigt man also nur den bedingten Erwartungswert der restlichen Zustandskomponenten

$$\boldsymbol{m}_x{}^b(t \mid y) = \int_{-\infty}^{+\infty} \boldsymbol{x}(t)\, p(\boldsymbol{x}^{\mathsf{T}}, t \mid y, t)\, \mathrm{d}\boldsymbol{x}.$$

Mit Kenntnis dieses Erwartungswertes kann nun die Dichte $p(y, t)$ des skalaren Prozesses $y(t)$ mit den, im Abschn. 6.1. beschriebenen, Methoden bestimmt werden. Im stationären Fall erhält man beispielsweise entsprechend der Gl. (6.19) die Dichte

$$\begin{aligned} \bar{p}(y) &= \mathrm{e}^{U(y)}\left[C + G_0 \int \mathrm{e}^{-U(y)}\, \mathrm{d}y\right], \\ U(y) &= \frac{2}{|\boldsymbol{g}|^2}\int \left[\bar{f}(y) + \boldsymbol{a}^{\mathsf{T}}\overline{\boldsymbol{m}}_x{}^b(y)\right] \mathrm{d}y. \end{aligned} \tag{6.129}$$

Bei der Lösung der Gl. (6.128) ist besondere Aufmerksamkeit dem durchaus möglichen Fall $|\boldsymbol{g}|^2 = 0$ zu widmen. Setzt man nämlich in (6.128) einfach $|\boldsymbol{g}|^2$ gleich Null

$$\frac{\partial}{\partial t}\tilde{p}(\tilde{y}, t) = -\frac{\partial}{\partial \tilde{y}}\left(f(\tilde{y}, t) + \boldsymbol{a}^{\mathsf{T}}\boldsymbol{m}_x{}^b(t \mid \tilde{y})\right)\tilde{p}(\tilde{y}, t),$$

so wird als Lösung lediglich eine Verschiebung der Anfangsdichte $p_{\mathrm{A}}(y, t_0)$ erhalten

$$\tilde{p}(\tilde{y}, t) = p_{\mathrm{A}}(\tilde{y} - s(t), t_0),$$

worin $s(t)$ der Differentialgleichung

$$\dot{s} = f(s, t) + \boldsymbol{a}^{\mathsf{T}}\boldsymbol{m}_x{}^b(t \mid s), \qquad s(t_0) = 0$$

genügt. Ist beispielsweise die Anfangsdichte eine δ-Verteilung: $p_A(\tilde{y}, t_0) = \delta(\tilde{y} - y_0)$, so bleibt auch $\tilde{p}(\tilde{y}, t)$ (in unserem Fall die Übergangsdichte $\tilde{p}_{t,t_0}(\tilde{y}/y_0)$) für alle $t \geqq t_0$ eine Delta-Verteilung. Das kann aber im allgemeinen nicht die Lösung der Fokker-Planck-Gleichung sein! Dies liegt darin begründet, daß nicht beachtet wurde, daß auch der bedingte Erwartungswert $\boldsymbol{m}_x{}^b(t/y)$ von $|\boldsymbol{g}|^2$ abhängt, so daß der oben beschriebene Grenzübergang $|\boldsymbol{g}|^2 \to 0$ nicht richtig ausgeführt wurde.

Bei der konkreten Lösung der Gleichung (6.128) muß man daher für den Fall $|\boldsymbol{g}|^2 = 0$ zunächst von einem endlichen $|\boldsymbol{g}|^2 > 0$ ausgehen und erst im Ergebnis für $p(y, t)$ den Grenzübergang $|\boldsymbol{g}|^2 \to 0$ vollziehen.

Der in Gl. (6.128) benötigte bedingte Erwartungswert $\boldsymbol{m}_x{}^b(t \mid y)$ kann jedoch im nichtlinearen Fall (d. h., mindestens eine Komponente der Vektorfunktion $\left(f(y, t), \boldsymbol{F}^{\mathsf{T}}(y, t)\right)$ ist in y nichtlinear) nicht mehr exakt bestimmt werden. Dazu ist die Kenntnis der bedingten Dichte $p(\boldsymbol{x}^{\mathsf{T}}, t \mid y, t)$ erforderlich. Ihre Bestimmungsgleichung wird aus der Fokker-Planck-Gleichung (6.127) gewonnen, indem $p(\boldsymbol{z}^{\mathsf{T}}, t)$ vermöge der Bayesschen Formel in der Form

$$p(y, \boldsymbol{x}^{\mathsf{T}}, t) = p(\boldsymbol{x}^{\mathsf{T}}, t \mid y, t)\, p(y, t)$$

dargestellt und die Gl. (6.128) für $p(y, t)$ berücksichtigt wird

$$\left.\begin{aligned}
\frac{\partial p(\boldsymbol{x}^{\mathsf{T}}, t \mid y, t)}{\partial t} &= \left[-\nabla_x{}^{\mathsf{T}}(\boldsymbol{A}\boldsymbol{x} + \boldsymbol{F}) + \frac{1}{2}\nabla_x{}^{\mathsf{T}}\boldsymbol{G}\boldsymbol{G}^{\mathsf{T}}\nabla_x + R(\boldsymbol{x}^{\mathsf{T}}, y, t)\right] p(\boldsymbol{x}^{\mathsf{T}}, t \mid y, t),\\
R(\cdot) &= \boldsymbol{a}^{\mathsf{T}}\frac{\partial \boldsymbol{m}_x{}^b}{\partial y} - [L'(\boldsymbol{x}^{\mathsf{T}} \mid y) + l(y)]\,[\boldsymbol{a}^{\mathsf{T}}(\boldsymbol{x} - \boldsymbol{m}_x{}^b) - \nabla_x{}^{\mathsf{T}}\boldsymbol{G}\boldsymbol{g}L(\boldsymbol{x}^{\mathsf{T}} \mid y)]\\
&\quad - L'(\boldsymbol{x}^{\mathsf{T}} \mid y)\,[f + \boldsymbol{a}^{\mathsf{T}}\boldsymbol{m}_x{}^b - l(y)\,|\boldsymbol{g}|^2] + \frac{1}{2}|\boldsymbol{g}|^2\,[L''(\boldsymbol{x}^{\mathsf{T}} \mid y) + L'(\boldsymbol{x}^{\mathsf{T}} \mid y)^2]\\
&\quad + \nabla_x{}^{\mathsf{T}}\boldsymbol{G}\boldsymbol{g}L'(\boldsymbol{x}^{\mathsf{T}} \mid y),\\
l(y) &= \frac{\partial \ln p(y, t)}{\partial y}, \qquad L(\boldsymbol{x}^{\mathsf{T}} \mid y) = \ln p(\boldsymbol{x}^{\mathsf{T}}, t \mid y, t).
\end{aligned}\right\} \quad (6.130)$$

Ein oberer Strich kennzeichnet die partielle Ableitung nach y

$$L'(\boldsymbol{x}^{\mathsf{T}} \mid y) = \frac{\partial}{\partial y} L(\boldsymbol{x}^{\mathsf{T}} \mid y), \qquad L''(\boldsymbol{x}^{\mathsf{T}} \mid y) = \frac{\partial^2}{\partial y^2} L(\boldsymbol{x}^{\mathsf{T}} \mid y).$$

Weiterhin gilt

$$\langle R(\boldsymbol{x}^{\mathsf{T}}, y, t) \mid y \rangle = 0, \tag{6.131}$$

womit durch die inhomogene, parabolische, partielle Differentialgleichung (6.130) tatsächlich eine normierte Dichte $p(\boldsymbol{x}^{\mathsf{T}}, t \mid y, t)$ definiert ist. Sie weist jedoch eine wesentlich kompliziertere Struktur als die ursprüngliche Fokker-Planck-Gleichung (6.127) für den vollständigen Zustandsvektor $\boldsymbol{z}^{\mathsf{T}} = (y, \boldsymbol{x}^{\mathsf{T}})$ aus: Sie ist nicht nur inhomogen und in $p(\boldsymbol{x}^{\mathsf{T}}, t \mid y, t)$ nichtlinear, sondern erfordert auch die genaue Kenntnis der Dichte $p(y, t)$ des Prozesses $y(t)$, die jedoch erst zu bestimmen ist. Die partiellen Differentialgleichungen (6.128) für $p(y, t)$ und (6.130) für $p(\boldsymbol{x}^{\mathsf{T}}, t \mid y, t)$ sind also miteinander verkoppelt.

Selbst mit der Approximation der bedingten Dichte durch eine Gaußsche werden im allgemeinen Fall nichtlineare, partielle Differentialgleichungen (zur Berechnung des

Inhomogenitätsterms $R(\boldsymbol{x}^\mathsf{T}, y, t)$ müssen ja partielle Ableitungen der Dichten $p(y, t)$ und $p(\boldsymbol{x}^\mathsf{T}, t \mid y, t)$ nach y gebildet werden) für den bedingten Erwartungswert und die bedingte Streumatrix erhalten, die ebenfalls von y abhängt, deren exakte Lösung auf erhebliche Schwierigkeiten stößt und i. d. R. nur durch zusätzliche Näherungen möglich ist.

Das Wesen der bedingt Gaußschen Näherung besteht daher in der Approximation der bedingten Dichte durch eine Gaußsche

$$p(\boldsymbol{x}^\mathsf{T}, t \mid y, t) \approx p_0(\boldsymbol{x}^\mathsf{T}, t \mid y, t) = \frac{\exp\left\{-\frac{1}{2}(\boldsymbol{x} - \boldsymbol{m}_{0;x}^b)^\mathsf{T} \boldsymbol{K}_{x;0}^{b-1}(\boldsymbol{x} - \boldsymbol{m}_{0;x}^b)\right\}}{\sqrt{(2\pi)^{n-1} \det \boldsymbol{K}_{0;x}^b(t, t)}} \tag{6.132}$$

mit einem von y linear abhängigen bedingten Erwartungswert $\boldsymbol{m}_{0;x}^b(t \mid y)$ und einer von y unabhängigen bedingten Streumatrix $\boldsymbol{K}_{0;x}^b(t, t)$. Dazu wird zunächst nach Taylorscher oder statistischer Linearisierung in nullter Näherung eine Gaußsche Dichte $p_0(y, \boldsymbol{x}^\mathsf{T}, t)$ für den vollständigen Zustandsvektor $\boldsymbol{z}^\mathsf{T} = (y, \boldsymbol{x}^\mathsf{T})$ ermittelt. Die in dieser Näherung bestimmten statistischen Charakteristika $m_{0;y}(t)$, $\boldsymbol{m}_{0;x}(t)$ und $K_{0;y}(t, t)$, $\boldsymbol{K}_{0;y,x}(t, t)$, $\boldsymbol{K}_{0;z}(t, t)$ werden jedoch nur zur Festlegung der approximierenden bedingten Dichte $p_0(\boldsymbol{x}^\mathsf{T}, t \mid y, t)$ herangezogen

$$\left.\begin{aligned} \boldsymbol{m}_{0;x}^b(t \mid y) &= \boldsymbol{m}_{0;x}(t) + \boldsymbol{K}_{0;x,y}(t, t)\, K_{0;y}(t, t)^{-1}\big(y - m_{0;y}(t)\big), \\ \boldsymbol{K}_{0;x}^b(t, t) &= \boldsymbol{K}_{0;x}(t, t) - \boldsymbol{K}_{0;x,y}(t, t)\, K_{0;y}(t, t)^{-1}\, \boldsymbol{K}_{0;y,x}(t, t). \end{aligned}\right\} \tag{6.133}$$

Häufig wird schon mit der Approximation des bedingten Erwartungswertes $\boldsymbol{m}_x{}^b(t \mid y)$ durch $\boldsymbol{m}_{0;x}^b(t \mid y)$ aus Gl. (6.128) (bzw. (6.129) im stationären Fall) eine hinreichend genaue Näherungslösung

$$p(y, t) \approx p(y, t)|_{\boldsymbol{m}_x{}^b \approx \boldsymbol{m}_{x;0}^b} = p_1(y, t)$$

erhalten, die nur dann Gaußisch ist, wenn $f(y, t)$ linear in y ist *und* der Definitionsbereich des Prozesses $y(t)$ unbeschränkt ist.

Über diese einfachste Näherung hinausgehend kann natürlich versucht werden, aus der inhomogenen partiellen Differentialgleichung (6.130) für $p(\boldsymbol{x}^\mathsf{T}, t \mid y, t)$ eine Näherungslösung für den bedingten Erwartungswert zu gewinnen.

Am Beispiel der Analyse des Phasenregelkreises schlug Ignatow [41] dazu vor, zur näherungsweisen Berechnung des Inhomogenitätstermes $R(\boldsymbol{x}^\mathsf{T}, y, t)$ die nach Taylorscher oder statistischer Linearisierung ermittelte Gaußsche Dichte $p_0(\boldsymbol{x}^\mathsf{T}, t \mid y, t)$ nach Gl. (6.132) heranzuziehen

$$R(\boldsymbol{x}^\mathsf{T}, y, t) \approx R(\cdot)|_{L = \ln p_0(\boldsymbol{x}^\mathsf{T}, t \mid y, t)} = R_0(\boldsymbol{x}^\mathsf{T}, y, t). \tag{6.134}$$

Da die bedingte Streumatrix $\boldsymbol{K}_{0;x}^b(t, t)$ unabhängig von y und der Erwartungswertvektor $\boldsymbol{m}_{0;x}^b(t \mid y)$ linear in y sind, ist nach (6.130) mit dieser Approximation $R_0(\cdot)$ eine quadratische Funktion von $\boldsymbol{x}$

$$R_0(\boldsymbol{x}^\mathsf{T}, y, t) = R_{0,0}(y, t) + \boldsymbol{R}_{0,1}(y, t)^\mathsf{T}(\boldsymbol{x} - \boldsymbol{m}_x{}^b) + \frac{1}{2}(\boldsymbol{x} - \boldsymbol{m}_x{}^b)^\mathsf{T} \boldsymbol{R}_{0;2}(t)(\boldsymbol{x} - \boldsymbol{m}_x{}^b).$$

Darin sind

$$\left.\begin{aligned}
&\boldsymbol{R}_{0,1}(y,t) = -(f + \boldsymbol{a}^\mathsf{T}\boldsymbol{m}_x{}^b)\,\boldsymbol{P}_0 - l(y)\,[\boldsymbol{P}_1 - |\boldsymbol{g}|^2\,\boldsymbol{P}_0]\\
&+ [|\boldsymbol{g}|^2\,\boldsymbol{P}_0 - \boldsymbol{P}_1]\,\boldsymbol{P}_0{}^\mathsf{T}(\boldsymbol{m}_x{}^b - \boldsymbol{m}_{0;x}^b) - \boldsymbol{P}_0(\boldsymbol{P}_1 - \boldsymbol{a})^\mathsf{T}\,(\boldsymbol{m}_x{}^b - \boldsymbol{m}_{0;x}^b),\\
&\boldsymbol{R}_{0;2}(t) = |\boldsymbol{g}|^2\,\boldsymbol{P}_0\boldsymbol{P}_0{}^\mathsf{T} - \boldsymbol{P}_0\boldsymbol{P}_1{}^\mathsf{T} - \boldsymbol{P}_1\boldsymbol{P}_0{}^\mathsf{T},\\
&\boldsymbol{P}_0 = [\boldsymbol{K}_{0;x}^b]^{-1}\,\frac{\partial \boldsymbol{m}_{0;x}^b}{\partial y}, \qquad \boldsymbol{P}_1 = \boldsymbol{a} + [\boldsymbol{K}_{0;x}^b]^{-1}\,\boldsymbol{G}\boldsymbol{g}.
\end{aligned}\right\} \tag{6.135}$$

Die Vektoren $\boldsymbol{P}_0$ und $\boldsymbol{P}_1$ (und damit auch die Matrix $\boldsymbol{R}_{0;2}$) sind also unabhängig von y.

Mit der durch Gl. (6.134) charakterisierten Approximation wird die bedingte Dichte $p(\boldsymbol{x}^\mathsf{T}, t \mid y, t)$ näherungsweise durch eine Dichte $p_1(\boldsymbol{x}^\mathsf{T}, t \mid y, t)$ mit dem bedingten Erwartungswert $\boldsymbol{m}_{1;x}^b(t \mid y)$ beschrieben, die der folgenden partiellen Differentialgleichung genügt

$$\begin{aligned}
\frac{\partial p_1(\boldsymbol{x}^\mathsf{T}, t \mid y, t)}{\partial t} = \Big[& -\nabla_x{}^\mathsf{T}(\boldsymbol{A}\boldsymbol{x} + \boldsymbol{F}) + \frac{1}{2}\,\nabla_x{}^\mathsf{T}\boldsymbol{G}\boldsymbol{G}^\mathsf{T}\nabla_x\\
& + \boldsymbol{R}_{0;1}(y,t)^\mathsf{T}\,(\boldsymbol{x} - \boldsymbol{m}_{1;x}^b) + \frac{1}{2}\,(\boldsymbol{x} - \boldsymbol{m}_{1;x}^b)^\mathsf{T}\,\boldsymbol{R}_{0;2}(t)\,(\boldsymbol{x} - \boldsymbol{m}_{1;x}^b)\\
& + R_{0;0}(y,t)\Big]\,p_1(\boldsymbol{x}^\mathsf{T}, t \mid y, t).
\end{aligned}$$

Damit durch diese Gleichung für alle Zeiten $t \geqq t_0$ eine normierte Dichte beschrieben wird, muß gelten

$$R_{0;0}(y,t) = -\langle R_0(y,t) \mid y\rangle_1 = -\frac{1}{2}\,\mathrm{Sp}\,\{\boldsymbol{R}_{0;2}(t)\,\boldsymbol{K}_{1;x}^b(t,t)\}.$$

Da der Inhomogenitätsterm $R_0(\cdot)$ nur noch quadratisch in $\boldsymbol{x}$ ist, ist die Lösung dieser Differentialgleichung $p_1(\boldsymbol{x}^\mathsf{T}, t \mid y, t)$ eine Gaußsche Dichte, wenn nur die bedingte Anfangsverteilung eine Normalverteilung ist. Ihr bedingter Erwartungswert und ihre bedingte Streumatrix werden aus den folgenden Gleichungen bestimmt

$$\begin{aligned}
&\frac{\partial}{\partial t}\,\boldsymbol{m}_{1;x}^b(t \mid y) = \boldsymbol{A}\boldsymbol{m}_{1;x}^b + \boldsymbol{F}(y,t) + \boldsymbol{K}_{1;x}^b(t,t)\,\boldsymbol{R}_{0;1}(y,t),\\
&\frac{\mathrm{d}}{\mathrm{d}t}\,\boldsymbol{K}_{1;x}^b(t,t) = \boldsymbol{A}\boldsymbol{K}_{1;x}^b + \boldsymbol{K}_{1;x}^b\boldsymbol{A}^\mathsf{T} + \boldsymbol{G}\boldsymbol{G}^\mathsf{T} + \boldsymbol{K}_{1;x}^b\boldsymbol{R}_{0;2}(t)\,\boldsymbol{K}_{1;x}^b.
\end{aligned} \tag{6.136}$$

Die Gleichung für die bedingte Streumatrix stellt eine in sich geschlossene gewöhnliche Differentialgleichung vom Riccati-Typ dar. Die Gleichung für den bedingten Erwartungswert ist dagegen nur in Verbindung mit der Näherungslösung

$$p(y,t) \approx p(y,t)|_{\boldsymbol{m}_x{}^b \to \boldsymbol{m}_{1;x}^b} = p_1(y,t), \tag{6.137}$$

die aus Gl. (6.128) mit $\boldsymbol{m}_x{}^b \to \boldsymbol{m}_{1;x}^b$ erhalten wird, definiert, da ja zur Ermittelung von $R_{0;1}(y,t)$ nach Gl. (6.135) die Funktion:

$$l(y) \approx \frac{\partial \ln p_1(y,t)}{\partial y}$$

benötigt wird. Diese ist jedoch ein Funktional von $\boldsymbol{m}^b_{1;x}$, so daß die Erwartungswertgleichung von (6.136) im allgemeinen Fall eine Integro-Differentialgleichung darstellt.

Das beschriebene Näherungsverfahren kennzeichnen wir durch:

BGN(R_0): Bedingt Gaußsche Näherung bei Approximation von $R(\boldsymbol{x}^\top, y, t)$ durch $R_0(\cdot)$ gemäß Gl (6 134)

In einer zusätzlichen Näherung kann man sich vereinfachend auf die Erwartungswertgleichung beschränken, indem die bedingte Streumatrix $\boldsymbol{K}^b_{1;x}$ durch die der nullten Näherung $\boldsymbol{K}^b_{0;x}$ ersetzt und bei der Berechnung von $\boldsymbol{R}_{0,1}(y, t)$ Terme, die proportional zu $(\boldsymbol{m}^b_{1;x} - \boldsymbol{m}^b_{0;x})$ sind, vernachlässigt

$$\begin{aligned}
&\frac{\partial}{\partial t}\, \boldsymbol{m}^b_{1;x}(t \mid y) = \boldsymbol{A}\boldsymbol{m}^b_{1;x} + \boldsymbol{F}(y, t) + \boldsymbol{K}\boldsymbol{m}^b_{0;x}(t, t)\, \boldsymbol{R}^*_{0;1}(y, t),\\
&\boldsymbol{R}^*_{0;1}(y, t) = -(f + \boldsymbol{a}^\top \boldsymbol{m}^b_{1;x})\, \boldsymbol{P}_0 + [\boldsymbol{P}_1 - |\boldsymbol{g}|^2\, \boldsymbol{P}_0]\, \frac{\partial \ln p_1(y, t)}{\partial y}.
\end{aligned} \tag{6.138}$$

Dieses Näherungsverfahren kennzeichnen wir durch:

BGN ($m^b_{1;x} \mid K^b_{0;x}$): Bedingt Gaußsche Näherung bei Beibehaltung der in nullter Näherung bestimmten bedingten Streumatrix

Es sei darauf hingewiesen, daß im allgemeinen Fall auch die Erwartungswertgleichung (6.138) eine Integro-Differentialgleichung darstellt. Die Lösung der Integro-Differentialgleichungen (6.136) bzw (6.138) ist i. d. R. jedoch mit erheblichen Schwierigkeiten verbunden.

Nur in einem Fall erweisen sich die Näherungsverfahren BGN (R_0) bzw. BGN ($m^b_{1;x} \mid K^b_{0;x}$) als relativ einfach handhabbar, nämlich dann, wenn ein stationärer Prozeß $(y, \boldsymbol{x}^\top)$ analysiert werden soll und der Wahrscheinlichkeitsfluß des Prozesses $y(t)$ identisch verschwindet. Die stationäre Dichte des Prozesses $y(t)$ ist in diesem Falle nach Gl. (6.129) gegeben durch

$$\bar{p}(y) = C \exp\{U(y)\}, \qquad U(y) = \frac{2}{|g|^2} \int [\bar{f}(y) - \bar{\boldsymbol{a}}^\top \bar{\boldsymbol{m}}_x{}^b(y)]\, dy. \tag{6.139}$$

$l(y)$ ist somit eine lineare Funktion von $\boldsymbol{m}_x{}^b(y)$

$$l(y) = \frac{2}{|\boldsymbol{g}|^2} \left(\bar{f}(y) + \boldsymbol{m}_x{}^b(y)\right).$$

Entsprechend dem Näherungsverfahren BGN (R_0) werden damit $\bar{\boldsymbol{m}}_x{}^b(y)$ und $\bar{\boldsymbol{K}}_x{}^b(0)$ aus den, aus den Gln. (6.136) und (6.135) folgenden, algebraischen Gleichungssystemen näherungsweise bestimmt

$$\left.\begin{aligned}
&\bar{\boldsymbol{A}}\bar{\boldsymbol{m}}^b_{1;x}(y) + \bar{\boldsymbol{F}}(y) + \bar{\boldsymbol{K}}^b_{1;x}(0)\, \bar{\boldsymbol{R}}_{0;1}(y, \bar{\boldsymbol{m}}^b_{1;x}) = 0,\\
&\bar{\boldsymbol{A}}\boldsymbol{K}^b_{1;x} + \bar{\boldsymbol{K}}^b_{1;x}\boldsymbol{A}^\top + \bar{\boldsymbol{G}}\bar{\boldsymbol{G}}^\top + \bar{\boldsymbol{K}}^b_{1;x}\bar{\boldsymbol{R}}_{0;2}\bar{\boldsymbol{K}}^b_{1;x} = 0,\\
\text{mit}\quad\\
&\bar{\boldsymbol{R}}_{0;1}(\cdot) = \left(\bar{f}(y) + \bar{\boldsymbol{a}}^\top \bar{\boldsymbol{m}}^b_{1;x}\right)\left[\bar{\boldsymbol{P}}_0 - \bar{\boldsymbol{P}}_1 \frac{2}{|\bar{\boldsymbol{g}}|^2}\right]\\
&+ [|\bar{\boldsymbol{g}}|^2\, \bar{\boldsymbol{P}}_0 - \bar{\boldsymbol{P}}_1]\, \bar{\boldsymbol{P}}_0{}^\top(\bar{\boldsymbol{m}}^k_{1;x} - \bar{\boldsymbol{m}}^b_{0;x}) - \bar{\boldsymbol{P}}_0(\bar{\boldsymbol{P}}_1 - \bar{\boldsymbol{a}})^\top (\bar{\boldsymbol{m}}^b_{1;x} - \bar{\boldsymbol{m}}^b_{0;x}),\\
&\bar{\boldsymbol{R}}_{0;2} = |\bar{\boldsymbol{g}}|^2\, \bar{\boldsymbol{P}}_0\bar{\boldsymbol{P}}_0{}^\top - \bar{\boldsymbol{P}}_0\bar{\boldsymbol{P}}_1{}^\top - \bar{\boldsymbol{P}}_1\bar{\boldsymbol{P}}_0{}^\top,\\
&\bar{\boldsymbol{P}}_0 = [\bar{\boldsymbol{K}}^{b*}_{0;x}]^{-1}\, \bar{\boldsymbol{K}}_{0;x,y}\boldsymbol{K}^{-1}_{0;y}; \qquad \bar{\boldsymbol{P}}_1 = \boldsymbol{a} + [\bar{\boldsymbol{K}}^b_{0;x}]^{-1}\, \bar{\boldsymbol{G}}\bar{\boldsymbol{g}}.
\end{aligned}\right\} \tag{6.140}$$

Weitere Vereinfachungen ergeben sich nach dem Verfahren BGN $(m^b_{1;x} \mid K^b_{0;x})$. Im stationären Fall gehen die Gln. (6.138) in Verbindung mit Gl. (6.139) für $\overline{p}(y)$ über in

$$\boldsymbol{A}\overline{\boldsymbol{m}}^b_{1;x}(y) + \overline{\boldsymbol{F}}(y) + \left(\overline{\boldsymbol{a}}^\top \overline{\boldsymbol{m}}^b_{1;x} + \overline{f}(y)\right) \boldsymbol{K}^b_{0;x} \left(\overline{\boldsymbol{P}}_0 - \frac{2}{|\boldsymbol{g}|^2} \overline{\boldsymbol{P}}_1\right) = 0,$$

deren Lösung leicht angegeben werden kann

$$\begin{aligned} \overline{\boldsymbol{m}}^b_{1;x}(y) &= -[\overline{\boldsymbol{A}} + \overline{\boldsymbol{P}}\overline{\boldsymbol{a}}^\top]^{-1} \left(\overline{\boldsymbol{F}}(y) + \overline{f}(y)\, \overline{\boldsymbol{P}}\right), \\ \overline{\boldsymbol{P}} &= \overline{\boldsymbol{K}}^b_{0;x} \left(\overline{\boldsymbol{P}}_0 - \frac{2}{|\boldsymbol{g}|^2} \overline{\boldsymbol{P}}_1\right). \end{aligned} \tag{6.141}$$

Die Bestimmung der Näherungslösung $\overline{\boldsymbol{m}}^b_{1;x}(y)$ nach den Verfahren BGN (R_0) und BGN $(m^b_{1;x} \mid K^b_{0;x})$ bereitet also keinerlei prinzipielle Schwierigkeiten. Es sei jedoch nochmals darauf hingewiesen, daß die Gln. (6.140) und (6.141) an die Voraussetzung eines verschwindenden Wahrscheinlichkeitsflusses des stationären Prozesses y gebunden sind!

Im Falle, daß der Wahrscheinlichkeitsfluß des Prozesses $y(t)$ nicht verschwindet $G_0 \neq 0$, ist nach Gl. (6.129) die Größe $l(y) = \partial/\partial y(\ln p(y))$ keine Funktion mehr von $\boldsymbol{m}_x{}^b(y)$, sondern enthält auch den Integralterm $\int \overline{\boldsymbol{m}}_x{}^b(y)\, dy$. Im stationären Fall wird somit die Näherungslösung $\overline{\boldsymbol{m}}^b_{1;x}$ aus Integralgleichungen bestimmt.

Am Beispiel des Phasenregelkreises zweiter Ordnung soll die Anwendung des Näherungsverfahrens BGN $(m^b_{1;x} \mid K^b_{0;x})$ im folgenden demonstriert werden.

Beispiel 7:

Wir gehen von dem System (3.115) aus, das wir mit der Umbezeichnung: $(y, z) = (y, x)$ in der folgenden Form schreiben können

$$\dot{y} = \overline{a} x + \overline{f}(y) + \boldsymbol{g}^\top \boldsymbol{\xi}, \qquad \boldsymbol{\xi}^\top = (\xi^{(1)}, \xi^{(2)}),$$

$$\dot{x} = \overline{A} x + \overline{F}(y) + \boldsymbol{G}\boldsymbol{\xi}, \qquad \boldsymbol{K}_\xi(t, t') = \boldsymbol{E}\delta(t - t')$$

mit

$$\overline{a} = 1, \qquad \overline{A} = -\beta, \qquad \overline{f}(y) = -\beta k_1 \sin(y), \qquad \overline{F}(y) = -\beta^2 k_2 \sin(y),$$

$$\boldsymbol{g}^\top = (-\beta k_1 \sqrt{2N_0}, 0), \qquad \boldsymbol{G} = \left(-\beta^2 k_2 \sqrt{2N_0}, \sqrt{2\beta d^2}\right).$$

Nach Taylorscher Linearisierung wurden im Abschn. 3.6. für die Verstärkungsfaktoren (nach (3.117) ist nach TL $h = 1$)

$$k_1 = k_1{}^* = \sqrt{1 + 2\gamma} - 1, \qquad k_2 = k_2{}^* = -k_1{}^* + \gamma, \tag{3.119}$$

die folgenden stationären statistischen Charakteristika ermittelt

$$\overline{K}_{0;y}(0) = 2\beta N_0 k_1{}^*, \qquad \overline{K}_{0;y,x}(0) = 2\beta^2 N_0 k_2{}^*, \qquad \overline{K}_{0;x}(0) = 2\beta^3 N_0 k_2{}^*(1 + k_1{}^*). \tag{3.120}$$

Der Parameter γ ist durch Gl. (3.113) definiert. Hieraus folgen in nullter Näherung für den bedingten Erwartungswert $\overline{m}^b_{0;x}(y)$ und die bedingte Streuung $\overline{K}^b_{0;x}(0)$

$$\begin{aligned} \overline{m}^b_{0;x}(y) &= \beta \frac{k_2{}^*}{k_1{}^*} y = \frac{1}{2} \beta k_1{}^* y, \\ \overline{K}^b_{0;x}(0) &= 2\beta^3 N_0 (k_2{}^* + k_1{}^* k_2{}^* - k_2{}^{*2}/k_1{}^*) = \beta^3 N_0 k_1{}^*. \end{aligned} \tag{6.142}$$

Weiterhin sind

$$|\bar{g}|^2 = 2N_0\beta^2k_1^{*2}, \qquad \bar{G}\bar{g} = 2N_0\beta^3k_1^*k_2^*.$$

Die in Gl. (6.140) definierten Größen P_0 und P_1 sind damit gegeben durch

$$\bar{P}_0 = \frac{1}{\beta^2N_0\gamma}\frac{k_2^*}{k_1^{*2}}, \qquad \frac{2}{|\bar{g}|^2}\bar{P}_1 = \frac{1}{\beta^2N_0k_1^{*2}}(1 + 2k_2^*/\gamma).$$

Nach dem Näherungsverfahren BGN $(m_{1:x}^b \mid K_{0;x}^b)$ wird somit nach Gl. (6.141) für den bedingten Erwartungswert die folgende Näherungslösung erhalten

$$\bar{m}_{1;x}^b(y) = \frac{1}{2}\beta k_1^* \sin(y).$$

Sie unterscheidet sich von der der nullten Näherung nach Gl. (6.142) darin, daß y durch $\sin(y)$ ersetzt ist. In dieser Näherung ist die stationäre Dichte nach Gl. (6.139) gegeben durch

$$\bar{p}(y) \approx \bar{p}_1(y) = \frac{1}{2I_0(1/2N_0\beta k_1^*)}\exp\left\{\frac{1}{2N_0\beta k_1^*}\cos(y)\right\},$$

$$-\pi \leqq y \leqq +\pi,$$

woraus beispielsweise die stationäre Streuung des Phasenfehlers y berechnet werden kann (vgl. Beispiel 3 in Abschn. 6.1.5.):

$$K_{1;y}(0) = \frac{\pi^2}{3} + \frac{4}{I_0(c)}\sum_{n\geq 1}\frac{(-1)^n}{n!}I_n(c)|_{c=1/2N_0\beta k_1^*}.$$

Die $I_n(c)$ sind wieder die modifizierten Bessel-Funktionen n-ter Ordnung.

6.4.2. Iterative Lösung der Fokker-Planck-Gleichung

Die Grundidee des Verfahrens zur iterativen Lösung der Fokker-Planck-Gleichung wird am besten verdeutlicht, wenn mit Einführung des parabolischen Differentialoperators

$$\mathrm{L}_t = -\frac{\partial}{\partial t} - \nabla_z{}^\mathrm{T}\tilde{\boldsymbol{f}}(\boldsymbol{z}^\mathrm{T}, t) + \frac{1}{2}\,\mathrm{Sp}\,\{\nabla_z\nabla_z{}^\mathrm{T}\boldsymbol{M}(\boldsymbol{z}^\mathrm{T}, t)\} \tag{6.143}$$

die Fokker-Planck-Gleichung (6.5) für die Übergangsdichte in der folgenden Form dargestellt wird $\big(z = z(t), z_\tau = z(\tau)\big)$

$$\mathrm{L}_t p_{t,\tau}(\boldsymbol{z}^\mathrm{T}, \boldsymbol{z}_\tau{}^\mathrm{T}) = 0, \qquad t \geqq \tau.$$

Wie bei jedem Iterationsverfahren wird von einer nullten Näherung $p_{0;t,\tau}$ ausgegangen, die die Lösung der folgenden Fokker-Planck-Gleichung sei

$$\begin{aligned} &\mathrm{L}_{0;t}p_{0;t,\tau}(\boldsymbol{z}^\mathrm{T} \mid \boldsymbol{z}_\tau{}^\mathrm{T}) = 0,\\ &\mathrm{L}_{0;t} = -\frac{\partial}{\partial t} - \nabla_z{}^\mathrm{T}\boldsymbol{F}_0(\boldsymbol{z}^\mathrm{T}, t) + \frac{1}{2}\,\mathrm{Sp}\,\{\nabla_z\nabla_z{}^\mathrm{T}\boldsymbol{M}_0(\boldsymbol{z}^\mathrm{T}, t)\}. \end{aligned} \tag{6.144}$$

Weiterhin erfülle $p_{0;t,\tau}$ schon alle an $p_{t,\tau}$ gestellten Rand- und Anfangsbedingungen. Addiert man auf beiden Seiten der Fokker-Planck-Gleichung $\mathrm{L}_t p_{t,\tau} = 0$ den Term

$L_{0;t}p_{t,\tau}$, so wird die Gleichung

$$L_{0;t}p_{t,\tau}(z^T \mid z^T) = -(L_t - L_{0;t})\, p_{t,\tau}$$

erhalten. Diese exakt geltende Gleichung wird nun iterativ gelöst, indem im k-ten Iterationsschritt die Dichte $p_{k;t,\tau}$ aus der im $(k-1)$-ten Schritt ermittelten Dichte $p_{k-1;t,\tau}$ aus der Gleichung

$$L_{0;t}p_{k;t,\tau}(z^T \mid z_\tau^T) = -(L_t - L_{0;t})\, p_{k-1;t,\tau}(z^T \mid z_\tau^T) \tag{6.145}$$

mit vorgegebenem $p_{0;t,\tau}$ bestimmt wird.

Da voraussetzungsgemäß die Lösung der homogenen Gleichung $L_{0;t}p = 0$ bekannt ist, kann diese partielle Differentialgleichung leicht integriert werden

$$p_{k;t,\tau}(z^T \mid z_\tau^T) = p_{0;t,\tau}(z^T \mid z_\tau^T) + \int_\tau^t ds \int_\Omega d\mathring{z}_s p_{k-1;t,s}(z^T \mid z_s^T)$$
$$\times (L_s - L_{0;s})\, p_{0;s,\tau}(z_s^T \mid z_\tau^T). \tag{6.146}$$

Zum Beweis nehmen wir zunächst an, daß die durch Gl. (6.146) definierte Dichte $p_{k;t,\tau}$ die Lösung der Differentialgleichung

$$L_{0;t}p_{k;t,\tau} = -(L_t - L_{0;t})\, p_{k-1;t,\tau} + \Delta_{k;t,\tau}$$

sei und zeigen, daß $\Delta_{k;t,\tau} = 0$.

Dazu lassen wir den Operator $L_{0;t}$ auf beide Seiten der Gl. (6.146) wirken und beachten

$$L_{0;t}p_{0;t,\tau} = 0, \qquad \lim_{t \to s} p_{k;t,s} = \delta(z - z_s),$$

$$L_{0;t} \int_\tau^t \varphi(t, s)\, ds = \int_\tau^t L_{0;t}\varphi(t, s)\, ds - \varphi(t, t).$$

Dann gilt

$$L_{0;t}p_{k;t,\tau} = \int_\tau^t ds \int_\Omega d\mathring{z}_s L_{0;t}p_{k-1;t,s} L_s p_{0;s,\tau} - L_t p_{0;t,\tau}.$$

Mit obiger Annahme wird der Integrand durch $p_{k-2;t,\tau}$ und $\Delta_{k-1;t,\tau}$ ausgedrückt und weiterhin die Gl. (6.146) (für $k \to k-1$) ausgenutzt

$$L_{0;t}p_{k;t,\tau} = -(L_t - L_{0;t}) \int_\tau^t ds \int_\Omega d\mathring{z}_s p_{k-2;t,s} L_s p_{0;s,\tau} - L_t p_{0;t,\tau}$$
$$+ \int_\tau^t ds \int_\Omega d\mathring{z}_s \Delta_{k-1;t,s} L_s p_{0;s,\tau}$$
$$= -(L_t - L_{0;t})\, p_{k-1;t,\tau} + \int_\tau^t ds \int_\Omega d\mathring{z}_s \Delta_{k-1;t,s} L_s p_{0;s,\tau}.$$

Mit obiger Annahme muß also gelten

$$\Delta_{k;t,\tau} = \int_{t_0}^t ds \int_\Omega d\mathring{z}_s \Delta_{k-1;t,s} L_s p_{0;s,\tau}.$$

Mit $L_{0;t}p_{0;t,\tau} = 0$ ist aber $\Delta_{0;t,\tau} = 0$ $(p_{-1;t,\tau} = 0)$. Damit verschwinden auch alle weiteren $\Delta_{k;t,\tau}$. Die Gl. (6.146) stellt also tatsächlich die Lösung der Differentialgleichung (6.145) dar.

In der integralen Form nach Gl. (6.146) wurde das Iterationsverfahren von MAYFIELD [79], allerdings mit einer umständlicheren Ableitung, vorgeschlagen.

Ist die Übergangsdichte $p_{k-1;t,\tau}$ ermittelt worden, so kann im k-ten Iterationsschritt die momentane Dichte $p_k(\boldsymbol{z}^{\mathsf{T}}, t)$ nach folgender Vorschrift berechnet werden

$$\begin{aligned} &p_k(\boldsymbol{z}^{\mathsf{T}}, t) = p_0(\boldsymbol{z}^{\mathsf{T}}, t) + \int_{t_0}^{t} \mathrm{d}s \int_{\Omega} \mathrm{d}\mathring{\boldsymbol{z}}_s p_{k-1;t,s}(\boldsymbol{z}^{\mathsf{T}} \mid \boldsymbol{z}_s{}^{\mathsf{T}}) (\mathrm{L}_s - \mathrm{L}_{0;s})\, p_0(\boldsymbol{z}^{\mathsf{T}}, t), \\ &\mathrm{L}_{0;t} p_0(\boldsymbol{z}^{\mathsf{T}}, t) = 0. \end{aligned} \tag{6.147}$$

Das beschriebene Iterationsverfahren gestattet es, auch für nichtstationäre Prozesse die Übergangsdichte und die momentane Dichte iterativ zu bestimmen. Damit jedoch in jedem Iterationsschritt normierte Dichten $p_{k;t,\tau}$ und $p_k(\boldsymbol{z}^{\mathsf{T}}, t)$ erhalten werden, muß notwendig die Bedingung

$$\int_{\Omega} \mathrm{L}_t p_{0;t,\tau}\, \mathrm{d}\mathring{\boldsymbol{z}} = \int_{\Omega} \mathrm{L}_t p_0(\boldsymbol{z}^{\mathsf{T}}, t)\, \mathrm{d}\mathring{\boldsymbol{z}} = 0$$

erfüllt sein, wovon man sich leicht nach Integration von Gl. (6.146) bzw. Gl. (6.147) überzeugt ($p_{0;t,\tau}$ und p_0 sind voraussetzungsgemäß normierte Dichten).

Weiterhin sei darauf hingewiesen, daß wegen: $\mathrm{L}_{0;t} p_{0;t,\tau} = 0$ und $\mathrm{L}_{0;t} p_0 = 0$ der Operator $\mathrm{L}_{0;t}$ prinzipiell weder in Gl. (6.146) noch in Gl. (6.147) explizit bekannt sein muß.

Bei der praktischen Anwendung des beschriebenen Iterationsverfahrens wird man in der Regel für $p_0(\boldsymbol{z}^{\mathsf{T}}, t)$ und $p_{0;t,\tau}(\boldsymbol{z}^{\mathsf{T}} \mid \boldsymbol{z}_\tau{}^{\mathsf{T}})$ Gaußsche Dichten wählen, da anderenfalls die bei diesem Iterationsverfahren erforderlichen Erwartungswertbildungen zu kompliziert und umständlich werden. In der Regel wird man dazu ein linearisiertes System

$$\dot{\boldsymbol{z}}_0 = \boldsymbol{A}(\boldsymbol{z}_0 - \boldsymbol{m}_{0;z}(t)) + \boldsymbol{B}\boldsymbol{\xi} + \boldsymbol{C} \tag{3.3}$$

heranziehen, dessen Koeffizientenmatrizen nach Taylorscher (s. Gl. (3.5) mit $\boldsymbol{x} = \boldsymbol{\xi}$) oder statistischer Linearisierung (s. Gl. (3.35) und Gl. (3.37)) des Ausgangssystems (6.1) bestimmt werden Mit dieser Festlegung ist der, durch Gl. (6.144) definierte, Operator $\mathrm{L}_{0;t}$ durch die folgende Vektorfunktion bzw. Matrix festgelegt

$$\boldsymbol{F}_0(\boldsymbol{z}^{\mathsf{T}}, t) = \boldsymbol{A}(\boldsymbol{z} - \boldsymbol{m}_{0;z}) + \boldsymbol{C}, \qquad \boldsymbol{M}_0(\boldsymbol{z}^{\mathsf{T}}, t) = \boldsymbol{B}(t)\, \boldsymbol{B}(t)^{\mathsf{T}}.$$

Der Operator $\mathrm{L}_{0;t} - \mathrm{L}_t$ ist damit gegeben durch

$$\mathrm{L}_t - \mathrm{L}_{0;t} = \nabla_z{}^{\mathsf{T}}[\boldsymbol{A}(\boldsymbol{z} - \boldsymbol{m}_{0;z}) + \boldsymbol{C} - \boldsymbol{f}(\boldsymbol{z}^{\mathsf{T}}, t)] + \frac{1}{2} \operatorname{Sp} \{\nabla_z \nabla_z{}^{\mathsf{T}}(\boldsymbol{M}(\boldsymbol{z}^{\mathsf{T}}, t) - \boldsymbol{B}\boldsymbol{B}^{\mathsf{T}})\}.$$

Für den Sonderfall, daß die Matrix $\boldsymbol{M}(\boldsymbol{z}^{\mathsf{T}}, t)$ unabhängig von $\boldsymbol{z}^{\mathsf{T}}$ ist, verschwindet wegen $\boldsymbol{M}(t) = \boldsymbol{B}\boldsymbol{B}^{\mathsf{T}}$ der Term mit der zweifachen Ableitung nach $\boldsymbol{z}$.

Wenden wir uns nun der iterativen Bestimmung von Erwartungswerten zu. Uns interessiere zunächst der bedingte Erwartungswert einer skalaren Funktion $\varphi(\boldsymbol{z}^{\mathsf{T}}, t)$. Multipliziert man Gl. (6.146) mit dieser Funktion und integriert über $\boldsymbol{z} \in \Omega$, so wird für den bedingten Erwartungswert eine Rekursionsformel gewonnen

$$\begin{aligned} \varphi_k(t \mid \boldsymbol{z}_\tau{}^{\mathsf{T}}, \tau) &= \int_{\Omega} \varphi(\boldsymbol{z}^{\mathsf{T}}, t)\, p_{k;t,\tau}(\boldsymbol{z}^{\mathsf{T}} \mid \boldsymbol{z}_\tau{}^{\mathsf{T}})\, \mathrm{d}\mathring{\boldsymbol{z}} \\ &= \varphi_0(t \mid \boldsymbol{z}_\tau{}^{\mathsf{T}}, \tau) + \int_{\tau}^{t} \mathrm{d}s \int_{\Omega} \mathrm{d}\mathring{\boldsymbol{z}}_s \varphi_{k-1}(t \mid \boldsymbol{z}_s{}^{\mathsf{T}}, s)\, \mathrm{L}_s p_{0;s,\tau}. \end{aligned}$$

Führt man die Größen:

$$\Delta\varphi_k(t \mid \cdot) = \varphi_k(t \mid \cdot) - \varphi_{k-1}(t \mid \cdot)$$

ein, dann kann der bedingte Erwartungswert in Form einer Reihe dargestellt werden, die (unter Voraussetzung der Konvergenz des Iterationsverfahrens) für $k \to \infty$ gegen den tatsächlichen bedingten Erwartungswert strebt. Somit wird dieser Erwartungswert in Form einer unendlichen Reihe erhalten, deren Entwicklungsglieder rekursiv bestimmt werden

$$\begin{aligned} \langle \varphi(\boldsymbol{z}^{\mathsf{T}}, t) \mid \boldsymbol{z}_\tau^{\mathsf{T}} \rangle &= \lim_{k\to\infty} \varphi_k(t \mid \boldsymbol{z}_\tau^{\mathsf{T}}, \tau) = \varphi_0(t \mid \boldsymbol{z}_\tau^{\mathsf{T}}, \tau) + \sum_{l=1}^{\infty} \Delta\varphi_l(t \mid \boldsymbol{z}_\tau^{\mathsf{T}}, \tau), \\ \Delta\varphi_l(t \mid \boldsymbol{z}_\tau^{\mathsf{T}}, \tau) &= \int_\tau^t \mathrm{d}s \int_\Omega \mathrm{d}\mathring{\boldsymbol{z}}_s\, \varphi_{l-1}(t \mid \boldsymbol{z}_s^{\mathsf{T}}, s)\,[\mathrm{L}_s - \mathrm{L}_{0;s}]\, p_{0;s,\tau}(\boldsymbol{z}_s^{\mathsf{T}} \mid \boldsymbol{z}_\tau^{\mathsf{T}}). \end{aligned} \tag{6.148}$$

Die Anfangswerte sind dabei durch den bedingten Erwartungswert in nullter Näherung gegeben

$$\varphi_0(t \mid \boldsymbol{z}_\tau^{\mathsf{T}}, \tau) = \Delta\varphi_0(t \mid \boldsymbol{z}_\tau^{\mathsf{T}}, \tau) = \int_\Omega \varphi(\boldsymbol{z}^{\mathsf{T}}, t)\, p_{0;t,\tau}(\boldsymbol{z}^{\mathsf{T}} \mid \boldsymbol{z}_\tau^{\mathsf{T}})\, \mathrm{d}\mathring{\boldsymbol{z}}.$$

Mit Kenntnis der bedingten Entwicklungsglieder $\Delta\varphi_l(t \mid \boldsymbol{z}_\tau^{\mathsf{T}}, \tau)$ können die entsprechenden Entwicklungsglieder der Reihe für den unbedingten Erwartungswert wie folgt berechnet werden (s. Gl. (6.147))

$$\begin{aligned} \langle \varphi(\boldsymbol{z}^{\mathsf{T}}, t) \rangle &= \varphi_0(t) + \sum_{l=1}^{\infty} \Delta\varphi_l(t), \\ \Delta\varphi_l(t) &= \int_{t_0}^t \mathrm{d}s \int_\Omega \mathrm{d}\mathring{\boldsymbol{z}}\, \Delta\varphi_{l-1}(t \mid \boldsymbol{z}_s^{\mathsf{T}}, s)\,[\mathrm{L}_s - \mathrm{L}_{0;s}]\, p_0(\boldsymbol{z}^{\mathsf{T}}, s). \end{aligned} \tag{6.149}$$

$\varphi_0(t)$ ist der unbedingte Erwartungswert von $(\boldsymbol{z}^{\mathsf{T}}, t)$ in nullter Näherung

$$\varphi_0(t) = \int_\Omega \varphi(\boldsymbol{z}^{\mathsf{T}}, t)\, p_0(\boldsymbol{z}^{\mathsf{T}}, t)\, \mathrm{d}\mathring{\boldsymbol{z}}.$$

Betrachten wir nun den Sonderfall stationärer Prozesse $\boldsymbol{z}^{\mathsf{T}}(t)$, d. h., das Ausgangssystem (6.1) sei zeitinvariant und der Anfangszustand liege in unendlicher Vergangenheit $t_0 = -\infty$. In diesem Fall sind die momentanen Dichten $p_k(\cdot)$ zeitunabhängig, und die Übergangsdichten $p_{k;t,\tau}$ hängen nur noch von Zeitdifferenzen ab

$$\begin{aligned} &p_k(\boldsymbol{z}^{\mathsf{T}}, t) = \overline{p}_k(\boldsymbol{z}^{\mathsf{T}}), \\ &p_{k;t,t-\tau}(\boldsymbol{z}^{\mathsf{T}} \mid \boldsymbol{z}_{t-\tau}^{\mathsf{T}}) = \overline{p}_{k;\tau}(\boldsymbol{z}^{\mathsf{T}} \mid \boldsymbol{z}_{t-\tau}^{\mathsf{T}}). \end{aligned}$$

Unter Ausnutzung der für stationäre Prozesse notwendig erfüllten Bedingung

$$\lim_{\tau\to\infty} [\overline{p}_{k;\tau}(\boldsymbol{z}^{\mathsf{T}} \mid \boldsymbol{z}_{t-\tau}^{\mathsf{T}}) - \overline{p}_k(\boldsymbol{z}^{\mathsf{T}})] = 0$$

kann gezeigt werden (s. [79]), daß Gl. (6.147) im stationären Fall übergeht in

$$\overline{p}_k(\boldsymbol{z}^{\mathsf{T}}) = \overline{p}_0(\boldsymbol{z}^{\mathsf{T}}) + \int_\Omega \left[\int_0^\infty \overline{p}_{k-1;s}(\boldsymbol{z}^{\mathsf{T}} \mid \boldsymbol{z}_1^{\mathsf{T}})\, \mathrm{d}s \right] \mathrm{L}_t \overline{p}_0(\boldsymbol{z}_1^{\mathsf{T}})\, \mathrm{d}\mathring{\boldsymbol{z}}_1, \tag{6.150}$$

wobei zur Berechnung des Zeitintegrales der Integrand rekursiv wie folgt berechnet wird

$$\bar{p}_{k;s}(\boldsymbol{z}^{\mathsf{T}} \mid \boldsymbol{z}_1^{\mathsf{T}}) = \bar{p}_{0;s}(\boldsymbol{z}^{\mathsf{T}} \mid \boldsymbol{z}_1^{\mathsf{T}}) + \int\limits_{\Omega} \left[\int\limits_0^{\infty} \bar{p}_{k-1;\tau}(\boldsymbol{z}^{\mathsf{T}} \mid \boldsymbol{z}_2^{\mathsf{T}}) \, \mathrm{d}\tau \right] \mathrm{L}_t \bar{p}_{0;s}(\boldsymbol{z}_2^{\mathsf{T}} \mid \boldsymbol{z}_1^{\mathsf{T}}) \, \mathrm{d}\mathring{\boldsymbol{z}}_2. \tag{6.151}$$

Für den stationären Erwartungswert einer Funktion $\varphi(\boldsymbol{z}^{\mathsf{T}})$ wird daraus wieder eine unendliche Reihe erhalten, deren Entwicklungsglieder rekursiv bestimmt werden können

$$\langle \varphi(\boldsymbol{z}^{\mathsf{T}}) \rangle = \bar{\varphi}_0 + \sum_{l=1}^{\infty} \Delta\varphi_l, \qquad \bar{\varphi}_0 = \int\limits_{\Omega} \varphi(\boldsymbol{z}^{\mathsf{T}}) \, \bar{p}_0(\boldsymbol{z}^{\mathsf{T}}) \, \mathrm{d}\mathring{\boldsymbol{z}},$$

$$\Delta\bar{\varphi}_l = \int\limits_{\Omega} \left[\int\limits_0^{\infty} \Delta\varphi_{l-1}^{*}(\tau \mid \boldsymbol{z}^{\mathsf{T}}) \, \mathrm{d}\tau \right] \mathrm{L}_t \bar{p}_0(\boldsymbol{z}^{\mathsf{T}}) \, \mathrm{d}\mathring{\boldsymbol{z}}, \tag{6.152}$$

$$\Delta\varphi_l^{*}(\tau \mid \boldsymbol{z}^{\mathsf{T}}) = \int\limits_{\Omega} \left[\int\limits_0^{\infty} \Delta\varphi_{l-1}^{*}(s \mid \boldsymbol{z}_1^{\mathsf{T}}) \, \mathrm{d}s \right] \mathrm{L}_t \bar{p}_{0;\tau}(\boldsymbol{z}_1^{\mathsf{T}} \mid \boldsymbol{z}^{\mathsf{T}}) \, \mathrm{d}\mathring{\boldsymbol{z}}_1.$$

Dabei gilt $\bar{\varphi}_0 = \Delta\bar{\varphi}_0$.

Leider ist die Konvergenz der beschriebenen Iterationsverfahren nicht immer gesichert. Bisher wurde lediglich für den praktisch kaum interessanten Sonderfall $\tilde{\boldsymbol{f}}(\boldsymbol{z}^{\mathsf{T}}, t) = 0$ und zustandsunabhängiger Matrizen $\boldsymbol{M}(\boldsymbol{z}^{\mathsf{T}}, t) = \boldsymbol{M}(t)$ (d. h., $\boldsymbol{z}(t)$ ist ein Wiener-Prozeß) bewiesen (s. [32]), daß die aus Gl. (6.146) bestimmte Folge p_k gegen die Lösung der Fokker-Planck-Gleichung strebt

$$\lim_{k \to \infty} p_{k;t,\tau} = p_{t,\tau}.$$

Die im folgenden Abschnitt aufgeführten Beispiele legen die Vermutung nahe, daß für Prozesse $\boldsymbol{z}(t)$, die im vollständigen Zustandsraum definiert sind ($\boldsymbol{z} \in [-\infty, +\infty]$), und unter Zugrundelegung Gaußscher Dichten für p_0 die Folge p_k nur dann gegen die Lösung der Fokker-Planck-Gleichung strebt, wenn die Systemnichtlinearitäten nicht stärker als linear mit $|\boldsymbol{z}|$ wachsen

$$\lim_{|\boldsymbol{z}| \to \infty} |\tilde{\boldsymbol{f}}(\boldsymbol{z}^{\mathsf{T}}, t)| \,/\, |\boldsymbol{z}| < \infty, \qquad \boldsymbol{z} \in [-\infty, +\infty].$$

Die gewählte Struktur der Dichte p_0 besitzt also entscheidenden Einfluß auf die Konvergenzeigenschaften des Iterationsverfahrens. Unter Voraussetzung der Konvergenz steht mit diesem Iterationsverfahren jedoch eine recht effektive Methode zur näherungsweisen Analyse (praktisch muß man sich ja mit endlich vielen Iterationen begnügen) nichtlinearer stochastischer Systeme auch im nichtstationären Fall zur Verfügung. In der Regel bereiten die dazu erforderlichen Zustandsintegrationen keine Schwierigkeiten, jedoch können die Zeitintegrationen häufig nur noch näherungsweise oder numerisch berechnet werden. Am Beispiel stationärer Prozesse mit identisch verschwindenden Wahrscheinlichkeitsflüssen soll daher gezeigt werden, wie diese Zeitintegrationen umgangen werden können.

Für stationäre Prozesse $\boldsymbol{z}^{\mathsf{T}}(t)$ mit identisch verschwindendem Wahrscheinlichkeitsfluß

$$\bar{\boldsymbol{G}}(\boldsymbol{z}^{\mathsf{T}}) = 0$$

reduziert sich die Fokker-Planck-Gleichung für die stationäre Dichte $\bar{p}(\boldsymbol{z}^{\mathsf{T}})$ auf eine partielle

Differentialgleichung erster Ordnung

$$\mathrm{D}\bar{p} = 0, \qquad \mathrm{D} = -\bar{\boldsymbol{f}}(\boldsymbol{z}^{\mathrm{T}}) + \overline{\boldsymbol{M}}\nabla_z .$$

Der Einfachheit setzen wir eine zustandsunabhängige Matrix $\overline{\boldsymbol{M}}$ voraus, die invertierbar sein muß, damit der Wahrscheinlichkeitsfluß identisch verschwinden kann (s. Abschn. 6.2.3.1.).

Entsprechend dem differentiellen Iterationsverfahren nach Gl. (6.145) wird die stationäre Dichte $\bar{p}$ rekursiv nach folgendem Schema bestimmt

$$\mathrm{D}_0\bar{p}_k = -(\mathrm{D} - \mathrm{D}_0)\,\bar{p}_{k-1}.$$

Als nullte Näherung nehmen wir eine Gaußsche Dichte $\bar{p}_0$ an, die die Lösung der Gleichung

$$\mathrm{D}_0 p_0 = 0$$

mit

$$\mathrm{D}_0 = -(\bar{\boldsymbol{A}}(\boldsymbol{z} - \boldsymbol{m}_{0;z}) + \bar{\boldsymbol{C}}) + \frac{1}{2}\,\overline{\boldsymbol{M}}\nabla_z \tag{6.153}$$

sein soll. Wegen $\overline{\boldsymbol{M}} = \boldsymbol{M}_0$ geht der Operator $\mathrm{D} - \mathrm{D}_0$ in eine Funktion über

$$\mathrm{D} - \mathrm{D}_0 = -[\bar{\boldsymbol{f}}(\boldsymbol{z}^{\mathrm{T}}) - \bar{\boldsymbol{A}}(\boldsymbol{z} - \boldsymbol{m}_{0;z}) - \bar{\boldsymbol{C}}].$$

Stellt man nun die Dichte $\bar{p}_k$ in der Form

$$\bar{p}_k(\boldsymbol{z}^{\mathrm{T}}) = \Psi_k(\boldsymbol{z}^{\mathrm{T}})\,\bar{p}_0(\boldsymbol{z}^{\mathrm{T}}) \tag{6.154}$$

dar, so erhält man unter Ausnutzung der Gl. $\mathrm{D}_0\bar{p}_0 = 0$ aus dem Rekursionsschema für $\bar{p}_k$ ein partielles Differentialgleichungssystem zur rekursiven Bestimmung der Funktionen $\Psi_k(\boldsymbol{z}^{\mathrm{T}})$

$$\begin{aligned} &\nabla_z\Psi_k(\boldsymbol{z}^{\mathrm{T}}) = \mathfrak{E}(\boldsymbol{z}^{\mathrm{T}})\,\Psi_{k-1}(\boldsymbol{z}^{\mathrm{T}}), \qquad \Psi_0 = 1, \\ &\mathfrak{E}(\boldsymbol{z}^{\mathrm{T}}) = 2\overline{\boldsymbol{M}}^{-1}[\bar{\boldsymbol{f}}(\boldsymbol{z}^{\mathrm{T}}) - \bar{\boldsymbol{A}}(\boldsymbol{z} - \boldsymbol{m}_{0;z}) - \bar{\boldsymbol{C}}] = \{e^{(i)}\}_{n,1}{}^{1)}. \end{aligned} \tag{6.155}$$

Damit nach diesem Iterationsverfahren normierte Dichten $\bar{p}_k$ erhalten werden, muß dieses lineare Differentialgleichungssystem mit den Randbedingungen

$$\langle\Psi_k(\boldsymbol{z}^{\mathrm{T}})\rangle_0 = \int \Psi_k(\boldsymbol{z}^{\mathrm{T}})\,\bar{p}_0(\boldsymbol{z}^{\mathrm{T}})\,\mathrm{d}\mathring{\boldsymbol{z}} = 1$$

gelöst werden.

Mit den Größen

$$\Delta\Psi_k(\boldsymbol{z}^{\mathrm{T}}) = \Psi_k(\boldsymbol{z}^{\mathrm{T}}) - \Psi_{k-1}(\boldsymbol{z}^{\mathrm{T}})$$

wird die Dichte $\bar{p}_k$ in Form einer Reihe dargestellt

$$\bar{p}_k(\boldsymbol{z}^{\mathrm{T}}) = \bar{p}_0(\boldsymbol{z}^{\mathrm{T}})\left[1 + \sum_{l=1}^{k}\Delta\Psi_l(\boldsymbol{z}^{\mathrm{T}})\right], \tag{6.156}$$

deren Entwicklungsglieder aus dem partiellen Differentialgleichungssystem

$$\begin{aligned} &\nabla_z\Delta\Psi_l = \mathfrak{E}(\boldsymbol{z}^{\mathrm{T}})\,\Delta\Psi_{k-1}(\boldsymbol{z}^{\mathrm{T}}), \\ &\Delta\Psi_0(\boldsymbol{z}^{\mathrm{T}}) = 1, \qquad \langle\Delta\Psi_k(\boldsymbol{z}^{\mathrm{T}})\rangle_0 = 0 \quad \text{für} \quad k \geqq 1 \end{aligned} \tag{6.157}$$

rekursiv ermittelt werden. Die Reihenentwicklung (6.152) stationärer Erwartungswerte wird daraus wie folgt ermittelt

$$\langle\varphi(\boldsymbol{z}^{\mathrm{T}})\rangle = \langle\varphi(\boldsymbol{z}^{\mathrm{T}})\rangle_0 + \sum_{l=1}^{\infty}\langle\varphi(\boldsymbol{z}^{\mathrm{T}})\,\Delta\Psi_l(\boldsymbol{z}^{\mathrm{T}})\rangle_0. \tag{6.158}$$

---

[1]) Im Abschn. 6.2.3.1. wurde gezeigt, daß die Inverse $\overline{\boldsymbol{M}}^{-1}$ existieren muß, wenn der Wahrscheinlichkeitsfluß identisch verschwinden soll.

Im Gegensatz zu Gl. (6.152) sind hier keine Zeitintegrationen mehr auszuführen. Unter der, dem Potentialfall entsprechenden (s. Abschn. 6.2.3.1.), Bedingung

$$\frac{\partial e^{(i)}(\boldsymbol{z}^{\mathrm{T}})\;\Delta\Psi_l(\boldsymbol{z}^{\mathrm{T}})}{\partial z^{(j)}} = \frac{\partial e^{(j)}(\boldsymbol{z}^{\mathrm{T}})\;\Delta\Psi_l(\boldsymbol{z}^{\mathrm{T}})}{\partial z^{(i)}}$$

können die $\Delta\Psi_k$ besonders einfach berechnet werden

$$\begin{aligned}\Delta\Psi_k(\boldsymbol{z}^{\mathrm{T}}) &= \int \Delta\Psi_{k-1}(\boldsymbol{z}^{\mathrm{T}})\,\mathfrak{E}^{\mathrm{T}}(\boldsymbol{z}^{\mathrm{T}})\,\mathrm{d}\boldsymbol{z} - \left\langle\int \Delta\Psi_{k-1}(\boldsymbol{z}^{\mathrm{T}})\,\mathfrak{E}^{\mathrm{T}}(\boldsymbol{z}^{\mathrm{T}})\,\mathrm{d}\boldsymbol{z}\right\rangle_0 \\ &= \sum_{i=1}^{n}\left[\int \Delta\Psi_{k-1}(\boldsymbol{z}^{\mathrm{T}})\,e^{(i)}(\boldsymbol{z}^{\mathrm{T}})\,\mathrm{d}z^{(i)} - \left\langle\int \Delta\Psi_{k-1}e^{(i)}\,\mathrm{d}z^{(i)}\right\rangle_0\right].\end{aligned} \tag{6.159}$$

6.4.3. Beispiele

Es wurde darauf hingewiesen, daß die Konvergenz des im letzten Unterabschnitt beschriebenen Iterationsverfahrens wesentlich von der *Struktur* der dazu herangezogenen nullten Näherung $p_0(\cdot)$ für die (zu bestimmende) Dichte $p(\cdot)$ abhängig ist.

An Hand von drei einfachen Beispielen soll die geäußerte Vermutung gestützt werden, daß unter Zugrundelegung einer Gaußschen Dichte $p_0(\cdot)$ für im vollständigen Zustandsraum definierte Prozesse nur dann eine gegen die Lösung der Fokker-Planck-Gleichung konvergierende Folge $p_k(\cdot)$ erhalten wird, wenn die Systemnichtlinearitäten mit $|\boldsymbol{z}| \to \infty$ nicht stärker als linear wachsen. Dabei beschränken wir uns auf skalare, stationäre Prozesse $z(t)$ mit dem Erwartungswert Null

$$\overline{m}_z = 0, \qquad z \in [-\infty, +\infty]$$

und berechnen iterativ die Reihenentwicklungen für die stationären Dichten $\overline{p}_k(z)$ nach Gl. (6.156) und die stationären Streuungen $\overline{K}_{k;z}$ nach Gl. (6.158) $\left(\varphi(z) = z^2\right)$. Die dazu erforderlichen Funktionen $\Delta\Psi_l(z)$ werden rekursiv nach Gl. (6.159) errechnet. Für $\overline{p}_0(z)$ wird also eine Gaußsche Dichte

$$\overline{p}_0(z) = \left(2\pi\overline{K}_{0;z}(0)\right)^{-1/2}\exp\left\{-\frac{z^2}{2K_{0;z}(0)}\right\}$$

herangezogen. In Übereinstimmung mit unserer Vermutung konvergieren die so ermittelten Reihenentwicklungen für die stationären Streuungen in den Beispielen 2 und 3: Die Systemnichtlinearitäten $(f = -\beta\,\mathrm{sgn}\,(z)$ bzw. $-\beta\sin(z))$ sind für $|z| \to \infty$ beschränkt, erfüllen also oben genannte Voraussetzung. Im Beispiel 1 wächst die Systemnichtlinearität $f(z) = -\beta z^3$ stärker als linear mit $|z| \to \infty$; die Reihe für die stationäre Streuung konvergiert nicht. Die Ursache dafür ist darin zu suchen, daß in diesem Beispiel die Gaußsche Dichte $\overline{p}_0(z)$ für große $|z|$ wesentlich schwächer als die tatsächliche Dichte $\overline{p}(z)$ (s. Abschn. 6.1.5., Bsp. 1) gegen Null strebt, so daß durch $\overline{p}_0(z)$ die bei den Iterationen zu bildenden Momente höherer Ordnungen überbewertet werden.

Beispiel 1:

$$\dot{z} = -\beta z^3 + g\xi(t), \qquad \gamma_1 = \sqrt{g^2/2\beta}, \qquad (\alpha = 0). \tag{3.78}$$

Als nullte Näherung $p_0(z)$ wählen wir die nach statistischer Linearisierung (SL(G.M.)) ermittelte Gaußsche Dichte mit

$$\overline{m}_{0;z} = 0, \qquad \overline{K}_{0;z}(0) = \frac{\gamma_1}{\sqrt{3}}. \tag{3.80}$$

Damit ist nach (6.155) und (3.78)

$$\sqrt{\overline{K}_{0;z}}\,\mathfrak{E}(z) = x - \frac{1}{3}x^3, \qquad x = \frac{z}{\sqrt{\overline{K}_{0;z}(0)}} = \frac{\sqrt{\gamma_1}}{3^{1/4}}.$$

Nach dem ersten Iterationsschritt wird keine Korrektur zur nach SL(G.M.) ermittelten Streuung erhalten

$$\Delta\Psi_1(z) = \frac{1}{4}\overline{K}_{0;z}(0)\left[2x^2 - \frac{x^4}{3} - 1\right],$$

$$\langle z^2 \Delta\Psi_1(z)\rangle_0 = 0.$$

In den nächsten vier Iterationsschritten werden die folgenden Ergebnisse gewonnen

$$\Delta\Psi_2(z) = \frac{1}{8}\overline{K}_{0;z}(0)\left[\frac{x^8}{36} - \frac{x^6}{3} + \frac{7}{6}x^4 - x^2 - \frac{5}{12}\right],$$

$$\langle z^2 \Delta\Psi_2(z)\rangle_0 = \frac{2}{3}\overline{K}_{0;z}(0),$$

$$\Delta\Psi_3(z) = \frac{1}{96}\overline{K}_{0;z}\left[-\frac{x^{12}}{108} + \frac{x^{10}}{6} - \frac{13}{12}x^8 + 3x^6 - \frac{31}{12}x^4 - \frac{5}{2}x^2 + \frac{71}{4}\right],$$

$$\langle z^2 \Delta\Psi_3(z)\rangle_0 = -\frac{8}{3}\overline{K}_{0;z}(0),$$

$$\Delta\Psi_4(z) = \frac{1}{768}\overline{K}_{0;z}\left[\frac{x^{16}}{648} - \frac{x^{14}}{27} + \frac{19}{72}x^{12} - \frac{5}{3}x^{10} + \frac{139}{36}x^8 - \frac{7}{3}x^6 + \frac{61}{2}x^4 + 71x^2 + \frac{1055}{6}\right],$$

$$\langle z^2 \Delta\Psi_4(z)\rangle_0 = \frac{4133}{6\cdot 768}\overline{K}_{0;z}(0).$$

Für die Streuung $\overline{K}_z(0)$ werden damit die Näherungslösungen (in (6.148) ist $\varphi(z) = z^2$)

$$\overline{K}_{k;z}(0) = \overline{K}_{0;z}(0) + \sum_{l=1}^{k}\langle z^2 \Delta\Psi_l(z)\rangle_0$$

erhalten

$$\frac{\overline{K}_z(0)}{\gamma_1} \approx \begin{cases} 0.676 & \text{exakt,} \\ 0.577 & \text{nach SL(G.M.), } k = 0 \text{ und } k = 1, \\ 0.962 & \text{für } k = 2, \\ -0.577 & \text{für } k = 3, \\ -0.060 & \text{für } k = 4. \end{cases}$$

Nach dem dritten Iterationsschritt wird ein völlig unakzeptables „Ergebnis" für die Streuung erhalten: Die Streuung muß immer größer Null sein! Auch im vierten Iterationsschritt ist das Ergebnis unakzeptabel. Man kann zeigen, daß bei weiteren Iterationsschritten die Reihe für $\overline{K}_z(0)$ nicht konvergiert, da mit einer Gaußschen Dichte $\overline{p}_0(z)$ die Momente höherer Ordnungen überbewertet werden.

Beispiel 2:

$$\dot{z} = -\beta\,\mathrm{sgn}\,(z) + g\xi(t), \qquad \gamma = g^2/2\beta. \tag{3.83}$$

Auch hier ziehen wir für $\overline{p}_0(z)$ die nach statistischer Linearisierung ermittelte Gaußsche Dichte mit

$$\overline{m}_{0;z} = 0, \qquad \overline{K}_{0;z}(0) = \frac{\pi}{2}\gamma^2 \tag{3.84}$$

heran. Dann ist

$$\sqrt{\overline{K}_{0;z}(0)}\,\mathfrak{E}(z) = x - \sqrt{\frac{\pi}{2}}\,\mathrm{sgn}\,(x), \qquad x = z/\sqrt{\overline{K}_{0;z}(0)}.$$

Nach den ersten drei Iterationsschritten werden die folgenden Ergebnisse gewonnen

$$\Delta\Psi_1(z) = \frac{1}{2}\,\overline{K}_{0;z}(0)\left[x^2 - \sqrt{2\pi}\,|x| + \frac{1}{2}\right],$$

$$\langle z^2 \Delta\Psi_1(z)\rangle_0 = 0,$$

$$\Delta\Psi_2(z) = \frac{1}{4}\,\overline{K}_{0;z}(0)\left[\frac{x^4}{2} + (\pi + 1)\,x^2 + \frac{z - 2\pi}{2} - \sqrt{2\pi}\,(|x|^3 + |x|)\right],$$

$$\langle z^2 \Delta\Psi_2(z)\rangle_0 = \frac{\pi - 3}{2}\,\overline{K}_{0;z}(0),$$

$$\Delta\Psi_3(z) = \frac{1}{16}\,\overline{K}_{0;z}(0)\left[\frac{x^6}{3} + (2\pi + 1)\,x^4 + 7x^2 + 23 - \frac{22}{3}\pi - \sqrt{2\pi}\left(|x|^5 + \left(\frac{2}{3}\pi + 2\right)|x|^3 + (7 - 2\pi)\,|x|\right)\right],$$

$$\langle z^2 \Delta\Psi_3(z)\rangle_0 = \frac{1}{8}\,(10\pi - 31).$$

Für die stationäre Streuung werden daraus die folgenden Näherungslösungen erhalten (k-Iterations-schritt)

$$\frac{\overline{K}_z(0)}{\gamma^2} \approx \begin{cases} 2 & \text{exakt,} \\ 1.571 & \text{SL(G.M.), } k = 0,\ k = 1, \\ 1.682 & \text{für } k = 2, \\ 1.764 & \text{für } k = 3. \end{cases}$$

Die nach weiteren Interationen entstehende Reihe für die stationäre Streuung konvergiert.

Beispiel 3:

$$\dot{z} = -\beta\,\sin\,(z) + g\xi(t), \quad \gamma = g^2/2\beta. \tag{3.88}$$

Für $\overline{p}_0(z)$ ziehen wir die nach TAYLOR-Linearisierung (TL) ermittelte Gaußsche Dichte mit

$$\overline{m}_{0;z} = 0 \quad \text{und} \quad \overline{K}_{0;z}(0) = \gamma$$

heran. Damit ist:

$$\mathfrak{E}(z) = \frac{1}{\gamma}\,(z - \sin\,(z)).$$

Nach den ersten beiden Iterationen werden die Ergebnisse erhalten:

$$\Delta\Psi_1(z) = \frac{1}{\gamma}\left[\frac{z^2}{2} + \cos\,(z) - \frac{\gamma}{2} - e^{-\gamma/2}\right],$$

$$\langle z^2 \Delta\Psi_1(z)\rangle_0 = \gamma(1 - e^{-\gamma/2}),$$

$$\Delta\Psi_2(z) = \frac{1}{\gamma^2}\left[\frac{z^4}{8} - \left(\frac{\gamma}{2} + e^{-\gamma/2}\right)\left(\frac{z^2}{2} + \cos\,(z)\right) + \frac{1}{2}\,z^2\cos\,(z) + \frac{1}{4}\cos\,(2z) - \frac{3}{8}\gamma^2 + \left(\frac{\gamma}{2} + e^{-\gamma/2}\right)^2 - \frac{1}{2}\,e^{-\gamma/2}(\gamma - \gamma^2) - \frac{1}{4}\,e^{-2\gamma}\right],$$

$$\langle z^2 \Delta\Psi_2(z)\rangle_0 = \gamma\left[1 + e^{-\gamma/2}\left(\frac{\gamma}{2} - 2\right) + e^{-\gamma}\,\frac{1 - e^{-\gamma}}{\gamma}\right].$$

Die daraus folgenden Näherungslösungen für die stationäre Streuung

$$\overline{K}_{k;z}(0) = \begin{cases} \gamma \quad \text{für} \quad k = 0, \\ \gamma[2 - e^{-\gamma/2}] \quad \text{für} \quad k = 1, \\ \gamma\left[1 + e^{-\gamma/2}\left(\frac{\gamma}{2} - 2\right) + e^{-\gamma}\,\frac{1 - e^{-\gamma}}{\gamma}\right] \quad \text{für} \quad k = 2 \end{cases}$$

sind in der Abb. 6.6 in Abhängigkeit von γ im Vergleich zum exakten Ergebnis und dem Ergebnis nach statistischer Linearisierung (SL(G.M.)) graphisch dargestellt.

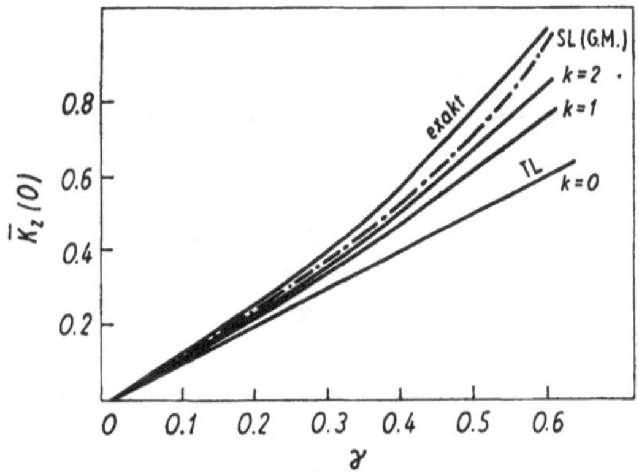

Abb. 6.6: Abhängigkeit der iterativ ($k = 0, 1, 2$) berechneten stationären Streuung von γ für einen Phasenregelkreis erster Ordnung im Vergleich zum exakten Resultat und zum Ergebnis der statistischen Linearisierung (SL (G.M.))

Kapitel 7: Momentenentwicklungen der Verteilungsdichte

Ein wichtiger Ansatz zur näherungsweisen Lösung der Fokker-Planck-Gleichung besteht in Potenzreihenentwicklungen von Funktionen der gesuchten Verteilungsdichte bzw. ihrer charakteristischen Funktion. Zur Bestimmung der Entwicklungskoeffizienten dieser Reihenentwicklungen werden aus der Fokker-Planck-Gleichung im allgemeinen, nichtlinearen Fall unendliche, verkoppelte Differentialgleichungssysteme erhalten, die durch Abschluß im Endlichen näherungsweise gelöst werden.

Eine sehr effektive Methode zur näherungsweisen Bestimmung von Verteilungsdichten $p(\cdot)$ bzw. ihrer charakteristischen Funktionen $h(\cdot)$ geht von ihren Quasimomentenentwicklungen um eine (analytische) nullte Näherung $p_0(\cdot)$ bzw. $h_0(\cdot)$ aus, deren Entwicklungskoeffizienten als Quasimomentenfunktionen bezeichnet werden. Aufgrund der überaus vorteilhaften Eigenschaften der Quasimomentenentwicklungen, wie z. B. die Linearität ihrer Bestimmungsgleichungen, wird der Beschreibung der daraus abgeleiteten Näherungsverfahren der größte Raum dieses Kapitels eingeräumt. Dies erschien uns um so notwendiger, da trotz der erheblichen Vorteile gerade diese Methoden in der internationalen Literatur noch nicht den ihnen gebührenden Platz gefunden haben. Mit der hier wesentlich allgemeiner als aus der Literatur bekannt eingeführten Quasimomentenentwicklungen erweisen sich die darauf aufbauenden Näherungsverfahren als recht universell anwendbar.

Weitere Entwicklungsmöglichkeiten (Entwicklung der Log-Dichte und der logcharakteristischen Funktion) werden daher nur kurz angedeutet, zumal die darauf aufbauenden Näherungsmethoden wegen der i. allg. Nichtlinearität der Bestimmungsgleichungen für die entsprechenden Entwicklungskoeffizienten wenig praktikabel sind und i. d. R. auch weniger günstige Konvergenzeigenschaften ausweisen.

7.1. Die Methode der Quasimomentenentwicklung

In der Literatur (s. z. B. [65, 66]) sind die Quasimomentenfunktionen nur bezüglich der Gram-Charlierschen Reihe und ihrer Verallgemeinerung definiert, die Entwicklungen von Verteilungsdichten um Gaußsche Dichten $p_0(\cdot) = p_G(\cdot)$ darstellen (s. Abschnitt 7.3.2.). Für den Aufbau von Quasimomentenentwicklungen werden im folgenden auch nicht Gaußsche Dichten für $p_0(\cdot)$ zugelassen. Wir behalten aber dennoch den Begriff der Quasimomentenfunktionen bei, um den Leser nicht durch unnötige neue Begriffsbildungen zu verwirren.

7.1.1. Allgemeine Einführung der Quasimomentenfunktionen (QMF)

Das Wesen der Quasimomentenentwicklung besteht in der

- Vorgabe einer nullten Näherung $p_0(\boldsymbol{z}^\mathsf{T}, t)$ bzw. $h_0(\boldsymbol{s}^\mathsf{T}, t)$ für die gesuchte Dichte $p(\boldsymbol{z}^\mathsf{T}, t)$ bzw. ihrer charakteristischen Funktion $h(\boldsymbol{s}^\mathsf{T}, t)$ $(\boldsymbol{s}^\mathsf{T} = j\boldsymbol{\lambda}^\mathsf{T})$ und einer
- Potenzreihenentwicklung der charakteristischen Funktion um ihre nullte Näherung.

Bei der weiteren Erläuterung der Methode der Quasimomentenentwicklung können wir uns auf den Fall skalarer Prozesse beschränken, da die Verallgemeinerung auf den mehrdimensionalen Fall keinerlei prinzipielle Schwierigkeiten bereitet.

Die charakteristische Funktion wird durch die ihrer nullten Näherung wie folgt dargestellt

$$h(s, t) = h_Q(p_0; s, t)\, h_0(s, t). \tag{7.1}$$

Wird die Funktion $h_Q(\cdot)$ bezüglich der Variablen s in eine Taylor-Reihe mit den Entwicklungskoeffizienten

$$Q_k(p_0; t) = \left.\frac{\partial^k h_Q(p_0; s, t)}{\partial s^k}\right|_{s=0} = \left.\frac{\partial^k h(s, t)^{-1}\, h_0(s, t)}{\partial s^k}\right|_{s=0} \tag{7.2}$$

entwickelt, so gewinnt man für die charakteristische Funktion $h(\cdot)$ die folgende Reihendarstellung

$$h(s, t) = \left(1 + \sum_{k=1}^{\infty} \frac{s^k}{k!}\, Q_k(p_0; t)\right) h_0(s, t). \tag{7.3}$$

Da die charakteristischen Funktionen $h(s, t)$ und $h_0(s, t)$ für $s \to 0$ immer gegen Eins streben, gilt offenbar

$$Q_0(p_0; t) = 1. \tag{7.4}$$

Für den Spezialfall $h_0(s, t) = 1$ (bzw. $h_Q(\cdot) = h(\cdot)$) sind diese Entwicklungskoeffizienten identisch mit den Momentenfunktionen des Prozesses $z(t)$

$$Q_k(p_0; t) = m_k(t) = \langle z^k \rangle \quad \text{für} \quad h_0(\cdot) = 1 \quad \text{bzw.} \quad p_0(z, t) = \delta(z - m_z).$$

Aus diesem Grunde werden sie für den allgemeinen Fall $h_0(s, t) \neq 1$ als Quasimomentenfunktionen (QMF) bezeichnet.

Unter Zugrundelegung Gaußscher Dichten $p_0(\boldsymbol{z}^\mathsf{T}, t)$ wurden die Quasimomentenfunktionen von Kusnezow u. a. [65, 66] eingeführt. Durch die hier allgemeiner definierten Quasimomentenfunktionen werden als nullte Näherung auch nicht-Gaußsche Dichten zugelassen. Dies ist insofern bedeutungsvoll, als die Konvergenzeigenschaften der Quasimomentenentwicklung um so besser sein werden, je genauer die Dichte $p_0(z, t)$ die tatsächliche Dichte $p(z, t)$ approximiert. Durch geschickte Wahl einer approximierenden Dichte $p_0(z, t)$ kann man sich bei der Analyse stochastischer Systeme i. d. R. mit der Berücksichtigung einiger, weniger Entwicklungsglieder begnügen, d. h., man kann sich in sehr guter Näherung mit der Approximation

$$\begin{aligned} &Q_k(p_0; t) \approx Q_{m;k}(p_0; t), \\ &Q_{m;k}(p_0; t) = 0 \quad \text{für} \quad k \geqq m + 1 \end{aligned} \tag{7.5}$$

zufrieden geben. Die Auffindung der entsprechenden Quasimomentenentwicklung für die Dichte $p(z, t)$ bereitet keinerlei Schwierigkeiten: Nach Fourier-Rücktransformation der charakteristischen Funktion $h(j\lambda, t)$ nach (7.3) wird unter Beachtung von

$$(-1)^k s^k \exp\{-sz\} = \frac{\partial^k}{\partial z^k} \exp\{-sz\}$$

die folgende Operatorendarstellung für die Dichte $p(z, t)$ gewonnen

$$p(z, t) = \left(1 + \sum_{k=1}^{\infty} \frac{(-1)^k}{k!} Q_k(p_0; t) \frac{\partial^k}{\partial z^k}\right) p_0(z, t), \tag{7.6}$$

die — unter der Voraussetzung bezüglich z analytischer Dichten $p_0(z, t)$ — mit Einführung des Funktionensystems

$$H_k(p_0; z, t) = (-1)^k p_0^{-1}(z, t) \frac{\partial^k}{\partial z^k} p_0(z, t), \qquad k \geqq 0 \tag{7.7}$$

in eine Funktionenreihe übergeht

$$p(z, t) = \left(1 + \sum_{k=1}^{\infty} \frac{1}{k!} Q_k(p_0; t) H_k(p_0; z, t)\right) p_0(z, t). \tag{7.8}$$

Mit Kenntnis der QMF können Erwartungswerte beliebiger Funktionen $\varphi(z, t)$ (die Existenz ihrer Erwartungswerte vorausgesetzt) leicht berechnet werden: Entsprechend der Entwicklung (7.8) sind diese durch Linearkombinationen der Quasimomentenfunktionen gegeben

$$\langle\varphi(z, t)\rangle = \langle\varphi(z, t)\rangle_0 + \sum_{k=1}^{\infty} \frac{1}{k!} Q_k(p_0; t) \langle H_k(p_0; z, t) \varphi(z, t)\rangle_0, \tag{7.9}$$

wobei die Mittelungen $\langle(\cdot)\rangle_0$ mit Hilfe der vorgegebenen Dichte $p_0(z, t)$ ausgeführt werden. Ist die Funktion $\varphi(z, t)$ bezüglich z analytisch, der Prozeß $z(t)$ im gesamten Euklidischen Raum definiert und gilt

$$\left.\frac{\partial^k \varphi(z, t)}{\partial z^k} \frac{\partial^l p_0(z, t)}{\partial z^l}\right|_{z=\pm\infty} = 0 \quad \text{für} \quad k \geqq 0, \quad l \geqq 0, \tag{7.10}$$

so wird nach Multiplikation der Gl. (7.6) von links mit $\varphi(z, t)$ und anschließender (partieller) Integration über z in unendlichen Grenzen die folgende Darstellung für den Erwartungswert erhalten, für die das Funktionensystem $H_k(p_0; z, t)$ nicht benötigt wird

$$\langle\varphi(z, t)\rangle = \langle\varphi(z, t)\rangle_0 + \sum_{k=1}^{\infty} \frac{1}{k!} Q_k(p_0; t) \left\langle \frac{\partial^k \varphi(z, t)}{\partial z^k} \right\rangle_0. \tag{7.11}$$

Nach Vergleich mit der Reihe (7.9) gilt also unter den genannten Bedingungen

$$\langle H_k(p_0; z, t) \varphi(z, t)\rangle_0 = \left\langle \frac{\partial^k \varphi(z, t)}{\partial z^k} \right\rangle_0. \tag{7.12}$$

Für $\varphi(z, t) = z^k$ und $\varphi(z, t) = (z - m_z)^k$ werden daraus beispielsweise die Momenten- und zentralen Momentenfunktionen aus denen ihrer nullten Näherungen $m_{0,k}$ und

$\mu_{0,k}$ und den Quasimomentenfunktionen wie folgt berechnet

$$\begin{aligned} m_k(t) &= \sum_{l=0}^{k} \binom{k}{l} Q_l(p_0; t)\, m_{0;k-l}, \\ \mu_k(t) &= \sum_{l=0}^{k} \binom{k}{l} Q_{k-l}(p_0; t) \sum_{s=0}^{l} \binom{l}{s} (-1)^s Q_1{}^s(p_0; t)\, \mu_{0;l-s}. \end{aligned} \tag{7.13}$$

Die häufig interessierenden Kumulanten des Prozesses $z(t)$ stehen in einem nichtlinearen Zusammenhang mit den QMF

$$\begin{aligned} k_1 &= k_{0,1} + Q_1(\cdot), \\ k_2 &= k_{0,2} + Q_2(\cdot) - Q_1{}^2(\cdot), \\ k_3 &= k_{0,3} + Q_3(\cdot) - 3Q_2(\cdot)\, Q_1(\cdot) + 2Q_1{}^3(\cdot), \\ &\vdots \\ k_n &= k_{0,n} + \frac{\partial^n}{\partial s^n} \ln \left(1 + \sum_{l=1}^{\infty} \frac{s_l}{l!} Q_l(p_0; t)\right)\bigg|_{s=0}. \end{aligned} \tag{7.14}$$

Allein diese kurzen Ausführungen weisen überaus vorteilhafte Eigenschaften der Quasimomentenentwicklung aus, die sie vor allen anderen Entwicklungen auszeichnet:

- Die QMF stellen die gemeinsamen Entwicklungskoeffizienten für die Reihendarstellungen der charakteristischen Funktion, der Dichte und von Erwartungswerten um ihre jeweils nullten Näherungen dar.
- Durch die Möglichkeit der freien Wahl der approximierenden Dichte $p_0(z, t)$, d. h. der nullten Näherung, können sehr schnell konvergierende Reihenentwicklungen konstruiert werden.

Schließlich wird, wie wir im weiteren sehen werden, dieses positive Bild durch die

- Linearität der Bestimmungsgleichungen für die QMF bei vorgegebener Dichte $p_0(\cdot)$ ergänzt.

Bevor wir uns jedoch dem Problem der Bestimmung der QMF zuwenden, sollen einige weitere Eigenschaften der Quasimomentenfunktionen erläutert werden.

7.1.2. Eigenschaften der Quasimomentenfunktionen

Zu einer einfachen Konstruktionsvorschrift der Quasimomentenfunktionen gelangt man, wenn die charakteristischen Funktionen der Dichten $p(z, t)$ und $p_0(z, t)$ durch ihre Kumulantenentwicklungen

$$h(s, t) = \exp \sum_{l=1}^{\infty} \frac{s_l}{l!} k_l(t),$$

$$h_0(s, t) = \exp \sum_{l=1}^{\infty} \frac{s^l}{l!} k_{0;l}(t)$$

gegeben sind: Entsprechend der Definitionsgleichung (7.2) wird demnach die QMF r-ter Ordnung durch die Differenzen der Kumulanten $k_l(t)$ und ihrer nullten Näherungen $k_{0;l}(t)$ der Ordnungen $1 \leqq l \leqq r$ gegeben

$$Q_r(p_0;t) = \frac{\partial^r}{\partial s^r} \exp \sum_{l=1}^{\infty} \frac{s^l}{l!} (k_l - k_{0;l})_{s=0}.$$

Die Quasimomentenfunktionen ergeben sich also aus den Darstellungen der Momentenfunktionen durch die Kumulanten

$$\begin{aligned}
m_1(t) &= k_1(t),\\
m_2(t) &= k_2(t) + k_1^2(t),\\
m_3(t) &= k_3(t) + \binom{3}{1} k_2(t)\, k_1(t) + k_1^3(t),\\
m_4(t) &= k_4(t) + \binom{4}{1} k_3(t)\, k_1(t) + \binom{4}{2} k_2(t)\, k_1^2(t) + \frac{1}{2!}\binom{4}{2} k_2^2(t) + k_1^4(t),\\
&\vdots\\
m_k(t) &= \frac{\partial^k}{\partial s^k} \exp \sum_{l=1}^{\infty} \frac{s^l}{l!} k_l(t)|_{s=0},
\end{aligned} \tag{7.15}$$

indem die Kumulanten des Prozesses $z(t)$ durch die Differenzen der Kumulanten der Dichten $p(\cdot)$ und $p_0(\cdot)$ ersetzt werden

$$Q_k(p_0;t) = m_k(t)|_{k_l \to k_l - k_{0;l}}, \quad 1 \leqq l \leqq k. \tag{7.16}$$

Dieser allgemeine Zusammenhang mit den gewöhnlichen Momentenfunktionen rechtfertigt nochmals den Begriff der Quasimomentenfunktionen für die Entwicklungskoeffizienten $Q_k(\cdot)$.

Aus den letzten Gleichungen kann unmittelbar eine wichtige Eigenschaft der Quasimomentenfunktionen abgelesen werden:

Sind die Kumulanten (bzw. Momentenfunktionen) der Dichten $p(\cdot)$ und $p_0(\cdot)$ für die ersten r Ordnungen identisch, so verschwinden die QMF der ersten r Ordnungen, und die QMF der nächst höheren $(r+1)$ Ordnungen sind identisch mit den Kumulanten des Prozesses $z(t)$

$$Q_k(p_0;t) = \begin{cases} 0 & \text{für} \quad 1 \leqq l \leqq r,\\ k_l(t) & \text{für} \quad r+1 \leqq l \leqq 2r+1, \end{cases} \tag{7.17}$$

wenn

$$k_l(t) = k_{0;l}(t) \quad (\text{bzw.: } m_l(t) = m_{0;l}(t)) \quad \text{für} \quad 1 \leqq l \leqq r.$$

Charakterisiert man eine approximierende Dichte $p_0(\cdot)$, die den zuletzt genannten Bedingungen genügt, durch: $p_0(z, t \mid r)$ (die ersten r Momentenfunktionen der Dichte $p_0(\cdot)$ sind identisch mit denen der tatsächlichen Dichte $p(\cdot)$), so lautet die Quasimomentenentwicklung für eine derart gewählte Dichte

$$p(z,t) = \left[1 + \sum_{k=r+1}^{\infty} \frac{1}{k!} Q_k(p_0;t)\, H_k(p_0;z,t)\right] p_0(z,t \mid r). \tag{7.18}$$

Beispielsweise gehen die Gln. (7.13) für diesen Fall über in

$$\begin{aligned} m_k(t) &= m_{0;k}(t) + \begin{cases} 0 & \text{für} \quad 1 \leqq k \leqq r, \\ \sum\limits_{l=r+1}^{k} \binom{k}{l} Q_l(\cdot)\, m_{0;k-l}(t) & \text{für} \quad k \geqq r+1, \end{cases} \\ \mu_k(t) &= \mu_{0;k}(t) + \begin{cases} 0 & \text{für} \quad 1 \leqq k \leqq r, \\ \sum\limits_{l=r+1}^{k} \binom{k}{l} Q_l(\cdot)\, \mu_{0;k-l}(t) & \text{für} \quad k \geqq r+1. \end{cases} \end{aligned} \tag{7.19}$$

Die unter der Bedingung (7.10) geltende Reihenentwicklung (7.11) für Erwartungswerte weist auf einen interessanten Zusammenhang zwischen der Quasimomentenentwicklung und der Entwicklung von (analytischen) Funktionen nach den, in [52, Kap. 3] durch die Bedingung

$$\left\langle \frac{\partial^l \Psi_k(p_0; z, t)}{\partial z^k} \right\rangle_0 = k!\, \delta_{k,l} \tag{7.20}$$

definierten, stochastischen Differentialpolynomen $\Psi_k(\cdot)$ (in [50], [95], [96] als AC-Momente bezeichnet)

$$\varphi(z, t) = \langle \varphi(z, t) \rangle_0 + \sum_{k=1}^{\infty} \frac{1}{k!} \left\langle \frac{\partial^k \varphi(z, t)}{\partial z^k} \right\rangle_0 \Psi_k(p_0; z, t) \tag{7.21}$$

hin: Mittelt man nämlich diese Gleichung mit Hilfe der tatsächlichen Dichte $p(z, t)$ und vergleicht die entstehende Gleichung mit der Quasimomentenentwicklung (7.11), so stellt man fest:

Die Quasimomentenfunktionen sind die Erwartungswerte (gebildet mit der tatsächlichen Dichte $p(z, t)$) der stochastischen Differentialpolynome (gebildet bezüglich der approximierenden Dichte)

$$Q_k(p_0; t) = \langle \Psi_k(p_0; z, t) \rangle. \tag{7.22}$$

Multipliziert man die Gleichung (7.8) für die Dichte $p(z, t)$ mit dem stochastischen Differentialpolynom $\Psi_k(\cdot)$ und integriert die entstehende Gleichung über z in unendlichen Grenzen, so erhält man mit (7.22) und (7.20) ($l = 0$) die folgende Gleichung ($k \geqq 1$)

$$Q_k(p_0; t) = \sum_{l=1}^{\infty} \frac{1}{l!} Q_l(p_0; t) \langle H_l(p_0; z, t)\, \Psi_k(p_0; z, t) \rangle_0 ,$$

d. h.:

Die durch (7.7) für beliebige (analytische) Dichten $p_0(z, t)$ definierten Funktionen $H_k(\cdot)$ und die stochastischen Differentialpolynome $\Psi_k(\cdot)$ bilden ein biorthogonales Funktionensystem bezüglich des Maßes $p_0(z, t)$

$$\langle \Psi_k(p_0; z, t)\, H_l(p_0; z, t) \rangle_0 = k!\delta_{k,l} . \tag{7.23}$$

Besonders einfach handhabbar ist daher die Quasimomentenentwicklung, wenn die zu behandelnden (analytischen) Funktionen entsprechend Gl. (7.21) vorab nach den stochastischen Differentialpolynomen entwickelt werden, wozu lediglich die vorgegebene Dichte $p_0(z, t)$ erforderlich ist. Für nicht analytische Funktionen wird dazu anstelle der Gl. (7.21) die folgende Konstruktionsvorschrift herangezogen

$$\varphi(z, t) = \langle \varphi(z, t) \rangle_0 + \sum_{k=1}^{\infty} \frac{1}{k!} \langle H_k(p_0; z, t)\, \varphi(z, t) \rangle_0\, \Psi_k(p_0; z, t). \tag{7.24}$$

Zur expliziten Bestimmung des biorthogonalen Funktionensystems werden vorteilhaft die folgenden Rekursionsbeziehungen herangezogen

$$\begin{aligned}
&H_{k+1}(\cdot) = H_1(\cdot)\, H_k(\cdot) + \frac{\partial}{\partial z} H_k(\cdot)\,,\\
&H_0(p_0; z, t) = 1\,, \qquad H_1(p_0; z, t) = -\frac{\partial \ln p_0(z, t)}{\partial z}\,,\\
&\Psi_k(p_0; z, t) = (z - m_{0,z})^k - \sum_{s=0}^{k-1} \binom{k}{s} \mu_{0;k-s}(t)\, \Psi_s(\cdot)\,, \qquad \Psi_0(\cdot) = 1\,,
\end{aligned} \tag{7.25}$$

die unmittelbar nach Differentiation der Gl. (7.7) erhalten bzw. in [52, Kap. 3] abgeleitet werden.

7.1.3. Bestimmungsgleichungen für die QMF

Zur Auffindung der Bestimmungsgleichungen für die Quasimomentenfunktionen wird vorteilhaft die Pugatschow-Gleichung für die charakteristische Funktion herangezogen, die für den eindimensionalen Fall die folgende Gestalt annimmt

$$\frac{\partial}{\partial t} h(s, t) = s\langle \tilde{f}\, e^{sz}\rangle + \frac{1}{2} s^2 \langle M\, e^{sz}\rangle. \tag{6.42}$$

Die durch (7.1) definierte Funktion $h_Q(\cdot)$ genügt daher der folgenden Gleichung

$$\frac{\partial t}{\partial} h_Q(p_0; s, t) = -h_Q(\cdot)\, \frac{\partial \ln h_0(z, t)}{\partial t} + h_0^{-1}(s, t) \left[s\langle \tilde{f}\, e^{sz}\rangle + \frac{1}{2} s^2 \langle M\, e^{sz}\rangle \right].$$

Nach k-maliger Differentiation dieser Gleichung nach s an der Stelle $s = 0$ wird mit der Definitionsgleichung (7.2) für die Quasimomentenfunktionen ein lineares, unendliches Differentialgleichungssystem für die QMF erhalten

$$\dot{Q}_k(p_0; t) = L_k(t) + \sum_{l=1}^{\infty} R_{k,l}(t)\, Q_l(\cdot)\,, \qquad 1 \leqq k \leqq \infty. \tag{7.26}$$

Dabei wurden die Quasimomentenentwicklungen von Erwartungswerten nach Gl. (7.9) ausgenutzt und abkürzend die folgenden Funktionen eingeführt

$$\left.\begin{aligned}
R_{k,l} &= \frac{1}{l!} \sum_{n=1}^{k} \binom{k}{n} \tilde{m}_{0;k-n} \langle f_n(\cdot)\, H_l(\cdot)\rangle_0 - \binom{k}{l} \dot{k}_{0;k-l}\\
&= \frac{1}{l!} \langle F_k(\cdot)\, H_l(\cdot)\rangle_0 - \left\langle \frac{\partial \Psi_k(\cdot)}{\partial t} H_l(\cdot) \right\rangle_0,\\
L_k &= R_{k,0} = \sum_{n=1}^{k} \binom{k}{n} \tilde{m}_{0;k-n} \langle f_n(\cdot)\rangle_0 - \dot{k}_{0;k},
\end{aligned}\right\} \tag{7.27}$$

$$\left.\begin{aligned}
f_n(z, t) &= n z^{n-1} \tilde{f}(z, t) + \binom{n}{2} z^{n-2} M(z, t),\\
F_n(z, t) &= n \Psi_{n-1}(p_0; z, t)\, \tilde{f}(z, t) + \binom{n}{2} \Psi_{n-2}(\cdot)\, M(z, t).
\end{aligned}\right\} \tag{7.28}$$

Die Darstellung der $R_{k,l}$ durch die stochastischen Differentialpolynome erhält man aus der zeitlichen Ableitung der Gleichung $Q_k(\cdot) = \langle \Psi_k(\cdot) \rangle$ unter Ausnutzung der Beziehung $\partial \Psi_k(\cdot)/\partial z = k\Psi_{k-1}$. Entsprechend der Rekursionsbeziehung (7.25) für die stochastischen Differentialpolynome können ihre partiellen zeitlichen Ableitungen ebenfalls rekursiv bestimmt werden:

$$\frac{\partial \Psi_0(\cdot)}{\partial t} = 0; \qquad \frac{\partial \Psi_1(\cdot)}{\partial t} = -\dot{m}_{0;2}, \ldots$$
$$\frac{\partial \Psi_k(\cdot)}{\partial t} = -k\dot{m}_{0;z}(z - m_{0;z})^{k-1} - \sum_{s=0}^{k-1} \binom{k}{s} \left[\dot{\mu}_{0;k-s} \Psi_s(\cdot) + \mu_{0;k-s} \frac{\partial \Psi_s(\cdot)}{\partial t} \right]. \tag{7.27a}$$

Die Funktionen $\tilde{m}_{0;k}(t)$ können beispielsweise aus den Kumulantendarstellungen (7.15) der Momentenfunktionen konstruiert werden, wenn alle Kumulanten durch ihre negativen Näherungen ersetzt werden

$$\begin{aligned} \tilde{m}_{0;1}(t) &= -k_{0;1}(t) = -m_{0;z}(t), \\ \tilde{m}_{0;2}(t) &= -k_{0;2}(t) + k_{0;1}^2(t), \\ &\vdots \\ \tilde{m}_{0;k}(t) &= \frac{\partial^k}{\partial s^k} \exp\left\{ -\sum_{l=1}^{\infty} \frac{s^l}{l!} k_{0;l}(t) \right\} \Bigg|_{s=0}. \end{aligned} \tag{7.29}$$

Zu ihrer Konstruktion können natürlich auch die Rekursionsbeziehungen (6.47) oder (6.48) herangezogen werden. Die Kumulanten bzw. Momente sind dabei lediglich durch ihre nullten Näherungen zu ersetzen.

In der Regel wird man $p_0(z, t)$ so wählen, daß diese Dichte für $t = t_0$ gleich der Anfangsverteilungsdichte $p(z, t_0)$ ist. In diesem Falle werden die Differentialgleichungen (7.26) mit den Anfangsbedingungen gelöst

$$Q_k(p_0; t_0) = 0, \qquad k \geqq 1.$$

Offensichtlich verschwinden die Größen L_s für $1 \leqq s \leqq r$, wenn die Kumulanten $k_{0;s}(t)$ der vorgegebenen Dichte $p_0(z, t)$ ganz bestimmten Differentialgleichungen genügen. Es gilt nämlich nach (7.27)

$$L_s(t) = 0 \quad \text{für} \quad 1 \leqq s \leqq r$$

genau dann und nur dann, wenn

$$\dot{k}_{0;s}(t) = \sum_{n=0}^{s} \binom{s}{n} \tilde{m}_{0;s-n}(t) \langle f_n(\cdot) \rangle_0 \quad \text{für} \quad 1 \leqq s \leqq r. \tag{7.30}$$

Diese Gleichungen können auch gewonnen werden, wenn man von dem exakten, unendlichen Differentialgleichungssystem für die Kumulanten

$$\dot{k}_l(t) = \sum_{n=1}^{l} \binom{l}{n} \tilde{m}_{l-n}(t) \langle f_n(\cdot) \rangle, \qquad 1 \leqq r, \tag{6.43}$$

und die erforderlichen Mittelungen näherungsweise mit Hilfe einer $p(\cdot)$ approximierenden Dichte $p_0(\cdot)$ berechnet.

Die aus den Bedingungen $L_s(t) = 0$ für $1 \leqq s \leqq r$ folgenden Gleichungen für die Kumulanten $k_{0;s}(t)$ stellen somit Gleichungen zur näherungsweisen Bestimmung der Kumulanten des Prozesses $z(t)$ dar, in dem näherungsweise die erforderlichen Mittelungen mit Hilfe einer $p(z, t)$ approximierenden Dichte ausgeführt werden. Für $r = 2$ sind die Gln. (7.30) identisch mit den uns schon bekannten Gleichungen der statistischen Linearisierung, die zur quantitativen Festlegung einer zweiparametrigen Dichte $p_0(z, t)$ vorgegebener Struktur herangezogen werden.

Die durch (7.30) formulierte Eigenschaft ist eine logische Konsequenz der trivialen Tatsache, daß die QMF identisch verschwinden müssen, wenn die approximierende Dichte $p_0(\cdot)$ mit der tatsächlichen Dichte (fast überall) übereinstimmt: Im Falle: $p_0(\cdot) = p(\cdot)$ genügen natürlich die Kumulanten $k_{0;s} = k_s(t)$ für alle $s \geqq 1$ den in (7.30) angegebenen Differentialgleichungen (vgl. mit (6.43)). Damit verschwinden die Größen L_s für alle $s \geqq 1$, und das, nunmehr homogene, Gleichungssystem (7.26) besitzt nur die Nullösung $Q_k(p_0; t) = Q_k(p; t) = 0$ für alle $k \geqq 1$.

Leider ist das lineare, unendliche Differentialgleichungssystem für die Quasimomentenfunktionen analytisch nur für Sonderfälle exakt lösbar. Dies ist z. B. für quasilineare Systeme, für die $f(z, t)$ linear und $M(z, t)$ höchstens quadratisch von z abhängen

$$f(z, t) = -a(t)\, z + c(t),$$

$$M(z, t) = M_0(t) + M_1(t)\, z + M_2(t)\, z^2$$

der Fall.

Für derartige Systeme gilt nach (7.28)

$$f_n(z, t) = n\big(f_0(t)\, z^{n-1} - \alpha z^n\big) + \binom{n}{2} (M_0 z^{n-2} + M_1 z^{n-1} + M_2 z^n).$$

Es verschwinden also die Erwartungswerte $\langle f_n(\cdot)\, H_l(\cdot)\rangle_0 = \langle \partial^l/\partial z^l f_n(\cdot)\rangle_0$ für $l \geqq n + 1$ und somit auch nach (7.27) die Größen $R_{k,l}$ für $l \geqq k + 1$. Dies hat zur Folge, daß die Differentialgleichung (7.26) für $Q_k(\cdot)$ rechtsseitig nur von den QMF der Ordnungen $l \leqq k$ abhängt, so daß die Quasimomentenfunktionen, beginnend mit $Q_1(\cdot)$, nacheinander aus linearen Differentialgleichungen berechnet werden können

$$\begin{aligned} \dot{Q}_1(\cdot) &= L_1(t) + R_{1,1}(t)\, Q_1(\cdot), \\ \dot{Q}_2(\cdot) &= L_2(t) + R_{2,1}(t)\, Q_1(\cdot) + R_{2,2}(t)\, Q_2(\cdot), \\ &\vdots \\ \dot{Q}_k(\cdot) &= L_k(t) + \sum_{l=1}^{k} R_{k,l}(t)\, Q_l(\cdot). \end{aligned} \tag{7.31}$$

In gleicher Weise können die Quasimomentenfunktionen für das entsprechende mehrdimensionale quasilineare System nacheinander exakt berechnet werden.

Zeman zeigt in [127] für den Spezialfall

$$p_0(z, t) = \delta(z - m_z),$$

daß im eindimensionalen Fall die Gln. (7.26) nur für diese quasilinearen Systeme exakt gelöst werden können, weist jedoch nach, daß im mehrdimensionalen Fall darüber hinaus weitere nichtlineare Systeme existieren, für die ebenfalls exakte Lösungen des unendlichen Gleichungssystems für die Quasimomentenfunktionen angegeben werden können. Diese Systeme sind jedoch so speziell, daß sie kaum praktische Bedeutung haben dürften.

Im allgemeinen, nichtlinearen Fall kann daher das unendliche Gleichungssystem (7.26) nur noch näherungsweise gelöst werden.

7.2. Näherungsweise Bestimmung der QMF

7.2.1. Das Näherungsverfahren $\mathrm{QMF}_m(p_0)$

Wie bereits hervorgehoben wurde, können durch geeignete Wahl der approximierenden Dichte $p_0(z, t)$ — durch die allgemeine Definition der Quasimomentenfunktionen ist dabei eine hinreichend große Freiheit gegeben — sehr schnell konvergierende Quasimomentenentwicklungen für die Dichte $p(z, t)$, die charakteristische Funktion $h(s, t)$ und für Erwartungswerte $\langle\varphi(z, t)\rangle$ konstruiert werden, so daß man schon mit Beschränkung auf einige, wenige Entwicklungsglieder der Quasimomentenentwicklungen hinreichend genaue Näherungslösungen gewinnt

$$h(s, t) \approx h_m(p_0; s, t) = \left(1 + \sum_{k=1}^{m} \frac{s^k}{k!} Q_{m;k}(p_0; t)\right) h_0(s, t), \tag{7.32}$$

$$p(z, t) \approx p_m(p_0; z, t) = \left(1 + \sum_{k=1}^{m} \frac{1}{k!} Q_{m;k}(p_0; t)\, H_k(p_0; z, t)\right) p_0(z, t), \tag{7.33}$$

$$\langle\varphi(z, t)\rangle \approx \langle\varphi(z, t)\rangle_0 + \sum_{k=1}^{m} \frac{1}{k!} Q_{m;k}(p_0; t)\, \langle H_k(p_0; z, t)\, \varphi(z, t)\rangle_0 . \tag{7.34}$$

Mit dieser Näherung (s. Gl. (7.5)) werden die ersten m Quasimomentenfunktionen näherungsweise aus einem linearen und endlichen Differentialgleichungssystem bestimmt, das in vektorieller Form die folgende Gestalt annimmt

$$\dot{\boldsymbol{Q}}_m = \boldsymbol{R}_m(t)\, \boldsymbol{Q}_m(t) + \boldsymbol{L}_m(t), \qquad \boldsymbol{Q}_m^{\mathsf{T}} = (Q_{m;1}, \ldots, Q_{m;m}). \tag{7.35}$$

Der m-dimensionale Vektor $\boldsymbol{L}_m^{\mathsf{T}}$ und die $m \times m$-Matrix $\boldsymbol{R}_m$ sind durch die Elemente L_k und $R_{k,l}$ nach Gln. (7.27) bestimmt

$$\left.\begin{aligned} \boldsymbol{L}_m^{\mathsf{T}} &= (L_1, \ldots, L_m), \\ \boldsymbol{R}_m &= \{R_{k,l}\}_{m,m}, \qquad 1 \leqq k \leqq m, \qquad 1 \leqq l \leqq m. \end{aligned}\right\} \tag{7.36}$$

Für stationäre Prozesse $z(t)$ sind die Koeffizientenmatrizen zeitinvariant, und das (zeitinvariante) Gleichungssystem (7.35) besitzt die stationäre Lösung

$$\bar{\boldsymbol{Q}}_m = -\bar{\boldsymbol{R}}_m^{-1} \bar{\boldsymbol{L}}_m, \tag{7.37}$$

wenn die Realteile aller Eigenwerte der Matrix $\bar{\boldsymbol{R}}_m$ kleiner Null sind.

Dieses Verfahren zeichnet sich durch besondere Einfachheit aus: Zur Analyse nichtlinearer stochastischer Systeme ist nach Vorgabe einer nullten Näherung $p_0(z, t)$ für die unbekannte Dichte des Prozesses $z(t)$ nur ein lineares Differential- (bzw. algebraisches) Gleichungssystem zur näherungsweisen Bestimmung der ersten m Quasimomentenfunktionen zu lösen. Nach Ermittelung der Quasimomentenfunktionen $Q_{m;k}(\cdot)$ ($= 0$ für $k \geqq m + 1$) stehen nach den Gln. (7.32) bis (7.34) auch die entsprechenden Näherungslösungen für die charakteristische Funktion, die Dichte und die gesuchten Erwartungswerte zur Verfügung.

Im folgenden werden wir dieses einfache Näherungsverfahren abkürzend folgendermaßen kennzeichnen:

$\mathrm{QMF}_m(p_0)$ — Methode der Quasimomentenfunktionen bei Vernachlässigung der QMF der Ordnungen $k \geqq m + 1$ und bei endgültig vorgegebener nullter Näherung $p_0(z, t)$ für die zu bestimmende Dichte $p(z, t)$.

Zu beachten ist, daß dabei m so groß gewählt werden muß, daß nicht alle Größen $L_1, \ldots, L_m$ gleichzeitig identisch verschwinden, da anderenfalls (mit den Anfangsbedingungen $Q_{m;k}(p_0; t_0) = 0$) die Nullösung $Q_{m;k}(p_0; t) = 0$ für alle $k \in [1, m]$ erhalten wird (s. Abschn. 7.1.3.). Die Kumulanten $k_{0;s}(t)$ der vorgegebenen Dichte $p_0(z, t)$ dürfen also nicht für alle $s \in [1, m]$ den Differentialgleichungen (7.30) genügen.

Dies ist beispielsweise für das Verfahren $\mathrm{QMF}_2(p_0)$ der Fall, wenn die Dichte $p_0(z, t)$ mit Hilfe der Methode der statistischen Linearisierung festgelegt wird, wonach ja die ersten beiden Kumulanten der Dichte $p_0(\cdot) = p_0^{\mathrm{SL}}(\cdot)$ gerade aus den Gln. (7.30) für $k = 1$ und $k = 2$ bestimmt werden. Daher gilt in diesem Falle

$$Q_{2;2}(p_0^{\mathrm{SL}}; t) = 0$$

bzw.

$$p_2(p_0^{\mathrm{SL}}; z, t) = p_0^{\mathrm{SL}}(z, t).$$

Deshalb kann die nach dem Verfahren $\mathrm{QMF}_m(p_0)$ ermittelte Dichte $p_m(p_0; z, t)$ auch nicht wieder als eine nullte Näherung für das gleiche Verfahren $\mathrm{QMF}_m(p_m)$ herangezogen werden und somit iterativ eine Quasimomentenentwicklung aufgebaut werden: Die Kumulanten der nach dem Verfahren $\mathrm{QMF}_m(p_0)$ bestimmten Dichte $p_m(p_0; z, t)$ genügen nämlich für alle $s \geqq 1$ den Differentialgleichungen

$$\dot{k}_{m;s}(t) = \sum_{n=1}^{s} \binom{s}{n} \tilde{m}_{m;s-n}(t) \, \langle f_n(\cdot) \rangle_m \quad \text{für} \quad 1 \leqq s \leqq m.$$

Es gilt also

$$Q_{k;l}(p_m; t) = 0 \quad \text{nach} \quad \mathrm{QMF}_k(p_m)$$

bzw.

$$p_k(p_m; z, t) = p_m(p_0; z, t) \quad \text{für} \quad 1 \leqq k \leqq m.$$

7.2.2. Das Näherungsverfahren $\mathrm{QMF}_m(p_0 \mid r)$

Bei gleicher Abbruchbedingung der Quasimomentenentwicklung werden i. d. R. weiter verbesserte Näherungslösungen erhalten, wenn lediglich die Struktur der Dichte $p_0(\cdot)$ vorgegeben wird und die quantitative Festlegung unter Berücksichtigung der ersten m Quasimomentenfunktionen erfolgt. Allerdings werden die Bestimmungsgleichungen für die statistischen Charakteristika, die zur quantitativen Festlegung der Dichte $p_0(z, t)$ herangezogen werden, nichtlinear. Dazu sind der Erwartungswert m_z und die zentralen Momentenfunktionen μ_l $(2 \leqq l \leqq r)$ am besten geeignet, da dabei die Quasimomentenfunktionen der ersten r Ordnungen verschwinden (s. Abschn. 7.1.2.).

Mit der Abbruchbedingung (7.5) werden damit die charakteristische Funktion, die Dichte und Erwartungswerte näherungsweise durch die folgenden endlichen Reihen gegeben

$$h(s, t) \approx h_{m(r)}(p_0; s, t) = \left(1 + \sum_{k=r+1}^{m} \frac{1}{k!} Q_{m;k}(p_0; t)\, s^k\right) h_0(s, t \mid r), \tag{7.38}$$

$$p(z, t) \approx p_{m(r)}(p_0; s, t) = \left(1 + \sum_{k=r+1}^{m} \frac{1}{k!} Q_{m;k}(p_0; t)\, H_k(p_0; z, t)\right) p_0(z, t \mid r), \tag{7.39}$$

$$\langle \varphi(z, t)\rangle \approx \langle \varphi(z, t)\rangle_0 + \sum_{k=r+1}^{m} \frac{1}{k!} Q_{m;k}(p_0; t) \langle H_k(p_0; z, t)\, \varphi(z, t)\rangle_0. \tag{7.40}$$

Das aus (7.35) mit der Bedingung $Q_{m;k}(\cdot) = 0$ für $1 \leqq k \leqq r$ folgende lineare Differentialgleichungssystem für die $m - r$ Quasimomentenfunktionen

$$\dot{\boldsymbol{Q}}_{m(r)} = \boldsymbol{R}_{m(r)}(t)\, \boldsymbol{Q}_{m(r)} + \boldsymbol{L}_{m(r)}(t), \qquad \boldsymbol{Q}^{\mathsf{T}}_{m(r)} = (Q_{m;r+1}, \ldots, Q_{m;m}) \tag{7.41}$$

mit dem $(m - r)$-dimensionalen Vektor $\boldsymbol{L}^{\mathsf{T}}_{m(r)}$ und der $(m - r) \times (m - r)$-dimensionalen Matrix $\boldsymbol{R}_{m(r)}$

$$\begin{aligned} \boldsymbol{L}^{\mathsf{T}}_{m(r)} &= (L_{r+1}, \ldots, L_m), \\ \boldsymbol{R}_{m(r)} &= \{R_{k,l}\}_{m-r,m-r}, \qquad r + 1 \leqq k \leqq m, \qquad r + 1 \leqq l \leqq m, \end{aligned} \tag{7.42}$$

muß nun aber durch die Differentialgleichungen für die entsprechenden Näherungslösungen für die ersten r Momentenfunktionen

$$m_z \approx m_{m;z}, \qquad \mu_l \approx \mu_{m;l} \qquad (2 \leqq l \leqq r)$$

vervollständigt werden, die ja zur vollständigen Festlegung der Dichte $p_0(z, t \mid r)$ benötigt werden.

Aus der Fokker-Planck-Gleichung wurden dafür die folgenden Differentialgleichungen erhalten[1])

$$\begin{aligned} \dot{m}_z &= \langle \tilde{f} \rangle, \\ \dot{\mu}_l &= l\mu_{l-1}\dot{m}_z + \langle f_l^* \rangle \end{aligned} \tag{6.40}$$

mit

$$f_l^*(z, t) = l\tilde{f}(z, t)\,(z - m_z)^{l-1} + \binom{l}{2} M(z, t)\,(z - m_z)^{l-2}. \tag{6.41}$$

Mit der Approximation der Dichte $p(z, t)$ durch die in (7.39) definierte Dichte $p_{m(r)}(p_0; z, t)$ und der Quasimomentenentwicklung von Erwartungswerten nach Gl. (7.40) werden diese Momentenfunktionen, zusammengefaßt in dem r-dimensionalen Vektor $\boldsymbol{P}_r^{\mathsf{T}}$, aus dem folgenden r-dimensionalen Differentialgleichungssystem näherungsweise bestimmt

$$\begin{aligned} \dot{\boldsymbol{P}}_{m;r} &= \dot{m}_{m;z} \boldsymbol{C} \boldsymbol{P}_{m;r} + \boldsymbol{F}_{m;r} + \boldsymbol{S}_{r,m(r)} \boldsymbol{Q}_{m(r)}, \\ \boldsymbol{P}^{\mathsf{T}}_{m;r} &= (m_{m;z}, \mu_{m;2}, \ldots, \mu_{m;r}). \end{aligned} \tag{7.43}$$

---

[1]) Es wird vorausgesetzt, daß die Terme $(z - m_z)\, \tilde{f}(z)\, p(z, t)$ und $(z - m_z)^2 \frac{\partial}{\partial z} M(z, t)\, p(z, t)$ an den Grenzen des Definitionsbereiches des Prozesses $z(t)$ verschwinden.

Die Matrizen sind definiert durch

$$\begin{aligned}
&\boldsymbol{S}_{r,m(r)} = \{s_{k,l}\}_{r,m-r}, \qquad s_{k,l} = \frac{1}{l!}\langle f_k{}^*(\cdot)|_{m_z=m_{m;z}} H_l(\cdot)\rangle_0, \\
&(1 \leqq k \leqq r, \quad 1 \leqq l \leqq m-r), \\
&\boldsymbol{F}_{m;r}^{\mathsf{T}} = (F_1, \ldots, F_r), \qquad F_k = \langle f_k{}^*(\cdot)|_{m_z=m_{m;z}}\rangle_0 .
\end{aligned} \tag{7.44}$$

Die $r \times r$-Matrix $\boldsymbol{C}$ besitzt die Struktur

$$\boldsymbol{C} = \begin{Bmatrix} 0 & 0 & 0 & 0 & 0 & 0 & \ldots & 0 \\ 2 & 0 & 0 & 0 & 0 & 0 & \ldots & 0 \\ 0 & 3 & 0 & 0 & 0 & 0 & \ldots & 0 \\ & & \cdot & & \cdot & & & \\ & & & & \cdot & \cdot & & \\ & & & & & \cdot & \cdot & \cdot \\ 0 & 0 & \ldots & & \ldots & 0 & r & 0 \end{Bmatrix}.$$

Bei Beschränkung auf die ersten beiden Momente ($r = 2$) und Vernachlässigung der Quasimomentenfunktionen ($Q_{m(r)} \to 0$) werden aus (7.43) wieder die Gleichungen der statistischen Linearisierung (für den eindimensionalen Fall) für den Erwartungswert $m_z \approx m_{0;z}$ und die Streuung $k_2 \approx \mu_{0;2}$, zusammengefaßt in dem Vektor $\boldsymbol{P}_{0;2}^{\mathsf{T}}$, erhalten. Das durch die Gleichungen (7.38) bis (7.40) charakterisierte Näherungsverfahren werden wir im folgenden abkürzend durch:

QMF$_m(p_0 \mid r)$ — Methode der Quasimomentenfunktionen bei quantitativer Festlegung einer strukturell vorgegebenen nullten Näherung $p_0(z, t \mid r)$ durch die ersten r Momentenfunktionen der Dichte $p_{m(r)}(p_0; z, t)$ unter Berücksichtigung der QMF bis zur m-ten Ordnung.

kennzeichnen. Es stellt einen Spezialfall des im Abschn. 3.4.3. behandelten Verfahrens der verallgemeinerten statistischen Linearisierung dar und ist für $r = 2$ mit dem dort beschriebenen Verfahren QMF$_m(p_0 \mid r = 2)$ identisch.

Im Gegensatz zu dem eingangs beschriebenen Verfahren QMF$_m(p_0)$, bei dem mit einer auch quantitativ vorgegebenen nullten Näherung $p_0(z, t)$ nur lineare Gleichungssysteme zu lösen waren, müssen nach QMF$_m(p_0 \mid r)$ i. allg. nichtlineare Gleichungssysteme gelöst werden: Da die nullte Näherung $p_0(\cdot \mid r)$ erst im Ergebnis der (näherungsweise) bestimmten Quasimomentenentwicklung der Dichte $p(\cdot)$ endgültig festgelegt wird, ergeben die dazu erforderlichen Erwartungswerte bezüglich dieser nullten Näherung nichtlineare Funktionen der noch zu bestimmenden Momente $m_{m;z}, \mu_{m;2}, \ldots, \mu_{m;r}$. Ferner sind im nichtstationären Fall die Quasimomentengleichungen (7.41) auch bezüglich der Quasimomentenfunktionen nichtlinear. Die nach (7.27, 27a) zur Berechnung der Elemente von $R_{k,l}$ und L_k benötigten zeitlichen Ableitungen der Momente der Dichte $p_0(z \mid r)$

$$m_{0;z} = m_{m;z},$$

$$\mu_{0;k}(t) = \langle (z - m_{m;z})^k \rangle_0 = \begin{cases} \mu_{m;k}(t) & \text{für} \quad 2 \leqq k \leqq r \\ U_k(\mu_{m;2}, \ldots, \mu_{m;r}) & \text{für} \quad k \geqq r + 1 \end{cases}$$

sind nämlich in Verbindung mit dem Gleichungssystem (7.43) lineare Funktionen der Quasimomentenfunktionen, so daß in (7.41) der Term $R_{m(r)}Q_{m(r)}$ quadratisch bezüglich der Quasimomentenfunktionen ist. Die gegenüber dem einfachen Verfahren $\mathrm{QMF}_m(p_0)$, durch die bessere quantitative Anpassung der nullten Näherung $p_0(z \mid r)$ gewonnene, höhere Approximationsgenauigkeit der abgebrochenen Quasimomentenentwicklung wird somit durch die Notwendigkeit, nunmehr nichtlineare Gleichungssysteme lösen zu müssen, erkauft.

Im Falle stationärer Prozesse $z(t)$ ($\dot{k}_{0;l} = 0$) besitzt die nunmehr bezüglich der Quasimomentenfunktionen lineare Gleichung (7.41) eine vom (zeitinvarianten) Momentenvektor $\boldsymbol{P}_{m;r}$ abhängige stationäre Lösung

$$\boldsymbol{Q}_{m(r)}(\boldsymbol{P}^{\mathsf{T}}_{m;r}) = -\boldsymbol{R}^{-1}_{m(r)}(\boldsymbol{P}^{\mathsf{T}}_{m;r})\, \boldsymbol{L}_{m(r)}(\boldsymbol{P}^{\mathsf{T}}_{m;r}), \tag{7.45}$$

sofern alle Eigenwerte der Matrix $\boldsymbol{R}_{m(r)}$ in der linken komplexen Halbebene liegen.

Das (stationäre) Gleichungssystem (7.43) stellt somit ein nichtlineares Gleichungssystem der Ordnung r zur Bestimmung des r-dimensionalen Momentenvektors dar

$$\bar{\boldsymbol{F}}_{m;r}(\bar{\boldsymbol{P}}^{\mathsf{T}}_{m;r}) + \bar{\boldsymbol{S}}_{r,m(r)}(\bar{\boldsymbol{P}}^{\mathsf{T}}_{m;r})\, \bar{\boldsymbol{Q}}_{m(r)}(\bar{\boldsymbol{P}}^{\mathsf{T}}_{m;r}) = 0, \tag{7.46}$$

nach dessen Lösung auch die Quasimomentenfunktionen aus (7.45) berechnet werden können.

7.2.3. Mehrdimensionale Systeme

Die Verallgemeinerung der für den eindimensionalen Fall erläuterten Methode der Quasimomentenentwicklung auf den mehrdimensionalen Fall

$$\boldsymbol{z}^{\mathsf{T}} = (z^{(1)}, \ldots, z^{(n)}), \qquad \mathbf{s}^{\mathsf{T}} = (s^{(1)}, \ldots, s^{(n)}), \qquad s^{(i)} = j\lambda^{(i)},$$

$$\boldsymbol{f}^{\mathsf{T}}(\boldsymbol{z}^{\mathsf{T}}, t) = \big(f^{(1)}(\boldsymbol{z}^{\mathsf{T}}, t), \ldots, f^{(n)}(\boldsymbol{z}^{\mathsf{T}}, t)\big),$$

$$\boldsymbol{M}(\boldsymbol{z}^{\mathsf{T}}, t) = \{M^{(i,j)}(\boldsymbol{z}^{\mathsf{T}}, t)\}_{n,n}$$

bereitet keinerlei prinzipielle Schwierigkeiten. Die abgebrochenen Quasimomentenentwicklungen lauten

$$\begin{aligned} h(\mathbf{s}^{\mathsf{T}}, t) &\approx h_m(p_0; \mathbf{s}^{\mathsf{T}}, t) \\ &= \left[1 + \sum_{k=0}^{m} \underset{(k_1+\cdots+k_n=k)}{\sum_{k_1\geq 0} \cdots \sum_{k_n \geq 0}} Q_{m;k_1,\ldots,k_n}(p_0; t) \prod_{l=1}^{n} \frac{(s^{(l)})^{k_l}}{k_l!}\right] h_0(\mathbf{s}^{\mathsf{T}}, t). \end{aligned} \tag{7.47}$$

$$\begin{aligned} p(\boldsymbol{z}^{\mathsf{T}}, t) &\approx p_m(p_0; \boldsymbol{z}^{\mathsf{T}}, t) \\ &= \left[1 + \sum_{k=1}^{m} \underset{(k_1+\cdots+k_n=k)}{\sum_{k_1\geq 0} \cdots \sum_{k_n \geq 0}} \frac{(-1)^k\, Q_{m;k_1,\ldots,k_n}(p_0; t)}{k_1! \ldots k_n!} \prod_{l=1}^{n} \frac{\partial^{k_l}}{\partial z^{(l)k_l}}\right] p_0(\boldsymbol{z}^{\mathsf{T}}, t) \\ &= \left[1 + \sum_{k=1}^{m} \underset{(k_1+\cdots+k_n=k)}{\sum_{k_1\geq 0} \cdots \sum_{k_n \geq 0}} \frac{Q_{m;k_1,\ldots,k_n}(p_0; t)}{k_1! \ldots k_n!} H_{k_1,\ldots,k_n}(p_0; \boldsymbol{z}^{\mathsf{T}}, t)\right] p_0(\boldsymbol{z}^{\mathsf{T}}, t), \end{aligned} \tag{7.48}$$

$$\begin{aligned} \langle \varphi(\boldsymbol{z}^{\mathsf{T}}, t)\rangle &\approx \langle \varphi(\boldsymbol{z}^{\mathsf{T}}, t)\rangle_0 + \sum_{k=1}^{m} \underset{(k_1+\cdots+k_n=k)}{\sum_{k_1\geq 0} \cdots \sum_{k_n \geq 0}} \frac{Q_{m;k_1,\ldots,k_n}(p_0; t)}{k_1! \ldots k_n!} \langle \varphi(\cdot)\, H_{k_1,\ldots,k_n}(\cdot)\rangle_0 \\ &= \langle \varphi(\boldsymbol{z}^{\mathsf{T}}, t)\rangle_0 + \sum_{k=1}^{m} \sum_{k_1\geq 0} \cdots \sum_{k_n \geq 0} \frac{Q_{m;k_1,\ldots,k_n}(p_0; t)}{k_1! \ldots k_n!} \left\langle \frac{\partial^{k_1+\cdots+k_n}\varphi(\boldsymbol{z}^{\mathsf{T}}, t)}{\partial z^{(1)k_1} \ldots \partial z^{(n)k_n}} \right\rangle_0. \end{aligned} \tag{7.49}$$

Die Funktionen

$$H_{k_1,\dots,k_n}(p_0; z^\mathsf{T}, t) = (-1)^{k_1+\cdots+k_n} p_0^{-1}(z^\mathsf{T}, t) \frac{\partial^{k_1+\cdots+k_n}}{\partial z^{(1)k_1} \dots \partial z^{(n)k_n}} p_0(z^\mathsf{T}, t) \tag{7.50}$$

und die verallgemeinerten stochastischen Differentialpolynome, definiert durch

$$\left\langle \frac{\partial^{l_1+\cdots+l_n} \Psi_{k_1,\dots,k_n}(p_0; z^\mathsf{T}, t)}{\partial z^{(1)l_1} \dots \partial z^{(n)l_n}} \right\rangle_0 = \prod_{i=1}^{n} k_i! \delta_{k_i, l_i}, \tag{7.51}$$

bilden ein biorthogonales Funktionensystem bezüglich des Maßes $p_0(z^\mathsf{T}, t)$

$$\langle H_{k_1,\dots,k_n}(p_0; z^\mathsf{T}, t)\, \Psi_{l_1,\dots,l_n}(p_0; z^\mathsf{T}, t)\rangle_0 = \prod_{i=1}^{n} k_i! \delta_{k_i, l_i}. \tag{7.52}$$

Die Quasimomentenfunktionen sind die mit Hilfe der tatsächlichen Dichte gemittelten verallgemeinerten stochastischen Differentialpolynome

$$Q_{k_1,\dots,k_n}(p_0; t) = \langle \Psi_{k_1,\dots,k_n}(p_0; z^\mathsf{T}, t)\rangle .$$

Die Quasimomentenfunktionen der ersten m Ordnungen werden nach dem Verfahren $\mathrm{QMF}_m(p_0)$ näherungsweise wieder aus einem linearen Differentialgleichungssystem bestimmt

$$\begin{aligned} \dot{Q}_{m;k_1,\dots,k_n}(p_0; t) &= \sum_{\substack{l_1 \geqq 0 \\ (1 \leqq l_1+\cdots+l_n \leqq m)}} \cdots \sum_{l_n \geqq 0} R_{k_1,\dots,k_n; l_1,\dots,l_n} Q_{m; l_1,\dots,l_n}(p_0; t) + L_{k_1,\dots,k_n}, \\ Q_{m;k_1,\dots,k_n}(p_0; t) &= 0 \quad \text{für} \quad k_1 + k_2 + \cdots + k_n \geqq m + 1, \end{aligned} \tag{7.53}$$

wobei die für den Fall skalarer Prozesse geltenden Gleichungen (7.27) und (7.28) für den mehrdimensionalen Fall in die folgenden Beziehungen übergehen:

$$\left.\begin{aligned} R_{k_1,\dots,k_n; l_1,\dots,l_n} &= \sum_{s_1=0}^{k_1} \cdots \sum_{s_n=0}^{k_n} \left[\prod_{i=1}^{n} \frac{1}{l_i!} \binom{k_i}{s_i}\right] \tilde{m}_{0;k_1-s_1,\dots,k_n-s_n}(t) \langle f_{s_1,\dots,s_n}(\cdot)\, H_{l_1,\dots,l_n}(\cdot)\rangle_0 \\ &\quad - \begin{cases} \dot{k}_{0;k_1-l_1,\dots,k_n-k_n}(t) \prod\limits_{i=1}^{n} \dbinom{k_i}{l_i}, & \text{wenn: } \sum\limits_{i=1}^{n} (k_i - l_i) \geqq 1 \\ 0 & \text{sonst}, \end{cases} \\ L_{k_1,\dots,k_n} &= R_{k_1,\dots,k_n;0,\dots,0}, \end{aligned}\right\} \tag{7.54}$$

$$\left.\begin{aligned} f_{s_1,\dots,s_n}(z^\mathsf{T}, t) &= \sum_{i=1}^{n} f_{s_i}^{(i)}(z^\mathsf{T}, t) \prod_{\substack{l=1 \\ l \neq i}}^{n} (z^{(l)})^{s_l} + \sum_{j=1}^{n-1} \sum_{j=i+1}^{n} s_i M^{(i,j)}(z^\mathsf{T}, t)\, s_j (z^{(i)})^{s_i-1} (z^{(j)})^{s_j-1} \prod_{\substack{l=1 \\ (l \neq i,j)}}^{n} (z^{(l)})^{s_l}, \\ f_s^{(i)}(z^\mathsf{T}, t) &= s (z^{(i)})^{s-1} \bar{f}^{(i)}(z^\mathsf{T}, t) + \binom{s}{2} M^{(i,i)}(z^\mathsf{T}, t)\, (z^{(i)})^{s-2}, \end{aligned}\right\} \tag{7.55}$$

$$\tilde{m}_{0;k_1,\dots,k_n}(t) = \frac{\partial^{k_1+\cdots+k_n}}{\partial s^{(1)k_1} \dots \partial s^{(n)k_n}} \exp\left\{-\sum_{l_1 \geqq 0} \cdots \sum_{l_n \geqq 0} k_{0;l_1,\dots,l_n}(t) \prod_{i=1}^{n} \frac{s^{(i)l_i}}{l_i!}\right\}\Bigg|_{s^{(1)}=s^{(2)}=\cdots=s^{(n)}=0}.$$

Während im Falle skalarer Prozesse die Anzahl der zu lösenden Gleichungen für die Quasimomentenfunktionen identisch mit der maximal berücksichtigten Ordnung m der QMF ist, wächst die Anzahl der Gleichungen (7.53) mit steigender Dimension n

des Prozesses $\mathbf{z}^\mathsf{T}(t)$ erheblich: Für einen n-dimensionalen Prozeß $\mathbf{z}^\mathsf{T}(t)$ gibt es $A_k(n)$ QMF der Ordnung k, d. h.

$$A_k(n) = \binom{k+n-1}{n-1} \quad \text{für} \quad Q_{k_1,\ldots,k_n}|_{k_1+k_2+\cdots+k_n=k}. \tag{7.56}$$

Die Anzahl sämtlicher Quasimomentenfunktionen bis zur Ordnung m ist somit gegeben durch:

$$A(n, m) = \sum_{k=1}^{m} A_k(n) = \binom{n+m}{n} - 1 \quad \text{für} \quad Q_{k_1,\ldots,k_n}\Big|_{\substack{k_1+\cdots+k_n=k \\ 1\leq k\leq m}}. \tag{7.57}$$

In gleicher Weise wird das für den eindimensionalen Fall erläuterte Näherungsverfahren $\mathrm{QMF}_m(p_0 \mid r)$ auf den mehrdimensionalen Fall verallgemeinert.

7.3. Sonderfälle der Quasimomentenentwicklung

Die aus der Literatur bekannten Methoden der Momentenentwicklung und der Entwicklung der Dichte in eine Gram-Charlier-Reihe bzw. ihre Verallgemeinerung werden durch spezielle Festlegungen der approximierenden Dichte als Sonderfälle der allgemeinen Quasimomentenentwicklung erhalten.

7.3.1. Die Momentenentwicklung

Wird nach Vorgabe einer nullten Näherung $m_{0;z}(t)$ für den Erwartungswert des (hier als skalar vorausgesetzten) Prozesses $z(t)$ als approximierende Dichte die Diracsche Deltafunktion

$$p_0(z, t) = \delta(z - m_{0;z}) \tag{7.58}$$

mit der charakteristischen Funktion

$$h_0(s, t) = \exp(-s m_{0;z})$$

gewählt, so sind die Quasimomentenfunktionen identisch mit den $(m_{0;z})$-zentralen Momentenfunktionen $\mu_k^{(0)}(t)$

$$Q_k(p_0; t)|_{p_0=\delta} = \mu_k^{(0)}(t) = \langle (z - m_{0;z})^k \rangle. \tag{7.59}$$

Davon überzeugt man sich leicht, wenn man diese spezielle charakteristische Funktion $h_0(\cdot)$ in Gl. (7.1) einsetzt und nach $h_Q(\cdot) = \langle \exp s(z - m_{0;z}) \rangle$ auflöst. Nach Taylor-Entwicklung der Exponentialfunktion wird der Spezialfall $Q_k(\cdot) = \mu_k^{(0)}$ der allgemeinen Quasimomentenentwicklung erhalten.

Für die Spezialfälle $m_{0;z} = 0$ bzw. $= m_z$ sind die Quasimomentenfunktionen identisch mit den Momenten- bzw. zentralen Momentenfunktionen

$$Q_k(p_0; t)|_{p_0=\delta} = \begin{cases} m_k(t) = \langle z^k \rangle & \text{für} \quad m_{0;z} = 0 \\ \mu_k(t) = \langle (z - m_z)^k \rangle & \text{für} \quad m_{0;z} = m_z. \end{cases} \tag{7.60}$$

Die allgemein auch für nichtanalytische Funktionen $\varphi(z, t)$ geltende Erwartungswertgleichung (7.9) kann nun aber nicht mehr verwendet werden, da für die entartete

Dichte $p_0(\cdot) = \delta(z - m_{0;z})$ das Funktionensystem $H_k(p_0; z, t)$ nach (7.7) nicht existiert. Dagegen sind die Bedingungen (7.10) für diese Dichte $p_0(\cdot)$ für analytische Funktionen $\varphi(z, t)$ immer erfüllt, so daß die formal mit dem Funktionensystem $H_k(\cdot)$ gebildeten Erwartungswerte zu ersetzen sind durch

$$\langle H_k(\cdot)\, \varphi(z, t)\rangle_0 \xrightarrow[p_0 \to \delta]{} \left\langle \frac{\partial^k \varphi(z, t)}{\partial z^k} \right\rangle_0 = \left. \frac{\partial^k \varphi(z, t)}{\partial z^k} \right|_{z - m_{0;z}} . \tag{7.61}$$

Die damit aus (7.11) folgende Erwartungswertgleichung

$$\langle \varphi(z, t)\rangle = \varphi(m_{0;z}, t) + \sum_{k=1}^{\infty} \frac{1}{k!}\, \mu_k^{(0)}(t) \left. \frac{\partial^k \varphi(z, t)}{\partial z^k} \right|_{z = m_{0;z}} \tag{7.62}$$

stellt nichts anderes als die um $z = m_{0;z}$ nach TAYLOR entwickelte und anschließend gemittelte (analytische) Funktion $\varphi(z, t)$ dar.

Prinzipiell bleibt daher der Anwendungsbereich der Momentenentwicklung auf Analyseprobleme beschränkt, bei denen nur Erwartungswerte bezüglich z analytischer Funktionen zu bilden sind. Da die Quasimomentenfunktionen, in unserem Falle die $m_{0;z}$-zentralen Momentenfunktionen, noch zu bestimmen sind, impliziert diese Bedingung, daß die Nichtlinearitäten des Ausgangssystems (6.6) bezüglich z analytisch sein müssen.

Zur näherungsweisen Bestimmung der ersten m $(m_{0;z})$-zentralen Momentenfunktionen wird nach $\mathrm{QMF}_m(p_0 = \delta)$ das lineare Gleichungssystem (7.35) $(\boldsymbol{Q}_m{}^{\mathrm{T}} = (\mu_{m,1}^{(0)}, \ldots, \mu_{m,m}^{(0)}))$ herangezogen, wobei nur die nullte Näherung $m_{0;z}$ für den Erwartungswert des Prozesses $z(t)$ vorzugeben ist. Die Berechnung der dazu erforderlichen Elemente L_k und $R_{k,l}$ nach (7.27) vereinfacht sich durch die Beziehung (7.61). Da weiterhin die Kumulanten der entarteten Dichte $p_0(\cdot) = \delta(\cdot)$ für $k \geqq 2$ verschwinden, sind die Funktionen $\tilde{m}_{0;k}(t)$ allein durch Potenzen des vorgegebenen Erwartungswertes gegeben

$$\tilde{m}_{0;k}(t)|_{p_0=\delta} = (-m_{0;z})^k . \tag{7.63}$$

Nach dem Verfahren $\mathrm{QMF}_m(p_0 \mid r)$ $(r = 1, p_0(z, t) = \delta(z - m_{m;z}))$ werden der Erwartungswert $m_z \approx m_{m;z}$ und die zentralen Momentenfunktionen: $\mu_k \approx \mu_{m;k}$ näherungsweise aus dem Gleichungssystem (7.41) $(\boldsymbol{Q}_{m(1)}^{\mathrm{T}} = (\mu_{m;2}, \ldots, \mu_{m;m})$ und der skalaren Gleichung (7.43) $(r = 1$: $P_{m;1} = m_{m;z})$ bestimmt. Bei der Berechnung der Größen: L_k, $R_{k,l}$ aus den Gleichungen (7.27), des Vektors $\boldsymbol{S}_{1,m(1)}$ und der skalaren Größe F_1 aus (7.44) werden die Beziehungen (7.61), (7.63) beachtet, wobei der Erwartungswert $m_{0;z}$ durch $m_{m;z}$ zu ersetzen ist. Im Ergebnis wird ein bezüglich $m_{m;z}$ nichtlineares und bezüglich der zentralen Momentenfunktionen $\mu_{m;k}(t)$ $(2 \leqq k \leqq m)$ – im stationären Fall – lineares Differentialgleichungssystem erhalten.

Formal wird durch die Wahl einer Diracschen Deltafunktion für die approximierende Dichte die einfachste Form einer Quasimomentenentwicklung erhalten. Allerdings ist der Anwendungsbereich der Momentenentwicklung – neben der schon erwähnten Bedingung, daß die Nichtlinearitäten des Ausgangssystems bezüglich z analytisch sein müssen – sehr stark eingeschränkt. Speziell die Analyse stationärer Prozesse ist i. d. R. nur möglich, wenn die (zeitinvarianten und in z analytischen) Nichtlinearitäten $f(z)$ und $g(z)$ des Ausgangssystems nicht stärker als linear mit z wachsen (s. Beispiele im Abschn. 7.4.).

Die Ursache für das i. d. R. unbefriedigende Konvergenzverhalten der Momentenentwicklungen liegt einmal darin begründet, daß eine Diracsche Deltafunktion prinzipiell nur in der Lage ist, deterministische Systemeigenschaften zu beschreiben, ignoriert also das stochastische Verhalten des Prozesses $z(t)$ völlig. Zum anderen wachsen die zentralen ($m_{0,z}$-zentralen) Momentenfunktionen i. d. R. mit steigender Ordnung sehr rasch an, so daß der unmittelbare Abbruch der Quasimomentenentwicklung durch Nullsetzen der zentralen ($m_{0,z}$-zentralen) Momentenfunktionen ab einer bestimmten Ordnung in diesen Fällen zu unbefriedigenden Näherungslösungen führen muß.

In der Literatur sind daher vielfältige Vorschläge mit dem Ziel unterbreitet worden, den Anwendungsbereich der Momentenentwicklung zu erweitern. Ihnen gemeinsam ist der Grundgedanke, sich wieder auf die Gleichungen für die ersten m (zentralen) Momentenfunktionen zu beschränken, jedoch die — für die exakte Lösung benötigten — Momente höherer Ordnungen nicht einfach Null zu setzen, sondern durch geeignete Funktionen der ersten m Momente zu approximieren. Damit werden zwar bessere Konvergenzeigenschaften erzielt und auch die Analyse stationärer Prozesse ermöglicht, jedoch gehen die ursprünglich linearen Bestimmungsgleichungen in nichtlineare Gleichungen über, was die praktische Anwendung derartiger Methoden wesentlich erschwert und i. d. R. ohne weitere Näherungsverfahren unmöglich macht.

Auf der anderen Seite können mit nicht entarteten Dichten $p_0(z, t)$ Quasimomentenentwicklungen mit i. d. R. sogar besseren Konvergenzeigenschaften konstruiert werden, wobei mit der unmittelbaren Abbruchbedingung ($Q_k(\cdot) \approx Q_{m;k}(\cdot) = 0$ für $k \geqq m + 1$) die wesentliche Eigenschaft der QMF, die Linearität ihrer Bestimmungsgleichungen bei vollständig gegebener Dichte $p_0(\cdot)$, erhalten bleibt. Aus diesem Grunde sollen diese Methoden hier nicht weiter erläutert werden. Den dennoch daran interessierten Leser verweisen wir auf die Literatur (s. z. B. [3, 4, 66, 26, 27]).

7.3.2. Die Gram-Charlier-Reihe und ihre Verallgemeinerung

7.3.2.1. Der eindimensionale Fall

Bei der Approximation von Verteilungsdichten spielt die Gaußsche Dichte

$$p_G(z, t) = \frac{1}{\sqrt{2\pi K_{0,z}(t, t)}} \exp\left\{-\frac{(z - m_{0,z})^2}{2K_{0,z}}\right\} \tag{7.64}$$

eine besondere Rolle. Bei vorgegebenen Näherungslösungen $m_{0,z}(t)$, $K_{0,z}(t, t)$ für den Erwartungswert und die Streuung des Prozesses $z(t)$ wurden mit dieser Gaußschen Dichte die Quasimomentenentwicklung

$$\begin{aligned} p(z, t) &= \left[1 + \sum_{k \geqq 1} (-1)^k \frac{1}{k!} Q_k(p_G; t) \frac{\partial^k}{\partial z^k}\right] p_G(z, t) \\ &= \left[1 + \sum_{k \geqq 1} \frac{1}{k!} Q_k(p_G; t)\, H_k(p_G; z, t)\right] p_G(z, t) \end{aligned} \tag{7.65}$$

von Kusnezow u. a. [65, 66] eingeführt. Die Entwicklungskoeffizienten $Q_k(p_G; t)$ werden i. f. daher als eigentliche Quasimomentenfunktionen bezeichnet.

Die Funktionen $H_k(p_G; z, t)$ stellen die verallgemeinerten Hermiteschen Polynome dar

$$H_k(p_G; z, t) = \exp\left\{\frac{(z - m_{0,z})^2}{2K_{0,z}}\right\} \left(-\frac{\partial}{\partial z}\right)^k \exp\left\{-\frac{(z - m_{0,z})^2}{2K_{0,z}}\right\}, \tag{7.66}$$

für die leicht die folgende Rekursionsbeziehung nachgewiesen werden kann

$$H_k(\cdot) = \frac{z - m_{0,z}}{K_{0,z}} H_{k-1}(\cdot) - \frac{k-1}{K_{0,z}} H_{k-2}(\cdot), \qquad H_l(\cdot) = 0 \quad \text{für} \quad l < 0, \qquad H_0(\cdot) = 1. \tag{7.67}$$

Weiterhin gilt

$$\frac{\partial^s H_k(\cdot)}{\partial z^s} = \begin{cases} 0 & \text{für} \quad s \geqq k+1, \\ \dfrac{k!}{(k-s)!} H_{k-s}(\cdot) & \text{für} \quad 0 \leqq s \leqq k. \end{cases} \tag{7.68}$$

Hieraus und aus der Gleichung:

$$\langle H_k(p_{\mathrm{G}}; z, t)\rangle_{\mathrm{G}} = \delta_{k,0}$$

(vgl. mit Gl. (7.23) für $k = 0$) folgt unmittelbar die Beziehung

$$\left\langle \frac{\partial^s H_l(p_{\mathrm{G}}; z, t)}{\partial z^s} \right\rangle_G = l! K_{0,z}^{-1} \delta_{l,s},$$

d. h., die stochastischen Differentialpolynome sind ebenfalls durch die Hermiteschen Polynome gegeben (vgl. m. Gl. (7.20))

$$\Psi_l(p_{\mathrm{G}}; z, t) = K_{0,z}^l(t, t) H_l(p_{\mathrm{G}}; z, t). \tag{7.69}$$

Die hermiteschen Polynome bilden also ein orthogonales Funktionensystem bezüglich des Gaußschen Maßes $p_{\mathrm{G}}(z, t)$

$$\langle H_k(p_{\mathrm{G}}; z, t) H_l(p_{\mathrm{G}}; z, t)\rangle_{\mathrm{G}} = l! K_{0.z}^{-l}(t, t) \delta_{l,k}. \tag{7.70}$$

Die eigentlichen Quasimomentenfunktionen sind die bezüglich der tatsächlichen Dichte des Prozesses $z(t)$ gebildeten Erwartungswerte der Hermiteschen Polynome

$$Q_l(p_{\mathrm{G}}; z, t) = K_{0,z}^{-1} \langle H_l(p_{\mathrm{G}}; z, t)\rangle.$$

Sind der Erwartungswert und die Streuung der Dichten $p(z, t)$ und $p_{\mathrm{G}}(\cdot)$ identisch, dann verschwinden nach (7.17) die QMF der ersten beiden Ordnungen und die der Ordnungen $k = 3$ bis $k = 5$ sind identisch mit den entsprechenden Kumulanten des Prozesses $z(t)$

$$Q_l(p_{\mathrm{G}}; t) = \begin{cases} 0 & \text{für} \quad 1 \leqq l \leqq 2, \\ k_l(t) & \text{für} \quad 3 \leqq l \leqq 5, \end{cases} \qquad \text{wenn} \qquad \begin{aligned} m_{0,z} &= m_z, \\ K_{0,z} &= K_z(t, t). \end{aligned} \tag{7.71}$$

Die unter diesen Bedingungen folgende Quasimomentenentwicklung

$$p(z, t) = \left[1 + \sum_{k \geqq 3} \frac{1}{k!} Q_k(p_{\mathrm{G}}; t) H_k(p_{\mathrm{G}}; z, t)\right] p_{\mathrm{G}}(z, t \mid r = 2) \tag{7.72}$$

ist in der Literatur als Gram-Charliersche Reihe bekannt. Die für $m_{0,z} \neq m_z$ und $K_{0,z} \neq K_z$ gültige Quasimomentenentwicklung (7.65) wird daher auch als verallgemeinerte Gram-Charliersche Reihe bezeichnet.

Die verallgemeinerte Gram-Charlier-Reihe wird nach vorgegebenen nullten Näherungen für den Erwartungswert und die Streuung des Prozesses $z(t)$ nach dem Verfahren $\mathrm{QMF}_m(p_G)$, die Gram-Charliersche Reihe nach dem Verfahren $\mathrm{QMF}_m(p_G \mid r = 2)$ näherungsweise bestimmt. Die dazu benötigten Funktionen $\tilde{m}_{0,k}(t)$ werden entsprechend ihrer Definitionsgleichung (7.29) unter Beachtung von $k_{0,l} = 0$ für $l \geqq 3$ $(p_0(\cdot) = p_G(\cdot))$ wie folgt bestimmt

$$\begin{aligned}
\tilde{m}_{0,1}(t) &= -m_{0,z}, \\
\tilde{m}_{0,2}(t) &= -K_{0,z} + m_{0,z}^2, \\
\tilde{m}_{0,3}(t) &= -3K_{0,z}m_{0,z} - m_{0,z}^3, \\
&\vdots \\
\tilde{m}_{0,l}(t) &= \frac{\partial^l}{\partial s^l} \exp\left\{-s m_{0,z} - \frac{s^2}{2} K_{0,z}\right\}\bigg|_{s=0}.
\end{aligned} \tag{7.73}$$

Für eine gute Konvergenz der eigentlichen Quasimomentenentwicklung sollte zumindest gewährleistet sein, daß die tatsächliche Dichte $p(z, t)$ nur ein ausgeprägtes, wesentliches Maximum besitzt, so daß in diesen Fällen auch mit kleineren Abbruchbedingungen m $(Q_k \approx Q_{m;k} = 0$ für $k \geqq m + 1)$ schon sehr gute Näherungslösungen für die gesuchten statistischen Charakteristika des Prozesses $z(t)$ möglich sind. Durch die Linearität der Bestimmungsgleichungen für die QMF und die Verwendung einer Gaußschen Dichte für p_0 steht mit $\mathrm{QMF}_m(p_G)$ eine relativ einfach handhabbare und effektive Methode zur näherungsweisen Analyse stochastischer Systeme zur Verfügung, die der im vorangegangenen Unterabschnitt beschriebenen Methode der Momentenentwicklung i. allg. weit überlegen ist.

7.3.2.2. Der mehrdimensionale Fall

Für mehrdimensionale Systeme ist die Gaußsche Dichte gegeben durch

$$p_G(\boldsymbol{z}^\mathsf{T}, t) = \frac{1}{\sqrt{(2\pi)^n \det\left(\boldsymbol{K}_{0,z}(t, t)\right)}} \exp\left\{-\frac{1}{2} \|\boldsymbol{z} - \boldsymbol{m}_{0,z}\|^2_{\boldsymbol{K}_{0,z}^{-1}}\right\}. \tag{7.74}$$

Die verallgemeinerten Hermiteschen Polynome können aus dem folgenden Rekursionsschema nacheinander bestimmt werden

$$\begin{aligned}
&H_{k_1,\ldots,k_n}(p_G; \boldsymbol{z}^\mathsf{T}, t) = \lambda_\alpha(\boldsymbol{z}^\mathsf{T}, t)\, H_{k_1,\ldots,k_n}(\cdot)|_{k\alpha \to k\alpha - 1} \\
&- (k_i - \delta_{i,\alpha})\, R^{(\alpha,i)} H_{k_1,\ldots,k_n}(\cdot)|_{k_j \to k_j - \delta_{i,j} - \delta_{\alpha,j}}, \\
&H_{k_1,\ldots,k_n} = \begin{cases} 0 & \text{für} \quad k_i < 0, \quad i \in [1, n], \\ 1 & \text{für} \quad k_1 = k_2 = \cdots = k_n = 0. \end{cases}
\end{aligned}$$

Nach diesem Rekursionsschema werden die verallgemeinerten Hermiteschen Polynome als Polynome der Linearkombinationen

$$\lambda_\alpha(\boldsymbol{z}^\mathsf{T}, t) = \sum_{j=1}^{n} R^{(\alpha,j)}(t)\,(z^{(j)} - m_{0,z}^{(j)}) \tag{7.75}$$

erhalten, wobei die $R^{(i,j)}$ die Elemente der reziproken Streumatrix $\boldsymbol{K}_{0,z}$ sind

$$\boldsymbol{K}_{0,z}^{-1}(t, t) = \{R^{(i,j)}(t)\}_{n,n}, \qquad R^{(i,j)} = R^{(j,i)}. \tag{7.76}$$

Die dazu biorthogonalen stochastischen Differentialpolynome werden aus diesen verallgemeinerten Hermiteschen Polynomen erhalten, indem die $\lambda_\alpha(\cdot)$ durch $z^{(\alpha)} - m_{0;z}^{(\alpha)}$

und die Elemente der reziproken Streumatrix durch die der Streumatrix selbst ersetzt werden (s. z. B. [65]):

$$\Psi_{k_1,\ldots,k_n}(p_G; z^T, t) = H_{k_1,\ldots,k_n}(\cdot)|_{\lambda_\alpha(\cdot)\to(z^{(\alpha)}-m_{0,z}^{(\alpha)}),R^{(i,j)}\to K_{0,z}^{(i,j)}}. \tag{7.77}$$

Sind die Nichtlinearitäten des Ausgangssystems (6.1) analytisch in $z^T(t)$, dann werden die Hermiteschen Polynome zur Bestimmung der Quasimomentenfunktionen nicht benötigt. Entsprechend Gl. (7.12) gilt nämlich

$$\langle\varphi(z^T, t)\, H_{k_1,\ldots,k_n}(\cdot)\rangle_G = \left\langle \frac{\partial^{k_1+\cdots+k_n}\varphi(z^T, t)}{(\partial z^{(1)})^{k_1}\ldots(\partial z^{(n)})^{k_n}} \right\rangle_G,$$

wenn $\varphi(z^T, t)$ analytisch in z^T ist und nicht stärker als exponentiell mit $|z| \to \infty$ wächst.

Für nichtanalytische Systemnichtlinearitäten müssen dagegen die Hermiteschen Polynome bekannt sein, um die — zur Bestimmung der QMF benötigten — Erwartungswerte berechnen zu können.

Erhebliche rechentechnische Vorteile ergeben sich dabei in der Regel, wenn der Zustandsvektor $z^T(t)$ in Abhängigkeit von der Streumatrix der Gaußschen Dichte $p_G(\cdot)$ so transformiert wird, daß die Gaußsche Dichte in ein Produkt von Gaußschen Dichten bezüglich der Komponenten des transformierten Zustandsvektors $\tilde{z}^T(t)$ zerfällt

$$p_G(z^T, t) \xrightarrow[z\to\tilde{z}]{} \prod_{i=1}^{n} \tilde{p}_{G^{(i)}}(\tilde{z}^{(i)}, t) = \tilde{p}_G(\tilde{z}^T, t). \tag{7.78}$$

Dies wird beispielsweise durch die folgende Transformation erreicht

$$\tilde{z}(t) = C(t)\, z(t),$$

wobei die Elemente der Transformationsmatrix:

$$C = \{c^{(i,j)}\}_{n,n}$$

gegeben sind durch

$$c^{(k,k)} = 1, \qquad c^{(l,k)} = 0 \quad \text{für} \quad k \geqq l+1,$$

$$\begin{pmatrix} c^{(l,1)} \\ \vdots \\ c^{(l,l-1)} \end{pmatrix} = -\begin{pmatrix} K_{0,z}^{(1,1)}(t,t), \ldots, K_{0,z}^{(1,l-1)}(t,t) \\ \vdots \\ K_{0,z}^{(l-1,1)}(t,t), \ldots, K_{0,z}^{(l-1,l-1)}(t,t) \end{pmatrix}^{-1} \begin{pmatrix} K_{0,z}^{(l,1)}(t,t) \\ \vdots \\ K_{0,z}^{(l,l-1)}(t,t) \end{pmatrix}, \tag{7.79}$$

$$2 \leqq l \leqq n.$$

Die Erwartungswerte und Streuungen der Gaußschen Dichten $\tilde{p}_{G^{(i)}}(\tilde{z}^{(i)}, t)$ in (7.78) werden damit wie folgt berechnet

$$m_{0,\tilde{z}}^{(i)} = \sum_{l=1}^{i} c^{(i,l)} m_{0,z}^{(l)},$$

$$\tilde{K}_{0,\tilde{z}}^{(i,i)}(t,t) = \sum_{l=1}^{i} c^{(i,l)} K_{0,z}^{(l,i)}(t,t). \tag{7.80}$$

Anstelle des Ausgangssystems

$$\dot{z} = f(z^T, t) + g(z^T, t)\, \xi(t) \tag{6.1}$$

wird also das System

$$\dot{\tilde{z}} = [Cf(z^T, t)|_{z=C^{-1}\tilde{z}} + Cg(z^T, t)\xi(t)]|_{z=C^{-1}\tilde{z}} + \dot{C}C^{-1}\tilde{z} \tag{7.81}$$

analysiert.

Die Vorteile dieser Transformation bestehen darin, daß bei den Erwartungswertbildungen bezüglich der Gaußschen Dichte $\tilde{p}_G(\tilde{z}^T, t)$ die Prozeßkomponenten $\tilde{z}^{(i)}$ des transformierten Prozesses $\tilde{z}^T$ wie voneinander unabhängige Prozesse behandelt werden und die mehrdimensionalen Hermiteschen Polynome in Produkte von eindimensionalen Hermiteschen Polynomen zerfallen, die wesentlich einfacher zu behandeln sind

$$\begin{aligned} H_{k_1,\ldots,k_n}(\tilde{p}_G; \tilde{z}^T, t) &= \prod_{i=1}^{n} H_{k_i}(\tilde{p}_G{}^{(i)}; \tilde{z}^{(i)}, t), \\ \Psi k_1, \ldots, k_n(\tilde{p}_G; \tilde{z}^T, t) &= \prod_{i=1}^{n} \left([\tilde{K}_{0,\tilde{z}}^{(i,i)}(t, t)]^{-k_i} H_{k_i}(\tilde{p}_G{}^{(i)}, \tilde{z}^{(i)}, t)\right). \end{aligned} \tag{7.82}$$

Die tatsächliche statistische Abhängigkeit der Prozeßkomponenten $\tilde{z}^{(i)}$ wird damit allein durch die Quasimomentenfunktionen berücksichtigt

$$\tilde{p}(\tilde{z}^T, t) = \left[1 + \sum_{\substack{k_1 \geqq 0 \\ (k_1 + \cdots + k_n \geqq 1)}} \cdots \sum_{k_n \geqq 0} \tilde{Q}_{k_1,\ldots,k_n}(\tilde{p}_G; t) \prod_{i=1}^{n} \frac{1}{k_i!} H_{k_i}(\cdot)\right] \prod_{i=1}^{n} \tilde{p}_G{}^{(j)}(\tilde{z}^{(j)}, t). \tag{7.83}$$

Nach linearer Rücktransformation $z = C^{-1}\tilde{z}$ kann daraus leicht wieder die Dichte des Prozesses $z(t)$ angegeben werden

$$p(z^T, t) = \left[1 + \sum_{\substack{k_1 \geqq 0 \\ (k_1 + \cdots + k_n \geqq 1)}} \cdots \sum_{k_n \geqq 0} \tilde{Q}_{k_1,\ldots,k_n}(\tilde{p}_G; t) \prod_{i=1}^{n} \frac{1}{k_i!} H_{k_i}(\tilde{p}_G{}^{(i)}; \tilde{z}^{(i)}, t)|_{\tilde{z}-C^{-1}z}\right] p_G(z^T, t). \tag{7.84}$$

7.4. Beispiele

An Hand der in der Tab. 3.3 aufgeführten Beispiele 1 bis 4 und 6 soll die Anwendung und die Effektivität der Methode der Quasimomentenentwicklung zur näherungsweisen Analyse nichtlinearer stochastischer Systeme demonstriert werden. Dabei beschränken wir uns wieder auf die stationären Momente der ersten beiden Ordnungen

$$\overline{m}_z \approx \overline{m}_{k;z}, \qquad \overline{K}_z(0) \approx \overline{K}_{k;z}(0).$$

In der Tab. 7.1 sind die für diese Beispiele ermittelten Werte der Gütefunktion

$$\Delta = \frac{(\overline{m}_z - \overline{m}_{k;z})^2 + |\overline{K}_z(0) - \overline{K}_{k;z}(0)|}{\overline{m}_z{}^2 + K_z(0)} \tag{7.85}$$

Tab. 7.1: Überblick über die Güte, ausgedrückt durch die Werte der Gütefunktion Δ nach Gl. (7.85), und Anwendbarkeit der beschriebenen Methoden. Die im Beispiel 6 in Klammern angegebenen Werte wurden unter Zugrundelegung der Summe zweier Gaußscher Dichten für $p_0(z)$ erhalten

Beispiel →	1	2	3	4	5	6	
Methode ↓	($\alpha = 0$)		($\gamma = 0.315$)	($\gamma_1 < 1/2$)		$\gamma \to 0$	$\gamma \geqq 75$
TL, QMF$_2(\delta)$	∞	nicht	0.234	2	0.068	nicht	
QMF$_4(\delta)$	1.000	anwendbar	0.088	0.000	nicht anwendbar	anwendbar	
QMF$_2(p_G{}^{TL})$	∞	nicht	0.080	0.000	nicht	nicht	
QMF$_4(p_G{}^{TL})$	∞	anwendbar	0.051	0.000	anwendbar	anwendbar	
SL (G.M.), QMF$_2(p_G{}^{SL})$	0.146	0.215	0.076	0.000	1.57	0.667 (0.000)	0.146 (0.146)
QMF$_4(p_G{}^{SL})$	0.050	0.047	0.051	0.000	nicht anwendbar	0.444 (0.000)	0.050 (0.050)
QMF$_4(p_G \mid 2)$	0.064	0.006	0.029	0.000		0.508 (0.000)	0.065 (0.065)

für $k = 2$ und $k = 4$ angegeben. In allen Beispielen werden demnach durch die Berücksichtigung nur der ersten Quasimomentenfunktionen der Entwicklung der Dichte $\overline{p}(z)$ um eine (analytische) Dichte $\overline{p}_0(z)$ schon sehr gute Näherungslösungen für die ersten beiden stationären Momente der Prozesse $z(t)$ gewonnen, wenn die Struktur der Dichte $\overline{p}_0(z)$ den wesentlichen Eigenschaften der tatsächlichen Dichte $p(z)$ angemessen gewählt wurde.

Unter Zugrundelegung der entarteten Dichte $\overline{p}_0(z) = \delta(z - m_{0;z})$ stellt die Methode der Momentenentwicklungen QMF$_k(\delta)$ bzw. QMF$_k(\delta \mid 1)$ nur ein bedingt anwendbares Näherungsverfahren dar, da die Diracsche Deltafunktion prinzipiell nur deterministische Systemeigenschaften beschreiben kann und somit i. d. R. eine sehr schlechte Approximation nichtentarteter Dichten $\overline{p}(z)$ darstellt. Weiterhin ist die Anwendung der Methode der Momentenentwicklung an analytische Systemnichtlinearitäten gebunden.

In den *Beispielen 1 bis 4* besitzt die tatsächliche Dichte $\overline{p}(z)$ nur ein eindeutiges Maximum, so daß zu ihrer Approximation durchaus eine Gaußsche Dichte für $\overline{p}_0(z)$ herangezogen werden kann. Die unter Zugrundelegung einer abgebrochenen Gram-Charlierschen Reihe ermittelten Näherungslösungen zeichnen sich insbesondere dann durch hohe Approximationsgenauigkeiten aus, wenn die Gaußsche Dichte $\overline{p}_0(z) = \overline{p}_G(z)$ nach dem Verfahren der statistischen Linearisierung (QMF$_k(p_G{}^{SL})$) festgelegt wird. Wird die Dichte $\overline{p}_0(z)$ aus einem nach TAYLOR linearisierten System festgelegt (QMF$_k$ $(p_G{}^{TL})$), so werden — abgesehen vom beschränkten Anwendungsbereich dieses einfachen Verfahrens — bei gleicher Abbruchbedingung der Gram-Charlierschen Reihe diese Approximationsgüten nicht erreicht.

Im Falle des *Beispiels 6* ist die Verwendung der Gram-Charlierschen Reihe weniger gut geeignet, da eine Gaußsche Dichte $\overline{p}_0(z)$ die für kleinere γ ausgeprägten zwei Maxima der tatsächlichen Dichte $\overline{p}(z)$ nicht zu beschreiben in der Lage ist. Dieses Beispiel unterstreicht nochmals die Bedeutung der Verallgemeinerung der Quasimomentenentwicklung einer Dichte $p(z, t)$ auch um nicht Gaußsche Dichten $p_0(z, t)$: Verwendet man nämlich anstelle der Gaußschen Dichte die Summe zweier Gaußscher Dichten für $\overline{p}_0(z)$ (in der Tab. 7.1 sind die damit erhaltenen Δ-Werte in Klammern angegeben), so werden bei gleicher Abbruchbedingung der Quasimomentenentwicklungen wesentlich bessere Näherungslösungen erhalten.

Auch bei der Methode der Quasimomentenentwicklung ist also der Wahl der Dichte $p_0(z, t)$ besondere Aufmerksamkeit zu widmen. Insbesondere sollten auch hier die im Abschn. 3.2.3. gegebenen Hinweise zur Approximation unbekannter Dichten beachtet werden. Interessant ist der Vergleich der Verfahren QMF$_k(p_0)$ und QMF$_k(p_0 \mid 2)$: Die Güten der nach dem einfachen Verfahren QMF$_k(p_0)$ gewonnenen Näherungslösungen stehen den nach dem komplizierteren Verfahren QMF$_k(p_0 \mid 2)$ ermittelten kaum nach.

Mit dem Verfahren QMF$_k(p_0)$ steht somit ein sehr effektives und einfach handhabbares Verfahren zur Analyse nichtlinearer stochastischer Systeme zur Verfügung, nach dem — nach Vorgabe einer geeigneten Dichte $p_0(z, t)$ — nur noch lineare Gleichungssysteme für die Quasimomentenfunktionen zu lösen sind! Bezüglich der Festlegung der Dichte $p_0(z, t)$ kann auch hier wieder das Verfahren der statistischen Linearisierung sehr vorteilhaft genutzt werden.

Allerdings ist die Methode der Quasimomentenentwicklung an die Bedingung gebunden, daß die tatsächliche Dichte $p(z, t)$ um eine analytische Dichte $p_0(z, t)$ entwickelbar ist. Dies setzt voraus, daß der Definitionsbereich des zu analysierenden Prozesses nicht eingeschränkt ist. Im Falle des *Beispiels 5* (s. Tab. 3.3) ist diese Voraussetzung nicht gegeben, da der Prozeß $z(t)$ nur für positive *oder* negative Werte definiert ist. Die Methode der Quasimomentenentwicklung ist daher für dieses Beispiel nicht anwendbar. Nachfolgend werden für die Beispiele 1 bis 4 und 6 die nach den Verfahren $\mathrm{QMF}_k(p_0)$ und $\mathrm{QMF}_k(p_0 \mid 2)$ ($k = 2$ und $k = 4$) ermittelten stationären Momente der ersten beiden Ordnungen ausführlich angegeben und teilweise durch Abbildungen illustriert. Sie mögen dem Leser wieder als Übungsaufgaben zur Anwendung der stationären Gleichungen (7.37) und (7.45), (7.46) dienen.

Folgende Hinweise sollen dem Leser das Nachrechnen der angegebenen Lösungen erleichtern: In allen behandelten Beispielen ist die Dichte $\bar{p}(z)$ symmetrisch um $z = 0$ ($\overline{m}_z = 0$). Dies hat zur Folge, daß die stationären Quasimomentenfunktionen ungerader Ordnungen und die Erwartungswerte zu Null ermittelt werden

$$\overline{Q}_{k;2l+1}(p_0) = 0, \qquad \overline{m}_{k;z} = 0.$$

Nach dem Verfahren $\mathrm{QMF}_k(p_0)$ ($\overline{m}_{0;z} = 0$) werden die Quasimomentenfunktionen gerader Ordnungen aus den folgenden linearen Gleichungssystemen bestimmt

$$R_{2,2}\overline{Q}_{2;2}(p_0) = -L_2 \quad \text{für} \quad k = 2,$$

$$\begin{pmatrix} R_{2,2} & R_{2,4} \\ R_{4,2} & R_{4,4} \end{pmatrix} \begin{pmatrix} Q_{4;2}(p_0) \\ Q_{4;4}(p_0) \end{pmatrix} = -\begin{pmatrix} L_2 \\ L_4 \end{pmatrix} \quad \text{für} \quad k = 4,$$

wobei die $R_{k,l}$ und L_k durch die Gln. (7.27) definiert sind. Nach dem Verfahren $\mathrm{QMF}_4(p_0 \mid 2)$ geht das Gleichungssystem (7.45) in die skalare Gleichung

$$\overline{Q}_{4;4}(p_G) = -\frac{L_4}{R_{4,4}}\bigg|_{\substack{\overline{m}_{0;z} \to \overline{m}_{4;z} \\ K_{0;z} \to K_{4;z}}}$$

für die Quasimomentenfunktion vierter Ordnung über, die nach Lösung der aus (7.46) folgenden nichtlinearen Gleichungen für $\overline{m}_{4;z}$ und $\overline{K}_{4;z}(0) \equiv \bar{\mu}_{4;2}$

$$\left\langle \bar{f}(z) \left(1 - \frac{1}{4!} \frac{L_4}{R_{4,4}} H_4(p_0; z)\right) \right\rangle_0 = 0,$$

$$\left\langle \left[\frac{1}{2} M + \bar{f}(z)\,(z - \overline{m}_{4;z})\right] \left(1 - \frac{1}{4!} \frac{L_4}{R_4} H_4(\cdot)\right) \right\rangle_0 = 0$$

leicht berechnet werden kann. Wir erinnern, daß die nach $\mathrm{QMF}(p_0 \mid 2)$ gewonnenen Ergebnisse in modifizierter Form schon im Abschnitt 3.6. mit Hilfe der Methode der erweiterten statistischen Linearisierung abgeleitet wurden.

Beispiel 1:

$$\dot{z} = -\beta(\alpha z + z^3) + g\xi, \qquad \gamma_1 = \sqrt{g^2/2\beta}, \qquad \gamma = \gamma_1/\alpha. \tag{3.78}$$

Zur näherungsweisen Bestimmung der Quasimomentenfunktionen nach dem Verfahren $\mathrm{QMF}_k(p_0)$ ziehen wir für $\bar{p}_0(z)$ die Diracsche Delta-Funktion (Momentenentwicklung) und die nach Taylorscher und statistischer Linearisierung bestimmten Gaußschen Dichten p_G^{TL} und p_G^{SL} mit jeweils dem Erwartungswert $\overline{m}_{0;z} = 0$ heran. Die Streuungen sind dabei wie folgt definiert (s. Gl. (3.79))

$$\overline{K}_{0;z}(0) = \gamma_1\chi(\gamma), \; \chi(\gamma) = \begin{cases} 0 & \text{für} \quad p_0 = \delta(z), \\ \gamma & \text{für} \quad p_0 = p_G^{\mathrm{TL}}, \\ \dfrac{1}{6\gamma}\left(\sqrt{1 + 12\gamma^2} - 1\right) & \text{für} \quad p_0 = p_G^{\mathrm{SL}}. \end{cases}$$

Mit $\tilde{f}(z) = -\beta(\alpha z + z^3)$ werden für die Quasimomentenfunktionen die folgenden Näherungslösungen ermittelt

$$\bar{Q}_{2;2}(p_0) = -\gamma_1 \frac{3\chi^2 + \gamma^{-1}\chi - 1}{\gamma^{-1} + 6\chi} \quad \text{nach} \quad \mathrm{QMF}_2(p_0),$$

$$\left.\begin{aligned} \bar{Q}_{4;2}(p_0) &= \gamma_1\gamma^2 \frac{6\chi^3 - (12\chi + \gamma^{-1})(3\chi^2 + \chi\gamma^{-1} - 1)}{1 + 3\gamma^2 + 15\chi\gamma + 45\gamma^2\chi^2}, \\ \bar{Q}_{4;4}(p_0) &= -3\gamma_1^2\gamma^2 \frac{(1 - 9\chi^2 - \gamma^{-1}\chi)(3\chi^2 + \gamma^{-1}\chi - 1) + 2\chi^3(\gamma^{-1} + 6\chi)}{1 + 3\gamma^2 + 15\chi\gamma + 45\gamma^2\chi^2} \end{aligned}\right\} \quad \text{nach} \quad \mathrm{QMF}_4(p_0).$$

Für die stationäre Streuung werden daraus die folgenden Näherungslösungen erhalten

$$\frac{\bar{K}_{k;z}(0)}{\gamma_1} = \begin{cases} \gamma & \text{nach} \quad \mathrm{QMF}_2(\delta) \text{ und TL}, \\ \gamma \dfrac{1}{1 + 3\gamma^2} & \text{nach} \quad \mathrm{QMF}_4(\delta), \\ \gamma \dfrac{1 + 3\gamma^2}{1 + 6\gamma^2} & \text{nach} \quad \mathrm{QMF}_2(p_G{}^{\mathrm{TL}}), \\ \gamma \left[1 - 3\gamma^2 \dfrac{1 + 10\gamma^2}{45\gamma^4 + 18\gamma^2 + 1}\right] & \text{nach} \quad \mathrm{QMF}_4(p_G{}^{\mathrm{TL}}), \\ \chi(\gamma) & \text{nach} \quad \mathrm{SL\ (G.M.)},\ \mathrm{QMF}_2(p_G{}^{\mathrm{SL}}), \\ \chi(\gamma) \left[1 + 6 \dfrac{\gamma^2\chi^2}{1 + 18\gamma^2}\right] & \text{nach} \quad \mathrm{QMF}_4(p_G{}^{\mathrm{SL}}). \end{cases}$$

Nach dem Verfahren $\mathrm{QMF}_4(p_G \mid 2)$ wird die stationäre Streuung ($\bar{m}_{4;z} = 0$) aus der kubischen Gleichung ($M = 2\beta\gamma_1$)

$$30\bar{K}^3_{4;z}(0) + \frac{\gamma_1}{\gamma} 15\bar{K}^2_{4;z} - (12 - \gamma^{-2})\,\gamma_1{}^2\bar{K}_{4;z}(0) - \gamma_1{}^3/\gamma = 0$$

bestimmt, nach deren Lösung die Quasimomentenfunktion vierter Ordnung bestimmt wird zu

$$\bar{Q}_{4;4}(p_G) = \gamma_1{}^2 - 3\bar{K}^2_{4;z}(0) - \frac{\gamma_1}{\gamma}\bar{K}_{4;z}(0).$$

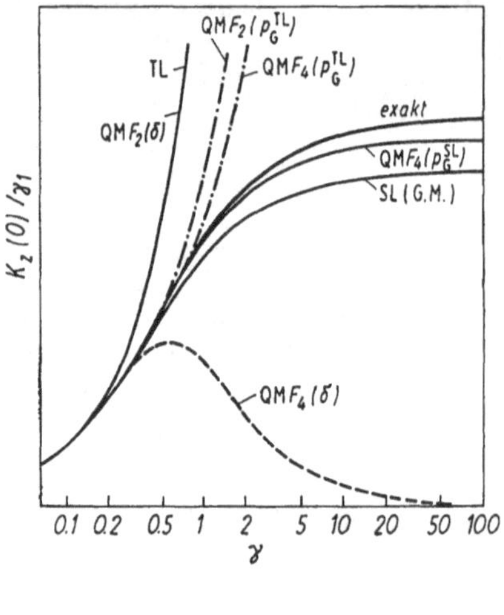

Abb. 7.1: Abhängigkeit der näherungsweise berechneten stationären Streuung von γ für ein System (3.78) mit kubischer Nichtlinearität im Vergleich zur exakten Lösung

Für $\gamma \to \infty$ lauten die Ergebnisse

$$\frac{\overline{K}_z(0)}{\gamma_1} \approx \begin{cases} 0.676 & \text{exakt,} \\ \infty & \text{nach TL und } \mathrm{QMF}_2(\delta),\ \mathrm{QMF}_2(p_G{}^{TL}) \text{ und } \mathrm{QMF}_4(p_G{}^{TL}), \\ 0.000 & \text{nach } \mathrm{QMF}_4(\delta), \\ 0.577 & \text{nach SL (G.M.) und } \mathrm{QMF}_2(p_G{}^{SL}), \\ 0.642 & \text{nach } \mathrm{QMF}_4(p_G{}^{SL}), \\ 0.632 & \text{nach } \mathrm{QMF}_4(p_G \mid 2). \end{cases}$$

In der Abb. 7.1 sind die Näherungslösungen für die stationäre Streuung in Abhängigkeit von γ im Vergleich zum exakten Resultat dargestellt. Für größere γ versagen die Methoden der Momentenentwicklung und der Quasimomentenentwicklung, wenn dazu die aus dem nach TAYLOR linearisierten System bestimmte Gaußsche Dichte $p_G{}^{TL}$ für $p_0(z)$ herangezogen wird. Ausgezeichnete Näherungslösungen liefert dagegen die Methode der Quasimomentenentwicklung, wenn für $\overline{p}_0(z)$ die nach statistischer Linearisierung bestimmte Gaußsche Dichte $\overline{p}_G{}^{SL}$ herangezogen wird.

Beispiel 2:

$$\dot{z} = -\beta \operatorname{sgn}(z) + g\xi, \qquad \gamma = g^2/2\beta. \tag{3.83}$$

Zum Aufbau der Gram-Charlierschen Reihe ziehen wir die nach statistischer Linearisierung ermittelte Gaußsche Dichte $p_G{}^{SL}$ mit dem Erwartungswert $\overline{m}_{0;z} = 0$ und der stationären Streuung

$$\overline{K}_{0;z}(0) = \frac{\pi}{2}\gamma^2 \quad \text{nach} \quad \text{SL (G.M.)}$$

heran (vgl. mit Gl. (3.84)). Mit $f(z) = -\beta \operatorname{sgn}(z)$ werden nach dem Verfahren $\mathrm{QMF}_k(p_G{}^{SL})$ die folgenden Quasimomentenfunktionen ermittelt

$$\overline{Q}_{2,2}(p_G{}^{SL}) = 0 \quad \text{nach} \quad \mathrm{QMF}_2(p_G{}^{TL}),$$

$$\left.\begin{aligned} \overline{Q}_{4,2}(p_G{}^{SL}) &= \gamma^2\frac{\pi}{6}, \\ \overline{Q}_{4;4}(p_G{}^{SL}) &= \gamma^4\pi^2 \end{aligned}\right\} \quad \text{nach} \quad \mathrm{QMF}_4(p_G{}^{SL}).$$

Nach dem Näherungsverfahren $\mathrm{QMF}_4(p_G \mid 2)$ lauten die Näherungslösungen ($M = 2\beta\gamma$)

$$\overline{K}_{4;z}(0) = \overline{K}_{0;z}(0)\left(\frac{9}{8}\right)^2,$$

$$\overline{Q}_{4;4}(p_G) = \gamma^4\pi^2\left(\frac{9}{8}\right)^3\frac{3}{4}.$$

Für die stationäre Streuung lauten damit die zahlenmäßigen Ergebnisse

$$\frac{\overline{K}_z(0)}{\gamma^2} \approx \begin{cases} 2 & \text{exakt,} \\ 1.571 & \text{nach SL (G.M.) und } \mathrm{QMF}_2(p_G{}^{SL}), \\ 2.094 & \text{nach } \mathrm{QMF}_4(p_G{}^{SL}), \\ 1.988 & \text{nach } \mathrm{QMF}_4(p_G \mid 2). \end{cases}$$

Die Methoden der Momentenentwicklung und $\mathrm{QMF}_k(p_G{}^{TL})$ sind für dieses Beispiel nicht anwendbar, da die Systemnichtlinearität im Punkte $z = 0$ nicht differenzierbar ist.

Beispiel 3:

$$\dot{z} = -\beta \sin(z) + g\xi, \qquad \gamma = g^2/2\beta. \tag{3.88}$$

Zur näherungsweisen Bestimmung der Quasimomentenfunktionen nach dem Verfahren $\mathrm{QMF}_k(p_0)$ ziehen wir für $p_0(z)$ die Diracsche Deltafunktion und die nach Taylorscher und statistischer

Linearisierung ermittelten Gaußschen Dichten: p_G^{TL} und p_G^{SL} mit jeweils dem Erwartungswert $\overline{m}_{\bullet;z} = 0$ heran. Die Streuungen sind dabei definiert durch (vgl. mit Gl. (3.90))

$$\overline{K}_{0;z}(0) = \begin{cases} 0 \quad \text{für} \quad p_0 = \delta(z), \\ \gamma \quad \text{für} \quad p_0 = p_0^{TL}, \\ \gamma \exp\{\overline{K}_{0;z}(0)/2\} \quad \text{für} \quad p_0 = p_G^{TL}. \end{cases}$$

Für die Quasimomentenfunktionen werden die folgenden Näherungslösungen erhalten

$$\overline{Q}_{2;2}(p_0) = \begin{cases} \gamma & \text{nach} \quad \mathrm{QMF}_2(\delta), \\ \gamma \dfrac{e^{\gamma/2} - 1}{1 - \gamma/2} & \text{nach} \quad \mathrm{QMF}_2(p_G^{TL}), \\ 0 & \text{nach} \quad \mathrm{QMF}_2(p_G^{SL}) \end{cases}$$

und

$$\overline{Q}_{4;2}(p_0) = \begin{cases} \dfrac{3\gamma^2}{1 - \gamma/2} & \text{nach} \quad \mathrm{QMF}_4(\delta), \\ h_2(\gamma, \gamma)/\Delta(\gamma, \gamma) & \text{nach} \quad \mathrm{QMF}_4(p_G^{TL}), \\ h_2(\overline{K}_{0;z}(0), \gamma)/\Delta(\overline{K}_{0;z}(0), \gamma) & \text{nach} \quad \mathrm{QMF}_4(p_G^{SL}), \end{cases}$$

$$Q_{4;4}(p_0) = \begin{cases} \dfrac{3\gamma}{1 - \gamma/2} & \text{nach} \quad \mathrm{QMF}_4(\delta), \\ h_4(\gamma, \gamma)/\Delta(\gamma, \gamma) & \text{nach} \quad \mathrm{QMF}_4(p_G^{TL}), \\ h_4(\overline{K}_{0;z}(0), \gamma)/\Delta(\overline{K}_{0;z}(0), \gamma) & \text{nach} \quad \mathrm{QMF}_4(p_G^{SL}). \end{cases}$$

Darin sind

$$\Delta(\varepsilon, \gamma) = (2 - \varepsilon)(4 - 5\varepsilon + \varepsilon^2 - \gamma e^{\varepsilon/2}) + 2\left(\varepsilon - \varepsilon^2 + \frac{1}{6}\varepsilon^3 - \gamma e^{\varepsilon/2}\right),$$

$$h_2(\varepsilon, \gamma) = 2(\gamma e^{\varepsilon/2} - \varepsilon)\left(4 - 6\varepsilon + 2\varepsilon^2 - \frac{1}{6}\varepsilon^3\right) + \frac{1}{12}(4 - \varepsilon)\varepsilon^3,$$

$$h_4(\varepsilon, \gamma) = 24(\gamma e^{\varepsilon/2} - \varepsilon)\left(\gamma e^{\varepsilon/2} - \varepsilon + \varepsilon^2 - \frac{1}{6}\varepsilon^3\right) + (2 - \varepsilon)\varepsilon^3.$$

Damit ergeben sich die folgenden Näherungslösungen für die stationäre Streuung

$$\overline{K}_{k;z}(0) = \begin{cases} \gamma & \text{nach} \quad \text{TL und } \mathrm{QMF}_2(\delta) \\ \gamma \dfrac{1}{1 - \gamma/2} & \text{nach} \quad \mathrm{QMF}_4(\delta) \\ \gamma \left(1 + \dfrac{e^{\gamma/2} - 1}{1 - \gamma/2}\right) & \mathrm{QMF}_2(p_G^{TL}) \\ \gamma + \dfrac{h_2(\gamma, \gamma)}{\Delta(\gamma, \gamma)} & \text{nach} \quad \mathrm{QMF}_4(p_G^{TL}) \\ \overline{K}_{0;z}(0) & \text{nach} \quad \text{SL (G.M.) und } \mathrm{QMF}_2(p_G^{SL}) \\ \overline{K}_{0;z}(0) + h_2(\overline{K}_{0;z}(0), \gamma)/\Delta(\overline{K}_{0;z}(0), \gamma) & \text{nach} \quad \mathrm{QMF}_4(p_G^{SL}). \end{cases}$$

Nach dem Verfahren $\mathrm{QMF}_4(p_G \mid 2)$ wird die stationäre Streuung durch die Gleichung ($M = 2\beta\gamma$):

$$\gamma = \left[1 - \frac{\overline{K}_{4;z}^2(0)\,(4 - \overline{K}_{4;z}(0))}{24 - 36\overline{K}_{4;z}(0) + 12\overline{K}_{4;z}^2(0) - \overline{K}_{4;z}^3(0)}\right] \overline{K}_{4;z}(0) \exp\left\{-\frac{\overline{K}_{4;z}(0)}{2}\right\}$$

festgelegt. Die Quasimomentenfunktion ergibt sich dabei zu:

$$\overline{Q}_{4;4}(p_G) = (\overline{K}_{4;z}(0) - e^{\overline{K}_{4;z}(0)/2})\,(4 - \overline{K}_{4;z}(0))^{-1}.$$

In der Abb. 7.2 sind diese Näherungslösungen für die stationäre Streuung in Abhängigkeit von γ im Vergleich zur exakten Lösung dargestellt. Im „Stationaritätsbereich" $0 \leqq \gamma \leqq 0{,}315$ liefern die Verfahren $\mathrm{QMF}_4(p_G \mid 2)$, $\mathrm{QMF}_4(p_G{}^{SL})$ und $\mathrm{QMF}_4(p_G{}^{TL})$ die besten Näherungslösungen. Aber auch die Methode der Momentenentwicklung ($\bar{p}_0(z) = \delta(z)$) liefert für dieses Beispiel im „Stationaritätsbereich" Näherungslösungen, deren Güte denen aus der Methode der Quasimomentenentwicklungen kaum nachstehen.

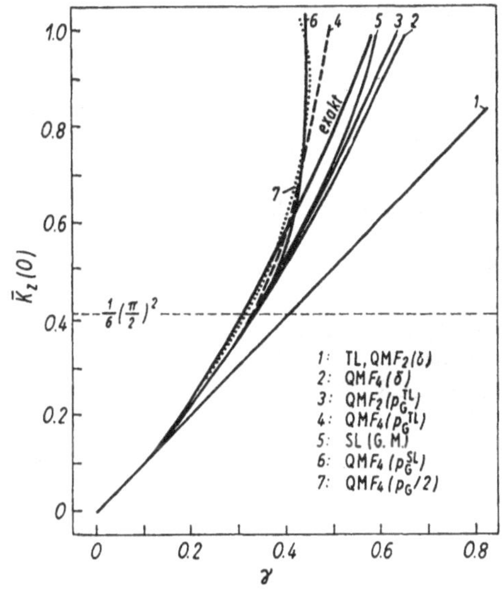

Abb. 7.2: Abhängigkeit der näherungsweise berechneten stationären Streuung von γ für einen Phasenregelkreis erster Ordnung im Vergleich zur exakten Lösung

Beispiel 4:

$$\begin{aligned} &\dot{z} = -\beta z + g\xi_1 + z\sigma\xi_2, \qquad \gamma = g^2/2\beta, \qquad \gamma_1 = \sigma^2/2\beta, \\ &K_{\xi_1,\xi_2}(t, t') = 0. \end{aligned} \tag{3.93}$$

In diesem Falle sind $f(z) = -\beta(1 - \gamma_1)\, z$ und $M = 2\beta(z^2\gamma_1 + \gamma)$. Im Abschn. 7.3.1. wurde schon nachgewiesen, daß für ein derartiges System die Quasimomentenfunktionen unter Zugrundelegung einer beliebigen Dichte $p_0(z)$ (für die die erforderlichen Erwartungswerte existieren und $m_{z_0} = 0$ gilt) die Quasimomentenfunktionen beliebiger Ordnungen nacheinander berechnet werden können. Mit $Q_{m;2k+1}(p_0) = 0$ erhält man für die Quasimomentenfunktion zweiter Ordnung nach dem Verfahren $\mathrm{QMF}_2(p_0)$

$$\bar{Q}_{2;2}(p_0) \equiv \bar{Q}_2(p_0) = -\bar{K}_{0;z}(0) + \frac{\gamma}{1 - 2\gamma_1}.$$

Tatsächlich wird damit unabhängig von der gewählten nullten Näherung $\bar{K}_{0;z}(0) \geqq 0$ für die Streuung das exakte Resultat erhalten:

$$\bar{K}_{2;z}(0) = \frac{\gamma}{1 - 2\gamma_1} \equiv \bar{K}_z(0).$$

Mit Kenntnis der Quasimomentenfunktion zweiter Ordnung kann nun die Quasimomentenfunktion vierter Ordnung nach dem Verfahren $\mathrm{QMF}_4(p_0)$ ermittelt werden

$$\bar{Q}_{4;2}(p_0) = \bar{Q}_{2;2}(p_0),$$

$$\bar{Q}_{4;4}(p_0) = -\langle z^4\rangle_0 - 6\bar{K}_{0;z}\bar{Q}_{2;2} + \frac{3\gamma^2}{(1 - 2\gamma_1)(1 - 4\gamma_1)}.$$

Damit wird auch das exakte Resultat für das vierte Moment des Prozesses z erhalten

$$\langle z^4\rangle_4 = \langle z^4\rangle_0 + 6\bar{K}_{0;z}(0)\,\bar{Q}_{2;2} + \bar{Q}_{4;4},$$

d. h.

$$\langle z^4\rangle_4 \equiv \langle z\rangle^4 = \frac{3\gamma^2}{(1-2\gamma_1)(1-4\gamma_2)}.$$

In gleicher Weise können aus den Quasimomentenfunktionen niederer Ordnungen die der nächst höheren Ordnungen berechnet werden

$$\bar{Q}_{2k;2k}(p_0) \equiv Q_{2k}(p_0) = -\frac{L_{2k} + \sum\limits_{n=1}^{k-l} R_{2k,2n}Q_{2n}}{R_{2k,2k}}.$$

Man überzeugt sich leicht, daß mit diesen so berechneten Quasimomentenfunktionen bis zur Ordnung $2k$ die exakten Resultate für die stationären Momente bis zur Ordnung $2k$ unabhängig von der gewählten Dichte $p_0(z)$ erhalten werden

$$\langle z^{2k}\rangle_{2k} \equiv \langle z^{2k}\rangle = \left(\frac{\gamma}{\gamma_1}\right)^k \frac{\Gamma\left(k+\frac{1}{2}\right)\Gamma\left(\frac{1}{2\gamma_1}-k\right)}{\Gamma\left(\frac{1}{2}\right)\Gamma\left(\frac{1}{2\gamma_1}\right)}. \tag{6.81}$$

$\Gamma(\cdot)$ sind hier wieder die Gamma-Funktionen. Zu beachten ist dabei, daß die stationären Momente bis zur Ordnung $2k$ nur dann existieren, wenn $\gamma_1 < 1/2k$ bzw. $\sigma^2 < \beta/k$. Für $\gamma_1 \geqq 1/2m$ sind die stationären Momente für die Ordnungen $k \geqq 2m$ unendlich groß.

Beispiel 5:

$$\dot{z} = \beta(z - z^3) + g\xi, \qquad \gamma = \sqrt{g^2/2\beta}. \tag{3.98}$$

An Hand dieses einfachen Beispieles wird die Bedeutung der Verallgemeinerung der Quasimomentenentwicklung bezüglich der Verwendung auch nichtgaußscher Dichten $p_0(z, t)$ deutlich.

Legt man der Quasimomentenentwicklung die nach statistischer Linearisierung SL (G.M.) bestimmte Gaußsche Dichte $\bar{p}_0 = \bar{p}_G{}^{SL}$ mit (vgl. mit Gl. (3.99))

$$\bar{m}_{0;z} = 0, \qquad \bar{K}_{0;z}(0) = \frac{1}{6}\left(1 + \sqrt{1+12\gamma^2}\right) \quad \text{nach} \quad \text{SL (G.M.)}$$

zugrunde, so werden nach dem Verfahren $Q_4(p_G{}^{SL})$ die folgenden Quasimomentenfunktionen ermittelt

$$\bar{Q}_{4;2}(p_G{}^{SL}) = 6\bar{K}^3_{0;z}(0)\,\frac{1}{1+18\gamma^2},$$

$$\bar{Q}_{4;4}(p_G{}^{SL}) = -\gamma^{-3}(6\bar{K}_{0;z}(0) - 1)\,\bar{Q}_{4;2}(p_G{}^{SL}).$$

Damit lautet die Näherungslösung für die stationäre Streuung

$$\bar{K}_{4;z}(0) = \bar{K}_{0;z}(0)\left[1 + 6\,\frac{\bar{K}^2_{0;z}(0)}{1+18\gamma^2}\right] \quad \text{nach} \quad \text{QMF}_4(p_G{}^{SL}).$$

In der Abb. 7.3a sind diese Ergebnisse im Vergleich zum exakten Resultat in Abhängigkeit von γ dargestellt. Wohl wird gegenüber der statistischen Linearisierung SL (G.M.) ein verbessertes Resultat erhalten, jedoch sind die Ergebnisse für kleinere γ immer noch unbefriedigend.

Auch die Ergebnisse nach dem Verfahren $\mathrm{QMF}_4(p_G/2)$ unter Zugrundelegung der eigentlichen Gram-Charlierschen Reihe

$$30\bar{K}^3_{4;z}(0) - 15\bar{K}^2_{4;z}(0) - \gamma^2(12 - \gamma^{-2})\,\bar{K}_{4;z}(0) + \gamma^2 = 0,$$

$$\bar{Q}_{4;4}(p_G) = \gamma^2 - 3\bar{K}^2_{4;z}(0) + \bar{K}_{4;z}(0) \quad \text{nach} \quad \mathrm{QMF}_4(p_G \mid 2)$$

ergeben keine wesentlichen Verbesserungen (s. Abb. 7.3a).

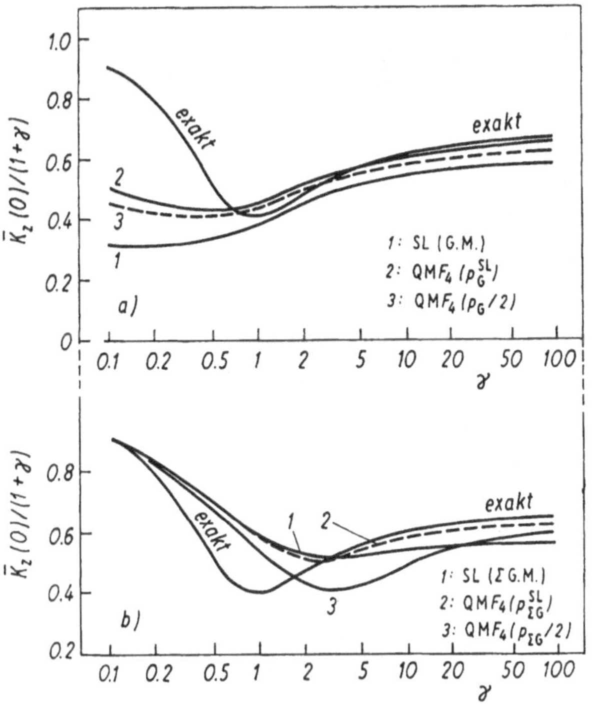

Abb. 7.3: Abhängigkeit der näherungsweise berechneten stationären Streuung von γ für ein System (3.98) mit kubischer Nichtlinearität unter Verwendung a) einer Gaußschen Dichte und b) der Summe zweier Gaußscher Dichten für $\bar{p}_0(z)$

Mit der Verallgemeinerung der Quasimomentenentwicklung von Dichten auch um nichtgaußsche Dichten $p_0(z, t)$ besteht jedoch die Möglichkeit, anstelle der Gaußschen Dichte die bei der statistischen Linearisierung schon erfolgreich herangezogene Summe zweier Gaußscher Dichten für $p_0(z)$ zu wählen

$$p_{\Sigma G}(z) = \frac{1}{2}\left(\theta_G(z) + \theta_G(-z)\right), \qquad \theta_G(z) = \frac{\exp\left\{\dfrac{-(z-1)^2}{2(K_{0;z}-1)}\right\}}{\sqrt{2\pi(\bar{K}_{0;z}-1)}} \tag{3.102}$$

mit (vgl. mit Gl. (3.99))

$$\bar{K}_{0;z}(0) = 1 + \frac{5}{6}\left(\sqrt{1 + \frac{12}{25}\gamma^2} - 1\right) \quad \text{nach} \quad \mathrm{SL}(p_{\Sigma G}).$$

Mit der darauf aufgebauten Quasimomentenentwicklung werden nach dem Verfahren $\mathrm{QMF}_4(p_{\Sigma G})$ die folgenden Näherungslösungen für die Quasimomentenfunktionen ermittelt

$$Q_{4;2}(p_{\Sigma G}^{SL}) = 3\,\frac{(\overline{K}_{0;z}(0) - 1)\,[1 + 3\overline{K}_{0;z}(0) - 2\overline{K}_{0;z}^2(0)]}{61 + 18\gamma^2},$$

$$Q_{4;4}(p_{\Sigma G}^{SL}) = -(6\overline{K}_{0;z}(0) - 1)\,Q_{4;2}(p_{\Sigma G}^{SL}).$$

Die daraus folgende Näherungslösung für die stationäre Streuung

$$\overline{K}_{4;z}(0) = \overline{K}_{0;z}(0) + \overline{Q}_{4;2}(p_G{}^{SL}) \quad \text{nach} \quad \mathrm{QMF}_4(p_G{}^{SL})$$

ist in der Abb. 7.3 b in Abhängigkeit von γ im Vergleich zum exakten Resultat dargestellt. Durch die Verwendung der Dichte $\overline{p}_{\Sigma G}$ für $\overline{p}_0(z)$ werden im gesamten Bereich $0 \leqq \gamma \leqq \infty$ sehr gute Näherungslösungen erhalten, die nur unwesentlich durch das kompliziertere Verfahren QMF_4 $(p_{\Sigma G}/2)$ korrigiert werden

$$\gamma^2 = D\,\frac{61 + 30D^2 + 75D}{12D + 11}, \qquad D = \overline{K}_{4;z}(0) - 1,$$

$$Q_{4;4}(p_{\Sigma G} = \gamma^2 - 5D - 3D^2 \quad \text{nach} \quad \mathrm{QMF}_4(p_{\Sigma G} \mid 2).$$

Nach den hier behandelten Verfahren werden für die Grenzfälle $\gamma \to 0$ und $\gamma \to \infty$ die folgenden Näherungslösungen erhalten

$$\overline{K}_z(0) \underset{\gamma=0}{\approx} \begin{cases} 1 & \text{exakt,} \\ 1 & \text{nach } \mathrm{QMF}_4(p_{\Sigma G}^{SL}),\ \mathrm{QMF}_4(p_{\Sigma G} \mid 2) \text{ und SL } (\Sigma \text{ G.M.}), \\ 0.333 & \text{nach SL (G.M.),} \\ 0.556 & \text{nach } \mathrm{QMF}_4(p_G{}^{SL}), \\ 0.492 & \text{nach } \mathrm{QMF}_4(p_G \mid 2), \end{cases}$$

$$\frac{\overline{K}_z(0)}{\gamma} \underset{\gamma\to\infty}{\simeq} \begin{cases} 0.676 & \text{exakt,} \\ 0.577 & \text{nach SL (G.M.), SL } (\Sigma \text{ G.M.}), \\ 0.642 & \text{nach } \mathrm{QMF}_4(p_G{}^{SL}) \text{ und } \mathrm{QMF}_4(p_{\Sigma G}^{SL}), \\ 0.632 & \text{nach } \mathrm{QMF}_4(p_G \mid 2) \text{ und } \mathrm{QMF}_4(p_{\Sigma G} \mid 2). \end{cases}$$

Die daraus folgenden relativen Fehler Δ sind in Tab. 7.1 aufgeführt.

7.5. Die bedingten Quasimomentenfunktionen

7.5.1. Quasimomentenentwicklung der Übergangsdichte

Häufig interessiert das Verhalten eines Prozesses $\boldsymbol{z}(t)$ $(t \geqq t_1)$, der zum Zeitpunkt $t = t_1$ den bekannten Zustand $\boldsymbol{z}^T(t_1)$ angenommen hat. Zur Lösung derartiger Probleme wird die Übergangsdichte $p(\boldsymbol{z}^T(t), t \mid \boldsymbol{z}^T(t_1), t_1)$ benötigt, die derselben Fokker-Planck-Gleichung wie die momentane Dichte $p(\boldsymbol{z}^T(t), t)$ genügt. Sie muß lediglich mit einer anderen Anfangsbedingung

$$\lim_{t\downarrow t_1} p(\boldsymbol{z}^T(t), t \mid \boldsymbol{z}^T(t_1), t_1) = \delta(\boldsymbol{z}(t) - \boldsymbol{z}(t_1))|_{t\downarrow t_1}$$

gelöst werden. Zur näherungsweisen Bestimmung der Übergangsdichte können natürlich wieder die beschriebenen Verfahren $\mathrm{QMF}_m(p_0)$ oder $\mathrm{QMF}_4(p_0 \mid r)$ herangezogen werden. Zu beachten ist dabei nur, daß die dazu herangezogene nullte Näherung für die Übergangsdichte ebenfalls der Bedingung

$$\lim_{t \downarrow t_1} p_0\big(\boldsymbol{z}^{\mathsf T}(t), t \mid \boldsymbol{z}^{\mathsf T}(t_1), t_1\big) = \delta\big(\boldsymbol{z}(t) - \boldsymbol{z}(t_1)\big)\big|_{t \downarrow t_1}$$

genügen muß. Dies hat zur Folge, daß die Quasimomentenfunktionen der Übergangsdichte nicht nur von den beiden Zeitargumenten t und t_1, sondern auch vom Anfangszustand $\boldsymbol{z}^{\mathsf T}(t_1)$ abhängen

$$\begin{aligned} p\big(\boldsymbol{z}^{\mathsf T}(t), t \mid \boldsymbol{z}^{\mathsf T}(t_1), t_1\big) &\approx p_m{}^b\big(p_0; \boldsymbol{z}^{\mathsf T}(t), t \mid \boldsymbol{z}^{\mathsf T}(t_1), t_1\big) \\ &= \Bigg[1 + \sum_{\substack{k_1 \geqq 0 \\ (1 \leqq k_1 + \cdots + k_n \leqq m)}} \cdots \sum_{k_n \geqq 0} Q^b_{m;k_1,\ldots,k_n}\big(p_0; t, t_1 \mid \boldsymbol{z}^{\mathsf T}(t_1)\big) \prod_{i=1}^{n} \frac{1}{k_i!} \left(-\frac{\partial}{\partial z^{(i)}}\right)^{k_i}\Bigg] \\ &\quad \times p_0\big(\boldsymbol{z}^{\mathsf T}(t), t \mid \boldsymbol{z}^{\mathsf T}(t_1), t_1\big). \end{aligned} \tag{7.86}$$

Die Entwicklungskoeffizienten $Q^b_{m;k_1,\ldots,k_n}(\cdot)$ bezeichnen wir als bedingte Quasimomentenfunktionen.

7.5.2. Bestimmung von Verbundcharakteristiken

Die Verbundcharakteristika des Prozesses $\boldsymbol{z}^{\mathsf T}(t)$, d. h. Erwartungswerte von Funktionen $\varphi\big(\boldsymbol{z}^{\mathsf T}(t_q), \boldsymbol{z}^{\mathsf T}(t_{q-1}), \ldots, \boldsymbol{z}^{\mathsf T}(t_1), t_q, \ldots, t_1\big)$, die vom Zustandsvektor zu verschiedenen Zeitargumenten abhängen, werden aus der q-zeitargumentigen Verbunddichte berechnet, die aufgrund des Markov-Charakters des Prozesses $\boldsymbol{z}^{\mathsf T}(t)$ wie folgt dargestellt werden kann

$$\begin{aligned} &p\big(\boldsymbol{z}^{\mathsf T}(t_q), t_q, \ldots, \boldsymbol{z}^{\mathsf T}(t_1), t_1\big) = p\big(\boldsymbol{z}^{\mathsf T}(t_1), t_1\big) \prod_{\alpha=2}^{n} p\big(\boldsymbol{z}^{\mathsf T}(t_\alpha), t_\alpha \mid \boldsymbol{z}^{\mathsf T}(t_{\alpha-1}), t_{\alpha-1}\big), \\ &t_q \geqq t_{q-1} \geqq \cdots \geqq t_1 \geqq t_0. \end{aligned} \tag{7.87}$$

Sind also die Quasimomentenentwicklungen der momentanen Dichte $p\big(\boldsymbol{z}^{\mathsf T}(t_1), t_1\big)$ und der Übergangsdichten $p\big(\boldsymbol{z}^{\mathsf T}(t_\alpha), t_\alpha \mid \boldsymbol{z}^{\mathsf T}(t_{\alpha-1}), t_{\alpha-1}\big)$ unter Vernachlässigung der QMF der Ordnungen $k \geqq m + 1$ näherungsweise bestimmt worden, so wird in der entsprechenden Näherung die Verbunddichte approximiert durch

$$\begin{aligned} p\big(\boldsymbol{z}^{\mathsf T}(t_q), t_q, \ldots, \boldsymbol{z}^{\mathsf T}(t_1), t_1\big) &\approx p^b_{2m}\big(p_0; \boldsymbol{z}^{\mathsf T}(t_q), t_q, \ldots, \boldsymbol{z}^{\mathsf T}(t_1), t_1\big) \\ &= p_m\big(p_0; \boldsymbol{z}^{\mathsf T}(t_1), t_1\big) \prod_{\alpha=2}^{n} p_m{}^b\big(p_0; \boldsymbol{z}^{\mathsf T}(t_\alpha), t_\alpha \mid \boldsymbol{z}^{\mathsf T}(t_{\alpha-1}), t_{\alpha-1}\big). \end{aligned}$$

In dieser Approximation wird für die Verbunddichte jedoch keine echte Quasimomentenentwicklung erhalten: Die daraus folgenden „Quasimomentenfunktionen“ sind nämlich zustandsabhängig, da die bedingten QMF $Q^b_{m;k_1,\ldots,k_n}\big(p_0; t_\alpha, t_{\alpha-1} \mid \boldsymbol{z}^{\mathsf T}(t_{\alpha-1})\big)$ vom Zustand $\boldsymbol{z}^{\mathsf T}(t)$ zum Zeitpunkt $t = t_{\alpha-1}$ abhängen. Dies hat zur Folge, daß diese „Quasimomentenfunktionen“ bei Erwartungswertbildungen

$$\big\langle \varphi\big(\boldsymbol{z}^{\mathsf T}(t_q), \ldots, \boldsymbol{z}^{\mathsf T}(t_1), t_q, \ldots, t_1\big)\big\rangle \approx \big\langle \varphi\big(\boldsymbol{z}^{\mathsf T}(t_q), \ldots, \boldsymbol{z}^{\mathsf T}(t_1), t_q, \ldots, t_1\big)\big\rangle^b_{2m}$$

mit eingeschlossen werden müssen; sie stellen also keine reinen Entwicklungskoeffizienten mehr dar.

Beispielsweise wird nach diesem Verfahren die Kreuzkorrelationsfunktion näherungsweise wie folgt berechnet

$$K_z^{(i,j)}(t_2, t_1) \approx \left\langle \left[m_{0;z}^{(i)}(t_2, t_1 \mid \boldsymbol{z}^{\mathsf{T}}(t_1)) + Q^b_{m;\underbrace{0,\ldots,0,1}_{i},0,\ldots,0}(p_0;\, t_2, t_1 \mid \boldsymbol{z}^{\mathsf{T}}(t_1)) \right] z^{(j)}(t_1) \right\rangle_m$$
$$- \left\langle m_{0;z}^{(l)}(t_2, t_1 \mid \boldsymbol{z}^{\mathsf{T}}(t_1)) + Q^b_{m;0,\ldots,0,1,0,\ldots,0}(p_0;\, t_2, t_1 \mid \boldsymbol{z}^{\mathsf{T}}(t_1)) \right\rangle_m \langle z^{(j)}(t_1)\rangle_m ,$$

worin $m_{0,z}(t_2, t_1 \mid \boldsymbol{z}^{\mathsf{T}}(t_1)$ der näherungsweise vorgegebene Erwartungswertvektor des Prozesses $\boldsymbol{z}^{\mathsf{T}}(t_2)$ unter der Voraussetzung bekannten Zustandes zum Zeitpunkt t_1 ist. Gemittelt wird über die näherungsweise bestimmte momentane Dichte $p(\boldsymbol{z}^{\mathsf{T}}(t_1), t_1) \approx p_m(p_0; \boldsymbol{z}^{\mathsf{T}}(t_1), t_1)$.

Im allgemeinen führt dieses Verfahren bei der Bestimmung von Verbundcharakteristika des Prozesses $\boldsymbol{z}^{\mathsf{T}}(t)$ zu recht umständlichen und komplizierten Rechenoperationen. Im folgenden wird daher gezeigt, wie auch für die Verbundwahrscheinlichkeitsdichten Quasimomentenentwicklungen mit zustandsunabhängigen Quasimomentenfunktionen konstruiert werden können.

7.6. Quasimomentenentwicklung von Verbunddichten

7.6.1. Rückführung der Verbunddichte auf eine momentane Dichte

Bei fest vorgegebenen Zeiten:

$$t_q \geqq t_{q-1} \geqq \cdots \geqq t_2 \geqq t_1 \geqq t_0$$

genügt die $(q+1)$-zeitargumentige Verbunddichte $p\big(\boldsymbol{z}^{\mathsf{T}}(t), t, \boldsymbol{z}^{\mathsf{T}}(t_q), t_q, \ldots, \boldsymbol{z}^{\mathsf{T}}(t_1), t_1\big)$ derselben Fokker-Planck-Gleichung wie die momentane Dichte $p\big(\boldsymbol{z}^{\mathsf{T}}(t), t\big)$, bei deren Lösung die Zeiten t_α und die Prozesse $\boldsymbol{z}^{\mathsf{T}}(t_\alpha)$ $(1 \leqq \alpha \leqq q)$ lediglich die Anfangsbedingungen festlegen und ansonsten wie konstante Parameter zu behandeln sind. Einer Idee von Demuch [24] folgend, können die Prozesse $\boldsymbol{z}^{\mathsf{T}}(t_\alpha)$ formal auch als zeitabhängige Prozesse $\boldsymbol{z}_\alpha(t)$ aufgefaßt werden und die Zustandsargumente $\boldsymbol{z}^{\mathsf{T}}(t)$, $\boldsymbol{z}^{\mathsf{T}}(t_\alpha)$ der betrachteten Verbunddichte zu einem $(q+1)$ n-dimensionalen Zustandsvektor mit einem Zeitargument t zusammengefaßt werden

$$\boldsymbol{Z}_{q+1}^{\mathsf{T}}(t) = \big(\boldsymbol{z}^{\mathsf{T}}(t), \boldsymbol{z}_q{}^{\mathsf{T}}(t), \ldots, \boldsymbol{z}_1{}^{\mathsf{T}}(t)\big), \tag{7.88}$$

der durch das folgende Differentialgleichungssystem beschrieben wird (vgl. mit (6.1))

$$\left.\begin{aligned}
&\dot{\boldsymbol{z}}(t) = \boldsymbol{f}\big(\boldsymbol{z}^{\mathsf{T}}(t), t\big) + \boldsymbol{g}\big(\boldsymbol{z}^{\mathsf{T}}(t), t\big)\, \boldsymbol{\xi}(t), \qquad t \geqq t_q, \\
&\dot{\boldsymbol{z}}_q(t) = 0, \qquad \boldsymbol{z}_q(t) = \boldsymbol{z}(t_q), \\
&\vdots \\
&\dot{\boldsymbol{z}}_1(t) = 0, \qquad \boldsymbol{z}_1(t) = \boldsymbol{z}(t_1) \\
&\text{bzw.:} \\
&\dot{\boldsymbol{Z}}_{q+1}(t) = \boldsymbol{F}_{q+1}(\boldsymbol{Z}_{q+1}^{\mathsf{T}}, t) + \boldsymbol{G}_{q+1}(\boldsymbol{Z}_{q+1}^{\mathsf{T}}, t)\, \boldsymbol{\xi}(t), \qquad t \geqq t_q, \\
&\boldsymbol{Z}_{q+1}(t_q) = \big(\boldsymbol{z}^{\mathsf{T}}(t_q), \boldsymbol{z}^{\mathsf{T}}(t_q), \boldsymbol{z}^{\mathsf{T}}(t_{q-1}), \ldots, \boldsymbol{z}^{\mathsf{T}}(t_1)\big).
\end{aligned}\right\} \tag{7.89}$$

Durch diese Zustandserweiterung ist das Problem der Bestimmung einer $(q+1)$-zeitargumentigen Verbunddichte des n-dimensionalen Prozesses $\boldsymbol{z}^{\mathsf{T}}(t)$ auf das der Bestimmung der momentanen Dichte eines $(q+1)$ n-dimensionalen Zustandsvektors $\boldsymbol{Z}_{q+1}^{\mathsf{T}}(t)$ zurückgeführt worden

$$p\big(\boldsymbol{z}^{\mathsf{T}}(t), t, \boldsymbol{z}^{\mathsf{T}}(t_q), t_q, \ldots, \boldsymbol{z}^{\mathsf{T}}(t_1), t_1\big) = p\big(\boldsymbol{Z}_{q+1}^{\mathsf{T}}(t), t\big), \tag{7.90}$$

wobei die Zeitargumente t_α $(1 \leqq \alpha \leqq q)$ implizit in der Dichte $p\big(\boldsymbol{Z}_{q+1}^{\mathsf{T}}(t), t\big)$ durch die Anfangsbedingungen des stochastischen Differentialgleichungssystems (7.89) enthalten sind.

Diese momentane Dichte genügt der Fokker-Planck-Gleichung $(t \geqq t_q)$

$$\frac{\partial}{\partial t}\, p\big(\boldsymbol{Z}_{q+1}^{\mathsf{T}}(t), t\big) = \left[-\nabla_{\boldsymbol{Z}_{q+1}}^{\mathsf{T}} \boldsymbol{F}_{q+1}(\boldsymbol{Z}_{q+1}^{\mathsf{T}}, t) + \frac{1}{2}\,\mathrm{Sp}\left(\nabla_{\boldsymbol{Z}_{q+1}} \nabla_{\boldsymbol{Z}_{q+1}}^{\mathsf{T}} \boldsymbol{M}_{q+1}(\boldsymbol{Z}_{q+1}^{\mathsf{T}}, t)\right)\right] p(\boldsymbol{Z}_{q+1}^{\mathsf{T}}, t)$$

$$= \left[-\nabla_{\boldsymbol{z}}{}^{\mathsf{T}} \boldsymbol{f}(\boldsymbol{z}^{\mathsf{T}}, t) + \frac{1}{2}\,\mathrm{Sp}\left(\nabla_{\boldsymbol{z}} \nabla_{\boldsymbol{z}}{}^{\mathsf{T}} \boldsymbol{M}(\boldsymbol{z}^{\mathsf{T}}, t)\right)\right] p(\boldsymbol{Z}_{q+1}^{\mathsf{T}}, t), \quad t \geqq t_q,$$

die mit der folgenden Anfangsbedingung zu lösen ist

$$\begin{aligned} p\big(\boldsymbol{Z}_{q+1}^{\mathsf{T}}(t_q), t_q\big) &= p\big(\boldsymbol{Z}_q{}^{\mathsf{T}}(t_q), t_q\big)\, \delta\big(\boldsymbol{z}(t) - \boldsymbol{z}(t_q)\big)\big|_{t\downarrow t_q}, \\ p\big(\boldsymbol{Z}_q{}^{\mathsf{T}}(t_q), t_q\big) &= p\big(\boldsymbol{z}^{\mathsf{T}}(t_q), t_q, \ldots, \boldsymbol{z}^{\mathsf{T}}(t_1), t_1\big). \end{aligned} \tag{7.91}$$

Zur Bestimmung der momentanen Dichte des $(q+1)$ n-dimensionalen Prozesses $\boldsymbol{Z}_{q+1}^{\mathsf{T}}(t)$ (d. h. der $(q+1)$-zeitargumentigen Verbunddichte des n-dimensionalen Prozesses $\boldsymbol{z}^{\mathsf{T}}(t)$) muß also die Dichte des qn-dimensionalen Prozesses $\boldsymbol{Z}_q{}^{\mathsf{T}}(t_q)$ (d. h. die q-zeitargumentige Verbunddichte des Prozesses $\boldsymbol{z}^{\mathsf{T}}(t)$) bekannt sein. Prinzipiell müssen daher bei dieser Vorgehensweise die Verbundwahrscheinlichkeitsdichten des Prozesses $\boldsymbol{z}^{\mathsf{T}}(t)$ nacheinander bestimmt werden: Aus der momentanen Dichte $p\big(\boldsymbol{z}^{\mathsf{T}}(t_1), t_1\big)$ $\big(\boldsymbol{Z}_1{}^{\mathsf{T}} = \boldsymbol{z}^{\mathsf{T}}(t)\big)$ wird die Verbunddichte $p\big(\boldsymbol{z}^{\mathsf{T}}(t_2), t_2, \boldsymbol{z}^{\mathsf{T}}(t_1), t_1\big) = p\big(\boldsymbol{Z}_2{}^{\mathsf{T}}(t_2), t_2\big)$ ermittelt, aus dieser die Verbunddichte mit drei Zeitargumenten u. s. f.

Mit Einführung des erweiterten Zustandsvektors $\boldsymbol{Z}_{q+1}^{\mathsf{T}}(t)$ wird die bei der Konstruktion von Verbunddichten aus den Übergangsdichten des Prozesses $\boldsymbol{z}^{\mathsf{T}}(t)$ auftretende Schwierigkeit, nämlich die Zustandsabhängigkeit der bedingten Quasimomentenfunktionen, umgangen: Die Quasimomentenfunktionen momentaner Dichten sind immer zustandsunabhängig. Durch die spezielle Definition des Prozesses $\boldsymbol{Z}_{q+1}^{\mathsf{T}}(t)$ nach Gl. (7.88) hängen sie lediglich von $(q+1)$ Zeitargumenten $t, t_q, \ldots, t_1$ und natürlich von der gewählten nullten Näherung der Verbunddichte ab

$$p_0\big(\boldsymbol{z}^{\mathsf{T}}(t), \boldsymbol{z}^{\mathsf{T}}(t_q), t_q, \ldots, \boldsymbol{z}^{\mathsf{T}}(t_1), t_1\big) = p\big(\boldsymbol{Z}_{q+1}^{\mathsf{T}}(t), t\big).$$

Zur näherungsweisen Bestimmung der Quasimomentenentwicklung der Verbunddichte unter Berücksichtigung der QMF bis zur Ordnung m[1])

$$p(\boldsymbol{Z}_{q+1}^{\mathsf{T}}, t) \approx p_m(p_0; \boldsymbol{Z}_{q+1}^{\mathsf{T}}, t) = \Bigg[1 + \underset{(1 \leqq (k_1 + \cdots + k_n + k_1^{(q)} + \cdots + k_n^{(1)}) \leqq m)}{\sum_{k_1 \geqq 1} \cdots \sum_{k_n \geqq 0} \sum_{k_1^{(q)} \geqq 0} \cdots \sum_{k_n^{(q)} \geqq 0} \cdots \sum_{k_1^{(1)} \geqq 0} \cdots \sum_{k_n^{(1)} \geqq 0}}$$

$$Q_{m;[\boldsymbol{k}],[\boldsymbol{k}^{(q)}],\ldots,[\boldsymbol{k}^{(1)}]}(p_0; t, t_q, \ldots, t_1) \prod_{i=1}^{n} \left(\frac{1}{k_i!}\left(-\frac{\partial}{\partial z^{(i)}(t)}\right)^{k_i} \prod_{\alpha=1}^{q} \frac{1}{k_i^{(\alpha)}!}\left(-\frac{\partial}{\partial z^{(i)}(t_\alpha)}\right)^{k_i^{(\alpha)}}\right)\Bigg] p_0(\boldsymbol{Z}_{q+1}^{\mathsf{T}}, t) \tag{7.92}$$

---

[1]) Bei den Indizes $k_i^{(\alpha)}$ bezieht sich die untere Notierung i auf die i-te Komponente des Prozesses $\boldsymbol{z}^{\mathsf{T}}(t)$, die obere Notierung α auf das Zeitargument $t = t_\alpha$. Der besseren Übersicht halber werden die n Indizes $k_1, \ldots, k_n$, die zu einem Zeitargument t gehören, in dem Vektorindex $\boldsymbol{k}$ zusammengefaßt. Dabei gelten folgende Konventionen

$$\begin{aligned} [\boldsymbol{k} \pm \boldsymbol{l}] &= (k_1 \pm l_1, \ldots, k_n \pm l_n), \\ [\boldsymbol{l}_i] &= (0, \ldots, 0, l_i, 0, \ldots, 0), \\ [\boldsymbol{1}_i] &= (0, \ldots, 0, 1, 0, \ldots, 0) \\ [\boldsymbol{k} + \boldsymbol{1}_i] &= (k_1, \ldots, k_{i-1}, k_i + 1, k_{i+1}, \ldots, k_n), \ldots \text{ usw.} \end{aligned}$$

können nun wieder die beschriebenen Verfahren $\mathrm{QMF}_m(p_0)$ oder $\mathrm{QMF}_m(p_0 \mid r)$ herangezogen werden. Die Differentialgleichungen (7.53) gehen für den Prozeß $\boldsymbol{Z}_{q+1}^{\mathsf{T}}(t)$ dabei über in

$$\begin{aligned} & t \geqq t_q, \\ & \frac{\partial}{\partial t} Q_{m;[\boldsymbol{k}],[\boldsymbol{k}^{(q)}],\dots,[\boldsymbol{k}^{(1)}]}(p_0;\, t, t_q, \dots, t_1) = R_{[\boldsymbol{k}],[\boldsymbol{k}^{(q)}],\dots,[\boldsymbol{k}^{(1)}];[0],\dots,[0]}(t, t_q, \dots, t_1) \\ & + \mathop{\sum_{l_1 \geqq 0} \cdots \sum_{l_n \geqq 0} \sum_{l_1^{(q)} \geqq 0} \cdots \sum_{l_n^{(1)} \geqq 0}}_{(1 \leqq l_1 + \cdots + l_n^{(1)} \leqq m)} R_{[\boldsymbol{k}],[\boldsymbol{k}^{(q)}],\dots,[\boldsymbol{k}^{(1)}];[\boldsymbol{l}],[\boldsymbol{l}^{(q)}],\dots,[\boldsymbol{l}^{(1)}]}(t, t_q, \dots, t_1) \\ & \times Q_{m;[\boldsymbol{l}],[\boldsymbol{l}^{(q)}],\dots,[\boldsymbol{l}^{(1)}]}(p_0;\, t, t_q, \dots, t_1), \end{aligned} \tag{7.93}$$

die nun mit den Anfangsbedingungen

$$Q_{m;[\boldsymbol{k}],[\boldsymbol{k}^{(q)}],\dots,[\boldsymbol{k}^{(1)}]}(p_0;\, t, t_q, \dots, t_1) \big|_{t=t_q} = Q_{m;[\boldsymbol{k}+\boldsymbol{k}^{(q)}],[\boldsymbol{k}^{(q-1)}],\dots,[\boldsymbol{k}^{(1)}]}(p_0;\, t_q, \dots, t_1) \tag{7.94}$$

zu lösen sind. In Übereinstimmung mit der obigen Feststellung müssen also zur Bestimmung der $(q + 1)$-zeitargumentigen QMF die q-zeitargumentigen QMF bekannt sein. Auf den ersten Blick scheint die Lösung des linearen Gleichungssystems (7.93) praktisch kaum möglich zu sein, wenn man allein von der Anzahl:

$$A\big((q + 1)\, n, m\big) = \binom{(q + 1)\, n + m}{(q + 1)\, n} - 1$$

der Quasimomentenfunktionen ausgeht, die zur Beschreibung der Dichte $p_m\big(p_0;\, \boldsymbol{Z}_{q+1}^{\mathsf{T}}(t), t\big)$ erforderlich sind.

Beispielsweise sind das für einen drei-dimensionalen Prozeß $\boldsymbol{z}^{\mathsf{T}}(t)$ $(n = 3)$ bei Beschränkung auf die QMF bis zur vierten Ordnung $(m = 4)$ für die Verbunddichte mit zwei Zeitargumenten $(q = 1)$ 209, für die Verbunddichte mit drei Zeitargumenten $(q = 2)$ gar schon 714 QMF!

Glücklicherweise sind aber nicht $A\big((q + 1)\, n, m\big)$ und untereinander verkoppelte Gleichungen zur Bestimmung der $(q + 1)$-zeitargumentigen QMF neu zu lösen:

Erstens sind eine Reihe der $(q + 1)$-zeitargumentigen QMF durch die vorher bestimmten α-zeitargumentigen $(1 \leqq \alpha \leqq q)$ QMF gegeben

$$\begin{aligned} & Q_{m;[\boldsymbol{k}^{(q+1)}],\dots,[\boldsymbol{k}^{(1)}]}(p_0;\, t_{q+1}, \dots, t_1) \\ & = \begin{cases} Q_{m;[\boldsymbol{k}^{(q+1)}],\dots,[\boldsymbol{k}^{(\alpha-1)}],[\boldsymbol{k}^{(\alpha+1)}],\dots,[\boldsymbol{k}^{(1)}]}(p_0;\, t_{q+1}, \dots, t_{\alpha-1}, t_{\alpha+1}, \dots, t_1), \text{ für } [\boldsymbol{k}^{(\alpha)}] = [0],\ \alpha \in [1, q + 1], \\ \vdots \\ Q_{m;[\boldsymbol{k}^{(\alpha)}]}(p_0;\, t_\alpha) \quad \text{für} \quad [\boldsymbol{k}^{(\beta)}] = 0 \quad \text{für alle} \quad \beta \in [1, q + 1], \quad \text{außer} \quad \beta = \alpha. \end{cases} \end{aligned} \tag{7.95}$$

Es sind also nur noch

$$B\big((q + 1)\, n, m\big) = A\big((q + 1)\, n, m\big) - \sum_{\alpha=1}^{q} A(\alpha n, m)$$

$(q + 1)$-zeitargumentige QMF zu bestimmen. (Für $n = 3$, $q = 1$, $m = 4$ sind beispielsweise von den 209 QMF schon 68 durch die QMF der momentanen Dichte bekannt).

Zweitens verschwinden die Koeffizienten $R_{[\boldsymbol{k}],[\boldsymbol{k}^{(q)}],\dots,[\boldsymbol{k}^{(1)}];[\boldsymbol{l}],[\boldsymbol{l}^{(q)}],\dots,[\boldsymbol{l}^{(1)}]}(t, t_q, \dots, t_1)$ aufgrund der zeitlichen Konstanz der Prozesse $\boldsymbol{z}_\alpha(t) = \boldsymbol{z}(t_\alpha)$ $(1 \leqq \alpha \leqq q)$, wenn für ein beliebiges

Paar $\alpha \in [1, q]$, $i \in [1, n]$ der Index $l_i^{(\alpha)}$ größer als $k_i^{(\alpha)}$ ist. Für das Gleichungssystem (7.89) gehen die Gln. (7.54) über in

$$R_{[\boldsymbol{k}],[\boldsymbol{k}^{(q)}],\ldots,[\boldsymbol{k}^{(1)}];[\boldsymbol{l}],[\boldsymbol{l}^{(q)}],\ldots,[\boldsymbol{l}^{(1)}]}(t, t_q, \ldots, t_1)$$

$$= \begin{cases} 0, \text{ wenn } l_i^{(\alpha)} > k_i^{(\alpha)} \text{ für irgendein Paar } \alpha \in [1, q],\ i \in [1, n], \\ -\dfrac{\partial}{\partial t} K_{0;[\boldsymbol{k}-\boldsymbol{l}],[\boldsymbol{k}^{(q)}-\boldsymbol{l}^{(q)}],\ldots,[\boldsymbol{k}^{(1)}-\boldsymbol{l}^{(1)}]}(t, t_q, \ldots, t_1) \prod\limits_{i=1}^{n} \dbinom{k_i}{l_i} \prod\limits_{\alpha=1}^{q} \dbinom{k_i^{(\alpha)}}{l_i^{(\alpha)}} \\ + \sum\limits_{\substack{s_1=0 \\ (s_1+\cdots+s_n \geqq 1)}}^{k_1} \cdots \sum\limits_{s_n=0}^{k_n} \sum\limits_{\substack{s_1^{(q)}=l_1^{(q)} \\ (s_1^{(q)}+\cdots+s_n^{(q)} \leqq 1)}}^{k_1^{(q)}} \cdots \sum\limits_{s_n^{(q)}=l_n^{(q)}}^{k_n^{(q)}} \cdots \sum\limits_{\substack{s_1^{(1)}=l_1^{(1)} \\ (s_1^{(1)}+\cdots+s_n^{(1)} \geqq 1)}}^{k_1^{(1)}} \cdots \sum\limits_{s_n^{(1)}=l_n^{(1)}}^{k_n^{(1)}} \prod\limits_{i=1}^{n} \prod\limits_{\alpha=1}^{q} \Bigg[\dfrac{1}{l_i!} \dbinom{k_i}{s_i} \dfrac{1}{l_i^{(\alpha)}!} \dbinom{k_i^{(\alpha)}}{s_i^{(\alpha)}} \dbinom{s_i^{(\alpha)}}{l_i^{(\alpha)}} \\ \cdot\ \tilde{m}_{0;[\boldsymbol{k}-\boldsymbol{s}],[\boldsymbol{k}^{(q)}-\boldsymbol{s}^{(q)}],\ldots,[\boldsymbol{k}^{(1)}-\boldsymbol{s}^{(1)}]}(t, t_q, \ldots, t_1) \Big\langle f_{[\boldsymbol{s}]}(\boldsymbol{z}^{\mathsf{T}}, t) \left(\left(z^{(i)}(t_\alpha)\right)^{s_i^{(\alpha)}-l_i^{(\alpha)}}\right. \\ \times H_{[\boldsymbol{l}],[0],\ldots,[0]}(p_0;\ \boldsymbol{Z}_{q+1}^{\mathsf{T}}, t)\Big\rangle_0 \Bigg] \\ \text{sonst.} \end{cases} \tag{7.96}$$

$f_{[\boldsymbol{s}]}(\boldsymbol{z}^{\mathsf{T}}, t)$ ist die durch (7.55) definierte Funktion $f_{s_1,\ldots,s_n}(\boldsymbol{z}^{\mathsf{T}}, t)$. Ist diese analytisch (bzw. hinreichend oft differenzierbar) bezüglich $\boldsymbol{z}^{\mathsf{T}}$, dann können die erforderlichen Erwartungswerte auch wie folgt berechnet werden

$$\left\langle f_{[\boldsymbol{s}]}(\boldsymbol{z}^{\mathsf{T}}, t)\, \varphi\left(\boldsymbol{z}^{\mathsf{T}}(t_q), \ldots, \boldsymbol{z}^{\mathsf{T}}(t_1)\right) H_{[\boldsymbol{k}],[0],\ldots,[0]}(\cdot) \right\rangle_0 = \left\langle \frac{\partial^{k_1+\cdots+k_n} f_{[s]}\left(\boldsymbol{z}^{\mathsf{T}}(t), t\right) \varphi\left(\boldsymbol{z}^{\mathsf{T}}(t_q), \ldots, \boldsymbol{z}^{\mathsf{T}}(t_1)\right)}{\partial z^{(1)}(t)^{k_1} \ldots \partial z^{(n)}(t)^{k_n}} \right\rangle_0 . \tag{7.97}$$

Infolge dieser speziellen Struktur der Koeffizienten $R_{[\boldsymbol{k}],[\boldsymbol{k}^{(q)}],\ldots,[\boldsymbol{k}^{(1)}];[\boldsymbol{l}],\ldots,[\boldsymbol{l}^{(1)}]}$ zerfallen die $B\left((q+1)\,n, m\right)$ Gleichungen (7.93) in Untersysteme niederer Ordnungen, so daß bestimmte Klassen von Quasimomentenfunktionen unabhängig von den anderen bestimmt werden können.

Drittens schließlich interessiert man sich bei der Analyse stochastischer Systeme häufig nur für spezielle Erwartungswerte, für die nicht alle Quasimomentenfunktionen benötigt werden. Beispielsweise ist zur Bestimmung der $(q+1)$-zeitargumentigen, $m_{0,z}$-zentralen Momentenfunktion

$$\mu^{(0)}_{[\boldsymbol{1}_i],\left[\boldsymbol{1}_{i_q}^{(q)}\right],\ldots,\left[\boldsymbol{1}_{i_1}^{(1)}\right]}(t, t_q, \ldots, t_1) = \left\langle \left(z^{(i)}(t) - m_{0,z}^{(i)}(t)\right) \prod_{\alpha=1}^{q} \left(z^{(i_\alpha)}(t_\alpha) - m_{0,z}^{(i_\alpha)}(t_\alpha)\right) \right\rangle$$

lediglich die Quasimomentenfunktion für $k_j = \delta_{i,j}$, $k_j^{(\alpha)} = \delta_{j,i_\alpha}$ erforderlich

$$\mu^{(0)}_{[\boldsymbol{1}_i]\left[\boldsymbol{1}_{i_q}^{(q)}\right],\ldots,\left[\boldsymbol{1}_{i_1}^{(1)}\right]}(t, t_q, \ldots, t_1) \approx \mu_{0;[\boldsymbol{1}_i],\left[\boldsymbol{1}_{i_q}^{(q)}\right],\ldots,\left[\boldsymbol{1}_{i_1}^{(1)}\right]}(t, t_q, \ldots, t_1) + Q_{m;[\boldsymbol{1}_i],\left[\boldsymbol{1}_{i_q}^{(q)}\right],\ldots,\left[\boldsymbol{1}_{i_1}^{(1)}\right]}(p_0;\ t, t_q, \ldots, t_1), \tag{7.98}$$

zu deren Bestimmung nur ein Untersystem von (7.93) zu lösen ist.

Durch die Entkopplung des Gleichungssystems (7.93) in Untersysteme steht mit der Quasimomentenentwicklung wieder eine auch für vektorielle Prozesse praktikable Näherungsmethode zur Berechnung von Verbundcharakteristika des Prozesses $\boldsymbol{z}^{\mathsf{T}}(t)$ zur Verfügung. Am Beispiel der Korrelations- bzw. Kreuzkorrelationsfunktionen soll diese im folgenden weiter erläutert werden.

7.6.2. Näherungsweise Bestimmung von Kreuzkorrelationsfunktionen

Entsprechend der Quasimomentenentwicklung (7.92) für $q = 1$ wird die Kreuzkorrelationsfunktion

$$K_z^{(i,j)}(t, t_1) = \left\langle \left(z^{(i)}(t) - m_z^{(i)}(t)\right) \left(z^{(j)}(t_1) - m_z^{(j)}(t_1)\right) \right\rangle$$

näherungsweise wie folgt berechnet

$$K_z^{(i,j)}(t, t_1) \approx K_{0;z}^{(i,j)}(t, t_1) + Q_{m;[\boldsymbol{1}_i],[\boldsymbol{1}_j]}(p_0; t, t_1) - Q_{m;[\boldsymbol{1}_i]}(p_0; t)\, Q_{m;[\boldsymbol{1}_j]}(p_0; t_1) \quad (7.99)$$

(vgl. mit der für den skalaren Fall geltenden Gleichung (7.14) für k_2). Geht man davon aus, daß die Quasimomentenfunktionen der momentanen Dichte schon bekannt sind, so ist dazu nur noch die QMF $Q_{m;[\boldsymbol{1}_i],[\boldsymbol{1}_j]}(p_0; t, t_1)$ zu bestimmen.

Dazu betrachten wir die aus (7.93) für $q = 1$, $[\boldsymbol{k}^{(1)}] = [\boldsymbol{1}_j]$ folgende Differentialgleichung für die QMF $Q_{m;[\boldsymbol{k}],[\boldsymbol{1}_j]}(p_0; t, t_1)$. Unter Beachtung der speziellen Struktur (7.96) der Koeffizienten $R_{[\boldsymbol{k}],[\boldsymbol{k}^{(1)}];[\boldsymbol{l}],[\boldsymbol{l}^{(1)}]}$ und der Differentialgleichungen (7.53) für die QMF der momentanen Dichte geht dieses Differentialgleichungssystem über in ($t \geqq t_1$)

$$\frac{\partial}{\partial t} Q_{m;[\boldsymbol{k}],[\boldsymbol{1}_j]}(p_0, t, t_1) = \dot{Q}_{m,[\boldsymbol{k}]}(p_0; t)\, Q_{m;[\boldsymbol{1}_j]}(p_0; t_1) + V_{m;[\boldsymbol{k}],[\boldsymbol{1}_j]}(t, t_1)$$

$$+ \sum_{\substack{l_1 \geqq 0 \\ (1 \leqq l_1 + \cdots + l_n \leqq m-1)}} \cdots \sum_{l_n \geqq 0} R_{[\boldsymbol{k}];[\boldsymbol{l}]}(t)\, Q_{m;[\boldsymbol{l}],[\boldsymbol{1}_j]}(p_0; t, t_1), \quad t \geqq t_1, \quad (7.100)$$

$$Q_{m;[\boldsymbol{k}],[\boldsymbol{1}_j]}(p_0; t_1, t_1) = Q_{m;[\boldsymbol{k}+\boldsymbol{1}_j]}(p_0; t_1).$$

Abkürzend wurde dabei

$$V_{m;[\boldsymbol{k}],[\boldsymbol{1}_j]}(t, t_1) = R_{[\boldsymbol{k}],[\boldsymbol{1}_j];[0],[0]}(t, t_1) + \sum_{\substack{l_1 \geqq 0 \\ (1 \leqq l_1 + \cdots + l_n \leqq m)}} \cdots \sum_{l_n \geqq 0} [R_{[\boldsymbol{k}],[\boldsymbol{1}_j];[\boldsymbol{l}],[0]}(t, t_1) - R_{[\boldsymbol{k}];[\boldsymbol{l}]}(t)$$

$$\times\, Q_{m;[\boldsymbol{1}_j]}(p_0; t_1)]\, Q_{m;[\boldsymbol{l}]}(p_0; t) \quad (7.101)$$

gesetzt, worin nach (7.96) und (7.54) die

$$R_{[\boldsymbol{k}],[\boldsymbol{1}_j];[\boldsymbol{l}],[\boldsymbol{1}_j]}(t, t_1) \quad R_{[\boldsymbol{k}];[\boldsymbol{l}]}(t) \quad (7.102)$$

identisch mit den schon zur Bestimmung der Quasimomentenfunktionen der momentanen Dichte benötigten Koeffizienten (7.54) sind. Weiterhin gilt

$$R_{[\boldsymbol{k}],[\boldsymbol{1}_j];[\boldsymbol{l}],[0]}(t, t_1) = -\frac{\partial}{\partial t} K_{0;[\boldsymbol{k}-\boldsymbol{l}],[\boldsymbol{1}_j]}(t, t_1) \prod_{i=1}^{n} \binom{k_i}{l_i}$$

$$+ \sum_{\substack{s_1 = 0 \\ (s_1 + \cdots + s_n \geqq 1)}}^{k_1} \cdots \sum_{s_n = 0}^{k_n} \left[\prod_{i=1}^{n} \frac{1}{l_i!} \binom{k_i}{s_i}\right] \tilde{m}_{0;[\boldsymbol{k}-\boldsymbol{s}]}(t)$$

$$\times \left\langle f_{[\boldsymbol{s}]}(\boldsymbol{z}^{\mathsf{T}}(t), t)\, H_{[\boldsymbol{l}],[0]}\left(p_0; \boldsymbol{z}^{\mathsf{T}}(t), \boldsymbol{z}^{\mathsf{T}}(t_1), t, t_1\right) \cdot z^{(j)}(t_1)\right\rangle_0.$$

An Hand dieses konkreten Beispieles wird das Zerfallen des allgemeinen Gleichungssystems (7.93) in einzelne Untersysteme deutlich: Zur Bestimmung der QMF $Q_{m;[\boldsymbol{k}],[\boldsymbol{1}_j]}$

$(p_0; t, t_1)$ werden die QMF $Q_{m;[k],[k^{(1)}]}(p_0; t, t_1)$ für $[k^{(1)}] \neq [1_j]$ gar nicht benötigt. Somit stellen die $A(n, m-1) = \binom{n+m-1}{n} - 1$ Gleichungen (7.100), die den Bedingungen $1 \leqq k_1 + \cdots + k_n \leqq m-1$, $k_i \geqq 0$ genügen, ein vollständiges Gleichungssystem zur Bestimmung der QMF $Q_{m;[k],[1_j]}(\cdot)$ dar. (Für $n = 2$ und $m = 4$ sind das beispielsweise 9 (bzw. 6, wenn die QMF ungerader Ordnungen verschwinden), für $n = 3$ und $m = 4$ 19 (bzw. 13) Gleichungen.)

Faßt man die Quasimomentenfunktionen $Q_{m;[k],[1_j]}(p_0, t, t_1)$, $Q_{m;[k]}(p_0; t)$ und die Größen $V_{m;[k],[1_j]}(t, t_1)$ in den jeweils $A(n, m-1)$-dimensionalen Vektoren

$$\left.\begin{aligned} &\boldsymbol{Q}_m^{(j)}(p_0; t, t_1) = \{Q_{m;[k],[1_j]}(p_0; t, t_1)\}_{A(n,m-1)}, \\ &\boldsymbol{Q}_{m-1}(p_0; t) = \{Q_{m;[k]}(p_0; t)\}_{A(n,m-1)}, \\ &\boldsymbol{V}_m^{(j)}(t, t_1) = \{V_{m;[k],[1_j]}(t, t_1)\}_{A(n,m-1)}, \\ &1 \leqq k_1 + \cdots + k_n \leqq m-1; \qquad k_i \geqq 0 \end{aligned}\right\} \tag{7.104}$$

und die Elemente $R_{[k];[l]}(t)$ in der quadratischen Matrix der Dimension $A(n, m-1)$

$$\boldsymbol{R}(t) = \{R_{[k];[l]}\}_{A(n,m-1),A(n,m-1)} \tag{7.105}$$

zusammen, dann lautet dieses vollständige Gleichungssystem

$$\begin{aligned} \frac{\partial}{\partial t} \boldsymbol{Q}_m^{(j)}(p_0; t, t_1) &= \boldsymbol{R}(t)\, \boldsymbol{Q}_m^{(j)}(p_0; t, t_1) + \boldsymbol{V}_m^{(j)}(t, t_1) \\ &\quad + Q_{m;[1_j]}(p_0; t_1)\, \dot{\boldsymbol{Q}}_{m-1}(p_0; t), \qquad t \geqq t_1, \\ \boldsymbol{Q}_m^{(j)}(p_0; t_1, t_1) &= \{Q_{m;[k+1_j]}(p_0; t_1)\}_{A(n,m-1),1}. \end{aligned} \tag{7.106}$$

Nach Lösung dieses linearen Differentialgleichungssystems können auch die Erwartungswerte von Funktionen vom Typ $z^{(j)}(t_1)\, \varphi(\boldsymbol{z}^{\mathsf{T}}(t), t)$ für $t \geqq t_1$ in der entsprechenden Näherung berechnet werden

$$\begin{aligned} \left\langle \varphi(\boldsymbol{z}^{\mathsf{T}}(t), t)\, z^{(j)}(t_1) \right\rangle &\approx \left\langle \varphi(\boldsymbol{z}^{\mathsf{T}}(t), t)\, z^{(j)}(t_1) \right\rangle_0 \\ &\quad + \sum_{\substack{k_1 \geqq 0 \\ (1 \leqq k_1 + \cdots}} \cdots \sum_{\substack{k_n \geqq 0 \\ + k_n \leqq m-1)}} \frac{1}{k_1! \ldots k_n!}\, Q_{m;[k],[1_j]}(p_0; t, t_1) \\ &\quad \times \left\langle \varphi(\boldsymbol{z}^{\mathsf{T}}(t), t)\, H_{[k],[0]}(p_0; \boldsymbol{z}^{\mathsf{T}}(t), \boldsymbol{z}^{\mathsf{T}}(t_1), t, t_1) \right\rangle_0, \end{aligned}$$

wobei

$$\left\langle \varphi(\boldsymbol{z}^{\mathsf{T}}(t), t)\, H_{[l],[0]}(\cdot) \right\rangle_0 = \left\langle \frac{\partial^{l_1 + \cdots + l_n} \varphi(\boldsymbol{z}^{\mathsf{T}}(t), t)}{(\partial z^{(1)})^{l_1} \ldots (\partial z^{(n)})^{l_n}} \right\rangle_0,$$

wenn $\varphi(\boldsymbol{z}^{\mathsf{T}}, t)$ analytisch (bzw. hinreichend oft differenzierbar) bezüglich $\boldsymbol{z}^{\mathsf{T}}$ ist. Speziell sind in dieser Näherung z. B. auch die Kreuzkorrelationsfunktionen $K_{m;z}^{(i,j)}(t, t_1)$ (für $1 \leqq i \leqq n$) gemäß Gl. (7.99) bekannt, allerdings nur für $t \geqq t_1$. Interessiert man sich daher auch für die Kreuzkorrelationsfunktionen $K_{m;z}^{(i,j)}(t_1, t)$ für $t \geqq t_1$, so ist zusätzlich das (7.106) entsprechende Gleichungssystem für $\boldsymbol{Q}_m^{(i)}(p_0; t, t_1)$ zu lösen.

7.6.3. Bestimmung von spektralen Leistungsdichtefunktionen

Für stationäre Prozesse $\boldsymbol{z}^{\mathrm{T}}(t)$ sind die im Gleichungssystem (7.106) auftretenden Funktionen mit einem Zeitargument zeitinvariant; die mit zwei Zeitargumenten hängen nur von den Zeitdifferenzen ab

$$
\begin{aligned}
&Q_{m;[k]}(p_0;t) = \bar{Q}_{m;[k]}(p_0),\\
&\boldsymbol{R}(t) = \bar{\boldsymbol{R}},\\
&Q_{m;[k],[1_j]}(p_0,t,t_1) = \bar{Q}_{m;[k],[1_j]}(p_0;t-t_1),\\
&V_{m;[k],[1_j]}(t,t_1) = \bar{V}_{m;[k],[1_j]}(t-t_1).
\end{aligned}
$$

Damit vereinfacht sich das Gleichungssystem (7.106) wesentlich

$$
\begin{aligned}
&\frac{\partial}{\partial t}\bar{\boldsymbol{Q}}_m^{(j)}(p_0;\tau) = \bar{\boldsymbol{R}}\bar{\boldsymbol{Q}}_m^{(j)}(p_0;\tau) + \bar{\boldsymbol{V}}_m^{(j)}(\tau), \qquad \tau = t - t_1 \geqq 0,\\
&\bar{\boldsymbol{Q}}_m^{(j)}(p_0;0) = \{\bar{Q}_{m;[k+1_j]}(p_0)\}_{A(n,m-1),1}.
\end{aligned}
\tag{7.107}
$$

Entsprechend den Gln. (7.105) sind die $A(n, m-1)$-dimensionalen Vektoren definiert durch

$$
\left.
\begin{aligned}
&\bar{\boldsymbol{Q}}_m^{(j)}(p_0;\tau) = \{\bar{Q}_{m;[k],[1_j]}(p_0;\tau)\}_{A(n,m-1),1},\\
&\bar{\boldsymbol{V}}_m^{(j)}(\tau) = \{\bar{V}_{m;[k],[1_j]}(\tau)\}_{A(n,m-1),1},\\
&1 \leqq k_1 + \cdots + k_n \leqq m-1, \qquad k_i \geqq 0.
\end{aligned}
\right\}
\tag{7.108}
$$

Für stationäre Prozesse $\boldsymbol{z}(t)$ besitzen die Vektorfunktionen $\bar{\boldsymbol{V}}_m^{(j)}(\tau)$ und $\bar{\boldsymbol{Q}}_m^{(j)}(p_0;\tau)$ i. d. R. Laplace-Transformierte

$$
\begin{aligned}
&\boldsymbol{v}_m^{(j)}(\sigma) = \int_0^\infty \mathrm{e}^{-\sigma\tau}\,\bar{\boldsymbol{V}}_m^{(j)}(\tau)\,\mathrm{d}\tau,\\
&\boldsymbol{q}_m^{(j)}(p_0;\sigma) = \int_0^\infty \mathrm{e}^{-\sigma\tau}\,\bar{\boldsymbol{Q}}_m^{(j)}(p_0;\tau)\,\mathrm{d}\tau.
\end{aligned}
\tag{7.109}
$$

Unter Beachtung der Anfangsbedingung des Differentialgleichungssystems (7.107) kann die Laplace-Transformierte von $\boldsymbol{Q}_m^{(j)}(p_0;\tau)$ leicht angegeben werden

$$
\boldsymbol{q}_m^{(j)}(p_0;\sigma) = (\bar{\boldsymbol{R}} - \boldsymbol{E}\sigma)^{-1}\left(\boldsymbol{v}_m^{(j)}(\sigma) + \boldsymbol{Q}_m^{(j)}(p_0;0)\right).
\tag{7.110}
$$

Damit ist auch die Laplace-Transformierte der Kreuzkorrelationsfunktionen

$$
\tilde{k}_z^{(i,j)}(\sigma) = \int_0^\infty \mathrm{e}^{-\sigma\tau}\,\bar{K}_z^{(i,j)}(\tau)\,\mathrm{d}\tau
$$

in der betrachteten Näherung für $1 \leqq i \leqq n$ bekannt

$$
\tilde{k}_{m;z}^{(i,j)}(\sigma) = \tilde{k}_{0;z}^{(i,j)}(\sigma) + q_{m;[1_i],[1_j]}(p_0;\sigma) - \frac{1}{\sigma}\bar{Q}_{m;[1_i]}(p_0)\,\bar{Q}_{m;[1_j]}(p_0).
\tag{7.111}
$$

In praxi interessieren jedoch nicht die Laplace-Transformierten der Kreuzkorrelationsfunktionen, sondern ihre Fourier-Transformierten, d. h. die Leistungsdichtespektren

$$S_z^{(i,j)}(j\omega) = \int_{-\infty}^{+\infty} e^{-j\omega\tau} \overline{K}_z^{(i,j)}(\tau)\, d\tau,$$

die jedoch aus dem Differentialgleichungssystem (7.107) nicht direkt berechnet werden können, da dieses Gleichungssystem nur für $\tau \geqq 0$ definiert ist. Aufgrund des wohlbekannten Zusammenhanges zwischen Fourier- und Laplace-Transformierten

$$S_z^{(i,j)}(j\omega) = [\tilde{k}_z^{(i,j)}(\sigma) + \tilde{k}_z^{(j,i)}(-\sigma)]\,|_{\sigma=j\omega} \tag{7.112}$$

kann mit Kenntnis des Vektors $\boldsymbol{q}_m^{(j)}(p_0; \sigma)$ lediglich das Leistungsdichtespektrum des Prozesses $z^{(j)}(t)$ in der betrachteten Näherung angegeben werden. Aus (7.111) und (7.112) folgt für $i = j$

$$S_{m;z}^{(j,j)}(j\omega) = S_{0;z}^{(j,j)}(j\omega) + 2 \operatorname{Re} [q_{m;[\mathbf{1}_j],[\mathbf{1}_j]}(p_0, \sigma)]\,|_{\sigma=j\omega}. \tag{7.113}$$

Zur Ermittelung des Kreuzleistungsdichtespektrums $S_z^{(i,j)}(j\omega)$ für $i \neq j$ muß neben $\boldsymbol{q}_m^{(j)}(p_0; \sigma)$ auch der Vektor $\boldsymbol{q}_m^{(i)}(p_0; \sigma)$ aus der (7.110) entsprechenden Gleichung ermittelt werden. Mit Kenntnis beider Vektoren wird das Kreuzleistungsdichtespektrum wie folgt berechnet

$$S_{m;z}^{(i,j)}(j\omega) = S_{0;z}^{(i,j)}(j\omega) + [q_{m;[\mathbf{1}_i],[\mathbf{1}_j]}(p_0; \sigma) + q_{m;[\mathbf{1}_j],[\mathbf{1}_i]}(p_0; -\sigma)]\,|_{\sigma=j\omega}. \tag{7.114}$$

Gleichzeitig ist damit auch das Leistungsdichtespektrum des Prozesses $z^{(i)}(t)$ bekannt. Ermittelt man darüber hinaus aus (7.110) auch den Vektor $\boldsymbol{q}_m^{(k)}(p_0; \sigma)$, so können weiterhin die Spektren $S_{m;z}^{(k,k)}(j\omega)$, $S_{m;z}^{(i,k)}(j\omega)$ und $S_{m;z}^{(j,k)}(j\omega)$ ermittelt werden u. s. f. Wesentlich dabei ist, daß die Vektoren $\boldsymbol{q}_m^{(k)}(\cdot)$ unabhängig voneinander aus Gl. (7.110) gleicher Struktur ermittelt werden, was die Handhabbarkeit dieser Methode wesentlich vereinfacht. Speziell ist die hierbei komplizierteste Operation, die Matrixinversion, nur einmal auszuführen.

7.6.4. Approximation der Verbunddichte

Bezüglich der Quasimomentenentwicklung als Analysemethode wird in der internationalen Literatur durchgängig nur von der Gram-Charlierschen Reihe bzw. ihrer Verallgemeinerung ausgegangen, d. h., als approximierende Dichte $p_0\big(\boldsymbol{z}^\mathsf{T}(t_n), t_n, \ldots, \boldsymbol{z}^\mathsf{T}(t_1), t_1\big)$ wird die Gaußsche Dichte gewählt. Dies trifft auch auf die Arbeit [101] zu, in der erstmals der Versuch einer geschlossenen Darstellung der Methode der Quasimomentenentwicklung unternommen wurde. Tatsächlich spielt diese Approximation für die Analyse nichtlinearer stochastischer Systeme eine hervorragende Rolle. An Hand des Beispieles 6 (s. Tab. 3.3) wurde im Abschn. 7.4. jedoch die praktische Bedeutung der hier vorgenommenen Verallgemeinerung der Quasimomentenentwicklung von Dichten auch um nichtgaußsche Dichten $p_0(\cdot)$ deutlich gemacht.

Mit dem Ziel, diese Verallgemeinerung (für einen Spezialfall s. a. [14]) auch bei der Bestimmung von Quasimomentenentwicklungen von Verbundwahrscheinlichkeitsdichten wirksam werden zu lassen, wird unter Ausnutzung des Markov-Charakters des zu analysierenden Zustandsvektors $\boldsymbol{z}^{\mathsf{T}}(t)$ von der folgenden Darstellung der Verbunddichte der nullten Näherung ausgegangen

$$p_0\big(\boldsymbol{z}^{\mathsf{T}}(t_n), t_n, \ldots, \boldsymbol{z}^{\mathsf{T}}(t_1), t_1\big) = \left[\prod_{k=2}^{n} p\big(\boldsymbol{z}^{\mathsf{T}}(t_k), t_k \mid \boldsymbol{z}^{\mathsf{T}}(t_{k-1}), t_{k-1}\big)\right] p_0\big(\boldsymbol{z}^{\mathsf{T}}(t_1), t_1\big). \tag{7.115}$$
$$(t_n > t_{n-1} > \cdots > t_1)$$

Für die momentane Dichte $p_0\big(\boldsymbol{z}^{\mathsf{T}}(t_1), t_1\big)$ können nun wieder geeignete, auch nicht-Gaußsche Dichten herangezogen werden.
Zur Festlegung der Übergangsdichten $p_0\big(\boldsymbol{z}^{\mathsf{T}}(t_k), t_k \mid \boldsymbol{z}^{\mathsf{T}}(t_{k-1}), t_{k-1}\big)$ wird mit dieser momentanen Dichte $p_0(\boldsymbol{z}^{\mathsf{T}}, t)$ zunächst das statistisch linearisierte System (s. Gl. (3.35))

$$\dot{\boldsymbol{z}}_0 = \boldsymbol{A}(t)\,[\boldsymbol{z}_0 - \boldsymbol{m}_{0;z}(t)] + \boldsymbol{B}(t)\,\boldsymbol{\xi}(t)$$

bestimmt, aus dem der bedingte Erwartungswertvektor und die bedingte Korrelationsmatrix in nullter Näherung berechnet werden

$$\left.\begin{aligned}
\tilde{\boldsymbol{m}}_{0;z}\big(t_k \mid \boldsymbol{z}^{\mathsf{T}}(t_{k-1}), t_{k-1}\big) &= \boldsymbol{m}_{0;z}(t_k) + \boldsymbol{\phi}(t_k, t_{k-1})\,\big(\boldsymbol{z}(t_{k-1}) - \boldsymbol{m}_{0;z}(t_{k-1})\big),\\
\tilde{\boldsymbol{K}}_{0;z}(t_k \mid t_{k-1}) &= \boldsymbol{K}_{0;z}(t_{k-1}, t_{k-1}) - \boldsymbol{\phi}(t_k, t_{k-1})\,\boldsymbol{K}_{0;z}(t_{k-1}, t_{k-1})\,\boldsymbol{\phi}^{\mathsf{T}}(t_k, t_{k-1}),\\
\boldsymbol{\phi}(t, t') &= \exp\int_{t'}^{t} \boldsymbol{A}(t'')\,\mathrm{d}t''.
\end{aligned}\right\} \tag{7.116}$$

Aus den Ausführungen im Abschn. 3.2.2. wissen wir, daß der Erwartungswertvektor und die Streumatrix des statistisch linearisierten Prozesses identisch mit den entsprechenden statistischen Charakteristika der dazu zugrundegelegten momentanen Dichte $p_0(\boldsymbol{z}^{\mathsf{T}}, t)$ sind. Die (analytische) Übergangsdichte $p_0\big(\boldsymbol{z}^{\mathsf{T}}(t_k), t_k \mid \boldsymbol{z}^{\mathsf{T}}(t_{k-1}), t_{k-1}\big)$ wird nun in geeigneter Weise so festgelegt, daß diese die in (7.116) angegebenen bedingten statistischen Charakteristika exakt beschreibt. Aufgrund der allgemeinen Eigenschaft von Übergangswahrscheinlichkeitsdichten

$$\lim_{t'\downarrow t} p\big(\boldsymbol{z}^{\mathsf{T}}, t' \mid \boldsymbol{z}^{\mathsf{T}}(t), t\big) = \lim_{t'\downarrow t} \delta\big(\boldsymbol{z} - \boldsymbol{z}(t)\big)$$

können diese für kleinere Zeitdifferenzen $t - t'$ immer in guter Näherung durch Gaußsche Dichten approximiert werden. In der Regel erweist sich diese Gaußsche Approximation der Übergangsdichte für alle $t' \geqq t$

$$p_0\big(\boldsymbol{z}^{\mathsf{T}}(t_k), t_k \mid \boldsymbol{z}^{\mathsf{T}}(t_{k-1}), t_{k-1}\big) = \frac{\exp\left\{-\dfrac{1}{2}\left\|\boldsymbol{z}(t_k) - \boldsymbol{m}_{0;z}\big(t_k \mid \boldsymbol{z}^{\mathsf{T}}(t_{k-1})\big)\right\|^2_{\boldsymbol{K}^{-1}_{0;z}(t_k/t_{k-1})}\right\}}{\sqrt{(2\pi)^n \det \tilde{\boldsymbol{K}}_{0;z}(t_k, t_{k-1})}} \tag{7.117}$$

für den Aufbau von Quasimomentenentwicklungen von Verbundwahrscheinlichkeitsdichten (7.115) als sehr vorteilhaft. Wir weisen darauf hin, daß selbst mit dieser Approximation die Verbundwahrscheinlichkeitsdichte (7.115) nicht notwendig eine Gaußsche sein muß, da ja nach wie vor für die momentane Dichte $p_0(\boldsymbol{z}^{\mathsf{T}}, t)$ auch nichtgaußsche zugelassen sind.

Es sei an dieser Stelle auf eine allgemeine Eigenschaft hingewiesen: Die am Schluß des Abschnittes 7.2.1. für momentane Dichten begründete Feststellung, daß nach dem Verfahren $\mathrm{QMF}_2(p_0)$ nur dann von Null verschiedene Quasimomentenfunktionen (der ersten beiden Ordnungen) ermittelt werden können, wenn zur Festlegung der Dichte $p_0(\cdot)$ nicht die Methode der statistischen Linearisierung $\left(p_0(\cdot) = p_0^{SL}(\cdot)\right)$ herangezogen wird, trifft gleichermaßen auch für die Quasimomentenentwicklung von Verbunddichten zu. Es gilt also

$$Q_{2;[k^{(n)}],\dots,[k^{(1)}]}(p_0^{SL}; t_n, \dots, t_1) = 0 \quad \text{nach} \quad \mathrm{QMF}_2(p_0^{SL})$$

bzw.

$$p_2\left(p_0^{SL}; z^T(t_n), t_n, \dots, z^T(t_1), t_1\right) = \left[\prod_{k=1}^{n} p_0\left(z^T(t_k), t_k \mid z^T(t_{k-1}), t_{k-1}\right)\right] \cdot p_0^{SL}\left(z^T(t_1), t_1\right).$$

7.7. Beispiel

Die Anwendung der für den mehrdimensionalen Fall abgeleiteten Formeln zur näherungsweisen Berechnung von spektralen Leistungsdichtefunktionen sollen an Hand des übersichtlichen Falles skalarer Systeme erläutert werden. Ein skalarer, stationärer Prozeß $z(t)$ sei durch eine Differentialgleichung

$$\dot{z} = -\beta\varphi(z) + g\xi, \qquad \varepsilon = g^2/2\beta, \qquad K_\xi(t, t') = \delta(t - t'), \qquad \varphi(z) = -\varphi(-z) \tag{7.118}$$

mit antisymmetrischer Systemnichtlinearität definiert. Die stationäre Dichte $\bar{p}(z)$ besitzt dann den Erwartungswert $\overline{m}_z = 0$ und ist um diesen Erwartungswert symmetrisch: $\bar{p}(z) = \bar{p}(-z)$. Damit verschwinden auch bei jeder Quasimomentenentwicklung um eine symmetrische Dichte $\bar{p}_0(z) = \bar{p}_0(-z)$ die Quasimomentenfunktionen ungerader Ordnungen.

Nach Taylorscher oder statistischer Linearisierung seien eine derartige Dichte $\bar{p}_0(z)$ mit dem Erwartungswert

$$\overline{m}_{0;z} = 0 \tag{7.119}$$

und der Streuung $\overline{K}_{0;z}(0)$ und das dazugehörige linearisierte System $(\bar{A} = -\beta a)$

$$\dot{z}_0 = -\beta a z_0 + g\xi,$$
$$a = \frac{\varepsilon}{\overline{K}_{0;z}(0)}, \qquad \varepsilon = \frac{g^2}{2\beta} \tag{7.120}$$

ermittelt worden. Damit sind auch die Korrelationsfunktion und ihre Fourier-Transformierte in nullter Näherung gegeben

$$\overline{K}_{0;z}(\tau) = \overline{K}_{0;z}(0)\, e^{-\beta a|\tau|},$$
$$S_{0;z}(j\omega) = \frac{2a}{a^2 + \left(\dfrac{\omega}{\beta}\right)^2} \overline{K}_{0;z}(0). \tag{7.121}$$

Darauf aufbauend sei fernerhin nach dem Verfahren $\mathrm{QMF}_2(p_0)$ die Quasimomentenfunktion zweiter Ordnung $Q_{2;2}(p_0)$ für die momentane (stationäre) Dichte $\bar{p}(z)$ bekannt.

Mit Kenntnis dieser Größen kann nun auch die Laplace-Transformierte der stationären Quasimomentenfunktion $\overline{Q}_{2;1,1}(p_0; \tau)$ der Verbunddichte $p\left(z(t), t, z(t_1), t_1\right)$ in der entsprechenden Näherung aus der für den hier betrachteten eindimensionalen Fall aus (7.110) folgenden Gleichung

$$q_{2;1,1}(p_0; \sigma) = \frac{1}{r_{11} + \dfrac{\sigma}{\beta}} [v_{2;1,1}(\sigma) + \overline{Q}_{2;2}(p_0)] \tag{7.122}$$

berechnet werden. Darin ist unter Beachtung von (7.27):

$$r_{11} = -\frac{1}{\beta} \overline{R}_{11} = \langle \varphi(z)\, H_1(p_0; z) \rangle_0. \tag{7.123}$$

Für das hier betrachtete eindimensionale System ist die Funktion $\overline{V}_{2;1,1}(\tau)$ nach (7.101), (7.103) und (7.121) gegeben durch

$$\overline{V}_{2;1,1}(\tau) = \beta \left[a\overline{K}_{0;z}(0)\,\mathrm{e}^{-\beta a\tau} - \left\langle \varphi(z(t))\, z(t_1) \right\rangle_0 \right.$$
$$\left. - \frac{1}{2} Q_{2;2}(p_0) \left\langle \varphi(z(t))\, z(t_1)\, H_{2,0}(p_0; z(t), z(t_1)) \right\rangle_0 \right],$$
$$\tau = t - t_1 \geqq 0.$$

Setzen wir zunächst analytische Funktionen $\varphi(z)$ voraus, so daß

$$\left\langle \varphi(z(t))\, z(t_1)\, H_{l,0}(p_0; z(t), z(t_1)) \right\rangle_0 = \left\langle \frac{\partial^l \varphi(z(t))}{\partial z^l}\, z(t_1) \right\rangle_0.$$

Der auf der rechten Seite stehende Erwartungswert kann mit Hilfe der (7.116) entsprechenden ersten Beziehung

$$\left\langle z(t_1) \mid z(t) \right\rangle_0 = \frac{\overline{K}_{0;z}(t - t_1)}{\overline{K}_{0;z}(0)} \cdot z(t) = z(t)\,\mathrm{e}^{-\beta a|t-t_1|}$$

auf eine Erwartungswertbildung bezüglich der momentanen Dichte $\overline{p}_0(z)$ des Prozesses $z(t)$ zurückgeführt werden. Im Ergebnis wird für $\overline{V}_{2;1,1}(\tau)$ die folgende Darstellung gewonnen

$$\overline{V}_{2;1,1}(\tau) = \beta \mathrm{e}^{-\beta a\tau} d_{2;1,1,\tau\geqq 0}.$$

Darin ist

$$d_{2;1,1} = a\overline{K}_{0;z}(0) - \left\langle z\varphi(z) \right\rangle_0 - \frac{1}{2}\,\overline{Q}_{2;2}(p_0) \left\langle z\, \frac{\partial^2 \varphi(z)}{\partial z^2} \right\rangle_0. \tag{7.124}$$

Ist $\varphi(z)$ nicht analytisch (bzw. nicht zweimal differenzierbar), so ist d_2 wie folgt zu berechnen

$$d_{2;1,1} = a\overline{K}_{0;z}(0) - \langle z\varphi(z)\rangle_0 - \frac{1}{2}\,\overline{Q}_{2;2}(p_0)\,[\langle z\varphi(z)\, H_2(p_0; z)\rangle_0 - 2\langle \varphi(z)\, H_1(p_0; z)\rangle_0].$$

Damit ist auch die Laplace-Transformierte von $V_{2;1,1}(\tau)$ bekannt

$$v_{2;11}(p_0; \sigma) = \frac{1}{a + \dfrac{\sigma}{\beta}}\, d_{2;1,1}, \tag{7.125}$$

so daß das gesuchte Leistungsdichtespektrum entsprechend Gl. (7.113)

$$S_{2;z}(j\omega) = S_{0;z}(j\omega) + 2\,\mathrm{Re}\,\{q_{2;1,1}(p_0; j\omega)\} \tag{7.126}$$

leicht berechnet werden kann.

Nach diesem einfachen Näherungsverfahren $\mathrm{QMF}_2(p_0)$, das nur die Quasimomentenfunktion zweiter Ordnung berücksichtigt, wird jedoch prinzipiell keine Korrektur zur nullten Näherung erhalten, wenn diese nach der Methode der statistischen Linearisierung festgelegt wird: Nach statistischer Linearisierung gilt nämlich für unser spezielles System $a = -K_{0;z}^{-1}\langle z\varphi(z)\rangle$. Nach dem Verfahren $\mathrm{QMF}_2(p_0{}^{\mathrm{SL}})$ wird für die Quasimomentenfunktion $Q_{2;2}(p_0{}^{\mathrm{SL}})$ immer die Nulllösung erhalten, so daß schließlich nach (7.124) $d_{2;1,1} = 0$ und somit $S_{2;z}(j\omega) = S_{0;z}(j\omega)$ erhalten wird. Wir finden hier also die am Schluß des Abschn. 6.6.4. getroffene Feststellung bestätigt.

7.8. Weitere Entwicklungsmöglichkeiten

Mit der Quasimomentenentwicklung ist eine sehr effektive und relativ einfache handhabbare Methode zur (näherungsweisen) Bestimmung von Verteilungsdichten, ihren charakteristischen Funktionen und von Erwartungswerten gegeben.

Denkbar sind natürlich auch weitere Entwicklungen von Funktionen der gesuchten Verteilungsdichten bzw. ihrer charakteristischen Funktionen. Allerdings haben derartige Entwicklungen gegenüber der Quasimomentenentwicklung den erheblichen Nachteil, daß die Bestimmungsgleichungen für die entsprechenden Entwicklungskoeffizienten i. allg. nichtlinear sind, so daß man es häufig mit zwei Näherungsebenen zu tun hat, da — neben dem Abbruch dieser Reihen — diese nichtlinearen Gleichungen oft nur durch zusätzliche Näherungen lösbar sind. Trotz dieser Nachteile haben dennoch derartige Methoden in der Literatur einen relativ breiten Raum eingenommen. Wir wollen deshalb kurz auf die beiden wichtigsten Ansätze eingehen, wobei für unsere Zielstellung die Beschränkung auf skalare Systeme ausreichend ist.

Die Kumulantenmethode geht von der Kumulantenentwicklung der charakteristischen Funktion aus und bricht die entsprechende Reihe durch Nullsetzen der Kumulanten ab einer bestimmten Ordnung $l \geqq m + 1$ ab

$$\begin{aligned} k_{m;n}(t) &= 0 \quad \text{für} \quad n \geqq m + 1, \\ h_m(s, t) &= \exp\left\{\sum_{l=1}^{m} \frac{s^l}{l!} k_{m;l}(t)\right\}. \end{aligned} \tag{7.127}$$

In dieser Näherung werden die Kumulanten der ersten m Ordnungen aus den Kumulantengleichungen (6.43) berechnet

$$\dot{k}_{m;n} = \sum_{l=1}^{n} \binom{n}{l} \tilde{m}_{m;n-l}(t) \langle f_l(z, t)\rangle_m, \qquad 1 \leqq n \leqq m, \tag{7.128}$$

wobei die Funktionen $\tilde{m}_{m;l}(t)$ beispielsweise aus den Gln. (6.47) näherungsweise berechnet werden können, indem die Kumulanten der Ordnungen $n \geqq m + 1$ vernachlässigt werden $\left(k_l \to k_{m;l}(t)\right)$. Schwierigkeiten allerdings bereitet i. allg. schon die Berechnung der Erwartungswerte $\langle f_l(\cdot)\rangle_m$, da aus der charakteristischen Funktion $h_m(\cdot)$ nach Gl. (7.127) die entsprechende Dichte $p_m(z, t)$ für $m > 2$ nicht in geschlossener Form analytisch angegeben werden kann. Zur Berechnung dieser Erwartungswerte zieht man vorteilhaft die (nunmehr für $m > 2$ unendliche) Gram-Charlier-Reihe für $p_m(\cdot)$ heran (vgl. mit Gl. (7.72))

$$p_m(z, t) = \left[1 + \sum_{k \geqq 3} \frac{(-1)^k}{k!} Q_{m;k}(p_{m;\mathrm{G}}, t) \frac{\partial^k}{\partial z^k}\right] p_{m;\mathrm{G}}(z, t),$$

worin $p_{m;\mathrm{G}}(\cdot)$ eine Gaußsche Dichte mit dem Erwartungswert $k_{m;1}$ und der Streuung $k_{m;2}$ ist und die Quasimomentenfunktionen $Q_{m;k}(p_{m;\mathrm{G}}, t)$ entsprechend den Gln. (7.15, 7.16) durch die berücksichtigten Kumulanten ausgedrückt werden

$$Q_{m;k}(p_{m;\mathrm{G}}, t) = \frac{\partial^k}{\partial s^k} \exp\left\{\sum_{l=1}^{m} \frac{s^l}{l!} k_{m;l}\right\}_{s=0}.$$

Für die Erwartungswerte $\langle f_l(\cdot)\rangle_m$ werden somit im allgemeinen Fall selbst unendliche Reihen erhalten, so daß zur Lösung des abgebrochenen Gleichungssystems für die Kumulanten $k_{m;n}$ zusätzliche Näherungen erforderlich sind, wenn diese Reihen nicht aufsummiert werden können oder die Funktionen $f(z, t)$ und $M(z, t)$ durch endliche Potenzreihen bezüglich z repräsentiert werden.

Gegenüber der Quasimomentenentwicklung erweist sich die Kumulantenmethode aufgrund der Nichtlinearität der zu lösenden Gleichungen und der Komplikationen bei der Berechnung von Erwartungswerten als wesentlich komplizierter und praktisch schwer handhabbar, ohne dabei einen entscheidenden Genauigkeitsgewinn bezüglich der so erhaltenen Näherungslösungen — bei gleicher Abbruchordnung der Quasimomentenfunktionen und der Kumulanten — zu erzielen. Aus diesem Grunde sei diese Methode nicht weiter beleuchtet und der interessierte Leser auf die Literatur verwiesen (s. z. B. [17—22, 127, 128]).

Eine weitere auf Krasowski zurückgehende Möglichkeit besteht in der Entwicklung des Logarithmus der gesuchten Wahrscheinlichkeitsdichte in eine Potenzreihe bezüglich z

$$p(z, t) = C(t) \exp\left\{\sum_{k\geq 1} \frac{1}{k!} u_k(t)\, z^k\right\},$$

worin $C(t)$ die Normierungskonstante bezeichnet.

Zur Bestimmung der Entwicklungskoeffizienten u_k müssen die Koeffizienten der Fokker-Planck-Gleichung (6.7) in Form von Potenzreihen vorliegen

$$\tilde{f}(z, t) = \sum_{k\geq 1} \frac{1}{k!} \tilde{f}_k(t)\, z^k, \qquad M(z, t) = \sum_{k\geq 1} \frac{1}{k!} M_k(t)\, z^k. \tag{7.129}$$

Mit obigem Ansatz für die Verteilungsdichte wird aus der Fokker-Planck-Gleichung (6.7) ein unendliches, verkoppeltes Differentialgleichungssystem für die Entwicklungskoeffizienten u_k erhalten, das hier nur für den Sonderfall zustandsunabhängiger Funktionen $M(z, t) \equiv M(t)$ vorgestellt werden soll

$$\dot{u}_k = -f_{k+1}(t) - \sum_{l=0}^{k} \binom{k}{l} \left[u_{l+1}\tilde{f}_{k-l} - \frac{M}{2} u_{l+1}u_{k+1-l}\right] + \frac{M}{2} u_{k+2}. \tag{7.130}$$

Zur Berechnung von $u_k(t)$ benötigt man also die Entwicklungsglieder der beiden nächst höheren Ordnungen u_{k+1} und u_{k+2}, so daß auch dieses Gleichungssystem wieder nur näherungsweise durch Abbruch der Reihe für $\ln\big(p(\cdot)\big)$ gelöst wird

$$\begin{aligned} &u_k(t) \approx u_{m;k}(t), \qquad u_{m;k}(t) = 0 \quad \text{für} \quad k \geqq m+1, \\ &p(\cdot) \approx p_m(\cdot) = C_m(t) \exp\left\{\sum_{k=1}^{m} \frac{1}{k!} u_{m;k} z^k\right\}. \end{aligned} \tag{7.131}$$

Gegenüber der Kumulantenmethode sind die Nichtlinearitäten der Bestimmungsgleichungen für die $u_{m;k}$ auf Produktterme $u_l u_r$ beschränkt. Allerdings bereitet die Berechnung von Erwartungswerten unter Zugrundelegung dieser Dichte $p_m(z, t)$, ja selbst die Berechnung der Normierungskonstanten C_m, für $m > 2$ schon erhebliche Schwierigkeiten. Abgesehen von der Nichtlinearität der Bestimmungsgleichungen für die $u_{m;k}$ ist die spezielle Darstellung der Näherungslösung $p_m(\cdot)$ nach Gl. (7.131) für die Berechnung statistischer Charakteristika des zu analysierenden Systems also recht unvorteilhaft und muß i. d. R. erst in eine andere, günstigere Form (z. B. eine Gram-Charliersche Reihe) umgeformt werden.

In der Regel wird auch bei diesem Näherungsverfahren gegenüber der Quasimomentenentwicklung — bei gleicher Abbruchordnung m — kein entscheidender Vorteil bezüglich der Approximationsgenauigkeit der entsprechenden Näherungslösungen gewonnen, so daß auch diese Methode nicht weiter besprochen werden soll. Der interessierte Leser findet diese Methode in der Broschüre [57] von Krasowski ausführlich beschrieben.

Kapitel 8: Die (zeitliche) Mittelungsmethode

Bei der Beschreibung stochastischer Systeme im Zustandsraum lassen sich häufig die Zustandskomponenten in zwei Klassen unterteilen: In Zustandsgrößen mit schnellen und in Zustandsgrößen mit langsamen zeitlichen Änderungen. Dies trifft beispielsweise auf selbstschwingende Systeme zu, wobei die schnellen Änderungen durch harmonische Schwingungen charakterisiert werden, deren Amplituden und Phasen sich relativ langsam ändern. Schon frühzeitig wandte man sich derartigen, zunächst deterministischen Systemen zu, für die sehr effektive Näherungsmethoden, die mit den Namen von POISSON, LAGRANGE, POINCARÉ [86], LJAPUNOW [75], VAN DER POL [116], KRYLOW und BOGOLJUBOW [59] u. a. verbunden sind (s. a. [81, 82]), entwickelt wurden.

Das Wesen der insbesondere von KRYLOW und BOGOLJUBOW mathematisch begründeten Mittelungsmethode besteht darin, daß zur (näherungsweisen) Analyse der sich langsam ändernden Zustandskomponenten über die sich schnell ändernden Zustandsgrößen zeitlich (ungewichtet) gemittelt wird. Der wesentliche Vorteil dieser Näherungsmethode besteht in der Entkopplung des vollständigen Zustandssystems und einer weitgehenden Berücksichtigung der Nichtlinearitäten des betrachteten Systems. Die so gewonnenen Näherungslösungen stellen somit keine nullten Näherungslösungen einer reinen Potenzreihenentwicklung nach einem kleinen Parameter ε[1]) dar, sondern repräsentieren asymptotische Lösungen. Die Erweiterung der für deterministische Systeme weit ausgearbeiteten Mittelungsmethode auf Systeme mit weißen Gaußschen Störeinflüssen wurde hauptsächlich durch die Arbeiten von CHASMINSKI ([11, 12, 13]) mathematisch begründet (s. a. [121]).

Im folgenden soll zunächst das Mittelungsprinzip an Hand der (näherungsweisen) Analyse stochastisch schwankender Amplituden und Phasen der Zustandsgrößen selbstschwingender stochastischer Systeme verdeutlicht und nachfolgend die wesentlichen mathematischen Grundlagen der Mittelungsmethode kurz erläutert werden. Ausführliche Darstellungen der Mittelungsmethode findet man beispielsweise in den Monographien von MITRPOLSKI [81] und MOISEJEW [82] (s. a. [31, 83, 129]).

---

[1]) Die einfachen Verfahren der reinen Potenzreihenentwicklung nach einem kleinen Parameter sind bei der Analyse schwingungsfähiger Systeme nur bedingt brauchbar, da mit ihnen i. d. R. mit wachsender Zeit t divergente Terme $(\varepsilon t)^k$, die sogenannten sekulären Glieder, erhalten werden (s. z. B. [52, Abschn. 1.5.3.]).

8.1. Die Methode der harmonischen Linearisierung

8.1.1. Transformation und (zeitliche) Mittelung der Systemgleichung

Zur Erläuterung der Methode der harmonischen Linearisierung beschränken wir uns auf ein schwingungsfähiges System zweiter Ordnung

$$\begin{aligned} \dot{y} &= x + \varepsilon f_1(y, x) + \sqrt{\varepsilon}\, \boldsymbol{g}_1^{\mathrm{T}}(y, x)\, \boldsymbol{\xi}(t), \\ \dot{x} &= -\omega_0^2 y + \varepsilon f_2(y, x) + \sqrt{\varepsilon}\, \boldsymbol{g}_2^{\mathrm{T}}(y, x)\, \boldsymbol{\xi}(t) \end{aligned} \tag{8.1}$$

unter Einwirkung eines (vektoriellen und stationären) weißen Gaußschen Störprozesses $\boldsymbol{\xi}(t)$ mit den statistischen Charakteristika

$$\boldsymbol{m}_\xi = 0, \qquad \boldsymbol{K}_\xi(t, t') = \boldsymbol{E}\delta(t - t'). \tag{8.2}$$

Die Funktionen $f_k(y, x)$ und $\boldsymbol{g}_k(y, x)$ $(k = 1, 2)$ seien zeitinvariant. Mit der Größe ε wollen wir die Vorstellung eines kleinen Parameters verbinden, der, wie sich herausstellen wird, jedoch nur formalen Charakter trägt. Für $\varepsilon = 0$ ist die Lösung von Gl. (8.1) durch eine harmonische Schwingung

$$\begin{aligned} y_0(t) &= A_0 \sin(\omega_0 t + \varphi_0), \\ x_0(t) &= \omega_0 A_0 \cos(\omega_0 t + \varphi_0) \end{aligned}$$

mit konstanten Amplituden und Phasen gegeben

Praktisch ist ein derartiges lineares System ohne Dämpfung nicht realisierbar; dazu sind i. d. R. nichtlineare und aktive Rückkopplungen, in Gl. (8.1) durch die Funktionen $f_k(\cdot)$ repräsentiert, erforderlich. Darüber hinaus sind weiterhin Störeinflüsse, beispielsweise durch innere Rauschquellen der aktiven Rückkopplungselemente (Verstärker) oder auch äußere Rauscheinflüsse bedingt, zu berücksichtigen, so daß die Lösung (y, x) von der idealen Lösung (y_0, x_0) abweichen wird und durch schwankende Amplituden $A(t)$ und Phasen $\varphi(t)$ beschrieben werden muß.

$$\begin{aligned} y(t) &= A(t) \sin\big(\omega_0 t + \varphi(t)\big), \qquad A(t) \geqq 0, \\ x(t) &= \omega_0 A(t) \cos\big(\omega_0 t + \varphi(t)\big), \qquad -\pi \leqq \varphi \leqq +\pi. \end{aligned} \tag{8.3}$$

Differenziert man diese Gleichungen nach der Zeit t[1]), so erhält man unter Beachtung unserer Ausgangsgleichung (8.1) für die (stochastischen) Amplitude $A(t)$ und die Phase $\varphi(t)$, zusammengefaßt in dem Zustandsvektor

$$\boldsymbol{z}^{\mathrm{T}}(t) = \big(A(t), \varphi(t)\big), \tag{8.4}$$

das folgende stochastische Differentialgleichungssystem

$$\begin{aligned} \dot{\boldsymbol{z}} = \varepsilon \boldsymbol{F}\big(A(t), \sin(\omega_0 t + \varphi), \cos(\omega_0 t + \varphi)\big) + \sqrt{\varepsilon}\, \boldsymbol{g}\big(A, \sin(\omega_0 t + \varphi), \\ \cos(\omega_0 t + \varphi)\big)\, \boldsymbol{\xi}(t), \end{aligned} \tag{8.5}$$

---

[1]) Da wir ja stochastische Differentialgleichung der Form (8.1) immer im Sinne von STRATONOWITSCH auffassen, finden dabei die Regeln der gewöhnlichen Differentialrechnung Anwendung (s. Abschn. 2.8.).

worin abkürzend

$$\left.\begin{aligned}
\boldsymbol{F}(A\,;\,\mathrm{s},\mathrm{c}) &= \boldsymbol{C}(A\,;\,\mathrm{s},\mathrm{c})\begin{pmatrix} f_1(A\mathrm{s},\,\omega_0 A\mathrm{c})\\ f_2(A\mathrm{s},\,\omega_0 A\mathrm{c})\end{pmatrix},\\
\boldsymbol{g}(A\,;\,\mathrm{s},\mathrm{c}) &= \boldsymbol{C}(A\,;\,\mathrm{s},\mathrm{c})\begin{pmatrix} \boldsymbol{g}_1^{\mathsf{T}}(A\mathrm{s},\,\omega_0 A\mathrm{c})\\ \boldsymbol{g}_2^{\mathsf{T}}(A\mathrm{s},\,\omega_0 A\mathrm{c})\end{pmatrix},\\
\boldsymbol{C}(A\,;\,\mathrm{s},\mathrm{c}) &= \begin{bmatrix} \mathrm{s} & \dfrac{1}{\omega_0}\mathrm{c}\\[2mm] \dfrac{1}{A}\mathrm{c} & \dfrac{-1}{\omega_0 A}\mathrm{s}\end{bmatrix},\quad \mathrm{s} = \sin(\omega_0 t + \varphi),\quad \mathrm{c} = \cos(\omega_0 t + \varphi)
\end{aligned}\right\} \tag{8.6}$$

gesetzt wurden.

Die Struktur der stochastischen Differentialgleichung (8.5) ist zunächst wesentlich komplizierter als die des Ausgangssystems, so daß eine exakte Lösung der daraus folgenden Fokker-Planck-Gleichung für $\boldsymbol{z}^{\mathsf{T}} = (A, \varphi)$ insbesondere durch die neu hinzugekommene explizite Zeitabhängigkeit kaum möglich sein dürfte. Sie bietet aber eine sehr wirkungsvolle Möglichkeit zur Auffindung einer Näherungslösung: Unter der Voraussetzung eines kleinen Parameters ε sind nämlich die zeitlichen Änderungen der Amplitude $A(t)$ und der Phase $\varphi(t)$ wesentlich langsamer als die periodischen expliziten Zeitabhängigkeiten der Funktionen $\boldsymbol{F}(\cdot)$ und $\boldsymbol{g}(\cdot)$, die durch die Frequenz $f_0 = \omega_0/2\pi$ charakterisiert sind. Intuitiv ist somit klar, daß die schnelle, periodische Zeitabhängigkeit für die Beschreibung der „langsamen" Prozesse $A(t)$ und $\varphi(t)$ nur eine untergeordnete Rolle spielt, so daß es ausreichend ist, die Funktionen $\boldsymbol{F}(A\,;\cdot,\cdot)$ und $\boldsymbol{g}(A\,;\cdot,\cdot)$ durch ihre zeitlichen Effektivwerte, d. h. durch zeitunabhängige Funktionen, zu ersetzen. Nach dieser zeitlichen Mittelung wird die Amplitude durch einen Markovschen Diffusionsprozeß $A_0(t)$ approximiert, der unabhängig von der Phase analysiert werden kann.

Zur Ableitung dieser zeitlichen Mittelungsvorschriften setzen wir voraus, daß die zeitlichen Änderungen der Prozesse $A(t)$ und $\varphi(t)$ (im Mittel) so langsam sind, daß sie in einem Zeitintervall $\Delta t = 2\pi/\omega_0$ praktisch als konstant angesehen werden können

$$\begin{aligned}
A(t + t') &= A(t)\left(1 + O\left(\sqrt{\varepsilon\,\Delta t}\right)\right) \approx A(t),\\
\varphi(t + t') &= \varphi(t)\left(1 + O\left(\sqrt{\varepsilon\,\Delta t}\right)\right) \approx \varphi(t) \quad \text{für} \quad 0 \leqq t' \leqq t = \frac{2\pi}{\omega_0}
\end{aligned} \tag{8.7}$$

und formen das im Sinne von STRATONOWITSCH definierte Differentialgleichungssystem (8.5) $\left(\xi(t) = \mathrm{d}_{1/2}\boldsymbol{w}(t)/\mathrm{d}t\right)$ in das äquivalente Itosche Differentialgleichungssystem (s. Gln. (2.69) und (2.85)) um, das mit Einführung der Vektorfunktion

$$\begin{aligned}
&\tilde{\boldsymbol{F}}^{\mathsf{T}}\left(A\,;\,\sin(\omega_0 t + \varphi),\,\cos(\omega_0 t + \varphi)\right)\\
&= \boldsymbol{F}^{\mathsf{T}}(A\,;\cdot,\cdot) + \frac{1}{2}\left[\boldsymbol{g}^{\mathsf{T}}(A\,;\cdot,\cdot)\,\nabla_{A,\varphi}\right]^{\mathsf{T}}\boldsymbol{g}^{\mathsf{T}}(A\,;\cdot,\cdot);\quad \nabla_{A,\varphi}^{\mathsf{T}} = \left(\frac{\partial}{\partial A},\,\frac{\partial}{\partial \varphi}\right)
\end{aligned} \tag{8.8}$$

die folgende Gestalt annimmt

$$\begin{aligned}
\mathrm{d}_0\boldsymbol{z} = {} & \varepsilon\tilde{\boldsymbol{F}}\left(A\,;\,\sin(\omega_0 t + \varphi),\,\cos(\omega_0 t + \varphi)\right)\mathrm{d}t\\
& + \sqrt{\varepsilon}\,\boldsymbol{G}\left(A\,;\,\sin(\omega_0 t + \varphi),\,\cos(\omega_0 t + \varphi)\right)\mathrm{d}_0\boldsymbol{w}.
\end{aligned} \tag{8.8a}$$

Der Vorteil der Prozeßbeschreibung im Itoschen Kalkül besteht in der statistischen Unabhängigkeit der Prozesse $\boldsymbol{z}(t')$ und $\mathrm{d}_0\boldsymbol{w}(t)$ für alle $t' \leq t$. Nach Integration dieser Itoschen Gleichung über $t \in [t_1, t_1 + \Delta t]$ $(\Delta t = 2\pi/\omega_0)$ wird die Differenzengleichung gewonnen

$$\boldsymbol{z}(t_1 + \Delta t) - \boldsymbol{z}(t_1) = \varepsilon \int_{t_1}^{t_1+\Delta t} \tilde{\boldsymbol{F}}\big(A(t'); \sin\big(\omega_0 t' + \varphi(t')\big), \cos\big(\omega_0 t' + \varphi(t')\big)\big)\, \mathrm{d}t'$$
$$+ \sqrt{\varepsilon} \int_{t_1}^{t_1+\Delta t} \boldsymbol{g}\big(A(t'); \sin\big(\omega_0 t' + \varphi(t')\big), \cos\big(\omega_0 t' + \varphi(t')\big)\big)\, \mathrm{d}_0\boldsymbol{w}(t').$$

Unter der durch Gl. (8.7) charakterisierten Bedingung hinreichend kleiner Parameter $\varepsilon\, \Delta t$ kann das erste Zeitintegral in guter Näherung wie folgt berechnet werden

$$\int_{t_1}^{t_1+\Delta t} \tilde{\boldsymbol{F}}\big(A(t'), \sin\big(\omega_0 t' + \varphi(t')\big), \cos\big(\omega_0 t' + \varphi(t')\big)\big)\, \mathrm{d}t'$$
$$= \Delta t \bar{\tilde{\boldsymbol{F}}}\big(A(t_1)\big) \big(1 + O\big(\sqrt{\varepsilon \Delta t}\big)\big) \approx \Delta t \boldsymbol{F}\big(A(t_1)\big),$$

worin $\boldsymbol{F}(A)$ die im Zeitintervall $[t_1, t_1 + \Delta t]$ ungewichtet über die *explizite* Zeitabhängigkeit gemittelte Funktion $\tilde{\boldsymbol{F}}(\cdot; \cdot, \cdot)$ ist

$$\bar{\tilde{\boldsymbol{F}}}\big(A(t_1)\big) = \frac{1}{\Delta t} \int_{t_1}^{t_1+\Delta t} \tilde{\boldsymbol{F}}\big(A(t_1); \sin\big(\omega_0 t' + \varphi(t_1)\big), \cos\big(\omega_0 t' + \varphi(t_1)\big)\big)\, \mathrm{d}t'$$
$$= \frac{1}{2\pi} \int_0^{2\pi} \tilde{\boldsymbol{F}}\big(A(t_1); \sin(\Psi), \cos(\Psi)\big)\, \mathrm{d}\Psi. \tag{8 9}$$

Im zweiten Integralterm der Differenzengleichung für $\boldsymbol{z}$ darf aber die Matrix $\boldsymbol{g}(A; \cdot, \cdot)$ für sich nicht wie die Funktion $\tilde{\boldsymbol{F}}(\cdot; \cdot, \cdot)$ durch ihren zeitlichen Mittelwert ersetzt werden.

Für zustandsunabhängige Vektoren $\boldsymbol{g}_1^{\mathrm{T}}$ und $\boldsymbol{g}_2^{\mathrm{T}}$ in der Ausgangsgleichung (8.1) sind nach Gl. (8.6) die expliziten Zeitabhängigkeiten der Elemente der Matrix $\boldsymbol{g}(\cdot; \cdot, \cdot)$ durch $\sin(\omega_0 t + \varphi)$ und $\cos(\omega_0 t + \varphi)$ gegeben, so daß die zeitliche Mittelung im Intervall Δt bei festgehaltenen A und φ Null ergeben würde, d. h., Amplitude und Phase würden auf diese Weise durch rein deterministische Größen approximiert werden.

Zur Ableitung der Mittelungsvorschrift für den stochastischen, Itoschen Integralterm muß seine Statistik genauer untersucht werden. Aufgrund der statistischen Unabhängigkeit der Prozesse $\boldsymbol{z}^{\mathrm{T}}(t) = \big(A(t), \varphi(t)\big)$ und $\mathrm{d}_0\boldsymbol{w}(t)$ können im Itoschen Integralterm die Prozesse $A(t')$ und $\varphi(t')$ — bis auf Größenordnungen $\varepsilon\Delta t$ — ersetzt werden durch $A(t_1)$ und $\varphi(t_1)$

$$\int_{t_1}^{t_1-\Delta t} \boldsymbol{G}\big(A(t'), \sin\big(\omega_0 t' + \varphi(t')\big), \cos\big(\omega_0 t' + \varphi(t')\big)\big)\, \mathrm{d}_0\boldsymbol{w}(t')$$
$$= \big(1 + O(\varepsilon\Delta t)\big)\, \Delta\boldsymbol{n}\big(t_1 \mid \boldsymbol{z}^{\mathrm{T}}(t_1)\big).$$

Der bedingte Prozeß $\Delta\boldsymbol{n}\big(t_1 \mid \boldsymbol{z}^{\mathrm{T}}(t_1)\big)$ (bei gegebenen $A(t_1)$ und $\varphi(t_1)$)

$$\Delta\boldsymbol{n}\big(t_1 \mid \boldsymbol{z}^{\mathrm{T}}(t_1)\big) = \int_{t_1}^{t_1+\Delta t} \boldsymbol{g}\big(A(t_1); \sin\big(\omega_0 t' + \varphi(t_1)\big), \cos\big(\omega_0 t' + \varphi(t_1)\big)\big)\, \mathrm{d}_0\boldsymbol{w}(t')$$

stellt selbst wieder einen Zuwachs eines Wiener-Prozesses mit dem Erwartungswert Null und einer zustandsabhängigen Korrelationsmatrix dar

$$\left\langle \Delta \boldsymbol{n}\left(t_1 \mid \boldsymbol{z}^{\mathsf{T}}(t_1)\right) \Delta \boldsymbol{n}^{\mathsf{T}}\left(t_1 \mid \boldsymbol{z}^{\mathsf{T}}(t_1)\right) \mid \boldsymbol{z}^{\mathsf{T}}(t_1)\right\rangle = \overline{\boldsymbol{M}}\left(A(t_1)\right) \Delta t,$$

worin $\overline{\boldsymbol{M}}(A)$ die über die explizite Zeitabhängigkeit (bei festgehaltenen A und φ) gemittelte Matrix $\boldsymbol{g}(\cdot; \cdot, \cdot)\, \boldsymbol{g}^{\mathsf{T}}(\cdot; \cdot, \cdot)$ ist. Der Prozeß $\Delta \boldsymbol{n}\left(t_1 \mid \boldsymbol{z}^{\mathsf{T}}(t_1)\right)$ kann somit durch den gewichteten Wiener-Zuwachs beschrieben werden

$$\Delta \boldsymbol{n}\left(t_1 \mid \boldsymbol{z}^{\mathsf{T}}(t_1)\right) = \bar{\boldsymbol{G}}\left(A(t_1)\right) \Delta_0 \boldsymbol{w}(t_1).$$

Die Matrix $\bar{\boldsymbol{G}}(A)$ ist über ein quadratisches Gleichungssystem durch den zeitlichen Effektivwert der Matrix $\boldsymbol{G}(\cdot; \cdot, \cdot)\, \boldsymbol{G}^{\mathsf{T}}(\cdot; \cdot, \cdot)$ definiert

$$\left.\begin{aligned} &\bar{\boldsymbol{G}}(A)\, \bar{\boldsymbol{G}}^{\mathsf{T}}(A) = \overline{\boldsymbol{M}}(A), \\ &\overline{\boldsymbol{M}}\left(A(t_1)\right) = \frac{1}{\Delta t} \int\limits_{t_1}^{t_1+t\Delta} \boldsymbol{g}(\cdot; \cdot, \cdot)\, \boldsymbol{g}^{\mathsf{T}}\left(A(t_1), \sin\left(\omega_0 t' + \varphi(t_1)\right), \cos\left(\omega_0 t' + \varphi(t_1)\right)\right) \mathrm{d}t' \\ &\qquad = \frac{1}{2\pi} \int\limits_0^{2\pi} \boldsymbol{g}\left(A; \sin(\Psi), \cos(\Psi)\right) \boldsymbol{g}^{\mathsf{T}}\left(A; \sin(\Psi), \cos(\Psi)\right) \mathrm{d}\Psi. \end{aligned}\right\} \tag{8.10}$$

Damit ist auch die zeitliche Mittelungsvorschrift für den stochastischen Itoschen Integralterm gewonnen, nach der — auch für zustandsunabhängige Vektoren $\boldsymbol{g}_k^{\mathsf{T}}$ im Ausgangssystem (8.1) — der stochastische Einfluß weiterhin berücksichtigt wird.

Faßt man die Abschätzungen des Zeitintegrales und des Itoschen Integraltermes zusammen, so wird schließlich für die Differenzengleichung des Prozesses $\boldsymbol{z}^{\mathsf{T}} = (A, \varphi)$ das vereinfachte Gleichungssystem gewonnen

$$\boldsymbol{z}(t_1 + \Delta t) - \boldsymbol{z}(t_1) = \varepsilon \bar{\bar{\boldsymbol{F}}}\left(A(t_1)\right) \Delta t + \sqrt{\varepsilon}\, \bar{\boldsymbol{G}}\left(A(t_1)\right) \Delta_0 \boldsymbol{w}(t_1) + O\left((\varepsilon \Delta t)^{3/2}\right). \tag{8.11}$$

Wir gelangen damit zu dem Resultat, daß der Prozeß $\boldsymbol{z}(t)$ für hinreichend kleine Parameter

$$\varepsilon \Delta t = \varepsilon \frac{2\pi}{\omega_0}$$

durch einen Prozeß $\boldsymbol{z}_0(t)$ approximiert werden kann, dessen (Itosche) Definitionsgleichung

$$\mathrm{d}_0 \boldsymbol{z}_0(t) = \varepsilon \bar{\bar{\boldsymbol{F}}}(A_0)\, \mathrm{d}t + \sqrt{\varepsilon}\, \bar{\boldsymbol{G}}(A_0)\, \mathrm{d}_0 \boldsymbol{w}, \qquad \boldsymbol{z}_0^{\mathsf{T}}(t) = \left(A_0(t), \varphi_0(t)\right) \tag{8.12}$$

nach einfachen zeitlichen Mittelungsoperationen, erklärt durch die Gln. (8.9) und (8.10), aus dem Ausgangssystem (8.5) bzw. seiner entsprechenden Itoschen Form erhalten wird. Offensichtlich gilt

$$\lim_{\Delta t \to 0}{}^{1)}\, \boldsymbol{z}(t) = \boldsymbol{z}_0(t), \qquad \Delta t = \frac{2\pi}{\omega_0}. \tag{8.13}$$

---

[1]) Im Abschn. 8.3. wird gezeigt, daß diese Konvergenz im Sinne der schwachen Konvergenz zu verstehen ist.

Für den Übergang von dem komplizierteren Ausgangssystem (8.5) zu dem wesentlich einfacherem System (8.12) spielt also der Parameter ε nur eine untergeordnete Rolle und kann beispielsweise Eins gesetzt werden. Entscheidend für die Approximationsgenauigkeit des Prozesses $z(t)$ durch $z_0(t)$ ist die Grundfrequenz $f_0 = \omega_0/2\pi$, die hinreichend groß gegenüber den zeitlichen Änderungen der „langsamen" Prozesse, Amplitude $A(t)$ und Phase $\varphi(t)$, sein muß.
Der beschriebene (näherungsweise) Übergang von der Ausgangsgleichung (8.1) zu dem Gleichungssystem (8.12) für die Amplitude $A(t)$ und die Phase $\varphi(t)$ der (fast) harmonischen Schwingungen (s. Gl. (8.3)) wird gewöhnlich als Methode der harmonischen Linearisierung bezeichnet.

Der Begriff der harmonischen Linearisierung ist damit begründet, daß beispielsweise mit der Mittelungsoperation (8.9) die nichtlinearen Kennlinien $f_k(y, x)$ durch lineare derart approximiert werden, daß beide bezüglich harmonischer Erregungen

$$y = y_0 = A_0 \sin(\omega_0 t + \varphi_0),$$

$$x = x_0 = \omega_0 A_0 \cos(\omega_0 t + \varphi_0)$$

mit konstanten Amplituden und Phasen die Ausgangsprozesse — bis auf Frequenzen höherer Ordnungen — äquivalent sind

$$f_k(y_0, x_0) \approx a_{0;k} + a_{1;k} y_0 + \frac{b_{1;k}}{\omega_0} x_0 .$$

Die Koeffizienten $a_{0;k}$, $a_{1;k}$ und $b_{1;k}$ sind offensichtlich die ersten Fourier-Koeffizienten der Reihe

$$f_k(A_0 \sin(\omega_0 t + \varphi_0), A_0\omega_0 \cos(\omega_0 t + \varphi_0))$$
$$= a_{0;k} + \sum_{l \geq 1} [a_{l;k} \sin(l(\omega_0 t + \varphi_0)) + b_{l;k} \cos(l(\omega_0 t + \varphi_0))].$$

Der Zusammenhang zwischen diesen Koeffizienten mit der Vektorfunktion $\bar{\boldsymbol{F}}(A)$ (s. Gl. (8.9)) ist beispielsweise im deterministischen Fall ($g_1 = g_2 = 0$) gegeben durch

$$\bar{\boldsymbol{F}}(A_0)\,|_{g_1=g_2=0} = \begin{pmatrix} a_{1;1} + \omega_0^{-1} b_{1;2} \\ A_0^{-1} b_{1;1} - (\omega_0 A_0)^{-1}\, a_{1;2} \end{pmatrix}, \qquad a_{0;1} = a_{0;2} = 0,$$

wovon sich der Leser leicht selbst überzeugt.

Ihrem Wesen nach stellt die Methode der harmonischen Linearisierung einen Spezialfall einer allgemeinen Mittelungsmethode dar, deren Grundgedanke durch eine Unterscheidung zwischen schnellen und langsamen Prozessen und eine zeitliche Mittelung über die schnellen Prozesse charakterisiert ist. Bevor wir dieses allgemeine Mittelungsprinzip im Abschn 8.3. näher erläutern, wollen wir uns zunächst der weiteren Auswertung der Gleichungen der harmonischen Linearisierung zuwenden und einige Beispiele dazu rechnen.

8.1.2. Statistische Analyse der stochastischen Amplitude und Phase

Mit dem Übergang zu dem harmonisch linearisierten System (8.12) erweist sich die statistische Analyse der Amplitude $A_0(t)$ als relativ einfach: Da das Gleichungssystem (8.12) für $z_0^{\mathrm{T}}(t) = (A_0(t), \varphi_0(t))$ rechtsseitig nur von der Amplitude abhängig ist, kann diese unabhängig von der Phase $\varphi_0(t)$ analysiert werden. Zur Lösung der Fokker-

Planck-Gleichung für den Prozeß $A_0(t)$

$$\frac{1}{\varepsilon}\frac{\partial p(A_0, t)}{\partial t} = \left[-\frac{\partial}{\partial A_0}\bar{\bar{F}}^{(1)}(A_0) + \frac{1}{2}\frac{\partial^2}{\partial A_0^2}\overline{M}^{(1,1)}(A_0)\right]p(A_0, t)$$

können die im Abschn. 6.1. beschriebenen Methoden angewandt werden, wobei die Randbedingungen durch die Reflexionsbedingungen für $A_0 = 0$ und $A_0 = +\infty$ ($A(t)$ ist ja nur für nichtnegative Werte definiert worden), gegeben sind, d. h., der Wahrscheinlichkeitsfluß muß an den Grenzen des Definitionsbereiches des Prozesses $A_0(t)$ verschwinden

$$G(A_0 = 0, t) = G(A_0 = +\infty, t) = 0 .$$

Die zeitinvarianten Koeffizienten der obigen Fokker-Planck-Gleichung sind durch die der Komponente A_0 entsprechenden Elemente der Vektor- bzw. Matrixfunktionen $\bar{\bar{F}}(\cdot)$ und $\overline{M}(\cdot)$ gegeben

$$\bar{\bar{F}}^{\mathrm{T}}(\cdot) = \left(\bar{\bar{F}}^{(1)}(\cdot), \bar{\bar{F}}^{(2)}(\cdot)\right),$$

$$\overline{M}(\cdot) = \begin{pmatrix} \overline{M}^{(1,1)}(\cdot) & \overline{M}^{(1,2)}(\cdot) \\ M^{(1,2)}(\cdot) & \overline{M}^{(2,2)}(\cdot) \end{pmatrix}.$$

Sie sind durch die Gln. (8.6), (8.8) und (8.9), (8.10) definiert. In der Regel strebt die Amplitude A_0 für $(t - t_0) \to \infty$ gegen einen stationären Prozeß, deren stationäre Verteilungsdichte gegeben ist durch (vgl. mit Gl. (6.21))

$$\left.\begin{aligned} \bar{p}(A_0) &= \begin{cases} \dfrac{C}{M^{(1,1)}(A_0)} \cdot \exp\{U(A_0)\} & \text{für} \quad A_0 \geqq 0 \\ 0 & \text{sonst}, \end{cases} \\ &\text{mit} \\ U(A) &= \int \frac{\mathrm{d}A}{M^{(1,1)}(A)}\,\bar{\bar{F}}^{(1)}(A).^{1)} \end{aligned}\right\} \tag{8.14}$$

Wir wollen im folgenden immer stationäre Amplituden voraussetzen und uns mit der Kenntnis ihrer stationären Verteilungsdichte begnügen.

Erheblich schwieriger hingegen ist die Analyse der stochastischen Phase $\varphi_0(t)$. Da ihre stochastische Differentialgleichung nach Gl. (8.12) rechtsseitig nur von der Amplitude abhängig ist, kann sie i. allg. auch nicht für $(t - t_0) \to \infty$ gegen einen stationären Prozeß streben. Sie ist sehr eng mit dem Wiener-Prozeß verwandt. Zur Analyse der Phase muß die Fokker-Planck-Gleichung für den vollständigen Zustandsvektor $z_0^{\mathrm{T}} = (A_0, \varphi_0)$ herangezogen werden

$$\begin{aligned} \frac{1}{\varepsilon}\frac{\partial p(z_0^{\mathrm{T}}, t)}{\partial t} = \Bigg[&-\frac{\partial}{\partial A_0}\bar{\bar{F}}^{(1)}(A_0) - \bar{\bar{F}}^{(2)}\frac{\partial}{\partial \varphi_0} + \frac{1}{2}\frac{\partial^2}{\partial A_0^2}\overline{M}^{(1,1)}(A_0) \\ &+ \frac{\partial^2}{\partial A_0\,\partial \varphi_0}\overline{M}^{(1,2)}(A_0) + \frac{1}{2}\overline{M}^{(2,2)}(A_0)\frac{\partial^2}{\partial \varphi_0^2}\Bigg]p(z_0^{\mathrm{T}}, t). \end{aligned}$$

---

1) Die stationäre Dichte der Amplitude ist also von dem Parameter ε unabhängig. Hier wird besonders deutlich, daß die harmonische Linearisierung in keinem Zusammenhang mit reinen Entwicklungen nach einem kleinen Parameter ε steht.

Die Randbedingungen bezüglich der Amplitude wurden schon erläutert. Bezüglich der auf das Intervall $[-\pi, +\pi]$ beschränkten Phase φ_0 muß die Randbedingung

$$p(\boldsymbol{z}_0^{\mathsf{T}}, t)\,|_{\varphi_0=+\pi} = p(\boldsymbol{z}_0^{\mathsf{T}}, t)\,|_{\varphi_0=-\pi}$$

erfüllt werden, da ja die Phasenwerte $+\pi$ und $-\pi$ völlig äquivalent sind. Da die Verteilungsdichte der Amplitude bekannt ist, ist es naheliegend, die Verbunddichte in der Form

$$p(\boldsymbol{z}_0^{\mathsf{T}}, t) = p_t(\varphi_0 \mid A_0)\, p(A_0, t)$$

darzustellen und zu versuchen, die bedingte Dichte der Phase bei gegebener Amplitude zu ermitteln. Für sie wird aus der Fokker-Planck-Gleichung für $\boldsymbol{z}_0(t)$ die folgende Bestimmungsgleichung gewonnen

$$\left.\begin{aligned}
\frac{1}{\varepsilon}\,\frac{\partial p_t(\varphi_0 \mid A_0)}{\partial t} &= \left[-F^*(A_0)\,\frac{\partial}{\partial\varphi_0} + \frac{1}{2}\,M^{(2,2)}(A_0)\,\frac{\partial^2}{\partial{\varphi_0}^2} + R_t(\varphi_0 \mid A_0)\right] p_t(\varphi_0 \mid A_0),\\
F^*(A) &= \overline{\overline{F}}{}^{(2)}(A) - M^{(1,2)}(A)\left[2\,\frac{\overline{\overline{F}}{}^{(1)}(A)}{\overline{M}^{(1,1)}(A)} - \frac{\partial \ln M^{(1,1)}(A)}{\partial A}\right],\\
R_t(\varphi \mid A) &= \frac{1}{p_t(\varphi \mid A)}\left[\overline{\overline{F}}{}^{(1)}(A)\,\frac{\partial}{\partial A} + \frac{1}{2}\,M^{(1,1)}(A)\,\frac{\partial^2}{\partial A^2} + M^{(1,2)}(A)\,\frac{\partial^2}{\partial A\,\partial\varphi}\right] p_t(\varphi \mid A).
\end{aligned}\right\}$$

(8.15)

Für $p(A_0, t)$ wurde dabei die stationäre Dichte $\overline{p}(A_0)$ nach Gl. (8.14) herangezogen.

In der Regel ist die Lösung auch dieser partiellen Differentialgleichung mit erheblichen Schwierigkeiten, bedingt durch die Instationarität der Phase und insbesondere durch die zu erfüllenden Randbedingungen, verbunden. Bei konkreten Aufgabenstellungen kann man aber beispielsweise versuchen, durch spezielle Transformationen des bedingten Prozesses $(\varphi_0 \mid A_0) = \big(\theta(\tau), A_0, \tau\big)$ und der Zeit $\tau = T(t)$ (s. Abschn. 6.1.4. und 6.2.2.) diese Gleichung in eine überschaubarere und leichter handhabbare Form für den Prozeß $\theta(\tau)$ zu überführen. Dieser Weg soll hier nicht weiter verfolgt werden, da ja diese Transformationen von den konkreten Formen der in (8.15) auftretenden Funktionen der Amplitude A_0 abhängen.

Wir beschränken uns hier auf ein sehr einfaches, für praktische Analysezwecke häufig völlig ausreichendes Näherungsverfahren, das in der Vernachlässigung der Funktion $R_t(\varphi_0 \mid A_0)$ in (8.15) besteht. Die bedingte Dichte $p_t(\varphi_0 \mid A_0)$ wird damit durch die Lösung $p_{0;t}(\varphi_0 \mid A_0)$ der wesentlich einfacheren Gleichung

$$\frac{1}{\varepsilon}\,\frac{\partial p_{0;t}(\varphi_0 \mid A_0)}{\partial t} = \left[-F^*(A_0)\,\frac{\partial}{\partial\varphi_0} + \frac{1}{2}\,\overline{M}^{(2,2)}(A_0)\,\frac{\partial^2}{\partial{\varphi_0}^2}\right] p_{0;t}(\varphi_0 \mid A_0)$$

approximiert.

Zur Begründung dieses Approximationsschrittes stellen wir zunächst fest, daß für ein rein deterministisches System (8.1) die Funktion $R_t(\cdot \mid \cdot)$ identisch verschwindet:

$$\lim_{\xi\to 0} R_t(\varphi_0 \mid A_0) = 0\,.$$

In diesem Falle gilt nämlich $\overline{M}^{(i,j)}(A) = 0$, und die stationäre Amplitude A_0 erfüllt gerade die Bedingung $F^{(1)}(A_0) = 0$. Im Falle nichtverschwindender stochastischer Einflußgrößen $\boldsymbol{\xi}(t)$ verschwindet der bedingte Erwartungswert dieser Funktion

$$\langle R_t(\varphi_0 \mid A_0) \mid A_0\rangle = 0\,,$$

da ja durch die partielle Differentialgleichung (8.15) eine normierte Dichte definiert ist. Somit stellt die Dichte $p_{0;t}(\varphi_0 \mid A_0)$ eine — zumindest für kleinere stochastische Störungen des Systems (8.1) — recht gute Näherungslösung für $p_t(\varphi_0 \mid A_0)$ dar.

In dieser Näherung wird die Phase $\varphi_0(t)$ bei gegebener Amplitude durch einen der Zeit proportionalen deterministischen Anteil und einen Wiener-Prozeß $\theta(t \mid A_0)$ beschrieben

$$\varphi_0(t) = F^*(A_0)\, t + \theta(t \mid A_0).$$

Im Ergebnis der harmonischen Linearisierung des Ausgangssystems (8.1) und der nur bei der statistischen Analyse der Phase herangezogenen zusätzlichen Näherung $R_t(\varphi_0 \mid A_0) = 0$ (s. Gl. (8.15)) werden also die (fast) harmonischen Schwingungen $y(t)$ und $x(t)$ nach Gl. (8.3) durch die Prozesse

$$\begin{aligned} y(t) &\simeq A_0(t) \sin\left[\omega(A_0)\, t + \theta(t \mid A_0)\right], \\ x(t) &\simeq \omega_0 A_0(t) \cos\left[\omega(A_0)\, t + \theta(t \mid A_0)\right] \end{aligned} \tag{8.16}$$

approximiert, deren i. allg. amplitudenabhängige Grundfrequenz bestimmt ist durch

$$\omega(A_0) = \omega_0 + F^*(A_0). \tag{8.17}$$

Die Verteilungsdichte der stationären Amplitude $A_0(t)$ ist durch Gl. (8.14) definiert. Die Phase $\theta(t \mid A_0)$ stellt bei gegebener Amplitude A_0 einen Wiener-Prozeß mit den statistischen Charakteristika

$$\begin{aligned} &\langle \theta(t \mid A_0) \mid A_0, \theta(t_0) \rangle = \theta(t_0), \\ &\langle [\theta(t \mid A_0) - \theta(t_0)]^2 \mid A_0, \theta(t_0) \rangle = (t - t_0)\, \overline{M}^{(2,2)}(A_0)\, \varepsilon, \\ &t \geqq t_0 \end{aligned} \tag{8.18}$$

dar. Damit steht eine i. d. R. recht leistungsfähige Methode zur (näherungsweisen) Analyse selbstschwingender, stochastischer Systeme zur Verfügung, deren konkrete Anwendung im Abschn. 8.2. an Hand zweier Beispiele vorgeführt wird. Ausführlicher findet man die Methode der harmonischen Linearisierung in [2] (s. a. [40], [78]) dargestellt.

8.1.3. Systeme mit zustandsunabhängigen Eingangsintensitäten

Erhebliche Vereinfachungen ergeben sich bei der harmonischen Linearisierung, wenn die Eingangsintensitäten $\boldsymbol{g}_1^{\mathrm{T}}$ und $\boldsymbol{g}_2^{\mathrm{T}}$ im Ausgangssystem (8.1) zustandsunabhängig sind. Nach Gl. (8.6) sind die Elemente der Matrix $\boldsymbol{g}(\cdot)$ in diesem Falle proportional zu $\sin(\omega_0 t + \varphi)$ bzw. $\cos(\omega_0 t + \varphi)$, so daß nach der Mittelungsvorschrift (8.10) für $\overline{\boldsymbol{M}}(A)$ eine Diagonalmatrix mit den Elementen

$$\begin{aligned} \overline{M}^{(1,1)}(A) &= \frac{1}{2}\left(\boldsymbol{g}_1^{\mathrm{T}} \boldsymbol{g}_1 + \frac{1}{\omega_0^2}\, \boldsymbol{g}_2^{\mathrm{T}} \boldsymbol{g}_2\right), \\ \overline{M}^{(2,2)}(A) &= \frac{1}{A^2}\, \overline{M}^{(1,1)}(A), \\ \overline{M}^{(2,1)}(A) &= 0 \end{aligned} \tag{8.19}$$

erhalten wird. Die Lösung der Gl. (8.10) für $\bar{\boldsymbol{G}}(A)$

$$\bar{\boldsymbol{G}}(A)\,\bar{\boldsymbol{G}}^{\mathsf{T}}(A) = \begin{pmatrix} \overline{M}^{(1,1)}(A) & 0 \\ 0 & \overline{M}^{(2,2)}(A) \end{pmatrix}$$

ist i. allg. nicht eindeutig, so daß nach harmonischer Linearisierung Amplitude und Phase durch verschiedene stochastische Differentialgleichungen beschrieben werden können, die aber alle zu der gleichen Fokker-Planck-Gleichung führen, d. h., die so definierten Prozesse A_0 und φ_0 sind alle statistisch äquivalent. Damit kann man sich auf die Grundlösung

$$\bar{\boldsymbol{G}}(A) = \begin{pmatrix} \sqrt{\overline{M}^{(1,1)}(A)} & 0 \\ 0 & \sqrt{\overline{M}^{(2,2)}(A)} \end{pmatrix}$$

beschränken, was bedeutet, daß der ursprüngliche Eingangsprozeß $\boldsymbol{\xi}(t)$ beliebiger Dimension $m \geqq 1$ im harmonisch linearisierten System (in der Itoschen Form)

$$\begin{aligned} \mathrm{d}_0 A_0 &= \bar{\bar{F}}^{(1)}(A_0)\,\mathrm{d}t + \sqrt{M^{(1,1)}(A_0)}\,\mathrm{d}_0 w_1, \\ \mathrm{d}_0 \varphi_0 &= \bar{\bar{F}}^{(2)}(A_0)\,\mathrm{d}t + \sqrt{M^{(2,2)}(A_0)}\,\mathrm{d}_0 w_2 \end{aligned} \qquad (8.20)$$

durch zwei statistisch unabhängige, weiße Gaußsche Prozesse $\xi_1(t)$ und $\xi_2(t)$ bzw. zwei voneinander unabhängige Wiener-Prozesse w_1 und w_2 mit den statistischen Charakteristika

$$\langle \mathrm{d}_0 w_1 \rangle = \langle \mathrm{d}_0 w_2 \rangle = 0,$$

$$\langle (\mathrm{d}_0 w_1)^2 \rangle = \langle (\mathrm{d}_0 w_2)^2 \rangle = \mathrm{d}t, \qquad \langle \mathrm{d}_0 w_1\, \mathrm{d}_0 w_2 \rangle = 0$$

ersetzt werden kann.

Faßt man die Gln. (8.6), (8.8) und (8.9) zusammen, so werden die beiden Komponenten der Vektorfunktion $\bar{\bar{\boldsymbol{F}}}(A)$ unter Beachtung der Zustandsunabhängigkeit der Eingangsintensitäten $\boldsymbol{g}_1^{\mathsf{T}}$ und $\boldsymbol{g}_2^{\mathsf{T}}$ wie folgt ermittelt

$$\left.\begin{aligned} \bar{\bar{F}}^{(1)}(A) &= \frac{1}{4A}\left(\boldsymbol{g}_1^{\mathsf{T}}\boldsymbol{g}_1 + \frac{1}{\omega_0^2}\boldsymbol{g}_2^{\mathsf{T}}\boldsymbol{g}_2\right) \\ &\quad + \frac{1}{2\pi}\int_0^{2\pi}\left[f_1(A\sin\Psi, A\omega_0\cos\Psi)\sin\Psi + \frac{1}{\omega_0} f_2(A\sin\Psi,\right. \\ &\quad \left. A\omega_0\cos\Psi)\cos\Psi\right]\mathrm{d}\Psi, \\ \bar{\bar{F}}^{(2)}(A) &= \frac{1}{2\pi}\int_0^{2\pi}\left[f_1(A\sin\Psi, A\omega_0\cos\Psi)\cos\Psi + \frac{1}{\omega_0} f_2(A\sin\Psi,\right. \\ &\quad \left. A\omega_0\cos\Psi)\sin\Psi\right]\mathrm{d}\Psi. \end{aligned}\right\} \qquad (8.21)$$

Bei der näherungsweisen Beschreibung der Prozesse $y(t)$ und $x(t)$ nach Gl. (8.16) sind die stationäre Dichte der Amplitude A_0 nach Gl. (8.14) durch $\overline{M}^{(1,1)}(A)$ und $\bar{\bar{F}}^{(1)}(A)$, die harmonische Grundfrequenz entsprechend Gl. (8.17) (wegen $\overline{M}^{(1,2)} = 0$ ist $F^* = \bar{\bar{F}}^{(2)}$)

durch

$$\omega(A_0) = \omega_0 + \overline{\overline{F}}^{(2)}(A_0) \tag{8.22}$$

und die Phasenstatistik durch $\overline{M}^{(2,2)}(A)$ nach Gl. (8.18) gegeben.

8.2. Beispiele

8.2.1. Schmalbandfilterung eines breitbandigen Prozesses

Als erstes Beispiel betrachten wir ein Bandpassfilter zweiter Ordnung mit der Mittenfrequenz $\omega_0/2\pi$ und einer kleinen Dämpfung $0 < \beta \ll \omega_0^2$, dessen Eingangsgröße ein stationärer Gauß-Prozeß mit dem Erwartungswert Null und einem Leistungsdichtespektrum sei, das in einer weiten Umgebung von ω_0 (für $|\omega| \in [\omega_0 \pm \Delta\omega]$, $\Delta\omega \gg \beta$) konstant ist. Er kann damit durch einen weißen Gaußschen Rauschprozeß approximiert werden.

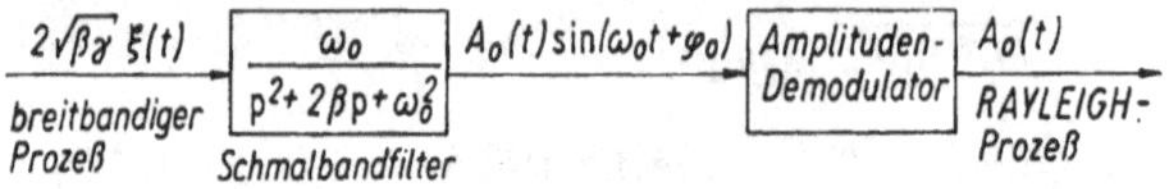

Abb. 8.1: Schematische Darstellung der Erzeugung eines Rayleigh-Prozesses

Infolge der schmalbandigen Filterung stellt der Ausgangsprozeß $y(t)$, beschrieben durch die Differentialgleichung (s. Abb. 8.1)

$$\ddot{y} + 2\beta\dot{y} + \omega_0^2 y = 2\omega_0 \sqrt{\beta\gamma}\, \xi(t), \qquad K_\xi(t, t') = \delta(t - t')$$

bzw. im Zustandsraum durch das Differentialgleichungssystem erster Ordnung

$$\dot{y} = x,$$

$$\dot{x} = -2\beta x - \omega_0^2 y + 2\omega_0 \sqrt{\beta\gamma}\, \xi(t)$$

eine fast harmonische Schwingung gemäß Gl. (8.16) dar, deren Amplituden- und Phasenstatistik ermittelt werden soll. Für unser spezielles System sind (vgl. mit (8.1))

$$f_1(y, x) = 0, \qquad \mathbf{g}_1^{\mathrm{T}} = 0,$$

$$f_2(y, x) = -2\beta x, \qquad \mathbf{g}_2^{\mathrm{T}} \to g_2 = 2\omega_0 \sqrt{\gamma\beta}.$$

Da die Eingangsintensität zustandsunabhängig ist, finden bei der harmonischen Linearisierung die Gln. (8.19) bis (8.21) Anwendung, nach denen Amplitude und Phase durch die folgenden Itoschen Gleichungen beschrieben werden

$$\mathrm{d}_0 A_0 = -\beta \left(A_0 - \frac{\gamma}{A_0}\right) \mathrm{d}t + \sqrt{2\beta\gamma}\, \mathrm{d}_0 w_1,$$

$$\mathrm{d}_0 \varphi_0 = \frac{\sqrt{2\beta\gamma}}{A_0}\, \mathrm{d}_0 w_2.$$

Danach wird also der Prozeß $y(t)$ durch eine (fast) harmonische Schwingung

$$\gamma(t) = A_0(t) \sin\left(\omega_0 t + \varphi_0(t)\right)$$

beschrieben, wobei die stationäre Dichte der Amplitude die Rayleigh-Dichte mit der Intensität γ ist

$$p(A_0) = \begin{cases} 2\gamma A_0 \exp\left\{-\dfrac{A_0^2}{2\gamma}\right\} & \text{für} \quad A_0 \geqq 0, \\ 0 & \text{sonst.} \end{cases}$$

Die Phase ist ein Wiener-Prozeß, dessen Intensität umgekehrt proportional zur Amplitude ist. Dieses Resultat weist auf eine interessante praktische Realisierungsmöglichkeit eines Rayleigh-Prozesses hin: Es ist ein hinreichend breitbandiges, Gauß-verteiltes Eingangssignal schmalbandig zu filtern und das Ausgangssignal mit Hilfe eines Amplitudendemodulators zu demodulieren (s. Abb. 8.1).

8.2.2. Statistische Analyse des Wien-Oszillators

Als zweites Beispiel betrachten wir den Wien-Oszillator, dessen Prinzipschaltung in der Abb. 8.2 dargestellt ist. Der Zusammenhang zwischen den Spannungen U_2 und U_1 ist dabei gegeben durch $\left(\mathrm{p} = \dfrac{\mathrm{d}}{\mathrm{d}t}\right)$

$$U_2(t) = \frac{\omega_0 \mathrm{p}}{\mathrm{p}^2 + 3\omega_0 \mathrm{p} + \omega_0^2} U_1(t), \qquad \omega_0 = \frac{1}{\mathrm{RC}}. \tag{8.23}$$

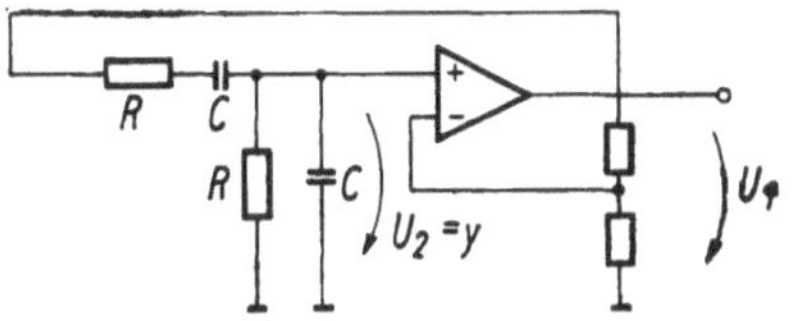

Abb. 8.2: Blockschaltbild eines Wien-Oszillators

Das RC-Netzwerk ist dabei so ausgelegt, daß seine frequenzabhängige Phasenverschiebung bezüglich einer harmonischen Anregung $U_1 = \sin(\omega t)$

$$\varphi_{\mathrm{RC}}(\omega) = \frac{\pi}{2} - \operatorname{arctg}\left(\frac{3\omega\omega_0}{\omega_0^2 - \omega^2}\right)$$

für $\omega = \omega_0$ gerade Null ist. Für eine lineare Verstärkerkennlinie $U_1 = vU_2$ wird somit für $v > 3$ eine negativ gedämpfte Schwingung mit der Grundfrequenz $\omega_0/2\pi$ aufgebaut. In praxi ist jedoch die Verstärkerkennlinie nur in einem beschränkten Bereich von Eingangsintensitäten linear und „knickt" für größere Eingangsintensitäten, im sogenannten Sättigungsbereich, ab (s. Abb. 8.3), wodurch die Amplitude der harmonischen Schwingung beschränkt wird.

Unter Berücksichtigung eines Verstärkerrauschens, das hier vereinfachend durch einen zustandsunabhängigen weißen Gaußschen Rauschprozeß $\xi(t)$ approximiert werden soll

$$U_1(t) = V(U_2) + 2\sqrt{\frac{\gamma}{\omega_0}}\,\xi(t), \qquad V(U_2) = -V(-U_2),$$
$$m_\xi = 0, \qquad K_\xi(t, t') = \delta(t - t'), \tag{8.24}$$

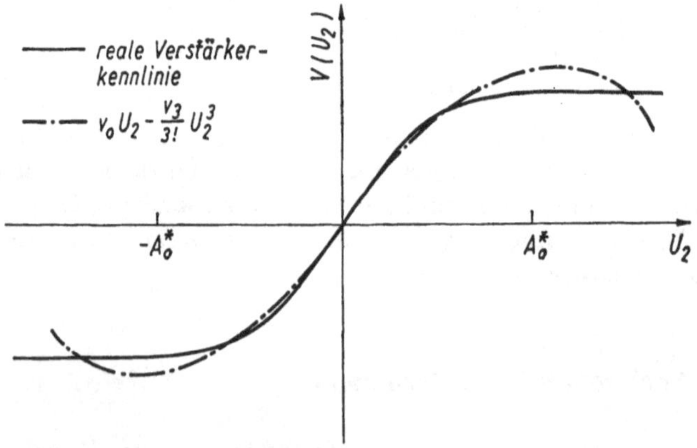

Abb. 8.3: Zur Approximation der statischen Verstärkerkennlinie durch ein kubisches Polynom

sollen die Statistik der Amplitude und der Phase der (fast) harmonischen Schwingung

$$U_2(t) = A(t) \sin\big(\omega_0 t + \varphi_0(t)\big)$$

mit Hilfe der Methode der harmonischen Linearisierung ermittelt werden. Da die Amplitude $A(t)$ beschränkt ist, ist es dazu ausreichend, die Verstärkerkennlinie durch ein kubisches Polynom zu approximieren (s. Abb. 8.3)

$$V(U_2) \simeq v_0 U_2 - \frac{1}{3!} v_3 U_2. \tag{8.25}$$

Auf die Festlegung der Koeffizienten v_0 und v_3 wird weiter unten näher eingegangen.

Das durch die Gleichungen (8.23) bis (8.25) definierte System wird im Zustandsraum beschrieben durch

$$\dot{y} = x + \omega_0 \left(v_0 y - \frac{1}{3!} v_3 y^3\right) + 2\sqrt{\gamma\omega_0}\,\xi, \qquad y = U_2(t),$$
$$\dot{x} = -\omega_0^2 y - 3\omega_0 x,$$

d. h., es sind im Vergleich mit Gl. (8.1):

$$f_1(y, x) = \omega_0 \left(v_0 y - \frac{1}{3!} v_3 y^3\right), \quad \boldsymbol{g}_1^\mathsf{T} \to g_1 = 2\sqrt{\gamma\omega_0},$$
$$f_2(y, x) = -3\omega_0 x, \qquad \boldsymbol{g}_2^\mathsf{T} = 0.$$

Aufgrund der vorausgesetzten Zustandsunabhängigkeit des Verstärkerrauschens finden für die harmonische Linearisierung die Gleichungen (8.19) bis (8.21) Anwendung, nach denen Amplitude und Phase durch die folgenden stochastischen Differentialgleichungen beschrieben werden

$$d_0A_0 = \omega_0 \left[\frac{\gamma}{A_0} + \frac{1}{2}(v_0 - 3)\, A_0 - \frac{1}{16}\, v_3 A_0^3\right] dt + 2\sqrt{\gamma\omega_0}\, d_0w_1,$$

$$d_0\varphi_0 = \frac{\sqrt{2\gamma\omega_0}}{A_0}\, d_0w_2.$$

Die stationäre Dichte der Amplitude ist damit gegeben durch

$$\overline{p}(A_0) = \begin{cases} CA_0 \cdot \exp\left\{\frac{1}{4\gamma}\left[(v_0 - 3)\, A_0^2 - \frac{1}{16}\, v_3 A_0^4\right]\right\} & \text{für} \quad A_0 \geqq 0, \\ 0 \quad \text{sonst.} & \end{cases} \tag{8.26}$$

Die Phase ist wieder ein Wiener-Prozeß mit einer der Amplitude A_0 umgekehrt proportionalen Intensität. Der wahrscheinlichste Wert der (stationären) Amplitude A_0^*

$$\overline{p}(A_0)\,|_{A_0^* = A_0} = \underset{A_0 \in [0,\infty]}{\mathrm{Max}}\ \overline{p}(A_0)$$

ist gegeben durch:

$$A_0^* = \sqrt{\frac{v_0 - 3}{v_3}\left(1 + \sqrt{1 + \gamma\frac{v_3}{(v_0 - 3)^2}}\right)} \quad (v_0 \geqq 3). \tag{8.27}$$

Für große v_0 wird also der stochastische Einfluß unterdrückt. Interessant ist, daß im deterministischen Fall ($\gamma = 0$) für $v_0 = 3$ der Wien-Oszillator nicht schwingen kann, während durch das Verstärkerrauschen ($\gamma > 0$) auch für $v_0 = 3$ eine Schwingung mit der wahrscheinlichsten Amplitude

$$A_0^*\,|_{v_0 = 3} = \sqrt[4]{\frac{\gamma}{v_3}}$$

aufgebaut wird.

Mit dem Ergebnis (8.26) kann nun eine optimale Anpassung der realen Verstärkerkennlinie $V(U_2)$ (in der Regel wird sie durch eine arctan-Funktion beschrieben) durch ein kubisches Polynom vorgenommen werden. Dabei kann man sich auf den Eingangsbereich $|U_2| \in [0, A_0^*]$ beschränken und das folgende Optimalitätskriterium heranziehen

$$\int_0^{A_0^*} \left[V(\gamma) - v_0 y + \frac{1}{3!}\, v_3 y^3\right]^2 dy \overset{!}{=} \underset{v_0, v_3}{\mathrm{Min}}.$$

Unter Beachtung von (8.27) erhält man daraus ein nichtlineares, algebraisches Gleichungssystem für v_0 und v_3.

8.3. Das allgemeine (zeitliche) Mittelungsprinzip

Ausgegangen wird von einem stochastischen System, dessen Zustandskomponenten in zwei Klassen unterteilt werden können, wobei die Klassifikationsmerkmale die mittleren zeitlichen Änderungsgeschwindigkeiten der Prozeßkomponenten sind: Zur ersten Klasse werden alle diejenigen Zustandskomponenten gezählt, deren Änderungsgeschwindigkeiten gegenüber denen der restlichen Zustandsgrößen (im Mittel) klein sind. Der vollständige Zustandsvektor $\boldsymbol{z}$ besteht also aus einem Vektorprozeß $\boldsymbol{z}_{\mathrm{L}}$, der die langsamen Zustandskomponenten enthält, und einem Vektorprozeß $\boldsymbol{z}_{\mathrm{S}}$, der die restlichen, schnellen Prozeßkomponenten beschreibt

$$\boldsymbol{z}^{\mathsf{T}} = (\boldsymbol{z}_{\mathrm{L}}{}^{\mathsf{T}}, \boldsymbol{z}_{\mathrm{S}}{}^{\mathsf{T}}).$$

Mathematisch wird diese Trennung in schnelle und langsame Prozesse durch die folgenden Itoschen Differentialgleichungssysteme charakterisiert

$$\begin{aligned} \mathrm{d}_0\boldsymbol{z}_{\mathrm{L}}(t) &= \tilde{\boldsymbol{f}}_{\mathrm{L}}(\boldsymbol{z}_{\mathrm{L}}{}^{\mathsf{T}}, \boldsymbol{z}_{\mathrm{S}}{}^{\mathsf{T}})\,\mathrm{d}t + \boldsymbol{g}_{\mathrm{L}}(\boldsymbol{z}_{\mathrm{L}}{}^{\mathsf{T}}, \boldsymbol{z}_{\mathrm{S}}{}^{\mathsf{T}})\,\mathrm{d}_0\boldsymbol{w}, \\ \mathrm{d}_0\boldsymbol{z}_{\mathrm{S}}(t) &= \omega_0\tilde{\boldsymbol{f}}_{\mathrm{S}}(\boldsymbol{z}_{\mathrm{L}}{}^{\mathsf{T}}, \boldsymbol{z}_{\mathrm{S}}{}^{\mathsf{T}})\,\mathrm{d}t + \sqrt{\omega_0}\,\boldsymbol{g}_{\mathrm{S}}(\boldsymbol{z}_{\mathrm{L}}{}^{\mathsf{T}}, \boldsymbol{z}_{\mathrm{S}}{}^{\mathsf{T}})\,\mathrm{d}_0\boldsymbol{w}, \end{aligned} \tag{8.28}$$

worin ω_0 ein großer Parameter ist.

Die Beschränkung auf ein zeitinvariantes System (8.28) ist nicht wesentlich, da eventuell vorhandene explizite Zeitabhängigkeiten i. d. R. durch deterministische Differentialgleichungen beschrieben und durch Zustandserweiterung als (deterministische) Zustandskomponenten berücksichtigt werden können. Je nach ihren Änderungsgeschwindigkeiten werden sie den langsamen Prozessen $\boldsymbol{z}_{\mathrm{L}}$ oder $\boldsymbol{z}_{\mathrm{S}}$ zugeschlagen.

Voraussetzungsgemäß ist die zeitliche Änderung des Prozesses $\boldsymbol{z}_{\mathrm{L}}$ wesentlich langsamer als die des Prozesses $\boldsymbol{z}_{\mathrm{S}}(t)$, so daß dieser schnelle Prozeß in guter Näherung durch einen Prozeß $\boldsymbol{z}_{0;\mathrm{S}}(\boldsymbol{z}_{\mathrm{L}}{}^{\mathsf{T}}, t)$ approximiert werden kann, der durch die zweite Gleichung von (8.28) unter Voraussetzung eines zeitlich konstanten Prozesses $\boldsymbol{z}_{\mathrm{L}}$ definiert ist

$$\begin{aligned} \mathrm{d}_0\boldsymbol{z}_{0;\mathrm{S}} &= \omega_0\tilde{\boldsymbol{f}}_{\mathrm{S}}(\boldsymbol{z}_{\mathrm{L}}{}^{\mathsf{T}}, \boldsymbol{z}_{0;\mathrm{S}}^{\mathsf{T}})\,\mathrm{d}t + \sqrt{\omega_0}\,\boldsymbol{g}_{\mathrm{S}}(\boldsymbol{z}_{\mathrm{L}}{}^{\mathsf{T}}, \boldsymbol{z}_{0;\mathrm{S}}^{\mathsf{T}})\,\mathrm{d}_0\boldsymbol{w}, \\ \boldsymbol{z}_{\mathrm{L}} &= \mathrm{const.} \end{aligned} \tag{8.29}$$

Bei vorgegebenem Anfangszustand $\boldsymbol{z}_{0;\mathrm{S}}(t_0) = \boldsymbol{z}_{\mathrm{S}}(t_0)$ stellt die Lösung dieser stochastischen Differentialgleichung also eine Funktion der langsamen Prozeßkomponenten $\boldsymbol{z}_{\mathrm{L}}$ und ein Funktional des weißen Gaußschen Eingangsprozesses $\big(\mathrm{d}_0\boldsymbol{w} = \boldsymbol{\xi}(t)\,\mathrm{d}t\big)$ dar

$$\boldsymbol{z}_{0;\mathrm{S}}(\boldsymbol{z}_{\mathrm{L}}{}^{\mathsf{T}}, \omega_0 t = \mathscr{F}\{\boldsymbol{z}_{\mathrm{L}}{}^{\mathsf{T}}, \boldsymbol{z}_{\mathrm{S}}{}^{\mathsf{T}}(t_0), \boldsymbol{\xi}^{\mathsf{T}}(t') \mid t_0 \leqq t' \leqq t\}.$$

Setzt man diese Näherungslösung für $\boldsymbol{z}_{\mathrm{S}}(t)$ in die stochastische Differentialgleichungen für die langsamen Prozesse ein, so werden diese näherungsweise durch das folgende, explizit zeitabhängige Differentialgleichungssystem bestimmt:

$$\mathrm{d}_0\boldsymbol{z}_{\mathrm{L}} \simeq \tilde{\boldsymbol{f}}_{\mathrm{L}}\big(\boldsymbol{z}_{\mathrm{L}}{}^{\mathsf{T}}, \boldsymbol{z}_{0;\mathrm{S}}^{\mathsf{T}}(\boldsymbol{z}_{\mathrm{L}}{}^{\mathsf{T}}, \omega_0 t)\big)\,\mathrm{d}t + \boldsymbol{g}_{\mathrm{L}}\big(\boldsymbol{z}_{\mathrm{L}}{}^{\mathsf{T}}, \boldsymbol{z}_{0;\mathrm{S}}^{\mathsf{T}}(\boldsymbol{z}_{\mathrm{L}}{}^{\mathsf{T}}, \omega_0 t)\big)\,\mathrm{d}_0\boldsymbol{w}. \tag{8.30}$$

Die Lösung dieser stochastischen Differentialgleichung wird im allgemeinen einen zeitlich langsamen Trend ausweisen, dem, durch die explizite Zeitabhängigkeit der rechten Seite bedingt, schnelle zeitliche Änderungen überlagert sind. Diese schnellen, dem Trend überlagerten Änderungen spielen jedoch für die Analyse der langsamen Prozesse nur eine untergeordnete Rolle, d. h., es interessiert im wesentlichen nur das Trendverhalten.

Zur Analyse dieses zeitlichen Trendverhaltens der langsamen Prozesse wird auf der rechten Seite der (näherungsweise geltenden) Differentialgleichung für z_L über die explizite Zeitabhängigkeit gemittelt, d. h., es werden die Vektorfunktion $\tilde{f}_L(z_L^{\mathsf{T}}, z_{0;S}^{\mathsf{T}} \times (z_L^{\mathsf{T}}, \omega_0 t))$ durch die zeitunabhängige Funktion

$$\bar{\tilde{f}}_L(z_L^{\mathsf{T}}) = \lim_{T\to\infty} \frac{1}{T} \int_t^{t+T} \tilde{f}_L(z_L^{\mathsf{T}}, z_{0;S}^{\mathsf{T}}(z_L^{\mathsf{T}}, \omega_0 t'))\, dt' \tag{8.31}$$

und die Matrixfunktion $g_L(z_L^{\mathsf{T}}, z_{0;S}^{\mathsf{T}}(z_L^{\mathsf{T}}, \omega_0 t))$ durch eine zeitunabhängige Matrix $\bar{g}_L(z_L^{\mathsf{T}})$ so ersetzt, daß die Prozesse

$$\frac{1}{T} \int_t^{T+t} g_L(z_L^{\mathsf{T}}, z_{0;S}^{\mathsf{T}}(z_L^{\mathsf{T}}, \omega_0 t))\, d_0 w(t') \quad \text{und} \quad \bar{g}_L(z_L^{\mathsf{T}}) \frac{1}{T} \int_t^{t+T} d_0 w(t')$$

bei festgehaltenem z_L^{T} die gleiche Statistik besitzen. Unter dieser Bedingung wird $\bar{g}_L(z_L^{\mathsf{T}})$ aus der folgenden quadratischen Matrizengleichung bestimmt

$$\bar{g}_L(z_L^{\mathsf{T}})\, \bar{g}_L^{\mathsf{T}}(z_L^{\mathsf{T}}) = \lim_{T\to\infty} \frac{1}{T} \int_t^{t+T} g_L(\cdot)\, g_L^{\mathsf{T}}(z_L^{\mathsf{T}}, z_{0;S}^{\mathsf{T}}(z_L^{\mathsf{T}}, \omega_0 t'))\, dt'. \tag{8.32}$$

Nach diesen Mittelungsoperationen wird das langsame Trendverhalten des Prozesses $z_L(t)$ näherungsweise durch einen Markovschen Diffusionsprozeß $z_{0;L}(t)$ beschrieben, der durch das folgende Itosche Differentialgleichungssystem mit explizit zeitunabhängigen Funktionen $\bar{\tilde{f}}_L(\cdot)$ und $\bar{g}_L(\cdot)$ definiert ist

$$d_0 z_{0;L}(t) = \bar{\tilde{f}}_L(z_{0;L}^{\mathsf{T}})\, dt + \bar{g}_L(z_{0;L}^{\mathsf{T}})\, d_0 w. \tag{8.33}$$

Voraussetzung dafür ist natürlich, daß die in den Gleichungen (8.32) und (8.33) auf der rechten Seite stehenden zeitlichen Erwartungswerte existieren.

Der beschriebene, näherungsweise Übergang von dem allgemeinen, verkoppelten Ausgangssystem (8.28) zu dem Markovschen Diffusionsprozeß $z_{0;L}(t)$ stellt das allgemeine Mittelungsprinzip dar. Seine mathematische Begründung findet dieses recht effektive Näherungsverfahren darin, daß unter recht allgemeinen Voraussetzungen an das Ausgangssystem (8.28) die Lösung $z_L(t)$ für $\omega_0 \to \infty$ gegen den Markovschen Diffusionsprozeß $z_{0;L}(t)$ für alle (endlichen) Zeiten t $(0 \leqq t - t_0 < \infty)$ (schwach) konvergiert, d. h., es gilt für alle $\eta > 0$

$$\lim_{\omega_0\to\infty} P(\|z_L(t) - z_{0;L}(t)\| > \eta) = 0.$$

Chasminski [12], [13] wies diese Konvergenz unter folgenden Voraussetzungen nach

V 1: In Gl. (8.28) erfüllen die Funktionen $f_L(\cdot)$, $f_S(\cdot)$ und $g_L(\cdot)\, g_S(\cdot)$ die Lipschitz-Bedingung $(0 < \lambda < \infty)$

$$\|\tilde{f}_{L/S}(z_L^{\mathsf{T}}, z_S^{\mathsf{T}}) - \tilde{f}_{L/S}(\tilde{z}_L^{\mathsf{T}}, \tilde{z}_S^{\mathsf{T}})\| < \lambda(\|z_L - \tilde{z}_L\| + \|z_S - \tilde{z}_S\|),$$

$$|\mathrm{Sp}\, \{\bar{g}_{L/S}(z_L^{\mathsf{T}}, z_S^{\mathsf{T}})\, \bar{g}_{L/S}^{\mathsf{T}}(\cdot) - \bar{g}_{L/S}(\tilde{z}_L^{\mathsf{T}}, \tilde{z}_S^{\mathsf{T}})\, \bar{g}_{L/S}^{\mathsf{T}}(\cdot)\}|$$
$$< \lambda(\|z_L - \tilde{z}_L\| + \|z_S - \tilde{z}_S\|)^2,$$

V 2: Es gilt $(0 \leqq C < \infty)$:

$$\|\tilde{\boldsymbol{f}}_L(\boldsymbol{z}_L{}^T, \boldsymbol{z}_S{}^T)\|^2 + |\mathrm{Sp}\,\{\boldsymbol{g}_L(\boldsymbol{z}_L{}^T, \boldsymbol{z}_S{}^T)\,\boldsymbol{g}_L{}^T(\cdot)\}| < C(1 + \|\boldsymbol{z}_L\|^2),$$

V 3: Es existiert eine mit $T \to \infty$ verschwindende Funktion $a(T) \geqq 0$, so daß

$$\left\| \frac{1}{T} \int\limits_t^{t+T} \tilde{\boldsymbol{f}}_L(\boldsymbol{z}_L{}^T, \boldsymbol{z}_{0;S}^T(\boldsymbol{z}_L{}^T, \omega_0 t'))\,dt' - \bar{\tilde{\boldsymbol{f}}}_L(\boldsymbol{z}_L{}^T) \right\|^2$$

$$+ \left| \mathrm{Sp} \left\{ \frac{1}{T} \int \boldsymbol{g}_L(\boldsymbol{z}_L{}^T, \boldsymbol{z}_{0;S}^T(\boldsymbol{z}_L{}^T, \omega_0 t'))\,\boldsymbol{g}_L{}^T(\cdot)\,dt' - \bar{\boldsymbol{g}}_L(\boldsymbol{z}_L{}^T)\,\bar{\boldsymbol{g}}_L{}^T(\boldsymbol{z}_L{}^T) \right\} \right| < a(T)$$

$$\times\, [1 + \|\boldsymbol{z}_L\|^2].$$

Die im Abschn. 8.1. ausführlicher beschriebene Methode der harmonischen Linearisierung stellt einen sehr einfachen Spezialfall des allgemeinen Mittelungsprinzipes dar: Die dort eingeführten Amplitude und Phase stellen die Komponenten des langsamen Prozesses $\boldsymbol{z}_L{}^T = (A, \varphi)$ dar, und der „schnelle Prozeß" ist einfach durch eine Zeitdehnung charakterisiert $\boldsymbol{z}_S(t) = \omega_0 t$. Das für diesen Spezialfall exakt geltende Differentialgleichungssystem (8.30) ist somit dem Gleichungssystem (8.8a) äquivalent. Aufgrund der periodischen expliziten Zeitabhängigkeit der Funktionen $\tilde{\boldsymbol{f}}_L(\cdot) = \boldsymbol{F}(\cdot)$ und $\boldsymbol{g}_L(\cdot) = \boldsymbol{G}(\cdot)$ (vgl. Gl. (8.30) mit (8.8a)) gehen die allgemeinen Mittelungsoperationen (8.31) und (8.32) in die speziellen Mittelungsvorschriften nach Gl. (8.9) und (8.10) über. Die im Abschn. 8.1. mehr intuitiv formulierte Konvergenz nach (8.13) ist durch den Satz von Chasminski im Sinne der schwachen Konvergenz gesichert.

Ein weiterer wichtiger Spezialfall der Mittelungsmethode liegt bei der harmonischen Linearisierung eines durch einen harmonischen Prozeß $c_0 \sin(\omega_0 t)$ erregten stochastischen Systems vor. Auch hier werden für die Systemausgangsprozesse die langsamen Prozesse Amplitude und Phase eingeführt, wobei die schnellen Prozesse durch das Gleichungssystem

$$\dot{z}_S{}^{(1)} = \omega_0 z_S{}^{(2)}, \qquad \dot{z}_S{}^{(2)} = -\omega_0 z_S{}^{(1)}$$

und die entsprechenden Anfangsbedingungen charakterisiert sind. Wie wir jedoch gesehen haben, ist der Anwendungsbereich nicht auf die erwähnten einfachen Fälle beschränkt, sondern gleichermaßen auch für kompliziertere Systeme (8.28) anwendbar.

In diesem Zusammenhang sei schließlich vermerkt, daß gewöhnlich das zu analysierende System in einer Form gegeben ist, in der Zustandskomponenten apriori nicht in langsame und schnelle Prozesse unterteilt werden können. In der Regel sind dazu nichtlineare und zeitabhängige Zustandstransformationen erforderlich, wie sie bei der harmonischen Linearisierung durch den Übergang von den Prozessen y und x zu den Amplituden und Phasen (s. Gl. (8.3)) vorgenommen wurden.

Anhang

A. 1: Der Nabla-Operator

Im Text werden häufig die Nabla-Operatoren (Vektor-Gradienten) verwendet, die es gestatten, auch die für mehrdimensionale Systeme geltenden Formeln in übersichtlicher Form darzustellen, da damit die Summen über die Vektor- bzw. Matrizenelemente nicht mehr explizit ausgeschrieben werden müssen. Mit ihrer Hilfe können weiterhin häufig die für eindimensionale Systeme (bzw. skalare Größen) abgeleiteten Formeln unmittelbar auf den mehrdimensionalen Fall verallgemeinert werden.

Die n- bzw. m-dimensionalen Nabla-Operatoren ∇_z bzw. ∇_x bezüglich der n- bzw. m-dimensionalen Vektoren

$$\boldsymbol{z}^{\mathsf{T}} = (z^{(1)}, \ldots, z^{(n)}), \qquad \boldsymbol{x}^{\mathsf{T}} = (x^{(1)}, \ldots, x^{(m)})$$

sind definiert durch

$$\nabla_z{}^{\mathsf{T}} = \left(\frac{\partial}{\partial z^{(1)}}, \ldots, \frac{\partial}{\partial z^{(n)}}\right), \; \nabla_x{}^{\mathsf{T}} = \left(\frac{\partial}{\partial x^{(1)}}, \ldots, \frac{\partial}{\partial x^{(m)}}\right).$$

Sie werden zunächst wie gewöhnliche Vektoren behandelt. Um aber unmittelbar zu verdeutlichen, auf welche (skalare, Vektor- oder Matrizen-) Funktion die Differentialoperatoren wirken sollen, wird im Buch immer eine solche Schreibweise gewählt, daß rechts von den Nabla-Operatoren immer die Funktionen stehen, von denen die partiellen Ableitungen zu bilden sind. Die links von den Nabla-Operatoren stehenden Funktionen werden also nicht partiell differenziert.

Sei

$$\boldsymbol{f}^{\mathsf{T}}(\boldsymbol{z}^{\mathsf{T}}) = \left(f^{(1)}(\boldsymbol{z}^{\mathsf{T}}), \ldots, f^{(n)}(\boldsymbol{z}^{\mathsf{T}})\right)$$

eine n-dimensionale Vektor-Funktion und $p(\boldsymbol{z}^{\mathsf{T}})$ eine skalare Funktion. In der Form $\nabla_z{}^{\mathsf{T}}\boldsymbol{f}(\boldsymbol{z}^{\mathsf{T}})\, p(\boldsymbol{z}^{\mathsf{T}})$ sind die partiellen Ableitungen also bezüglich der Vektorfunktion $\boldsymbol{f}(\cdot)$ und der skalaren Funktion $p(\cdot)$ zu bilden. Das Ergebnis ist eine skalare Größe

$$\nabla_z{}^{\mathsf{T}}\boldsymbol{f}(\boldsymbol{z}^{\mathsf{T}})\, p(\boldsymbol{z}^{\mathsf{T}}) = \sum_{i=1}^{n} \frac{\partial f^{(i)}(\boldsymbol{z}^{\mathsf{T}})\, p(\boldsymbol{z}^{\mathsf{T}})}{\partial z^{(i)}}.$$

In der Form $\boldsymbol{f}^{\mathsf{T}}(\boldsymbol{z}^{\mathsf{T}})\, \nabla_z p(\boldsymbol{z}^{\mathsf{T}})$ wirkt der Nabla-Operator nur auf $p(\cdot)$

$$\boldsymbol{f}^{\mathsf{T}}(\boldsymbol{z}^{\mathsf{T}})\, \nabla_z p(\boldsymbol{z}^{\mathsf{T}}) = \sum_{i=1}^{n} f^{(i)}(\boldsymbol{z}^{\mathsf{T}}) \frac{\partial p(\boldsymbol{z}^{\mathsf{T}})}{\partial z^{(i)}}.$$

Die Kettenregel der Differentialrechnung kann damit voll auf den Nabla-Operator übertragen werden

$$\nabla_z^{\mathsf T}\boldsymbol{f}(\boldsymbol{z}^{\mathsf T})\, p(\boldsymbol{z}^{\mathsf T}) = p(\boldsymbol{z}^{\mathsf T})\, \nabla_z^{\mathsf T}\boldsymbol{f}(\boldsymbol{z}^{\mathsf T}) + \boldsymbol{f}^{\mathsf T}(\boldsymbol{z}^{\mathsf T})\, \nabla_z p(\boldsymbol{z}^{\mathsf T}).$$

Die für skalare Funktionen $f(z)$ eines skalaren Argumentes z geltende Taylor-Reihe

$$f(z) = \sum_{k\geqq 0} \frac{(z-z_0)^k}{k!} \left.\frac{\partial^k f(z)}{\partial z^k}\right|_{z=z_0}.$$

läßt sich somit leicht auf den Fall einer Funktion mit vektoriellem Argument übertragen

$$f(\boldsymbol{z}^{\mathsf T}) = \sum_{k\geqq 0} \frac{1}{k!} \left.[(\boldsymbol{z}-\boldsymbol{z}_0)^{\mathsf T}\, \nabla_z]^k f(\boldsymbol{z}^{\mathsf T})\right|_{\boldsymbol{z}=\boldsymbol{z}_0},$$

worin der skalare Operator $(\boldsymbol{z}-\boldsymbol{z}_0)^{\mathsf T}\, \nabla_z$ nur auf die nachfolgende Funktion $f(\cdot)$ wirkt.

Entsprechend kann diese Formel auch für Vektor- oder Matrizenfunktionen $\boldsymbol{f}(\boldsymbol{z}^{\mathsf T})$ entsprechender Dimensionen geschrieben werden. Ist $\boldsymbol{g}(\boldsymbol{z}^{\mathsf T})$ eine Matrix mit n Zeilen und m Spalten, so ergibt das Produkt $\boldsymbol{g}\boldsymbol{g}^{\mathsf T}$ eine Matrix mit n Zeilen und n Spalten. Sie ist symmetrisch.

Nach oben genannter Konvention ergibt der Term $\left(\boldsymbol{g}^{\mathsf T}(\boldsymbol{z}^{\mathsf T})\, \nabla_z\right)^{\mathsf T} \boldsymbol{g}^{\mathsf T}(\cdot)$ eine n-dimensionale Vektorfunktion (und zwar einen Zeilenvektor), wobei die partiellen Ableitungen nur bezüglich der zuletzt stehenden Matrix zu bilden sind

$$\begin{aligned}
[\boldsymbol{g}^{\mathsf T}(\boldsymbol{z}^{\mathsf T})\, \nabla_z]^{\mathsf T}\, \boldsymbol{g}^{\mathsf T}(\boldsymbol{z}^{\mathsf T}) &= \nabla_z^{\mathsf T}\boldsymbol{g}(\boldsymbol{z}'^{\mathsf T})\, \boldsymbol{g}^{\mathsf T}(\boldsymbol{z}^{\mathsf T})\,|_{z'=z} \\
&= \left(\sum_{i=1}^{n}\sum_{k=1}^{m} g^{(i,k)} \frac{\partial g^{(1,k)}}{\partial z^{(i)}}, \ldots, \sum_{i=1}^{n}\sum_{k=1}^{m} g^{(i,k)} \frac{g^{(n,k)}}{z^{(i)}}\right).
\end{aligned}$$

Der Operator $\nabla_z\nabla_z^{\mathsf T}$ stellt eine quadratische Matrix der Dimension n dar, deren Elemente durch die zweifachen partiellen Ableitungen gegeben sind

$$\nabla_z\nabla_z^{\mathsf T} = \begin{pmatrix} \dfrac{\partial^2}{\partial z^{(1)}\,\partial z^{(1)}} \cdots \dfrac{\partial^2}{\partial z^{(1)}\,\partial z^{(n)}} \\ \vdots \\ \dfrac{\partial^2}{\partial z^{(n)}\,\partial z^{(1)}} \cdots \dfrac{\partial^2}{\partial z^{(n)}\,\partial z^{(n)}} \end{pmatrix}.$$

Sind $\boldsymbol{A}$ und $\boldsymbol{B}$ zwei n-dimensionale Spaltenvektoren, so kann das Skalarprodukt $\boldsymbol{A}^{\mathsf T}\boldsymbol{B} = \boldsymbol{B}^{\mathsf T}\boldsymbol{A}$ als Spur der Matrix $\boldsymbol{B}\boldsymbol{A}^{\mathsf T}$ bzw. $\boldsymbol{A}\boldsymbol{B}^{\mathsf T}$ berechnet werden

$$\boldsymbol{A}^{\mathsf T}\boldsymbol{B} = \mathrm{Sp}\,(\boldsymbol{B}\boldsymbol{A}^{\mathsf T}) = \mathrm{Sp}\,(\boldsymbol{A}\boldsymbol{B}^{\mathsf T}).$$

Unter Ausnutzung dieser Beziehung können skalare Operatoren zweiter Ordnung eindeutig bezüglich ihrer Wirkungen angegeben werden. In der Darstellung:

$$\mathrm{Sp}\,\{\nabla_z\nabla_z^{\mathsf T}\boldsymbol{M}(\boldsymbol{z}^{\mathsf T})\, p(\boldsymbol{z}^{\mathsf T})\} = \sum_{i=1}^{n}\sum_{j=1}^{n} \frac{\partial^2 M^{(i,j)}(\boldsymbol{z}^{\mathsf T})\, p(\boldsymbol{z}^{\mathsf T})}{\partial z^{(i)}\,\partial z^{(j)}}$$

wirken die Nabla-Operatoren also auf die Elemente der quadratischen Matrix $\boldsymbol{M}$ der Dimension n und auf die skalare Funktion $p(\cdot)$. In der Form

$$\mathrm{Sp}\,\{\boldsymbol{M}(\boldsymbol{z}^{\mathsf T})\, \nabla_z\nabla_z^{\mathsf T} p(\boldsymbol{z}^{\mathsf T})\} = \sum_{i=1}^{n}\sum_{j=1}^{n} M^{(i,j)}(\boldsymbol{z}^{\mathsf T})\, \frac{\partial^2 p(\boldsymbol{z}^{\mathsf T})}{\partial z^{(i)}\,\partial z^{(j)}}$$

wirken die Nabla-Operatoren nur auf die skalare Funktion $p(\boldsymbol{z}^{\mathsf T})$.

A. 2: Berechnung von Aufenthaltswahrscheinlichkeiten Gaußscher Prozesse

Gegeben sei ein n-dimensionaler Gaußscher Prozeß $\boldsymbol{z}^{\mathsf{T}} = (z^{(1)}, \ldots, z^{(n)})$ mit dem Erwartungswertvektor $\boldsymbol{m}_z$ und der Streumatrix $\boldsymbol{D}$

$$p(\boldsymbol{z}^{\mathsf{T}}) = \left((2\pi)^n \det \boldsymbol{D}\right)^{-1/2} \exp\left\{-\frac{1}{2}\,\|\boldsymbol{z} - \boldsymbol{m}_z\|^2_{\boldsymbol{D}^{-1}}\right\}. \tag{A. 2.1}$$

In Abhängigkeit von der Dimension n wird die Wahrscheinlichkeit

$$P_n(\varepsilon) = \overline{P(\|\boldsymbol{z} - \boldsymbol{m}_z\|^2_{\boldsymbol{D}^{-1}} < 2\varepsilon)} = \int\limits_{\boldsymbol{z}\in\mathscr{K}_z} p(\boldsymbol{z}^{\mathsf{T}})\,\mathrm{d}\mathring{\boldsymbol{z}} \tag{A. 2.2}$$

gesucht, mit der sich der Prozeß in dem Gebiet

$$\mathscr{K}_z = \{\boldsymbol{z} : \|\boldsymbol{z} - \boldsymbol{m}_z\|^2_{\boldsymbol{D}^{-1}} < 2\varepsilon\}$$

aufhält. Mit der Transformation:

$$\boldsymbol{x} = \frac{1}{\sqrt{2}} \cdot \boldsymbol{S} \cdot (\boldsymbol{z} - \boldsymbol{m}_z), \qquad \boldsymbol{S}\boldsymbol{S}^{\mathsf{T}} = \boldsymbol{D}^{-1}$$

wird das Mehrfachintegral in die Normalform überführt

$$P_n(\varepsilon) = \pi^{-n/2} \int \ldots \int\limits_{x^{(1)^2}+\cdots+x^{(n)^2} \leqq \varepsilon} \exp\{-(x^{(1)^2} + \cdots + x^{(n)^2})\}\,\mathrm{d}x^{(1)} \ldots \mathrm{d}x^{(n)},$$

aus der für $n = 1$ und $n = 2$ $\left(x^{(1)} = r\sin(\varphi),\ x^{(2)} = r\cos(\varphi)\right)$ zunächst die Wahrscheinlichkeiten

$$\left.\begin{aligned} P_1(\varepsilon) &= \frac{2}{\sqrt{\pi}} \int_0^{\sqrt{\varepsilon}} \mathrm{e}^{-x^2}\,\mathrm{d}x = \phi\left(\sqrt{\varepsilon}\right), \\ P_2(\varepsilon) &= \frac{1}{\pi} \int_0^{2\pi} \mathrm{d}\varphi \int_0^{\sqrt{\varepsilon}} \mathrm{d}r r \mathrm{e}^{-r^2} = 1 - \mathrm{e}^{-\varepsilon} \end{aligned}\right\} \tag{A. 2.3}$$

und die Rekursionsbeziehung

$$P_k(\varepsilon) = \frac{2}{\sqrt{\pi}} \int_0^{\sqrt{\varepsilon}} \mathrm{e}^{-x^2} \cdot P_{n-1}(\varepsilon - x^2)\,\mathrm{d}x \tag{A. 2.4}$$

folgen. Mit dem Ansatz:

$$P_k(\varepsilon) = P_{k-2}(\varepsilon) - a_k \varepsilon^{\frac{k-2}{2}} \cdot \mathrm{e}^{-\varepsilon} \tag{A. 2.5}$$

wird aus (A. 2.4) eine Rekursionsbeziehung für die von ε unabhängigen Koeffizienten a_k gewonnen

$$\left.\begin{aligned} a_k &= \frac{2}{\sqrt{\pi}}\varepsilon^{-\frac{k-2}{2}} \cdot a_{k-1} \cdot \int\limits_0^{\sqrt{\varepsilon}} (\varepsilon - x^2)^{\frac{k-3}{2}}\,\mathrm{d}x = a_{k-1}\frac{\Gamma\left(\frac{k-1}{2}\right)}{\Gamma\left(\frac{k}{2}\right)} \\ &\text{bzw.} \\ a_k &= \frac{2}{k-2}a_{k-2}; \qquad k > 2. \end{aligned}\right\} \tag{A. 2.6}$$

Nach Gl. (A. 2.3) für $P_2(\varepsilon)$ gilt offensichtlich

$$P_0(\varepsilon) = 1, \qquad a_0 = 1.$$

Aus der Rekursionsbeziehung (A. 2.6) werden daher für die höheren Koeffizienten gerader Ordnungen die Werte:

$$a_0 = 1, \qquad a_{2m} = \frac{1}{(m-1)!}$$

erhalten, mit denen aus (A. 2.5) schließlich die gesuchte Wahrscheinlichkeit für Prozesse gerader Dimensionen $n = 2m$ das folgende Ergebnis gewonnen wird

$$P_{2m}(\varepsilon) = 1 - \mathrm{e}^{-\varepsilon}\sum_{k=0}^{m-1}\frac{\varepsilon^k}{k!}, \qquad m \geqq 1. \tag{A. 2.7}$$

Für Prozesse ungerader Dimensionen wird die erste Rekursionsbeziehung von (A. 2.6) ausgenutzt und das obige Ergebnis für die Koeffizienten gerader Ordnungen beachtet

$$a_{2k+1} = a_{2k}\frac{\Gamma(k)}{\Gamma(k+1/2)} = \frac{1}{\sqrt{\pi}}\frac{2^k}{(2k-1)!!}, \qquad a_1 = 0.$$

Aus der Rekursionsbeziehung (A. 2.5) wird damit die gesuchte Wahrscheinlichkeit für Prozesse ungerader Dimensionen $n = 2m + 1$ in der folgenden Form erhalten

$$P_{2m+1}(\varepsilon) = \phi\left(\sqrt{\varepsilon}\right) - [1 - \delta_{0,m}]\frac{2}{\sqrt{\pi}}\mathrm{e}^{-\varepsilon}\sum_{k=0}^{m-1}\frac{(2\varepsilon)^k}{(2k-1)!!}, \qquad m \geqq 0. \tag{A. 2.8}$$

Bei vorgegebenem ε können nun die Aufenthaltswahrscheinlichkeiten $P_n(\varepsilon)$ für beliebige Dimensionen des betrachteten Prozesses berechnet werden. Umgekehrt kann aus den Gleichungen (A. 2.7), (A. 2.8) auch der Konzentrationsbereich $\mathscr{K}_z(\varepsilon_n)$ numerisch ermittelt werden, der hier durch die Bedingung

$$P_n(\varepsilon_n) \simeq 0.92$$

definiert ist. In der Tabelle 3.1 sind die so ermittelten Parameter ε_n für Dimensionen des betrachteten Prozesses bis $n = 12$ angegeben.

Literaturverzeichnis

[1] Andrejew, N. I. (Андреев, Н. И.): Нормализированные разложения сигналов и использование их для анализа линейных систем управления, Автоматика и Телемеханика 6 (1981), стр. 15–27

[2] Autorenkollektiv unter der Hauptredaktion von E. P. Popow (под общей редакции Е. П. Попова): Нелинейные системы автоматического управления. Метод гармонической линеаризации в проектировании нелинейных систем автоматического управления, Изд-во Машиностроение, Москва 1970

[3] Bolotin, W. W., und W. G. Moskwin (Болотин, В. В., и В. Г. Москвин): О параметрических резонансах в стохастических системах. Мех. твёрдого тела 7 (1972) 4, стр. 88–94

[4] —: Возбуждение параметрических колебаний в стохастических системах с двумя степени свободы, Мех. твёрдого тела, 8 (1973) 3, стр. 33–43

[5] Booton, R. C.: Nonlinear control systems with random signals, Trans. IRE on CT, 1 (1954)

[6] —: The measurement and representation of nonlinear systems, Trans. IRE on CT, 4 (1954)

[7] Bose, A. G.: A theory of nonlinear systems, Techn. Rept. No. 309, Research Laboratory of Electronics, M. I. T., Cambridge, Mass., 1956

[8] Brilliant, M. B.: Theory of analysis of nonlinear systems, M. I. T. Research Laboratory of Electronics, Cambridge, Mass., Tech. Rept. No. 345, March 1958

[9] Cariolaro, G. L., u. G. B. di-Masi: Second order analysis of the output of a discrete-time Volterra system driven by white noise, IEEE Trans. Inform. Theory, **IT-26** (1980) 2, S. 175–183

[10] Chasen, E. M. (Хазен, Э. М.): Методы оптимальных решений и задачи оптимального управления, Изд-во советское радио, Москва 1968

[11] Chasminski, R. S. (Хасьминский, Р. З.): О принципе усреднения для параболических диффециальных уравнений и марковских процессов с малой диффузией, Теория вероятностей и её применения, 8 (1963) I, стр. 3–25

[12] —: Принцип усреднения для стохастических дифференциальных уравнений, Проблемы передачи информации, 4 (1968) 2, стр. 86–87

[13] —: О принципе усреднения для стохастических уравнений Ито, Kybernetika (CSSR) 3 (1968)

[14] Chermander, L. (Хермандер, Л.): Введение в теорию функций нескольких переменных, Изд-во Мир, Москва 1966

[15] Chesler, D. A.: Nonlinear systems with Gaussian inputs, M. I. T. Research Laboratory of Electronics, Cambridge, Mass., Techn. Rept. No. 366, February 1968

[16] Csaki, F.: State-space methods for control systems, Akademia Kiado, Publishing House of Hungarian Academy of Sciences, 1977, Budapest

[17] Daschewski, M. L., und R. Sch. Lipzer (Дашевский, М. Л., и Р. Ш. Липцер): Приближенной анализ нелинейных нестационарных систем, Автоматика и телемеханика, 28 (1967) 8, стр. 32–43

[18] Daschewski, M. L. (Дашевский, М. Л.): Приближенной анализ точности нестационарных нелинейных систем методом семиинвариантов, Автоматика и телемеханика, 28 (1967) 2, стр. 62–81

[19] —: Уравнения семиинвариантов нелинейной динамической системы, Автоматика и телемеханика, **29** (1968) 10, стр. 63–71

[20] —: Equations for the semiinvariants of a nonlinear dynamic system, Automation & Remote Control **10** (1968), S. 1605—1613
[21] —: Семиинвариантный метод замыкация уравнений для моментов в задачах анализа нелинейных систем, Проблемы управления и теории информации, **4** (1975), стр. 317 до 326
[22] —: Техническая реализация моментно-семиинвариантного метода анализа случайных процессов, Автоматика и телемеханика **37** (1976) 10, стр. 23—26
[23] Deutsch, R.: Nonlinear transformations of random processes, Prentice-Hall, Englewood Cliffs, New Jersey, 1962
[24] Demuch, W. I. (Демух, В. И.): Приближенный метод определения корреляционных функций нелинейных динамических систем, Автоматика и телемеханика **30** (1969) 7, стр. 30—35
[25] Erugin, E. P. (Еругин, Е. П.): Нелинейные системы обыкновенных дифференциальных уравнений, Изд-во АН СССР, Минск, 1963
[26] Ewlanow, L. G. (Евланов, Л. Г.): Методы анализа динамических систем, содержащих случайные параметры, Автоматика и телемеханика **29** (1968) 8, стр. 31—39, **29** (1968) 12, стр. 5—13, **31** (1970) 7, стр. 21—27
[27] Ewlanow, L. G., und E. M. Konstantinow (Евланов, Л. Г., и В. М. Константинов): Системы со случайными параметрами, Изд-во Наука, Москва 1976
[28] Feller, W. (Феллер, В.): Параболические дифференциальные уравнения и соответствующие полугруппы преобразований, Математика **1** (1957) 4
[29] Fliess, M.: A note on Volterra series expansion for nonlinear differential systems, IEEE Trans. Autom. Contr., **AC-25** (1980) 1, S. 116—117
[30] Frechet, M.: Sur les fonctionelles continues, Ann. de l'Ecole Normale sup. 3rd ser., **27** (1910)
[31] Freidlin, M. I. (Фрейдлин, М. И.): Принцип усреднения и теория о больших отклонениях, Успехи мат. наук **33** (1978) 5, стр. 107—160
[32] Friedmann, A.: Partial differential equations of parabolic type, Englewood Cliffs, N. J., Prentice Hall, 1964
[33] Fuller, A. T.: Analysis of nonlinear stochastic systems by means of the Fokker-Planck equation, Int. J. Control **9** (1969) 6, S. 603—655
[34] Gantmacher, F. R.: Matrizenrechnung, VEB Deutscher Verlag der Wissenschaften, Berlin 1965 (Übersetzung aus dem Russischen)
[35] Gardner, F. M.: Phaselock techniques, J. Whiley, N. Y., 1966
[36] George, D. A.: Continuous nonlinear systems, Techn. Rept. No. 335, Research Laboratory of Electronics, M. I. T., Cambridge, Mass., 1959
[37] Gichman, J. J., und A. W. Skorochod: Stochastische Differentialgleichungen, Akad. Verlag Berlin, 1971 (Übersetzung aus dem Russischen)
[38] Gilbert, E.: Functional expansions for the response of nonlinear differential systems, IEEE Trans. Autom. Contr., **AC-22** (1977) 3, S. 909—921
[39] Gnedenko, B. W.: Lehrbuch der Wahrscheinlichkeitsrechnung, Akad. Verlag, 6. Auflage, Berlin 1970 (Übersetzung aus dem Russischen)
[40] Gribow, A. N., u. B. I. Schachtrin (Грибов, А. Ф., и Б. И. Шахтрин): Учёт высших гармоник в методе квазигармонической линеаризации, Автоматика и телемеханика **10** (1981), стр. 183—188
[41] Ignatow, Ju. F. (Игнатов, Ю. Ф.): Статистический анализ точности фазовой автоподстройки частоты, Радиотехника **23** (1968) 2, стр. 36—44
[42] Ikehara, S. A.: A method of Wiener in a nonlinear circuit, M. I. T. Research Laboratory of Electronics, Cambridge, Mass., Rept. No. 217, December 1951
[43] Ito, K.: Stochastic integral, Proc. Imp. Acd., **20** (1944), Tokyo
[44] Jahnke — Emde — Lösch: Tafeln höherer Funktionen, B. G. Teubner Verlagsgesellschaft, Stuttgart 1960
Янке, Е., Ф. Эмде и Ф. Лёш: Специальные функции, Изд-во Наука, Москва 1968
[45] Kailath, T.: Linear systems, Prentice-Hall, Englewood Cliffs, N. J., 1980
[46] Kasakow, I. E. (Казаков, И. Е.): Приближенный метод статистического исследования нелинейных систем, Труды ВВИА им. Жуковского, **397** (1954)
[47] —: Об общение метода статистической линеаризации на мномерные системы, Автоматика и телемеханика **26** (1965) 7, стр. 1210—1215

[48] —: Статистическая теория систем управления в пространстве состоянии, Изд-во Наука, Москва 1975
[49] Kasakow, I. E. und B. G. Dostupow (Казаков, И. Е., и Б. Г. Доступов): Статистическая динамика нелинейных автоматических систем, Гос. Изд-во физико-математической литературы, Москва 1962
[50] Kempe, V.: Stochastische Polynome zur Behandlung nichtlinearer Systeme, Nachrichtentechnik **20** (1970), 11
[51] —: Theorie stochastischer Systeme, Akad. Verlag Berlin, Reihe WTB, 1974
[52] —: Analyse stochastischer Systeme Teil 1, Akad. Verlag Berlin, Reihe WTB, 1976
[53] Khintchine, A.: Korrelationstheorie der stationären stochastischen Prozesse, Math. Ann. **109** (1934), S. 604—615
[54] Klein, S., u. S. Yasui: Nonlinear system analysis with non Gaussian white stimuli: General basic functionals and cernels, IEEE Trans. Inform. Theory, **IT-25** (1979) 4, S. 495—499
[55] Kolmogoroff, A.: Über die analytischen Methoden in der Wahrscheinlichkeitsrechnung, Math. Ann. **104** (1931), S. 415—458
[56] Korn, G. A. und T. M. Korn: Mathematical handbook for scientists and engineers, McGraw-Hill Book Comp., Inc., N. Y., Toronto, London, 1961
(Корн, Г. и Т. Корн): Справочник по математике для научных работников и инженеров, Изд-во Наука, Москва 1968
[57] Krasowski, A. A. (Красовский, А. А.): Фазовое пространство и статистическая теория динамических систем, Изд-во Наука, Москва 1974
[58] Krebs, V.: Methoden der Regelungstechnik, Nichtlineare Filterung, R. Oldenbourg Verlag, München, Wien, 1980
[59] Krylow, N. P., und N. N. Bogoljubow (Крылов, Н. П. и Н. Н. Боголюбов): Введение в нелинейную механику, Изд-во АН СССР, 1937
[60] Ku, Y. H., u. A. A. Wolf: Volterra-Wiener functionals for the analysis of nonlinear systems J. Franklin Inst. **3** (1966), S. 9—26
[61] Kushner, H. J.: On the dynamical equations of conditional probability density functions with applications to optimal stochastic control theory, J. Math. Anal. Appl. **8** (1964), S. 332—344
[62] —: On the differential equations satisfied by conditional probability densities of Markov processes, with applications, J. SIAM, ter. A, **2** (1964), S. 106—119
[63] —: Approximations to optimal nonlinear filtering, IEEE Trans. on Autom. Control **AC-12** (1967), S. 546—556
[64] —: Diffusion approximations to output processes of nonlinear systems with wide-band inputs and applications, IEEE Trans. Inform. Theory, **IT-26** (1980) 6, S. 715—729
[65] Kusnjezow, P. I., R. L. Stratonowitsch und W. I. Tichonow (Кузнецов, П. И., Р. Л. Стратонович и В. И. Тихонов): Квазимоментные функции в теории случайных процессов, Доклады АН СССР **29** (1954) 4, стр. 615—618
[66] —: Квазимоментные функции в теории случайных процессов, Теория вероятности и её применения **5** (1960) I, стр. 84—102
[67] —: Прохождение некоторых случайных функций через линейные системы, Автоматика и Телемеханика, **14** (1953) 2
[68] Lange, F.-H.: Signale und Systeme Bd. 3, VEB Verlag Technik Berlin, 2. Auflage 1973
[69] Lebedew, W. L. (Лебедев, В. Л.): Об одной возможности упрощения уравнения Фоккера-Планка, Доклады НТК по итогам НИР за 1968—1969 гг., секция радиотехническая, подсекция статистической радиотехники, Изд. МЭК, 1969
[70] Lindsey, W. C.: Synchronization systems in communication and control, Prentice-Hall, Inc., Englewood Cliffs, N. J., 1972
Линдсей, В.: Системы синхронизации в связи и управлении, Изд-во советское радио, Москва 1978
[71] Lindsey, W. C., und M. K. Simon: Telecommunication systems engineering, Prentice-Hall, Englewood Cliffs, N. J., 1972
[72] Lindsey, W. C., u. C. M. Chie: Theory of oscillator phase noise in correlativ tracking systems, IEEE Trans. Inform. Theory, **IT-26** (1980) 4, S. 432—440
[73] Liou, Ming-lei: Nonlinear-system analysis and synthesis, Standford Electronics Laboratories, System Theory Laboratory, Techn. Rept. No. 6554-6, Standford, Cal., 1963

[74] LIPZER, R. Sch., und M. A. SCHIRJAJEW (Липцер, Р. Ш., и А. Н. Ширяев): Статистика случайных процессов, Изд-во Наука, Москва 1974

[75] LJAPUNOW, A. M. (Ляпунов, А. М.): Общая задача об устойчивости движения, ОНТИ 1935

[76] LUBBOK, J. V., und V. BANSAL: Multidimensional Laplace transformations for solution of nonlinear equations, Proc. Inst. Electr. Eng., **116** (1969) 12

[77] LUO, Z.: Transformations between canonical forms for multivariable linear constant systems, IEEE Trans. Autom. Contr., **AC-22** (1977) 2, S. 252–256

[78] MARCUS, S. I., u. A. S. WILLSKY: The use of harmonic analysis of suboptimal estimator design, IEEE Trans. Autom. Contr., **AC-23** (1978) 5, S. 911–916

[79] MAYFIELD, W. W.: Sequence solution of the Fokker-Planck equation, Trans. IT **IT-19** (1973) 2, S. 165–176

[80] MILLER, K. S.: An introduction to vector stochastic processes, Appl. Math. Ser., Robert E. Krieger Co., 1980, Huntingten, N. Y.

[81] MITROPOLSKI, Ju. A. (Митропольский, Ю. А.): Метод усреднения в нелинейной механике, Изд-во Наукова думка, Киев 1971

[82] MOISEJEW, N. N. (Мойсеев, Н. Н.): Асимптотические методы нелинейной механики, Изд-во Наука, Москва 1969

[83] MOISEJEW, N. N., u. F. L. CHERNOUSKO: Asymptotic methods in the theory of optimal control, IEEE Trans. Autom. Contr., **AC-26** (1981) 5, S. 993–1000

[84] MOSTELLER, H. W.: Closed form solution for a class of linear time varying systems, IEEE Trans. Autom. Contr., **AC-15** (1970) 3, S. 389–390

[85] PALM, G., u. T. POGGIO: The Volterra representation and the Wiener expansion: Valadity and pitfalls, SIAM J. Appl. Math., **3** (1977), S. 195–216

[86] POINCARÉ, A.: Les méthodes nouvelles de la mécanique céleste, Gauthier-Villars, Paris vol. I (1892), vol. II (1893), vol. III (1899)

[87] PONTRJAGIN, L., A. ANDRONOW und A. WITT (Понтрягин, Л., А. Андронов и А. Витт): О статистическом рассмотрении динамических систем, ЖЭТФ **3** (1933) 3

[88] PUGATSCHEW, W. S., I. E. KASAKOW und L. G. EVLANOW (Пугачев, В. С., И. Е. Казаков и Л. Г. Евланов): Основы статистической теории автоматических систем, Машиностроение, Москва 1974

[89] PUPKOW, K. A., W. I. KAPALIN und A. S. JUSCHENKO (Пупков, К. А., В. И. Капалин и А. С. Ющенко): Функциональные ряды в теории нелинейных систем, Изд-во Наукаі, Москва 1976

[90] RYSLIK, I. M. und I. S. GRADSTEIN: Summen-, Produkt- und Integraltafeln, VEB Deutscher Verlag der Wissenschaften, Berlin 1963
(Градштейн, И. С., и И. М. Рыжик: Таблицы интегралов, сумм, рядов и произведений, Изд-во Физ.-Мат. Литературыі, Москва 1963)

[91] SABRAIKO P. P., A. I. KOSCHELEW, M. A. KRASNOSIELSKI, S. G. MICHLIN, L. S. RAKOWSHIK und W. A. STEZENKO (Забрайко, П. П., А. И. Кошелев, М. А. Красносельский, С. Г. Михлин, Л. С. Раковщик, В. Я. Стеценко): Интегральные уравнения, Нздво Наука, Москва 1968

[92] SCHACHGILDJAN, W. W., und A. A. LJACHOWKIN (Махгилъдян, В. В. и А. А. Ляховкин): Фазовая автоподстройка частоты, Изд-во Мир, Москва 1966

[93] —: Системы фазовой автоподстройки частоты, Изд-во советское радио, Москва 1971

[94] SCHLEHER, D. C.: Generalized Gram-Charlier series with application to the sum of lognormal variantes, IEEE Trans. Inform. Theory, **IT-23** (1977) 2, S. 275–280

[95] SCHMELOVSKY, K.-H., V. KEMPE, J. RIENÄCKER: Probleme der Berechnung nichtlinearer Vierpole, die mit stochastischen Signalen beaufschlagt werden, Nachrichtentechnik, **20** (1970), Teil 1 in H. 2, Teil 2 in Heft 3

[96] SHUTTERLY, H. B.: General results in the mathematical theory of random signals and noise in nonlinear devices, IEEE Trans. on Inform. theory, IV, **IT-9** (1963) 2

[97] SIGALOW, G. G. (Сигалов, Г. Г.): К анализу нелинейных систем методом уравнений моментов, Автоматика и телемеханика **31** (1970) 6, стр. 37–47

[98] SMETS, H. B.: Etude des systems non-lineares par l'analyse fonctionelle, Rev. Elect. **2** (1957), S. 55–74

[99] —: Analysis and Synthesis of nonlinear systems, Trans. Inst. Radioengineers **CT-7** (1960), S. 459—469

[100] Snyder, D.: The state-variable approach to continuous estimation with applications to analog communication theory, Mass. Inst. of Technology Press, Cambridge, Mass., 1969

[101] Sperling, L.: Analytische Näherungsmethoden zur Untersuchung nichtlinearer, stochastisch erregter Systeme, Dissertation B, Hochschule Otto von Guericke Magdeburg, 1979

[102] Stiffler, J. J.: Theory of synchronuous communication, Prentice-Hall, N. J., 1971

[103] Stratonowitsch, R. L. (Стратонович, Р. Л.): Синхронизация автогенератора при наличии помех, Автоматика и телемеханика, **3** (1958) 4, стр. 497—506

[104] —: Conditional Markov processes, Theory Prob. Appl. **5** (1960), S. 156—178

[105] —: Изъбранные вопросы теории флуртуаций в радиотехнике, Изд-во советское радио, Москва 1961

[106] —: Новая записи стохастических интегралов и уравнений, Вестник МГУ, сер. мат. мех., (1964) 1

[107] —: A new form of representing stochastic integrals and equations, J. SIAM Control, **4** (1966), S. 362—371

[108] —: Условные марковские процессы и их применение к теории оптимального управления, Изд-во МГУ, Москва 1966

[109] Sweschnikow, A. A. (Свешников, А. А.): Применение теории непрерывных марковских процессов к решению нелинейных задач прикладной гироскопии, Труды пятой международной конференции по нелин. колебаниям, Изд-во Инст. мат. АН УССР, том 3 стр. 659—665, Киев 1970

[110] Tichonow, W. I. (Тихонов, В. И.): Влияние шумов на работу схемы фазовой автоподстройки частоты, Автоматика и телемеханика, **20** (1959), 1188—1196

[111] —: Работа фазовой автоподстройки частоты при наличии шумов, Автоматика и телемеханика, **21** (1960) 3, стр. 301—309

[112] —: Статистическая радиотехника, Изд-во советское радио, Москва 1966

[113] Tichonow, W. I., und M. A. Mironow (Тихонов, В. И., и М. А. Миронов): Марковские процессы, Изд-во советское радио, Москва 1977

[114] Tscherkassow, I. D. (Черкасов, И. Д.): О преобразовании диффузионного процесса в винеровский, Теория вероятности и её применения, (1957) вып. 3

[115] Unbehauen, R.: Systemtheorie, Akad. Verlag Berlin, 3. Auflage 1980

[116] van der Pol (ван дер Пол): Нелинейная теория электрических колебаний, Связьиздат, Москва 1935

[117] van Trees, H. L.: Functional techniques for the analysis of the nonlinear behavior of Phase-Locked-Loops, Proc. IEEE **52** (1964), S. 894—911

[118] —: Detection, estimation and modulation theory, p. II, J. Wiley and sons, Inc., N. Y., London, Sydney, Toronto, 1970
(ван Трис, Г. Л.: Теория обнаружения, оценок и модуляции, том II, Изд-во советское радио, Москва 1975)

[119] Viterbi, A. J.: Principles of coherent communication, McGraw-Hill Book Company, New York 1966
(Витерби, Э. Д.: Принципы когерентной связи, Изд-во советское радио, Москва 1970)

[120] Volterra, V.: Theory of functionals and of integral and integro-differential equations, Blackie, London 1930

[121] Vrkoč, J.: Extension of the averaging method to stochastic equations, Czechosl. Math. J., **16** (91) (1966) 4, S. 518—544

[122] Wiener, N.: Response of a nonlinear device of noise, M. I. T. Radiation Laboratory, Cambridge, Mass. Pept. No. V-168, April 1942

[123] —: Nonlinear problems in random theory, M. I. T. Press, Cambridge, Mass., 1959

[124] Winkler, G.: Informationsverarbeitung in technischen, biologischen und ökonomischen Systemen, Stochastische Systeme — Analyse und Synthese, Akad. Verlagsgesellschaft, 1977, Wiesbaden

[125] Wunsch, G.: Systemanalyse, Teil 1, VEB Verlag Technik Berlin, 1972

[126] Zadeh, L., u. C. D. Desoer: Linear system theory, McGraw-Hill Book Company, 1963, London

[127] Zeman, J. L.: Zur Lösung nichtlinearer stochastischer Probleme der Mechanik, Acta mechanica **14** (1972) 2–3, S. 157–169

[128] —: Approximate analysis of stochastic processes in mechanics, Springer-Verlag, Wien, New York 1972

[129] Zurinski, V. V. (Цуринский, В. В.): Об усреднении эллиптической краевой задачи со случайными коеффициентами, Сибирск. мат. Журнал **21** (1980) 3, стр. 209–223

[130] Yasui, S.: Stochastic functional Fourier series, Volterra series and nonlinear system analysis, IEEE Trans. Autom. Contr., **AC-24** (1979) 2, S. 222–242

Symbolverzeichnis

Allgemeine Bemerkungen:

Skalare Größen sind immer mager kursiv, Vektoren und Matrizen halbfett kursiv gedruckt. Operatoren sind durch Steildruck gekennzeichnet.

Die Komponenten von Vektoren und Matrizen sind i. d. R. durch obere, in Klammern gesetzte Indizes bezeichnet. Der erste Index weist die Spalten-, der zweite die Zeilennummer des Elements einer Matrix aus.

Zeitinvariante Skalare, Vektor- und Matrizenfunktionen und die statistischen Charakteristika stationärer Prozesse sind gewöhnlich durch einen oberen Querstrich gekennzeichnet.

Bedingungen werden immer hinter einem senkrechten Strich notiert. Näherungslösungen werden durch einen unteren, den Grad der Näherung bezeichnenden Index k charakterisiert, der bei mehreren unteren Indizes immer an erster Stelle steht und durch Semikolon von den anderen getrennt ist.

Die wichtigsten lateinischen Formelsymbole

$\boldsymbol{A}(t)$	deterministische Systemmatrix eines linearen Differentialgleichungssystems (s. (1.2), (3.3)). Sie ist immer quadratisch $\boldsymbol{A}(t) = \{A^{(i,j)}\}_{n,n}$
$A_k(n)$	Anzahl der möglichen Kombinationen $k_1, \ldots, k_n$ für die $k_i = 0, 1, 2, \ldots$ und $k_1 + \cdots + k_n = k \geqq 1$ (s. (7.56))
$A(n, m)$	Anzahl der Kombinationen $k_1, \ldots, k_n$, für die $k_i = 0, 1, 2, \ldots$ und $1 \leqq k_1 + \cdots + k_n \leqq m$ (s. (7.57))
$\boldsymbol{B}(t)$	Eingangsverstärkungsmatrix eines linearen stochastischen Systems (s. (1.2), (3.3)). Sie ist i. d. R. nicht quadratisch $\boldsymbol{B}(t) = \{b^{(i,j)}\}_{n,m}$
$B(t)$, $b(t)$	Eingangsverstärkung eines linearen Systems mit jeweils einer Eingangs- und einer Ausgangsgröße
$\boldsymbol{C}(t)$	Beobachtungsmatrix (s. (1.3)) oder deterministischer Inhomogenitätsvektor eines linearen stochastischen Differentialgleichungssystems (s. (3.3))
$C_k^{(s)}(z_1, \ldots, z_{k+1-s})$	kombinatorische Funktion, definiert durch (4.9) oder (4.15)
$\boldsymbol{D}(t)$	deterministische Durchgangsmatrix eines linearen Systems (s. (1.3)), gelegentlich auch für die Streumatrix verwendet
$\boldsymbol{E}$	Einheitsmatrix
$e_k(t_1, \ldots, t_k)$	Einheitskern k-ter Ordnung (s. (5.4))
$\mathfrak{E}(\boldsymbol{z}^{\mathsf{T}}, t)$	Vektorfeld

$e^{(k)}(\boldsymbol{z}^\mathsf{T}, t)$	Komponenten von $\mathfrak{E}(\boldsymbol{z}^\mathsf{T}, t)$
$\boldsymbol{F}(\boldsymbol{z}^\mathsf{T}, \boldsymbol{x}^\mathsf{T}, t)$	Vektor der totalen zeitlichen Ableitung des Zustandsvektors ($\dot{\boldsymbol{z}} = \boldsymbol{F}$)
$F(z, x, t)$, $f(z, x, t)$	totale zeitliche Ableitung eines skalaren Zustandes ($\dot{z} = F$ oder $= f$) bei skalarem Eingangsprozeß
$\boldsymbol{f}(\boldsymbol{z}^\mathsf{T}, t)$	deterministischer Anteil der totalen zeitlichen Ableitung des Zustandsvektors $\left(\boldsymbol{f}(\boldsymbol{z}^\mathsf{T}, t) = \boldsymbol{F}(\boldsymbol{z}^\mathsf{T}, \boldsymbol{x}^\mathsf{T}, t)\,\|_{x=0}\right)$. Siehe z. B. (2.26)
$\mathbf{f}(\boldsymbol{z}^\mathsf{T}, t)$	Driftvektor eines Markovschen Diffusionsprozesses $\boldsymbol{z}(t)$, definiert durch (3.36); gelegentlich auch mit $\boldsymbol{K}_1(\boldsymbol{z}^\mathsf{T}, t)$ bezeichnet
$\mathscr{F}\{\cdot\}$	Funktional
$\boldsymbol{g}(z^\mathsf{T}, t)$	zustandsabhängige Eingangsverstärkungsmatrix eines nichtlinearen stochastischen Systems (s. (2.26))
$\boldsymbol{G}(z^\mathsf{T}, t)$	Vektor des Wahrscheinlichkeitsflusses eines Markovschen Diffusionsprozesses (s. (6.87))
$\boldsymbol{G}(t, \tau)$	kausale Übertragungsmatrix eines linearen Systems mit mehreren Eingangs- und mehreren Ausgangsgrößen
$\bar{\boldsymbol{G}}(t - \tau)$	kausale Übertragungsmatrix eines linearen, zeitinvarianten Systems mit mehreren Eingangs- und mehreren Ausgangsgrößen (MIMO-System)
$\boldsymbol{G}(j\omega)$	Fourier-Transformierte von $\bar{\boldsymbol{G}}(\tau)$
$g(t, \tau)$	kausale Übertragungsfunktion eines linearen Systems mit jeweils einer Eingangs- und einer Ausgangsgröße (SISO-System)
$\mathscr{G}\{\cdot\}$	Funktional
$h_z(j\boldsymbol{\lambda}^\mathsf{T}, t)$*)	charakteristische Funktion der momentanen Dichte des Prozesses $\boldsymbol{z}(t)$
$h_{k;z}(j\boldsymbol{\lambda}^\mathsf{T}, t)$*)	k-te Näherung für $h_z(j\boldsymbol{\lambda}^\mathsf{T}, t)$
$h_z(j\boldsymbol{\lambda}^\mathsf{T}, t \mid \boldsymbol{z}_s{}^\mathsf{T}, s)$*)	bedingte charakteristische Funktion bei gegebenem Zustand $\boldsymbol{z}_s$ zum Zeitpunkt $s \leqq t$
$H_{k_1,\cdots,k_n}(p_0; \boldsymbol{z}^\mathsf{T}, t)$	bezüglich der (analytischen) Dichte $p_0(\boldsymbol{z}^\mathsf{T}, t)$ gebildetes Funktionensystem, definiert durch (7.50) bzw. für $n = 1$ durch (7.7)
$H_{k_1,\cdots,k_n}(p_\mathrm{G}, \boldsymbol{z}^\mathsf{T}, t)$, $\tilde{H}_{k_1,\cdots,k_n}(\boldsymbol{z}^\mathsf{T}, t)$	verallgemeinerte Hermitesche Polynome
$\boldsymbol{H}$	Spaltenvektor; gewöhnlich definiert durch $\boldsymbol{H}^\mathsf{T} = (1, 0, \ldots, 0)$
$\mathscr{H}\{\cdot\}$	Funktional
j	imaginäre Einheit ($j^2 = -1$); auch als Index verwendet
$k_{l,z}(t_1, \ldots, t_l)$*)	verallgemeinerte Korrelationsfunktion l-ter Ordnung eines (skalaren) Prozesses $z(t)$
$k_{m;l,z}(t_1, \ldots, t_l)$*)	m-te Näherung für die verallgemeinerte Korrelationsfunktion l-ter Ordnung
$\bar{k}_{l;z}(\tau_1, \ldots, \tau_{l-1})$*)	verallgemeinerte Korrelationsfunktion l-ter Ordnung eines stationären (skalaren) Prozesses $z(t)$
$k_{l,z}(t)$*	Kumulante l-ter Ordnung eines (skalaren) Prozesses $z(t)$ $\left(= k_{l,z}(t_1 = t, \ldots, t_n = t)\right)$
$\boldsymbol{K}_z(t, t')$	Korrelationsmatrix eines Prozesses $\boldsymbol{z}(t)$. $\left(\boldsymbol{K}_z(t, t') = \boldsymbol{K}_z{}^\mathsf{T}(t', t)\right)$
$\boldsymbol{K}_{z,x}(t, t')$	Kreuzkorrelationsmatrix zweier Prozesse $\boldsymbol{z}(t)$ und $\boldsymbol{x}(t')$ $\left(\boldsymbol{K}_{z,x}(t, t') = \boldsymbol{K}_{x,z}^\mathsf{T}(t', t)\right)$
$\bar{\boldsymbol{K}}_z(t - t')$	Korrelationsmatrix eines stationären Prozesses $\boldsymbol{z}(t)$ $\left(\bar{\boldsymbol{K}}_z(\tau) = \bar{\boldsymbol{K}}_z{}^\mathsf{T}(-\tau)\right)$
$\boldsymbol{K}_{m;z}(t, t')$	m-te Näherung für die Korrelationsmatrix $\boldsymbol{K}_z(t, t')$

$\boldsymbol{K}_1(\boldsymbol{z}^\mathsf{T}, t)$	Diffusionsvektor eines Markovschen Diffusionsprozesses $\boldsymbol{z}(t)$ (auch mit $\tilde{\boldsymbol{f}}(\boldsymbol{z}^\mathsf{T}, t)$ bezeichnet)
$\boldsymbol{K}_2(\boldsymbol{z}^\mathsf{T}, t)$	Diffusionsmatrix eines Markovschen Diffusionsprozesses $\boldsymbol{z}(t)$ (auch mit $\boldsymbol{M}(\boldsymbol{z}^\mathsf{T}, t)$ bezeichnet)
$\mathcal{K}_z$	Konzentrationsbereich des Prozesses $\boldsymbol{z}(t)$
$m_{l,z}(t_1, \ldots, t_l)$*)	Momentenfunktion l-ter Ordnung eines (skalaren) Prozesses $z(t)$ zu l verschiedenen Zeitmomenten
$m_{l,z}(t)$*)	momentane Momentenfunktion eines (skalaren) Prozesses $z(t)$ $\left(= m_{l,z}(t_1 = t, \ldots, t_l = t)\right)$
$m_{k;l,z}(t)$*)	k-te Näherung für die momentane Momentenfunktion l-ter Ordnung
$\boldsymbol{m}_z(t)$	Erwartungswertvektor des Prozesses $z(t)$ $\left(m_{1,z}(t) \equiv m_z(t)\right)$
$\tilde{m}_{l,z}(t)$*)	„Momentenfunktion“ l-ter Ordnung der reziproken charakteristischen Funktion von $p(z, t)$ (s. (6.44), (6.47)—(6.51))
$\boldsymbol{M}(\boldsymbol{z}^\mathsf{T}, t)$	Diffusionsmatrix eines Markovschen Diffusionsprozesses $\boldsymbol{z}(t)$ (auch mit $\boldsymbol{K}_2(\boldsymbol{z}^\mathsf{T}, t)$ bezeichnet)
$p_z(\boldsymbol{z}^\mathsf{T}, t)$*)	momentane Verteilungsdichte des Prozesses $\boldsymbol{z}(t)$
$p_{k,z}\left(\boldsymbol{z}^\mathsf{T}(t_k), t_k, \ldots, \boldsymbol{z}^\mathsf{T}(t_1), t_1\right)$**)	Verbunddichte des Prozesses $\boldsymbol{z}(t)$
$p_{k;z}(\boldsymbol{z}^\mathsf{T}, t)$*)	k-te Näherung für die momentane Dichte des Prozesses $\boldsymbol{z}(t)$
$p_{\Delta,z}\left(\boldsymbol{z}^\mathsf{T}(t_2), t_2 \mid \boldsymbol{z}^\mathsf{T}(t_1), t_1\right)$*), $p_{t_2,t_1}\left(\boldsymbol{z}^\mathsf{T}(t_2) \mid \boldsymbol{z}^\mathsf{T}(t_1)\right)$	Übergangsdichte des Prozesses $\boldsymbol{z}(t)$ $(t_2 \geqq t_1)$
$p_\mathrm{G}(\boldsymbol{z}^\mathsf{T}, t)$	Gaußsche (momentane) Dichte
$p_\mathrm{glm.}(\boldsymbol{z}^\mathsf{T}, t)$	gleichmäßige Dichte (s. (3.27)) als Approximation für $p_z(\boldsymbol{z}^\mathsf{T}, t)$
$P(\cdot)$	Wahrscheinlichkeit eines Ereignisses, das im Argument erklärt ist
$P(\cdot \mid \cdot)$	Wahrscheinlichkeit eines Ereignisses unter einer, hinter dem senkrechten Strich erklärten Bedingung
$Q_k(p_0; t)$	momentane Quasimomentenfunktion k-ter Ordnung eines (skalaren) Prozesses $z(t)$ unter Zugrundelegung einer nullten Näherung $p_0(z, t)$ für die momentane Dichte von $z(t)$
$Q_{m;k}(p_0; t)$	m-te Näherung für die Quasimomentenfunktion k-ter Ordnung $\left(Q_{m;l}(p_0; t) = 0 \text{ für } l \geqq m + 1\right)$
$\boldsymbol{R}(t)$	Intensitätsmatrix eines (vektoriellen) weißen Gaußschen Prozesses (s. (1.66))
$\mathsf{R}(\Omega_z)$	Randgebiet des Definitionsbereiches Ω_z des Prozesses $\boldsymbol{z}(t)$
$\boldsymbol{S}_{2,z}(j\omega)$, $\boldsymbol{S}(j\omega)$	Matrix des Leistungsdichtespektrums des vektoriellen Prozesses $\boldsymbol{z}(t)$
$S_{z^{(k)},z^{(l)}}(j\omega)$, $S^{(k,l)}(j\omega)$	Kreuzleistungsdichtespektrum der stationären Prozesse $z^{(k)}(t)$ und $z^{(l)}(t)$
t	Zeitparameter $(t \geqq t_0)$
t_0	Anfangszeitpunkt
$\boldsymbol{w}(t)$	Wiener-Prozeß
$\Delta\boldsymbol{w}(t)$	Zuwachs eines Wiener-Prozesses im Zeitintervall $[t + \Delta t, t]$
$\Delta\tilde{\boldsymbol{w}}(t)$	integraler Zuwachs im Zeitintervall $[t + \Delta t, t]$ eines im quadratischen Mittel stetigen Prozesses $\boldsymbol{x}(t)$
$\boldsymbol{x}(t)$	m-dimensionaler, im quadratischen Mittel stetiger, stochastischer Eingangsprozeß oder für Systeme mit weißen Gaußschen Eingangsprozessen auch Teilzustandsvektor oder transformierter Zustandsvektor

$x^{(k)}(t)$	k-te Komponente von $\boldsymbol{x}(t)$
$\boldsymbol{x}_s$	Eingangsprozeß zu einem bestimmten Zeitmoment $\left(= \boldsymbol{x}(t_s)\right.$ oder $\left.= \boldsymbol{x}(s)\right)$
$\boldsymbol{y}(t)$	Vektor der Systemausgangsprozesse, u. U. Teil des Zustandsvektors $\boldsymbol{z}(t)$
$y^{(k)}(t)$	k-te Komponente von $\boldsymbol{y}(t)$
$\boldsymbol{z}(t)$	n-dimensionaler Zustandsvektor
$z^{(k)}(t)$	k-te Komponente des Zustandsvektors
$\boldsymbol{z}_k(t)$	k-tes Entwicklungsglied einer Funktionalreihe für das Lösungsfunktional $\boldsymbol{z}(t) = \mathscr{F}\{\boldsymbol{z}^{\mathrm{T}}(t_0), \boldsymbol{x}^{\mathrm{T}}(t') \mid t_0 \leqq t' \leqq t\}$
$\boldsymbol{z}_k$	Zustand zu einem konkreten Zeitpunkt $\left(= \boldsymbol{z}(t_k)\right.$ oder $\left.= \boldsymbol{z}(k)\right)$

Die wichtigsten griechischen Formelsymbole

$\Gamma(\cdot)$	Gamma-Funktion
$\delta(t)$	Diracsche Delta-Funktion
$\delta_{k,l}$	Kronecker-Symbol ($= 1$ für $k = l$ und $= 0$ für $k \neq l$)
ε	Parameter ($\varepsilon > 0$)
θ	Parameter ($0 \leqq \theta \leqq 1$)
$\mu_{l,z}(t_1, \ldots, t_l)$*)	zentrale Momentenfunktion l-ter Ordnung eines (skalaren) Prozesses $z(t)$ zu l verschiedenen Zeitmomenten
$\mu_{l,z}(t)$*)	momentane zentrale Momentenfunktion l-ter Ordnung $\left(= \mu_{l,z}(t_1 = t, \ldots, t_l = t)\right)$
$\mu_{k;l,z}(t)$*)	k-te Näherung der momentanen zentralen Momentenfunktion l-ter Ordnung
$\mu_{l,z}^{(0)}(t)$*)	momentane, $m_{0;z}$-zentrale Momentenfunktion l-ter Ordnung (s. (7.59))
$\xi(t)$	skalarer weißer, Gaußscher Prozeß
$\boldsymbol{\xi}(t)$	m-dimensionaler weißer, Gaußscher Prozeß
τ	Zeitparameter oder transformierte Zeit
τ_A	Zeit des Erreichens des Randes eines Gebietes von Trajektorien $\boldsymbol{z}(t)$
$\boldsymbol{\Phi}(t, t')$	deterministische Fundamentallösungsmatrix eines linearen, homogenen Differentialgleichungssystems erster Ordnung
$\bar{\boldsymbol{\Phi}}(t - t')$	deterministische Fundamentallösungsmatrix eines zeitinvarianten, homogenen Differentialgleichungssystems erster Ordnung
$\boldsymbol{\Phi}_x(t, t')$	Funktional vom Eingangsprozeß $\boldsymbol{x}(t)$ abhängige (stochastische) Fundamentallösungsmatrix
$\Psi_{k_1,\ldots,k_n}(\boldsymbol{z}^{\mathrm{T}}, t)$	bezüglich der Dichte $p_0(\boldsymbol{z}^{\mathrm{T}}, t)$ gebildetes stochastisches Differentialpolynom (s. (7.20), (7.51))
Ω_z	Definitionsbereich des Prozesses $\boldsymbol{z}(t)$

Die wichtigsten Operatoren

d_θ	allgemeiner stochastischer Differentialoperator
d_0	Itoscher Differentialoperator

$\mathrm{d}_{1/2}$	stochastischer Differentialoperator nach STRATONOWITSCH
$\mathrm{d}\mathring{z}$	differentielles Volumenelement im Euklidischen Zustandsraum ($= \mathrm{d}z^{(1)} \cdot \mathrm{d}z^{(2)} \cdot \cdots \cdot \mathrm{d}z^{(n)}$)
$\det(\boldsymbol{A})$	Determinante einer (quadratischen) Matrix $\boldsymbol{A}$
$\mathrm{G}[x]$, $\mathrm{V}[x]$, $\mathrm{W}[x]$	Volterra-Reihen (auch Volterra-Systeme genannt)
$g_k[x^k], v_k[x^k], w_k[x^k]$	Entwicklungsglieder k-ter Ordnungen von Volterra-Reihen (s. (5.2))
L_t	Fokker-Planck-Operator (s. (6.143))
p	zeitlicher Differentialoperator $\left(= \frac{\mathrm{d}}{\mathrm{d}t}\right)$
$\mathrm{Sp}(\boldsymbol{A})$	Spur einer (quadratischen) Matrix $\boldsymbol{A}$
^{T}	rechts oben an Vektoren und Matrizen notiert; Transponierungsoperator (Vertauschung von Spalten mit Zeilen)
$n!$	n-Fakultät ($= 1 \cdot 2 \cdot \cdots \cdot n$ für $n \geqq 1$, $0! = 1$)
$m!!$	m-Doppelfakultät $\big((2n-1)!! = (2n-1)\cdot(2n-3)\cdot\cdots\cdot 1$ für $n \geqq 1$, $(2n)!! = (2n)\cdot(2n-2)\cdot\cdots\cdot 2$ für $n \geqq 1$, $(-1)!! = 0!! = 1\big)$
$\binom{n}{m}$	Binomoialkoeffizient $\left(= \frac{n!}{m!(n-m)!} \text{ für } n \geqq m\right)$
∇_z	Nablaoperator (Vektorgradient). Erläutert in Anhang A 1
$\langle\varphi(\boldsymbol{z}^{\mathsf{T}}, t)\rangle$	Erwartungswertbildung $\big(= m_\varphi(t)\big)$
$\langle\varphi(\boldsymbol{z}^{\mathsf{T}}, t)\rangle_k$	Erwartungswertbildung mit Hilfe einer $p(\boldsymbol{z}^{\mathsf{T}}, t)$ approximierenden Dichte $p_k(\boldsymbol{z}^{\mathsf{T}}, t)$
$\langle\varphi(\boldsymbol{z}^{\mathsf{T}}, t) \mid \cdot\rangle$	bedingte Erwartungswertbildung
$\omega_1 \odot \omega_2$	Assoziation zweier Fourier-Variablen ω_1 und ω_2 (s. (5.42) und Tab. 5.1)

Abkürzungen

b.	bedingt(e)
b. G. M.	bedingt Gaußsche Mittelung
DF_k	Iterationsverfahren mit deterministischer Fundamentallösung und Abbruch der Funktionalreihe nach k Entwicklungsgliedern
G	Gauß(sch)
G.M.	Gaußsche Mittelung
$\sum$ G	Summe Gaußscher Dichten
QMF	Quasimomentenfunktion
$\mathrm{QMF}_k(p_0)$	Methode der Quasimomentenfunktionen bei Verwendung einer $p(\boldsymbol{z}^{\mathsf{T}}, t)$ approximierenden Dichte $p_0(\boldsymbol{z}^{\mathsf{T}}, t)$ und Vernachlässigung der Quasimomentenfunktionen der Ordnungen $l \geqq k+1$
$\mathrm{QMF}_k(p_0 \mid r)$	Methode der Quasimomentenfunktionen bei Verwendung einer approximierenden Dichte $p_0(\boldsymbol{z}^{\mathsf{T}}, t \mid r)$, deren Parameter unter Berücksichtigung der Quasimomentenfunktionen bis zur Ordnung k durch die ersten r Momente des Prozesses $\boldsymbol{z}(t)$ festgelegt werden
SL	Statistische Linearisierung
SF_k	Iterationsverfahren mit stochastischer Fundamentallösung und Abbruch der Funktionalreihe nach k Entwicklungsgliedern

SP_k	Stochastisches Polynom k-ter Ordnung
TL	Taylor-Linearisierung
TP	Taylor-Polynom
V_k	Methode der Volterra-Reihenentwicklung und Abbruch nach dem k-ten Entwicklungsglied

Erläuterungen zur Formelsymbolik

*)	Der untere Index z wird häufig fortgelassen
**)	Das untere Indexpaar k, z wird häufig fortgelassen

Sachwortverzeichnis

FSC
www.fsc.org
MIX
Papier | Fördert gute Waldnutzung
FSC® C083411

Kolibri 360 GmbH
Ferdinand-Jühlke-Straße 7
99095 Erfurt, Deutschland
produktsicherheit@kolibri360.de